Informatik aktuell

Herausgeber: W. Brauer
im Auftrag der Gesellschaft für Informatik (GI)

Bernd Wolfinger (Hrsg.)

Innovationen bei Rechen- und Kommunikations- systemen

Eine Herausforderung für die Informatik

24. GI-Jahrestagung
im Rahmen des 13th World Computer Congress
IFIP Congress '94
Hamburg, 28. August – 2. September 1994

Springer-Verlag
Berlin Heidelberg New York
London Paris Tokyo
Hong Kong Barcelona
Budapest

Herausgeber

Bernd Wolfinger
Fachbereich Informatik, Universität Hamburg
Vogt-Kölln-Straße 30, D-22527 Hamburg

CR Subject Classification (1994): A.0, C.2, C.3, C.5, D.1, D.2, D.4, F.3, H.2, H.4.3, H.5, I.6, J.1, J.5, K.3, K.4, K.5, K.6.5

ISBN 978-3-540-58313-4   ISBN 978-3-642-51136-3 (eBook)
DOI 10.1007/978-3-642-51136-3

CIP-Eintrag beantragt

Satz: Reproduktionsfertige Vorlage vom Autor/Herausgeber

SPIN: 10476910   33/3140-543210 – Gedruckt auf säurefreiem Papier

Vorwort

Zum zweiten Male nach 1962 (damals in München) findet mit dem IFIP Congress '94 wiederum ein "Weltcomputerkongreß" der International Federation for Information Processing (IFIP) in der Bundesrepublik Deutschland — mit der Freien und Hansestadt Hamburg als Gastgeberin — statt. Die Entscheidung der IFIP, ihren Weltkongreß gerade 1994 wieder in Deutschland zu veranstalten, resultierte insbesondere daraus, daß 1994 auch das Jahr ist, in welchem die Gesellschaft für Informatik (GI) ihr 25 jähriges Bestehen feiert, und die GI den Wunsch hatte, dieses Jubiläum in einem internationalen Rahmen zu begehen.

In Absprache mit IFIP entschloß sich die GI, 1994 auf die Veranstaltung einer separaten GI-Jahrestagung zu verzichten und ersatzweise einen GI-spezifischen Tagungsanteil in den IFIP Congress '94 zu integrieren. Um dennoch den substantiellen Kern der GI-Jahrestagungen aus der jüngeren Vergangenheit beizubehalten, wurden, wie üblich, eine größere Anzahl von GI-Fachgesprächen vorgesehen u.a. mit dem Ziel, den GI-Fachbereichen, -Fachausschüssen und -Fachgruppen die Chance zu geben, Themen von besonderer Relevanz durch ein derartiges Fachgespräch abzudecken. Auf diese Weise sollte auch das für Jahrestagungen wesentliche Diskussions- und Gesprächsforum für GI-Mitglieder geschaffen werden.

Bei der Auswahl der Themen der Fachgespräche wurde auf inhaltliche Nähe zu den Themen des IFIP-Weltkongresses geachtet. Insbesondere sollte das Leitmotto *"Computer and Communications Evolution—The Driving Forces"* auch bei den GI-spezifischen Veranstaltungen Berücksichtigung finden. Darüber hinaus versuchte man durch die Fachgesprächsthemen und bei den Auswahlverfahren der für die Fachgespräche zu akzeptierenden Beiträge, die (ambitionierten) Ziele des IFIP Congress '94 wie die Suche nach bestimmenden Trends der Informations- und Kommunikationstechnologie sowie die Suche nach Verbindungen zwischen Forschung, Entwicklung und Anwendung im Auge zu behalten.

Insgesamt wurden aus dem Angebot an Fachgesprächsthemen seitens der GI-Fachbereiche neun GI-Fachgespräche ausgewählt zu den Themen:

- Integration von semi-formalen und formalen Methoden für die Spezifikation von Software-Systemen
- Disjunktive logische Programmierung und disjunktive Datenbanken
- Benutzungsschnittstellen für kommunizierende Systeme
- Systemtechnische Unterstützung verteilter Multimedia-Anwendungen
- IT-Sicherheit: Technik im Spannungsfeld von Ethik und Recht
- Workstations: Architekturen, Anwendungen und Entwicklungstrends
- Realzeitsysteme
- Simulationstechnik
- Kommunikation und Koordination in verteilten betrieblichen Anwendungen

sowie zusätzliche Workshops in Verbindung mit der Vereinigung der Europäischen Informatik-Gesellschaften (CEPIS).

Die Beiträge der GI-Fachgespräche sind im vorliegenden Tagungsband enthalten ebenso wie die (erweiterten) Kurzfassungen zu dem CEPIS-Workshop über "Computer, Media and Arts" und zu einem studentischen Workshop, der als eine regelmäßige Veranstaltung im Rahmen einer GI-Jahrestagung ebenfalls weiterhin beibehalten wurde.

Für jedes der Fachgespräche/Workshops — abgesehen von der studentischen Veranstaltung — wurden ein(e) Koordinator(in) sowie ein dediziertes Programmkomitee benannt, die die insgesamt nahezu 100 Beiträge der vorliegenden Proceedings in sorgfältig durchgeführten und dennoch sehr zügig abgewickelten Begutachtungs- und Auswahlverfahren ermittelten. Dafür gebührt allen Beteiligten (in erster Linie den Koordinatoren, aber auch den Programmausschußmitgliedern und übrigen Gutachtern) besonderer Dank. Zu einigen der Fachgespräche konnten Experten zu eingeladenen Vorträgen gewonnen werden; auch diesen Personen sei für ihre Mithilfe zur Anreicherung des Programms herzlich gedankt ebenso wie sämtlichen sonstigen Autoren/Vortragenden sowie den Sitzungsleitern.

Nicht zuletzt haben Herr Gerhard Rossbach sowie Frau Brygida Georgiadis vom Springer-Verlag durch ihr sehr kooperatives Verhalten bei der Erstellung des vorliegenden Tagungsbandes einen lobend zu erwähnenden Anteil an dem reibungslosen Ablauf der Publikationsphase. Auch wäre eine Publikation eines derartig umfassenden Bandes für die Gesellschaft für Informatik gegenwärtig nicht finanzierbar gewesen ohne eine ausgesprochen großzügige Kostenkalkulation seitens des Springer-Verlages, die dankende Anerkennung verdient.

Maßgeblich zum Gelingen des GI-spezifischen Teils des IFIP Congress '94 hat schließlich auch Herr Dr. M. Laska von der Deutschen Informatik-Akademie beigetragen mit der mühevollen Organisation von neun Tutorien. Ausgezeichnet war im übrigen ebenfalls die sonstige Unterstützung durch die Mitglieder des Organisationskomitees der Gesamttagung — allen voran ist hier Herr Kollege Karl Kaiser als Vorsitzender des Organisationskomitees für sein Engagement und Organisationstalent zu würdigen.

Es bleibt zu wünschen, daß die Entscheidung der GI, ihre 24. Jahrestagung in den IFIP Congress '94 zu integrieren, zu der erhofften Symbiose zwischen nationalem und internationalem Teil des Kongresses führen wird, so daß nicht nur die deutschsprachigen Teilnehmer von dem internationalen Kongreßteil profitieren werden, sondern überdies auch der GI-spezifische Teil der Tagung von den internationalen Teilnehmern als befruchtend empfunden wird. Die Maßnahme, das gesamte Programm mehrerer Fachgespräche ausschließlich englischsprachig zu halten, dürfte die Interaktionen erleichtern. Möge dieser Tagungsband auch dazu eine Hilfe darstellen.

Hamburg, im Juni 1994   Bernd Wolfinger

INHALTSVERZEICHNIS

GI-Fachgespräch FG 5: IT-Sicherheit: Technik im Spannungsfeld von Ethik und Recht — 243

GI-Fachgespräch FG 6: Workstations: Architekturen, Anwendungen und Entwicklungstrends — 277

Workshop : Computer, Media and Arts (Erweiterte Abstracts)   487

Workshop der Studierenden: Students Workshop (Abstracts) 517

Fachgespräch **FG 1**

"Integration von Semi-formalen und Formalen Methoden für die Spezifikation von Software-Systemen"

In Zusammenarbeit mit der GI-Fachgruppe
"Spezifikation und Semantik"

Koordinator: H. Ehrig, TU Berlin, Germany

Programmausschuß: H. Ehrig (Berlin), W. Hesse (Marburg), W. Schäfer (Dortmund), H. Weber (Berlin), M. Wirsing (München)

Zusammenfassung:

Die Integration von semi-formalen Methoden - wie sie heute in der praktischen Softwareentwicklung verwendet werden - und formalen Methoden für die Spezifikation von Software und Verteilten Systemen - die vornehmlich im akademischen Bereich entwickelt worden sind - hat in letzter Zeit stark an Bedeutung gewonnen für den Technologie-Transfer und die Anwendung adäquater formaler Methoden in der industriellen Softwareentwicklung. Diese Integration ist sichtbar in zahlreichen ESPRIT-, EUREKA- und BMFT-Projekten der letzten Jahre und spielt auch eine zentrale Rolle in der Kooperation mit Ländern der dritten Welt.
Schwerpunkte des Fachgesprächs sind:
* Erweiterung von semi-formalen Methoden im Hinblick auf Graph- und Netzbasierte formale Spezifikation
* Transformation von semi-formalen in formale Spezifikationen
* Graphische Visualisierung von Formalen Spezifikationen

Static and Dynamic Semantics of Entity–Relationship Models Based on Algebraic Methods

Ingo Claßen, Michael Löwe, Susanne Waßerroth, Jan Wortmann

Technical University of Berlin

Abstract. A formal semantics for Entity-Relationship models based on a pragmatic combination of algebraic specification techniques and graph grammars is presented. The advantages of both calculi are integrated to describe the static and the dynamic semantics of such models. Our formalization is intended to support (not to replace) the graphical representation of ER models by providing a formal basis to argue about design decisions.

1 Introduction

Since their invention by Chen in 1976 [Che76], ER models have been accepted in the computer science community as a suitable tool for structuring large information systems. Thus they have been integrated in many of the prominent system analysis and design methods. The major advantage of ER modelling is their graphical representation which provides the reader with a good intuitive understanding even if large and complex models are considered. ER models have become even more flexible and applicable by modern extensions as they are described for example in [SSW79, HK87].

Although they are available now for more than 25 years, attempts to provide a formal semantics for these models are rather rare. Examples are [GH91, Het93]. Without formal semantics, ER models do not possess the precision that allows standard implementations or standard transformations into data models supported by modern database management systems. Hence different tools for ER modelling support slightly different concepts and slightly different semantics.

Existing approaches to formal semantics for ER models, however, are not satisfactory. Most of them, for example [GH91], do only address static aspects and provide no formal concept for dynamics or transactions. Approaches which handle both, static and dynamic aspects, tend to be very complex. Here on the one hand the intuitiveness of ER models is completely lost in the process of formalization. And on the other hand the calculus used as a formal basis is far too complicated to be understandable for practical software engineers. A major reason for the complexity in these approaches is the description of static and dynamic aspects in a single calculus.

By contrast, we propose to use different formal methods for static and dynamic semantics. Following [GH91] we apply algebraic specification techniques for static semantics, i.e. for the description of admissible database states (see section 2). Dynamics, i.e. changes of states, are given by graph transformation rules in the sense of [LE91, Löw93, LKW93]. This procedure provides a graphical representation for transactions (see section 3). Moreover, both formalisms are straightforward and easy to understand. The aim of the proposed approach is twofold. First we want to extend the intuitiveness of ER models to transactions and second provide a formal basis which allows to argue about design decisions in an ER diagram in an precise way and to prove correctness criteria if required. Due to the space limitations, all constructions can only be sketched in the following.

For exposition in this paper we adapted the notion of Batini et. al. [BCN92]. A typical ER schema in their notation looks like follows:

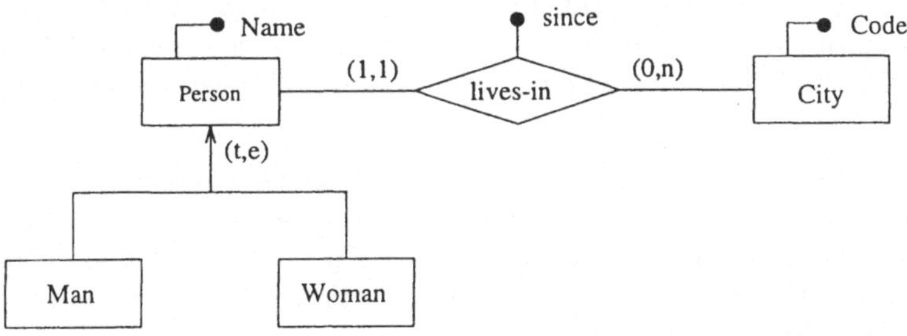

2   Static Semantics

The static semantics of an ER diagram describes possible (i.e. permitted) database states. An entity type corresponds to a set, namely the set of entities that are stored in the database at a given moment in time. An attribute corresponds to a relation between entities and data values and a relationship type is regarded as a relationship on the semantical side. Generalization structures are interpreted by injective mappings. Technically this semantics is realized by a class of algebras[1] to a suitable specification. The specification itself is derived by the following two steps:

1. The graphical structure of an ER diagram is transformed into an attributed graph signature in the sense of [LKW93].
2. The integrity constraints are transformed into first-order logic formulas.

Step 1. above serves two purposes: First, it provides the basis of the dynamic semantics in section 3 where graph transformations according to an attributed graph signature are introduced. Second, such a signature induces an algebraic signature in the sense of [EM85] that is the basis for the formulas generated by step 2. above.

---

[1] Each algebra in this class can be regarded as permitted database state at a given time.

2.1 Structure Transformation

The graphical structure of an ER diagram is transformed into an attributed graph signature in the sense of [LKW93], i.e. the following three parts are synthesized from the diagram:

1. A *data type signature* $\Sigma_D = (S_D, OP_D)$ that corresponds to the primitive data types like *date*, *text* used for attribute values.
2. A *graph signature* $\Sigma_G = (S_G, OP_G)$ where OP_G only contains unary operation symbols. The signature represents the graph structure corresponding to an ER diagram.
3. A set of *attribute assignments* OP_{attr}, i.e. a family of operations $OP_{attr} = (attr_s \colon s \to s')_{s \in L}$, where $L \subseteq S_G$ and $s' \in S_D$. Since a set of attribute assignments describes a labelling of graph nodes by data type values, the domain of such assignments is a graph sort and the range a data sort. The set of sorts L describes which kind of graph nodes can be labelled.

Datatype Signature The data type signature Σ_D corresponding to an ER diagram consists of all sorts and operations that are used to handle attribute values. In the example of the introduction S_D contains the sorts *text*, *date*, *zip-code* and OP_D provides appropriate operations like *concatenation* of texts, *incrementing* the date, etc.

Graph Signature The graph signature Σ_G is derived by the following transformation rules.

1. Each entity type induces a new sort.

$$\boxed{\quad E \quad} \implies E \in S_G$$

2. Each relationship type induces a new sort and suitable projections, connecting the relation with the participating entity types.

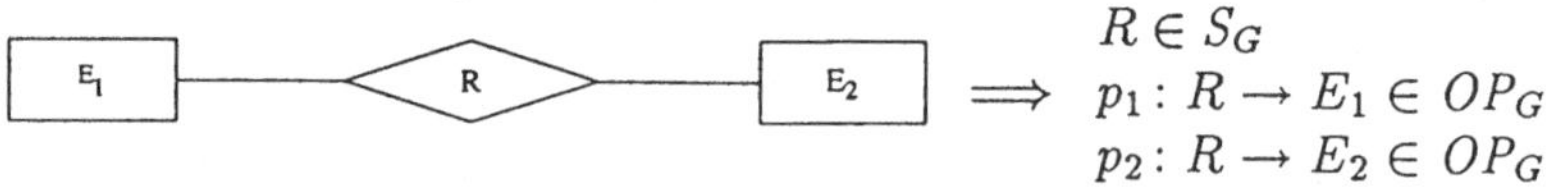

$$\implies \begin{array}{l} R \in S_G \\ p_1 \colon R \to E_1 \in OP_G \\ p_2 \colon R \to E_2 \in OP_G \end{array}$$

Extension to n-ary relationship types is straightforward.
3. Each generalization induces injections from specialized to general entity types.

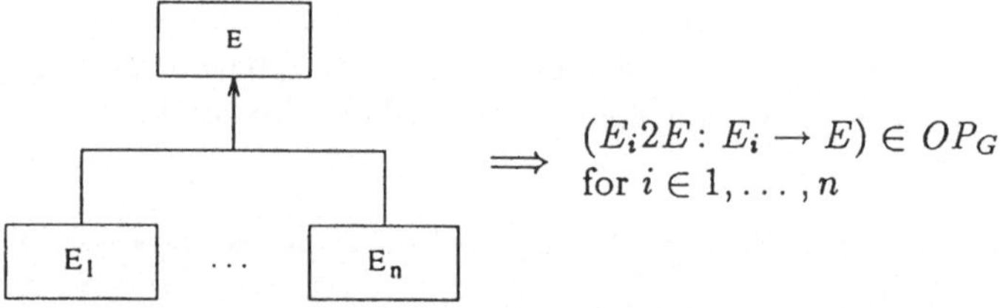

$$\implies \begin{array}{l} (E_i 2 E \colon E_i \to E) \in OP_G \\ \text{for } i \in 1, \ldots, n \end{array}$$

4. Each attribute induces an attribute carrier $C_{E,a} \in S_G$ and a connection of an attribute carrier to an entity type.

$$\boxed{ E }\!\!-\!\!\bullet\ a{:}d \quad \Longrightarrow \quad \begin{array}{l} C_{E,a} \in S_G \\ a: C_{E,a} \to E \in OP_G \end{array}$$

Intuitively a carrier can be regarded as an object holding an attribute value which may change in time.

Attribute Assignments Since only attribute carriers can actually be labelled by data type values L contains only these carriers. Each attribute in the ER diagram induces an operation:

$$\boxed{ E }\!\!-\!\!\bullet\ a{:}d \quad \Longrightarrow \quad attr_a: C_{E,a} \to d \in OP_{attr}$$

2.2 Transformation of Integrity Constraints

In order to describe integrity constraints like cardinality, total relationship types, etc., the structure of an ER diagram together with annotations like $(1,1)$, (t,e), etc. is transformed into an algebraic specification $SPEC = (\Sigma, AX)$ where $\Sigma = (S, OP)$ is a signature and AX a set of first-order formulas wrt. Σ. The specification $SPEC$ is derived as follows:

1. $S = S_G + S_D$
2. $OP = OP_G + OP_D + OP_{attr}$

Axioms and additional operations are derived by the following rules:

1. Each cardinality induces a counting operation[2] and an axiom.

$$\Longrightarrow \quad \begin{array}{l} (R\#p_i: E_i \to Nat) \in OP_{attr} \\ \forall_{(e_i:E_i)}(n \le R\#p_i(e_i) \\ \quad \wedge R\#p_i(e_i) \le m) \in AX \\ \quad \text{if } n, m \in 1, 2, \ldots \\ \forall_{(e_i:E_i)}(n \le R\#p_i(e_i)) \in AX \\ \quad \text{if } m = \star \end{array}$$

2. Other integrity constraints are handled in a similar way.

3 Dynamic Semantics

Usually the description of dynamic semantics requires the translation of the ER model into a concrete data model on which DML-statements may be used to describe dynamic change. Many approaches which provide formal semantics for transactions follow the same way, compare for example [Het93]. By contrast, we propose that transactions shall be directly formulated on the level of ER models.

---

[2] We assume that a sort Nat with constants $0, 1, 2, \ldots : \to Nat$ is available.

3.1 The Presentation of Dynamics

Dynamic semantics describe how an actual state may change in time. In our approach the possible resp. admissible states are described by the static semantics which is assigned to an ER diagram. Hence a dynamic step or transaction is a transition from A_{pre} to A_{post} where A_{pre}, A_{post} must be algebras wrt. the specification $SPEC$. But in general, transactions do not affect the whole database state A_{pre}. Major parts are preserved, i.e. are carried over to A_{post} without any change. In order to represent this information explicitly, we technically model transactions as partial homomorphisms[3] $t : A_{pre} \multimap A_{post}$ with the following interpretation:

1. The transaction removes everything from the database state A_{pre} for which t is not defined.
2. It adds the items which are not in the image of t.
3. Items mapped from A_{pre} to A_{post} are not affected by the transaction. Hence their structural context must be preserved which is modeled by requiring t to be homomorphic.
4. Transactions shall not change the datatypes for attributes. Hence, each transaction is required to be the identity for the data type part of the ER model, i.e. Σ_D.

The following figure depicts an example for this type of transaction based on the ER diagram in the introduction. We use black boxes, circles, and diamonds to represent instances of entity types, attribute carriers, and relationship types, respectively. The semantical operations OP_G and OP_{attr} (see section 2.1) are indicated by solid arrows.

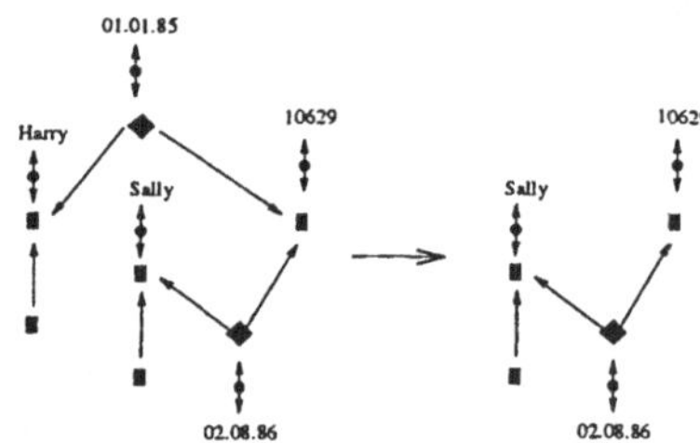

The transaction removes a person named Harry from a database which contains two persons, Harry (male) and Sally (female), and one city with zip-code 10629. The transaction takes care that all attributes and relations depending on *Harry* are removed as well. As we will see below this type of integrity is a built-in feature of the proposed transaction concept. The assignment of the morphism from precondition to the postcondition in the above figure is indicated by same positions in the graphical layouts.

The nice thing about this transaction concept is that it provides a graphical representation which is a natural extension of ER diagrams to sequences of states. This type of visualization for transactions will be used in the rest of the paper.

---

[3] For precise definitions of Σ-homomorphisms see [EM85]. Their extension to partial homomorphisms is described in detail in [Löw93, LKW93]

3.2 Elementary Transactions

Elementary transactions are concerned with the addition and removal of single
items in a database state. We briefly discuss this type of transaction in order to
provide a first flavour of the semantical consequences of the chosen approach.

Insertion and removal of relationships A transaction which inserts a single
new relationship into a given database is a total injective morphism $i_R : A \to A'$
such that A' consists of the image of A under i_R plus exactly one item $x \in A'_R$
representing the added relation. The scheme for it looks like:

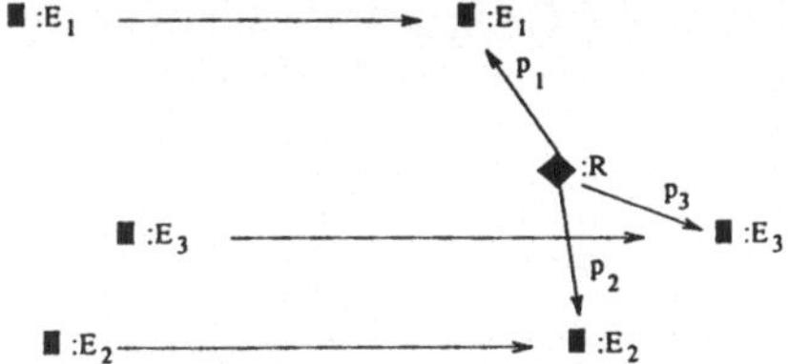

Deletion of a relation works the other way around. Hence it is given by the
inverse morphism.

Insertion and removal of entities Given an entity type E with attributes
$a_1 : d_1, \ldots, a_n : d_n$, the insertion of a new entity of this type into a state is given
by the following scheme

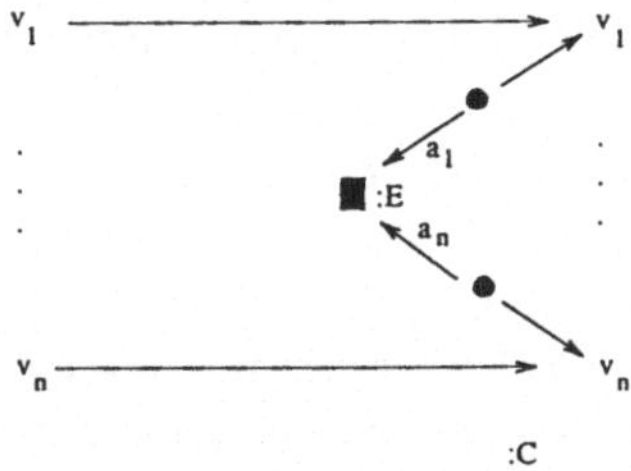

If E is a specialization of another entity type E', the addition of a new E-entity
must also establish the generalization link $E2E'$ by either inserting a new E'-
entity, or reusing an existing one. Note that this type of insertion requires all
attributes to be initialized. (The general model also allows entities to be inserted
with a partial set of attributes only, if the respective carriers are not generated
during the insertion process.) The scheme for the removal of entities is given in
the following figure. The requirement for a transaction to be a homomorphism
implies that

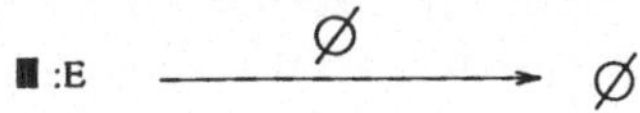

together with an entity all attributes and relationships which reference this entity
must be deleted. If e has been specialized also these entities get deleted. Hence

a transaction $r_e \colon A \to A'$ is a deletion of a single entity if it is injective and surjective and it is defined for all items in A except $\{x \mid f(x) = e\}$ where f is any functional expression which can be built using the underlying signature. Therefore the transaction depicted in section 3.1 is an elementary step which removes a single entity.

Update of attributes Attributes can be updated by removing the old attribute carrier holding the old value and adding an new carrier pointing to the new value. Thus, a transaction $u_{ead} \colon A \to A'$ which updates the attribute a of type d at the entity e is an injection morphism which is defined for all items in A except the attribute carrier $x \in C_{E,a}$ with $a(x) = e$ and which covers all items in A' except one $x' \in C_{E,a}$. The scheme looks like

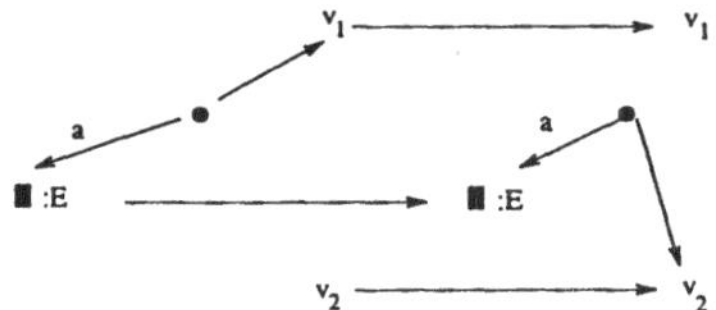

3.3 Transaction Schemes

As we have shown in the previous section, all elementary modifications of database states can be represented by partial morphisms between two states, the pre- and postcondition. Hence arbitrary transactions can be constructed from these elementary transactions by just sequentially composing the corresponding homomorphisms. Thus an arbitrary transaction $t = A_{pre} \xrightarrow{t_1} A_1 \xrightarrow{t_2} \cdots \xrightarrow{t_n} A_{post}$ is a composition of elementary steps t_i for $i = 1 \ldots n$. I.e. $t = t_n \circ \cdots \circ t_1$.

So far we have only discussed actual transactions from one database state to the next. But how can these transactions be programmed, how are they activated? The essential idea is to use actual transactions as samples and apply them in bigger context: A *transaction scheme* is a partial morphism $t \colon L \to R$ where L and R are (prototype) database states, L is called the *left–hand* side or the precondition of the transaction scheme and R is called the *right–hand* side or the postcondition of the transaction scheme. A scheme $t \colon L \to R$ is applicable to a database state A if L is a subalgebra of A, or, in the language of morphism, if there is a total injective morphism $occ \colon L \to A$. These morphisms are called *occurrences*. The *application* of the scheme $t \colon L \to R$ at an occurrence $occ \colon L \to A$ results in $t^\star$, the substitution of t into A, which can be formally defined by the pushout of t and occ in the category of Σ–Algebras and partial morphisms. Details for this construction can be found in [Löw93, LKW93]. It determines the resulting database A' uniquely (up to isomorphism, i.e. up to internal names for entities, relationships and attribute carriers). The pushout construction guarantees that $t^\star$ is a transaction in our sense, for example that it is the identity on the datatype part of the database. It is suitable as a construction for scheme application since general results in [Löw93] show that, given t as a composition of elementary transactions, then t^* is the composition of the corresponding elementary transactions in the bigger context A. In our examples above the transaction in section 3.1 results from applying the scheme for entity removal (see third figure in section 3.2) at the entity representing *Harry*.

Summarizing this section, transaction schemes are Σ-homomorphisms, total on the datatype part Σ_D and partial on the graphical part Σ_G. A database state A can evolve to A' according to T if there is $(t\colon L \to R) \in T$, and a total occurrence $occ\colon L \to A$ such that A' is the pushout of t and occ. Then we obtain an induced transaction $t^*\colon A \to A'$ due to the pushout construction.

We call a dynamic semantics T consistent with the static semantics for a given initial database state A_0 if A_0 and every database state which can be derived from A_0 using sequences of transaction scheme applications satisfies the static axioms in $SPEC = (\Sigma, AX)$.

References

[BCN92] C. Batini, S. Ceri, and S. Navathe. *Conceptual Database Design—An Entity-Relationship Approach*. Benjamin/Cummings, 1992.

[Che76] P. P. Chen. The entity–relationship model—toward a unified view of data. *ACM Transactions on Database Systems*, 1(1):9–36, 1976.

[EM85] H. Ehrig and B. Mahr. *Fundamentals of Algebraic Specification 1*, volume 6 of *EATCS Monographs on Theoretical Computer Science*. Springer, Berlin, 1985.

[GH91] M. Gogolla and U. Hohenstein. Towards a semantic view of an extended entity-relationship model. *ACM Transactions on Database Systems*, 16(3):369–416, 1991.

[Het93] R. Hettler. Übersetzung von E/R–Modellen nach SPECTRUM. Technical Report TUM–I9333, Technische Universität München, 1993.

[HK87] R. Hull and R. King. Semantic database modeling: Survey, applications, and research issues. *ACM Computing Surveys*, 19(3):201–260, 1987.

[LE91] M. Löwe and H. Ehrig. Algebraic approach to graph transformation based on single pushout derivations. In *16th International Workshop on Graph-theoretic Concepts in Computer Science*, pages 338 – 353. Springer Lecture Notes in Computer Science 484, 1991.

[LKW93] M. Löwe, M. Korff, and A. Wagner. An algebraic framework for the transformation of attributed graphs. In M.R. Sleep, M.J. Plasmeijer, and M.C. van Eekelen, editors, *Term Graph Rewriting: Theory and Practice*, chapter 14, pages 185–199. John Wiley & Sons Ltd, 1993.

[Löw93] M. Löwe. Algebraic approach to single-pushout graph transformation. *Theoretical Computer Science*, 109:181 – 224, 1993. Short version of Techn. Rep. 90/05, TU Berlin, Department of Computer Science, 1990.

[SSW79] P. Scheuermann, G. Schiffner, and H. Weber. Abstraction compatibilities and invariant properties modelling in entity–relationship approach. In P.P. Chen, editor, *Proc. of the 1st Int. Conference on Entity–Relationship Approach*, pages 121–140, 1979.

Ablaufspezifikation durch Datenflußdiagramme und Axiome[1]

Friederike Nickl
Ludwig-Maximilians-Universität München
Institut für Informatik
Leopoldstr. 11B, 80802 München

Zusammenfassung *Beschrieben wird eine formale Methode zur Modellierung des dynamischen Verhaltens von Systemen durch Datenflußdiagramme. Dabei werden Datenflußdiagramme ergänzt um axiomatische Spezifikationen und in die algebraisch/axiomatische Spezifikationssprache SPECTRUM übersetzt.*

1 Einleitung

In gängigen pragmatischen Softwareentwicklungsmethoden werden zur Beschreibung des dynamischen Verhaltens von Systemen oft Daten- und Kontrollflußdiagramme herangezogen. Der Vorteil dieser Beschreibungsmittel ist, daß durch die graphische Darstellung komplexe Zusammenhänge intutitiv und anschaulich dargestellt werden können. Ihr Nachteil ist, daß sie nicht immer mit einer eindeutigen Semantik unterlegt sind. Beispiele für Mehrdeutigkeiten bei der Interpretation von Yourdon-Datenflußdiagrammen sind etwa in [Woodman 88] aufgeführt. Unklarheiten können insbesondere dadurch entstehen, daß die Interpretation solcher Diagramme mit Hilfe von informellen Regeln gegeben wird. Außerdem werden Diagramme oft durch natürlichsprachigen Text ergänzt, zum Beispiel durch Angabe von suggestiven Namen zur Beschreibung der zu den einzelnen Diagrammknoten gehörigen Aktionen und Transformationen. Um aber Beweise über das dynamische Verhalten von durch Daten- und Kontrollflußdiagramme beschriebenen Systemen führen zu können, ist es nötig, solche Diagramme mit einer formalen Semantik zu unterlegen.

Wir stellen hier einen Ansatz zur formalen Interpretation von Datenflußdiagrammen vor, wobei Diagramme in axiomatische Spezifikationen übersetzt werden. In der angegebenen Interpretation umfassen Datenflußdiagramme auch Kontrollflußaspekte und können zur Beschreibung von Abläufen herangezogen werden. Durch die Übersetzung von Diagrammen in axiomatische Spezifikationen kann die diagrammatische Beschreibung des Ablaufverhaltens integriert werden mit einer axiomatischen Spezifikation der Aktionen, die den einzelnen Diagrammknoten zugeordnet sind.

Die beschriebene Methode wurde entwickelt in der Fallstudie HDMS-A im KORSO-Projekt, in der die Anforderungsspezifikation für eine medizinische Patientenakte erstellt wurde ([Cornelius et al. 94], [Slotosch et al. 93]). Die durch dieses System unterstützten Abläufe in einem Krankenhaus wurden dabei durch Datenflußdiagramme beschrieben, wobei die den Diagrammknoten zugeordneten Aktionen in der algebraisch/axiomatischen Spezifikationssprache SPECTRUM [Broy et al. 93] spezifiert wurden. In [Nickl 93] wurde dazu ein schematisches Verfahren angegeben, mit dem Datenflußdiagramme zusammen mit Spezifikationen für die darin auftretenden Aktionen in strombasierte SPECTRUM- Spezifikationen übersetzt werden können. Wir beschreiben hier dieses Verfahren an Hand eines Beispiels. Außerdem zeigen wir, wie sich ausgehend von dieser Übersetzung Bedingungen an die Konsistenz der Spezifikation

---

1. Diese Arbeit wurde vom Bundesministerium für Forschung und Technik als Teil des Verbundprojekts "KORSO - Korrekte Software" gefördert.

der Aktionen im Diagramm mit der Ablaufbeschreibung durch das Diagramm generieren lassen. Als durchgängiges Beispiel verwenden wir dabei ein aus der Fallstudie HDMS-A entlehntes und stark vereinfachtes Datenflußdiagramm, welches den Ablauf der Aufnahme von Patienten in einem Krankenhaus beschreibt.

2 Das Beispiel

Die Beschreibung des Ablaufs der Patientenaufnahme stützt sich in unserem Beispiel auf eine Patientendatenbank. Der für die Aufnahme relevante Teil des Datenmodells ist dabei gegeben durch das folgende um Attributinformation ergänzte Entity-Relationship Diagramm.

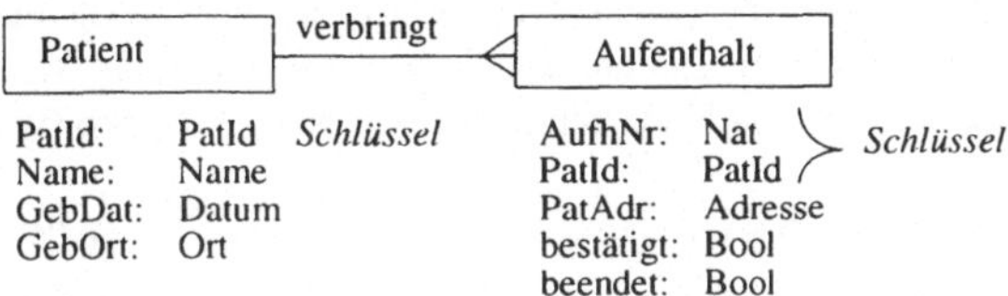

Abbildung 1: E/R-Diagramm für das Beispiel

Zu jedem Patienten in der Datenbank gibt es somit mindestens einen Aufenthalt in der Datenbank und jeder Aufenthalt in der Datenbank bezieht sich auf genau einen Patienten. Da sich die Adresse des Patienten ändern kann, wird sie beim Aufenthalt vermerkt. Der Ablauf der Aufnahme beinhaltet die Transaktionen "Anmeldung", "Aufnahme", bzw. "Nichtaufnahme", die auf der Datenbank operieren. Ihre Abfolge ist durch das folgende Datenflußdiagramm beschrieben:

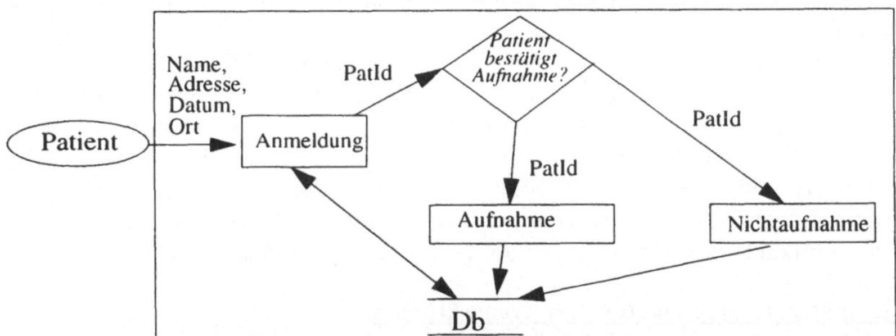

Abbildung 2: Datenflußdiagramm für das Beispiel

Wir geben zunächst eine informelle Beschreibung dieses Ablaufs: Ankommende Patienten identifizieren sich durch die Angabe von Name, Geburtsdatum, Geburtsort und geben zusätzlich ihre Adresse an. In der Transaktion "Anmeldung" wird aus diesen Daten eine Patientenkennung (PatId) ermittelt. Hielt sich der Patient schon einmal früher im Krankenhaus auf, kann die frühere Patientenkennung verwendet werden, ansonsten wird eine neue Kennung ermittelt und der Patient damit in die Datenbank eingetragen. Zusätzlich wird für den Patienten in beiden Fällen ein neuer Aufenthalt in der Datenbank angelegt. Dieser Aufenthalt wird allerdings zunächst noch nicht bestätigt. Vor der endgültigen Aufnahme muß der Patient noch sein Einverständnis kundtun - zum Beispiel durch seine Unterschrift auf einen bei der Anmeldung ausgestellten Vertrag. Hat der Patient sein Einverständnis gegeben, so wird in der Aktion "Aufnahme" der Aufenthalt bestätigt, andernfalls wird er in der Transaktion "Nichtaufnahme" storniert.

3 Modellierung von dynamischem Verhalten durch Datenflußdiagramme und axiomatische Spezifikationen

In diesem Kapitel beschreiben wir, wie Datenflußdiagramme der im Beispiel dargestellten Form zur formalen Modellierung des dynamischen Verhaltens von Systemen eingesetzt werden können. Dazu stellen wir ein Verfahren vor, mit dem Datenflußdiagramme in formale Spezifikationen in der Spezifikationssprache SPECTRUM überführt werden. Wir gehen dabei aus von Datenflußdiagrammen, die sich wie im obigen Beispiel auf einen gemeinsamen Datenspeicher $\underline{Db}$ stützen. Die Struktur des Datenspeichers wird dabei wie oben durch ein Entity-Relationship Diagramm vorgegeben. Neben dem Datenspeicher $\underline{Db}$ treten in den von uns betrachteten Datenflußdiagrammen folgende Knotentypen auf:

- *Transaktionsknoten*, wie im obigen Diagramm die mit 'Anmeldung', 'Aufnahme', bzw. 'Nichtaufnahme' beschrifteten Rechtecke. Dabei unterscheiden wir Transaktionsknoten mit Ausgabe (von der Form a) und Transaktionsknoten ohne Ausgabe (von der Form b).

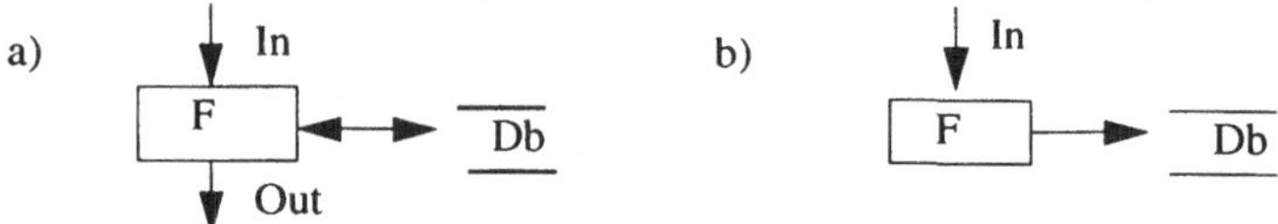

- *vordefinierte Knotentypen*, wie z.B. die durch eine Raute symbolisierte *Weiche* oder *Merge*-Knoten. Diese Knoten dienen zur Steuerung des Datenflusses.

Die Formalisierung der Datenflußdiagramme erfolgt nun in den folgenden drei Schritten:

1. Schritt: Formalisierung des Datenmodells
Das um Attributinformation ergänzte E/R-Diagramm zur Beschreibung des gemeinsamen Datenspeichers wird auf schematische Art und Weise übersetzt in die Spezifikation einer E/R-Datenbank. Eine solche Übersetzung ist beschrieben in [Hettler 93]. Dabei wird aus dem erweiterten E/R-Diagramm eine SPECTRUM-Spezifikation DBSPEC generiert, in der eine Sorte Db für Datenbankzustände spezifiziert wird zusammen mit primitiven Zugriffs- und Testoperationen, sowie Operationen zum Manipulieren der im Diagramm charakterisierten Entitäten und Relationen. Darüberhinaus wird aus der Information über die Beziehungstypen der im Diagramm angegebenen Relationen die Spezifikation eines Integritätsprädikates OK: Db → Bool auf Datenbankzuständen generiert.

2. Schritt: Formale Spezifikation der Transaktionen
Zu jedem Transaktionsknoten wird eine axiomatische Spezifikation einer entsprechenden Funktion auf Datenbankzuständen angegeben. Dabei wird zu einem Knoten der obigen Form a) eine SPECTRUM-Funktion f: In × Db → Out × Db spezifiziert, welche Eingaben der Sorte In in Ausgaben der Sorte Out transformiert und dabei eventuell auch den Zustand der Datenbank ändert. Zu einem Knoten der Form b) wird eine Funktion f: In × Db → Db spezifiziert. Zusätzlich verlangen wir für jede Transaktion f die Spezifikation einer Vorbedingung pre_f: In × Db → Bool, welche angibt, wann die Transaktion ausgeführt werden darf. Die Spezifikationen der Transaktionen und ihrer Vorbedingungen stützen sich dabei auf die in DBSPEC (siehe 1.Schritt) bereitgestellten Operationen. Die Vorbedingung der Transaktion 'Anmeldung' aus dem Beispiel könnte etwa folgendermaßen spezifiziert werden:

```
pre_anmeldung(name, adr, dat, ort, db) =
   ¬( ∃p: Patient, ah: Aufenthalt.
       p ∈ db ∧ ah ∈ db ∧ Name(p) = name ∧ GebDat(p) = dat ∧ GebOrt(p) = ort ∧
       ∧ verbringt(db)(p,ah) ∧ beendet(ah) = false)
```

Dabei besagt `verbringt(db)(p,ah)`, daß im Datenbankzustand `db` der Patient p mit dem Aufenthalt `ah` in der (im E/R-Diagramm beschriebenen) Relation `verbringt` steht. Somit drückt die Vorbedingung aus, daß es keinen Patienten in der Datenbank gibt mit einem noch nicht abgeschlossenen Aufenthalt, dessen Daten mit den Eingabedaten übereinstimmen.

Eine wichtige Konsistenzbedingung an die Spezifikation von `f` und `pre_f` ist, daß sich aus diesen Spezifikationen folgendes beweisen läßt: Bei Ausführung von `f` unter der Vorbedingung `pre_f` bleibt die Integrität der Datenbank gewahrt. In anderen Worten: die Transaktionen mit ihren Vorbedingungen sollten so spezifiziert sein, daß die Integritätsbedingung `OK` eine Invariante aller Transaktionen ist. Über diese Forderung hinaus machen wir zunächst keine Annahmen über die Spezifikation der Transaktionen.

<u>3. Schritt: Übersetzung der Datenflußdiagramme in Spezifikationen</u>
In diesem Schritt werden Datenflußdiagramme zusammen mit den zugehörigen Transaktionsspezifikationen auf schematische Art und Weise übersetzt in SPECTRUM-Spezifikationen von kommunizierenden Agenten. Dazu wird die in [FOCUS 92] dargestellte Methode der Spezifikation stromverarbeitender Funktionen gewählt. Der dritte Schritt untergliedert sich dabei in die folgenden Teilschritte:

<u>Schritt 3.1:</u> Zunächst wird dem Datenbankknoten die Spezifikation einer abstrakten Datenbankmaschine mit innerem Zustand zugeordnet, die Ströme von *Remote-Calls* aller Transaktionen bearbeitet und daraus Ströme von Rückantworten erstellt. Diese Spezifikation kann auf schematische Weise aus der Spezifikation der Transaktionen gewonnen werden. Den Transaktionsknoten werden stromverarbeitende Funktionen zugeordnet, welche Ströme von Eingaben in Ströme von Remote-Calls der entsprechenden Transaktionen abbilden und Ströme von Rückantworten in Ströme von Ausgaben.

<u>Schritt 3.2:</u> Die Spezifikationen der stromverarbeitenden Funktionen aus Schritt 3.1 werden zusammen mit fest vorgegebenen Spezifikationen für die vordefinierten Knoten wie Weiche und Merge-Knoten zusammengebaut zu einer Spezifikation, welche eine Menge von Abläufen des Datenflußdiagramms charakterisiert. Dabei verstehen wir unter einem Ablauf eines Datenflußdiagramms ein System von Strömen, wobei den Kanten im Diagramm Ströme von Daten zugeordnet werden, die die Geschichte auf den entsprechenden logischen Kommunikationskanälen darstellen.

In Kapitel 4 gehen wir näher auf den 3. Schritt der Formalisierung ein. Während die oben beschriebenen Schritte 1 und 3 schematische Übersetzungsschritte sind, die durch Werkzeuge automatisiert werden könnten, bleibt der Schritt 2, d.h. die Bereitstellung formaler Spezifikationen für die im Diagramm auftretenden Transaktionen, der Entwicklerin überlassen. Diese Spezifikationen sollten so gewählt werden, daß sie konsistent sind mit den durch die Übersetzung des Datenflußdiagrammes in Schritt 3 beschriebenen Abläufen. Deshalb ist es zur Unterstützung des zweiten Schritts erstrebenswert, aus der Struktur der Datenflußdiagramme Bedingungen zu generieren, die das korrekte Zusammenspiel der Ablaufspezifikation aus Schritt 3 mit der Spezifikation der Transaktionen garantieren. In Kapitel 5 führen wir an Hand des Beispiels die Generierung solcher Konsistenzbedingungen vor.

4 Übersetzung von Datenflußdiagrammen in Ablaufspezifikationen

Wir beschreiben hier an Hand des Beispiels die Übersetzung von um Spezifikationen für die Transaktionen ergänzten Datenflußdiagrammen in strombasierte Ablaufspezifikationen (Schritt 3 der Formalisierung von Datenflußdiagrammen). Zunächst führen wir dazu kurz die grundlegende Datenstruktur der Ströme ein und erläutern dann in den Abschnitten 4.1 und 4.2 die Teilschritte 3.1 und 3.2 der Formalisierung.

Für eine Sorte Data von Daten bezeichnen wir mit $Data^\omega$ die Menge der Ströme über Data, das heißt die Menge der endlichen und unendlichen Sequenzen über Data. Dabei schreiben wir $\perp$ für den den leeren Strom, der das kleinste Element von $Data^\omega$ bezüglich der Präfixordnung ist. $Data^\omega$ zusammen mit der Präfixordnung ist eine *vollständig partiell geordnete Menge* (cpo), die durch einen Konstruktor $.\&. : Data \times Data^\omega \to Data^\omega$, welcher einen Strom am Anfang um ein gegebenes Element verlängert, stetig erzeugt werden kann. Ein nützlicher Operator für Spezifikationen auf Strömen ist ein *Anzahloperator*, der das Vorkommen von Elementen in Strömen zählt. Im folgenden bezeichnen wir für ein Element x (einer Sorte Data) und einen Strom s (der Sorte $Data^\omega$) mit $\#(x, s)$ die Anzahl der Vorkommnisse von x in s. Diese Anzahl kann auch ∞ sein. Die Datenstruktur der Ströme läßt sich in SPECTRUM polymorph spezifizieren. Für Details zu dieser Spezifikation verweisen wir auf [Broy et al. 93].

4.1 Spezifikation stromverarbeitender Funktionen zu Datenspeicher- und Transaktionsknoten

Dem $\underline{Db}$ - Knoten wird die Spezifikation einer abstrakten Datenbankmaschine zugeordnet. Diese Spezifikation kann schematisch generiert werden aus der Spezifikation der Transaktionen und ihrer Vorbedingungen, die in Schritt 2 der Formalisierung geliefert wurden: Sei $\{f_i: In_i \times Db \to Out_i \times Db\ (1 \leq i \leq n)\}$ die Signatur dieser Transaktionen und DB_ACTION eine Spezifikation der f_i und ihrer Vorbedingungen. Ist f_i eine Transaktion ohne Ausgabe, so fassen wir den Ausgabetyp Out_i auf als den einelementigen Typ ("Unit"). Die abstrakte Datenbankmaschine wird spezifiziert als eine stromverarbeitende Funktion mit innerem Zustand (dem jeweiligen Zustand der E/R-Datenbank), die Ströme von *Calls* zur Ausführung dieser Transaktionen bearbeitet. Dabei ist die Ausführung eines jeden Calls eine atomare Aktion der Datenbankmaschine: Befindet sich die Datenbankmaschine in einem Zustand db, so führt sie einen Aufruf $f_i_call(d)$ nur aus, wenn die Vorbedingung $pre_f_i(d, db)$, siehe Kapitel 3, erfüllt ist. Ist dies der Fall, so geht die Datenbankmaschine in den Folgezustand db' über und produziert die Ausgabe v, wobei $(v, db') = f_i(d, db)$, andernfalls wird eine Fehlermeldung erzeugt und der Datenbankzustand ändert sich nicht. Die Datenbankmaschine startet in einem Anfangszustand init, der die Integritätsbedingung der Datenbank erfüllt. Die Datenbankmaschine läßt sich somit, abgestützt auf die Spezifikation DB_ACTION und eine Spezifikation STREAM für Ströme, folgendermaßen spezifizieren:

```
DB_MACH =
{ enriches DB_ACTION + STREAM;
  data Call = f_1_call(In_1)|....|f_n_call(In_n);
  data Answer = f_1_ans(Out_1)|...|f_n_ans(Out_n)|f_1_error|...|f_n_error;
  DB_mach : Call^ω × Db → Answer^ω;
  init: Db;
  axioms ∀ db: Db, d_1:In_1,...,d_n:In_n, ∀^⊥ calls: Call^ω in
      OK(init);
      DB_mach(⊥, db) = ⊥;

    < DB_mach( f_i_call(d_i) & calls, db) =
        if pre_f_i(d_i, db)
          then f_i_ans(v) & DB_mach(calls, db') where (v, db') = f_i(d_i, db)
          else f_i_error & DB_mach(calls, db) endif;>_1≤i≤n
  endaxioms}
```

Die zu den Transaktionsknoten F_i gehörigen Funktionen werden spezifiziert als stromverarbeitende Funktionen der Sorten $In_i^\omega \times Answer^\omega \to Out_i^\omega \times Call^\omega$ (bzw. $In_i^\omega \to Call^\omega$ im Falle von Transaktionen ohne Ausgabe), welche Ströme von Eingaben in Ströme von Calls der entsprechenden Transaktionen abbilden und gegebenenfalls Ströme von Antworten in Ströme von Ausgaben. Wir verzichten hier auf eine formale Spezifikation.

4.2 Die Konstruktion der Ablaufspezifikation

Im zweiten Schritt der Übersetzung von Datenflußdiagrammen in Spezifikationen (Schritt 3.2) werden zunächst den Kanten im Datenflußdiagramm Namen für Ströme des entsprechenden Typs zugeordnet. Den Kanten, die im Ausgangsdiagramm zum $\overline{\text{Db}}$ - Knoten führten, werden jetzt Namen für Ströme von Calls zugeordnet. Alle diese Ströme fließen in einem Merge-Knoten vor der Datenbankmaschine zusammen und der Antwortstrom der Datenbankmaschine wird an alle Transaktionsknoten mit Ausgabe geleitet. Für unser Beispiel erhalten wir damit das in Abbildung 3 angegebene Netz.

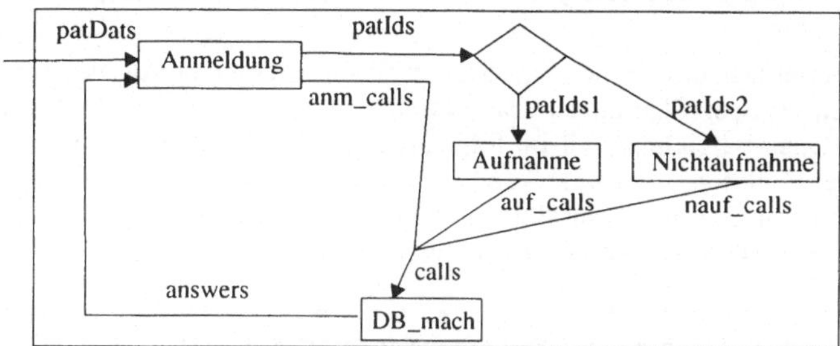

Abbildung 3: Das Diagramm aus Abbildung 2 als Netz von Strömen und stromverarbeitenden Funktionen

Für das so entstandene Netz wird nun aus den Spezifikationen in 4.1 und der Spezifikation der vordefinierten Knoten (auf die hier nicht näher eingegangen werden kann) auf schematische Weise eine lose Spezifikation für die im Netz benannten Ströme generiert: Insbesondere wird darin in einem "Fixpunktaxiom" verlangt, daß sich alle "inneren" Ströme des Diagramms (d.h. alle Ströme, die keine Eingabe von außen darstellen) ergeben als kleinste Lösung eines rekursiven Gleichungssystems, welches durch Zuordnung von stromverarbeitenden Funktionen zu den Diagrammknoten entsteht. Aus diesem Axiom folgt, daß die im Diagramm ausgedrückte Reihenfolge der Transaktionen in dem an die Datenbankmaschine gerichteten Aufrufstrom eingehalten ist. Neben dem "Fixpunktaxiom", welches *Sicherheitseigenschaften* gewährleistet, beinhaltet die Spezifikation noch *Lebendigkeitsbedingungen*: insbesondere wird verlangt, daß der an die Datenbankmaschine gerichtete Aufrufstrom ein "faires Merge" aller von den Transaktionsknoten ausgehenden Aufrufströme ist. Für Details verweisen wir auf [Nickl 93].

Beispiel: Die Ablaufspezifikation zum Datenflußdiagramm der Aufnahme

Angewandt auf unser Beispiel liefert die Übersetzung eine Ablaufspezifikation, die wir mit `AUFNAHME_ABLAUF` bezeichnen, welche die in Abbildung 3 auftretetenden Strombezeichner lose spezifiziert. Diese Spezifikation stützt sich ab auf die Spezifikation `DB_MACH` aus 4.1 , wobei für die f_i hier die zu den Transaktionsknoten gehörigen Funktionen `anmeldung`, `aufnahme` und `nichtaufnahme` mit ihren Vorbedingungen eingesetzt werden, und `DB_ACTION` eine Spezifikation dieser Funktionen ist.

Aus der Spezifikation `AUFNAHME_ABLAUF` folgt insbesondere für den von der Datenbankmaschine bearbeiteten Aufrufstrom `calls` folgende *Sicherheitseigenschaft*: zu jedem Aufruf der Transaktion `aufnahme` oder `nichtaufnahme` mit einem Patientenidentifikator `pid` im Strom `calls` gibt es einen zugehörigen *davorliegenden* Aufruf der Transaktion `anmeldung`, dessen Bearbeitung das Ergebnis `pid` liefert. In anderen Worten: die im Diagramm ausgedrückte Kausalität "`anmeldung` vor `aufnahme` bzw. `nichtaufnahme`" wird im Aufrufstrom `calls` respektiert. Außerdem folgt aus `AUFNAHME_ABLAUF` für den Strom `calls` die *Lebendigkeitseigenschaft*, daß es zu jedem geglückten Aufruf von `anmeldung` entweder einen Aufruf von `aufnahme` oder einen Aufruf von `nichtaufnahme` gibt. Formal werden diese Eigenschaften durch den zu Beginn von Kapitel 4 eingeführten Anzahloperator ausgedrückt:

Sicherheitseigenschaft des Stroms `calls` in der Spezifikation AUFNAHME_ABLAUF

Für jeden Präfix `cs` von `calls` gilt

$$\forall\ \texttt{pid:PatId.}\ \#(\texttt{aufnahme_call(pid)}, \texttt{cs}) + \#(\texttt{nichtaufnahme_call(pid)}, \texttt{cs})$$
$$\leq \#(\texttt{anmeldung_ans(pid)},\texttt{as})\ \textbf{where}\ \texttt{as} = \texttt{DB_mach(cs, init)}$$

Lebendigkeitseigenschaft des Stroms `calls` in der Spezifikation AUFNAHME_ABLAUF

$$\forall\ \texttt{pid:PatId.}\ \#(\texttt{aufnahme_call(pid)}, \texttt{calls}) + \#(\texttt{nichtaufnahme_call(pid)}, \texttt{calls})$$
$$= \#(\texttt{anmeldung_ans(pid)},\texttt{answers})\ \textbf{where}\ \texttt{answers} = \texttt{DB_mach(calls, init)}$$

Im nächsten Kapitel wählen wir die obige Sicherheitseigenschaft als Ausgangspunkt für Konsistenzprüfungen der Spezifikation der Transaktionen in `DB_ACTION` mit der Struktur des Aufnahme-DFD's. Dazu bezeichnen wir im folgenden ein Tripel (`DB_mach`, `init`, `calls`) bestehend aus einer Funktion `DB_mach`: `Call`$^\omega$ × `Db` → `Answer`$^\omega$ mit Anfangszustand `init` und einem Strom von Calls der Transaktionen `anmeldung`, `aufnahme` und `nichtaufnahme` als einen *kausal korrekten Aufnahme-Ablauf einer `DB_ACTION` - Datenbankmaschine*, wenn

- `DB_mach` und `init` die sich auf `DB_ACTION` abstützende Spezifikation `DB_MACH` erfüllen
- Der Aufrufstrom `calls` die obige Sicherheitseigenschaft besitzt.

5 Zur Konsistenz der Transaktionsspezifikationen mit den Diagrammen

Die durch Übersetzung aus einem Datenflußdiagramm gewonnene Ablaufspezifikation ist eine Ausgangsbasis für eine formale Analyse des dynamischen Systemverhaltens. Insbesondere können Konsistenzprüfungen der Spezifikation der Transaktionen mit der aus der Ablaufspezifikation folgenden Reihenfolge der Transaktionen erfolgen. Wir zeigen hier an Hand des Beispiels, wie sich aus dem Aufnahme-DFD (Abb. 2) auf schematische Weise Bedingungen an die Spezifikation der Transaktionen `anmeldung`, `aufnahme` und `nichtaufnahme` generieren lassen, welche garantieren, daß jeder Aufrufstrom, der die Ablaufspezifikation erfüllt, auch zulässig im Sinne der Vorbedingungen der Transaktionen ist. Genauer geben wir Beweisverpflichtungen an die Spezifikation `DB_ACTION` an, die folgende *Konsistenzeigenschaft* mit den durch das Diagramm beschriebenen Abläufen gewährleistet:

In jedem kausal korrekten Aufnahme-Ablauf (`DB_mach`, `init`, `calls`) einer `DB_ACTION`-Datenbankmaschine liefert die Ausführung eines jeden Aufrufs von `aufnahme` und `nichtaufnahme` ein Ergebnis verschieden von `error`, d.h. der Antwortstrom `DB_mach(calls, init)` enthält keine `errors` zu Aufrufen dieser Transaktionen.

Hierbei werden keine Fehler bei der Bearbeitung der Anfangstransaktion `anmeldung` ausgeschlossen. Wird zum Beispiel die Vorbedingung `pre_anmeldung` so gewählt wie in Kapitel 3, dann erfolgt immer dann ein Fehler, wenn sich ein Patient anmelden will, zu dem im jeweiligen Zustand der Datenbank ein aktueller Aufenthalt eingetragen ist. Es sollte aber gewährleistet sein, daß im Falle der erfolgreichen Ausführung der Anfangstransaktion alle weiteren Transaktionen fehlerfrei erfolgen. Dies ist eine wichtige Bedingung an langdauernde Abläufe, die sich aus mehreren Aktionen zusammensetzen: wurde der Ablauf einmal begonnen (durch Ausführung der ersten Aktion), so sollte er auch fehlerfrei beendet werden können.

Da im Aufrufstrom `calls` nach Voraussetzung die Kausalität `anmeldung` vor `aufnahme` und `nichtaufnahme` eingehalten ist, läßt sich aus der Spezifikation der Datenbankmaschine leicht zeigen, daß die folgenden Bedingungen (K1) - (K3) an `DB_ACTION` die gewünschte Konsistenzeigenschaft garantieren. Dabei setzen wir im Spezifikationstext vereinfachend $a_1 := \texttt{aufnahme}, a_2 := \texttt{nichtaufnahme}$.

(K1) Die Nachbedingung von `anmeldung` garantiert die Vorbedingung von `aufnahme` und `nichtaufnahme`, das heißt (in der obigen Abkürzung für `aufnahme` und `nichtaufnahme`)

$\forall$ `name, adr, dat, ort, db`.

    `pre_anmeldung(name,adr,dat,ort,db)` $\Rightarrow$ `pre_a`$_1$`(pid, db')` $\wedge$ `pre_a`$_2$`(pid, db')`

                where `(pid, db')` = `anmeldung(name, adr, dat, ort, db)`

Diese Bedingung alleine genügt aber noch nicht um die fehlerfreie Ausführung von `aufnahme` und `nichtaufnahme` zu garantieren: die Datenbankmaschine kann zwischen der Ausführung des Aufrufs `anmeldung_call(name,adr,dat)` und des nachfolgenden Aufrufs `aufnahme_call(pid)` (bzw. `nichtaufnahme_call(pid)`) sowohl Aufrufe der Transaktion `anmeldung` bearbeiten, als auch Aufrufe von `aufnahme` und `nichtaufnahme`, die sich auf frühere Anmeldungen beziehen. Deshalb erhalten wir noch folgende zusätzliche Bedingungen

(K2) Nichtinterferenz von `anmeldung` mit den Vorbedingungen zu `aufnahme` und `nichtaufnahme`: Die Vorbedingung `pre_aufnahme` oder `pre_nichtaufnahme` zu einem Patientenidentifikator `pid` wird bei einer Ausführung von `anmeldung` bewahrt, und `anmeldung` liefert einen Patientenidentifikator *verschieden* von `pid`, d.h. für i $\in$ {1,2}

$\forall$ `pid, name, adr, dat, ort, db`.

    `pre_a`$_i$`(pid, db)` $\wedge$ `pre_anmeldung(name, adr, dat, ort, db)` $\Rightarrow$

    `pre_a`$_i$`(pid, db')` $\wedge$ `pid` $\neq$ `pid'`

              where `(pid', db')` = `anmeldung(name, adr, dat, ort, db)`

(K3) Nichtinterferenz von `aufnahme` und `nichtaufnahme` mit verschiedenen Patientenidentifikatoren: für jede Kombination i, j $\in$ {1,2} gilt

$\forall$ `pid, pid', db`.

    `pre_a`$_i$`(pid, db)` $\wedge$ `pre_a`$_j$`(pid', db)` $\wedge$ `pid` $\neq$ `pid'` $\Rightarrow$ `pre_a`$_i$`(pid, db')`

            where `db'` = `a`$_j$`(pid', db)`

Allgemeiner lassen sich zu jedem Diagrammausschnitt der in Abbildung 4 angegebenen Form, wobei `Key` eine beliebige Sorte von Schlüsseln ist, Konsistenzbedingungen an die Spezifikation der Transaktionen generieren, welche die fehlerfreie Ausführung der `f`$_i$ in jedem kausal korrekten Ablauf garantieren.

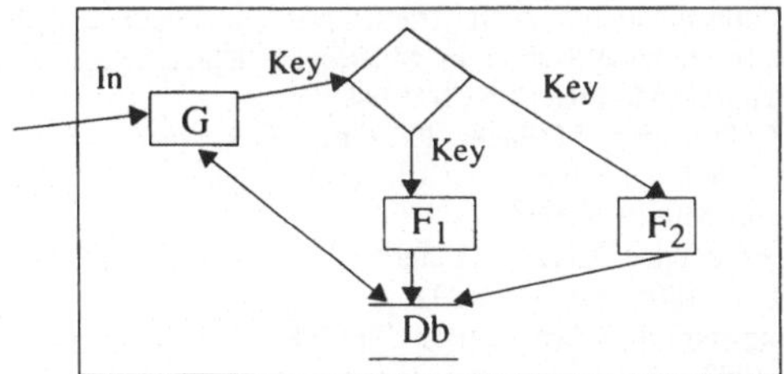

Abbildung 4: Verallgemeinerung des Datenflußdiagramms in Abbildung 2

Hierzu müssen in (K1)-(K3) nur `anmeldung` durch `g` und die `a`$_i$ durch `f`$_i$ ersetzt werden (mit entsprechenden Parametern). Enthält das Gesamtdiagramm noch weitere Transaktionsknoten, so muß zusätzlich verlangt werden, daß die Ausführungen aller Transaktionen verschieden von `g`, `f`$_1$ und `f`$_2$ die Vorbedingungen `pre_f`$_1$ und `pre_f`$_2$ bewahren.

Die angegebenen Konsistenzbedingungen sind ohne Bezugnahme auf die Stromsemantik formuliert und lassen sich direkt aus der Struktur der Datenflußdiagramme erzeugen. Sie stellen Richtlinien für die korrekte Spezifikation der Transaktionen dar. Hier studierten wir die Erzeugung von Beweisverpflichtungen an einem speziellen Beispiel. Im Gegensatz zur Übersetzung von Datenflußdiagrammen in Ablaufspezifikationen, die in [Nickl 93] in allgemeiner Form gegeben ist, ist die Generierung von Beweisverpflichtungen zu beliebig strukturierten Datenflußdiagrammen noch ein Ziel aktueller Forschung.

6 Abschließende Bemerkungen: Verwandte Arbeiten und Ausblick

Wir stellten eine Methode zur Modellierung des dynamischen Verhaltens von Systemen durch Datenflußdiagramme und axiomatische Spezifikation in der algebraisch, axiomatischen Spezifikationssprache SPECTRUM vor. Dabei werden um Kontrollaspekte angereicherte Datenflußdiagramme übersetzt in strombasierte Spezifikationen. Eine Übersetzung "klassischer" Datenflußdiagramme mit sequentiellem Ausführungsmodell in VDM-Spezifikationen wurde in [Larsen et al. 93] angegeben. Wir wählen in unserer Übersetzung eine verteilte Sicht und interpretieren ein Datenflußdiagramm, wie in [France 92] als ein Netz kommunizierender Agenten. Während in [France 92] eine operative Semantik für Datenflußdiagramme angegeben und einem Diagramm ein algebraisches Zustandsübergangssystem zugeordnet wird, wählen wir die in [FOCUS 92] dargestellte Methode der Spezifikation stromverarbeitender Funktionen. Die hier angegebene Übersetzung von Datenflußdiagrammen in Ablaufspezifikationen geht dabei aus von einem zentralen Datenspeicher, mit dem alle den Transaktionsknoten zugeordneten Agenten über Nachrichten (Calls) kommunizieren. Diesem zentralen Datenspeicher wird eine zentrale Zustandsmaschine zugeordnet. Ein wichtiges Ziel weiterer Untersuchungen ist die Ersetzung dieser Maschine durch mehrere, miteinander kommunizierende Datenbankmaschinen.

Für anregende Diskussionen und wertvolle Kommentare bedanke ich mich bei M. Broy, S. Gastinger, R. Hettler, H. Hußmann, M. Löwe, B. Paech, B. Reus und M. Wirsing.

Literaturangaben

[Broy et al. 93] M. Broy, C. Facchi, R. Grosu, R. Hettler, H. Hußmann, D. Nazareth, F. Regensburger, O. Slotosch, K. Stølen: The Requirements and Design Specification Language SPECTRUM - An Informal Introduction, Version 1.0, Technischer Bericht TUM I9311-12, Technische Universität München, 1993.

[Cornelius et al. 94] F. Cornelius, H. Hußmann und M. Löwe: The KORSO Case Study for Software Engineering with Formal Methods: A Medical Information System. In: M. Broy, S. Jähnichen (eds.): KORSO - Correct Software by Formal Methods, to appear in Springer LNCS, 1994.

[FOCUS 92] M. Broy, F. Dederichs, C. Dendorfer, M. Fuchs, T.F. Gritzner, R. Weber: The design of distributed systems - An introduction to FOCUS. Technischer Bericht TUM I9202, SFB - Bericht Nr. 342, Technische Universität München, 1992.

[France 92] R. B. France. Semantically Extended Data Flow Diagrams: A Formal Specification Tool. IEEE Transactions on Software Engineering, SE-18(4): 329-346, 1992.

[Hettler 93] R. Hettler. Zur Übersetzung von E/R-Schemata nach SPECTRUM. Technischer Bericht TUM I9333, Technische Universität München, 1993.

[Larsen et al. 93] P. G. Larsen, N. Plat, H. Toetenel: A Formal Semantics of Data Flow Diagrams, Formal Aspects of Computing, 1993.

[Nickl 93] F. Nickl: Ablaufspezifikation durch Datenflußmodellierung und stromverarbeitende Funktionen, Technischer Bericht I9334, Technische Universität München, 1993.

[Slotosch et al. 93] O. Slotosch, F. Nickl, S. Merz, H. Hußmann und R. Hettler. Die funktionale Essenz von HDMS-A, Technischer Bericht I9335, Technische Universität München, 1993.

[Woodman 88] M. Woodman: Yourdon dataflow diagrams: A tool for disciplined requirements analysis. Information and Software Technology Vol. 30, No. 9 (1988) pp. 515-533.

Graphical Support for Prototyping of Algebraic Specifications

Roswitha Bardohl   Ingo Claßen

Technical University of Berlin

Abstract. Graphical support for prototyping of algebraic specifications is provided by means of suitable concepts to visualize term structures. Using these concepts, prototyping tools in existing specification systems, based on term rewriting and narrowing techniques can be provided with graphical output.

1   Introduction

Existing specification systems like OBJ3 [GW88], ASSPEGIQUE [BC85], the ASF/SDF environment [BHK89], and the ACT environment [CEW93] usually provide some way to execute algebraic specifications. In this way a form of early prototyping is supported that turned out to be useful in validating design decisions in early stages.

Term rewriting and narrowing techniques are often employed as the underlying operational model introducing terms as elementary structures. Although these structures are suitable as the operational processing concept, they are not suited for recognition by the user of the prototyping tool. Therefore most specification systems provide means to enhance the readability of output (see also [FW93, BeGa86]).

This paper is concerned with the transformation of terms into graphical structures thus providing a systematic way to visualize the output of prototyping tools. We describe concepts for the graphical visualization of terms that are the basis of the graphical description language $\mathcal{G}y\mathcal{T}$ [Bar93], developed and implemented at the Technical University of Berlin as part of the ACT environment. Such concepts provide a pragmatic integration of semi–formal methods into formal specification techniques with the goal of better acceptance of formal methods in practical software development.

2   Concepts

Our concepts for graphical visualization of terms have been influenced by the troff preprocessor PIC [Ker81, Ker82] for drawing simple figures and diagrams within a text processing environment. We adopted the same elementary processing mechanisms, namely a box concept and corresponding positioning operators that have been proved useful in providing figures and diagrams of moderate size and complexity. Of course, these mechanisms are not sufficient for our purposes

and have been extended by explicit support of the notion of *sort* that is central
in the theory of algebraic specifications, the ability to deal with the recursive
nature of terms, and the linking of sorts and operations of the algebraic specification to operations of the graphic specification, which is in fact the heart of
the visual subject.

To give a first impression of our concepts for graphical visualization of terms
assume there is a specification of strings like in the following ACT ONE [CEW93]
data type

```
type STRING is
     extend CHAR by
     sorts          String
     constructors empty: →String
                   ladd: Char, String →String
     endext
endtype
```

and we want to produce readable output for a term like

$$t = \text{ladd(c_g, ladd(c_r, ladd(c_a, ladd(c_p, ladd(c_h, ladd(c_i, ladd(c_c,}$$
$$\text{empty)))))))}$$

where we assume that c_g, c_r, etc. are corresponding constants of sort *Char*.
The following statements will provide the desired result, in this case the string
graphic:

```
c_a = "a".
. . .
c_z = "z".
empty = null.
ladd(x, l) = x; l.
```

These statements rely on the syntax of our graphical description language
$\mathcal{G}_{V}\mathcal{T}$ [Bar93] that realizes the concepts to be discussed in this paper. The statements are to be understood as follows: If constant c_a is encountered in a term
then print letter a. If constant *empty* is encountered print nothing, and if the
term has *ladd* as its top–most operation symbol print the first argument (indicated by variable x) and thereafter the second argument (variable l).

The essence of such statements is that graphical information is attached to
individual operation symbols.

2.1   The Extensible Type System

One of the very important concepts for graphical visualization of terms is the
introduction of a type system having the following characteristics:

- **Data type orientedness:** Structures and operations are regarded as a unit.
- **Hierarchical structure:** A notion of *subtype* together with an inheritance
  mechanism as known from object–oriented programing languages is supported.

- **Extensibility:** The sorts of the given algebraic specification are regarded
  as types in the sense of our type system thus extending our set of built–in
  types (see below).

The following figure gives an overview of the actual type hierarchy:

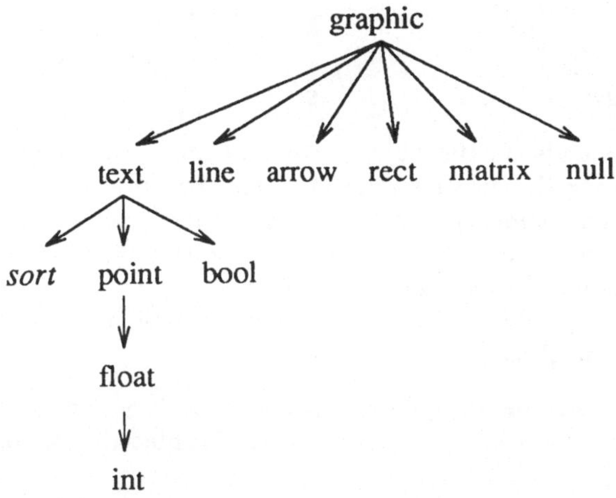

Since everything is regarded as a graphical object, every type inherits from type
graphic. This type has associated operations like *;: graphic, graphic →graphic*
– the composition operator to compose complex graphical objects from simpler
ones and *.s: graphic →point* – a reference operator (see section 2.2).

Note that type *sort* is actually a family of types in the sense of our type
system, namely one type for each sort of the underlying algebraic specification.
The usefulness of such a type system stems from the fact that on the one hand
we can use operators like + on numbers for calculation of positions, and on the
other hand we can also write something like *2[italic, 12pt]* with the intended
meaning of providing a graphical output of the number 2 in italics with a size of
twelve points. The latter is possible since type *int* inherits from type *text* which
in turn provides the []–operator for attribution.

2.2 Boxes and Positioning

Every graphical object is enclosed by an imaginary box and can be referenced
and positioned by definite reference points. Reference points reflect the directions
of a compass:

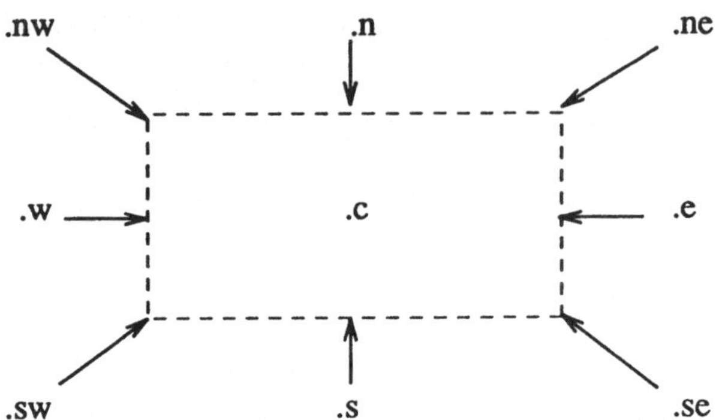

The box size depends on the object. For *text* types and their subtypes it will be calculated using the writing style and size. For objects of type *null, rect* or *matrix* the box size is identical with the object itself. The box size of *lines* and *arrows* depends on the direction and the parameter (a *line/arrow* can be marked with another graphical object above or below).

Positioning of graphical objects is connected with the composition operator and can be done in three ways:

1. **Standard Positioning:** The composition $A; B$ of two graphical objects A and B results in a composed object where B is placed with its reference point .sw at A.se:

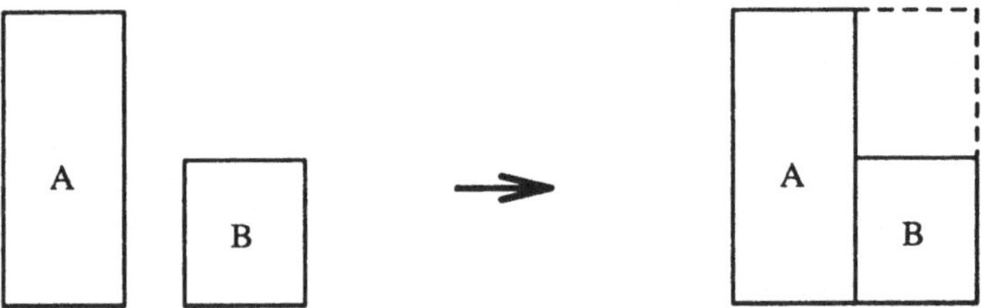

   The result is a box enclosing A and B. A has as position the null point (lower left corner) within this box. The x–coordinate of B results from the breadth of A.

2. **Explicit Positioning:** The composition $A; B$ *with .sw at A.ne* results in the following composed object:

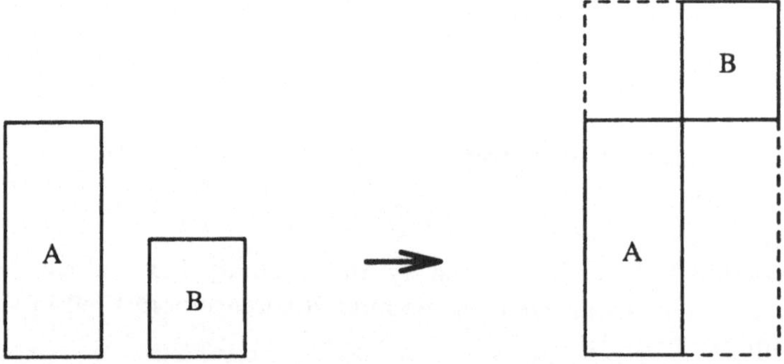

3. **Moving:** A special *move* instruction is provided to explicitly change the position. This affects standard positioning of subsequent graphical objects.

2.3 Function Definitions

In connection with the type system (section 2.1) we also provide the capability of defining (auxiliary) functions. This feature is essential to produce graphical output whose structure does not conform to that of the underlying term. The following example may clarify this problem. Assume we have the following specification of natural numbers in ACT ONE:

```
type NAT is
      sorts         Nat
      constructors  zero: →Nat
                    s: Nat →Nat
  endtype
```

If we now want to produce the usual decimal representation of the term s(s(s(zero))), namely the number 3, we must recognize that we cannot attach graphical information to the individual operation symbols *zero* and *s* in such a way that the desired result is produced. In fact, we must process the whole term in one step and afterwards produce some output. This may be accomplished by use of function definitions. First of all we provide an output statement like in the *STRING* example above:

$$\text{Nat x} = \text{convert(x)}$$

This is to be understood as follows: If a term of sort *Nat* is encountered, function *convert* is called with this term and the result of this function application is printed, where *convert* is the following (user–defined) function:

```
int convert(Nat x)
{ case x of zero = 0 .
              s(y) = convert(y) + 1 .
    esac }
```

This definition shows the usefulness of the extensibility of our type system where sorts of the given algebraic specification (in this case sort *Nat*) can be used in the same way like the built–in type *int*.

3   An Example: Graphical Representation of Binary Trees

This section presents a more complex example using our visualization concepts, and deals with binary trees of strings.

```
type BINTREE is
      extend STRING by
      sorts         Bintree
      constructors  leaf: String →Bintree
                    both: Bintree, String, Bintree →Bintree
        endext
  endtype
```

Assume the following term is given:

$$t' = \text{both(both(leaf(ladd(c_p,ladd(c_o,ladd(c_s,ladd(c_s,ladd(c_i,ladd(c_b,}$$
$$\text{ladd(c_l,ladd(c_e,empty)))))))))),}$$
$$\text{ladd(c_i,ladd(c_s,empty)),}$$
$$\text{leaf(ladd(c_a,ladd(c_n,ladd(c_d,empty))))),}$$
$$\text{ladd(c_a,ladd(c_l,ladd(c_l,empty))),}$$
$$\text{both(leaf(ladd(c_n,ladd(c_o,ladd(c_t,empty))))),}$$
$$\text{ladd(c_i,ladd(c_s,empty)),}$$
$$\text{leaf(ladd(c_d,ladd(c_i,ladd(c_f,ladd(c_f,ladd(c_i,}$$
$$\text{ladd(c_c,ladd(c_u,ladd(c_l,ladd(c_t,empty))))))))))))))))).}$$

which undoubtly is hard to recognize. The following statements

```
leaf(x) = rect(x).
both(b1, x, b2) =  b1;
                   b2 with .nw at (b1.ne + [5,0]);
                   a: (rect(x) with .s at
                     b1.nw + [(b1.width + b2.width)/2.+2.5, 2.]);
                   arrow from a.s to b1.n;
                   arrow from a.s to b2.n.
```

will produce this (much more readable) output:

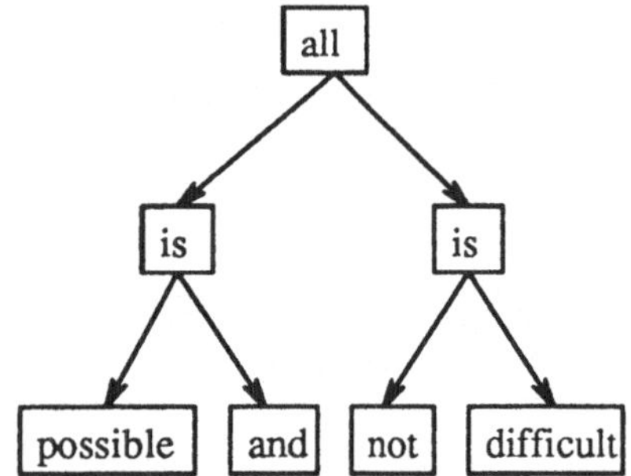

This example exhibits some additional concepts. First of all, graphical objects can be labeled for later reference (see label *a:* above). Second, calculations with positions are possible. This is used in our example to center a parent node horizontally between its two children.

The statement for the operation symbol *both* is to be read as follows: First produce output for the left child. Thereafter produce output for the right child using explicit positioning (see section 2.2) and then produce output for the parent node also using explicit positioning. Finally, draw the connecting arrows.

4   Conclusion

This paper has presented some concepts to support prototyping of algebraic specifications by graphical visualization of terms. Based on a box concept and corresponding positioning operations we included a mechanism to combine sorts and operations from an algebraic specification with graphical instructions to handle term structures in an appropriate way. We have introduced a data type oriented, hierarchical, and extensible type system and function definitions to provide graphical visualizations that do not correspond to the structure of the underlying term (see section 2.3). Some small examples have been presented giving a first impression of our graphic facilities. A more comprehensive example – the visualization of terms representing the states of a syntax directed editor – can be found in [CEW93].

The concepts presented above have been implemented within the language $\mathcal{G}\gamma\mathcal{T}$ [Bar93] which is integrated into the ACT environment and can be seen as a first step towards support for prototyping of algebraic specifications in the ACT approach [CEW93]. Our concepts are, of course, not restricted to the ACT environment but can be adapted to other specification environments as well. The only requirement is that these environments provide some kind of signature in the algebraic sense, and the corresponding operational model is based on terms wrt. this signature.

Extension of our work can follow several directions:

- Introduction of parameterized graphical descriptions to provide direct support for parameterized data types.
- Graphical manipulation of input, i.e., interactive manipulation of graphical objects and the transformation of these objects into term structures. Such kind of manipulation has some similarities with techniques presented in [Gog87], although on a much less sophisticated level. These extension would be very useful in a prototyping scenario since it provides a user–friendly interaction with the prototype.
- Theoretical foundation to provide some kind of formal (correctness) relation between terms and their graphical representation, as presented in [Rie93].

References

[Bar93] R.Bardohl, *Konzept und Implementierung der Sprache $\mathcal{G}\gamma\mathcal{T}$ zur graphischen Visualisierung von Termen algebraischer Spezifikationen*, Institut für Software und Theoretische Informatik, Forschungsgruppe Formale Spezifikationen, Technische Universität Berlin, Diplomarbeit, 1993

[BeGa86] H.Bertling, and H.Ganzinger, *Paraphrasing in the PROSPECTRA System*, University of Dortmund, in: the Project PROgram development by SPECification and TRAnsformation, Project Ref. No. 390, 1986

[BC85] M.Bidoit and C.Choppy, *ASSPEGIQUE: An integrated environment for algebraic specification*, in: TAPSOFT'85, LNCS 186, pages 246–260, Springer, 1985

[BHK89] J.A.Bergstra, J.Heering, and P.Klint, *Algebraic Specification*, Frontier Series, ACM Press, Addison–Wesley, New York, 1989

[CEW93] I.Claßen, H.Ehrig, and D.Wolz, *Algebraic Specification Techniques and Tools for Software Development – The ACT Approach*, vol. 1 of AMAST Series in Computing, World Scientific Publishing, 1993

[FW93] M.Fröhlich, and M.Werner, *Anforderungen an das Visualisierungssystem da'Vinci*, Universität Bremen, Fachbereich Mathematik & Informatik, Arbeitsgruppe Prof. Krieg–Brückner, Interner Report, März 1993

[Gog87] J.A. Goguen, *Graphical Programming by generic example*, in: Steven Kartashev and Svetlana Kartashev, eds.; Proc. 2nd Int. Supercomputing Conf., Vol I, pp 209–216, Int. Supercomputing Inst., Inc. (St.Petersburg, FL), 1987

[GW88] J.A. Goguen and T.Winkler, *Introducing OBJ3*, Technical Report SRI–CSL–88-9, SRI, August 1988

[Ker81] B.W.Kernighan, *PIC – A Language for Typesetting Graphics*, Bell Laboratories, New Jersey 07974, in: SIGPLAN Symposium on text manipulation, Portland, Oregon, 1981

[Ker82] B.W.Kernighan, *Typesetting Mathematics, Tables and Diagrams*, Bell Laboratories, Murray Hill, 1982

[Rie93] C.Rieckhoff, *Eine Theorie zur graphischen Visualisierung algebraischer Spezifikationen*, Dissertation D83 am Fachbereich 20 der Technischen Universität Berlin, 1993

Formal Foundations for
Pragmatic Software Engineering Methods

Heinrich Hussmann
Institut für Informatik, Technische Universität München, D-80290 München[1]
Siemens AG, Bereich ÖN, Hofmannstr. 51, D-81359 München[2]

1 Introduction: Two Worlds of Software Engineering

Research into methods for the systematic construction of well-structured and adequate software currently comprises two mainly independent fields. Both fields are separate worlds using their own notion and having their own tradition. We will call these separate worlds the *formal* and the *pragmatic* world.

1.1 The Formal World

The formal world understands software development as an activity on the borderline between programming and working in a mathematical calculus. In particular, in a formal method the first statement of requirements for an intended system must be made within a syntax which has a precise mathematical semantics in the sense of model theory or deduction. The process of program development essentially consists in finding a well-structured program which fulfils the formally stated requirements in a purely mathematical-logical sense. Research based on these ideas has proceeded up to the point where industrial application is envisaged, primarily for safety-critical systems. However, practical application concentrates on complex algorithms for well-defined problems, mainly from the area of systems programming. Only few steps have been made towards application programming.

1.2 The Pragmatic World

The pragmatic world of software engineering did not arise from mathematics, but from experiences with the design of large application systems, in particular information systems and process control systems. It is much influenced by economical and managerial considerations. Therefore, this branch of software engineering has put serious effort into the engineering of requirements. As a prerequisite for the early involvement of users of the intended system, a number of graphical notations have been developed which are said to be understandable even to non-specialists in programming. Famous examples for such notations are data flow diagrams [DeM79] and Entity-Relationship (ER) diagrams [Che76]. In order to cover all aspects of an intended system (static, dynamic and functional aspects), several such notations have been combined into complex methods which also provide detailed models for the software development process itself. As a typical example for such a method, we have studied in detail the British quasi-standard method SSADM [DCC92]. But also most of the ideas discussed here apply as well to recent object-oriented specification methods (like OMT [RBP+91]).

Unfortunately, both the formal and the pragmatic methods have serious drawbacks. The central claim of this paper is that the strengths of one world can be used to compensate the weaknesses of the other.

---

[1] This work was partially sponsored by the BMFT through the compound project "KORSO".

[2] New address valid after June 1994.

1.3 The Scaling-Up Problem for Formal Methods

There is a principal problem in "scaling up" formal methods to specifications of large application systems, like business information systems or process control systems. This is due to the following reasons:

- Formal specification languages are not suitable for a first sketch of the structure of a system and of its role within an existing organization.

- Formal specifications lack adequate features for deriving several simpler views of a complex system.

- Large application systems frequently use a standardized architecture which is not supported by current formal specification techniques.

All these problems are addressed by pragmatic methods. These frameworks in most cases aim at a specialized type of software. For instance, SSADM is meant for the development of information systems. They offer notations oriented towards the use of standard software (like ER data modelling which can be easily mapped onto database schemes). Most of these methods comprise a way to represent different views of a system (like overall vs. detailed views, static vs. dynamic views).

1.4 The Integration Problem for Pragmatic Methods

Despite of these advantages, the pragmatic methods suffer from a structural problem, too. A recent study of 29 commercial software development projects in Germany [BHS92] has shown for instance that only one single technique (Entity-Relationship modelling) is used frequently (in 24 projects). All other methods or even notations are used only to a small extent.

We claim here that many of the problems with pragmatic methods are due to a lack of *semantic integration*. Current pragmatic methods do not define a semantic model of a system from which all notions and notations are derived consistently and precisely.

- Current compound methods do not define a precise notion of consistency for a set of documents written in several diagrammatic or textual notations.

- Even in well-established methods like SSADM, the central notions (like "entity", "event" or "process") are defined in an imprecise way which leaves open various interpretations.

The claim of this paper is that formal methods can be used to overcome the lack of semantic integration in pragmatic methods. We propose to provide an exact syntax and semantics for pragmatic specification frameworks. Such a formal foundation can be seen as a semantic analysis and is helpful in finding improvements for the concepts used in such methods. Moreover, a close integration between formal and pragmatic specification languages to a hybrid fromal/pragmatic approach is only a small step away on the basis of such a foundation.

This paper is structured as follows: Section 2 presents our general approach to define formal foundations for a pragmatic method and briefly discusses some alternative options. A more detailed discussion including several references to literature can be found in [Hus93]. Section 3 shows excerpts from an ongoing effort to define an axiomatic foundation for SSADM [Hus94] and gives a few examples for possible improvements of SSADM based on the formal semantics.

2 Formal Foundations for Pragmatic Notations

In this section we present the characteristics of the set-up we have used to give formal foundations for SSADM. However, the basic approach is so general that it is applicable to many other software engineering methods as well.

2.1 Formal Foundation Instead of Formal Additions

Formal foundation means to assign a precise semantics to the notations of SSADM notations. This can be done in such a way that the practical use of the formally founded pragmatic method does not require any eductaion in formal methods. By formal foundation, just more rigorous quality checks become available, and all notions and notations get a precise definition.

Since the method SSADM in its current state is defined as informal, any definition of a formal semantics also means a refinement of the method itself. To avoid any misunderstandings, we will call our variant of SSADM where the notations are given a formally defined meaning, from now on SSADM-F (for "formal").

The decision to refine the pragmatic notations towards a formal foundation distinguishes our approach from the SAZ project ("SSADM and Z", [PWM93]), which uses the pragmatic SSADM framework "as it is" and adds Z specifications as an additional notation.

2.2 Meta-Specification Instead of Translation Rules

By its formal foundation, an SSADM-F specification is equivalent to a set of logical axioms. So a natural approach for defining the semantics is to give translation rules how an SSADM-F specification is transformed into a set of axioms. We prefer here a more complex approach, for the following reasons:

- If the axioms resulting from a translation are modified, it is quite difficult to define an appropriate backwards translation into the pragmatic notations.

- If the set of axioms is defined indirectly via translation rules, any investigation of properties of the axiom set, like logical concistency, involves an analysis of the translation process.

We propose to use the same scheme as in denotational semantics for programming languages. First, an abstract syntax for the pragmatic notations (including diagrams) is defined. Based on this abstract syntax, general axioms are given which state the meaning of expressions in the abstract syntax. This style of definition allows us to study the logical consistency of the semantics completely on a meta-level. The question of backwards translation disappears, since concrete expressions of the abstract syntax are not translated at all, but are just put besides the axioms defining the semantics.

The actual choice of the specification language is not crucial for the general approach we are describing here. We have chosen the axiomatic language SPECTRUM [BFG+93], which has a number of useful features for our task, like general first-order axioms and loose semantics.

3 Formal Foundations for SSADM

In [Hus94], a formal foundation for the most essential parts of the SSADM method is given. This section tries to give an impression of the general style of this work. Some preliminary results about SSADM-F (the proposed "improvement" of SSADM) are included at the end of the section.

The method SSADM has been chosen for the study, because it is frequently used in practice and well documented. Moreover, it is a typical compound method, which integrates several typical pragmatic means of notation. Due to space limitations, we can give more details only for one type of SSADM document: the Logical Data Model (Entity-Relationship Modelling).

3.1 The Semantic Reference Specification

The semantics of a SPECTRUM specification is the class of models fulfilling its axioms. For SSADM-F, we are interested in models which represent information systems. So we start by defining axiomatically the abstract essentials of an information system. This "core" specification is then refined in various ways by the axiomatic specifications representing different SSADM specification techniques.

In our reference specification for information systems, the following components are essential: a system state (usually a data base), a set of admitted input events and a set of produced output events. In SPECTRUM, this is written simply as a declaration of three sorts:

> **sort** State, InpEv, Output;

The abstract functionality of the system consists of three functions: An acceptance (acc) predicate determines whether a given input event is admitted in a given system state. The next function is defined for such states and input events where the acceptance predicate is true and defines the successor state of the system. The out function defines which output is produced for a given system state and input event. In SPECTRUM, this reads:

> acc: State $\times$ InpEv $\to$ Bool;   **total** acc;
> next: State $\times$ InpEv $\to$ State;   out: State $\times$ InpEv $\to$ Output;
>
> δ next(s, ie) = acc(s, ie); δ out(s, ie) $\Rightarrow$ acc(s, ie);

We assume moreover that the system state is structured into smaller components which are called *occurrences* in SSADM (and objects in other frameworks). The occurrences can be retrieved from a system state using occurrence identifiers.

> **sort** Occ, OccId;
> bound: State $\times$ OccId $\to$ Bool;   get: State $\times$ OccId $\to$ Occ;
> ident: Occ $\to$ OccId;   bound, ident **total**;
>
> δ get(s, i) = bound(s, i);   get(s, i) = o $\Rightarrow$ ident(o) = i;

The following axiom expresses that the identity of a system state is just the collection of the occurrences it contains:

> $(\forall$ i: OccId. get(s, i) = get(s', i)) $\Rightarrow$ (s = s');

Please note that the declarations and axioms from above are still independent of any SSADM documents. They mirror the general notational framework which is used for data modelling in SSADM.

3.2 Semantics of Logical Data Modelling

A central document for an SSADM-F specification is the Logical Data Model, which is an Entity-Relationship (ER) diagram, together with entity descriptions and attribute definitions. The figure below shows a small example for an ER diagram in SSADM notation which is taken from a toy example (a simple agency for hotel rooms).

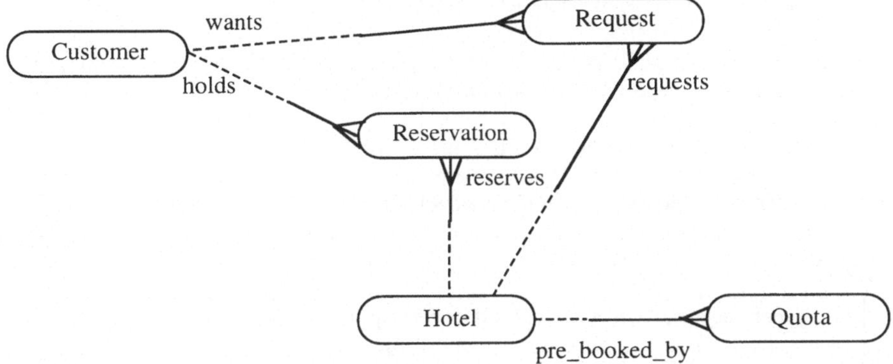

The SSADM-F treatment for such diagrams is based on an abstract syntax for the information contained in the diagram. We restrict our attention here to the most basic features of entity names and relationship names. For these syntactical components, the SSADM-F specification introduces two abstract syntax sorts and a function which captures the information that a relationship in SSADM always connects two entities.

> **sort** Entity, Rel;

> related: Rel $\rightarrow$ Entity $\times$ Entity;   related **total**;

These declarations are typical meta-level statements; the actual entities and relationships in the diagram (customer, hotel, ...) do not appear on this meta-level. So everything which is said on the meta-level does apply not only to the ER diagram in the figure above, but to every arbitrary ER diagram.

Without leaving the meta-level, we can loosely specify the semantics of these syntactical sorts and functions with respect to our reference specification of an information system. The following SPECTRUM declaration ensures that every occurrence belongs to some entity (entities are similar to class names). This restricts the admitted information systems to those which have a mechanism for classifying their occurrences into entities.

> entity: Occ $\rightarrow$ Entity;   entity **total**;

As a further refinement, we add an observation function which asks whether two occurrences are connected by an instance of a relationship.

> connected: State $\times$ Rel $\times$ OccId $\times$ OccId $\rightarrow$ Bool;   rel **total**;

The relationship instances are required to obey the classification scheme which is expressed in the ER diagram. If two occurrences are related by some instance, the respective entities (class names) must be connected in the diagram by an arc labelled with the relationship name. This is captured by the axiom:

$$\text{connected(s, r, i1, i2)} \land \text{o1} = \text{get(s, i1)} \land \text{o2} = \text{get(s, i2)}$$
$$\Rightarrow (\text{related(r)} = (\text{entity(o1), entity(o2)}));$$

The requirement of *referential integrity* also can be formulated by a simple axiom. If two occurrences are related, both occurrences must exist in the actual system state.

$$\text{connected(s, r, i1, i2)} \Rightarrow \text{bound(s, i1)} \land \text{bound(s, i2)};$$

These axioms are quite abstract and do clearly correspond to the intuitive meaning of ER diagrams. This is the style in which the axiomatic semantics of SSADM is fixed in [Hus94].

The semantics are applied to a concrete ER diagram like the one in the figure above by refining the axiomatic specification. From the information contained in the diagram by a literal translation a SPECTRUM specification can be obtained which provides concrete values for the abstract (meta-)sorts. The following few lines are the abstract syntax representation of the ER diagram from above.

```
customer, request, reservation, hotel, quota: Entity;
wants, holds, reserves, requests, pre_booked_by: Rel;

related(holds) = (customer, reservation);
related(wants) = (customer, request);
related(reserves) = (reservation, hotel);
related(requests) = (request, hotel);
related(pre_booked_by) = (hotel, quota);
```

If this specification is combined with the axiomatic reference specification the model class is further restricted. Each occurrence has to be classified according to one of the entities in the ER diagram and each relationship instance has to coincide with the entity information given for the relationship in the diagram.

The specification, as it was presented here, is definitely too loose to describe an information system adequately. For instance, also such models are allowed where the state is always empty and never contains any occurrence. The semantics of other documents of SSADM, in particular the specification of system dynamics by "Event-Entity Modelling" refines the specification further, so that after a particular sequence of actions the system state is forced to contain a particular set of ocurrences.

3.3 Consistency

The quite descriptive and abstract style in which the semantics of SSADM is convenient for collecting semantic properties of the SSADM concepts. It is up to informal argumentation whether these semantic properties coincide with the (also informal) description of SSADM. A more formal tool can be applied to the question whether the collection of semantic axioms is logically consistent. Such a proof can be carried out within the framework of SPECTRUM by constructing an abstract executable specification which is formally proven to be a formal refinement. For the SSADM-F semantics specification, such a consistency proof has been carried out manually.

Obviously, inconsistencies can also be caused by the concrete documents instantiating the abstract semantics. Therefore the SSADM-F semantics contains a set of conditions ("parameter requirements") which have to be met by the representations of concrete SSADM documents to ensure consistency. This set of consistency conditions and the consistency proof are completely generic. This means that the consistency of any concrete SSADM-F specification can be guaranteed by a simple test whether the parameter requirements are fulfilled. In fact, these requirements can be tested by simple syntactical "context conditions" for the SSADM-F documents (diagrams and tables).

A simple example for such a context condition can already be found in the part of the semantics which was presented above. For this purpose, we recall the declaration of the function related which captures the syntactic information which entities are connected by a relationship in the ER diagram.

related: Rel → Entity × Entity;   related **total**;

The two words "related **total**" in this declaration are an abbreviation for an axiom. This axiom requires the function to be defined for every value of the abstract relationship sort Rel. After instantiation with a concrete ER diagram, concrete values can be named for the sort Rel using the relationship identifers (wants, holds, ...). The consequence is that the totality axiom holds only if for each relationshop identifier two corresponding entities can be named. On the level of ER diagrams this means that every relationship edge must be connected at both ends to an entity node.

3.4 Proposals for Improvements of SSADM

The definition of the semantics for SSADM-F has brought forward some points where the semantics could be made more clear and elegant by deviating from current SSADM. All these examples refer to notations which could not be covered within this paper due to space limitations. But in order to give an impression of the type of proposals which are triggered by semantic analysis, we sketch three examples informally.

- The *Event-Entity Matrix* in SSADM shows in a tabular form which entity is updated by which event. This matrix is also quite useful in the semantics definition. Unfortunately, in the more advanced parts of dynamic modelling, SSADM uses a finer classification of events and entities (options and roles) as in the overview matrix. It is natural to refine the matrix in such a way that it shows also this finer classification.

- The *Entity Life History* (ELH) in SSADM defines the admitted order of events from the view of a single entity occurrence. This is a useful concept (which is similar to object state diagrams). However, SSADM proposes to extend the ELHs with so-called *operation lists*. The semantical analysis has shown that these operation lists should be separated from the ELHs, since they describe a completely different concept. Moreover, the operation lists in SSADM contain a possibility to describe the update of attribute values ("using"-clause), a concept which should again be treated separately.

- The *Effect Correspondence Diagram* (ECD) in SSADM defines the part of the system state which is updated by a particular event. The notation of an ECD is known as difficult to understand for people inexperienced in SSADM. The semantic analysis for

ECDs has lead to a more rigid syntax for ECDs, which requires additional navigation information to be entered into the diagram. This refined syntax is easier to explain semantically, and this simplification also helps towards better informal explanations of the concept.

4 Conclusion

We have outlined an approach for improving pragmatic software engineering methods by adding precise semantical foundations. The basic feasability has been shown by examples from an experiment in formally defining parts of SSADM. The formal definition has lead to an improved variant of the method, which in particular features a precise criterion of consistency.

The idea of adding formal foundations to pragmatic software engineering methods may turn out helpful in various areas like
- development of large safety-critical systems (in particular if extended into a true hybrid formal/pragmatic method, e.g. by logically formulated invariants of the data base),
- development of more powerful CASE tools (due to the rigorous consistency tests),
- integration and standardization of software engineering methods, and
- improved understanding of the underlying principles for methods.

In our opinion, the last item is the one with the most long-term impact. We have tried to contribute to a bridge between the formal and the pragmatic world which hopefully will ease the teaching of pragmatic methods on the basis of a solid theoretical education.

References

[BHS92] Bittner, U., W. Hesse, J. Schnath, Untersuchungen zum Methodeneinsatz in Software-Entwicklungsprojekten (in German). *Softwaretechnik-Trends* 12 (1992) 48-60.

[BFG+93] Broy, M., C. Facchi, R. Grosu, R. Hettler, H. Hussmann, D. Nazareth, F. Regensburger, O. Slotosch, K. Stølen, The requirement and design specification language SPECTRUM, An informal introduction. Reports TUM I9311+I9312, Technische Universität München, Munich 1993.

[Che76] Chen, P., The entity-relationship model – Toward a unified view of data. *ACM Trans. on Database Systems* 1 (1976) 9-36.

[DCC92] Downs, E., P. Clare, I. Coe, Structured systems analysis and design method (2nd ed). Prentice-Hall 1992.

[DeM79] DeMarco, T., Structured analysis and systems specification. Prentice-Hall 1979.

[Hus93] Hussmann, H.: Synergy between formal and pragmatic software engineering methods. Technical Report TUM-I9323, Technische Universität München, 1993.

[Hus94] Hussmann, H.: Formal foundations for SSADM. Habilitation Thesis, Technische Universität München, To appear 1994.

[Nau82] Naur, P., Formalization in program development. *BIT* 22 (1982), 437-451.

[PWM93] Polack, F., M. Whiston, K. Mander, The SAZ project: Integrating SSADM and Z. In: F. C. P. Woodcock, P. G. Larsen (eds), FME' 93, Lecture Notes in Computer Science Vol. 670, Springer 1993, pp. 541-557.

[RBP+91] Rumbaugh, J., M. Blaha, W. Premerlani, F. Eddy, W. Lorensen, Object-oriented modelling and design. Prentice-Hall 1991.

Combining TROLL with the Object Modeling Technique[‡]

Ralf Jungclaus[¶]
Roel J. Wieringa[§]
Peter Hartel[*]
Gunter Saake[*]
Thorsten Hartmann[*]

Abstract

The focus of this paper is the development of a formally based object-oriented modeling formalism called OMTROLL by using features from mostly informal object-oriented modeling approaches (mainly OMT) and from a formal object-oriented specification approach (TROLL). The goals of our approach are to improve popular informal modeling techniques by giving formal semantics to modeling constructs and to improve the applicability of formally-based specification approaches. Based on a brief analysis of OMT against TROLL we will present OMTROLL using examples.

1 Introduction

In the past few years, there has been considerable activity in the area of object-oriented (OO) analysis and of OO formal specification. OO analysis methods like OMT [RBP+91], life cycle analysis [SM92], and Fusion [CAB+94] have been proposed mainly with a background in software development practice. On the other hand, formal OO specification languages like Oblog [CSS89], FOOPS [GM87], TROLL [JSHS91], LCM [FW93], TROLL*light* [CGH92], object-oriented extensions to Z [SBC92] are being developed mainly with a background in mathematical theory. These formal languages have their roots in logic, algebra, set theory or category theory and provide a rigorous framework within which to specify OO systems. The OO analysis methods have a background in system development practice and do not reach the level of formality achieved by formal specification languages. Formal languages are based on academic research and are only now beginning to be applied to a few practical software development projects. This suggests that a marriage between the two approaches to modeling and development could be fruitful.

There are a number of advantages to be gained by such a marriage:

- It could help in discovering and eliminating ambiguity and vagueness in the informal representation techniques of OO analysis methods.

[§]Faculty of Mathematics and Computer Science, Free University, De Boelelaan 1081a, 1081 HV Amsterdam, The Netherlands. Email: roelw@cs.vu.nl.

[*]Abt. Datenbanken, TU Braunschweig, Postfach 3329, D–38023 Braunschweig, Germany. Email: {hartel|hartmann|saake}@idb.cs.tu-bs.de

[¶]Deutsche Telekom, TD42a, Postfach 2000, D–53105 Bonn, Germany. Email: jungclau@u9000mst.nez.telekom.de

[‡]Partially supported by ESPRIT BRA WG 6071 IS-CORE, DFG under Sa 465/1-3, and OBLOG Software S.A., Lisboa.

- Combining a practical analysis method with a formal specification language helps in making the formal specification language fit for use.
- Formal specification languages usually come with logical inference systems, and combining this with a practical analysis method makes powerful techniques like automated theorem proving and animation available for CASE tools used in analysis.

In this paper, we make an attempt to use concepts of the Object Modeling Technique (OMT) [RBP+91] (and some things borrowed from [SM92]) to develop specifications of object systems in the TROLL language [JSHS91, HSJ+94]. We concentrate mainly on the analysis phase in the system development process. Analysis is also called *conceptual modeling* in this paper since it results in a *conceptual model* of the system to be implemented.

The achievements of the approach presented here are

- The TROLL specification is used for the sound integration of different models (or better *views*) found in OMT and similar approaches.
- The notations of OMT are analyzed and improved on the basis of TROLL concepts.
- Concepts and specification issues of OMT are made more precise.
- A graphical notation that helps in developing system specifications is presented.

The point is that graphical notations will be used to make TROLL specifications more manageable. Significant portions of the TROLL language will remain present even in OMTROLL specifications, since there are properties that cannot be specified graphically in a suitable manner. Among these properties are specifications of effects of event occurrences on the state of objects, (temporal) constraints, and global rules. OMT has been chosen because of its popularity and the familiar notations that are used.

The paper is structured as follows: In the next section, we will give a brief introduction to the TROLL language and OMT and will point out some problems revealed by formal analysis of the techniques used in the conceptual modeling stage of OMT. The improved version of OMT is then illustrated in Section 3 by means of an example followed by a sketch of the translation of OMTROLL constructs to TROLL. Section 5 winds up the paper with conclusions and topics for further research.

2 Troll versus OMT

2.1 Troll

TROLL is a formal language for the specification of object systems. The approach puts emphasis on the modeling of dynamic behavior over time of objects. Objects can be structured along the lines of semantic data models.

An object is considered to evolve in a discrete manner by the occurrence of events. Objects come into existence by the occurrence of birth events and may cease to exist by the occurrence of a death event. Attributes are used to represent observations about the current state of an object. Objects may interact by synchronizing on events with the possibility of exchanging informations while interacting (similar to process models). Objects are related in various ways. A role describes a temporal specialization of an object having additional properties and/or restricted behavior. A specialization is considered to be a permanent role. Objects may be components of other objects which itself are called composite objects. In TROLL, the composition of composite objects may change dynamically. Separately defined objects may be connected through global interactions. Over objects, we may define views that contain only derived information over the current states of objects. The current version of TROLL is described in detail in [HSJ+94].

Examples of TROLL specifications can be found also in Section 4.

The central idea in the formalization of TROLL is the interpretation of an object as an observable sequential process [SSE87]. A life cycle of an object is a sequence of event occurrences in this object. All possible object life cycles define a process which is the formal description of object behavior. An object state depends on the complete object history, i.e. its actual life cycle. The state can be calculated as a mapping from a sequence of event occurrences to a sequence of attribute observations.

[Jun93] gives a formal definition of TROLL based on the *Object Specification Logic* (OSL) [SSC92]. This logic allows the reasoning over properties of TROLL specifications.

2.2 OMT

An OMT model of a system consists of an object model, a dynamic model, and a functional model. We neither want to present here OMT nor discuss its limitations and drawbacks in detail. The reader intereseted in OMT is referred to [RBP+91].

The *object model* represents the structure of the objects in the system. The diagram technique used is a variation and extension of ER representation techniques. The *dynamic model* represents aspects of the system concerned with control, including time, sequencing of operations, and interaction of objects. For each class whose instances have interesting behavior, a state chart [Har87] is made that describes all or part of the behavior of one object of a given class. OMT supports several mechanisms to model interactions between objects. However, OMT does only know asynchronous communication. The *functional model* defines the meaning of operations by showing how values are transformed by the system. The representation technique used is the data flow diagram (DFD).

The most important observation is that the three OMT models are poorly integrated. The most severe points to support this argument are:

- The definition of operations is spread over all three models.
- Constraints can be specified in the object model and in the functional model.
- Guards in the Dynamic Model may refer to properties defined in other models.
- The relationship between events, actions, activities (as elements of the Dynamic Model) and operations (as elements of the Object Model) is not well defined.
- Communications/Interactions can only be described in the Functional Model. For Dynamic Models, only a weak syntactic technique is given.

3 The OMIROLL Notation

The goals in developing the OMIROLL notation can be summarized as follows:

- Due to the popularity of OMT we want to save as much as possible of the OMT notation. However, clarity must be paid by changes in the notation.
- Where necessary, introduce improved notations, make prunings in OMT, or introduce new notations.
- Use OMT notations only where possible, i.e. graphical notations are regarded to be auxiliary notations to make TROLL specifications better manageable. This implies that OMIROLL specifications usually contain textual constraints written in TROLL.

3.1 The Example

We are using the gas station example which was used in [CAB+94]. A brief informal description is the following:

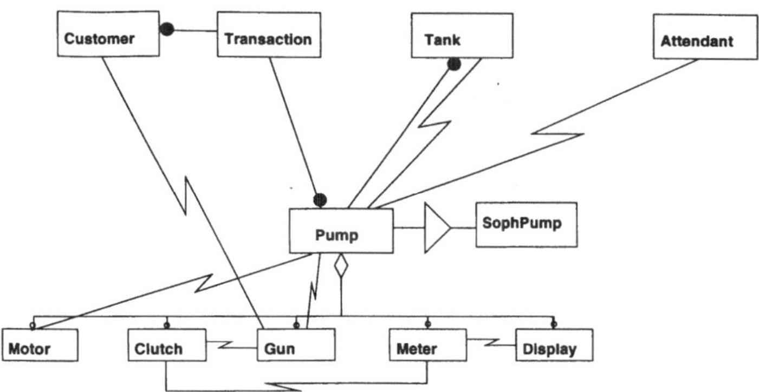

Figure 1: Object Model

A computer-based system is required to control the dispensing of gas, to handle customer payment, and to monitor tank levels. Before a customer can use the self-service pumps, the pump must be enabled by the attendant. When a pump is enabled, the pump motor is started, if it is not already on, with the pump clutch free. When the trigger in the gun is depressed the clutch is engaged and gas is pumped. When it is released, the clutch is freed. The holster in which the gun is kept prevents gas being pumped until the gun is taken out. Once the gun is replaced in the holster, the delivery is deemed to be completed and the pump disabled. Further depressions of the trigger in the gun cannot dispense more gas. Displays on the pump show the amount dispensed and the cost so far. There are two kinds of pump. The normal kind allows the user to dispense gas ad lib. The sophisticated pumps allow the customer to preset either an amount or a volume of gas. Transactions are stored until the customer pays. At present, two grades of gas, stored in different tanks are dispensed.

3.2   Object Modeling

The OMTROLL notation for the object model does not change very much from the OMT notation. A feature that we added is the *interaction association* which is noted as a flash between the interacting object classes.

Figure 1 shows the overall view of the object model for the above example. Object classes are depicted by boxes, we have like in OMT associations (lines between boxes), composite classes (like the class **Pump**) and specialization classes to define taxonomic relationships between object classes (like **SophPump**). Association can have cardinalities – here, a black dot denotes that there is exactly one link. An extension is the fact that TROLL supports roles. In TROLL roles are the general case of taxonomic relationships – thus, static specializations are a derived concept and are depicted as dashed lines.

Each object class definition is detailed according to the OMT notation. A class definition defines the signature for the attributes and the events (or operations as they are called in OMT). The Figure 2 gives an example for the declarations of two object classes in the example object model.

3.3   Dynamic Modeling

In the dynamic model, the behavior over time of objects is defined. In OMT, state diagrams are used for this purpose (Figure 3). TROLL does not support the explicit

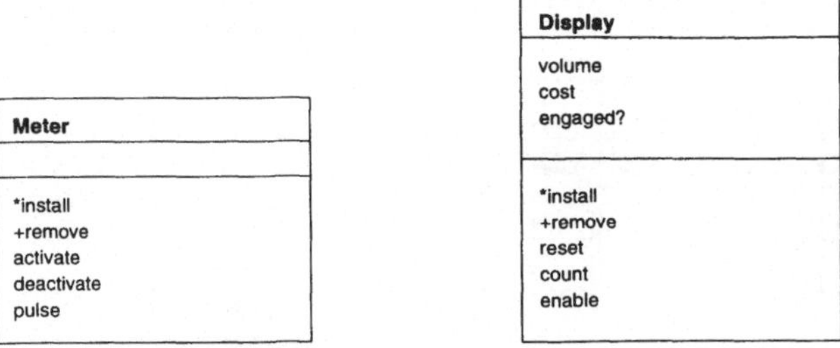

Figure 2: Meter Class, Display Class

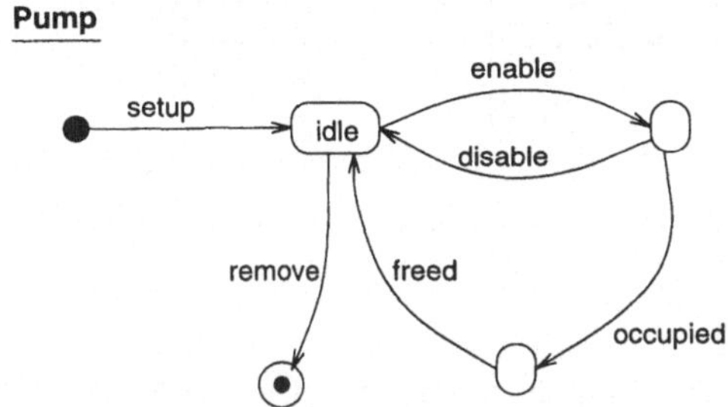

Figure 3: Pump Dynamic Model

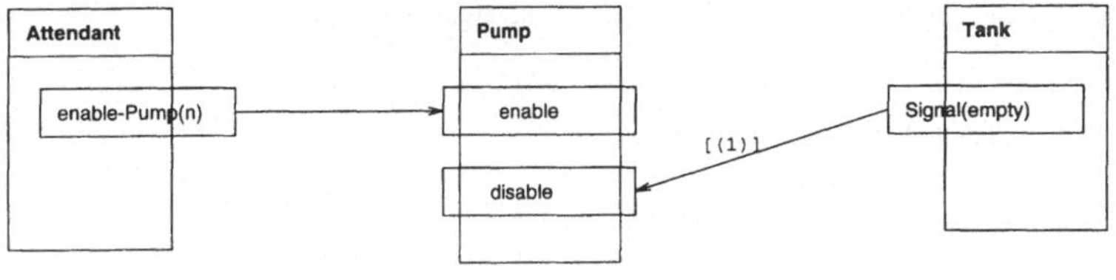

Figure 4: Communications with the Pump

definition of states. Thus, in OMTROLL states are used for auxiliary purposes – of more importance are the state transitions in OMTROLL. The states in the state diagram constrain the possible next transitions. A dot depicts an initial state, a circled dot depicts the postmortem state, i.e. it means that the object has died. In OMTROLL we may furthermore define additional enabling conditions for events (i.e. possible transitions). They are noted in textual form according to the TROLL-syntax.

3.4 Communications Modeling

Since OMT does not support the explicit specification of interactions between objects, we have introduced a new type of diagram in OMTROLL. We call those diagrams *communications diagrams* (Figure 4). The boxes representing object classes are equipped with boxes representing events. These event boxes are connected by arrows. There may be more than one arrow origination in an event box. Preconditions may be attached to connections.

A special case are communications inside composite objects. In this case, the compo-

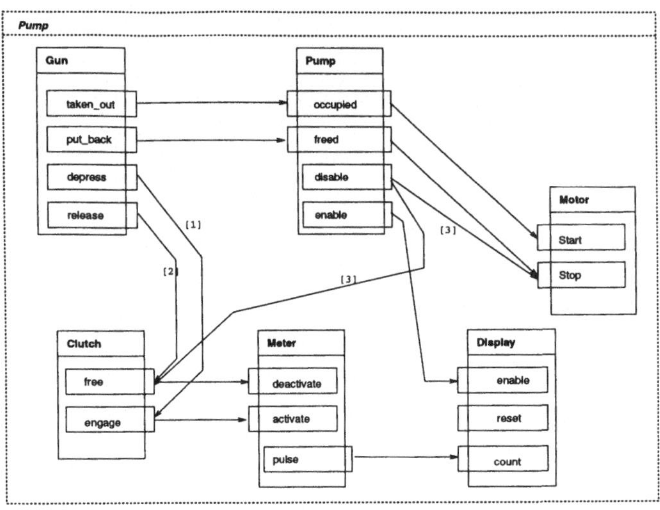

Figure 5: Communication inside Composite Object Pump

nents are included in a box that also includes the object classes specification of the local properties of the composite objects. Figure 5 shows an example.

4 Translation to Troll

OMROLL specifications can be translated to TROLL. By this translation we are giving a rigorous semantics to OMROLL specifications. In many cases, the translation is straightforward. Class specifications in OMROLL are directly translated into skeletons of TROLL class specifications. Enabling conditions for events can be derived from the dynamic model.

The following TROLL-specification fragments are the result of the translation of the OMROLL object class specifications and the OMROLL dynamic models along with the integration of the textual parts.

```
object class Display
   attributes
      Volume:real  restricted Volume > 0.0 and Volume < 1000.0  initialized 0.
      Cost:money.
      engaged?:bool  initialized false.
   events
      install  birth.
      remove   death enabled after(install) or after(reset).
      reset   enabled after(enable) or after(count)  changing engaged := false.
      enable   enabled after(install) or after(reset)
         changing engaged := true; Volume := 0; Cost := 0.
      ...
end object class Display
```

Communication diagrams can result in two types of TROLL specifications. The first type are relationship specifications for interactions between otherwise unrelated objects. The following specifications is part of the translation of the diagram of Figure 4.

```
relationship Att-Control between Attendant A, Pump
   interaction
      A.enable_Pump(n) >> Pump(n).enable;
end relationship Att-Control
```

Finally, communications diagrams specify the interactions inside composite objects. The translation of the specifications of aspects of **Pump** yields the following specification of Pump:

```
object class Pump
   attributes
      Number:nat constant.
   events
      enable  enabled after(set_up) or after(freed) or after(disabled).
      disable.
      occupied  enabled after(enable).
      freed  enabled sometime(after(occupied)) since last after(enable).
      ...
   components
      motor:Motor.
      clutch:Clutch.
      gun:Gun.
      ...
   interaction
      gun.taken_out >> occupied;
      occupied >> motor.start;
      {after(motor.start)} gun.depress >> clutch.engage;
      ...
end object class Pump
```

5   Conclusions and Further Work

We simplified OMT graphical techniques in a number of respects:
- The functional model is dropped, because it is imprecise and has a different philosophy than the other two models. The effect of events on objects is specified declaratively in TROLL.
- We added interaction diagrams, which make the communication structure of the model explicit and allows one to specify multicasts as well as preconditions for communications.
- We dropped the representation of propagation of operations from the object model, and we dropped the representation of event calling from the dynamic model.
- Activities have been dropped, since they violate a basic atomicity principle for system transactions. They can be replaced by statecharts that consist of atomic events only.
- We added the concept of a role, which is a process that an object can perform only when it is in a certain state.

We did some minor adaptations of OMT techniques. We dropped qualification and ordering of associations. Guards were separated from tests and we do not distinguish between actions and events.

Returning to our starting point, this paper illustrates that combining a formal specification technique with a practical analysis method leads to an improvement of both. We have been able to simplify OMT techniques while at the same time adding expressive power, such as the ability to specify roles and to represent multicasts explicitly. We think the increased simplicity of the method makes it easier to use. In the future, we plan to look at other analysis methods, such as life cycle analysis [SM92]. We also plan to formalize the translation process from OMTROLL specification to TROLL. A recent work of one of our students describes the semantics of OMT using OSL [Fil94]. This work will help us in the verification of our integration of TROLL and OMT.

References

[CAB+94] D. Coleman, P. Arnold, S. Bodoff, S. Dollin, H. Gilchrist, F. Hayes, and P. Jeremes. *Object-oriented Development - The Fusion Method.* Prentice-Hall, 1994.

[CGH92] S. Conrad, M. Gogolla, and R. Herzig. TROLL *light*: A Core Language for Specifying Objects. Informatik-Bericht 92–02, TU Braunschweig, 1992.

[CSS89] J.F. Costa, A. Sernadas, and C. Sernadas. *OBL-89 User's Manual, version 2.3.* Instituto Superior Técnico, Lisbon, May 1989.

[Fil94] Juliana Küster Filipe. *Describing Semantics of OMT using OSL.* Diploma Thesis, TU Braunschweig, 1994.

[FW93] R.B. Feenstra and R.J. Wieringa. LCM 3.0: a language for describing conceptual models. Technical Report IR-344, Faculty of Mathematics and Computer Science, Vrije Universiteit, Amsterdam, December 1993.

[GM87] J. A. Goguen and J. Meseguer. Unifying Functional, Object-Oriented and Relational Programming with Logical Semantics. In B. Shriver and P. Wegner, editors, *Research Directions in Object-Oriented Programming*, pages 417–477. MIT Press, 1987.

[Har87] D. Harel. Statecharts: a visual formalism for complex systems. *Science of Computer Programming*, 8:231–274, 1987.

[HSJ+94] T. Hartmann, G. Saake, R. Jungclaus, P. Hartel, and J. Kusch. Revised Version of the Modelling Language TROLL (Version 2.0). Informatik-Bericht 94–03, Technische Universität Braunschweig, 1994.

[JSHS91] R. Jungclaus, G. Saake, T. Hartmann, and C. Sernadas. Object-Oriented Specification of Information Systems: The TROLL Language. Informatik-Bericht 91-04, TU Braunschweig, 1991.

[Jun93] R. Jungclaus. *Modeling of Dynamic Object Systems—A Logic-Based Approach.* Advanced Studies in Computer Science. Vieweg Verlag, Braunschweig/Wiesbaden, 1993.

[RBP+91] J. Rumbaugh, M. Blaha, W. Premerlani, F. Eddy, and W. Lorensen. *Object-Oriented Modeling and Design.* Prentice-Hall, Englewood Cliffs, NJ, 1991.

[SBC92] S. Stepney, R. Barden, and D. Cooper, editors. *Object Orientation in Z.* Springer, 1992.

[SM92] S. Shlaer and S. J. Mellor. *Object Lifecycles: Modeling the World in States.* Yourdon Press/Prentice Hall, Englewood Cliffs, NJ, 1992.

[SSC92] A. Sernadas, C. Sernadas, and J. F. Costa. Object Specification Logic. Research report, INESC/DMIST, Lisbon (P), 1992. *To appear in Journal of Logic and Computation.*

[SSE87] A. Sernadas, C. Sernadas, and H.-D. Ehrich. Object-Oriented Specification of Databases: An Algebraic Approach. In P.M. Stoecker and W. Kent, editors, *Proc. 13th Int. Conf. on Very Large Databases VLDB'87*, pages 107–116. VLDB Endowment Press, Saratoga (CA), 1987.

Integration Of Semiformal And Formal Methods For Specifying Knowledge-Based Systems

Dieter Fensel and Susanne Neubert

Institute AIFB, University of Karlsruhe, 76128 Karlsruhe, Germany

e-mail: {fensel | neubert} @aifb.uni-karlsruhe.de

Abstract. The paper describes a specification approach for knowledge-based systems (kbs) combining semiformal and formal specification techniques. The semiformal knowledge representation uses a hypermedia-based formalism which serves as a communication basis between expert and knowledge engineer. This representation is also the basis for the formalization process resulting in the formal and executable model of expertise written in KARL. A smooth transition from the semiformal to the formal specification is enabled as both description techniques use the same conceptual model to describe the system.

1   Introduction

Originally, expert systems or knowledge-based systems (kbs) were developed using the rapid prototyping approach. The acquired knowledge was immediately implemented and the running prototype was used as a guide for the further knowledge acquisition process. The distinction of symbol level and knowledge level [New82] created the conceptual framework for a different process models for the development of kbs. A knowledge level description of the *task* solved by the system and the *knowledge*, which is required to solve the task, is constructed during a modelling activity. This knowledge level description is built independently of the design and implementation activity. The separation of analysis and design/implementation resembles a lesson learnt in software engineering. In response to the so-called software crisis in the late sixties, methodologies, process models, methods, and tools have been developed to maintain the software development process and its results. A significant result was the separation of the description what a system should do from how this can be achieved by a specific implementation, i.e. the separation of analysis or requirement engineering at the one hand and design and implementation at the other hand. As a result, several description techniques have been developed to describe the specification as it emerges from the analysis step. Mainly, these specification techniques follow three lines:

- *Informal specification techniques* like structured analysis or object-oriented analysis allow the description at a high and informal level. These approaches broadly use graphical means like entity-relationship diagrams, dataflow diagrams, flow charts, and state-transition diagrams. The specifications are easy to understand and very useful as a mediating representation for the communication between user and system developer.

- *Formal specification techniques* like Z or VDM allow a unique and detailed specification of the functionality of a system. In the case of Z, a software system is specified as a partial mathematical function by applying the theory of finite sets. Specifications can be checked via formal methods.

- *Executable specification techniques* like PAISLey add the flavour of prototyping to the specification process. The results can be evaluated by a running prototype. Often, this is nearly the only way to end up with realistic descriptions of the desired functionality of the systems.

Several authors argue for the combination of these description techniques so as to overcome the disadvantages when used stand-alone. Informal specifications contain ambiguity and contradictions and lack precision. Conversely, formal descriptions and their formal semantics are hard to understand and it is very difficult to extract an intuition about the functionality of a system given the huge amount of details of a formal specification only. The need for the combination becomes obvious regarding the two different purposes of specifications [FBA+93]. First, it should serve as a *mediating representation* supporting the communication between the user and the system developers. In the case of kbs, it should mediate the communication between user and expert at the one hand and the knowledge engineer at the other hand. Second, it should serve as an *intermediate representation* closing the gap between an intuition about the functionality of a systems and its actual design and implementation.

The integrated development of semiformal and formal specification techniques as discussed in this paper is part of the *MIKE-approach* (*Model-based and Incremental Knowledge Engineering*) [AFL+93], which aims at a development method for kbs covering all steps from initial specification (knowledge acquisition) to design and implementation. In fact, we present the semiformal hypermedia-based formalism *MEMO* [Neu93], the formal and executable *Knowledge Acquisition and Representation Language KARL* ([FAL91], [AFS94]) and their relationships.

The contents of the paper are organized as follows. In section two, the semiformal models are described. Then, the formal specification language KARL and the model of expertise are discussed in sections three. Section four shows how both specification are related.

2 The Semiformal Models Of A Knowledge-Based System

Problems in directly developing a formal specification from the knowledge protocols lead in MIKE to construct mediating representations before starting the formalization process [HoN92]. Our mediating representations describe protocols, concepts and activities, hierarchies of modelling primitives, data flow and control flow of activities etc. The development of semiformal mediating representations provides different advantages. The expert can be integrated in the knowledge engineering process of structuring the complex knowledge so that the knowledge engineer is able to interpret and formalise it. Thus, the cooperation between expert and knowledge engineer is improved. Moreover, the formalization process is simplified. In addition, a mediating representation is also a basis for documentation and the explanation facility.

For our mediating representations we developed a semiformal, hypermedia-based formalism ([Neu93], [NeO92]). In fact, two semiformal models (the *elicitation model* and the *structure model*) have been developed which are sets of special node and link types. A *node* is a hypermedia document with a content using text, graphics, audio or video to describe an state/process/concept. A *link* describes a relationship between two nodes. A link is directed. Links are defined by a source node, a destination node, a link name, a link type, and an explanation field. *Contexts* establishes a specific view on a set of nodes and links.

The first model, the *elicitation model*, documents the elicitation process. Thus, it includes knowledge protocols which are stored in *protocol nodes*. Additionally, *date links* between protocol nodes are included to describe the elicitation ordering.

The *structure model* which is developed on the basis of this first collection of protocols contains a more structured description of knowledge. It is built up by the following description elements:

- The *activity context* includes all *activity nodes* which describe a step of the problem-solving process. Additionally, *refinement links* are integrated. This context enables a view on the complete hierarchy of activity nodes and their subactivity nodes. Every activity node has to be a refinement of another activity node except for the global activity node which characterizes the whole problem-solving process.

- An *ordering context* provides a view on *activity nodes* which are related by *ordering links*. These activity nodes lie on *one* hierarchy level. One activity node can be the source-node or the destination-node of different ordering links. This means that different activity nodes are alternative options to solve the problem.

- The *concept context* encompasses all concept nodes which serve as descriptions of the static objects. Moreover, all links between two concept nodes, so-called *is_a links* and self-defined *relationship links*, are included. Relationship links can be added by the user to describe an arbitrary relationship between two concepts.

- A *structure context* is also a view on *one* hierarchy level of *activity nodes*. Here, activity nodes are related with concept nodes by so-called *dataflow links*. A structure context gives the flow of data produced during the problem solving process.

An example for the two models is sketched at the left side of Figure 1. The *Sisyphus problem*[1] is an assignment problem in which employees are assigned to office places with several requirements to be met [Lin92]. The whole problem is divided into three subactivities, to create pairs of employees and places, to prune faulty pairs and to check whether a solution has been found (i.e., whether a placement is complete and correct).

3 The Formal Model Of A Knowledge-Based System

3.1 The KARL Model of Expertise

The conceptual model underlying KARL is derived from the KADS *model of expertise* [SWB93] and distinguishes four types of knowledge. Three of them define static knowledge, whereas the task layer is used to define the dynamics of the problem-solving process.

Domain knowledge consists of static knowledge about the application domain of the system. The domain knowledge should define a conceptualization of the domain as well as a declarative theory providing all the knowledge required to solve the given tasks. KARL integrates frames and logic for the domain layer by providing the sublanguage *Logical-KARL (L-KARL)* for this purpose. Terminological knowledge can be described by a taxonomy of concepts. For each concept, attributes can be defined and are inherited according to the taxonomy. Further knowledge can be described with logical formulae.

Inference knowledge specifies the *inferences* that can be made using the domain knowledge, and the *knowledge roles,* which model input and output of the inferences. KARL distinguishes three types of knowledge roles. Roles which deliver domain knowledge to an inference action are called *views*, roles which model the dataflow dependencies between inference actions are called *stores*, and roles which are used to write final results back onto the domain layer are called *terminators*. The inferences and roles together with their dataflow dependencies

---

1. Sisyphus is a project that aims at comparing different approaches of knowledge engineering.

constitute a description of the problem-solving method applied. In addition to its use at the domain layer, L-KARL is used to specify the logical relationship defined by an inference action at the inference layer and to specify a *task-specific terminology* independently from the domain-specific terminology by means of concept definitions in roles.

A *Domain view* specifies the relationship between the generic terms used at the inference layer and the domain-specific knowledge. Again, L-KARL is used to specify the mapping between domain and inference knowledge.

Dynamic control knowledge: The purpose of the task layer is to specify *control* over the execution of the inferences of the inference layer. The sublanguage *Procedural-KARL (P-KARL)* is used to specify this dynamic knowledge via sequences, branches, loops, and procedure calls. Conditions for the controlflow can be specified via logical statements about the contents of stores.

Inference and control knowledge are domain independent, i.e. they describe the problem solving process in a generic way. Thus, such a so-called *problem-solving method* can be reused for different application problems. MIKE provides a library, where these generic problem solving methods are stored which are described formally and informally.

The right side of Figure 1 sketches a model of expertise of the *Sisyphus problem*. The domain terminology and the domain knowledge required by the problem solving method is defined at the domain layer. The inference layer contains the elementary inference steps and knowledge roles of it. Components (employees) and slots (places) are combined by the inference action *create*. *Prune* eliminates illegal states, and *check* searches for valid solutions. The control flow between these inferences is defined at the task layer.

3.2   The Knowledge Acquisition and Representation Language (KARL)[2]

Logical-KARL (L-KARL)

L-KARL is a customization of Frame-logic (F-logic) [KiL93]. F-logic and L-KARL enrich the modelling primitives of first-order logic by syntactic modifications but preserve the model-theoretical semantics of it. In this way, ideas of semantical and object-oriented data models are integrated into a logical framework enabling the declarative description of terminological as well as assertional knowledge. L-KARL distinguishes classes, objects, and values. It provides classes and an is-a hierarchy with multiple attribute inheritance to describe terminological knowledge. Intentional and factual knowledge is described by logical relationships between classes, objects, and values.

A *class* or *concept definition* which corresponds to a frame describes class attributes which refer to the class as such and attributes for the objects which are elements of the class. The attributes are described by their name, their domain, and their range. Classes are arranged in a specialization/generalization hierarchy with multiple attribute inheritance. Attributes can be single-valued or set-valued. Attributes can be used to describe objects as well as classes. They have defined domain and range types.

The literals of logical expressions in L-KARL are *is-element-of literals* which describe that objects are elements of classes; *is-a literals* which describe subset relationships between classes; *equality literals* which describe equality of objects, classes, and values; and finally *data literals* which define attribute values for objects and classes. Logical formulae are built from these literals using logical connectors $\wedge$, $\vee$, $\neg$, $\leftarrow$ and variable quantification. The

---

2. A complete description of KARL can be found in [Fen93]. A short description of the modelling primitives of KARL is given in [AFS94], some of the applications of KARL can be found in [AFL92b], [LFA93], and [PFL+94].

logical language to describe relationships between classes, objects, and values is Horn logic with equality and function symbols extended by stratified negation [Ull88].

Procedural-KARL (P-KARL)

In KARL knowledge about controlflow is explicitly described by the logical language P-KARL. The control flow is specified similar to procedural programming languages. For a P-KARL program, a number of functions $F = \{f_1, f_2, ..., f_r\}$ and a number of variables $\{X_1, ..., X_n\}$ are available. The function symbols correspond to names of inference actions. The variables address their stores. The actual parameters of a function are the input stores of the corresponding inference action and the results of the function are mapped to its output stores. A primitive program is an *assignment*

$$(X_{k1}, ..., X_{kh}) := f_i(X_{j1}, ..., X_{jl}).$$

f_i corresponds to an inference action and the X_{ks} denote its output stores and the X_{js} its input stores. A composed program is defined as *sequence*, *loop*, or *alternative* of programs.

KARL As A Formal And Executable Specification Language

The KARL model of expertise contains the description of domain knowledge, inference knowledge, and task knowledge (i.e., procedural control knowledge). The gist of the matter of the semantics of KARL is therefore the requirement to include the specification of static and procedural knowledge. For this purpose, two different types of logic have been integrated. The sublanguage L-KARL, which is based on object-oriented logics, combines frames and logic to define terminological as well as assertional knowledge. The sublanguage P-KARL, which is a variant of dynamic logic, is used to express knowledge about the control flow of a problem-solving method in a procedural manner. The representation of the interaction of both types of knowledge is reached by combining both types of languages. For more details see [Fen93]. Based on this semantics an operationalization and an optimized evaluation strategy were developed providing an interpreter and debugger for KARL.

KARL As A Graphical Modelling Language

KARL provides graphical representations of most modelling primitives to improve their intelligibility: A variant of *Enhanced-Entity-Relationship (EER) diagrams* describes the domain layer, a variant of *levelled dataflow diagrams* is provided for the inference layer, and a variant of *programflow diagrams* describes the task layer. All three graphical representations include *hierarchical refinement* to allow to represent the system on different levels of refinement. Figure 1 shows the graphical representation a model of expertise of a solution of the so-called *Sisyphus problem*.

4 Integration Of Semiformal And Formal Specification

The integration of semiformal and formal specification techniques can be discussed in two dimensions. First, we will sketch their integration during the specification *process*. Then, we will sketch their integration in the specification *product*.

4.1 Integration During the Process of Model Development

The knowledge acquisition process consists of three activities: eliciting knowledge, interpreting knowledge, and formalizing knowledge. These activities are done in a cyclic manner. The process starts with selecting a partially specified structure model from a library of predefined models. These models (so-called problem-solving methods) are developed for specific problem types like classification, diagnosis, assignment, configuration, planning etc.

(see [Neu94] for more details). Then, the selected structure model guides the elicitation process, i.e. it is used as a guide for asking and observing the expert. It defines a network of activities and knowledge items which are used as a form for the elicitation process. The resulting knowledge protocols are stored in the node-content of protocol nodes of the elicitation model. The structures described in the knowledge protocols are represented by contexts of the structure model. The semiformal structure model is a first result of specification which clarifies complex knowledge structures. At the one side, it guides the elicitation process. At the other side, it becomes modified and refined as a result of the elicitation process. Moreover, the structure model is the foundation for the formalization process where the model of expertise is developed. The formalization is achieved in a refinement step which

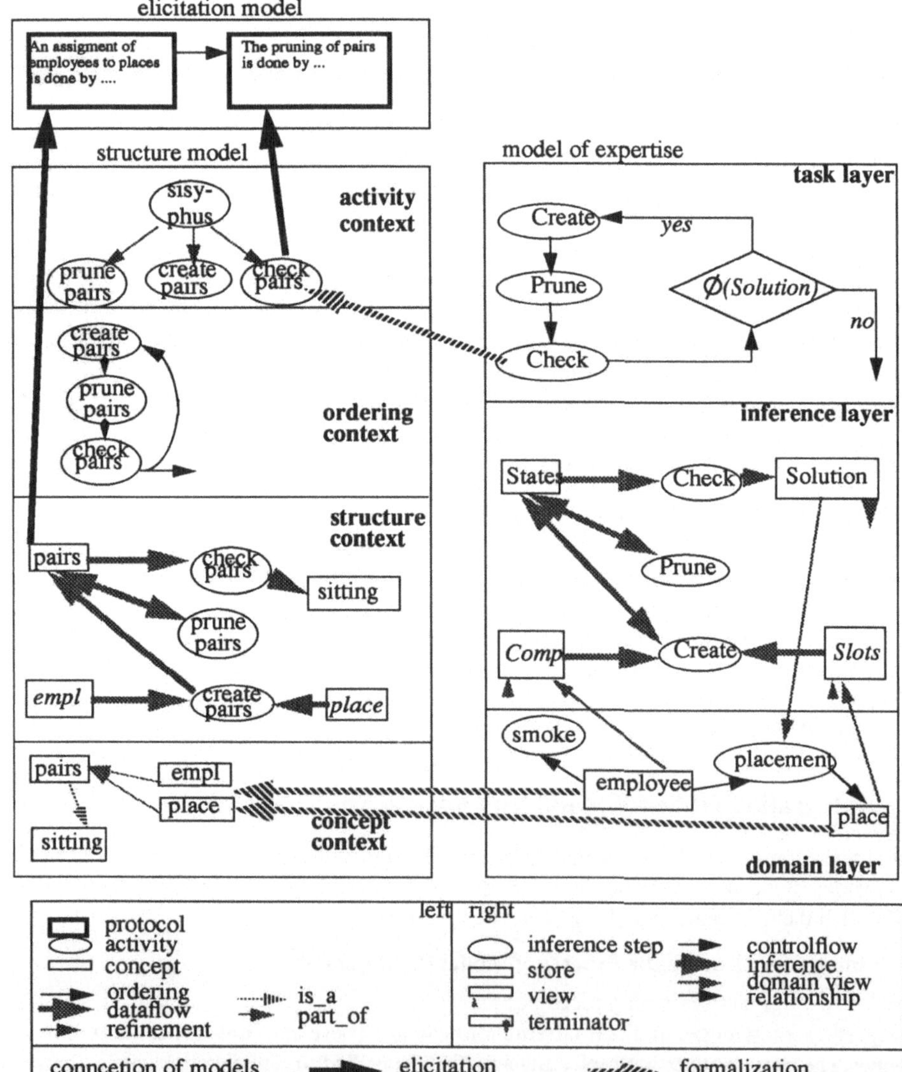

Fig. 1. Parts of an elicitation model and a structure model at the left (nodes have informal content) and of a model of expertise at the right (nodes with formal content).

supplements informal descriptions of elementary activities and knowledge entities by formal definitions. Again, this can lead to revision of the whole structure of the model of expertise and can stimulate new elicitation tasks. The main features of our approach are therefore the integration of bottom-up and top-down modelling by applying reusable components (problem-solving methods) and the smooth transition from informal to semiformal to formal specification techniques. A large amount of the formal specification can be done graphically using the same modelling primitives as in the semiformal model. The underlying conceptual model of the system (i.e., the model of expertise) relates both description techniques.

4.2 Model connection

A further central point of MIKE is to relate the three models with each other. First, the elicitation model is related with the structure model. More precisely: the activity and concept nodes are related with the protocol nodes in which they have been described during elicitation. So, a connection is existing to the originally given information from the expert. A so-called *elicitation link* exists to describe these interrelation. During structuring, these links can be easily integrated. Second, the structure model is related with the model of expertise[3]. *Formalization links* relate a formally described node of the model of expertise with an informally described node of the structure model. Corresponding nodes, including on the one hand an informal description and on the other hand a formalization, are linked during the formalization/operationalization process.

The model connection has different advantages: First, the informal information integrated in the elicitation or structure model function as a documentation of a formal description. Large parts of documentation can be directly done during knowledge acquisition. The explanation facility can use the informal models during the usage of the system which are also helpful for the maintenance of the system. Figure 1 shows some links relating the elicitation and the structure model or the structure model and the model of expertise.

5 Conclusion

MIKE is an approach integrating semiformal and formal specification techniques used during an incremental development process. The semiformal specification is not only used to simplify the formalization process but is also seen as an important result itself. It structures the complex problem solving process and with its informal descriptions of facts it can be used for documentation. The formal specification in the early specification phase describes precisely the functionality of the system without implementation details. Our formal specification is also operational representing a first prototype of the system. For developing our models and the relationships between models during the specification phase we provide a tool called MeMo-Kit (see [NeM93] and [Neu94]) providing a graphical editor environment. For evaluating the model of expertise an interpreter exists (see [Ang94]). Part of the current work of MIKE is the enhancement of the model of expertise to a design model which also considers non-functional requirements ([LaS94]). A comparison of MIKE work done in information system development and software engineering can be found in [AFL92a] and [FAL93].

Acknowledgements

We thank Rudi Studer who encouraged us in integrating semiformal and formal specification techniques.

---

3. How the model of expertise is described in the hypermedia environment as a network of nodes with formal contents and links is not described here. See [Neu94] for more details.

Bibliography

[AFL92a]   J. Angele, D. Fensel, and D. Landes: Two Languages to Do the Same? In *Proceedings of the 2nd Workshop Informationssysteme und Künstliche Intelligenz*, February 24-26, 1992, Ulm, R. Studer (ed.), Informatik- Fachberichte, no 303, Springer

[AFL92b]   J. Angele, D. Fensel und D. Landes: An executable model at the knowledge level for the office-assignment task. In M. Linster (ed.): Sisyphus '92: Models of Problem Solving, Arbeitspapiere der GMD, no 663, July 1992.

[AFL+93]   J. Angele, D. Fensel, D. Landes, S. Neubert, and R. Studer: Model-Based and Incremental Knowledge Engineering: The MIKE Approach. In J. Cuena (ed.), *Knowledge Oriented Software Design, IFIP Transactions A-27*, North Holland, Amsterdam, 1993.

[AFS94]   J. Angele, D. Fensel, and R. Studer: The Model of Expertise in KARL. In *Proceedings of the 2nd World Congress on Expert Systems*, Lisbon/Estoril, Portugal, January 10-14, 1994.

[Ang94]   J. Angele: Operationalisierung des Modells der Expertise mit KARL, Infix, St. Augustin, 1993 (in German).

[FAL91]   D. Fensel, J. Angele, and D. Landes: KARL: A Knowledge Acquisition and Representation Language. In *Proceedings of Expert Systems and their Applications, 11th International Workshop, Conference "Tools, Techniques & Methods"*, May 27-31, Avignon, 1991, pp. 513-528.

[FAL93]   D. Fensel, J. Angele, D. Landes, and R. Studer: Giving Structured Analysis Techniques a Formal and Operational Semantics with KARL, *Proceedings of Requirements Engineering '93 - Prototyping -*, Bonn, April 25 - 27, 1993, Teubner Verlag, Stuttgart, to appear 1993.

[FBA+93]   K. M. Ford, J. M. Bradshaw, J. R. Adams-Webber, and N. M. Agnew: Knowledge Acquisition as a Constructive Modeling Activity. In *International Journal of Intelligent Systems, Special Issue Knowledge Acqisition as Modeling*, part I, no 1, vol 8, 1993.

[Fen93]   D. Fensel: *The Knowledge Acquisition and Representation Language KARL*, Ph.D. thesis, University of Karlsruhe, 1993.

[Fen94]   D. Fensel: Graphical And Formal Knowledge Specification With KARL. In *Proceedings of the International Conference on Expert Systems for Development*, Bangkok, Thailand, March 29-31, 1994.

[HoN92]   U. Hoppe and S. Neubert: Using Hypermedia for Integrating Mediating Representations in the Model-based Knowledge Engineering. In Proceedings of the AAAI'92 Workshop Knowledge Representation Aspects of Knowledge Acquisition, San José, California, July, pp. 55-62, 1992.

[KiL93]   M. Kifer, G. Lausen, and J. Wu: Logical Foundations of Object-Oriented and Frame-Based Languages, technical report 93/06, Department of Computer Science, SUNY at Stony Brook, NY, April 1993. To appear in *Journal of the ACM*.

[Koz90]   D. Kozen: Logics of Programs. In J. v. Leeuwen (ed.), *Handbook of Theoretical Computer Science*, Elsevier Science Publ., B. V., Amsterdam, 1990.

[LaS94]   D. Landes and R. Studer: The Design Process in MIKE. In *Proceedings of the 8th Knowledge Acquisition for Knowledge-Based Systems Workshop KAW '94*, Banff, Canada, Jan. 30 - Feb. 5, 1994.

[LFA93]   D. Landes, D. Fensel, and J. Angele: Formalizing and Operationalizing a Design Task with KARL. In J. Treur and Th. Wetter (eds.), *Formal Specification of Complex Reasoning Systems*, Ellis Horwood, New York, 1993.

[Lin92]   M. Linster (ed.): Sisyphus '92: Models of Problem Solving, Arbeitspapiere der GMD, no 663, July 1992.

[Llo87]   J.W. Lloyd: *Foundations of Logic Programming, 2nd Editon*, Springer-Verlag, Berlin, 1987.

[NeM93]   S. Neubert and F. Maurer: A Tool for Model Based Knowledge Engineering. In Proceedings of the 13th International Conference AI, Expert Systems, Natural Language (Avignon'93), 24-28 Mai, Avignon, 1993.

[NeO92]   S. Neubert and A. Oberweis: Einsatzmöglichkeiten von Hypertext beim Software Engineering und Knowledge Engineering. In Proceedings Hypertext & Hypermedia '92, München, September 1992

[Neu93]   S. Neubert: Model Construction in MIKE (Model Based and Incremental Knowledge Engineering) In: *Current Trends in Knowledge Acquisition - EKAW'93, 7th European Knowledge Acquisition Workshop*, Toulouse, France, September 6th - 10th, 1993, Lecture Notes in Artificial Intelligence, Springer Verlag, Berlin, Heidelberg

[Neu94]   S. Neubert: Modellkonstruktion in MIKE (Modellbasiertes und Inkrementelles Knowledge Engineering) - Methoden und Werkzeuge. PhD thesis, Universität Karlsruhe, 1994 (in German).

[New82]   A. Newell: The Knowledge Level, *Artificial Intelligence*, vol 18, 1982.

[PFL+94]   K. Poeck, D. Fensel, D. Landes, and J. Angele: Combining KARL and Configurable Role Limiting Methods for Configuring Elevator Systems. In *Proceedings of the 8th Banff Knowledge Acquisition for Knowledge-Based System Workshop (KAW '94)*, Banff, Canada, Januar 30th - February 4th, 1994.

[SWB93]   G. Schreiber, B. Wielinga, and J. Breuker (eds.): *KADS. A Principled Approach to Knowledge-Based System Development*, Knowledge-Based Systems, vol 11, Academic Press, London, 1993.

[Ull88]   J. D. Ullman: *Principles of Database and Knowledge-Base Systems, vol I*, Computer Sciences Press, Rockville, Maryland, 1988.

"Disjunktive logische Programmierung und disjunktive Datenbanken"

Koordinator: U. Furbach, Universität Koblenz

Programmausschuß: R. Bayer (TU München), G. Brewka (GMD Bonn), F. Bry (LMU München), J. Dix (Univ. Koblenz), U. Furbach (Univ. Koblenz), H. Herre (Univ. Leipzig), R. Studer (TU Karlsruhe)

Zusammenfassung:
Durch den großen Erfolg des Paradigmas der Logischen Programmierung sind die Verbindungen der beiden Bereiche *Programmieren* und *Datenbanken* deutlicher geworden. Allgemeine Deduktionstechniken für Prädikatenlogik werden in beiden Gebieten gewinnbringend eingesetzt. Im Bereich der Programmierung werden derzeit hauptsächlich Semantiken für indefinite und disjunktive logische Programme entwickelt. Solche Programme werden aber auch im Datenbankbereich benutzt, um deduktive Aspekte und Integritätsbedingungen zu formulieren.

Das Fachgespräch ist in drei Teile gegliedert, die jeweils durch einen eingeladenen Vortrag eröffnet werden. Im ersten Teil führt T. Przymusinski in modelltheoretische und nicht-monotone Fragestellungen ein, im zweiten F. Bry in Datenbankaspekte und schließlich eröffnet D. Loveland den dritten Teil über Beweisprozeduren.

Semantics of Disjunctive Programs:
A Unifying Approach

Teodor Przymusinski

Department of Computer Science, University of California,
100 Univ. Office Building, Riverside, CA 92521-0304, USA

Abstract. In recent years, various semantics for normal and disjunctive logic programs have been proposed, including the stable, partial stable, well-founded, minimal model, disjunctive stable, stationary and static semantics. These semantics were subsequently enhanced by the addition of a so called "strong negation".

We introduce a simple non-monotonic knowledge representation framework which isomorphically contains all of the above mentioned semantics as special cases, allows the use of "strong negation" as well as the use of real classical negation and yet is significantly more expressive than each one of these semantics considered individually.

The existence of such a uniform framework not only results in a new powerful non-monotonic formalism but also allows us to compare and better understand mutual relationships existing between different semantics and enables us to provide simpler and more natural definitions of some of them. It also naturally leads to new, more expressive and flexible semantics.

Non–Monotonic Reasoning Based on Minimal Models and its Efficient Implementation

Dietmar Seipel

University of Tübingen
Sand 13, D – 72076 Tübingen, Germany
seipel@informatik.uni-tuebingen.de

Abstract. A common approach to *non–monotonic reasoning* is to choose a set $\mathcal{S}$ of models (e.g. minimal, perfect or stable models) for a logic program P. Then, the meaning of P is defined as the set of all formulas which are implied logically by *all* models in $\mathcal{S}$.

For a disjunctive logic program P, we consider the set $\mathcal{S} = \mathcal{MM}_P$ of minimal models and get the non–montonic consequences $\mathcal{NM}_P$ of ground disjunctions over positive or negative literals. The set $\mathcal{NM}_P$ consists of three subsets: The minimal model state $\mathcal{MS}_P$ (ground disjunctions over positive literals), the negated extended generalized closed world assumption $\neg\mathcal{EGCWA}_P$ (ground disjunctions over negative literals), and the rest (mixed disjunctions over positive and negative literals). We show that the mixed disjunctions are implied logically by $\mathcal{MS}_P \cup \neg\mathcal{EGCWA}_P$. Thus the interesting sets are the logical consequences $\mathcal{MS}_P$ and the non–monotonic consequences $\neg\mathcal{EGCWA}_P$. As described in [16], $\mathcal{MS}_P$ consists of the positive ground disjunctions, which are *true* in all minimal models, and $\mathcal{EGCWA}_P$ consists of the positive ground conjunctions, which are *false* in all minimal models.

We will present a compact data structure, called *clause tree*, for disjunctive Herbrand states (ground disjunctions over positive literals). It is used for deriving $\mathcal{MS}_P$ as the least fixpoint of the disjunctive consequence operator $\mathcal{T}_P^S$ on disjunctive Herbrand states, and, on the other hand, for deriving $\mathcal{EGCWA}_P$ based on the support–for–negation sets, which are certain disjunctive Herbrand states.

1 Introduction

Deductive databases use logic programming and techniques from non–monotonic reasoning for building a powerful, declarative language for specifying data and queries in relational databases. There has been a lot of research on the processing of definite Horn clauses with definite facts, cf. [3], [22], [4]. Recursive programs are evaluated iteratively in a set–oriented fashion based on the primitive operations of relational algebra, which can be executed efficiently on databases. The desired result is the least fixpoint of the definite consequence operator $\mathcal{T}_P$, which equals the minimal Herbrand model $\mathcal{M}_P$, cf. [15]. More advanced applications require the support of disjunctive rules and disjunctive facts: The deduction of independencies in probabilistic reasoning, cf. [17], [21], and the overlapping of rectangles in spatial databases, cf. [1], are examples falling into this category.

Various semantics for disjunctive normal logic programs are given in the literature: well–founded semantics [23], generalized well–founded semantics and generalized disjunctive well–founded semantics [16], stationary semantics [18] and stable model semantics [12], [11]. A classification of these semantics w.r.t. certain criteria is given by [8].

A disjunctive logic program consists of rules with positive disjunctive rule heads and positive atoms in the rule bodies. Its semantics is determined by the set $\mathcal{MM}_P$ of its *minimal models*. The disjunctive consequence operator $\mathcal{T}_P^S$ allows for the derivation of the set $\mathcal{MS}_P$ of all positive disjunctive clauses logically implied by the program P, the *minimal model state*. On the other hand, disjunctive clauses over negated atoms are derived by the *extended generalized closed world assumption $\mathcal{EGCWA}_P$*. Such a clause is the negation of a conjunction of positive atoms. $\mathcal{EGCWA}_P$ contains all conjunctions which are *false* in all minimal Herbrand models of the program. In contrast to the logical implication of the *truth* of the facts in $\mathcal{MS}_P$, the closed world assumptions are non–logical inference rules: the *falsity* of the conjunctions in $\mathcal{EGCWA}_P$ is not implied logically by P. Whereas logical implication is monotonic ($\mathcal{MS}_P$ grows with P), closed world assumptions form one of the major formalisms of *non–monotonic reasoning* in artificial intelligence ($\mathcal{EGCWA}_P$ can shrink or grow with growing P).

The rest of this paper is organized as follows: We will review some of the definitions and theoretical foundations for disjunctive logic programming and their fixpoint semantics given in [16]. Then we introduce the concept of non–monotonic consequences $\mathcal{NM}_P$. We present efficient bottom–up Δ–iteration techniques for computing $\mathcal{MS}_P$ and $\mathcal{EGCWA}_P$ based on an iterative computation of certain resolvents of disjunctive Herbrand states with ground conjunctions. The computation of these resolvents can be supported by a compact data structure for disjunctive Herbrand states, the *clause tree*.

2 Foundations of Disjunctive Logic Programming

A *disjunctive deductive database DDDB* or *disjunctive logic program* is given by a set of facts, which resemble a relational database and a set of rules for deriving new facts. A disjunctive logic *rule r* is given by

$$A_1 \vee \ldots \vee A_k :- B_1, \ldots, B_m$$

where the disjunction $A_1 \vee \ldots \vee A_k$ of atoms A_i ($1 \leq i \leq k$, $k \in \mathbb{N}_0$) is called its head and the conjunction $B_1 \wedge \ldots \wedge B_m$ of atoms B_i ($1 \leq i \leq m$, $m \in \mathbb{N}_0$) its body. Iff $m = 0$, r is a disjunctive *fact*, also denoted by $A_1 \vee \ldots \vee A_k$. The disjunctive logic program containing all the ground instances of rules in P is denoted by $Ground(P)$.

The disjunctive (conjunctive) *Herbrand base DHB_P* (CHB_P) of P is a set of positive ground disjunctions $A_1 \vee \ldots \vee A_k$ (conjunctions $A_1 \wedge \ldots \wedge A_k$) of atoms

$A_i \in HB_P$ ($1 \le i \le k$, $k \in \mathbb{N}_0$) from the Herbrand base HB_P. A disjunctive (conjunctive) *Herbrand state* of P is a subset $T \subseteq DHB_P$ ($F \subseteq CHB_P$).

The *canonical form* and the *expansion* of a disjunctive (conjunctive) Herbrand state $S \subseteq DHB_P$ ($S \subseteq CHB_P$) are

$$can(S) = \{\, C \in S \mid \text{there is no proper subclause } C' \text{ of } C \text{ in } S \,\},$$

$$exp(S) = \{\, C \in H \mid \text{there is a subclause } C' \text{ of } C \text{ in } S \,\},$$

where subclause means disjunction (conjunction) and $H = DHB_P$ ($H = CHB_P$). That is, $can(S) \subseteq S \subseteq exp(S)$. S is called expanded, iff $exp(S) = S$.

The *set difference with subsumption* $T_1 \setminus_s T_2$ and the *set disjunction* $T_1 \vee T_2$, respectively, of two disjunctive Herbrand states T_1 and T_2 are

$$T_1 \setminus_s T_2 = \{\, C \in T_1 \mid \text{there is no subclause } C' \text{ of } C \text{ in } T_2 \,\},$$

$$T_1 \vee T_2 = \{\, C_1 \vee C_2 \mid C_1 \in T_1,\ C_2 \in T_2 \,\}.$$

The *negation* of a conjunctive Herbrand state F is

$$\neg F = \{\, \neg A_1 \vee \ldots \vee \neg A_k \mid A_1 \wedge \ldots \wedge A_k \in F \,\}.$$

Example 1. For the Herbrand base $HB_P = \{a, b, c\}$ and the disjunctive Herbrand states $T_1 = \{a \vee b, a \vee c\}$ and $T_2 = \{a \vee b, b \vee c\}$ we get $T_3 = T_1 \vee T_2 = \{a \vee b, a \vee b \vee c\}$, $T_1 \setminus_s T_3 = \{a \vee c\}$, and for $T_4 = \{a \vee b\}$ we get $exp(T_4) = T_3$ and $can(T_3) = T_4$.

2.1 The Disjunctive Consequence Operator

The set of ground disjunctions logically implied by a disjunctive logic program P can be derived by bottom–up or naive evaluation algorithms as the least fixpoint of the disjunctive consequence operator T_P^S, cf. [16].

Definition 1. Given a disjunctive logic program P.
(i) The disjunctive *consequence operator* $T_P^S : 2^{DHB_P} \to 2^{DHB_P}$ of P derives

$$T_P^S(D) = \{\, C' \vee C_1 \vee \ldots \vee C_n \mid C' :\!- B_1, \ldots, B_n \text{ is in } Ground(P),$$
$$B_1 \vee C_1, \ldots, B_n \vee C_n \text{ are in } D \,\}, \text{ for } D \subseteq DHB_P.$$

(ii) The *powers* of T_P^S are disjunctive Herbrand states $T_P^S \uparrow n \subseteq DHB_P$:

$$T_P^S \uparrow 0 = \emptyset, \quad T_P^S \uparrow n{+}1 = T_P^S(T_P^S \uparrow n), \text{ for } n \in \mathbb{N}_0, \quad T_P^S \uparrow \omega = \cup_{n < \omega} T_P^S \uparrow n.$$

Example 2. A very frequently used logic program P_{tc} is the one that specifies the transitive closure of a graph given by a disjunctive *arc*–relation $D = \{\, arc(a, b) \vee arc(a, c),\ arc(b, d),\ arc(c, d) \,\}$:

$$P_{tc} = \{\, path(X, Y) :\!- path(X, Z), path(Z, Y); \quad path(X, Y) :\!- arc(X, Y) \,\}.$$

For $P = P_{tc} \cup D$ we get $T_P^S \uparrow n = D_1 \cup \ldots \cup D_n$, where $D_1 = D$ and

$$D_2 = \{\, arc(a, b) \vee path(a, c),\ path(a, b) \vee arc(a, c),\ path(b, d),\ path(c, d) \,\},$$
$$D_3 = \{\, path(a, b) \vee path(a, c),\ path(a, d) \vee arc(a, c),\ path(a, d) \vee arc(a, b) \,\},$$
$$D_4 = \{\, path(a, d) \vee path(a, c),\ path(a, d) \vee path(a, b) \,\}.$$

Finally, $D_5 = \{\, path(a, d) \,\}$, $D_6 = \emptyset$, and $T_P^S \uparrow \omega = T_P^S \uparrow 5$. Thus, T_P^S can also derive definite facts from disjunctive facts.

2.2 The Minimal Model State

For every definite logic program P the minimal Herbrand model $\mathcal{M}_P$ of P is equal to the logical consequences $A \in HB_P$ of P and the least fixpoint $lfp(\mathcal{T}_P) = \mathcal{T}_P \uparrow \omega$ of the definite consequence operator $\mathcal{T}_P$, cf. [15].

In general, a disjunctive logic program P does not have a unique minimal Herbrand model, but a set $\mathcal{MM}_P$ of minimal Herbrand models. For disjunctive logic programs, model states correspond to models for logic programs.

Definition 2. Given a disjunctive logic program P.

(i) A *model state* D of P is an expanded disjunctive Herbrand state of P, where $\mathcal{T}_P^S(D) \subseteq D$.

(ii) The *minimal model state* $\mathcal{MS}_P$ of P is given by the intersection $\cap_{D \in MS_P} D$ of the set MS_P of all model states of P.

As for Herbrand models of definite logic programs, every intersection of model states again is a model state. Thus, $\mathcal{MS}_P$ is the unique minimal element in the set of all model states of P. Model states can also be characterized based on Herbrand models: an expanded disjunctive Herbrand state D of P is a model state of P, iff every minimal Herbrand model of D is a Herbrand model of P. According to [16], $\mathcal{MS}_P$ is equivalent to the set of logical consequences $C \in DHB_P$ of P, the expansion of the least fixpoint $lfp(\mathcal{T}_P^S) = \mathcal{T}_P^S \uparrow \omega$, and the set

$$\{ C \in DHB_P \mid \forall M \in \mathcal{MM}_P : M \models C \}$$

of all disjunctions $C \in DHB_P$ logically implied by all minimal Herbrand models $M \in \mathcal{MM}_P$ of P. For a definite logic program P, $\mathcal{M}_P = can(\mathcal{MS}_P)$.

3 Non–Monotonic Reasoning Based on Minimal Models

Closed world assumptions are one of the major formalisms of non–monotonic reasoning in artificial intelligence. The *extended generalized closed world assumption* $\mathcal{EGCWA}_P$ of a disjunctive logic program P is a conjunctive Herbrand state containing all ground conjunctions which are *false* in all $M \in \mathcal{MM}_P$.

Definition 3. Given a disjunctive logic program P. Then

$$\mathcal{EGCWA}_P = \{ E \in CHB_P \mid \forall M \in \mathcal{MM}_P : M \models \neg E \}.$$

Example 3. The disjunctive logic program $P = \{ c :\!- a, \ a \vee b \}$ derives the minimal model state $\mathcal{MS}_P = \{a \vee b, b \vee c, a \vee b \vee c\}$ and has the set $\mathcal{MM}_P = \{\{a, c\}, \{b\}\}$ of minimal Herbrand models. Thus, $\mathcal{EGCWA}_P = \{a \wedge b, b \wedge c, a \wedge b \wedge c\}$. But, the stronger disjunctive logic program $P' = P \cup \{c \vee a\}$ derives the weaker set $\mathcal{EGCWA}_{P'} = \{a \wedge b \wedge c\}$ of *false* conjunctions (*Non–Monotonicity*).

$\neg\mathcal{EGCWA}_P$ is maximal consistent with the minimal model state $\mathcal{MS}_P$: it contains exactly the ground disjunctions $\neg A_1 \vee \ldots \vee \neg A_k$ which can be assumed to be *true* without making it possible to derive new positive ground disjunctions from $\mathcal{MS}_P \cup \neg\mathcal{EGCWA}_P$.

So far, based on the set $\mathcal{MM}_P$ of minimal models of a disjunctive logic program P, we can derive the set $\mathcal{MS}_P \cup \neg\mathcal{EGCWA}_P$ of ground disjunctions C, which are either purely positive ($C = A_1 \vee \ldots \vee A_k \in \mathcal{MS}_P$) or purely negative ($C = \neg A_1 \vee \ldots \vee \neg A_k \in \neg\mathcal{EGCWA}_P$). The concept of non–montonic reasoning based on minimal models can easily be extended to derive the set $\mathcal{NM}_P$ of all ground disjunctions $C = L_1 \vee \ldots \vee L_k$ over positive and negative literals, which are logically implied by all minimal Herbrand models of P.

Definition 4. Given a disjunctive logic program P.

(i) The *extended disjunctive Herbrand base* $EDHB_P$ of P is

$$EDHB_P = \{ L_1 \vee \ldots \vee L_k \mid k \in \mathbb{N}_0, (L_i = A_i \text{ or } L_i = \neg A_i), A_i \in HB_P, 1 \leq i \leq k \}.$$

(ii) The set of *non-monotonic consequences* of P is

$$\mathcal{NM}_P = \{ C \in EDHB_P \mid \forall M \in \mathcal{MM}_P : M \models C \}.$$

Obviously, $(\mathcal{MS}_P \cup \neg\mathcal{EGCWA}_P) \subseteq \mathcal{NM}_P$. We will even show the logical equivalence $(\mathcal{MS}_P \cup \neg\mathcal{EGCWA}_P) \Longleftrightarrow \mathcal{NM}_P$. This will be done by considering logical formulas which are equivalent to the clause sets, cf. Example 4. We will use the following notations for a set $M \subseteq HB_P$ of atoms:

$$p_M = \bigwedge_{A \in M} A, \qquad n_M = \bigwedge_{A \in HB_P \setminus M} \neg A.$$

The conjunctive normal form $CNF_P = \bigwedge_{C \in can(\mathcal{MS}_P)} C$ of P is the conjunction of all minimal disjunctions of $\mathcal{MS}_P$. The disjunctive normal form DNF_P and the *completed disjunctive normal form* $CDNF_P$ of P are defined using $\mathcal{MM}_P$:

$$DNF_P = \bigvee_{M \in \mathcal{MM}_P} p_M, \qquad CDNF_P = \bigvee_{M \in \mathcal{MM}_P} p_M \wedge n_M.$$

CNF_P and DNF_P both are logically equivalent to $\mathcal{MS}_P$. $CDNF_P$ is stronger, and it can be verified that it is equivalent to the non–monotonic consequences $\mathcal{NM}_P$ of P, i.e. $\mathcal{NM}_P \Longleftrightarrow CDNF_P$. Finally, the *closed world form* is

$$CWF_P = \bigvee_{M \in \mathcal{MM}_P} n_M.$$

It can be shown that CWF_P is the disjunctive equivalent of the conjunction $\bigwedge_{E \in can(\mathcal{EGCWA}_P)} \neg E$. Thus $DNF_P \wedge CWF_P \Longleftrightarrow \mathcal{MS}_P \cup \neg\mathcal{EGCWA}_P$.

Example 4. For the minimal model state $\mathcal{MS}_P = exp(\{a \vee c, b \vee c, b \vee d, c \vee d\})$ we get $\mathcal{MM}_P = \{\{a, b, d\}, \{b, c\}, \{c, d\}\}$, $\mathcal{EGCWA}_P = exp(\{a \wedge c, b \wedge c \wedge d\})$ and

$$CNF_P = (a \vee c) \wedge (b \vee c) \wedge (b \vee d) \wedge (c \vee d),$$
$$DNF_P = (a \wedge b \wedge d) \vee (b \wedge c) \vee (c \wedge d),$$
$$CWF_P = (\neg c) \vee (\neg a \wedge \neg d) \vee (\neg a \wedge \neg b),$$
$$CDNF_P = (a \wedge b \wedge d \wedge \neg c) \vee (b \wedge c \wedge \neg a \wedge \neg d) \vee (c \wedge d \wedge \neg a \wedge \neg b).$$

Since $p_{M_1} \wedge n_{M_2}$ is *false* for $M_1 \neq M_2$ ($M_1, M_2 \in \mathcal{MM}_P$), we get by distributivity

$$DNF_P \wedge CWF_P = (\bigvee_{M_1 \in \mathcal{MM}_P} p_{M_1}) \wedge (\bigvee_{M_2 \in \mathcal{MM}_P} n_{M_2}) \iff$$

$$\iff \bigvee_{M_1, M_2 \in \mathcal{MM}_P} p_{M_1} \wedge n_{M_2} \iff \bigvee_{M \in \mathcal{MM}_P} p_M \wedge n_M = CDNF_P.$$

Chaining the above equivalences yields:

Theorem 5. *For a disjunctive logic program* P: $\mathcal{NM}_P \iff \mathcal{MS}_P \cup \neg\mathcal{EGCWA}_P$.

4 Reasoning with Disjunctive Herbrand States

The basic operators for deriving $\mathcal{MS}_P$ and $\mathcal{EGCWA}_P$ of a disjunctive logic program P are the state resolvent Res^S and the state reduction Red^S of a disjunctive Herbrand state D w.r.t. an atom A. They partition D into disjoint sets D_1 and D_2: $D_1 = \{A\} \vee Res^S(D, A)$ consists of all disjunctions containing A and $D_2 = Red^S(D, A)$ consists of all disjunctions lacking A.

When reasoning with the facts and rules of the database, another data structure for the factual information seems to be appropriate: the clause tree. Every path from the root of the clause tree to a leaf represents a disjunctive clause. This tree structure can also be seen as another normal form for boolean formulas over $\wedge$ and $\vee$. Whereas the *conjunctive normal form CNF* (conjunction of disjunctive clauses) and the *disjunctive normal form DNF* (disjunction of conjunctions) represent formulas in a two level hierarchy using $\wedge$ and $\vee$, formulas in *tree normal form TNF* are built recursively as the disjunction of a disjunctive clause with a conjunction of formulas in *TNF*.

The trees support the efficient derivation of state resolvents and reductions.

4.1 Resolvents and Reductions of Disjunctive Herbrand States

Definition 6. Given a disjunctive logic program P, a disjunctive Herbrand state $D \subseteq DHB_P$, an atom $A \in HB_P$, and a conjunction $E = A_1 \wedge \ldots \wedge A_k \in CHB_P$.
(i) The *state resolvent* $Res^S(D, A)$ and the *state reduction* $Red^S(D, A)$ are

$$Res^S(D, A) = \{\, C \in DHB_P \mid C \vee A \in D \,\},$$

$$Red^S(D, A) = \{\, C \in DHB_P \mid C \in D, \ A \text{ does not occur in } C \,\}.$$

(ii) The *state resolvent* $Res^S(D, E)$ and the *state reduction* $Red^S(D, E)$ are

$$Res^S(D, E) = \vee_{i=1}^k Res^S(D, A_i), \quad Red^S(D, E) = \cap_{i=1}^k Red^S(D, A_i).$$

Example 5. For the disjunctive Herbrand state $D = \{a \vee b \vee d, a \vee b \vee e, a \vee c\}$, we get $Res^S(D, b) = \{a \vee d, a \vee e\}$ and $Red^S(D, b) = \{a \vee c\}$.

The minimal model state $\mathcal{MS}_P$ of a disjunctive logic program P can be derived by repeated computations of resolvents of derived disjunctive Herbrand states with the ground conjunctions formed by the bodies of the ground rules, since

$$\mathcal{T}_P^S(D) = \bigcup_{C:-E \,\in\, Ground(P)} \{C\} \vee Res^S(D, E).$$

The extended generalized closed world assumption $\mathcal{EGCWA}_P$ can be derived from the resolvents $Res^S(\mathcal{MS}_P, E)$, which are called support–for–negation sets in [16], of the minimal model state $\mathcal{MS}_P$ with the conjunctions $E \in CHB_P$:

$$\mathcal{EGCWA}_P = \{ E \in CHB_P \mid Res^S(\mathcal{MS}_P, E) \setminus_s \mathcal{MS}_P = \emptyset \}.$$

4.2 Representing Herbrand States by Clause Trees

The computation of minimal model states and extended generalized closed world assumptions can be efficiently supported by a data structure for disjunctive facts, the so–called *clause tree*, cf. [19]. Another data structure, the *model tree* proposed by [16] and [10], represents the set of all minimal models of a disjunctive Herbrand state S instead of the clauses of S. Both types of trees are used for a fast computation of state resolvents and state reductions, and for purposes of subsumption elimination. W.r.t. the following general definition of set trees, a clause tree is a set tree for a disjunctive Herbrand state S and a model tree is a set tree for a set S of models. Set trees can be derived by insertion heuristics or by Steiner minimal tree heuristics, cf. [24], [19].

Definition 7 (Set Tree). Given a set $S = \{S_1, \ldots, S_n\}$ ($n \in \mathbb{N}_0$) of some finite sets S_i ($1 \leq i \leq n$). Let $\mathcal{A}_S = \cup_{i=1}^n S_i$. A *set tree* $\mathcal{T} = (V, E)$ with a node labeling $l : V \to 2^{\mathcal{A}_S}$ *represents* S, iff

(i) each leaf $v \in V$ represents a set $S(v)$ as follows: $S(v)$ is the union of the sets $l(v')$ which label the nodes v' on the path from the root to v,

(ii) the sets $S(v)$ of the leaves $v \in V$ are in S, and every set $S_i \in S$ is represented by exactly one leaf v with $S(v) = S_i$ of the set tree.

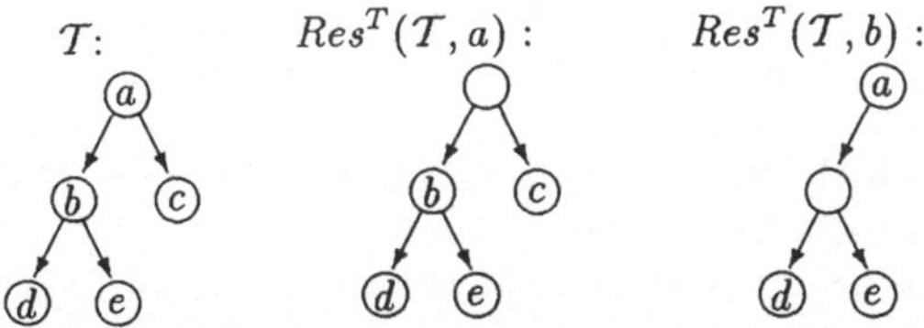

Fig. 1. A Clause Tree $\mathcal{T}$ and Tree–Resolvents

Example 6. The disjunctive Herbrand state $D = \{a \vee b \vee d, a \vee b \vee e, a \vee c\}$ is represented by the clause tree $\mathcal{T}$ of Figure 1. $Res^T(\mathcal{T}, a)$ and $Res^T(\mathcal{T}, b)$ represent the states $Res^S(D, a) = \{b \vee d, b \vee e, c\}$ and $Res^S(D, b) = \{a \vee d, a \vee e\}$, respectively.

5 Summary

We have developed a system called DISLOG for the efficient evaluation of disjunctive normal logic programs under the generalized disjunctive well–founded semantics $\mathcal{GDWFS}_P$. It is implemented as a meta–interpreter in SICSTUS–PROLOG.

Computing the semantics $\mathcal{GDWFS}_P$ for a disjunctive, normal logic program P requires the repeated derivation of the minimal model state and the extended generalized closed world assumption w.r.t. certain disjunctive transformations of P. The basic operators for computing minimal model states are the disjunctive consequence operator $\mathcal{T}_P^S$, the Δ–operator $\setminus$, with subsumption and the canonization operator can for disjunctive Herbrand states. Tree–based versions of these operators are applied in a Δ–iteration for computing $\mathcal{MS}_P$ and $\mathcal{EGCWA}_P$.

References

[1] *A. Abdelmoty, M. Williams, N. Paton:* Deduction and Deductive Databases for Geographic Data Handling, Proc. Intl. Symposium on Advances in Spatial Databases 1993 (SSD'93), pp. 443-464.

[3] *F. Bancilhon, R. Ramakrishnan:* An Amateur's Introduction to Recursive Query Processing Strategies, Proc. ACM SIGMOD 1986, pp. 16-52.

[4] *S. Ceri, G. Gottlob, L. Tanca:* Logic Programming and Databases, Springer, 1990.

[6] *W. Chen, D.S. Warren:* Query Evaluation under the Well–Founded Semantics, Proc. ACM PODS 1993.

[8] *J. Dix:* Classifying Semantics of Disjunctive Logic Programs, Proc. Joint. Intl. Conf. and Symp. on Logic Programming 1992, pp. 798-812.

[9] *U. Fuhrbach:* Computing Answers for Disjunctive Logic Programs, Proc. ILPS Workshop on Disjunctive Logic Programs 1991.

[10] *J.A. Fernández, J. Minker:* Theory and Algorithms for Disjunctive Deductive Databases, Programmirovanie J. 1993, Academy of Sciences of Russia.

[11] *M. Fitting:* The Family of Stable Models, Journal of Logic Programming, vol. 17(3,4), 1993, pp. 197-225.

[12] *M. Gelfond, V. Lifschitz:* The Stable Model Semantics for Logic Programming, Proc. Intl. Conf. and Symp. on Logic Programming 1988, pp. 1070-1080.

[15] *J.W. Lloyd:* Foundations of Logic Programming, Springer, second edition, 1987.

[16] *J. Lobo, J. Minker, A. Rajasekar:* Foundations of Disjunctive Logic Programming, MIT Press, 1992.

[17] *J. Pearl:* Probabilistic Reasoning in Intelligent Systems: Networks of Plausible Inference, Morgan Kaufman, 1988.

[18] *T.C. Przymusinski:* Stationary Semantics for Disjunctive Logic Programs and Deductive Databases, Proc. North–American Conf. of Logic Prog. 1990, pp. 42-59.

[19] *D. Seipel:* Tree–Based Fixpoint Iteration for Disjunctive Logic Programs, Proc. Workshop on Logic Prog. with Incomplete Inf., Intl. Symp. on Logic Prog. 1993.

[20] *D. Seipel:* An Efficient Computation of the Extended Generalized Closed World Assumption by Support–for–Negation Sets, Proc. Intl. Conf. on Logic Programming and Automated Reasoning 1994 (LPAR'94).

[21] *D. Seipel, H. Thöne:* An Application of Disjunctive Logic Programming with Incomplete Information, Proc. Intl. Conf. on Expert Syst. for Development 1994.

[22] *J.D. Ullman:* Principles of Database and Knowledge-Base Systems, Volume I,II, Computer Science Press, 1988/89.

[23] *A. Van Gelder, K.A. Ross, J.S. Schlipf:* The Well–Founded Semantics for General Logic Programs, JACM, vol. 38(3), 1991, pp. 620-650.

[24] *S. Voß:* Steiner-Probleme in Graphen, Anton Hain, Frankfurt am Main, 1990.

From above and from below: Approximating stable models

Jürgen Kalinski

Institute of Computer Science III
University of Bonn, Römerstr. 164
53117 Bonn, Germany
email: cully@cs.uni-bonn.de

Abstract. The well-founded semantics for normal logic programs is regarded as a constructive approximation of stable models. The construction is based on the consequence operator for definite programs in cooperation with the Gelfond-Lifschitz transformation. It is first shown that a well-founded approximation for disjunctive programs can be defined in quite the same way. It is then demonstrated that knowledge compilation — originally introduced as an approximative evaluation procedure for classical propositional logic — can be naturally combined with the well-founded construction. It is thereby possible to evaluate queries on a disjunctive program by a reduction to the more efficient well-founded semantics of normal programs.

1 Introduction

Stable model semantics as proposed by Gelfond and Lifschitz [3] is one of the most elegant approaches concerning the semantics of normal logic programs. It generalizes the perfect model semantics [9] and is closely related with Autoepistemic Logic as a major formalization of nonmonotonic reasoning. The stable model approach has subsequently been extended to disjunctive logic programs by Gelfond and Lifschitz [4] as well as by Przymusinski [11].

The well-founded semantics is another (by now) standard formalization of the meaning of normal logic programs [15] and has been proved to be more efficient than the stable model semantics. We argue that it can well be understood as a *constructive approximation* of stable models.

It is first shown that the well-founded semantics specifies a sequence of pairs of models, one of them being an upper bound or complete approximation of every stable model, and the other one being a lower bound or sound approximation. In every iteration step a new model pair is derived from the previous one by a corresponding operator pair and it is only in the context of normal logic programs that both operators coincide.

An appropriate operator pair will then be defined for disjunctive logic programs. In contrast to normal programs it consists of two different operators.

Finally, we go one step further and demonstrate that our framework supports a reduction of query evaluation for disjunctive programs to an evaluation procedure for normal programs. For this purpose our approach is combined with knowledge compilation, an approximative evaluation procedure for classical propositional logic proposed by Selman and Kautz [13].

2   Preliminaries

A logic program is a set of rules $A_1 \vee \ldots \vee A_m \leftarrow L_1, \ldots, L_n$ where every A_i is an atom and every L_i an atom or an atom negated by '$\sim$'.[1] When $m = 1$, the program is called *normal*, otherwise *disjunctive*. Programs without any occurrence of '$\sim$' are *positive*. Positive normal programs are also called *definite*. Disjunctions denoted by '$A \vee B$' are regarded as sets of atoms. The reader is assumed to be familiar with van Emden and Kowalski's (cf. [14]) as well as Minker and Rajasekar's (cf. [8]) immediate consequence operators.

Theorem 1. *(Minker/Rajasekar [8]) Let P be a positive disjunctive program and δ a disjunction of atoms. Then the following are equivalent:*

1. *δ is a logical consequence of P.*
2. *$M \models \delta$ for every minimal model M of P.*
3. *$\delta' \in \mathrm{lfp}\,(T_P^\vee)$ for some subclause $\delta' \subseteq \delta$.*

Gelfond and Lifschitz argue that a negative literal $\sim A$ should be interpreted with respect to some interpretation I.

Definition 2. (Gelfond/Lifschitz [3]) Let P be a disjunctive program and I a Herbrand interpretation. The *Gelfond-Lifschitz transformation P/I* of P modulo I is defined by the following procedure:

1. Remove every rule whose body contains some $\sim A$ with $A \in I$.
2. Delete every expression $\sim A$ in the remaining rules.

Definition 3. (Gelfond/Lifschitz [3] [4], Przymusinski [11]) Let I be a Herbrand interpretation of P. If P is normal, then I is called a *stable model* of P, if it is the smallest model of P/I. If P is disjunctive, then I is called a *stable model* of P, if it is a minimal model of P/I.

The *stable model semantics* ascribes a logic program its set of stable models. The following operators will subsequently turn out to be of central concern for us:

$$S_P(I) \;:=\; \mathrm{lfp}\,(T_{P/I}) \qquad\qquad S_P^\vee(I) \;:=\; \mathrm{lfp}\,(T_{P/I}^\vee)$$

Note that stable models of normal programs can also be characterized by the equation $I = S_P(I)$.

Lemma 4. *Both S_P and $S_P^\vee$ are anti-monotonic.*

---

[1] Function symbols are not allowed and we will confine our attention to Herbrand interpretations.

3　Model Pairs

In what follows we make extensive use of the notion of *model pairs*. It is our intention to specify sets of interpretations which include every stable model. We will especially be interested in sets with an attractively simple structure, namely those which are closed under union and intersection. They can be represented by their smallest and greatest member.

Definition 5. Let $I_- \subseteq I_+$ be two interpretations for P. Then

$$\langle I_-, I_+ \rangle := \{\, I \mid I_- \subseteq I \subseteq I_+ \,\}$$

is called a *model pair*. The empty set is denoted by $\langle B_P, \emptyset \rangle$.

The set of all model pairs is a complete lattice partially ordered by

$$\langle I_-, I_+ \rangle \sqsubseteq \langle J_-, J_+ \rangle :\Longleftrightarrow \langle I_-, I_+ \rangle \supseteq \langle J_-, J_+ \rangle$$

The smaller the set of models specified by some pair, the greater the information it represents. Thus '$\sqsubseteq$' is in fact an information order on model pairs. The $\sqsubseteq$-smallest model pair is the set of all Herbrand interpretations $\langle \emptyset, B_P \rangle$. For a collection $\{\langle I_{a-}, I_{a+} \rangle\}_{a \in A}$ of model pairs we have:

$$\mathrm{glb}_{\sqsubseteq} \{\langle I_{a-}, I_{a+} \rangle\}_{a \in A} = \langle \bigcap_{a \in A} I_{a-}, \bigcup_{a \in A} I_{a+} \rangle \text{ and}$$

$$\mathrm{lub}_{\sqsubseteq} \{\langle I_{a-}, I_{a+} \rangle\}_{a \in A} = \bigcap_{a \in A} \langle I_{a-}, I_{a+} \rangle$$

Model pairs allow us to rephrase a result of Van Gelder [16] and Baral and Subrahmanian [1].

Definition 6. The *well-founded operator pair* $\langle S_P, S_P \rangle$ of a normal program P is the mapping on model pairs defined by

$$\langle S_P, S_P \rangle \langle I_-, I_+ \rangle := \langle S_P(I_+), S_P(I_-) \rangle$$

Proposition 7. Let P be a normal program.

1. *The well-founded operator pair $\langle S_P, S_P \rangle$ is monotonic in the model pair lattice.*
2. *An interpretation I is a stable model of P if and only if $\langle I, I \rangle$ is a fixpoint of $\langle S_P, S_P \rangle$. Hence, if I is a stable model of P, then $I \in \mathrm{lfp} \langle S_P, S_P \rangle$.*
3. *If $\mathrm{lfp} \langle S_P, S_P \rangle = \langle I_-, I_+ \rangle$, then I_- coincides with the true atoms of the well-founded model of P and the complement of I_+ with its false atoms.*

In the context of normal programs the operator pair consist of one and the same operator in both components. The concept of model and operator pairs stresses the fact that $\mathrm{lfp} \langle S_P, S_P \rangle = \langle I_-, I_+ \rangle$ incorporates two kinds of information: I_- is a sound or skeptical approximation of stable model semantics, whereas I_+ is a complete or credulous one.

4 Disjunctive Well-Founded Operator Pairs

We intend to construct a superset of all stable models of a disjunctive logic program P. Let us start with the set of all Herbrand interpretations (i.e. the model pair $\langle \emptyset, B_P \rangle$) as an admittedly bad guess. We are going to specify a set I_- of ground atoms that *must at least* be true in every stable model of P, as well as a set I_+ of ground atoms that *will at most* be true in every stable model. The pair $\langle I_-, I_+ \rangle$ will then be the basis for the next iteration step.

Observation: If ground atom A is true in every minimal model of P/I for every $I \subseteq B_P$, then A must also be true in every stable model.

By Theorem 1 atom A is true in every minimal model of P/I if and only if it is in $S_P^\vee(I)$. Furthermore, by Lemma 4 this will be the case for every $I \subseteq B_P$ if and only if $A \in S_P^\vee(B_P)$. Thus $I_- := S_P^\vee(B_P)$ determines the skeptical part of the next model pair: Instead of having to deal with a whole set of interpretations it suffices to consider its greatest element.

Example 1. For program P_1 consisting of the rules $x \vee y \leftarrow {\sim} y$ and $y \vee z \leftarrow {\sim} x$ one obtains $S_{P_1}^\vee(\emptyset) = \{x \vee y, y \vee z\}$, whereas $S_{P_1}^\vee(\{x\}) = \{x \vee y\}$. The most skeptical view of P_1, however, is the one where both rules are removed by the Gelfond-Lifschitz transformation: $S_{P_1}^\vee(B_{P_1}) = \emptyset$. ∎

Observation: If A is false in every minimal model of P/I for every $I \subseteq B_P$, then it cannot be true in any stable model at all.

This observation suggests to let I_+ consist of all those atoms which for every I are true in some minimal model of P/I. But then we cannot substitute a distinguished representative for the entire set of interpretations.

Example 2. The operator which for every interpretation I determines the set $\{ A \mid A$ is true in some minimal model of $P/I \}$ is not anti-monotonic: For program $P_2 = \{ p \vee q, p \leftarrow {\sim} r \}$ the transformation $P/\emptyset$ has the unique minimal model $\{p\}$. But for P/B_{P_2} we find that q is true in a minimal model, too. ∎

Whereas the set defined in Example 2 refers to the *generalized closed world assumption*, it is the *weak generalized closed world assumption* that turns out to be appropriate for our purpose.

Definition 8. The *normal transformation* P^N of a disjunctive program consists of all normal rules $A_i \leftarrow L_1, \ldots, L_n$ for every disjunctive rule $A_1 \vee \ldots \vee A_m \leftarrow L_1, \ldots, L_n$ of P.

Proposition 9. *Let P be a positive disjunctive program. If $A \notin \mathrm{lfp}(T_{P^N})$, then A is false in every minimal model of P.*

As P^N is a normal program, Lemma 4 implies the anti-monotonicity of S_{P^N}. Query evaluation can now be based on the smallest and greatest member of a set of interpretations.

Definition 10. Let P be a disjunctive program. The *well-founded operator pair* $\langle S_P, S_{PN} \rangle$ is the mapping on model pairs defined by

$$\langle S_P, S_{PN} \rangle \langle I_-, I_+ \rangle := \langle S_P^\vee(I_+) \cap B_P, \, S_{PN}(I_-) \rangle$$

Example 3. Consider $P := P_1 \cup \{s \vee t \leftarrow \sim r\}$. It has four stable models, namely $\{x, s\}$, $\{x, t\}$, $\{y, s\}$ and $\{y, t\}$. Our approximation approach yields the following results:

$$\langle S_P, S_{PN} \rangle \langle \emptyset, B_P \rangle = \langle \emptyset, \{x, y, z, s, t\} \rangle$$
$$\langle S_P, S_{PN} \rangle^2 \langle \emptyset, B_P \rangle = \langle \{s \vee t\} \cap B_P, \{x, y, z, s, t\} \rangle$$
$$= \langle \emptyset, \{x, y, z, s, t\} \rangle$$
$$= \langle S_P, S_{PN} \rangle^3 \langle \emptyset, B_P \rangle$$

The resulting model pair represents the information that r is false. The status of the other atoms is left undetermined. ∎

Proposition 11. *The well-founded operator pair $\langle S_P, S_{PN} \rangle$ of a disjunctive program P is monotonic in the model pair lattice.*

It is now possible to constructively approximate what must be true or false in every stable model.

Theorem 12. *Let P be a disjunctive program and* lfp $\langle S_P, S_{PN} \rangle = \langle I_-, I_+ \rangle$.

1. *If I is a stable model of P, then $I \in \langle I_-, I_+ \rangle$.*
2. *If $\delta' \in S_P^\vee(I_+)$ for some subclause $\delta' \subseteq \delta$, then δ is in every stable model of P.*

By Theorem 12 the model pair lfp $\langle S_P, S_{PN} \rangle = \langle I_-, I_+ \rangle$ suggests a sound (I_-) as well as a complete (I_+) query evaluation procedure. Furthermore, by Proposition 11 a smallest fixpoint of $\langle S_P, S_{PN} \rangle$ will always exist: Even when there is no stable model, the construction exploits the 'reasonable' part of P.

Example 4. Consider P as defined in Example 3 once again. The second component of lfp $\langle S_P, S_{PN} \rangle$ was $\{x, y, z, s, t\}$. We obtain

$$S_P^\vee(\{x, y, z, s, t\}) = \{s \vee t\}$$

yielding the additional information that s $\vee$ t is true in every stable model. ∎

Our approach refers to the weak generalized closed world assumption (see [7] or [12]) in the derivation of what must be false in every stable model. As a consequence disjunctions are read inclusively in this case. For a positive program I_+ coincides with the complement of WGCWA. In the evaluation of general programs applications of the Minker-Rajasekar operator and WGCWA are mutually recursive. Stratified normal programs have a unique stable model I which coincides with the well-founded approximation ($\{I\} =$ lfp $\langle S_P, S_{PN} \rangle$). Stratified disjunctive programs may have several stable models. But even when their stable model is unique, it must not coincide with lfp $\langle S_P, S_{PN} \rangle$. This is a consequence of the fact that stable model semantics supports exclusive disjunctions.

Example 5. Program P_2 of Example 2 has the unique stable model $\{p\}$. Our construction yields lfp $\langle S_P, S_{PN} \rangle = \langle \{p\}, \{p, q\} \rangle$ which represents that p is true and r false whereas the status of q remains undetermined. ∎

5   Normal Well-Founded Operator Pairs

The well-founded operator $\langle S_P, S_{PN} \rangle$ is quite an unbalanced pair. Its S_{PN}-part is much more efficient than its S_P-part. The former is reduced to the consequence operator for definite programs, while the latter essentially refers to the Minker-Rajasekar operator for positive disjunctive programs. We now address the question whether it is possible to evaluate queries on disjunctive programs without any application of $T_P^\vee$. In quite the same way, as the normal transformation P^N of P determines an upper bound, we are looking for some other normal program as a lower bound.

Definition 13. Let P be a disjunctive program. If P^{N-} and P^{N+} are two normal programs such that $S_{PN-}(I) \subseteq S_P^\vee(I) \cap B_P$ and $S_{PN}(I) \subseteq S_{PN+}(I)$, then

$$\langle S_{PN-}, S_{PN+} \rangle \langle I_-, I_+ \rangle := \langle S_{PN-}(I_+), S_{PN+}(I_-) \rangle$$

is called a *normal well-founded operator pair* of P.

As P^{N-} and P^{N+} are normal programs, S_{PN-} and S_{PN+} are anti-monotonic and the normal operator pair is monotonic in the model pair lattice.

Proposition 14. Let P be a disjunctive program and $\langle S_{PN-}, S_{PN+} \rangle$ a normal well-founded operator pair of P. If I is a stable model of P, then $I \in$ lfp $\langle S_{PN-}, S_{PN+} \rangle$.

The normal transformation P^N itself is an appropriate candidate for P^{N+}. What concerns the lower bound P^{N-} one might start with the normal fragment of P (i.e. P without all of its non-normal rules) and do all the hard (disjunctive) reasoning only in advance. We thus obtain a two-phase approach:

- Disjunctive programs are used for data modelling and knowledge representation. In a preprocessing stage additional facts and normal rules can be derived from P. In a kind of view materialization P^{N-} is the augmentation of the normal fragment of P by these implications. For this purpose an adaptation of Selman and Kautz's *knowledge compilation* approach[2] can be used (see [6]).
- Normal programs are used for efficient query evaluation and runtime reasoning. The evaluation procedure refers to P^{N-} and P^{N+} in mutual recursion.

Note that for every disjunctive program least fixpoints always exist for $\langle S_P, S_{PN} \rangle$ as well as for $\langle S_{PN-}, S_{PN+} \rangle$. A final example is to demonstrate how normal well-founded operator pairs work.

---

[2] Their approach exclusively concentrates on monotonic logics [13] (see also [2])

Example 6. Consider the following program about penguins, ostriches, ravens and sparrows:

```
p(x) ∨ o(x)              s(y) ∨ r(y)         o(z) ∨ s(z)
ab(X) ← p(X)             ab(X) ← o(X)        bird(X) ← s(X)
bird(X) ← r(X)           bird(X) ← p(X)      bird(X) ← o(X)
flies(X) ← bird(X),∼ab(X)
```

Then `bird(x)`, `bird(y)`, `bird(z)` and `ab(x)` can be added to the normal fragment of P during the preprocessing phase.

The sound part of $\langle S_{PN-}, S_{PN+}\rangle\langle\emptyset, B_P\rangle$ includes `ab(x)` which means that x is certainly abnormal. As a consequence $\langle S_{PN-}, S_{PN+}\rangle^2\langle\emptyset, B_P\rangle$ can no longer derive `flies(x)` in its upper component: x is definitely unable to fly.

The complete part of $\langle S_{PN-}, S_{PN+}\rangle\langle\emptyset, B_P\rangle$ includes `ab(z)` but not `ab(y)`. Hence, the second iteration will derive `flies(y)` in its lower component representing the fact that y certainly flies. ∎

6 Related Work

Stable classes as defined in [1] are similar to model pairs. But Baral and Subrahmanian's approach centers upon one anti-monotonic operator, whereas our approach stresses the need for pairs of different operators. Autoepistemic Logic of Closed Beliefs [10] also makes use of two different inference operators. Przymusinski's major goal, however, is to define a modified notion of autoepistemic reasoning. Neither Baral and Subrahmanian nor Przymusinski consider the combination of model and operator pairs for constructive approximations of stable models. In the case of disjunctive programs our well-founded approximation is composed of two different operators, and in combination with knowledge compilation they do not even directly refer to the original disjunctive program.

Knowledge Compilation has been studied by Selman and Kautz in a series of papers where they concentrate on the monotonic case.

7 Conclusion

Following the viewpoint that the well-founded semantics of normal programs can well be understood as a constructive approximation of stable models, a well-founded operator pair has been defined for disjunctive programs. It specifies a sequence of model pairs, one of them being an upper bound and the other one a lower bound of every stable model.

Knowledge compilation has recently proposed as a means of approximate query evaluation for monotonic logic. It has been shown that both approaches can be naturally combined. It is thereby possible to reduce query evaluation on disjunctive logic programs to the more efficient case of normal programs. Disjunctive reasoning is done in a preprocessing stage.

References

1. Chitta R. Baral and V. S. Subrahmanian. Stable and extension class theory for logic programs and default logics. *Journal of Automated Reasoning*, 8:345–366, 1992.

2. Alex Borgida and David W. Etherington. Hierarchical knowledge bases and efficient disjunctive reasoning. In *Proc. of the 1st Int. Conf. on Principles of Knowledge Representation and Reasoning*, pages 33–43. Morgan Kaufmann, 1989.

3. Michael Gelfond and Vladimir Lifschitz. The stable model semantics for logic programming. In ICLP88 [5], pages 1070–1080.

4. Michael Gelfond and Vladimir Lifschitz. Classical negation in logic programs and disjunctive databases. *New Generation Computing*, 9:365–385, 1991.

5. *Proc. of the 5th Int. Conf. and Symp. on Logic Programming*. MIT Press, 1988.

6. Jürgen Kalinski. *Weak Autoepistemic Reasoning — A Study in Autoepistemic Reasoning from a Logic Programming Perspective*. PhD thesis, Universität Bonn, 1994.

7. Jorge Lobo, Jack Minker, and Arcot Rajasekar. *Foundations of Disjunctive Logic Programming*. MIT Press, 1992.

8. Jack Minker and Arcot Rajasekar. A fixpoint semantics for disjunctive logic programs. *Journal of Logic Programming*, 9:45–74, 1990.

9. Teodor Przymusinski. Perfect model semantics. In ICLP88 [5], pages 1081–1096.

10. Teodor C. Przymusinski. Autoepistemic logics of closed beliefs and logic programming. In *Proc. of the 1st Int. Workshop on Logic Programming and Non-monotonic Reasoning*, pages 3–20. MIT Press, 1991.

11. Teodor C. Przymusinski. Stable semantics for disjunctive programs. *New Generation Computing*, 9:401–424, 1991.

12. K. A. Ross and R. W. Topor. Inferring negative information from disjunctive databases. *Journal of Automated Reasoning*, 4:397–424, 1988.

13. Bart Selman and Henry Kautz. Knowledge compilation using Horn approximations. In *Proc. of the 9th National Conf. on Artificial Intelligence*, pages 904–909, 1991.

14. M. H. van Emden and R. A. Kowalski. The semantics of predicate logic as a programming language. *Journal of the ACM*, 23(4):733–742, 1976.

15. A. Van Gelder, K. A. Ross, and J. S. Schlipf. The well-founded semantics for general logic programs. *Journal of the ACM*, 38(3):620–650, 1991.

16. Allen Van Gelder. The alternating fixpoint of logic programs with negation. In *Proc. of the 8th Symp. on Principles of Database Systems*, pages 1–10, 1989.

Disjunctive Logic Programming
over Finite Structures

(workshop abstract*)

Thomas Eiter, Georg Gottlob, Heikki Mannila **

Christian Doppler Labor für Expertensysteme, Institut für
Informationssysteme, Technische Universität Wien
Paniglgasse 16, 1040 Wien, Austria.
E-mail: (eiter|gottlob|mannila)@vexpert.dbai.tuwien.ac.at

1   Introduction

Disjunctive logic programming gained increasing interest recently, and several
semantics for disjunctive logic programs, i.e., programs with clauses that allow
for a disjunction of atoms in the head, have been developed; many of them
are extensions of well-known semantics of logic programming. Natural questions
arising with such extensions are the following:

1. What is the gain of allowing disjunction measured by the increase of expressive power, i.e., the class of queries over all collections of ground facts (i.e.,
   relations) that can be implemented by a logic program. Besides, is such an
   increase necessary to solve relvant queries in practice?
2. How is the computational complexity affected by allowing disjunction ?
3. How do different semantics for disjunctive logic programs compare with respect to 1. and 2., and what is the effect of allowing other constructs like
   inequality $\neq$ and negation $\neg$?

We consider here, as in [4], the case of finite function-free disjunctive logic programs (disjunctive datalog) under the minimal model semantics [7], the
perfect model semantics [8], and the stable model semantics [5, 9].

Our results complement and extend previous studies of important extensions
of datalog (finite function-free logic programs) [6]. Notice that, as follows from
the results in [10], datalog extended by negation captures under the brave stable
models semantics precisely the class NP.

Consider the following example. Suppose a holding has a relational database
with information about products and companies; a relation $Prod(x, y)$ contains a
tuple (p, c) if product p is produced by company c. The holding faces a crisis and
is forced to sell some companies, but still wants to produce all goods. Company

---

 * Full paper in preparation; a preliminary version is in ACM Proc. PODS '94 [4].

** Most of the work of the third author has been carried out while he was visiting the
TU Vienna in spring 1993. Current address: Dept. of Computer Science, P.O. Box
26, SF-00014 University of Helsinki, Finland. mannila@cs.helsinki.fi

c is called *strategic* if it belongs to some minimal set of companies (wrt inclusion) that can produce all goods. Selling strategic companies should be avoided; thus, the query if a certain company c is strategic is highly relevant. Assume the more complex situation where companies $c_1, c_2, \ldots, c_n$ may together have control over a company c, i.e., the holding can't own all c_i's without c as well; this is stored in the relation $Cont(x, y)$, which contains a tuple (c, c_i) for each i. Deciding if a company c is strategic in this setting is Σ_2^P-complete. Thus, unless $\Sigma_2^P = \mathrm{NP}$, the strategic company query can't be expressed with stable models in datalog plus negation; however, it is possible if we allow in addition also for disjunction.

2 Disjunctive datalog

A *relational scheme* over a (fixed and countable) domain Dom is a list $\mathbf{R} = R_1, \ldots, R_k$ of relation symbols R_i, $i = 1, \ldots, k$ of arity $a(R_i) \geq 0$. An *instance* of $\mathbf{R}$ is a finite structure $D = (U, R_1, \ldots, R_k)$ of a (finite) universe $U \subseteq Dom$ and relations $R_i \subseteq D^{a(R_i)}$; we also refer to finite structures as *relational databases*. $\mathcal{D}(\mathbf{R})$ denotes the set of all instances of $\mathbf{R}$, $U(D)$ the universe of D, and $D[\mathbf{R}']$ the projection of D to $\mathbf{R}'$ for any subscheme $\mathbf{R}'$ of $\mathbf{R}$.

A *query* is a (partial) recursive function $q : \mathcal{D}(\mathbf{R}) \to \mathcal{D}(\mathbf{S})$, i.e., which maps instances D of $\mathbf{R}$ to instances $q(D)$ of $\mathbf{S}$, where $\mathbf{R}$ and $\mathbf{S}$ are disjoint, such that $U(D) = U(q(D))$ and q is invariant under isomorphisms; q is *Boolean* if $\mathbf{S}$ is a single 0-ary relation symbol, i.e., a propositional letter P; we say that such a P is *true* if P (as a relation) consists of the empty tuple (); otherwise, P is *false*. Recognizability of a query q is defined in terms of the *query output tuple (QOT) problem*: Given $D \in \mathcal{D}(\mathbf{R})$ and a tuple $\mathbf{t}$ matching the format of $S_i \in \mathbf{S}$, decide if $q(D)[S_i] \models S_i(\mathbf{t})$. Query q is $\mathbf{C}$-*recognizable*, $\mathbf{C}$ a complexity class, iff the QOT-problem is in $\mathbf{C}$.

A DATALOG$^{\vee, \neq, \neg}$ *program* π is a finite disjunctive logic program with clauses

$$a_1 \vee \cdots \vee a_n \leftarrow t_1, \cdots, t_m, \qquad 1 \leq n, \quad 0 \leq m, \tag{1}$$

where the a_i's are atoms $S(x_1, \ldots, x_l)$ forming the *head* of the clause, and the t_j's are literals of the form $P(x_1, \ldots, x_l)$, $\neg P(x_1, \ldots, x_a)$, equality atoms $x_i = x_j$, or inequality atoms $x_i \neq x_j$. The relations of π are denoted by $RS(\pi)$, and $IO(\pi)$ denotes a fixed pair $(\mathbf{R}, \mathbf{S})$ (the *input/output schema*), where $\mathbf{R}$ are the *extensional database relations* and $\mathbf{S}$ is a *subset* of the *intensional relations*.

The sublanguages DATALOG^X, $X \subseteq \{\vee, \neq, \neg\}$, are implicit by the respective set X of constructs; in particular, DATALOG$^\vee$ (*plain disjunctive datalog*) allows disjunction but no form of negation except in front of input predicates.

With each DATALOG$^{\vee, \neq, \neg}$ program π and input database D, we associate a grounded disjunctive logic program (DLP) P_π^D. This program consists of all ground clauses C' obtained from any clause C of $\pi^{U(D)}$, i.e., the ground instantiation of π from $U(D)$, such that $D \models l$ for each literal l occurring in the body of C which is an atom $a = b$, $a \neq b$, or l involves an input relation of π, by deleting each such l. Notice that in P_π^D no $=$, $\neq$ and no literal of an input relation of π occurs. We define models of π in terms of (Herbrand) models of P_π^D.

Definition 2.1 *Let π be a DATALOG$^{\vee,\neq,\neg}$ program with $IO(\pi) = (\mathbf{R}, \mathbf{S})$ and let $D \in \mathcal{D}(\mathbf{R})$. The minimal (resp. stable, perfect) models of π on D, $MM(\pi, D)$ (resp. $SM(\pi, D)$, $PM(\pi, D)$), are the minimal (resp. stable [5, 9], perfect [8]) models of P_π^D.*

The query computed by π on D under brave (resp. cautious) semantics is as follows. Let $IO(\pi) = (\mathbf{R}, \mathbf{S})$ and let $\mathcal{S}$ stand for any of MM, SM, PM:

Then, $q_{b,\mathcal{S}}^\pi$ (resp. $q_{c,\mathcal{S}}^\pi$) denotes the query with I/O scheme $(\mathbf{R},\mathbf{S})$ which maps $D \in \mathcal{D}(\mathbf{R})$ into the union (resp. intersection) of all $\mathcal{S}$-models of π on D, i.e., $\mathbf{t} \in q_{b,\mathcal{S}}^\pi(D)[S_i]$ iff $S_i(\mathbf{t}) \in \bigcup_{M \in \mathcal{S}(\pi,D)} M$ (resp. $S_i(\mathbf{t}) \in \bigcap_{M \in \mathcal{S}(\pi,D)} M$), for each tuple $\mathbf{t} \in U(D)^{a(S_i)}$ and S_i from $\mathbf{S}$.

DATALOG$_{b,\mathcal{S}}^X$ (resp. DATALOG$_{c,\mathcal{S}}^X$) is the query language of DATALOG^X programs π with meaning $q_{b,\mathcal{S}}^\pi$ (resp. $q_{c,\mathcal{S}}^\pi$).

Remark: We do not consider the cautious variant of the MM-semantics. (A positive fact is in all minimal models iff it is in all models.) For SM and PM, the cautious variant is precisely symmetric to the brave variant if $\neg$ is allowed.

Notice that it is well-known that the minimal, perfect, and stable models of a $\neg$-free disjunctive grounded logic program coincide, cf. [8]; hence, the query languages DATALOG$_{b,\mathcal{S}}^{\vee,\neq}$ (resp. DATALOG$_{c,\mathcal{S}}^{\vee,\neq}$) for $\mathcal{S} = MM$, SM, PM coincide.

3 Results

3.1 Expressive power

Adding disjunction to (plain) DATALOG increases the expressive power much: DATALOG$_{b,MM}^\vee$ (and DATALOG$_{b,SM}^\vee$, DATALOG$_{b,PM}^\vee$ as well) can express some Σ_2^P-hard queries (cf. Section 3.2). (DATALOG$_{b,MM}$ is limited to a strict subclass of the queries computable in polynomial time.) However, DATALOG$_{b,MM}^\vee$ does not express all Σ_2^P-recognizable queries, and can even not express all polynomial time computable queries.

Theorem 3.1 *The query deciding for each $D \in \mathcal{D}(\emptyset)$ if $|U(D)|$ is even is not expressible in DATALOG$_{b,MM}^{\vee,\neg}$ (and not in DATALOG$_{b,SM}^\vee$ or DATALOG$_{b,PM}^\vee$).*

This is easily concluded from the fact that every DATALOG$^{\vee,\neg}$ program π with $IO(\pi) = (\emptyset, W)$, where W is a 0-ary predicate, has the property that for any $D_1, D_2 \in \mathcal{D}(\emptyset)$ with $\emptyset \neq U_1 \subseteq U_2$, it holds that $W \in M_1$ for some $M_1 \in MM(\pi, D_1)$ only if $W \in M_2$ for some $M_2 \in MM(\pi, D_2)$.

Now consider the expressiveness of Boolean queries. (As usual, the results can be generalized to the case of general I/O-queries.)

Theorem 3.2 *The Boolean DATALOG$_{b,\mathcal{S}}^{\vee,\neq}$ queries precisely capture the class of Σ_2^P-recognizable Boolean queries, for $\mathcal{S} = MM$, SM, PM.*

Proof. (Sketch) It is well-known that given a propositional DLP P and a propositional atom p, deciding if $p \in M$ for some $M \in \mathcal{S}(P)$ is Σ_2^P-complete for $S = MM, SM, PM$ [3]. Thus, it follows easily that these queries are Σ_2^P-recognizable. It remains to show that every Σ_2^P-recognizable Boolean query $q : \mathbf{R} \to W$ can be expressed by a Boolean DATALOG$_{b,MM}^{\vee,\neq}$ query.

There exists a second order sentence Ψ over vocabulary $\sigma' = \mathbf{R} \cup \{F, S, L\}$, where F and L, unary, and S, binary, are new predicates, of the form

$$(\exists \mathbf{S})(\forall \mathbf{T})(\exists \mathbf{x})(\vartheta_1(\mathbf{x}) \vee \cdots \vee \vartheta_k(\mathbf{x}))$$

where the ϑ_i's are conjunctions of literals in which F, L, and S occur only positively, such that for every finite structure D for $\sigma = \mathbf{R}$, q computes W true on D iff $D' \models \Psi$, for any extension D' of D to σ' in which F, S, and L are interpreted as the relations first, successor, and last of a linear order on the universe, cf. [4].

Notice that F, S and L can be computed in the minimal models of a DATALOG$^{\vee,\neq}$ program $\pi_<$ with $IO(\pi_<) = (\emptyset, Good)$, where $Good$ is a 0-ary new relation, i.e., F, S and L are as intended in each $M \in MM(\pi, D)$ with $Good \in M$.

Let $\mathbf{S} = S_1, \ldots, S_n$ and $\mathbf{T} = T_1, \ldots, T_m$, and let the DATALOG$^{\vee,\neq}$ program π_0 consist of the following clauses:

(1) $S_i(\mathbf{x}) \vee \tilde{S}_i(\mathbf{x}) \leftarrow$, for $i = 1, \ldots, n$;   (4) $\tilde{T}_j(\mathbf{x}) \leftarrow W$,   for $j = 1, \ldots, m$;

(2) $T_j(\mathbf{x}) \vee \tilde{T}_j(\mathbf{x}) \leftarrow$, for $j = 1, \ldots, m$;   (5) $W \leftarrow T_j(\mathbf{x}), \tilde{T}_j(\mathbf{x})$, for $j = 1, \ldots, m$;

(3) $T_j(\mathbf{x}) \leftarrow W$,   for $j = 1, \ldots, m$;   (6) $W \leftarrow \eta_i(\mathbf{x})$,   for $i = 1, \ldots, k$;

In this program, the $\tilde{S}_i$ and $\tilde{T}_j$ are new relations of the arity of S_i and T_j, respectively. Further, for each $i = 1, \ldots, k$, $\eta_i(\mathbf{x}) = l'_{i,1}, \ldots, l'_{i,n_i}, Good$, where $\vartheta_i = l_{i,1} \wedge \cdots \wedge l_{i,n_i}$ and $l'_{i,j}$ is the literal $l_{i,j}$ where, in case, each $\neg S_h$ (resp. $\neg T_h$) is replaced by $\tilde{S}_h$ (resp. $\tilde{T}_h$). Now let π be the union of π_0 and $\pi_<$ and define $IO(\pi) = (\mathbf{R}, W)$. By using modularity properties of (disjunctive) logic programs similar to those considered in [2, 10], one can show that for every $D \in \mathcal{D}(\mathbf{R})$, $q_{b,MM}^\pi$ computes W true on D iff q computes W true on D. $\square$

A similar result holds for DATALOG$^{\vee,\neg}$ queries under the brave SM (resp. PM) -semantics, as $\neq$ is easy to compute in stable (resp. perfect) models using $\neg$.

3.2   Complexity

The *data* (resp. *expression*) *complexity* of a query language $\mathcal{L}$ is defined as the complexity of the QOT-problem for the queries defined by expressions E, where E is part of the input and E (resp. D) is *fixed* cf. [11].

Theorem 3.3 *The data complexity of* DATALOG$_{b,S}^{\vee,\neq,\neg}$ *is in* Σ_2^P *for* $S = MM$, *SM*, *PM*.

This follows from Theorem 3.2, as well as (from the proof) that DATALOG$_{b,MM}^{\vee,\neq}$ queries are Σ_2^P-hard in the data size. This can be sharpened to plain disjunctive datalog queries defined by programs without $\neq$ and $\neg$. Thus, adding disjunction to pure Horn clauses allows one to express Σ_2^P-hard queries. The proof is via a program π for deciding the Σ_2^P-hard problem if an atom a occurs in some minimal model of a propositional DLP of clauses $a_1 \vee a_2 \leftarrow t_1, t_2, t_3$ [3].

Theorem 3.4 *The Boolean* DATALOG$^{\lor}_{b,S}$ *queries are* Σ^P_2*-hard in the data size, for* $S = MM,\ SM,\ PM,$ *even if* $\neg$ *does not occur.*

Intuitively, the expression complexity of disjunctive datalog is exponentially larger than the data complexity, since the size of the DLP P^D_π for the DATALOG$^{\lor,\neq,\neg}$ program π can be exponential in the size of D and π. In fact, this intuition turns out to be correct.

Theorem 3.5 *The expression complexity of* DATALOG$^{\lor,\neq,\neg}_{b,S}$ *is in* NEXPTIME^{NP}, *and the Boolean* DATALOG$^{\lor}_{b,S}$ *queries are* NEXPTIME^{NP}*-hard in the program size, for* $S = MM, SM, PM.$

The proof of NEXPTIME^{NP}-hardness is based on complexity upgrade techniques and simulation of Boolean circuits by a DATALOG$^{\lor}$ program without $\neq$ and $\neg$. It consists in a reduction of a problem on graphs which is NEXPTIME^{NP}-complete in its succinct version, i.e., the problem input is a Boolean circuit C_w by which the bits of the standard input w (a binary string) can be computed [1]. The problem is reduced to evaluating a Boolean query q^π_{bMM} defined by a polynomial-time constructible DATALOG$^{\lor}$ program π, on a fixed database.

References

1. J. Balcázar, A. Lozano, and J. Torán. The Complexity of Algorithmic Problems on Succinct Instances. In R. Baeta-Yates and U. Manber (eds), *Computer Science*, 351–377. 1992.
2. J. Dix. Classifying Semantics of Disjunctive Logic Programs. In *Proc. JICSLP-92*, pages 798–812, Washington DC, November 1992.
3. T. Eiter and G. Gottlob. Complexity Aspects of Various Semantics for Disjunctive Databases. In *Proc. PODS-93*, pp. 158–167, 1993.
4. T. Eiter, G. Gottlob, and H. Mannila. Adding Disjunction to Datalog. In *Proc. PODS-94*, May 1994.
5. M. Gelfond and V. Lifschitz. Classical Negation in Logic Programs and Disjunctive Databases. *New Gen. Comp.* , 9:365–385, 1991.
6. P. Kanellakis. Elements of Relational Database Theory. In J. van Leeuwen, editor, *Handbook of Theoretical Computer Science* B, 1990.
7. J. Minker. On Indefinite Data Bases and the Closed World Assumption. In *Proc. CADE-82*, pp. 292–308, 1982.
8. T. Przymusinski. On the Declarative and Procedural Semantics of Stratified Deductive Databases. In J. Minker, editor, *Foundations of Deductive Databases and Logic Programming*, pp. 193–216. Morgan Kaufman, Washington DC, 1988.
9. T. Przymusinski. Stable Semantics for Disjunctive Programs. *New Gen. Comp.*, 9:401–424, 1991.
10. J. Schlipf. The Expressive Powers of Logic Programming Semantics. *Proc. PODS-90*, pp. 196–204.
11. M. Vardi. Complexity of relational query languages. In *Proc. STOC-82*, pp. 137–146, 1982.

Disjunctive Logic Programming: What Applications Developers Need.

François Bry

Institut für Informatik, Universität München,
Wagmuellerstr. 23, D-80538 München, Germany

Abstract. Disjunctive Logic Programming has emerged during the last years as an active and promising area of research. In this presentation, we consider this technique form the viewpoint of an application developer. We first argue that, as far as applications are concerned, disjunctive logic programming is a useful extension to the formalisms of both, relational and deductive databases on the one hand, and of rule-based expert systems on the other hand. We then discuss the methods and tools that, in our opinion, still have to be developed for making disjunctive logic programming applicable in earnest. We argue that three kinds of extensions to common approaches to query answering are needed: (1) not only "all models queries" but also "some model queries" need to be evaluated, (2) forward and backward (terminating!) query answering procedures are needed, and (3) model-theoretic - or generation - as well as proof-theoretic - or deductive - query answering methods are, for some classes of applications, desirable. We further argue that the notion of integrity constraint needs to be reconsidered in disjunctive databases, so as to distinguish between two kinds of constraints: "strong constraints", that preclude updates violating any model, and "weak constraints", that accept updates preserving at least some models. Finally, we discuss possible routes towards solutions to the open problems mentioned in the presentation.

Improved Bottom-Up Query Evaluation in Positive Disjunctive Databases

Stefan Brass

Institut für Informatik, Universität Hannover
Lange Laube 22, D-30159 Hannover, Fed. Rep. Germany
E-mail: sb@informatik.uni-hannover.de
Phone: (+49 511) 762 4953

Abstract. It is known that bottom-up query evaluation can be extended to work with disjunctive facts, but there seems to be the common assumption that it is much too inefficient for practical applications. In this paper, we improve the extended bottom-up evaluation by making the resolvable literal in a disjunctive fact unique. In many cases, this reduces an exponential behaviour to a polynomial one. We apply this idea in a Horn-clause bottom-up metainterpreter for positive disjunctive rules and also sketch further possible improvements. This should make bottom-up query evaluation for disjunctive databases practically possible.

1   Introduction

Disjunctive information [BH86, RT88, LMR92] has quite a lot of applications, e.g., biological inheritance, legal rules, non-unique explanations for observed symptoms in fault diagnosis, and ambiguity in natural-language understanding. Furthermore, if one adds overridable rules to deductive databases (see, e.g., [BL93]), conflicting multiple inheritance is another source of disjunctive information.

For Horn clauses, it is by now generally accepted that top-down and bottom-up query evaluation techniques both have advantages of their own and that none is superior to the other for all applications. Furthermore, the cross-fertilization of both approaches was very successful [Bry90]. But for disjunctive rules, up to now top-down approaches were dominant [LMR92]. Although it is known that the bottom-up immediate consequence operator $T_\mathcal{P}$ can be directly generalized to disjunctive rules [MR90], this is usually considered only as a means to define the semantics, not as something amenable to implementation.

One important reason for this is that $T_\mathcal{P}$ as defined in [MR90] allows very often the derivation of exponentially many disjunctive facts (although this is not made explicit in that paper, see below). Now our contribution is an optimization of $T_\mathcal{P}$ which makes the resolvable literal in a disjunctive fact unique. In many cases, this reduces an exponential behaviour to a polynomial one. We thereby improve an optimization which is already known for positive hyperresolution [CL73] (the theorem-proving counterpart of the disjunctive $T_\mathcal{P}$) for quite a long time.

Our paper is structured as follows: First we review the syntax and declarative semantics of disjunctive deductive databases. Then (Section 3) we review and clarify the definition of T_P for disjunctive rules. Section 4 is the main section of this paper. There we introduce our optimization, prove its completeness, and apply it in a metainterpreter. Finally, in Section 5 we sketch further possible optimizations.

2 Disjunctive Deductive Databases

In this section, we define the syntax and declarative semantics of disjunctive deductive databases. This is the yardstick to measure the correctness and completeness of the proposed query evaluation algorithm.

First, the application domain determines a (possiby multi-sorted) signature Σ, i.e. the names of constants and predicates to be used in the formulas. We allow infinitely many constants (e.g., all strings), but no function symbols. This restriction is quite usual in DATALOG and is important to ensure the termination of query evaluation.

Now a deductive database contains two kinds of Σ-formulas:

Definition 1 (Disjunctive Fact). A disjunctive Σ-fact is a set $\{A_1, \ldots, A_n\}$ of ground Σ-atoms (atomic formulas). It is usually written as $A_1 \vee \cdots \vee A_n$ (in any order, without duplicates).

Definition 2 (Disjunctive Rule). A disjunctive Σ-rule is a formula of the form

$$A_1 \vee \cdots \vee A_n \leftarrow B_1 \wedge \cdots \wedge B_m,$$

where the A_i and B_i are atomic Σ-formulas and $n \geq 0$, $m \geq 1$.

$A_1 \vee \cdots \vee A_n$ is the head of this rule, and $B_1 \wedge \cdots \wedge B_m$ is its body. A rule is safe iff every variable appearing in head also appears in the body.

Definition 3 (DDDB). A disjunctive deductive database (DDDB) consists of

1. Σ, a signature,
2. $\mathcal{F}$, a finite set of disjunctive Σ-facts, and
3. $\mathcal{P}$, a finite set of safe disjunctive Σ-rules, consistent with $\mathcal{F}$.

Example 1. Disjunctive information arises for instance when we try to find the faulty part in a computer. Here the specific part is only known at the very end of this diagnosis. Suppose we store the observed symptoms in a relation *symptom*, and the things that we checked in the relation *ok*. Then we might have a rule like

$$faulty(fan) \vee faulty(powerSupply) \leftarrow symptom(fanNotRunning)$$
$$\wedge\ ok(switchedOn).$$

Of course, there are also rules stating that something is not faulty:

$$\leftarrow ok(powerOnLightBurning) \wedge faulty(powerSupply).$$

Since the empty disjunction is treated as false, this is logically equivalent to the formula

$$\neg faulty(powerSupply) \leftarrow ok(powerOnLightBurning).$$

Such purely negative rules are important for reducing the size of derived disjunctions. In the example, we can conclude $faulty(fan)$, if the two rules are applicable.

□

Definition 4 (Query). A query is an atomic formula A.

One could allow more general formulas as queries, but atomic formulas are sufficient, since the user can add rules like $answer(X_1, \ldots, X_n) \leftarrow A_1 \wedge \cdots \wedge A_m$.

Definition 5 (Correct Answer). Given a DDDB $\langle \Sigma, \mathcal{F}, \mathcal{P} \rangle$, a correct answer to a query A is a set of substitutions $\{\theta_1, \ldots, \theta_k\}$, such that

$$\mathcal{F} \cup \mathcal{P} \vdash A\theta_1 \vee \cdots \vee A\theta_k.$$

An answer is minimal if no proper subset also is a correct answer.

3 Extended Bottom-Up Query Evaluation

Horn-clauses are usually evaluated by inserting matching facts for the body literals and deriving the fact corresponding to the head literal, e.g.:

$$
\begin{array}{c}
p(a) \\
\uparrow \\
\boxed{p(X) \leftarrow q_1(X) \wedge q_2(X,Y).} \\
\uparrow \qquad\qquad \uparrow \\
q_1(a) \qquad q_2(a,b)
\end{array}
$$

Now, if we work with disjunctive facts instead of simple facts, the idea is to split the disjunction into the "active literal" and the "context". The active literal participates in the resolution as before, i.e. it is matched with a body literal. The context is directly passed into the resulting disjunction:

$$
\begin{array}{c}
p(a) \vee p(b) \vee r(c) \\
\uparrow \qquad \uparrow \\
\boxed{p(X) \vee p(Y) \leftarrow q_1(X) \wedge q_2(X,Y).} \\
\uparrow \qquad\qquad \uparrow \\
q_1(a) \qquad q_2(a,b) \vee r(c)
\end{array}
$$

Here, $p(a) \vee p(b) \vee r(c)$ is obviously a logical consequence of the rule and the two disjunctive facts: We do not know whether the active literal $q_2(a,b)$ or the context $r(c)$ is true. But if the context is true, the resulting disjunction is trivially satisfied. So assume that $r(c)$ is false. Then the active literal $q_2(a, b)$ must be true, the rule is applicable, and we can derive $p(a) \vee p(b)$.

Up to now, the extended bottom-up evaluation usually requires that a disjunctive fact with n literals is split in the n possible ways into the active literal and the context. In fact, the literature leaves this point a bit unclear. One might get the feeling from [MR90] that disjunctive facts are lists of literals and resolution is allowed only with the first literal. But this is obviously not intended, since then p would not be derivable from $p \leftarrow q$ and $p \vee q$ (contradicting their theorem 2). This approach would not even be complete for deriving the empty clause, as the following example shows:

Example 2. Let the following rules and disjunctive facts be given:

$$\leftarrow p \wedge q. \qquad\qquad\qquad\qquad p \vee q.$$
$$\leftarrow q \wedge r. \qquad\qquad\qquad\qquad q \vee r.$$
$$\leftarrow r \wedge p. \qquad\qquad\qquad\qquad r \vee p.$$

This set of formulas is inconsistent, i.e. we should be able to derive the empty clause. But if we treat the disjunctive facts as lists and allow only resolution with the first literal, no new disjunctive facts are derivable. $\qquad\square$

But allowing the resolution with any literal in a disjunctive fact can be very inefficient if one wants to use the method for query evaluation ([MR90] use it only as a semantics):

Example 3. Let $\mathcal{F} := \bigl\{ s(a_i, a_{i+1}) \mid 0 \leq i \leq n \bigr\}$ and $\mathcal{P}$ consist of the following rules:

$$
\begin{aligned}
p(X) &\leftarrow s(a_0, X). & (1)\\
q(X) \vee p(Y) &\leftarrow p(X) \wedge s(X, Y). & (2)\\
&\leftarrow p(a_{n+1}). & (3)\\
r(X) &\leftarrow q(X). & (4)
\end{aligned}
$$

Then rule (1) allows to conclude $p(a_1)$, rule (2) produces disjunctions of the form

$$q(a_1) \vee q(a_2) \vee \cdots \vee q(a_i) \vee p(a_{i+1}),$$

and with rule (3) we derive

$$q(a_1) \vee q(a_2) \vee \cdots \vee q(a_n).$$

But now rule (4) can be used to replace any subset of the q-literals by the corresponding r-literals — a clearly exponential behaviour. $\qquad\square$

4 Making the Resolvable Literal Unique

In fact, the extended bottom-up evaluation is nothing else than a special case of positive hyperresolution [CL73]. And it is known that positive hyperresolution remains complete if one restricts the active literal to have the minimal predicate with respect to some order (e.g., the lexicographical one) of the predicates [CL73, BL92].

This is a big step in the right direction, but unfortunately disjunctions often consist of many literals with the same predicate (e.g. $q(a_1) \vee \cdots \vee q(a_n)$), so the active literal is still far from being uniquely determined.

But in contrast to the theorem-proving community, we consider only safe rules. This allows us to extend the order from the predicates to the ground literals, so that the minimality requirement for the active literal uniquely determines it.

Example 4. In Example 3, rule (4) generates only n instead of $2^n - 1$ disjunctions out of $q(a_1) \vee \cdots \vee q(a_n)$, namely the disjunctions of the form

$$r(a_1) \vee \cdots \vee r(a_i) \vee q(a_{i+1}) \vee \cdots \vee q(a_n)$$

(since we can only apply (4) to the lexicographically minimal literal). $\qquad\qquad\square$

To formally define the extended bottom-up evaluation, we only have to modify the usual "direct consequence" operator $T_\mathcal{P}$:

Definition 6 (Direct Consequences). Let $\mathcal{P}^*$ be the set of ground instances of rules in $\mathcal{P}$, $\hat{\mathcal{F}}$ be any set of disjunctive facts, and $\prec$ be a linear order on the ground atoms. Then the direct consequences of $\hat{\mathcal{F}}$ via $\mathcal{P}$ are:

$$T_\mathcal{P}(\hat{\mathcal{F}}) := \hat{\mathcal{F}} \cup \big\{ F \mid \text{there are}$$

$$\text{a rule instance } A_1 \vee \cdots \vee A_n \leftarrow B_1 \wedge \cdots \wedge B_m \text{ in } \mathcal{P}^*$$
$$\text{and disjunctive facts } F_1, \ldots, F_m \in \hat{\mathcal{F}}$$
$$\text{such that}$$
$$B_i \text{ is the } \prec\text{-minimal element of } F_i \ (i = 1, \ldots, m)$$
$$\text{and } F = \{A_1, \ldots, A_n\} \cup \textstyle\bigcup_{i=1}^{m}(F_i - \{B_i\}) \big\}.$$

Then, as usual, this operator is iteratively applied to the given facts $\mathcal{F}$ until nothing changes. Such a fixpoint is reached after a finite number of iterations because the derived disjunctive facts can contain only constants explicitly appearing in $\mathcal{F} \cup \mathcal{P}$. Of course, we are only interested in minimal derivable disjunctions:

Definition 7 (Derivable Disjunctive Facts). Let $\mathcal{F}_0 := \mathcal{F}$, $\mathcal{F}_{i+1} := T_\mathcal{P}(\mathcal{F}_i)$, and $n \in \mathbb{N}$ with $\mathcal{F}_n = \mathcal{F}_{n-1}$. Then the set of derivable disjunctive facts is

$$\mathcal{D}_\mathcal{P}(\mathcal{F}) = \{F \in \mathcal{F}_n \mid \text{there is no } F' \subset F \text{ with } F' \in \mathcal{F}_n\}.$$

Now we of course want to prove correctness and completeness. But there is a problem: In Example 3, the $2^n - 1$ disjunctions derived from $q(a_1) \vee q(a_2) \vee \cdots \vee q(a_n)$ are logical consequences of the given formulas. Since we do not want to derive all of these disjunctions, our procedure cannot be complete in this sense.

Fortunately, we are usually only interested in disjunctions consisting entirely of literals with the special predicate *answer*, which is defined by the user and does not appear in rule bodies. If we choose the order $\prec$ on the ground atoms in such a way that the *answer*-atoms are maximal, then the conditions of the following theorem are satisfied for the set $\mathcal{A}$ of atoms of the form $answer(c_1, \ldots, c_n)$:

Theorem 8. *Let $\mathcal{A}$ be a set of ground atoms satisfying the following conditions:*

1. *$\mathcal{A}$ is upwards closed wrt $\prec$, i.e. if $A \in \mathcal{A}$ and $A \prec A'$, then $A' \in \mathcal{A}$.*
2. *For every rule instance $A_1 \vee \cdots \vee A_n \leftarrow B_1 \wedge \cdots \wedge B_m$ in $\mathcal{P}^*$: $\{B_1, \ldots, B_m\} \cap \mathcal{A} = \emptyset$.*

Let $\mathcal{A}^{\vee}$ be the disjunctive facts consisting only of atoms from $\mathcal{A}$. Then:

$$\mathcal{D}_{\mathcal{P}}(\mathcal{F}) \cap \mathcal{A}^{\vee} = \{F \in \mathcal{A}^{\vee} \mid \mathcal{F} \cup \mathcal{P} \vdash F \text{ and } \mathcal{F} \cup \mathcal{P} \nvdash F' \text{ for every } F' \subset F\}.$$

Proof. The correctness is easy: Consider a derivation step with $T_{\mathcal{P}}$: A model of the rule $A_1 \vee \cdots \vee A_n \leftarrow B_1 \wedge \cdots \wedge B_m$ and the disjunctive facts $F_1, \ldots, F_m$ must satisfy one of the contexts $F_i - \{B_i\}$ or all the B_i, and therefore one of the A_j. But this means that the resulting disjunction is satisfied.

Now we have to show that if F is a minimal disjunction with $\mathcal{P} \cup \mathcal{F} \vdash F$, then it is derivable by iterated application of $T_{\mathcal{P}}$. We first prove this for sets of ground rules only, and later lift the argument to the general case. The proof is by induction on the number n of ground atoms appearing in $\mathcal{P} \cup \mathcal{F} \cup \{F\}$. The case $n = 0$ is trivial since F can only be the empty disjunction $\square$, and then $\mathcal{F}$ must include $\square$.

In the inductive step, let us first assume that F is not $\square$. Then let A be any atom in F, and let $F' := F - \{A\}$. Let $\mathcal{F}'$ and $\mathcal{P}'$ the result of evaluating A as false, i.e. remove A from every disjunctive fact or rule head, and delete rules containing A in the body. Then we have:

1. $\mathcal{F}' \cup \mathcal{P}' \cup \{F'\}$ contains (at least) one fewer ground atom than $\mathcal{P} \cup \mathcal{F} \cup \{F\}$,
2. $\mathcal{F}' \cup \mathcal{P}' \vdash F'$ (a model of $\mathcal{F}' \cup \mathcal{P}'$ not satisfying F' can be extended to a model of $\mathcal{F} \cup \mathcal{P}$ not satisfying F),
3. F' is still $\subseteq$-minimal with this property (if $F'' \subset F'$ would follow from $\mathcal{F}' \cup \mathcal{P}'$, then $F'' \vee A$ would follow from $\mathcal{F} \cup \mathcal{P}$).

So by the inductive Hypothesis, $F' \in \mathcal{D}_{\mathcal{P}'}(\mathcal{F}')$. Now the same derivation steps can be performed from $\mathcal{F}$ by $\mathcal{P}$, with the only difference that the derived facts can contain A in addition. But the conditions on $\mathcal{A}$ ensure that A is always contained in the context and never prevents a resolution step. And since F was $\subseteq$-minimal and the correctness of $T_{\mathcal{P}}$ is already proven, we can conclude that F is derived from $\mathcal{F} \cup \mathcal{P}$, and not F'.

The second case in the inductive step ist $F = \square$. Let A be the $\prec$-maximal ground atom appearing in $\mathcal{F} \cup \mathcal{P}$. As before, we construct a reduced set $\mathcal{F}' \cup \mathcal{P}'$ by interpreting A as false. Since $\mathcal{F} \cup \mathcal{P}$ has no model, it especially has no model in which A is false, so $\mathcal{F}' \cup \mathcal{P}' \vdash \square$, and the inductive hypothesis yields a derivation of $\square$ from $\mathcal{F}' \cup \mathcal{P}'$. Now, because A was the $\prec$-maximal atom, it does not prevent any of the previous resolution steps if we put it back into the rule heads and disjunctive facts. So we are able to derive $\square$ or A from $\mathcal{F} \cup \mathcal{P}$. In the first case, we are done. In the second case, we construct $\mathcal{F}''$ and $\mathcal{P}''$ by interpreting A as true (i.e. we remove A from the rule bodies and delete rules and facts containing it in the head). The inductive hypothesis now gives us a derivation of $\square$ from $\mathcal{F}'' \cup \mathcal{P}''$. In order to turn this into a derivation from $\mathcal{F} \cup \mathcal{P}$, we may need A in some rule bodies. But we know already that A is derivable.

This completes the induction for the ground case. In the general case, we can conclude by Herbrands theorem that there is a finite set $\mathcal{P}_0$ of ground instances of rules in $\mathcal{P}$ such that $\mathcal{F} \cup \mathcal{P}_0 \vdash F$ (in fact, the ground instances with the finitely many constants appearing in $\mathcal{F} \cup \mathcal{P}$ would have this property). But because of the safety condition every variable is bound in each derivation step, so the "lifting" of a proof from the ground instances is trivial here. $\square$

Let us now apply this result in a Horn-clause bottom-up metainterpreter for disjunctive rules. This can serve as a basis for generalizing existing implementation techniques for deductive databases to the disjunctive case.

We represent disjunctive facts as $\prec$-sorted lists. The given disjunctive facts $\mathcal{F}$ are stored in **db_disfact**. The disjunctive rules $\mathcal{P}$ are stored as **rule_n_m**-facts (depending on their number n/m of head/body literals). The distinction between rules based on their number of literals seems to be an inherent problem of bottom-up meta-interpreters, in [Bry90] a built-in predicate **evaluate** was invented for this purpose. We prefer to use one rule in the meta-interpreter for every occurring n and m:

```
disfact(Stored) :-
       db_disfact(Stored).
disfact(Derived) :-
       rule_1_1(A1, B1),              % A1 ← B1.
       disfact([B1|C1]),
       merge([A1], C1, Derived).
   ...
disfact(Derived) :-
       rule_2_2(A1, A2, B1, B2),      % A1 ∨ A2 ← B1 ∧ B2.
       disfact([B1|C1]),
       disfact([B2|C2]),
       merge(C1, C2, C1C2),
       merge([A1], C1C2, C1C2A1),
       merge([A2], C1C2A1, Derived).
   ...
```

The built-in predicate **merge** merges two $\prec$-sorted lists and removes duplicate elements. Note that we must merge the head literals to the context one by one, since we know nothing about their order. Of course, the next step is to partially evaluate the metainterpreter with respect to the given rules.

5 Conclusions

Our long-term goal is to develop an efficient bottom-up query evaluation algorithm for knowledge bases containing disjunctions and prioritized defaults. Prioritized circumscription, the perfect model semantics of stratified disjunctive logic programs, and some forms of overridable inheritance of rules are special cases of this. A method for handling prioritized defaults was suggested in [BL93]. But it needs to compute logically implied disjunctive facts, and this can be significantly improved by the ideas presented here.

Of course, further optimizations are possible:

1. For a given set of rules, some orders $\prec$ restricting the resolvable literal are obviously better than others. So it would be very useful to automatically determine an "optimal" $\prec$, or at least develop heuristics for choosing a good one.

2. The improved bottom-up evaluation can still be exponential in some rare cases, and this is unavoidable since there can be that many answers. Naturally, we are interested in syntactic restrictions of the rules which guarantee a polynomial behaviour.

3. In order to generalize implementation techniques based on the predicate dependency graph, i.e. to determine the order of rule application, we need to analyse which predicates can appear together in disjunctive facts. By specializing the metainterpreter for these "disjunction types", the list-valued arguments can often be eliminated.

4. The use of database techniques was discussed in [BL92]. But lower-level datastructures surely need further research. For instance, in [SA93] a compact representation of sets of disjunctive facts was suggested.

5. Magic-sets techniques should be adapted using ideas of [Bry90, Dem91].

With these optimizations, it should be possible to develop a disjunctive deductive database system which is nearly as efficient as a standard Horn-clause system if the disjunctions are not used very heavily (a probably very common case).

References

[BH86]   N. Bidoit, R. Hull: Positivism vs. minimalism in deductive databases. In *Proc. of the 5th ACM Symp. on Principles of Database Systems (PODS'86)*, 123–132, 1986.

[BL92]   S. Brass, U. W. Lipeck: Generalized bottom-up query evaluation. In A. Pirotte, C. Delobel, G. Gottlob (eds.), *Advances in Database Technology — EDBT'92, 3rd Int. Conf.*, 88–103, LNCS 580, Springer-Verlag, 1992.

[BL93]   S. Brass, U. W. Lipeck: Bottom-up query evaluation with partially ordered defaults. In *Proc. of the 3rd Int. Conf. on Deductive and Object-Oriented Databases (DOOD'93)*, 253–266, LNCS 760, Springer, 1993.

[Bry90] F. Bry: Query evaluation in recursive databases: bottom-up and top-down reconciled. *Data & Knowledge Engineering 5 (1990)*, 289–312.

[CL73]   C.-L. Chang, R. C.-T. Lee: *Symbolic Logic and Mechanical Theorem Proving*. Academic Press, New York, 1973.

[Dem91] R. Demolombe: An efficient strategy for non-horn deductive databases. *Theoretical Computer Science 78 (1991)*, 245–259.

[LMR92] J. Lobo, J. Minker, A. Rajasekar: *Foundations of Disjunctive Logic Programming*. MIT Press, Cambridge, Massachusetts, 1992.

[MR90]   J. Minker, A. Rajasekar: A fixpoint semantics for disjunctive logic programs. *The Journal of Logic Programming 9 (1990)*, 45–74.

[RT88]   K. A. Ross, R. W. Topor: Inferring negative information from disjunctive databases. *Journal of Automated Reasoning 4 (1988)*, 397–424.

[SA93]   D. Seipel, H. Argenton: A data structure for efficient deduction in disjunctive logic programs. In C. Beierle (ed.), *9. Workshop Logische Programmierung*, 90–94, Informatik Berichte 146-10/1993, FernUniversiät Hagen, 1993.

A Disjunctive Semantics Based on Unfolding and Bottom-Up Evaluation

Stefan Brass[1] and Jürgen Dix[2]

[1] Univ. of Hannover, Inst. f. Informatik, Lange Laube 22, D-30159 Hannover, FRG,
sb@informatik.uni-hannover.de
[2] Univ. of Koblenz, Inst. f. Informatik, Rheinau 1, D-56075 Koblenz, FRG,
dix@informatik.uni-koblenz.de

Abstract. We define a new semantics for disjunctive logic programs in an abstract way as the weakest semantics with certain properties, the most important being the *unfolding-property* (GPPE). Our semantics is similar to the *strong well-founded semantics* proposed by ROSS, but seems to be more regularly behaved. It is an extension of both the *well-founded semantics* WFS and the *generalized closed world semantics* GCWA. We then present a bottom-up query-evaluation method for this semantics. An important feature of our approach is that we directly derive the algorithm from the given abstract properties of the logic programming semantics. The idea of the method is to compute derived rule instances with purely negative bodies (corresponding to BRY's conditional facts and CHEN/WARREN's residual program), and then to apply reduction steps in order to eliminate the conditions where possible.

1   Introduction

In this paper, we define a semantics for disjunctive logic programs based on abstract properties of such semantics, and show how to derive a bottom-up query evaluation algorithm from these properties.

Abstract properties of logic programming semantics were extensively investigated in [Dix94c] for normal, and in [Dix92b, DM94] for disjunctive programs. They were already used for implementation purposes in [MD93], but here we show that a disjunctive extension of the well-founded semantics can be implemented by *only* using these properties. This means that our semantics is the weakest semantics with these properties (weakest in the sense of the information ordering: every atom which cannot be determined to be true or false by applying these properties is undefined in our semantics). For non-disjunctive programs, similar characterizations were obtained by DIX in [Dix94b].

There are quite a number of proposed semantics for disjunctive logic programs (see [Dix94c]). In this paper we define an interesting semantics by simply requiring some very natural properties. Our semantics (D-WFS) is a joint generalization of the well-founded semantics for non-disjunctive programs and the generalized closed world assumption (GCWA) for negation-free disjunctive programs. Finally, our semantics is quite similar to the strong well-founded semantics proposed by Ross [Ros90], but it is more regularly behaved, as the following example shows:

Example 1 (Strong WFS vs. GCWA and PERFECT).
Consider the following positive logic program:

$$p \vee q \leftarrow r.$$
$$p \vee r.$$
$$r \leftarrow p.$$

The strong well-founded model as defined in [Ros90] contains $\neg p$! This is derivable neither in the GCWA nor the perfect model semantics (note that the given program is logically equivalent to $\{p \vee q,\ r\}$). So this is a counterexample to [Ros90, Theorem 5.2][1]. Furthermore, if one adds the disjunction $p \vee q$ which is contained in the strong well-founded model, this changes the semantics and $\neg p$ is no longer derivable. Finally, the example also shows that this semantics does not allow unfolding (see the GPPE-property defined below). □

Our semantics solves these problems, but it is otherwise quite similar to the strong WFS:

Example 2 (D-WFS is weaker than PERFECT).
Consider the following stratified disjunctive logic program due to Ross:

$$p \vee q.$$
$$r \leftarrow \neg p.$$
$$r \leftarrow \neg q.$$

Here the strong WFS as well as our semantics D-WFS leave r undefined, because p and q are undefined. In contrast, the perfect model semantics allows to conclude r, which is required for any semantics having a really exclusive or. □

Of course, in order to really work with our semantics, the abstract definition is not very useful. Therefore, we develop a bottom-up query evaluation algorithm based only on the given semantical properties.

Bottom-up query evaluation for disjunctive default theories was investigated in [BL92, BL93], this especially includes the perfect model semantics. In [KSS91], a bottom-up algorithm for computing the well-founded model of non-disjunctive programs was proposed — it can in fact be derived from our approach. There are also a number of top-down query evaluation algorithms for the well-founded semantics without disjunctions, e.g. [CW93b]. Compared to them, the main feature of our approach is its simplicity (which is quite usual for bottom-up methods).

Finally, our method is also closely related to the work of Bry on a formalization of logic programming in constructive logic [Bry90]. He developed the notion of conditional facts, which we generalize to the disjunctive case in this paper.

Our paper is structured as follows: In Section 2, we introduce the abstract properties of logic programming semantics that we need and use them to define

---

[1] Ross told us that Dung independently noted the failure of this theorem.

the *weakest* semantics satisfying these conditions: D-WFS. Based on these properties we develop our query evaluation algorithm in Section 3, which computes D-WFS. Finally, we give a short summary and an outlook on future work and possible optimizations in Section 4.

2 Semantics of Logic Programs

In this paper, we consider allowed disjunctive DATALOG programs over some fixed function-free finite signature Σ (the program transformations may change the set of actually occuring symbols, but we wish to keep the syntactic base).

Definition 1 (Logic Program Φ).
A logic program Φ is a finite set of rules of the form

$$A_1 \vee \cdots \vee A_k \leftarrow B_1 \wedge \cdots \wedge B_m \wedge \neg C_1 \wedge \cdots \wedge \neg C_n,$$

where the $A_i/B_i/C_i$ are Σ-atoms not containing function symbols, $k \geq 1$, $m \geq 0$, $n \geq 0$, and every variable of the rule appears in one of the B_i.

We identify such a rule with the triple consisting of the following sets of atoms $\mathcal{A} := \{A_1, \ldots, A_k\}$, $\mathcal{B} := \{B_1, \ldots, B_m\}$, $\mathcal{C} := \{C_1, \ldots, C_n\}$, and write it as $\mathcal{A} \leftarrow \mathcal{B} \wedge \neg \mathcal{C}$.

Definition 2 (Instantiation Φ^*, Possibly True Facts $\mathcal{P}(\Phi)$).
We write Φ^* for the full instantiation of Φ (wrt Σ) and $\mathcal{P}(\Phi)$ for the set of atoms occuring in rule heads in Φ^*.

A logic program or deductive database is used by posing queries. In fact, boolean queries are sufficient, since we usually require that θ is an answer to ψ iff "yes" is an answer to $\psi\theta$. We also need no conjunctive queries, since $\psi_1 \wedge \psi_2$ is answered with "yes" iff both subqueries are answered "yes". However, we need disjunctive queries, since the result of $\psi_1 \vee \psi_2$ cannot be derived from the results of the single queries.

Definition 3 (Semantics $\vdash\!\sim$).
A semantics $\vdash\!\sim$ is a relation between logic programs over Σ and pure disjunctions of ground literals over Σ satisfying the following requirements:

1. $\Phi \vdash\!\sim \psi \iff \Phi^* \vdash\!\sim \psi$ (instantiation invariance).
2. If $\Phi \vdash\!\sim \psi$ and $\psi \subseteq \psi'$, then $\Phi \vdash\!\sim \psi'$ (right weakening).
3. If $\mathcal{A} \leftarrow true \in \Phi$ for a ground disjunction $\mathcal{A}$, then $\Phi \vdash\!\sim \mathcal{A}$ (necessarily true).
4. If $A \notin \mathcal{P}(\Phi)$ for some Σ-ground atom A, then $\Phi \vdash\!\sim \neg A$ (necessarily false).

By the semantics of a logic program Φ, we mean $\mathcal{S}_{\vdash\!\sim}(\Phi) := \{\psi \mid \Phi \vdash\!\sim \psi\}$.

Note that also semantics defining a set of models fit into this framework, we simply take the sceptical view with respect to multiple models.

We base our discussion on abstract properties of logic programming semantics. All of them require that certain elementary transformations do not change the semantics of a given logic program, i.e. are $\vdash\!\sim$-equivalence transformations:

Definition 4 ($\vdash\!\!\sim$-Equivalence Transformation).

We call a transformation $\Phi \mapsto \Phi'$ a $\vdash\!\!\sim$-equivalence transformation iff

$$\Phi \vdash\!\!\sim \psi \iff \Phi' \vdash\!\!\sim \psi$$

for all ψ, i.e. $\mathcal{S}_{\vdash\!\!\sim}(\Phi) = \mathcal{S}_{\vdash\!\!\sim}(\Phi')$.

An especially important such transformation is partial evaluation in the sense of the "unfolding" operation. It is the "Generalized Principle of Partial Evaluation (GPPE)" of [Dix94c]:

Definition 5 (GPPE).

A semantics $\vdash\!\!\sim$ satisfies GPPE iff the following transformation on instantiated logic programs is a $\vdash\!\!\sim$-equivalence transformation: Replace a rule $\mathcal{A} \leftarrow \mathcal{B} \wedge \neg\mathcal{C}$ where $\mathcal{B}$ contains an atom B by the rules

$$\mathcal{A} \cup (\mathcal{A}_i - \{B\}) \ \leftarrow \ (\mathcal{B} - \{B\}) \cup \mathcal{B}_i \ \wedge \ \neg(\mathcal{C} \cup \mathcal{C}_i) \qquad\qquad (i = 1, \ldots, n)$$

where $\mathcal{A}_i \leftarrow \mathcal{B}_i \wedge \mathcal{C}_i$ $(i = 1, \ldots, n)$ are all rules with $B \in \mathcal{A}_i$.

In the case of non-disjunctive programs this simply means that a positive body literal B is replaced by the bodies of all rules with head literal B. The well-founded and the stable model semantics allow this transfomation. WFS$^+$, however, does not[2]: we consider the program $p \leftarrow \neg p,\ q \leftarrow p$. GPPE allows to replace the second rule by $q \leftarrow \neg p$, and, whereas the first program derives p and therefore q under WFS$^+$, this is no longer true after the transformation.

The next property we need is that tautological clauses like $p \leftarrow p$ do not influence the semantics of a logic program. This and the following property together correspond to the "equivalence" principle of [Dix94b]:

Definition 6 (Elimination of Tautologies).

A semantics $\vdash\!\!\sim$ allows the elimination of tautologies iff the following transformation on instantiated logic programs is a $\vdash\!\!\sim$-equivalence transformation:

Delete a rule $\mathcal{A} \leftarrow \mathcal{B} \wedge \neg\mathcal{C}$ with $\mathcal{A} \cap \mathcal{B} \neq \emptyset$.

The following property allows us to remove rules which are weakenings of other rules in a logic program. This and the reduction properties defined below are special cases of the D-reduction introduced in [MD93, DM94].

Definition 7 (Elimination of Non-Minimal Rules).

A semantics $\vdash\!\!\sim$ allows to eliminate non-minimal rules iff the following transformation on instantiated logic programs is a $\vdash\!\!\sim$-equivalence transformation:

Delete a rule $\mathcal{A} \leftarrow \mathcal{B} \wedge \neg\mathcal{C}$ such that there is another rule $\mathcal{A}' \leftarrow \mathcal{B}' \wedge \neg\mathcal{C}'$ with $\mathcal{A}' \subseteq \mathcal{A}$, $\mathcal{B}' \subseteq \mathcal{B}$, and $\mathcal{C}' \subseteq \mathcal{C}$.

We already required that $\neg A$ should be derivable if A appears in no rule head. But then it should be possible to evaluate the body literal $\neg A$ to true, i.e. to delete $\neg A$ from all rule bodies:

---

[2] See [Sch92, Dix94a]: WFS$^+$ was originally introduced from SCHLIPF under the name WFS$_C$ but shown to be equivalent to DIX' version WFS$^+$.

Definition 8 (Positive Reduction).

A semantics $\hspace{0.5pt}\sim\hspace{0.5pt}$ allows positive reduction iff the following is a $\hspace{0.5pt}\sim\hspace{0.5pt}$-equivalence transformation on instantiated logic programs:

$\quad$ Replace a rule $\mathcal{A} \leftarrow \mathcal{B} \wedge \neg\mathcal{C}$ by $\mathcal{A} \leftarrow \mathcal{B} \wedge \neg\big(\mathcal{C} \cap \mathcal{P}(\Phi)\big)$.

Conversely, if the logic program contains $A_1 \vee \cdots \vee A_k \leftarrow true$, at least one of these atoms must be true, so a rule body containing $\neg A_1 \wedge \cdots \wedge \neg A_k$ is surely false, so the entire rule is useless, and it should be possible to delete it:

Definition 9 (Negative Reduction).

A semantics $\hspace{0.5pt}\sim\hspace{0.5pt}$ allows negative reduction iff the following is a $\hspace{0.5pt}\sim\hspace{0.5pt}$-equivalence transformation on instantiated logic programs:

$\quad$ Delete a rule $\mathcal{A} \leftarrow \mathcal{B} \wedge \neg\mathcal{C}$ if there is a rule $\mathcal{A}' \leftarrow true$ with $\mathcal{A}' \subseteq \mathcal{C}$.

These notions of reduction have been introduced in [Dix92a] for normal programs and [DM92] for disjunctive programs. It turned out that an application of these principles may reduce a program drastically, because many literals are decided to be true or false. In addition, the program left is small since the underlying language is small.

$\quad$ We call a semantics $\hspace{0.5pt}\sim_1\hspace{0.5pt}$ weaker than a semantics $\hspace{0.5pt}\sim_2\hspace{0.5pt}$ iff $\Phi \hspace{0.5pt}\sim_1\hspace{0.5pt} \psi \implies \Phi \hspace{0.5pt}\sim_2\hspace{0.5pt} \psi$ for all Φ and ψ. We are now in a position to define our semantics D-WFS:

Definition 10 (D-WFS).

The semantics D-WFS of a program Φ is defined as the weakest semantics satisfying all our properties introduced in this section.

Note that this definition is well-defined, i.e. there is a unique weakest semantics with these properties: Let $\equiv$ be the reflexive, symmetric, and transitive closure of the union of transformations $\mapsto$ introduced above. Then we define for positive disjunctions $\mathcal{A}$:

$$\Phi \hspace{0.5pt}\sim_0\hspace{0.5pt} \mathcal{A} \;:\Longleftrightarrow\; \text{there is } \Phi' \equiv \Phi^* \text{ and } \mathcal{A}' \subseteq \mathcal{A} \text{ with } \mathcal{A}' \leftarrow true \in \Phi'.$$

Correspondingly, we define for negative disjunctions $\mathcal{A}$:

$$\Phi \hspace{0.5pt}\sim_0\hspace{0.5pt} \mathcal{A} \;:\Longleftrightarrow\; \text{there is } \Phi' \equiv \Phi^* \text{ and } A \in \mathcal{A} \text{ with } A \notin \mathcal{P}(\Phi').$$

From this definition it is clear that $\hspace{0.5pt}\sim_0\hspace{0.5pt}$ is invariant under the transformations and that any other semantics with these properties must at least derive the same disjunctions.

3 Bottom-Up Query Evaluation

3.1 Computing Conditional Facts

Our approach is based on the notion of "conditional facts". This idea was introduced in [Bry90] but is now extended to the disjunctive case. The idea is to delay the evaluation of negative body literals, so from the rule

$$winning(X) \leftarrow move(X, Y) \wedge \neg winning(Y)$$

and the fact $move(a,b)$ we derive the conditional fact

$$winning(a) \leftarrow \neg winning(b).$$

In [HY91] a somewhat related approach (again for normal programs) was defined: a semantics was reduced to programs containing only negative literals in their rule-bodies.

Definition 11 (Conditional Fact).
A conditional fact is a rule without positive body literals, i.e. of the form

$$A_1 \vee \cdots \vee A_k \leftarrow \neg C_1 \wedge \cdots \wedge \neg C_m,$$

where the A_i and the C_i are ground atoms ($k \geq 1$, $m \geq 0$).

Logically, such a conditional fact is nothing else than the disjunctive fact [BL92]:

$$A_1 \vee \cdots \vee A_k \vee C_1 \vee \cdots \vee C_m.$$

Conditional facts can be matched with positive body literals as usual, we only have to append the conditions to the result. For instance, if we apply the rule

$$goodstate(X) \leftarrow winning(X) \wedge \neg excluded(X)$$

to the above conditional fact, we get

$$goodstate(a) \leftarrow \neg excluded(a) \wedge \neg winning(b).$$

In general, this corresponds to the hyperresolution rule, but the result is again partitioned into head and body:

Definition 12 (Immediate Consequences of Conditional Facts).

$$T_\Phi(\Gamma) := \left\{ \left(\mathcal{A}_0 \cup \bigcup_{i=1}^m (\mathcal{A}_i - \{B_i\}) \right) \leftarrow \neg \left(\mathcal{C}_0 \cup \bigcup_{i=1}^m \mathcal{C}_i \right) \;\middle|\; \text{where there are} \right.$$
$$\text{a ground instance } \mathcal{A}_0 \leftarrow B_1 \wedge \cdots \wedge B_m \wedge \neg \mathcal{C}_0 \text{ of a rule in } \Phi$$
$$\left. \text{and cond. facts } \mathcal{A}_i \leftarrow \neg \mathcal{C}_i \in \Gamma \text{ with } B_i \in \mathcal{A}_i \ (i = 1, \ldots, m) \right\}.$$

Since Φ is allowed, every variable occurs in a positive body literal, so the derived rules are really ground and furthermore contain only constants appearing somewhere in Φ.

We compute the smallest fixpoint of T_Φ as usual: We start with $\Gamma_0 := \emptyset$ and then iterate $\Gamma_i := T_\Phi(\Gamma_{i-1})$ until nothing changes. This must happen because there are only finitely many predicates and constants to build ground atoms occuring in conditional facts, and there are only finitely many subsets of all these atoms (corresponding to head and body).

The transformation from the original logic program to the set of all derived conditional facts does not change the semantics of the program:

Theorem 13 (lfp(T_Φ) as Normalform).
Let $\Gamma := T_\Phi^\omega(\emptyset)$, and $\hspace{0.1em}\vdash\hspace{-0.55em}\sim$ be a semantics which satisfies GPPE, and allows the elimination of tautologies and non-minimal rules. Then $\Phi \mapsto \Gamma$ is a $\hspace{0.1em}\vdash\hspace{-0.55em}\sim$-equivalence transformation.

3.2 Computing the Residual Program

So we now have a logic program with rules of a very particular kind, namely containing no positive body literals. The next step of the proposed query evaluation algorithm is to simplify it by means of the reduction operations introduced in Definitions 7, 8, and 9. This leads to the following reduction operator on sets of conditional facts (a generalization of reductions studied in [Bry90]):

Definition 14 (Reduction of Conditional Facts).

$$R(\Gamma) := \{ \mathcal{A} \leftarrow \neg(\mathcal{C} \cap \mathcal{P}(\Gamma)) \mid \mathcal{A} \leftarrow \neg\mathcal{C} \in \Gamma,$$
$$\text{there is no } \mathcal{A}' \leftarrow true \in \Gamma \text{ with } \mathcal{A}' \subseteq \mathcal{C} \text{ and}$$
$$\text{there is no } \mathcal{A}' \leftarrow \neg\mathcal{C}' \in \Gamma \text{ with } \mathcal{A}' \subseteq \mathcal{A}, \mathcal{C}' \subseteq \mathcal{C}$$
$$(\text{where at least one } \subseteq \text{ is proper})\}.$$

We again iterate this operator until nothing changes. Since the total number of atoms occuring in Γ is reduced in each step, this process must come to an end. We call the result the "residual program", because it is similar to the residual program computed in [CW93a]. However, our version also contains the true facts, not only conditions for the undefined facts (and, of course, our approach is strictly bottom-up, so we consider the complete program). The residual program therefore still contains all the information of the original program.

Definition 15 (Residual Program).
The residual program of an allowed DATALOG-program Φ is $\hat{\Phi} := R^\omega\big(T_\Phi^\omega(\emptyset)\big)$.

Theorem 16 ($\hat{\Phi}$ as Normalform).
*Let $\hspace{-0.3em}\sim$ be a semantics satisfying all properties defined in Section 2.
Then for every logic program Φ and its residual program $\hat{\Phi}$, $\Phi \mapsto \hat{\Phi}$ is a $\hspace{-0.3em}\sim$-equivalence transformation.*

3.3 Computing LP Semantics Based on the Residual Program

Theorem 17 (Computation of D-WFS).

$$\Phi \mathrel{\vdash_{\text{DWFS}}} \psi \; :\Longleftrightarrow \; \text{there is } \mathcal{A} \subseteq \psi \text{ with } \mathcal{A} \leftarrow true \in \hat{\Phi} \text{ or}$$
$$\text{there is } \neg A \in \psi \text{ and } A \notin \mathcal{P}(\hat{\Phi}).$$

The well-founded semantics and the GCWA also have the properties defined in Section 2 (when restricted to normal resp. positive logic programs). But then Theorem 16 is applicable (it also holds for such restricted semantics), and for residual programs the equivalence to D-WFS is trivial:

Theorem 18 (D-WFS extends WFS). *Let ψ be a ground literal (positive or negative) and Φ be a non-disjunctive logic program. Then $\Phi \mathrel{\vdash_{\text{DWFS}}} \psi$ iff ψ is contained in the well-founded model of Φ.*

Theorem 19 (D-WFS extends GCWA). *Let ψ be a positive ground disjunction or negative ground literal, and let Φ be a positive logic program. Then $\Phi \mathrel{\vdash_{\text{DWFS}}} \psi \Longleftrightarrow \text{GCWA}(\Phi) \vdash \psi$.*

Claim 20 (D-WFS is weaker than PERFECT). *Let Φ be a stratified (disjunctive) logic program. If $\Phi \mathrel{\vdash_{\text{DWFS}}} \psi$, then ψ holds in all perfect models of Φ.*

4   Conclusions

In this paper, we have shown how a bottom-up procedure for computing the well-founded model of disjunctive logic programs can be derived from abstract properties of this semantics. By doing this, we have discovered an intimate relation between three previously quite distinct approaches:

- The abstract properties of logic programming semantics studied by DIX, in particular his characterization of the well-founded semantics.
- The work of BRY on a formalization of logic programming in constructive logic — especially his conditional facts and the corresponding consequence and reduction operators.
- The query evaluation algorithm of KEMP/STUCKEY/SRIVASTAVA ([KSS91]) which only handels non-disjunctive programs. It turns out that the "p'"-facts of their approach correspond exactly to the heads of our conditional facts. Their algorithm can therefore be derived from our approach.

Due to space limitations, we could not comment on more implementation-related topics in this paper, but the ideas of [BL92, Bra93] can be suitably generalized.

There is also an important optimization, which we would like to mention. Currently, all negative body literals are delayed until the very end of the fixpoint computation. They are evaluated only in the second phase of our approach (the reduction). Obviously, it is better to iterate these two phases for every strongly-connected component of the program. In the case of non-disjunctive stratified programs, this would allow to evaluate all negative body literals immediately, so our approach reduces to the standard one in this important special case.

For future work, we are especially interested in a generalization of our approach to other logic programming semantics. And, of course, we are aiming at an actual implementation.

References

[BL92]   Stefan Brass and Udo W. Lipeck. Generalized bottom-up query evaluation. In Alain Pirotte, Claude Delobel, and Georg Gottlob, editors, *Advances in Database Technology — EDBT'92, 3rd Int. Conf.*, number 580 in LNCS, pages 88–103. Springer-Verlag, 1992.

[BL93]   Stefan Brass and Udo W. Lipeck. Bottom-up query evaluation with partially ordered defaults. In *Proceedings of the 3rd International Conference on Deductive and Object-Oriented Databases (DOOD'93)*, number 760 in LNCS, pages 253–266. Springer, 1993.

[Bra93]   Stefan Brass. Efficient query evaluation in disjunctive deductive databases. Research report, Institut für Informatik, Universität Hannover, 1993.

[Bry90]   François Bry. Negation in logic programming: A formalization in constructive logic. In Dimitris Karagiannis, editor, *Information Systems and Artificial Intelligence: Integration Aspects*, pages 30–46. Springer, 1990.

[CW93a]   Weidong Chen and David S. Warren. Computation of stable models and its integration with logical query processing. Technical report, Department of CS, SUNY at Stony Brook, 1993.

[CW93b] Weidong Chen and David S. Warren. A goal-oriented approach to computing
the well-founded semantics. *The Journal of Logic Programming*, 17:279–300,
1993.

[Dix92a] Jürgen Dix. A Framework for Representing and Characterizing Semantics
of Logic Programs. In B. Nebel, C. Rich, and W. Swartout, editors, *Principles of Knowledge Repr. and Reasoning: Proc. of the Third International
Conference (KR '92)*, pages 591–602. San Mateo, CA, Morgan Kaufmann,
1992.

[Dix92b] Jürgen Dix. Classifying Semantics of Disjunctive Logic Programs. In K. Apt,
editor, *LOGIC PROGRAMMING: Proc. of the 1992 Joint International Conference and Symposium*, pages 798–812. MIT Press, November 1992.

[Dix94a] Jürgen Dix. A Classification-Theory of Semantics of Normal Logic Programs:
I. Strong Properties. *Fundamenta Informaticae*, forthcoming, 1994.

[Dix94b] Jürgen Dix. A Classification-Theory of Semantics of Normal Logic Programs:
II. Weak Properties. *Fundamenta Informaticae*, forthcoming, 1994.

[Dix94c] Jürgen Dix. Semantics of Logic Programs: Their Intuitions and Formal Properties. An Overview. In Andre Fuhrmann and Hans Rott, editors, *Logic, Action and Information. Proceedings of the Konstanz Colloquium in Logic and
Information (LogIn '92)*. DeGruyter, 1994.

[DM92] Jürgen Dix and Martin Müller. Abstract Properties and Computational Complexity of Semantics for Disjunctive Logic Programs. In *Proc. of the Workshop W1, Struct. Complexity and Rec-theor. Methods in LP, following the
JICSLP '92*, pages 15–28. H. Blair, W. Marek, A. Nerode and J. Remmel,
November 1992.

[DM94] Jürgen Dix and Martin Müller. An Axiomatic Framework for Representing
and Characterizing Semantics of Disjunctive Logic Programs. In Pascal Van
Hentenryck, editor, *Proceedings of the 11th Int. Conf. on Logic Programming,
S. Margherita Ligure*. MIT, June 1994.

[HY91] Yong Hu and Li Yan Yuan. Extended Well-Founded Model Semantics for
General Logic Programs. In Koichi Furukawa, editor, *Proceedings of the 8th
Int. Conf. on Logic Programming, Paris*, pages 412–425. MIT, June 1991.

[KSS91] David B. Kemp, Peter J. Stuckey, and Divesh Srivastava. Magic sets
and bottom-up evaluation of well-founded models. In *Proc. of the 1991
Int. Symposium on Logic Programming*, pages 337–351. MIT Press, 1991.

[MD93] Martin Müller and Jürgen Dix. Implementing semantics of disjunctive logic
programs using fringes and abstract properties. In Luís Moniz Pereira and
Anil Nerode, editors, *Logic Programming and Non-monotonic Reasoning,
Proc. of the 2nd Int. Workshop*, pages 43–59. MIT Press, 1993.

[Prz88] Teodor C. Przymusinski. On the declarative semantics of deductive databases
and logic programs. In Jack Minker, editor, *Foundations of Deductive
Databases and Logic Programming*, pages 193–216, Los-Altos (Calif.), 1988.
Morgan Kaufmann.

[Ros90] Kenneth A. Ross. The well founded semantics for disjunctive logic programs.
In Won Kim, Jean-Marie Nicolas, and Shojiro Nishio, editors, *Deductive and
Object-Oriented Databases, Proc. of the First Int. Conf. (DOOD'89)*. North-Holland Publ.Co., 1990.

[Sch92] John S. Schlipf. Formalizing a Logic for Logic Programming. *Annals of
Mathematics and Artificial Intelligence*, 5:279–302, 1992.

Proof Procedures for Disjunctive Logic Programming

D.W. Loveland

Department of Computer Science, Duke University,
Durham NC, 27706, USA *

Abstract. Several proof procedures have been explicitly proposed for the pure (without nonmonotonic negation) Disjunctive Logic Programming (DLP) domain. These include SLO-resolution (Rajasekar, Minker), SLI-resolution (Minker, Zanon) and near-Horn Prolog in several variants (Loveland, Reed). Other procedures extend SLD-resolution to the full first-order predicate calculus and thus are also candidates for consideration as procedures for the DLP domain. Examples include variations of Model Elimination (which includes SLI-resolution) and SLWV-resolution (Pereira, Caires and Alferes). We introduce all of these procedures, all but SLO-resolution in a common sequent-style presentation that makes comparison of procedures more direct. It is seen that all have a goal-reduction rule equivalent to that of SLD-resolution, and also some type of ancestor invocation rule. The procedures differ in the use of contrapositives and use of restart rules. We argue that near-Horn Prolog has features that make it stand out in this crowd as a logic programming language for DLP.
To have some criterion by which to judge the worth of logic programming extensions to Horn-clause logic, Miller and Nadathur introduced the notion of abstract logic programming language (ALPL). In ALPLs logical symbols exhibit a duality between truth-function and search. The ALPL proof relation must correspond to a *uniform proof* relation, which is based on a constrained intuitionistic sequent calculus. These constraints and the duality provide an operational semantics for such languages. We discuss this notion of ALPL and uniform proof, then interpret Inheritance near-Horn Prolog as (a slight variant of) an ALPL.

TMPR for Disjunctive Logic Programming and Usefulness of Strong and Exclusion Negation

Taïeb Mellouli

Universität Paderborn, FB 17 – Mathematik/Informatik
Warburger Str. 100, D-33098 Paderborn (Germany)

Abstract. We present our Tree–structured Modified Problem Reduction proof procedure (TMPR) developed for classical and three-valued logic in [6], emphasizing its suitability for disjunctive logic programming. TMPR needs no contrapositives and extends SLD-resolution with a Prolog-style backward chaining by a controlled use of case analysis. This is done without having to extend negative goals needed, e.g., for model elimination. Performing case analysis at different levels within proofs often results in a simple structure of proofs and of the (indefinite) answers generated by TMPR. We finally note on the usefulness of strong and exclusion negation besides nontruth-by-CWA negation for disjunctive logic programs and clarify their interrelationship.

1 Introduction and motivation

Owing to the tight neighborhood between theorem proving and logic programming, the development within one field often have direct or indirect influence on that of the other. For instance, the logical part of Prolog inference mechanisms are based on SLD–resolution being a refinement (for definite Horn clauses) of Kowalski & Kuehner's SL–resolution intended as a theorem proving strategy. Though most of real–life knowledge can be expressed by means of Horn clauses, for many applications a certain part of the knowledge base can only be formalized using disjunctions or non–Horn clauses. Dealing with non–Horn clauses in the field of automated theorem proving means that we are going from the simple Horn–clause logic to the complex full first–order logic. Since theorem proving strategies are no longer simple and efficiently realizable, such as SLD–resolution, many researchers give up considering extensions of logic programs by non–Horn or disjunctive clauses. However, at least two reasons can be given against such an attitude which also motivate this work.

First, non-Horn clauses, if they appear in a problem formalization, are rare, therefore, it is convenient to consider such extensions of Prolog–style Horn clause logic programming that are close to SLD-resolution to preserve the attractiveness, and to save much from the efficiency for 'near-Horn' programs. The most promising approaches seem to be those based on controlled case analysis or splitting [12, 5, 6, 13, 2, 1]. We present our TMPR proof procedure, having the latter property, which is developed in [6] for classical and three–valued logic. TMPR for classical logic uses and extends ideas from one of Plaisted's Gentzen style systems [12]. Our tree–structured representation simplifies this system by performing structure–sharing and using trees with various labelings as a proof structure, giving rise to a clearer representation of proofs and proof inferences. For Horn clauses, TMPR simulates SLD–resolution in a (Prolog–style) backward chaining manner. We will emphasize the suitability of the TMPR proof procedure for disjunctive logic programming. TMPR preserves the naturalness of the Prolog–style, even for non–Horn clauses: TMPR extends only positive goals and utilizes in addition to the Prolog-paradigm the well–known notion of case analysis as a mechanism for non–Horn reasoning. Two important features of TMPR remain to be mentioned here, namely, that not only each Horn, but also each non–Horn clause is accessible only through one head atom (no contrapositives), and that case analysis can be performed locally at different level of the proof. This often results in a simple structure of proofs and of the (indefinite) answers generated.

Second, for many applications using logic programs, different expressive forms of negation are desired. So, one find a nontruth-by-CWA negation, 'not', known as negation-as-failure (to prove), dealing not only with nonmonotonic aspects, and a strong negation, $\neg$, dealing with explicit falsity [3, 10, 11]. We here shortly justify extending disjunctive logic programs also by an *exclusion negation*, $\sim$, expressing nontruth as opposed to strong negation, now modeling falsity and not only explicit falsity. This issue will be handled in a future work in more details.

2 The TMPR procedure for disjunctive logic programming

First of all, we define a *disjunctive logic program* as a set of (implicitly universally quantified) clauses (or rules) of the form '$A_1 \vee A_2 \vee \cdots \vee A_k \leftarrow B_1, B_2, \cdots, B_n.$' where $k \geq 1$ and $n \geq 0$. The disjunction (conjunction) of atoms, positive literals, on the left (resp. right) side is called the *head (resp. body)* of the clause. If $k = 1$, the clause is called *definite Horn,* especially, a *fact* if $n = 0$, otherwise ($k \geq 2$) *non–Horn.* A *(Horn) logic program* consists of only definite clauses.

For TMPR, we use a slightly different form of the above clauses. Only one head atom is needed as an 'entry point' also for a non–Horn clause, say A_1, selected from the head atoms (arbitrarily, heuristics, user's wish) in the preprocessing phase. We have the from: '$A_1 \leftarrow \sim A_2, \cdots, \sim A_k, B_1, B_2, \cdots, B_n.$' where the negation $\sim$, building the *negative literals* at the begin of the (new) body, is exactly the negation used in classical logic with the classical semantics, fulfilling the 'low of excluded middle.' At this stage, this negation serves only as a deduction tool. Finally, a query is a conjunction of atoms '$B_1, B_2, \cdots, B_n$' in which the variables are implicitly existentially quantified. The negated query, to be added to the program for refutation style procedures, corresponds to a negative (Horn) clause and is represented using a new fixed positive literal $\notin$ which we call the *contradiction literal,* as: '$\notin \leftarrow B_1, B_2, \ldots, B_n.$' (For TMPR, being also a proof procedure for full first–order logic, negative clauses might occur, which are then represented like queries using $\notin$.) Finally, each clause has a mark, by convention, (Q) for the query, (Ni) for negative clauses, if any, (Fi) for facts, and (Ri) for the remaining clauses.

The proof structure within the TMPR system consists of a tree with the root on the top and leaves on the bottom. The nodes along each branch, path from the root to a leaf, are alternately labeled by literals (literal-nodes) and marks (mark-nodes). We denote nodes by their labels if this does not lead to confusion. A *TMPR proof tree* is constructed by the TMPR inference system given below. If a branch is not closed explicitly by an inference step, it is said to be *open.* In that case the lowest literal-node is called the *goal* of the open branch. A TMPR proof tree is said to be *closed* if all its branches are closed. To deal with non–Horn clauses by means of a case analysis mechanism, we extend this structure to allow that literals representing *assumptions* can be put on *assumption edges*, which are all those edges leading from a literal–node to (one of) the next mark–node(s) under it; for example, the edge between L and (Xi) in the clause application rule (see below) is an assumption edge (at L). Several assumptions ordered top–down can be put on one assumption edge. For the sake of better readability, we put negative assumptions at the left and positive assumptions at the right of an assumption edge (cp. case analysis rule below). For the goal L of an open branch (current branch for L), let Γ ($= \Gamma_L$) denote the *current assumption list at L;* i.e., the list of assumptions, ordered top–down, lying on assumption edges along the current open branch including the current assumption edge at L.

Given a set of clauses S in the above form, the TMPR deduction system tries to construct a derivation of the contradiction literal $\not{c}$ having the form of a TMPR proof tree. The main idea of TMPR is to proceed as the Prolog inference mechanism for expanding/closing goals using clauses/facts from S and additionally to close branches (subtrees) *under* some assumptions and to make the appropriate case analyses, getting finally a closed TMPR proof tree, in which all cases are studied, which is then called a *TMPR proof* for S (with root $\not{c}$). The TMPR system includes a *Clause (Fact) Application* rule, two assumption rules which we call *Assumption Addition [AssAdd]* and *Assumption Application [AssApp]*, and finally a *Case Analysis rule*. Note that the TMPR system with only the Clause (Fact) application rule, that is, without assumption handling, simulates SLD–resolution in Prolog–style.

The TMPR deduction system:

Input: A set of first–order clauses S in the above form, representing, e.g.,
        a disjunctive logic program augmented by the negated query.
Output: A TMPR proof for S or a 'no proof' message.

– *Start* with a root labeled by $\not{c}$ (being the initial open goal with $\Gamma_{(\not{c})} = [\,]$).
– *Try* to generate a TMPR proof for S, i.e., a closed TMPR proof tree for S in which all cases are studied, *by* **repeatedly** applying one of the following IF-THEN rules; *if not possible,* stop with 'no proof' (A always stands for an appropriate atom):

IF there exists an open branch
THEN let L be a goal of such an open branch and non–deterministically apply at L one of the following TMPR inference rules:

Assumption Addition [AssAdd]:
    if L is a negative literal, of the form $\sim A$ (with $\sim A, A \notin \Gamma$), **then** *add* $\sim A$ to Γ as its last element and close the current branch by [AssAdd]. Precisely, the assumption $\sim A$ is to be put on a non–deterministically chosen assumption edge in the current branch as long as it (the assumption $\sim A$) appears below all existing assumptions.

Assumption Application [AssApp]:
    if L, being positive or negative literal, is *member of Γ modulo unification* (i.e., L unifies with one or more assumptions lying on the current branch), **then** apply the most general unifier of L and one such assumption on the elements of the whole tree generated so far and close the current branch by [AssApp].

Clause (Fact) Application:

Let (Xi) designates '$H \leftarrow L_1, L_2, \cdots, L_n$' where H is atom and L_i is a possibly negated atom ($0 \leq i \leq n$), being a copy of a (possibly non–Horn) clause from S (with new variables) such that L and H are unifiable. Extend the proof tree as indicated alongside, and apply the most general unifier of L and H on the elements of the whole tree generated so far. The literals L_1, L_2, $\cdots$, L_n are then new goals.

Special case: If $n = 0$, then $(Xi) = (Fi)$ is a fact and the current branch is closed with an application of the fact (Fi):

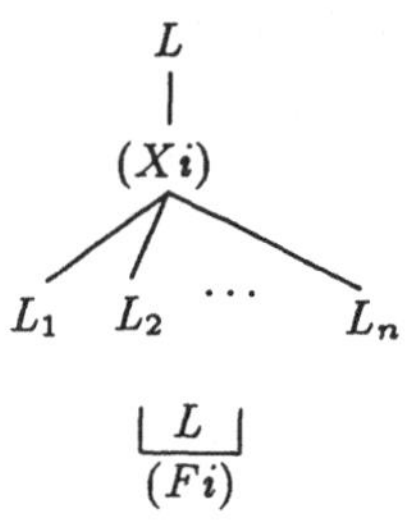

IF   there exists a literal–node L and a negative assumption $\sim A$ lying on an assumption edge at L for which no case analysis is done
THEN   perform (for this assumption) a *case analysis* $\{\sim A, A\}$ at L:

Case Analysis Rule:

A *case analysis* $\{\sim A, A\}$ at L is a splitting so that another assumption edge at L leading to an unlabeled node is created (beside the considered one) on which the assumption A instead of $\sim A$ is put, as indicated alongside.

At the end of the new open branch, an application of a clause from S (at L) is performed, except the case where L and A are unifiable *(degenerated case analysis)*: The open branch can be closed immediately by a use of [AssApp].

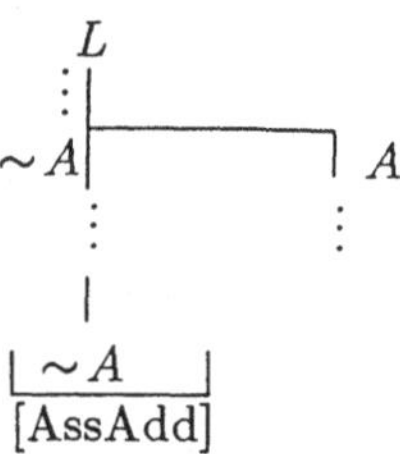

Theorem: *(Soundness and completeness of TMPR for full first order logic)*
Let S be a set of clauses. S is unsatisfiable <u>iff</u> there exists a TMPR proof for S generated by the above TMPR deduction system, which is a closed TMPR proof tree for S with the root $\not\phi$, for which all cases are studied.
The proof for this theorem is given in [6].

Looking at 'the special case' of having a disjunctive logic program, we are first interested in whether a certain query is a logical consequence of a program P, that is, for a refutation style, whether the program P augmented with the negated query is unsatisfiable. For this, the above soundness and completeness result applies. Second, if a query is a logical consequence from the program P, we are interested in getting the answer substitution(s), and perhaps also the derivation itself. For disjunctive logic programs, unlike for Horn programs, we can also have indefinite answers, that is, an answer for a query '$(\leftarrow) Q$' cannot always be given by means of a substitution σ such that '$P \models Q\sigma$' (see example below), but generally by means of a set of substitutions $\sigma_1, \cdots, \sigma_m$, where '$P \models Q\sigma_1 \vee \cdots \vee Q\sigma_m$,' using m copies of 'Q'. Having a refutation proof by a certain refutation proof procedure, the used clauses in the proof are instances from program clauses or from the negated goal. If one collect all those used clauses that are instances from the negated goal, one directly gets an indefinite answer for the query. Is that the desirable form of indefinite answers?

A reasonable requirement on the form of indefinite answers, is that for each substitution σ_i, a more or less independent derivation part is to be associated, to give chance to the user to understand the answers. This is achieved by InH-Prolog [13] and similar systems [5, 1, 2] by having restart blocks (proof tasks), beginning with the query. Also, within TMPR proofs, the applications of the negated query can only be done at the root $\not\vdash$, therefore, the TMPR proof parts under the high level case analysis (nesting) at $\not\vdash$ can also be seen as such independent derivation parts, corresponding to the substitutions used for the query at the top, respectively. Note that analogous remarks can be said for Plaisted's modified problem reduction format (MPRF [12]). Since TMPR allows that case analyses are performed at different level of the proofs, the number of such derivation parts may be smaller for TMPR than for InH–Prolog and similar systems, as in the following example:

Let us have the following program P: Transformed for TMPR:

$$
\begin{array}{lll}
q(Z,X) \leftarrow pc(Z), p(m(X,X)). & (R1) & q(Z,X) \leftarrow pc(Z), p(m(X,X)). \\
p(m(X,Y)) \vee p(X) \vee p(Y) \leftarrow . & (R2) & p(m(X,Y)) \leftarrow \sim p(X), \sim p(Y). \\
p(m(X,Y)) \leftarrow p(X), p(Y). & (R3) & p(m(X,Y)) \leftarrow p(X), p(Y). \\
pc(a) \vee pc(b) \leftarrow . & (R4) & pc(a) \leftarrow \sim pc(b). \\
Query : \leftarrow q(Z,X). & (Q) & \not\vdash \leftarrow q(Z,X).
\end{array}
$$

TMPR Proof:

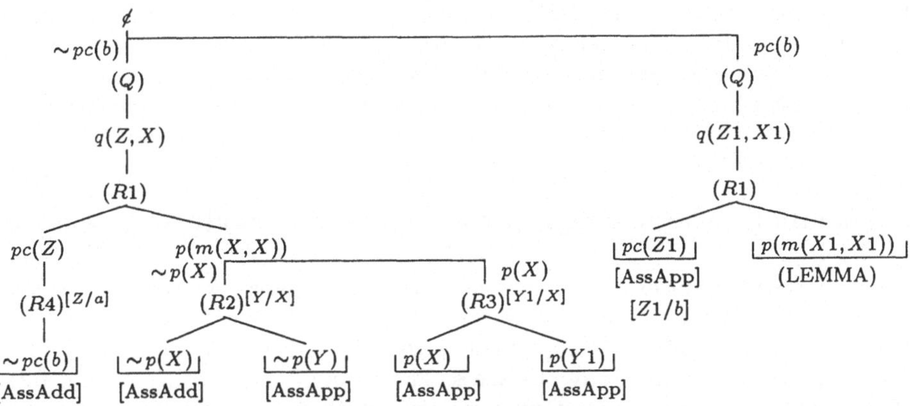

This TMPR proof is constructed in a depth–first left–to–right way. Added (negative) assumptions are propagated upwards after attempting case analysis at lower levels. For the assumption $\sim p(X)$, a case analysis at $p(m(X,X))$ is performed successfully. However, for the assumption $\sim pc(b)$, a case analysis can be only performed at $\not\vdash$, on top level. We get the indefinite answer $P \models q(a,X) \vee q(b,X1)$. Actually, the indefinite answer given by TMPR is a *commented* answer, since we know more about the answer, namely, for which cases which answer part (or answer substitution) is fulfilled. For the above example, there are two mutually exclusive cases: for the case $\sim pc(b)$, we have the 'answer part' $q(a,X)$ and for the case $pc(b)$ the answer part $q(b,X1)$. All systems, not having the feature of using case analysis at different levels [13, 2, 1], have to make case analysis $\{\sim p(X), p(X)\}$ at the root $\not\vdash$, that is, to create a restart block with *distinguished active head* $p(X)$, speaking with InH–Prolog terminology here [13], in which (Q), $(R1)$, and $(R4)$ are repeatedly used. This may make the answer substitutions more complex.

TMPR allows [AssApp] (cancellation) also with negative assumptions added by [AssAdd], which correspond to the negative counterparts of the *deferred heads* (not yet becoming *active*) in an InH–Prolog refutation [13], respectively. (In the above example, [AssApp] is used at $\sim p(Y)$.) This cancellation feature is not provided for InH–Prolog and related systems which is also the case for MPRF in its original version [12], but not the case for a later version [9]. To get a picture, an InH-Prolog refutation for this example needs 8 blocks (cases), whereas a TMPR proof with (without) lemmata only 3 (resp. 4) cases, from which only 2 at the top level. (Cp. [8] for a more detailed comparison and classification of TMPR and some refinements together with other systems based on controlled case analysis mechanisms.) Further, the [AssAdd] restriction $\sim A, A \notin \Gamma$ of TMPR excludes the generation of unnecessary cases. For instance, the clause $(R2)$ is applicable instead of $(R3)$, but the [AssAdd] restriction invokes backtracking. In general, the generation of *disequation constraints* (capturing late violations of this restriction) and the use of some strategies (enforcing for example that 'another rule,' here $(R3)$, is tried first) are capable of catching various loops generating infinite case analysis nesting. (Cp. [8] for more details, improvements concerning the case analysis mechanism, and parallelization techniques for TMPR, now being implemented in a project within the DFG research program 'Deduktion'). Finally, our lemma concept for TMPR described in [6] allows the generation of the lemma $p(m(X, X))$ without recording the assumption $\sim pc(b)$ which is not needed for its derivation, unlike Plaisted's concept [12] which includes the whole assumption list in a lemma. This makes the lemma generated by our lemma concept (cp. [8] for a study of its indeterministic power) also applicable in 'other contexts,' such as for the right–most goal in the above example.

3 Disjunctive logic programs with strong & exclusion negation

Before we speak about exclusion negation and its usefulness, we consider negations known in logic programming, namely, the nontruth-by-CWA negation *'not'* and the strong negation $\neg$. *General logic programs* are (Horn) logic programs where *'not'* is allowed to occur in the body of clauses. This form of negation has several interesting applications in nonmonotonic reasoning. Without disallowing that, we here emphasize the 'monotonic use' of *'not'*. For instance, having a predicate, for which complete information about its truth region can be derived from the knowledge base (e.g., data base tables with 'complete listings'), we can then use *'not' monotonically* to exactly characterize the nontruth region of the predicate (cp. [8] for an application in the field of natural language processing and more details about the use of *'not'* with nonground literals). Furthermore, non–disjunctive general logic programs with an addition of a strong negation $\neg$ are investigated, e.g., by Pearce & Wagner [10] and by Gelfond & Lifschitz [3], aiming at dealing with explicit negative information. We agree with them in their flexible use of the CWA, that is, not globally, but only for certain predicates, for which we explicitly declare that their falsity can be derived from the failure of deriving their positive forms, respectively; That is, '$\neg P \leftarrow not P$' holds for such predicates p, where P always stands for $p(X_1, \ldots, X_n)$, p being n-ary.

We now argue that an approach using only *'not'* and strong negation $\neg$ is of limited adequacy, if we are dealing with incomplete information which is frequent in commonsense reasoning: Knowledge bases often contains only a few facts using a certain predicate, without giving a table with complete listing, or an exhaustive characterization, of all tuples fulfilling the predicate. We introduce exclusion negation, to take the place of *'not'* in such cases. The semantics of exclusion negation coincides with that of negation in classical logic, that is, fulfills the low of 'excluded middle,' i.e., $A \lor \sim A$ is valid for each atom A. Since this negation is already 'needed' as a deduction tool for disjunctive logic programs to deal with disjunctions/non–Horn clauses and the resulting indefiniteness, its use to express nontruth does not increase the complexity for handling these programs, e.g. by TMPR. Let us thus illustrate the usefulness of exclusion negation by considering a simple example from [4]: "($F1$) I have a swimming pool. ($R1$) If I have a swimming pool and it doesn't rain, I will go swimming. ($R2$) If I go swimming, I will get wet. ($R3$) If it rains, I will get wet. *Query:* Prove I will get wet." Reasoning 'in commonsense,' we will answer 'Yes' to this query since we know that whether it does rain or not, 'I will get wet,' by rain water in the first case or by swimming in 'my swimming pool' in the second case. Using *'not'*, we get the answer 'Yes', but with a wrong argument, since it will be assumed, that it doesn't rain, but it may do. (If we omit the rule (R3), we will also get a 'Yes' answer which is not correct.) If we use strong negation for the negation in ($R1$), formalizing *explicit* falsity in the sense of Gelfond & Lifschitz and Pearce & Wagner, we get the answer 'No' since it is not explicitly known either of 'it rains' or 'it doesn't rain.' We propose that this example is to be formalized either with exclusion negation (as in classical logic) or using strong negation, expressing falsity and not only explicit falsity, together with an application of the rule scheme:

Falsity–by–NonTruth Scheme (FbyNT): $\quad \neg P \leftarrow \sim P$

It is to be applied for those predicates p ($= r$ for 'it rains' in the above example) which are *exact,* that is, can be, but are not always, totally represented by one relation. Note that the reduction scheme suggested by Pearce & Wagner and Gelfond & Lifschitz, namely, '$\neg P \leftarrow not P$,' do not do the job for the above example, since we do not have complete information about the truth region of the predicate r.

In accordance with what we said about the 'monotonic use' of *'not'*, if the knowledge base does include the total representation of an exact predicate p, then the

NonTruth–by–CW Scheme (NTbyCW): $\quad \sim P \leftarrow not P$

can be applied. Here, we used CW and not CWA in the naming of this scheme, because we really have a Closed World for totally represented exact predicates.

An interesting topic when working with strong negation is the handling of inconsistencies. Without going into details, the following consistency rule scheme:

Consistency Rule Scheme of type 1 (CR1): $\quad \sim P \leftarrow \neg P$

must hold for predicates p not allowing inconsistencies. Note that this additional property enforces for exact predicates (fulfilling FbyNT scheme) the coincidence of meaning for $\neg$ and $\sim$. The coherence requirement formulated in [11] is related to this consistency rule, with the difference that Pereira & Alferes use *negation by default,* being equivalent to *'not'*, instead of exclusion negation.

Exclusion negation not only helps understanding the relationship between the various forms of negation as illustrated, but also has its own expressiveness and, in many cases, its use is more natural than the corresponding usual disjunctive formulation, for instance, in rule $(R1)$ of the above example. Further, rule $(R2)$ (resp. $(R3)$) of the example in section 2 formalizes the fact that 'the product of two reals is positive whenever both are not positive (resp. positive).' (m stands for 'multiply' and p for 'positive'.) It is clear that the formulation of $(R2)$ with exclusion negation is more adequate than using disjunction. (Both formulations are logically equivalent, but the former one avoids a 'wrong choice' of another head for TMPR, making proofs more understandable.) However, if pc, in the same example, stands for 'positive constant', then the 'disjunctive formulation' for $(R4)$ is more adequate.

Some topics are not addressed in this short paper. The extension of disjunctive logic programs with strong and exclusion negation also allows three- and four-valued applications (cp. [8]). The 'definition' $\alpha \leftarrow \beta := \alpha \vee \sim \beta$ (unlike $\alpha \leftarrow \beta := \alpha \vee \neg\beta$) seems to be adequate and is *contrapositive* with respect to $\sim$. In fact, we used in [6] the contrapositive of (CR1) above, namely, the consistence rule scheme (CR2): $\sim \neg P \leftarrow P$, in our extension of TMPR to three-valued logic. Although (CR2) is efficiently applicable in this extension, since it is a Horn clause in an extended sense, we are now developing a special extension of TMPR for disjunctive logic programs with strong and exclusion negation which supports the occurrence of excessive explicit negative information. In addition, in [7], we provide a basis for an efficient structure–preserving handling of more general forms of queries and '$\leftarrow$'–clauses/rules (as required, e.g., in [10]), especially in connection with TMPR (extensions).

References

1. P. Baumgartner and U. Furbach. *Model elimination without contrapositives.* CADE'94.
2. U. Furbach. *Computing answers for disjunctive logic programs.* in LNAI 633, D. Pearce & G. Wagner (Eds.), 357–372, Proc. JELIA'92. Berlin, Germany, Sept. 1992.
3. M. Gelfond and V. Lifschitz. *Classical Negation in Logic Programs and Disjunctive Databases.* J. New Gener. Comp., 9 (1991) 365–385.
4. D.W. Loveland. *Automated Theorem Proving: a logical base.* North–Holland (1978).
5. D.W. Loveland. *Near–Horn Prolog and Beyond.* J. Autom. Reas. 7, pp. 1–26 (1991).
6. T. Mellouli. *TMPR: A Tree–structured Modified Problem Reduction Proof Procedure and its Extension to Three–Valued Logic.* Appears in Journal of Automated Reasoning.
7. T. Mellouli. *Enhancing Readability of Proofs by Structure–Preserving Translation and Proving.* Accepted contribution to the ECAI'94 workshop: 'From Theorem Provers to Mathematical Assistants: Issues and Possible Solutions.' Amsterdam, 9 August 1994.
8. T. Mellouli. *Tree–structured Theorem Proving using Controlled Case Analysis Mechanisms for Classical, Three–, and Four–Valued Logic.* Doctoral Thesis. University of Paderborn (1994).
9. X. Nie and D.A. Plaisted. *A Complete Semantic Back Chaining Proof System.* Proc. CADE 10, 16-27 (1990).
10. D. Pearce and G. Wagner. *Logic Programming with Strong Negation.* In Schroeder-Heister, eds., Extensions of Logic Programming, LNAI 475, 311-326, Springer (1991).
11. L.M. Pereira and J.J. Alferes. *Well founded Semantics for Logic Programs with Explicit Negation.* B. Neumann (ed.), Proc. ECAI'92, 102-106. J. Wiley & Sons (1992).
12. D.A. Plaisted. *Non–Horn Clause Logic Programming without Contrapositives.* Journal of Automated Reasoning 4, 287–325 (1988).
13. D.W. Reed & D.W. Loveland. *A Comparison of Three Prolog Extensions.* Journal of Logic Programming 12, 25-50 (1992).

"Benutzungsschnittstellen für kommunizierende Systeme"

In Zusammenarbeit mit der GI-Fachgruppe "Interaktive Systeme"

Koordinator: G. Szwillus, Universität - GH - Paderborn, FB Mathematik/Informatik

Programmausschuß: K. Froitzheim (Ulm), H.-J. Hoffmann (Darmstadt), P. Gorny (Oldenburg), D. Jäpel (IBM Zürich), P. Schulthess (Ulm), G. Szwillus (Paderborn)

Moderne Kommunikationstechnologien basierend auf öffentlichen, digitalen Netzen oder verteilten Computersystemen stellen ganz neue Anforderungen an Benutzungsoberflächen von Anwendungen, sowohl für die Betreiber als auch für die Nutzer der Netze. Problematisch sind dabei die teils gewünschte Transparenz der Verteilung, bzw. das explizite Management von Netzwerken durch den Benutzer, aber auch die Gestaltung der Kooperation von Menschen und Systemen in lokalen und globalen Netzen. Die Betonung des Fachgesprächs liegt auf der Betrachtung von Aspekten der Benutzungsschnittstelle - weniger auf dem Planen, Einrichten und Betrieb der Dienste selbst.

Das Fachgespräch beschäftigt sich mit Problemen und Aufgabenstellungen der Benutzungsoberflächen in solchen Bereichen wie elektronische Post, Benutzungsschnittstellen zur Kontrolle und zum Zugang zu wissenschaftlichen oder anderen Netzwerken, Benutzungsoberflächen von Kommunikationsgeräten, und Benutzungsschnittstellen von Mehrbenutzerapplikationen. Behandelte Beispiele sind neue Interaktionstechniken zum Bedienen von Telefonen, für WANs ("wide-area"-Netzwerke), Abwicklung von Videokonferenzen in den verschiedenen, denkbaren Formen, Werkzeuge und Techniken für den Entwurf und die Implementation von mehrbenutzerfähigen Applikationen, mobile Computerbenutzung, und wissensbasierte Kommunikationssysteme.

Das Fachgespräch befaßt sich mit relevanten Problemen der Entwicklung von Computern und Kommunikation - zwei Felder, die zunehmend zusammenwachsen und sich in dieser und der nächsten Dekade gegenseitig beeinflussen. Die präsentierten Papiere befassen sich mit der Mensch-Maschine-Kommunikation dieser existierenden und zukünftigen Computer-Kommunikationssysteme aus verschiedenen Betrachtungswinkeln, was zu einem interessanten Spektrum von Einsichten auf dieses Feld führt.

Auf dem Weg zur wissensbasierten Mensch-Computer-Mensch-Kommunikation

Rul Gunzenhäuser   Willi Dilly   Matthias Ressel
Institut für Informatik
Universität Stuttgart
Breitwiesenstr. 20–22
70565 Stuttgart

1. Einführung

Bei herkömmlichen interaktiven Anwendungen dient eine Benutzungsschnittstelle der Kommunikation zwischen Computer und Anwender. Einen Ansatz, diese zu verbessern und damit interaktive Systeme benutzerfreundlicher zu gestalten, bietet die wissensbasierte Mensch-Computer-Kommunikation (MCK). Inzwischen gibt es zunehmend viele Anwendungen, deren Ziel es ist, mehrere Menschen bei der Kooperation zur Bewältigung einer Aufgabe, bei der Koordination ihrer Aktivitäten und der Kommunikation untereinander zu unterstützen.

Der Benutzungsschnittstelle von CSCW[1]-Systemen kommt daher eine besondere Bedeutung zu, denn

- CSCW-Systeme unterstützen Menschen bei der gemeinsamen Bewältigung einer Aufgabe (*Kooperation*);
- die verteilten Aktivitäten zur Lösung der Aufgabe müssen aufeinander abgestimmt werden (*Koordination*);
- Kooperation und Koordination erfordern den Austausch von Information; CSCW-Systeme dienen also vor allem der *Kommunikation*.

Diese Kommunikation kann explizit oder implizit, synchron oder asynchron, in unterschiedlicher Form und über unterschiedliche Kanäle erfolgen. Benutzer von CSCW-Systemen müssen durch geeignete Maßnahmen bei der Kommunikation unterstützt werden.

Ein Szenario: Dokumenterstellung durch mehrere Autoren

Ein Werbebüro erhält den Auftrag, ein Hypermedia-Dokument über Reiseziele zu erstellen. Die Teilaufgaben werden an einzelne Autoren verteilt. Ohne spezielle Unterstützung der Kooperation treten eine Reihe von Nachteilen auf:

- Die Kommunikation erfordert einen hohen Aufwand – sei es durch den expliziten Austausch von Beiträgen, den Wechsel des Mediums (Computer, Papier) oder notwendige persönliche Treffen.
- Koordiniertes Arbeiten wird erschwert: den Autoren stehen nicht automatisch die aktuellsten Versionen anderer Beiträge zur Verfügung; paralleles Korrekturlesen führt zu redundanter Arbeit, sequentielles Korrekturlesen benötigt viel Zeit; dem Dokument ist nicht anzusehen, von wem welche Beiträge stammen; semantische oder stilistische Unterschiede führen zu Inkonsistenzen im Gesamtdokument.

Den Schnittstellen zwischen Computer und Mensch kommt hierbei eine entscheidende Rolle zu.

---

[1] Computer-supported cooperative work, engl. für computerunterstützte Teamarbeit

2. Mensch-Computer-Kommunikation

Ein einfaches Modell für die Mensch-Computer-Kommunikation (MCK) [5] läßt sich mit Hilfe von nur drei Komponenten darstellen (siehe Abb. 1):

(a) Die *Ein-/Ausgabe-Komponente* übernimmt u. a. alle notwendigen Hardware-abhängigen Funktionen für die Ansteuerung der E/A-Geräte.

(b) Die *Dialogkomponente* übernimmt die Abwicklung des Dialogs zwischen dem Benutzer und einer Anwendung. Sie ermöglicht unterschiedliche Interaktionstechniken, wie z. B. direkte Manipulation, und unterschiedliche Dialogformen, wie z. B. Formular- oder Menütechniken.

(c) Die *Anwendungskomponente* stellt die Funktionalität eines Anwendungssystems zur Verfügung.

Die Mehrzahl der heute verwendeten Dialogsysteme ist nicht fähig, unterschiedliche Arten von Benutzer wie Anfänger, Fortgeschrittene oder Experten zu berücksichtigen. Ein Anfänger, der beispielsweise ein komplexes Textverarbeitungssystem benutzt, fühlt sich oft durch die Fülle an Möglichkeiten überfordert, während ein erfahrenerer Benutzer weitere für ihn nützliche Funktionen entdeckt und gezielt einsetzt. Durch *gesammeltes Wissen* kann sich eine Dialogkomponente auf individuelle Benutzer einstellen und sich an ihn bzw. die Dialogsituation anpassen [9]. Solche Systeme werden als *adaptiv* bezeichnet.

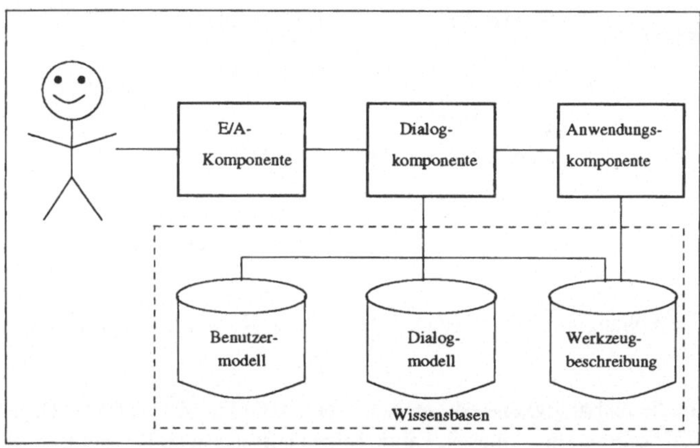

Abbildung 1: Ein Modell für die wissensbasierte Mensch-Computer-Kommunikation

Für adaptive Systeme sind vor allem folgende Wissensbasen von Bedeutung:

a) Ein *Dialogmodell*, das den aktuellen Dialogzustand darstellt. Es enthält Ziele, Pläne und Vorgehensweisen, die der Benutzer im Dialog mit der Anwendung verfolgt.

b) Ein *Benutzermodell*, das Wissen über individuelle Benutzer repräsentiert. In einem solchen Modell können unterschiedliche Benutzereigenschaften wie dessen Kenntnisse, Erfahrungen, Fähigkeiten und Vorlieben festgehalten werden.

c) Eine Werkzeugbeschreibung, die spezielles Wissen über die zur Verfügung stehenden Funktionen und Begriffe der Anwendung enthält.

3. Mensch-Computer-Mensch-Kommunikation

Die Modellvorstellung der MCK läßt sich zu einer Darstellung der Mensch-Computer-Mensch-Kommunikation (MCMK) erweitern. Arbeiten mehrere Benutzer in einem Team, dann wird der Computer zum Medium der Kommunikation und unterstützt das koordinierte und kooperative Arbeiten. Kooperation, Koordination und insbesondere Kommunikation spielen eine wichtige Rolle bei Gruppenprozessen und somit auch bei CSCW-Anwendungen [4]. Dabei bedeuten

Kooperation die gemeinsame Bewältigung einer Aufgabe;

Koordination das Abstimmen von voneinander abhängigen Handlungen, um ein Ziel zu erreichen;

Kommunikation die Übertragung von Information von einem Sender zu einem Empfänger[2].

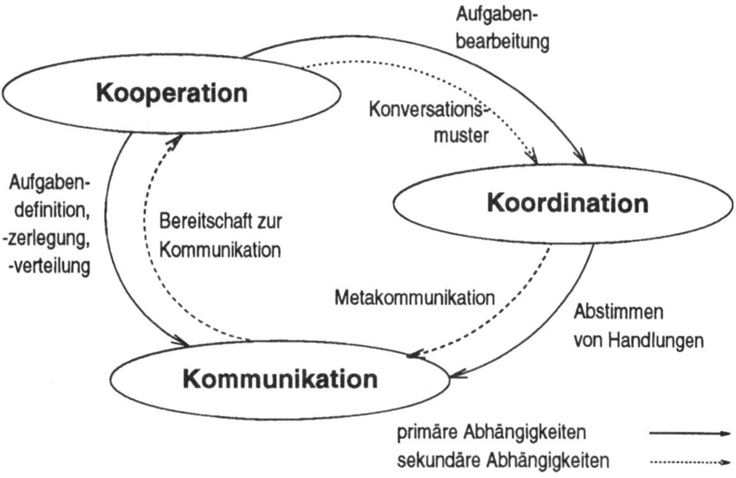

Abbildung 2: Abhängigkeiten zwischen Kooperation, Koordination und Kommunikation

Abbildung 2 zeigt die Abhängigkeiten dieser Konzepte. Kommunikation ist die Grundlage jeglicher Kooperation und Koordination. Kommunikation setzt allerdings auch Kooperationsbereitschaft und koordiniertes Verhalten voraus. Reden z. B. Gesprächspartner aneinander vorbei (*unkooperativ*) oder gleichzeitig (*unkoordiniert*), mißlingt das Gespräch. Koordination und Kommunikation dienen oft nur als Mittel zum Zweck der Kooperation; sie erzeugen einen zusätzlichen Aufwand. Ist er zu hoch – etwa auf Grund einer mangelhaften Benutzerschnittstelle –, so scheitert die Kooperation.

Abbildung 3 stellt allgemeine Teilaspekte von Kooperation, Koordination und Kommunikation den entsprechenden Aktivitäten am Beispiel der gemeinsamen Dokumenterstellung gegenüber.

Für Anwender von CSCW-Systemen stellen sich Prozesse der Kooperation, Koordination und Kommunikation unmittelbar auf der Benutzungsoberfläche dar. Beim Design von Benutzungs-schnittstellen für die Gruppenarbeit sind deshalb bekannte Konzepte aus dem Bereich der MCK

---

[2] *Interaktion* bezeichnet allgemeiner die wechselseitige Beeinflussung durch Handlungen, einschließlich sprachlicher Äußerungen. Diese Beeinflussung kann wieder als Informationsaustausch, also als Kommunikation i. w. S., aufgefaßt werden.

Allgemeine Aktivitäten	Beispiel: Gemeinsame Dokumenterstellung
Kooperation:	
Definition gemeinsamer Aufgaben und Ziele	Autoren definieren Thema, Inhalt, Gliederung, Zielgruppe eines geplanten Dokuments
Aufgabenzerlegung	Autoren zerlegen Dokument in verschiedene Teile und Zuständigkeitsbereiche
Aufgabenverteilung	Autoren verteilen die Teilaufgaben unter sich
Feststellen des erreichten Ziels	Autoren akzeptieren eine Version als endgültig
Koordination:	
Austausch von Arbeitsinhalten	Autoren tauschen Versionen ihrer Dokumentteile aus
Abgleich zwischen Aktivitäten	Autoren signalisieren neu erstellte Versionen oder erinnern sich gegenseitig an Termine
Kommunikation:	
formelle Kommunikation	Autoren besprechen inhaltliche Probleme
informelle Kommunikation	Autoren sprechen miteinander über Alltägliches (vergrößert gemeinsamen Kontext und baut Vertrauen auf)
Metakommunikation	Autoren klären sprachliche Mißverständnisse

Abbildung 3: Teilaktivitäten bei der Kooperation, der Koordination und der Kommunikation

[3] zu modifizieren bzw. zu erweitern. An einigen Beispielen soll dies erläutert werden: Die direkte Manipulation als Interaktionstechnik stellt zusätzliche Anforderungen an die Reaktionszeit von Interaktionen bei Mehrbenutzeroberflächen. Bei einer synchronen Kommunikation bedeutet dies, daß z. B. die Eingabe in ein Formular unmittelbar bei allen anderen Benutzern zu sehen ist. Neben dem WYSIWYG-Prinzip („What You See Is What You Get") als Visualisierungstechnik für Benutzerschnittstellen ist im Hinblick auf kooperatives Arbeiten mehrerer Benutzer auch das WYSIWIS-Prinzip („What You See Is What I See") zu berücksichtigen. WYSIWIS darf allerdings nicht im Sinne einer strikten 1:1-Abbildung verstanden werden [11]. Für die Struktur von Benutzungsoberflächen bedeutet dies, daß ein Gruppenbereich einzuführen ist, wie dies bereits durch den Begriff des „Shared Workspace" [7] angedeutet wird. Als Folge davon wird die bisher auf einen einzigen Benutzer ausgelegte Benutzungsoberfläche zu dessen individuellem Arbeitsbereich. Eine Mehrbenutzeroberfläche setzt sich somit aus einem Bereich für die Gruppenarbeit und einem individuellen Bereich für die private Sicht zusammen.

Gruppenarbeit verläuft meist über einen längeren Zeitraum, in dessen Verlauf Mitglieder hinzukommen können bzw. sich wieder ihrer individuellen Arbeit zuwenden. Um neu hinzukommende Mitglieder sinnvoll in die Gruppenarbeit zu integrieren, ist es notwendig, ein *Interaktionsmodell* (*Historie*) über den Verlauf der Gruppenarbeit zu erstellen. Diese Historie kann zusätzlich für ein Gruppen-Undo eingesetzt werden.

Die oben erweiterten Interaktions- und Visualisierungstechniken fehlen in den heute üblichen Baukästen für Benutzerschnittstellen noch weitestgehend bzw. müssen mühsam von Hand programmiert werden. Für ein effektives Design von Mehrbenutzerschnittstellen ist deshalb zu fordern, die genannten Techniken in die Standardfunktionalität entsprechender Baukästen (*toolkits*) aufzunehmen.

4. Modell der Mensch-Computer-Mensch-Kommunikation

In Abbildung 4 wird ein wissensbasiertes Modell der MCMK vorgeschlagen. Es stellt die allgemeine Architektur dar; der tatsächliche verteilte physikalische Aufbau wird darin nicht wiedergegeben. Kommunikations-, Koordinierungs- und Kooperationskomponenten entsprechen den Komponenten zur Benutzermodellierung, zur Dialogmodellierung und zur Werkzeugmodellierung beim wissensbasierten Modell der MCK. Sie dienen zur Steuerung und zur Unterstützung der Dialogkomponente.

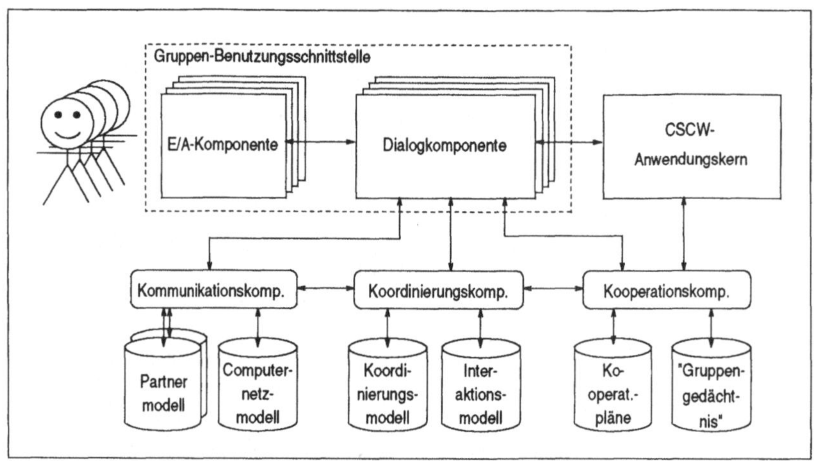

Abbildung 4: Wissensbasiertes Modell der MCMK

Die *Kommunikationskomponente* verwaltet Modelle der Kommunikationspartner sowie der beteiligten Computer und Rechnernetze. Das *Partnermodell* enthält Information zu den einzelnen Personen, die prinzipiell an einer Kommunikation teilnehmen können: Adressen, momentane Erreichbarkeit, Interessen, usw. Das *Computernetzmodell* enthält Informationen zu Übertragungseigenschaften, Funktionalitätsbeschreibung beteiligter Rechner usw. Die Kommunikationskomponente ermöglicht daher die Unterstützung der Benutzer bei Fragen wie: *Wen* gibt es? – *Welche* Interessen, Eigenschaften, *welches* Know-How etc. hat eine Person? – *Wer* ist für bestimmte Probleme, Bereiche etc. zuständig, kompetent? – *Wie* kann ich die Person erreichen? – *Wer* ist erreichbar bzw. möchte gerade nicht gestört werden? – *Welche* Medien kann der Empfänger verarbeiten?

Die *Koordinierungskomponente* protokolliert die Interaktion und löst Konflikte auf, die durch die parallele Ausführung von Aktionen auftreten können. Das *Koordinierungsmodell* enthält Strategien zur Konfliktvermeidung bzw. -beseitigung (Transaktionen, Locking, partielles Zurücknehmen, Transformation, etc. [4]). Das *Interaktionsmodell* dient zur Protokollierung aller Benutzerinteraktionen in ihrer zeitlichen und logischen Aufeinanderfolge. Die Koordinierungskomponente hilft damit bei Fragen wie: *Wer* ist gerade an der Reihe? – *Welche* Absicht wird verfolgt? – *Wie* ist der Stand? – *Was* hat sich geändert? – *Wer* hat *was* gemacht und in *welchem* Kontext? – *Wer* wartet auf *wen*? – *Wer* macht gerade *was*? – *Wie* werden Konflikte verhindert bzw. behandelt? – *Wie* kann etwas rückgängig gemacht werden?

Die *Kooperationskomponente* speichert gemeinsam genutztes Anwendungswissen und legt die Vorgehensweise für die Kooperation fest. *Kooperationspläne* können z. B. Vorgangsbeschreibungen [1]

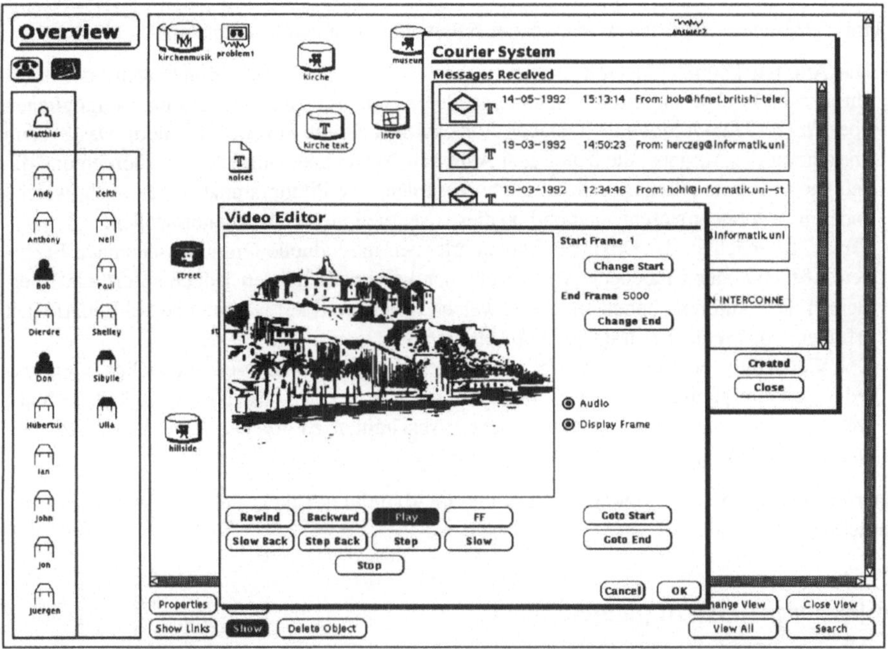

Abbildung 5: Benutzungsoberfläche eines Autorensystems für Hypermedia-Dokumente

sein. Das *„Gruppengedächtnis"* dient dazu, Erfahrungen, Designentscheidungen, existierende Problemlösungen oder -lösestrategien, Beispiele und Vorlagen langfristig zugänglich zu machen. Die Kooperationskomponente bietet dadurch Unterstützung bei Fragen wie: *Wie* wird die Aufgabe aufgeteilt? – *Wer* übernimmt *welche* Rolle bzw. Teilaufgabe? – *Wer* hat welche Zugriffsrechte? – *Warum* wurde etwas so gemacht und nicht anders? – *Wer* hat diese Entscheidung getroffen? – *Wo* finde ich Lösungen zu gleichen oder ähnlichen Problemen?

5. Anwendung: Kooperative Erstellung von Hypermedia-Dokumenten

In unserer Forschungsgruppe wurde ein System entwickelt und implementiert, das mehrere Autoren bei der Planung und der Erstellung von Hypermedia-Dokumenten unterstützt [8]. Abbildung 5 zeigt die graphische Benutzungsoberfläche. Mehrere Benutzer – an verschiedenen Orten – können gleichzeitig Dokumentknoten und Verbindungen erzeugen, modifizieren und löschen. Jeder Knoten enthält ein verfügbares Medium: Text, Graphik, Video oder Audio. Knoten unterschiedlicher Medien werden im Übersichtsfenster durch unterschiedliche Piktogramme (*icons*) angezeigt. Ein Gruppeneditor erlaubt das simultane Editieren eines Textobjekts durch mehrere Autoren. Die Editoren für Graphik, Audio und Video erfordern hingegen exklusiven Zugriff. Dokumentknoten, die von anderer Seite editiert werden, sind – durch einen Rahmen – als „in Bearbeitung" markiert und können nur zum Lesen geöffnet werden. Es wird dann der jeweils letzte Zustand angezeigt. Lediglich beim Videoeditor kann denjenigen Personen, die gerade einen Videoclip zusammenstellen, quasi „über die Schulter" zugeschaut werden. Die Anwesenheit von Personen in einer Sitzung wird durch Piktogramme angezeigt, die entweder einen leeren Schreibtisch (*nicht anwesend* oder im *Privatmodus*) oder die Silhouette des Benutzers (*anwesend*) zeigen. Diese Piktogramme werden auch dazu benützt, die Empfänger von Videoanrufen oder elektronischer Post (Email) auszuwählen.

Wie wird die *Kooperation* der Autoren von der Benutzungsschnittstelle unterstützt?

- Die Autoren können jederzeit synchron über Audio- oder Videoverbindungen oder asynchron mittels elektronischer Post miteinander *kommunizieren*. Piktogramme ermöglichen über *direkte Manipulation* die einfache Auswahl von Kommunikationspartnern. Das System übernimmt die Aufgabe, die benötigten Adressen, Maschinennamen, etc. zuzuorden und die geeignete Kommunikationsverbindung herzustellen. Die Piktogramme zeigen auch, welche anderen Autoren anwesend sind und ob diese eventuell ungestört arbeiten wollen.
- Private Übersichten der Dokumentknoten erlauben individuelle Ordnungsschemata. Erzeugen, Löschen oder Umbenennen von Dokumentknoten aktualisiert jedoch sofort alle Übersichten. Die Autoren können erkennen, welche Objekte editiert werden und bei Bedarf auch erfragen, von wem. Dies trägt zur *Koordination* bei.
- Der Videoeditor erlaubt WYSIWIS zum gemeinsamen Erstellen von Videoclips. Der Texteditor erlaubt paralleles Arbeiten innerhalb eines Textes ohne die Notwendigkeit, sich abwechseln zu müssen oder in verschiedenen Abschnitten zu arbeiten. Dies vermindert den *Koordinierungsaufwand*.

Die hierfür benötigten Informationen sind in den in Abbildung 4 dargestellten Wissensbasen repräsentiert.

6. Objektorientierte Implementierung

Abbildung 6 zeigt die physikalische Architektur des Anwendungssystems. Die Benutzungsschnittstellen und Teile der Anwendungskerne sind repliziert und die entsprechenden Prozesse laufen dezentral auf den jeweiligen Benutzerrechnern ab. Ein zentraler Serverprozeß (*Konferenzmanager*) verwaltet die Kommunikation zwischen diesen Prozessen, den Kommunikations-, Koordinierungs- und Kooperationskomponenten und den ebenfalls zentral gehaltenen Anwendungsdaten. Diese hybride Architektur vereint die Vorteile von zentralen und replizierten Architekturen (vgl. [2]). Der zentrale Konferenzmanager gewährleistet, daß die in den Modellen gespeicherten Informationen ein konsistentes und aktuelles Bild der Zusammenarbeit wiedergeben. Um die Reaktionszeit der Benutzungsoberfläche niedrig zu halten, verwalten die dezentralen Anwendungsprozesse einen Cache-Speicher, der für Leseoperationen wichtige Eigenschaften von Anwendungsobjekten bereitstellt, wie sie z. B. bei sogenannten Refresh-Operationen des Fenstersystems häufig benötigt werden.

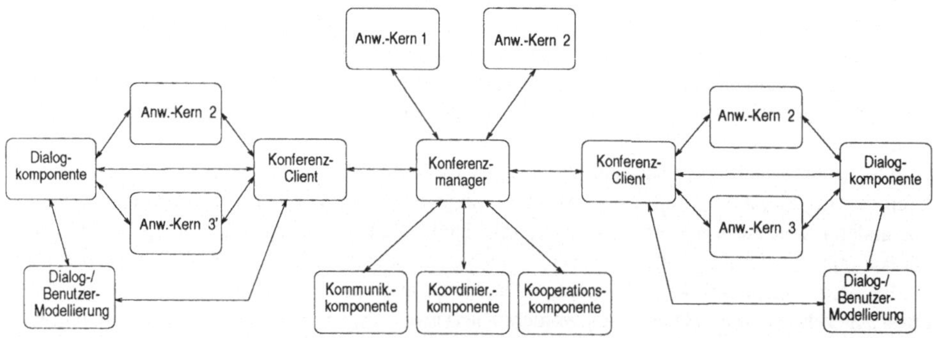

Abbildung 6: Die hybride physikalische Architektur eines wissensbasierten CSCW-Systemen

Die Kommunikation zwischen den Anwendungsprozessen erfolgt durch einen *Nachrichtenaustausch*. Dies ähnelt stark dem Versenden von Nachrichten zwischen Objekten innerhalb eines Prozesses. Daher ergänzen sich der objektorientierte Ansatz und der nachrichtenbasierte Mechanismus zur Prozeßkommunikation auf natürliche Weise. Tatsächlich ermöglicht dieser Ansatz, daß Objekte eines Anwendungsprozesses Nachrichten an Objekte eines anderen Anwendungsprozesses schicken können. Dies wird z. B. zum Versenden von elektronischer Post von einer Mailbox zur anderen ausgenutzt.

Das Anwendungssystem wurde vollständig in CLOS [10], einer objektorientierten Erweiterung von CommonLisp, implementiert. Die Benutzungsoberfläche und die Verbindung zum Anwendungskern wurde mit XIT [6] entwickelt, einem in CLOS implementierten objektorientierten Werkzeug zur Entwicklung von Benutzungsschnittstellen für das X Windows System. Hierdurch wird es ermöglicht, individuelle Benutzerschnittstellen – sogar während des laufenden Programms – interaktiv und einfach zu ändern. Durch die einheitliche objektorientierte Repräsentation von Anwendungskern und Benutzerschnittstelle kann die Benutzerschnittstelle auch selbst zum Anwendungsobjekt und damit zum Gegenstand der Kommunikation gemacht werden. Dies ist dann von Bedeutung, wenn z. B. Probleme bei der Interpretation oder Bedienung der Benutzungsoberfläche auftreten.

Literatur

[1] D. Bauer, H.-D. Böcker, R. Gunzenhäuser, H. von der Herberg, D. Maier, M. Rathke, M. Ressel und T. Schwab: *a) Einsatz einer anwendungsneutralen Benutzerschnittstelle in einer Büroanwendung als Beispiel für wissensbasierte Mensch-Computer-Kommunikation; b) Unterstützende Komponenten für wissensbasierte Mensch-Computer-Kommunikation.* Angewandte Informatik, 31(7), Juli, bzw. 31(8), Aug. 1989.

[2] R. Bentley, T. Rodden, P. Sawyer und I. Sommerville: *An Architecture for Tailoring Cooperative Multi-User Displays.* In: J. Turner und R. Kraut (Hrsg.): *Proceedings of the CSCW '92*, S. 187–194, Toronto, Canada, 31.Okt.–4.Nov 1993. ACM Press, New York.

[3] H.-D. Böcker, W. Glatthaar und T. Strothotte (Hrsg.): *Mensch-Computer-Kommunikation, Benutzergerechte Systeme auf dem Weg in die Praxis.* Springer-Verlag, Heidelberg, 1993.

[4] C. Ellis, S. Gibbs und G. Rein: *Groupware: Some issues and experiences.*. Commun. ACM, 34(1):38–58, Jan. 1991.

[5] M. Green: *Report on Dialogue specification Tools.* In: G. E. Pfaff (Hrsg.): *User Interface Management Systems*, S. 9–20. Springer, Berlin, 1985.

[6] J. Herczeg, H. Hohl und M. Ressel: *Progress in Building User Interface Toolkits: The World According to XIT.* In: *Proceedings of the UIST '92*, S. 181–190, Monterey, Ca., Nov. 1992. ACM Press, New York.

[7] H. Ishii: *TeamWorkStation: Towards a Seamless Shared Workspace.* In: *Proceedings of the CSCW '90*, S. 13–26, Los Angeles, Ca., 7.-10. Okt. 1990. ACM Press, New York.

[8] M. Ressel, H. Hohl und J. Herczeg: *An Eventful Approach To Multi-Media, Multi-User Applications.* In: G. Salvendy und M. J. Smith (Hrsg.): *Human-Computer Interaction: Software and Hardware Interfaces. Proceedings of the HCI International '93*, Bd. 19B d. Reihe *Advances in Human Factors/Ergonomics*, S. 428–433, Orlando, Fl., Aug. 1993. Elsevier, Amsterdam.

[9] T. Schwab: *Methoden zur Dialog- und Benutzermodellierung in adaptiven Computersystemen.* Dissertation, Fakultät Informatik der Universität Stuttgart, Okt. 1989.

[10] G. L. Steele Jr.: *Common LISP: The Language.* Digital Press, Digital Equipment Corporation, 2. Aufl., 1990.

[11] M. Stefik, D. Bobrow, G. Foster, S. Lanning und D. Tatar: *WYSIWIS revised: Early experiences with multiuser interfaces.* ACM Trans. Office Inf. Syst., 5(2):147–167, Apr. 1987.

Benutzung von Kommunikationsdiensten mit Drag-and-Drop Techniken

Konrad Froitzheim

Peter Schulthess

Abteilung Verteilte Systeme
Universität Ulm
Oberer Eselsberg
D 89069 Ulm
Tel.: ++ 49 731 502 4140
Fax.: ++ 49 731 502 4142
E-Mail: frz@informatik.uni-ulm.de

Abstract

Die explosionsartige Steigerung der Telekommunikation sowohl hinsichtlich der Anzahl Kommunikationsvorgänge als auch der angebotenen Dienste verlangt neue, intuitive Benutzungsoberflächen. Das klassische Telefon mit Zifferntasten zur Eingabe der Adressen reicht nicht mehr aus, um Tausende von Adressen, verschiedenste Verbindungstopologien und Hunderte von Zusatzdiensten zu beherrschen. Die Grafikfähigkeiten moderner Arbeitsplatzrechner sind als Ausgangsbasis für innovative Programme zur Verbindungssteuerung gut geeignet. In dieser Arbeit werden die Operationen der Verbindungskontrolle systematisiert, um ein geeignetes Paradigma für eine derartige Benutzungsoberfläche zu finden. Außerdem wird eine Beispielimplementierung beschrieben.

Motivation

Die erhöhte Mobilität der Gesellschaft und die Fortschritte in der Halbleiter- und Optoelektronik haben Vielfalt und Volumen der Kommunikation in den letzten zehn Jahren explosionsartig erhöht. Heute werden nicht nur mehr als doppelt so viele Telefonate geführt wie noch vor zehn Jahren, auch ehedem exotische Dienste wie Telefax, Dateiübertragung und elektronische Post haben sich zu Massendiensten entwickelt.

Für den Einzelnen nehmen dabei nicht nur Zahl und Vielfalt der Kommunikationsverbindungen zu, auch die Anzahl der Kommunikationsziele wächst entsprechend. Da Kommunikationsziele immer noch mit Rufnummern beschrieben werden, werden Benutzung und Verwaltung dieser persönlichen Datenbank immer aufwendiger. Als Beispiele seien die ständige Veränderung des Nummernplans und die Änderungen von Rufnummern durch Umzüge, sowohl im Büro als auch privat, genannt.

Die Netzbetreiber bieten zusätzliche Dienste (Zusatzdienste, supplementary services) an, um die Probleme bei der Nutzung der Kommunikationsdienste zu lösen. Dazu zählen Leistungsmerkmale wie zum Beispiel Rufum- und Weiterleitung sowie flexible Verbindungstopologien (Konferenz, Makeln). Allerdings ist die Nutzung dieser Zusatzdienste mit konventionellen Benutzungsoberflächen ausgesprochen umständlich. Die Tastatur eines Telefons ist eben nicht das richtige Paradigma zur Steuerung komplexer Verbindungssituationen. Das gilt in noch stärkerem Maße für den Versand von elektronischer Post oder für Fernkopien, die vom Textverarbeitungsprogramm aus geschickt werden.

Kommunikationsdienste

Die Leistungen eines Kommunikationssystemes, also die Übertragung von Informationen sowie die Organisation und Unterstützung dieser Übertragung, nennt man Dienste. Beispiele für solche Dienste sind die Telefonie, Faksimile, X.25 oder auch die Fernsprechauskunft. Im wesentlichen lassen sich drei Kategorien bilden: Übertragungsdienste, Teledienste und Zusatzdienste.

Zentrales Konzept aller Kommunikationsdienste ist die Verbindung, die entweder real, d.h. als elektrische Schaltung, oder virtuell der Informationsübertragung zugrunde liegt. Im weiteren wird die Steuerung der Verbindungen für Übertragungs- und Teledienste betrachtet. Auch die sogenannten Zusatzdienste, unter denen im Allgemeinen Hilfsmittel zur Verbindungssteuerung verstanden werden, sollen berücksichtigt werden.

Verbindungssteuerung

Eine Verbindung wird durch eine Menge von Zieladressen und die Semantik der Verbindung beschrieben. Aus der Semantik werden nicht nur die Verbindungseigenschaften (Quality of Service) und die Kriterien zur Annahme der offerierten QoS, sondern auch die Inanspruchnahme von Zusatzdiensten abgeleitet.

Bis heute werden Zieladressen bei fast jedem Verbindungsaufbauversuch von Menschen in das Endgerät eingegeben, zum Beispiel aus dem Gedächtnis oder aus einem persönlichen Telefonbüchlein. Hin und wieder werden gedruckte Adressverzeichnisse oder gar der Verzeichnisdienst des Netzbetreibers (Auskunft) konsultiert. Manche Endgeräte bieten eine (geringe) Anzahl sogenannter Zieltasten, auf denen Adressen gespeichert werden können.

Die Abfrage von und die Suche in Adressdatenbanken ist zentraler Bestandteil der Verbindungssteuerung [McNin]. Hier muß die Oberfläche der Kommunikationssoftware Mechanismen bereitstellen, die für den Menschen gut zu benutzen sind. Das heißt, sie müssen visuell und assoziativ sein, um die Stärken der menschlichen Mustererkennung auszunutzen.

Zusatzdienste

Zusatzdienste (Supplementary Services) sind Leistungen, die entweder im Netz oder im Endgerät erbracht werden. Sie sollen typischerweise die Erreichbarkeit eines Kommunikationsteilnehmers steuern:

- Rufumleitung zu anderen Endgeräten:
  Bedingung: permanent oder situationsabhängig, z.B. bei frei oder besetzt,
  Ziel: zum Anrufbeantworter oder zum Sekretariat,
- Rufweiterleitung,
- Sammelanschlüsse etc. und
- Ruhe vor dem Telefon.

Benutzungsoberflächen zur Verbindungssteuerung

Eine gute Benutzungsoberfläche wird durch mehrere Eigenschaften gekennzeichnet:

1. Grafische Elemente nutzen die Stärken des Menschen, insbesondere die gute Mustererkennung aus.
2. Ein optisch ansprechendes Interface macht die Benutzung zur Freude.
3. Die Operationen sind intuitiv, das heißt angelehnt an ein Beispiel aus dem Alltag.
4. Die Operationen sind semantikerhaltend, damit die Software im Gerät leicht erkennt, was der Benutzer will. Das Tastentelefon erfüllt diese Anforderung nicht.

Abgesehen von Fragen des grafischen Designs (1 und 2) ist also die Abbildung der Verbindungssteuerung und der Zusatzdienste auf abstrakte Operationen entscheidend für den Entwurf der Benutzungsoberfläche. Erst im zweiten Schritt werden diese Operationen auf eine geeignete grafische Repräsentation abgebildet.

Operationalisierung der Verbindungssteuerung

Verbindungssteuerung und Zusatzdienste transformieren lokale Einheiten, die als Endgeräte bezeichnet sein sollen. Sie erzeugen und verändern Verbindungen zu Kommunikationszielen (Adressen).

Z bezeichne eine Menge von Kommunikationszielen und T ein Endgerät. V ist eine Menge von Verbindungen oder Verbindungsangeboten (kommende Belegungen im Jargon der Telefongesellschaften). Ihre Verknüpfungen beschreiben die Verbindungssteuerung. Sie sind nicht kommutativ, (a,b) hat eine andere Bedeutung als (b,a). Das ist aber keineswegs ein Nachteil: später wird klar, daß die Richtung der Verknüpfung zur Konstruktion eines Benutzungsparadigmas vorteilhaft verwendet werden kann.

Verknüpfung		Beispiele
(Z, T)	-> V'	Anruf, Rückfrage, neue Konferenz
(Z, V)	-> V'	Konferenz erweitern
(V, Z)	-> V'	Weitergabe, Verbindungsabbau
(V, V)	-> V'	Konferenz aus Rückfrage
(V, T)	-> V'	Heranholen, Aufschalten, Dienstewechsel, Vermittlung
(T, V)	-> V'	Aufschalten, Reihenanlage (Key-System)

Sonderfälle bilden die folgenden drei Abbildungen, da sie nicht sofort Verbindungen erzeugen, sondern die Bearbeitung von Rufen in der Zukunft (V*) bestimmen.

(Z, Z)	-> V*	Rufumleitung für bestimmte Adressen
(T, Z)	-> V*	Rufumleitung
(T, T)	-> V*	Aktivierung des Anrufbeantworters

Um die Nützlichkeit der gewählten Darstellung zu zeigen, sollen drei Beispiele genauer beschrieben werden:

1. <u>Verbindungsaufbau</u>: Eine Zielnummer wird ausgewählt und mit dem Telefon verknüpft, klassischerweise also in das Telefon mit der Wählscheibe oder Tasten eingegeben. Das Resultat ist in jedem Falle eine Verbindung. Auch wenn am Ziel niemand abhebt, so bekommt man doch ein Freizeichen zu hören und hat somit zumindest eine Verbindung zu dem entsprechenden Tongenerator.

   ({07315024140}, Telefon) -> Verbindung

2. <u>Konferenz</u>: Eine existierende Verbindung wird mit zwei weiteren Adressen verknüpft, wobei eine Vierer-Konferenz entsteht:

   ({4146, 4145}, V) -> Konferenzverbindung zwischen vier Teilnehmern

3. <u>Verbindungsabbau</u>: Hierzu benötigen wir die leere Adressmenge, zu der eine existierende Verbindung weitergeleitet wird.

$$(V, \{\}) \rightarrow V' = \{\}$$

Diensteattribute

Die steigende Vielfalt der Dienste erfordert die Angabe von Diensteattributen zumindest beim Verbindungsaufbau und eventuell während die Verbindung besteht. Solche Attribute sind beispielsweise simplex, halbduplex, vollduplex, asymmetrisch, symmetrisch, multicast, broadcast, persönlich, funktional, priorität1, ..., priorität10, gesichert, reihenfolgetreu, usw. Aber auch die Übertragungsgeschwindigkeit ist ein Attribut. In den Beispielen wurden die Attribute einer normalen Telefonverbindung - symmetrisch, vollduplex, ungesichert, ... - impliziert. In der vorliegenden Operationalisierung wird das durch verschiedene Endgeräte-typen Ti, mit denen Diensteattribut-Mengen (Profile) assoziiert sind, bewältigt:

$$(*, Ti) \rightarrow V \quad \text{und} \quad (Ti, *) \rightarrow V.$$

Quellenangabe

Verbindungen erfordern eigentlich nicht nur die Angabe von Ziel und Attributen, sondern auch eine Spezifikation der zu übertragenden Daten. Beim Dienst Telefon fällt das Fehlen dieser Angabe nicht auf, wieder gibt es die implizite Festlegung auf das kontinuierliche, monaurale Medium Ton. Deutlich wird das Fehlen einer solchen Angabe beim 'Dienst' Telefax. Zwar baut

$$(\text{FaxAdresse, Faxgerät}) \quad \rightarrow V$$

eine Verbindung zu einem anderen Fax-Gerät auf, aber welches Dokument soll gefaxt werden? Beim normalen Faxgerät wird erst nach dem Einlegen eines Blattes in den Vorlageneinzug die Eingabe einer Rufnummer freigegeben. Abstrahiert bedeutet das, daß drei Objekte für den Aufbau einer Faxverbindung benötigt werden. In der angegebenen Forma-lisierung wird das Problem durch eine Erweiterung auf dreistellige Verknüpfungen gelöst:

$$(*, Q, *) \quad \rightarrow V$$

wobei Q eine - eventuell leere - Menge von Informationsquellen bezeichnet. Vollständig lauten die Verknüpfungen nun:

Verknüpfung	Beispiele
$(Z, Q, T) \rightarrow V$	Anruf, Rückfrage, neue Konferenz
$(Z, Q, V) \rightarrow V$	Konferenz erweitern
$(V, Q, V) \rightarrow V$	Konferenz aus Rückfrage
$(V, Q, Z) \rightarrow V$	Weitergabe, Verbindungsabbau
$(V, Q, T) \rightarrow V$	Heranholen, Aufschalten, Dienstewechsel
$(T, Q, V) \rightarrow V$	Aufschalten, Key-System
$(Z, Q, Z) \rightarrow V'$	Rufumleitung für bestimmte Adressen
$(T, Q, Z) \rightarrow V'$	Rufumleitung
$(T, Q, T) \rightarrow V'$	Aktivierung des Anrufbeantworters

Paradigmensuche

Im Kontext dieser Arbeit war die Suche nach einem geeigneten Benutzungsoberflächen-Paradigma Zweck der Operationalisierung. Nun müssen noch aus den gefundenen Ver-knüpfungen Anforderungen an das Paradigma abgeleitet werden:

- Die Repräsentation der beteiligten Objekte muß gut geeignet sein für die Muster-erkennung.
- Die Assoziation von mehreren, eventuell verschiedenartigen Elementen muß möglich und einfach sein (Mengenbildung).
- Die Assoziation muß gerichtet sein, da drei Elementeklassen auf verschiedenen Positionen der Verknüpfung vorkommen können. Das impliziert i.A. eine Bewegung auf der Ebene der Benutzungsoberfläche.
- Nach Ausführung der Operation muß ein Objekt übrig bleiben beziehungsweise entstehen.

Auf der Suche nach einem Paradigma, das die genannten Forderungen erfüllt, stößt man auf einen bekannten Vorgang im Alltag, die Ablage. Dabei werden eines oder mehrere Dokumente an bestimmten Plätzen abgelegt, an denen sie entweder gelagert oder weiterbefördert werden. Zum Beispiel bedeutet die Ablage eines Dokumentes in einem einer Person oder Funktion zugeordneten Fach einen Auftrag zur weiteren Bearbeitung oder zum postalischen Transport. Der Besitzer des Faches entscheidet über seine Zuständigkeit und führt die Bearbeitung durch. Aber auch auf dem Schreibtisch bedeutet die Ablage eine logische oder zeitliche Zuordnung eines Vorgangs oder Dokumentes.

Verbindungssteuerung mit dem Ablage - Paradigma

Virtueller Schreibtisch und Drag-and-Drop

Grafische Benutzungsoberflächen sind mittlerweile in fast jedem Arbeitsplatzrechner installiert. Sie implementieren fast alle das Schreibtischparadigma: auf dem virtuellen Schreibtisch liegen Dokumente, dargestellt als Grafik in Fenstern. Deren Plazierung und Überlappung wird so gewählt, daß die bearbeiteten Dokumente oben liegen - wie Papierblätter auf einem realen Schreibtisch.

Geordnet werden die Dokumente in Ordnern, ihre Art ist an ihrer graphischen Repräsentation (Icon) erkenntlich. Die Auswahl eines Dokumentes geschieht über das Anklicken des entsprechenden Icons mit einem Zeigeinstrument, meist einer Maus. Auch die Assoziation von Objekten ist auf der Oberfläche möglich, es werden mehrere Icons mit der Maus selektiert.

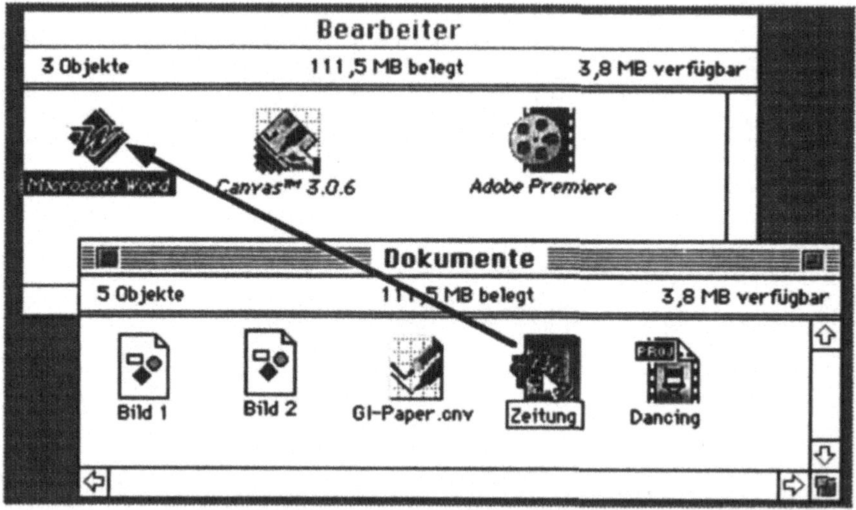

Abbildung 1: Drag-and-Drop im Macintosh-Finder

Der Begriff des Programmes ist auf dieser Ebene unnötig. Ein Programmstart wird implizit durchgeführt, wenn ein entsprechendes Dokument geöffnet wird. Hier verlassen die klassischen grafischen Oberflächen allerdings das Schreibtischparadigma, das Öffnen eines Dokumentes geschieht mit einer Menuauswahl, einem Begriff aus der Zeit der maskenorientierten Computerbenutzung. Das Problem liegt in der statischen Natur des Schreibtischparadigmas: die Funktion der Ablage wird nur zum Ordnen, nicht aber zum Anstossen von Operationen benutzt. Neuere Varianten grafischer Benutzungsoberflächen gehen hier einen Schritt weiter und fügen eine dynamische Komponente hinzu. Aus der Bewegung, die der Benutzer mit einem Dokument durchführt, kann seine Absicht erkannt werden.

Das verwendete Verfahren wird meist Drag-and-Drop Technik genannt. In der Literatur findet man auch den Begriff 'direkte Manipulation', bei dem aber die Idee nicht so schön klar wird, wie bei dem umgangssprachlichen englischen Begriff. Der Benutzer selektiert das

Dokument mit der Maus, zieht es über den virtuellen Schreibtisch (drag), und lässt es über einem geeigneten Bearbeiter (Programm, Methode) fallen (drop). Der Bearbeiter wird dann aktiv und führt die nötigen Operationen aus. Ob ein Bearbeiter geeignet ist, erkennt der Benutzer übrigens daran, daß sich dessen Icon verändert, wenn ein Dokument über den Bearbeiter gezogen wird.

Die Benutzungsoberfläche gewinnt also die Semantik der Operation aus der Betätigung des Mausknopfes *und* der Mausbewegung. Im nächsten Abschnitt wird gezeigt, wie Drag-and-Drop Techniken vorteilhaft zur Verbindungskontrolle verwendet wird.

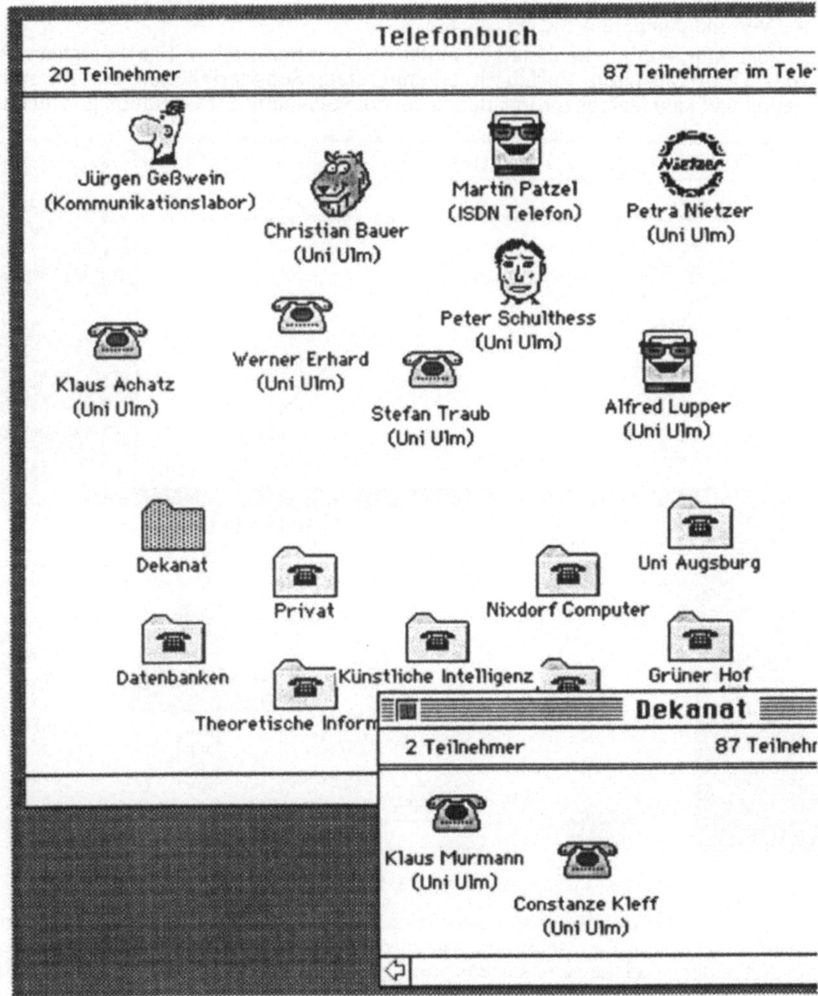

Abbildung 2: Hierarchisches Telefonbuch

Verbindungssteuerung

Zweistellige Verknüpfung

Zunächst soll die Verwirklichung der zweistelligen Verknüpfung ((*, *) -> V) mit Schreibtisch und Drag-and-Drop beschrieben werden. Der Nutzer selektiert mit der Maus ein Objekt, (Verbindung, Adresse oder Endgerät) und bewegt es auf ein anderes Objekt. Wenn das Zielobjekt die gewünschte Operation zulässt, ändert sich seine Darstellung (Farbe). Lässt der Benutzer dann das gezogene Objekt los, so wird die Operation durchgeführt und das Zielobjekt wird entsprechend transformiert.

Die Objekte werden durch Icons (Piktogramme) repräsentiert. Es gibt, wie oben gefordert, drei Klassen von Objekten:

- Kommunikationsziele, hinter denen sich Adressen verbergen, also zum Beispiel Telefonnummern oder IP-Adressen. Um die Vielzahl der Ziele zu beherrschen, können sie hierarchisch in Ordnern sortiert werden [FrzSch], siehe Abbildung 2.
- Mehrere Endgeräte mit verschiedenen Diensten und Attributprofilen.
- Verbindungen, falls Sie exisistieren.

Nun ist auch klar, warum die nicht kommutative Operation ((a,b) ≠ (b,a)) durchaus sinnvoll sind, das Drag-and-Drop Verfahren erkennt ohne Schwierigkeiten die Richtung der Assoziation und kann daraus Informationen über die Semantik der Operation gewinnen.

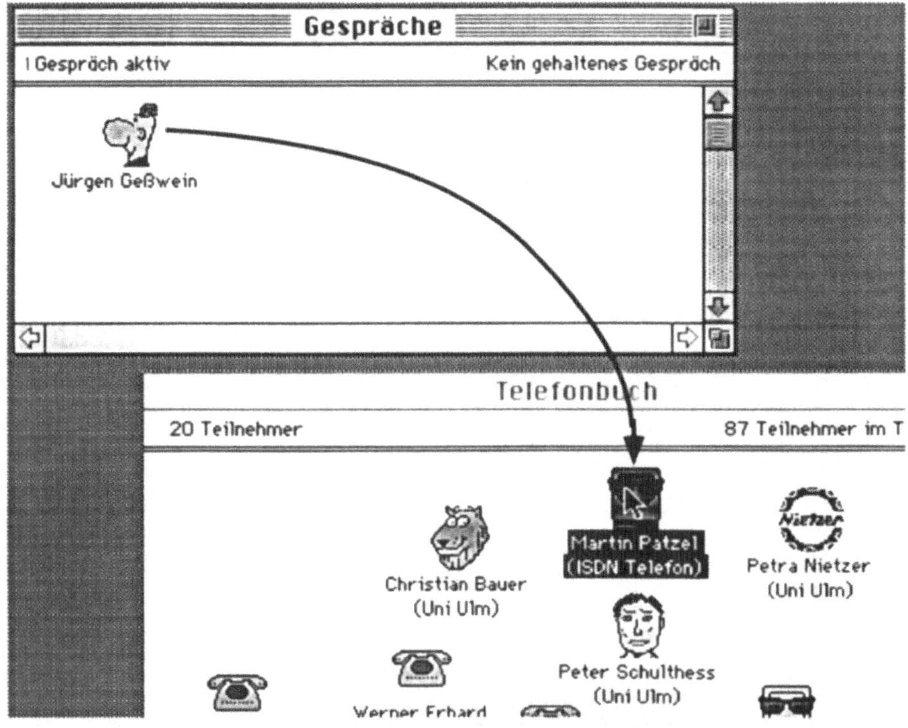

Abbildung 3: Rufumleitung

Am Beispiel der **Rufumleitung** soll das Herstellen einer solchen zweistelligen Verknüpfung verdeutlicht werden. Man selektiert zunächst eine Verbindung ('Jürgen Geßwein' im Gesprächsfenster) und bewegt sie dann auf einen Teilnehmer im Telefonbuch ('Martin Patzel'). Das Zielicon wird invertiert, um zu zeigen, daß diese Operation möglich ist (Abbildung 3). Nach dem Loslassen (Drop) wird die Verbindung zwischen den Herren Geßwein und Patzel aufgebaut mit dem Zusatzdienst 'Rufweiterleitung' (auch Übergabe oder Transfer genannt). Die Verbindung zwischen dem lokalen Gerät und Herrn Geßwein wird automatisch abgebaut.

Dreistellige Verknüpfung

Wie bereits im Abschnitt Quellenangabe am Beispiel des Telefax dargestellt, reicht die Bewegung einer Adresse auf ein Endgerät nicht aus, um allgemeine Kommunikationsverbindungen vollständig zu beschreiben. Auch bei der Implementierung der dreistelligen

Verknüpfung kann das Drag-and-Drop Verfahren eingesetzt werden, allerdings ist das programmtechnisch anspruchsvoller.

Hierbei selektiert der Benutzer nicht nur eine Zieladresse, sondern auch ein Quelldokument. Als Beispiel mag wieder der Faxversand dienen: zunächst werden Adressat und Brief selektiert, dann werden beide auf das Symbol der Faxmaschine gezogen und dort fallengelassen. Jetzt beginnt neben dem Verbindungsaufbau auch eine Interaktion mit dem Betriebssystem und dem Textprogramm:

- die Verbindung zum anderen Faxgerät wird aufgebaut,
- das Betriebssystem wird aufgefordert, den Telefax-Treiber als Druckertreiber zu installieren,
- das Betriebssystem erhält den Befehl, das Textprogramm zu starten,
- dem Textprogramm wird eine Aufforderung geschickt, das selektierte Dokument zu öffnen und zu drucken.

Zusammenfassung

Die scheinbar endlose Vielfalt von Operationen der Verbindungssteuerung und der Zusatzdienste in der Telekommunikation kann auf eine dreistellige, gerichtete Verknüpfung zurückgeführt werden. Aufbauend auf der gewonnenen Operationalisierung wurde ein geeignetes Paradigma für die Benutzungsoberfläche der Kommunikationssteuerung gefunden, die Ablage. Mit Drag-and-Drop Techniken kann das Ablageverfahren elegant verwirklicht werden.

Basierend auf diesem Paradigma wurde die PluriMac Benutzungsoberfläche implementiert, die einfach und intuitiv zu benutzen ist [FrzSch]. Das vorgestellte Drag-and-Drop Verfahren wird für die meisten Operationen der Verbindungssteuerung verwendet. Weitere Arbeiten konzentrieren sich auf die Steuerung von nicht-Telefon Diensten unter Verwendung der angegebenen dreistelligen Verknüpfung.

Literatur

[FrzSch]   Froitzheim, K., Schulthess, P.: GTI, a Graphical Telephone Interface; in: The Visual Computer, International Journal of Computer Graphics; Volume 9, Number 6 1993, Springer.

[McNin]   McNinch, B.: Screen Based Telephony; IEEE Communications Magazine, April 1990, page 34ff.

[Sch]   Schulthess, P.: Architecture of an ISDN-Workstation, Report #171 des Instituts für Mathematik, Universität Augsburg, 1988.

Adaptierbare Benutzungsschnittstellen
für elektronische Netzdienste

Hartmut Dieterich, Matthias Schneider-Hufschmidt, Niels Vejrup Carlsen
Siemens AG
ZFE ST SN 51
81730 München
email: {Hartmut.Dieterich, msch, Niels.Carlsen}@zfe.siemens.de

Kurzfassung

Zu den großen Problemen beim Entwurf von Benutzungsschnittstellen gehören die Heterogenität des Anwenderkreises sowie die Tatsache, daß sich selbst Eigenschaften und Anforderungen eines einzelnen Anwenders im Verlauf der Zeit verändern. Keine fest vorgegebene Benutzungsschnittstelle kann diesem breiten Anforderungsspektrum gerecht werden. Sie muß daher flexibel genug sein, um sich an verschiedene Benutzer und den unterschiedlichen Grad ihrer Expertise anzupassen.

Zur Lösung dieses Problems wurden Techniken adaptiver Benutzerschnittstellen vorgeschlagen und erprobt - bisher allerdings ohne überzeugenden Erfolg. Unserer Meinung nach liegt dies auch darin begründet, daß sich diese Systeme zu sehr an einer einzigen Metapher orientieren. Wir präsentieren hier die Idee einer Benutzungsschnittstelle, die sich schritthaltend mit der Erfahrung und den Anforderungen eines Benutzers ändert. Anhand eines Frontends für eine Anwendung aus dem Bereich der Telekommunikation sollen die grundlegenden Ideen unseres Ansatzes vorgestellt werden.

1 Einleitung

Elektronische Netze und die durch sie verfügbaren Dienstleistungen nehmen täglich zu. Ihr Zugang ist nicht länger nur Experten oder Personen aus dem akademischen oder industriellen Sektor vorbehalten. Computer haben sich von reinen Datenverarbeitungsanlagen wie numerischen Rechnern oder Textverarbeitungssystemen zu Kommunikationsgeräten gewandelt und aufgrund der fallenden Hardware-Preise werden diese Computer in einer immer größeren Anzahl in Büros und Haushalten eingesetzt. Immer mehr Benutzer nehmen diese elektronischen Dienste in Anspruch, so daß man annehmen kann, daß in absehbarer Zukunft die meisten finanziellen Transaktionen, routinemäßige Einkäufe, Datenbankanfragen, Fernunterricht oder Unterhaltung (z.B. Video on Demand) von zu Hause aus gemacht werden können und auch tatsächlich gemacht werden.

Diese Netze sind in ihrer Handhabung jedoch selbst für Fachleute derzeit schon zu groß und komplex. Viele Netze sind hierarchisch so strukturiert, daß die angebotenen Dienste bezüglich der Aufgaben, die mit ihnen bewältigt werden können, gruppiert sind. Trotz dieser Strukturierung ist es schwierig, sich zu merken, wie man auch nur auf eine kleine Menge von ausgewählten Diensten zugreifen kann. Darüberhinaus ist die vorgegebene Strukturierung „generisch", so daß sie der Vorstellungswelt von nur wenigen Anwendern entspricht. Das bedeutet, daß Information zu einem bestimmten Thema an unterschiedlichen Orten innerhalb des Netzes verteilt sein können, aus Sicht eines Benutzers oft sogar an einer „falschen" Stelle stehen - abhängig von der Einschätzung dessen, der diese Nachricht im Netz zur Verfügung stellt, und dessen, der sie sucht. Neben der Größe ist es auch die Dynamik dieser Netze durch das Hinzukommen neue Dienste oder den Wegfall bestehender, die einem Benutzer Probleme bereiten. Sein bisheriges Wissen über die Netzstruktur veraltet recht schnell und wird damit nutzlos. Daher besteht ein dringender Bedarf an leistungsfähigen Software-Werkzeugen, mit denen ein Benutzer in Netzen navigieren und auf deren Dienste zugreifen kann. Trotz der notwendigen Mächtigkeit dieser Werkzeuge sollten sie aber einfach, intuitiv und komfortabel zu bedienen sein.

Für den Zugang zu Netzen existiert bereits eine Vielzahl von graphischen Frontends, beispielsweise der CompuServe Information Manager für DOS oder Windows, zahlreiche X Window Browser für Dienste im Internet wie Gopher, Archie, oder Mosaic zur Navigation im World Wide Web [Krol 92]. Alle diese Werkzeuge sind statisch. Abgesehen von wenigen Eigenschaften wie Schriftart oder Farben, die der Benutzer verändern kann, ist die Oberfläche fest vorgegeben. Das bedeutet, daß die gesamte Funktionalität von Anfang an und zu jeder Zeit verfügbar sein muß. Durch die Fülle der Möglichkeiten sind insbesondere Anfänger und Gelegenheitsbenutzer überfordert.

Dies stellt ein generelles Problem der Mensch-Maschine Interaktion dar: Einerseits möchte man eine komplexe Anwendung selbst Benutzern mit wenigen oder keinen Computervorkenntnissen ohne große Einlernphase einfach und intuitiv zugänglich machen, andererseits soll die Bedienung des Systems auch für Experten durch die Möglichkeit zu schnellem und effizienten Arbeiten noch Vorteile bringen. Erschwerend kommt hinzu, daß sich Benutzer nicht nur in diese zwei genannten Klassen (Anfänger oder Experte) einteilen lassen, sondern daß es viele Zwischenstadien gibt, die ein Benutzer durchläuft, wenn er im Laufe der Zeit zunehmend an Erfahrung im Umgang mit dem System gewinnt. Eine mögliche Lösung, die wir vorschlagen, besteht darin, Benutzungsschnittstellen so zu entwerfen, daß sie sich einer gegebenen Situation anpassen bzw. angepaßt werden können und so den sich wandelnden Anforderungen der Anwender gerecht werden.

Eine derartige Form der Adaption der Benutzungsschnittstelle, entweder automatisch durch das System selbst oder unter Beteiligung des Benutzers, hat sich bisher noch nicht durchsetzen können [Totterdell & Boyle 90]. Dieser Akzeptanzmangel ist unserer Ansicht nach darauf zurückzuführen, daß adaptive Komponenten üblicherweise nur Zusätze eines Systems sind, die mit der zugrundeliegenden Oberflächen-Metapher nicht verträglich sind. Wir haben daher versucht, das Problem dadurch zu lösen, daß wir für unsere prototypische Anwendung - ein System zum Zugang zu elektronischen Netzen und Diensten - den „evolutionären" Charakter der Oberfläche explizit zugrunde legten.

2 Funktionalität des Systems

Zur Validierung unseres Ansatzes entwickeln wir eine Benutzungsschnittstelle, die den Zugang zu der von CompuServe angebotenen Vielfalt von Diensten ermöglicht. Die durch die Benutzungsschnittstelle angebotene Anwendungsfunktionalität sollte zu Beginn auf jene Teilbereiche beschränkt sein, die ein naiver Anwender handhaben kann. Mit zunehmender Erfahrung (mit der Anwendung und der Benutzungsschnittstelle) können dann neue Teile der Funktionalität erschlossen werden, wobei sich die Oberfläche diesem Wandel des Benutzers in geeigneter Weise anpassen muß. Für viele Software-Hersteller ist eine umfangreiche Funktionalität das Wichtigste; wir hingegen wollen versuchen, gerade diese Funktionalitätsflut zu verbergen oder wenigstens benutzergerecht zu steuern.

Zum besseren Verständnis der nachfolgenden Diskussion über Metaphern in Benutzungsschnittstellen, soll nachfolgend kurz die Funktionalität des genannten Systems, des Universal Personal Information Manager (UPIM), beschrieben werden.

UPIM ist ein Teil des bei Siemens ZFE vom Innovations-Projekt Kommunikation geleiteten Gesamtprojektes Universal Personal Networking. Das System, das innerhalb des Teilprojektes UPIM entsteht, bietet eine Übersichtsdarstellung der Dienste sowie Navigationsunterstützung und andere Arten von Hilfe. Die spezifischen Eigenheiten des Netzes sollen dabei weitgehend durch die Oberfläche verdeckt werden. Das System erlaubt dem Benutzer, mehrere Dienste gleichzeitig zu aktivieren, d.h. mehrere Aufgaben parallel zu bearbeiten. Außerdem kann er Querverbindungen zwischen einzelnen Diensten etablieren, so daß diese Dienste in späteren Sitzungen zusammen aktiviert werden. Dies erweist sich als besonders nützlich, falls Dienste bei der Bewältigung einer speziellen Aufgabe sinnvollerweise zusammen eingesetzt werden sollten.

Um die Oberfläche trotz der offensichtlichen Komplexität der Anwendung handhabbar zu gestalten, gibt es einen „Hilfeagenten", der den Benutzer auf seinem Weg durch das Netz leitet. Der Hilfeagent unseres ersten Prototypen ist noch recht einfach. Derzeit verfügt er nur über ein einfaches Modell der Struktur des Anwendungsgebietes, in diesem Fall der hierarchischen Anordnung der Dienste in CompuServe. Dieses Wissen setzt er ein, wenn er den Benutzer durchs Netz „leitet" oder bei der Beantwortung von Fragen bezüglich der Netztopologie. Wenn man jedoch das gesamte Netz zugänglich machen will, muß ein solcher Assistent zumindest wissensbasierte Such- und Zugriffsfähigkeiten besitzen, die er durch inkrementelle Modellierung des Benutzers, der Aufgabe und des Anwendungsgebiets stetig verbessert.

3 Reale oder abstrakte Metaphern?

Die traditionelle Vorgehensweise, ein System mit einer für Gelegenheitsbenutzer „intuitiven" Benutzungsschnittstelle auszustatten, beginnt mit der Suche nach einer tragfähigen Metapher aus der realen Welt des Benutzers. Diese Metapher dient im weiteren als Grundlage des Entwurfs [Carroll 88]. Die Idee dabei ist, daß die Benutzungsschnittstelle eine für den Benutzer wohlbekannte Situation imitiert, in der er sich auskennt. Der Benutzer braucht in diesem Fall keine neuen Konzepte zu lernen, sondern kann sich auf die ihm bekannten abstützen. Ist die Metapher gut gewählt, erkennt der Benutzer leicht, was das System an Funktionalität bietet und wie er damit seine verschiedenen Aufgaben erledigen kann.

Das Bild einer Stadt erscheint uns für die gegebene Anwendung eine gute Metapher zu sein, da die Möglichkeiten in einer Stadt hinlänglich bekannt sind. Stadtmetaphern finden sich auch in Systemen wie Apple's eWorld oder Magic Cap von General Magic wieder. Wenn man die Vielzahl der gebotenen Dienstleistungen nutzen will, muß man nur die entsprechenden Gebäude betreten. Wenn man Hilfe braucht, kann man in Stadtplänen, Telefonbüchern und Gelben Seiten nachsehen oder Taxifahrer fragen[1].

Benutzungsschnittstellen, die nur auf Metaphern der realen Welt basieren, erweisen sich als erfolgreich bei ungeübten Benutzern und jenen, die nicht auch noch den Umgang mit einem weiteren Werkzeug erlernen wollen, nur um ihre eigentlichen Aufgaben zu erledigen. Für einen erfahrenen Anwender jedoch, der schnell arbeiten möchte, sind solche Benutzungsschnittstellen mitunter mühsam und ineffizient. Dieser Anwenderkreis legt Wert auf Möglichkeiten wie Kommandoabkürzungen, verschiedene Befehlsoptionen und Makros - also Dinge, die nur sehr schwierig mit Metaphern der realen Welt zu vereinbaren sind.

Ein weiteres Problem von Metaphern der realen Welt ist, daß sie nur bis zu einem gewissen Punkt übertragbar sind. Da der Benutzer ad hoc weder diese Grenzen noch das Verhalten des System außerhalb kennt bzw. voraussehen kann, wird ihn dies unweigerlich verwirren. Außerdem hat der Benutzer aufgrund seines Vorwissens über die reale Welt möglicherweise unzutreffende Vorstellungen bezüglich der Systemfunktionalität.

Wird nur eine feste, begrenzte Anzahl von Diensten angeboten, reicht eine einfache Stadtmetapher aus. Eine kleine Menge ausgewählter Dienste läßt sich noch durch Gebäude einer

---

1. Eine andere Möglichkeit ist, alle Anfragen an einen einzigen „persönlichen Stadtführer" zu stellen, der dem Benutzer als Ansprechpartner dient und seine Fragen - für den Benutzer unsichtbar - weitervermittelt.

Stadt repräsentieren. Probleme treten jedoch auf, wenn der Benutzer entweder zusätzliche weitere Dienste auf dem Bildschirm anzeigen lassen will oder Querverbindungen zwischen Diensten einrichtet. Schnell wird eine Grenze erreicht, an der es mehr Dienste gibt, als Gebäude auf dem Bildschirm dargestellt werden können. Wie kann ein Benutzer verstehen, daß mehrere Dienste gleichzeitig benutzt werden können, d.h. mehrere Gebäude gleichzeitig betreten werden, indem sie durch die Verbindung untereinander zusammen aktiviert werden?

Diese Probleme tauchen bei der Verwendung einer abstrakten Metapher nicht auf, d.h. bei einer konzeptuellen Struktur, die keinen direkten Bezug zur realen Welt hat. Ein Oberflächenentwurf, der die Idee einer „Virtuality" [Stevens 93] realisiert, basiert auf einer abstrakten, konzeptuellen Struktur und nicht auf Abbildungen der realen Welt. Unter diesen Voraussetzungen kann der Benutzer kein falsches Bild der Systemstruktur bekommen; sein mentales Modell wird ausschließlich durch den Umgang mit dem System geprägt, so daß es - ein gutes Design vorausgesetzt - zu keinen Fehleinschätzungen kommen kann.

Die schematischen Darstellungen von U-Bahnnetzen sind ein gutes Beispiel dafür, daß Benutzer in manchen Fällen abstrakte Repräsentationen bevorzugen. Da diese Linienpläne graphisch einfach aufgebaut sind und im wesentlichen nur Linien und Haltestellen zeigen, erweisen sie sich als sehr hilfreich und durchaus intuitiv, wenn man die Komplexität des Problems berücksichtigt. Sie sind viel einfacher zu benutzen als Stadtpläne, die dieselbe Information in wirklichkeitsgetreuer Form darzustellen versuchen.

Denkbar wäre die Darstellung eines Netzes wie CompuServe als Hierarchie von Diensten mittels Techniken wie TreeViz [Johnson 92] oder Cone Tree [Clarkson 91]. Schwierig ist dabei jedoch die Darstellung der Verbindungen. Da man in großen hierarchischen Strukturen leicht den Überblick verliert, sollte es dem Benutzer möglich sein, nur einen begrenzten Ausschnitt mit einer viel geringeren Anzahl von Knoten auswählen zu können. In dieser eingeschränkten Visualisierung können dann auch die einzelnen Knoten inhaltsreicher dargestellt werden.

Wir haben die Metapher eines virtuellen Raumes gewählt, in dem alle verfügbaren Dienste des Netzes als Knoten eines Graphen dargestellt werden. Die Knoten können entsprechend des Aufgabengebietes oder der Art des Dienstes farb- oder formkodiert sein. Weitere Informationen zu einem Dienst bekommt man, wenn man über den entsprechenden Knoten fährt - vergleichbar der aktiven Hilfe, wie man sie bei heutigen Apple-Rechnern findet. Die Verbindungen zwischen Knoten, die der Benutzer aufgrund der Gemeinsamkeiten der Dienste gezogen hat, bzw. vom System vordefiniert waren, werden durch gerichtete Kanten visualisiert, die ebenfalls farbig gekennzeichnet werden können.

4 Eine anpassungsfähige Benutzungsschnittstelle

Sowohl konkrete als auch abstrakte Metaphern haben ihre Nachteile. Aus der Kombination beider kann man jedoch zu einer besseren Lösung kommen. In UPIM habe wir uns daher entschlossen, einen neuen Ansatz zu wählen, der einerseits intuitive Bedienung für Laien, andererseits umfassende und effiziente Bedienung für Experten ermöglicht - und dabei auch noch die dazwischenliegenden Benutzer angemessen berücksichtigt.

Es reicht nicht aus, nur zwischen zwei alternativen Benutzungsschnittstellen, zwischen konkreter und abstrakter Metapher, wählen zu können. Die Heterogenität des Anwenderkreises im Bereich des „Personal Computing" erstreckt sich nicht nur auf verschiedene Personen, sondern ein und derselbe Anwender wird durch die Interaktion mit dem System in bestimmtem Gebieten der Anwendung zum Fachmann, während er in anderen nach wie vor wenig Erfahrung hat. Außerdem werden sich im Laufe der Zeit seine Präferenzen oder Aufgabenstellungen ändern. Es kann daher keine einheitliche Benutzungsschnittstelle geben, die den Ansprüchen und Wünschen aller Benutzer gerecht wird.

Was wir brauchen, ist eine sehr flexible Benutzungsschnittstelle, die zu jedem Zeitpunkt den Fähigkeiten der Benutzer und den vom System her möglichen Aktionen angepaßt werden kann bzw. sich selbst anpaßt. Die Ergebnisse des Alvey Projektes [Browne et al. 90] haben gezeigt, daß dieser Adaptionsprozeß nicht allein dem Computer überlassen werden kann, sondern unter Kontrolle des Benutzer, jedoch mit Unterstützung durch das System, ablaufen sollte. Dieser Ansatz wird in [Kühme et al. 92] als „Computer-Aided Adaption" bezeichnet.

Zwei Probleme adaptiver Systeme in Bezug auf die obige Argumentation bleiben bestehen: Zum einen ist es schwierig, die Konsistenz zwischen den verwendeten Metaphern zu gewährleisten, wenn Teile der Oberfläche den Bedürfnissen eines Experten angepaßt sind, während andere auf Nichtfachleute abgestimmt sind. Zum zweiten lassen sich, wie schon zuvor erwähnt, die meisten Metaphern der realen Welt nicht mit dem Konzept der Adaptivität vereinbaren. Wir vermuten, daß der große Durchbruch der Forschung im Bereich adaptiver Systeme teilweise deshalb noch nicht erzielt werden konnte, weil Fragestellungen dieser Art bisher nicht genügend berücksichtigt wurden.

5 Die Idee einer „evolutionären" Benutzungsschnittstelle

"A ... highly rated strength of interface metaphors is their value in helping people learn how to use a system. The difficulty comes in helping a person make a graceful transition from the entry-level, metaphorical level of understanding into the realm of expert use, where power seems to be concentrated specifically in those aspects of a system's operation where the metaphor breaks down." - Brenda Laurel [Laurel 91].

Unser Ansatz besteht darin, daß sich die Oberfläche schrittweise vom Konkreten zum Abstrakten verändert (siehe Abbildungen 1 - 3). Der Benutzer hat jedoch jederzeit die vollständige Kontrolle darüber und kann Änderungsvorschläge des System ablehnen. Eine solche Benutzungsschnittstelle könnte im einfachsten Fall Laien und Gelegenheitsbenutzern eine intuitive Oberfläche mit nur wenigen Diensten anbieten. Dennoch kann dasselbe System im fortgeschrittenen Entwicklungsstadium einem Experten effizienten Zugriff auf eine Vielzahl von Diensten und Funktionen bieten.

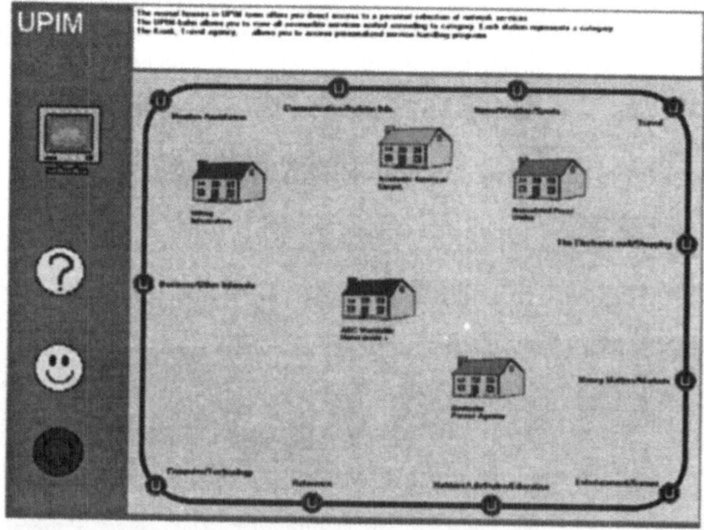

Abb. 1: Ausgangsoberfläche

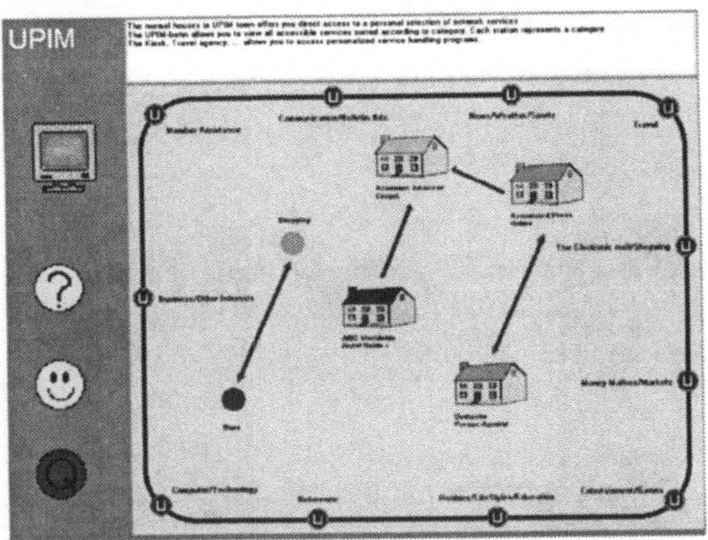

Abb. 2: Zwischenstadium der Oberfläche

Die einfache Version erlaubt den Zugriff auf wenige ausgewählte Dienste, zu denen man durch eine Anzahl von Gebäuden gelangt, die entsprechend den jeweiligen Aufgabenbereichen farblich unterschieden werden. Möchte der Benutzer nach einer gewissen Zeit noch andere Dienste in Anspruch nehmen, fragt er den Assistenten, welche weiteren Dienste vorhanden sind. Die Auswahl dieser neuen Dienste erfolgt unter Führung des Hilfeagenten in einer Art „Erkundungsmodus", wobei der Benutzer, ähnlich wie in RABBIT [Williams 84], durch iterative Umformulierung der Anfrage den Suchraum soweit einengt, bis er schließlich mit dem Ergebnis zufrieden ist. Ist der Benutzer der Ansicht, daß er diese neuen Dienste im weiteren Verlauf häufiger verwenden wird, so kann er alle oder eine Teilmenge davon zu den bisher angezeigten Diensten seiner persönlichen Stadt hinzunehmen. In ähnlicher Weise kann er nicht mehr benötigte Dienste.

Hat sich nach längerer Interaktion mit dem System eine größere Menge von Diensten angesammelt, so daß eine vollständige Darstellung aller Dienste auf dem Bildschirm nicht mehr möglich ist, werden die Visualisierungen jener Dienste, die am längsten nicht mehr benutzt wurden, in eine einfachere Form überführt[2]. Dabei wird nur noch die Kategorie angezeigt, allerdings nach wie vor in gleicher farblicher Kodierung. In beiden Varianten der Darstellung werden Querverbindungen zwischen Diensten als Linien dargestellt.

Schließlich erreicht die Darstellung eines Teiles dieser Dienste auf dem Bildschirm die abstrakteste Form, nämlich einfache, geometrische Figuren wie Rechtecke oder Kreise mit farblicher Kodierung. Vermutlich werden nur erfahrene Benutzer und technophile Anwender diese vollkommen abstrakte „Cyberspace"- Darstellung bevorzugen.

6 Erweiterungen

Ein wesentliches Ziel des Systems ist die einfache, intuitive Handhabung. Zur Erreichung dieses Zieles wollen wir uns am Vorbild von Videospielen orientieren, die aufgrund ihrer einfachen Handhabung sehr erfolgreich sind. Ihre Bedienung erfordert nur geringe Vorkenntnisse.

---

2. Als Kriterium käme auch die Häufigkeit der Verwendung in Frage.

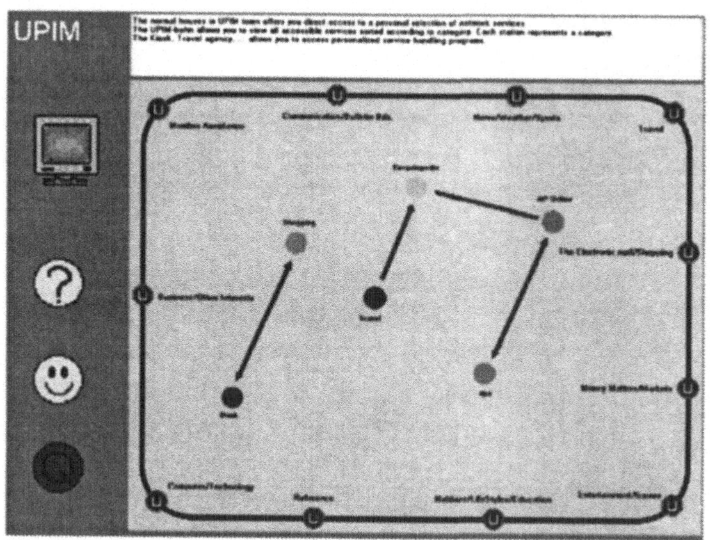

Abb. 3: Visualisierung im Expertenstadium

Die Interaktionsmöglichkeiten sind einfach, da die Hardware - neben einer Anzeige - nur aus einem Joystick und evtl. noch ein oder zwei Knöpfen besteht. Umständliches Tippen entfällt ganz. Im Rahmen unseres ersten Prototyps soll eine derart einfach zu bedienende Benutzungsschnittstelle entstehen, indem wir auf Techniken wie Spracheingabe und Zeigen über Touchscreen zurückgreifen wollen. Beides, Sprechen und Zeigen, sind dem Menschen geläufige Interaktionsformen und werden daher vermutlich als intuitiv empfunden.

In der ersten Phase des Projekts wird nur zu zwei ausgewählten Diensten von CompuServe eine spezielle Oberfläche realisiert, um sie intuitiv und vom System anpaßbar zu gestalten und so die Stärken unseres Ansatzes deutlicher zum Ausdruck zu bringen. Damit wird auch der ästhetisch nicht befriedigende Unterschied zwischen der Präsentation der Übersicht und den einzelnen Diensten überbrückt. Alle übrigen CompuServe-Dienste sind durch eine generische Terminal-Emulation zugänglich. Wegen der Fülle der vorhandenen Dienste mußte diese Beschränkung auf wenige Dienste erfolgen. Für die Zukunft jedoch ist geplant, dieses Frontend auf andere Netze und Dienste auszuweiten. Wir können aber im allgemeinen nur den einfachen Zugang bis hin zu den Diensten ermöglichen; die Entwicklung der Oberflächen für die einzelnen Dienste verbleibt weiterhin in der Verantwortung der jeweiligen Anbieter.

7 Zusammenfassung

In den vorangegangenen Abschnitten haben wir mögliche Wege zur Konstruktion einer adaptierbaren Benutzungsschnittstelle beschrieben. Unser Ansatz basiert auf einer am Anfang einfachen, konkreten Metapher, die sich schrittweise mit dem Lernprozeß des Benutzers hin zu einer abstrakten Metapher entwickelt. Eine solche Benutzungsschnittstelle könnte im einfachsten Fall Laien und Gelegenheitsbenutzern eine intuitive Oberfläche mit nur wenigen Diensten anbieten. Dennoch kann dasselbe System im fortgeschrittenen Entwicklungsstadium einem Experten effizienten Zugriff auf eine Vielzahl von Diensten bieten. Während des Evolutionsprozesses übt der Benutzer immer die vollständigen Kontrolle über das System aus und kann jederzeit einen Änderungsvorschlag des System ablehnen.

Einer der Gründe für den bisher nur mäßigen Erfolg adaptierbarer und adaptiver Systeme könnte sein, daß ihr traditionelles Festhalten an unveränderlichen Metaphern keine natürliche Adaptivität erlaubt. Wir glauben, daß „evolutionäre" Metaphern ein wesentlicher Bestandteil beim Entwurf erfolgreicher adaptiver Systeme sein können. Diese Vermutung können wir derzeit allerdings noch nicht belegen.

Der nächste wichtige Schritt wird deshalb darin bestehen, die vorgestellten Ideen eingehend zu überprüfen. Durch die Analyse, wie Endbenutzer mit UPIM zurechtkommen, müssen wir sicherstellen, daß durch unseren Ansatz die Akzeptanz und Brauchbarkeit derartiger Systeme verbessert wird. Nur wenn diese Anwender in der Lage sind, ihre Aufgaben erfolgreich zu erledigen und im Umgang mit dem System zufrieden sind, können wir sicher sein, daß unsere Ideen ein wesentlicher Schritt in Richtung auf Systeme sind, die einen intuitiven Zugang zu Netzen und deren Diensten bieten.

Danksagung

Siemens ZFE IP K hat im wesentlichen das Projekt finanziell unterstützt. Robert Boualit, Martin Brenner und Darin Krasle sei an dieser Stelle für ihre Beiträge zur Entwicklung der Ideen und der Realisierung des Prototyps gedankt.

Literaturverweise

Browne et al. 90

    D. Browne, P. Totterdell, M. Norman, *Adaptive User Interfaces*, Academic Press, 1990.

Carroll 88

    J. M. Carroll, Interface Metaphors and User Interface Design, in: M. Helander (Ed.), *Handbook of Human-Computer Interaction*, Elsevier Science Publishers B.V. North-Holland, 1988.

Clarkson 91

    M. A. Clarkson, *An Easier Interface*, in: BYTE, Februar 1991.

Johnson 92

    B. Johnson, TreeViz: Treemap Visualization of Hierarchically Structured Information, in: *Proceedings CHI'92*, Mai 1992.

Krol 92

    E. Krol, *The Whole Internet User's Guide & Catalog*, O'Reilly & Associates, Inc., 1992.

Kühme et al. 92

    T. Kühme, H. Dieterich, U. Malinowski, M. Schneider-Hufschmidt, Approaches to Adaptivity in User Interface Technology: Survey and Taxonomy, in: *Engineering for Human-Computer interaction, IFIP WG2.7 Working Conference*, Ellivuori, Finnland, 10.-14. August, North-Holland, 1992.

Laurel 91

    B. Laurel, *Computers as Theatre*, Addison-Wesley, 1991.

Stevens 93

    C. Stevens, *Knowledge-Based Assistance Accessing Large, Poorly Structured Information Spaces*, CU-CS-640-93, Department of Computer Science, University of Colorado at Boulder, 1993.

Totterdell & Boyle 90

    P. Totterdell, E. Boyle, The evaluation of adaptive systems, in: [Browne et al. 90].

Williams 84

    M. D. Williams, What makes RABBIT run?, in: *Int. J. Man-Machine Studies*, 21, 1984.

Interfaces for handling multimedia communications systems

M.P.Zajicek, X.G.Cao, D.H.Shrimpton, A.G.Tagg
The School of Computing and Mathematical Sciences
Oxford Brookes University
Headington, Oxford, OX3 OBP, UK
Tel: +44 865 483652 Fax: +44 865 483666 Email: mzajicek@brookes.ac.uk

1 Introduction

This paper aims to address interface considerations for multimedia conferencing facilities.

We use as our application platform the interface developed in the MASTER (Multimedia Aids for Teleconferencing) project. The issues addressed are, connection and disconnection protocols, methods for indicating the location of images, the transfer of communication from the 'interface' to the 'image' and back, and protocols for multi user conferencing. We also investigated the use of an interface specification method developed at Oxford Brookes University for the specification of interface design for video conferencing.

MASTER is a SERC-funded project which was set up to investigate a low-cost teleconferencing environment suitable for operation across an Integrated Services Digital Network. The partners were Oxford Brookes University and Loughborough University of Technology. The aim was to provide a multimedia conferencing facility, based on desktop computers, which incorporated stored and user-originated data, as well as audio and video. It would provide an environment where notes and files could be freely exchanged during the teleconference. It would also allow users control of the individual components of the multimedia call through an integrated user interface.

The system was originally developed to allow the transmission, and remote display, of medical images for discussion between hospital consultants [1]. The MASTER interface derives from the MultiMed project interface. The aim of the MultiMed project [2] was to provide medical consultants with an on-line conferencing facility which would enable them to confer without wasting time travelling between sites. The interface included provision for image display, such as microscope slides or X-ray photographs, as well as point-to-point audio-visual contact between the conference participants. With increased bandwidth the system was able to support multi-user conferencing, and the interface was redesigned for PC to be run under

Windows using the Microsoft Windows development package. The two interface designs have differing characteristics addressing slightly different task areas. They are both used to demonstrate different interface aspects.

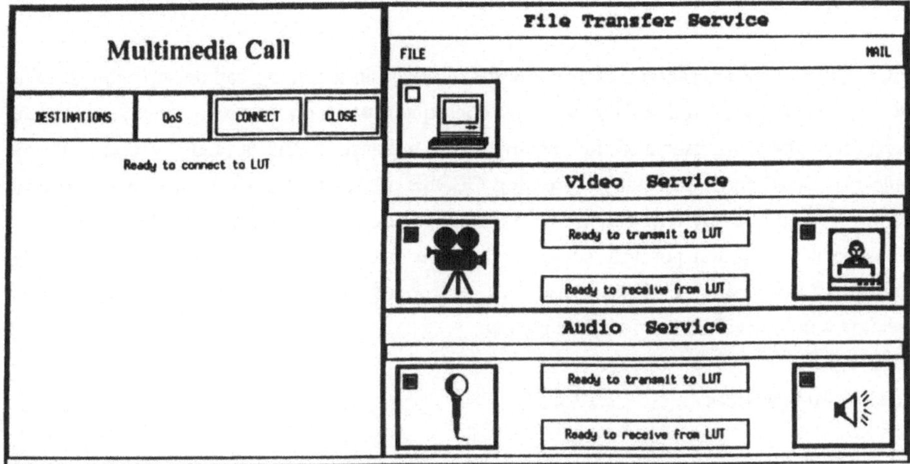

Figure 1. The MASTER Version 3 interface

2 Connection and disconnection protocols

2.1 Multimedia call

Protocols described in this section are based on the MASTER Version 3 interface, see Figure 1. The multimedia call set-up/closure is separated from individual service functions. This enables users to have options in their selection of services independent of the multimedia call. A set of peer-to-peer protocols has been designed to support user-oriented actions during the set-up and use of the multimedia system. These protocols also enable the implementation of the user interface independent of the implementation of ATM signalling and the interfacing with the video/audio cards.

Before call set-up, one destination site can be selected from a list of destinations on pressing the DESTINATION button. The CONNECT button serves two functions: to initiate a call set-up by the local user or to confirm (reply to) the incoming call set-up request from the remote user. When CONNECT is first pressed by the local user to initiate a call set-up, a message "Ready to connect to LUT" appears indicating that the local user requests a call set-up and awaits confirmation. The remote end user interface shows a message "OBU is ready to connect" indicating the request from the local user. If the remote user is willing to accept this call, he presses CONNECT to confirm the acceptance of the call. Messages "Connected to LUT" and "Connected to OBU" appear on the local and remote screen respectively, indicating to both users that a call between them is being set up successfully. The local site OBU is Oxford Brookes University, and the remote site LUT is Loughborough University of Technology.

The CLOSE button also serves two functions: to reject an incoming call set-up request or to close the existing call and all the services consequently. Upon receiving an incoming call request from the local user and the accompanying message "OBU is ready to connect", the remote user may reject the call by pressing CLOSE. Currently displayed messages on both sides are cleared and any new call set-up from either side can be initiated at a later time. If a call has been set up and possibly some services are in use, either user can close the call by pressing CLOSE. Any services in use will be stopped, and all messages (including those associated with individual services) are cleared.

2.2 Individual services

The Video Service has two features, transmit and receive, as ionised by a "camera" and a "monitor" respectively. The user will have options to select one or both of the features (as in the normal teleconferencing situation). An agreement needs to be reached between the users at both sites before any feature can be in operation. The local user may send a ready-to-transmit message by first pressing on the "camera" icon. A message "Ready to transmit to LUT" appears in the upper message frame (associated with transmit feature) on the local screen ; while a message "OBU is ready to transmit" appears in the lower message frame (associated with receive feature) on the remote user screen. The remote user may either accept the request, i.e. to receive video, by pressing on his "monitor" icon, or ignore the request by taking no action. If the user accepts the request, a message "Receiving from OBU" replaces the previous message on the remote screen; and a message "Transmitting to LUT" replaces the previous message on the local screen. The agreement between the transmit on the local site and the receive on the remote site is reached and the local video is shown on the remote site. If any of the users want to stop this service, he may do so by pressing on the appropriate icon button again (i.e. "camera" at local site or "monitor" at the remote site). The associated messages on both screens will disappear. Similar agreement has to be reached if a local user wants to receive video from the remote site.

The Audio Service has two features, transmit and receive, as iconised by a "microphone" and a "speaker" respectively. The user selects one or both of the features (as in the normal teleconferencing situation). Agreements need to be reached in exactly the same way, as with the features in the Video Service, between the corresponding features at the both sides before they are in operation.

The File Transfer Service enables a user to send a file to the remote end, and the remote end user to receive the file and store it. Before a file is sent, the originating user needs to have some way of selecting or creating a file. A pull-down menu FILE is used to provide local file selection, open and edit file, and close file; these are provided by three menu bars, SELECT, OPEN and CLOSE. When a file is received from the remote site the message "You have mail!" appears. A pull-down menu MAIL is included in the user interface to support read file, save file, and quit without save; these are provided by three menu bars, READ, SAVE and QUIT.

3 Explicit and implicit techniques for indicating the location of images

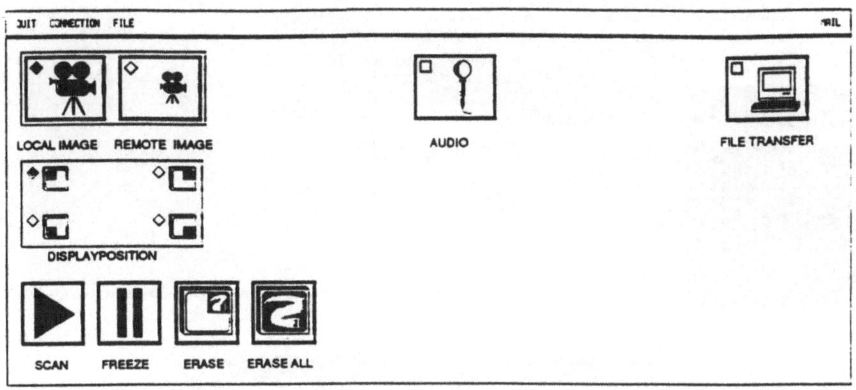

Figure 2 The MultiMed Interface

When images are being discussed by persons across a telecommunications link, it is necessary for all participants to be aware of the precise location under discussion. If the conference consists of two participants only, shared pointer systems are appropriate, and control of these pointers is passed from one participant to the other usually by verbal agreement over the voice link [3]. Descriptions in this section are based on the MultiMed interface, see Figure 2. In the system developed for medical consultants, display of medical imaging was the one of the main objectives. Multiple displays prove to be a useful feature in the image communication system. Firstly, it provides the capability for the local user to display both local and remote images; secondly, with the implementation of a FREEZE function, the local image and one or more remote images can be stopped and frozen for cross referencing during a communication session. Remote images from other sites could be displayed in separate areas on the screen. To accommodate these requirements, the display screen was designed with four quadrants. In order to make full use of the multiple displays and keep an account of various incoming image sources, the local user should have control of how these displays are to be used. The designed allows for one image source to be selected by clicking on one of the display position icons before any action can take place.

The following functions are supported and can be applied to an incoming image: SCAN, to start an image display; FREEZE, to stop and freeze an image display; ERASE, to stop and erase an image display; ERASE ALL, to stop and erase all active image displays. Clicking on any of the icons will enable the corresponding action.

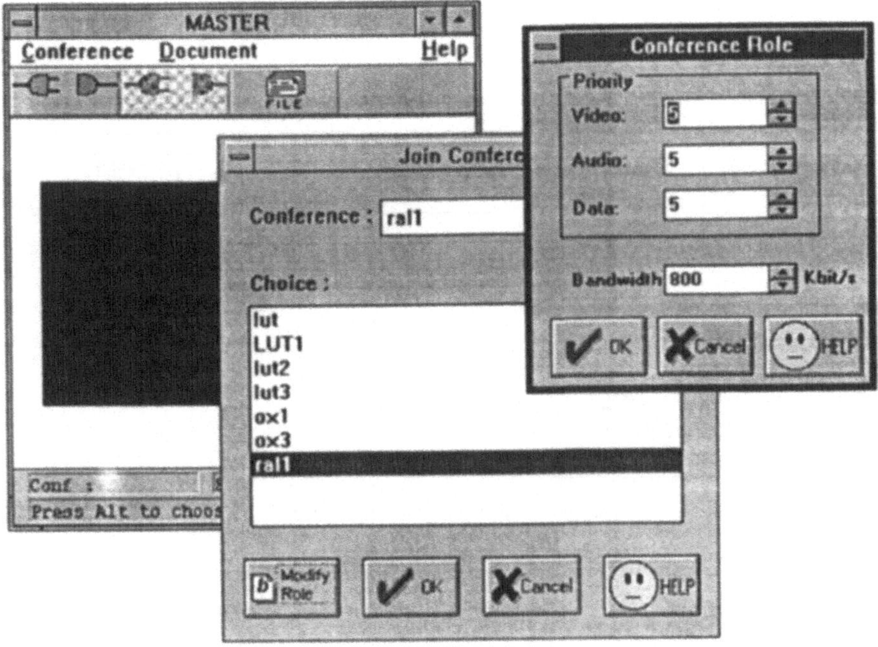

Figure 3. The MASTER Version 4 interface

4 Protocol architecture for multi user conferencing

4.1 Creation and termination and modification of a conference

The descriptions in this section are based on the MASTER Version 4 interface, see Figure 3, [4]. Any user can create a new conference at their MASTER terminal. A conference created at a terminal is said to owned by the local agent terminal and any attempt to join the conference must be made via that agent. Selection of the create conference option at a terminal results in requests from the user for a conference description and optionally the setting of various conference attributes, such as the maximum number of users that are allowed to join the conference, and the services that are available in the conference. A conference description may be deleted by the owner of a conference by selecting this option. This will cause any existing connections to be deleted.

The modify attributes option enables the owner of a conference to modify any of the attributes associated with a conference description at any time.

4.2 Joining an existing conference

Joining an existing conference involves selecting the conference from the *join conference* option and selecting any user definable role parameters that may be associated with the conference. The *join conference* option initially provides access to the local conference list. This list contains conference descriptions and owners that are currently recognised by the terminal. The list is made up of a general default conference for each site plus other conference details that have been received from other terminals when the "inform participants" attribute of a *create conference* is invoked. Users may also specifically request that conference details found when listing conferences at remote terminals be cached locally. The presence of conference details in this list does not guarantee that any conference is still in existence. Details may also be deleted from the list by a user.

Having selected a conference to join, a user may wish to define their relationship with that conference. For example, a user may simply want to monitor the video and voice output from a conference without themselves contributing. The user must be informed of various events (e.g. Somebody wants to join). This may be achieved by a window in which such events are displayed, an audible signal or some combination of both. Some events may include variable parameters, such as the identity of the calling terminal.

5 The use of a formalism for interface design

A formal specification method which specifies interface design at interaction object level, developed at Oxford Brookes [5] was applied retrospectively. The aim of the specification method is to specify only those aspects of the interface which are relevant to the design under consideration, and it is assumed that the interface is of the standard Windows Icons Mouse

Pull down menus (WIMPS) type. It is also assumed that windows will contain text based information.

Readers are referred to [5], [6], and [7] for a full description of the method. Briefly, the method describes each interface interaction object in terms of the events associated with it. An event template exists for each interaction object type, or widget, an example is given Fig 4. The table shows events associated with the open window 'Join Conference' in Fig 3. It can be seen that event MOUSE_RELEASE under certain conditions will generate the new window 'Conference Role'. In this way the widget hierarchy for the interface is encapsulated in the GENERATE part of the event tables.

```
State_Of(JoinConference) {Active, InActive} X (Locked, UnLocked}
INIT State_Of(JoinConference) = (InActive, UnLocked)
EVENT MOUSE_INTO_WINDOW
        PRE    ConferencePartnersDisplayed_ISV = FALSE ^
               State_Of(JoinConference) = (InActive, UnLocked)
        POST  State_Of(JoinConference) = (Active, UnLocked)
EVENT MOUSE_DEPRESS PRE    State_Of(JoinConference) = (Active, UnLocked)
                        POST  State_Of(JoinConference) = (Active, Locked)
EVENT MOUSE_RELEASE
        PRE   State_Of(JoinConference) = (Active, Locked)
        POST  State_Of(JoinConference) =
                        (InActive, UnLocked)^ConferencePartnersDisplayed_ISV =
                        TRUE^GENERATE(ConferenceRole : ConferenceRole_T)
        PRE   State_Of(JoinConference) = (InActive, Locked)
        POST  State_Of(JoinConference) = (InActive, UnLocked)
EVENT MOUSE_OUTOF_WINDOW
        PRE    State_Of(JoinConference) = (Active, UnLocked)
        POST  State_Of(JoinConference) = (InActive, UnLocked)
        PRE    State_Of(JoinConference) = (Active, Locked)
        POST  State_Of(JoinConference) = (InActive, Locked)
EVENT RETURN(ConferenceRole) PRE    TRUE
                        POST  ConferencePartnersDisplayed_ISV = FALSE
```

Fig. 4. Specifying the dynamic behaviour of the 'Join Conference' widget

The method has been used successfully for standard text based windows applications such as the Constraint Based Resource Allocation System described in [5], [6], and [7]. The challenge in applying it to a video conferencing system is in formalising the 'data' from the conference i.e. the image. The WIMPS part of the interface was easy to specify using the method. The relevant attributes of the video data is 'who is speaking' and 'where they are coming from'. In this case the selection of a particular site is followed by data being transmitted from that site according to a set of preconditions. This can be added to the formal specification in the event table for the selection of location. 'Who is speaking' is independent of the design. Identification of the speaker is achieved according to normal human identification protocols.

6 Conclusion

This paper has presented interfaces in a developing project. Each was designed to address specific needs. The MultiMed interface used large iconised images for different facilities because it was intended for use by doctors who were standing. The MASTER version 3 interface uses icons to a lesser degree, but it the MASTER version 4 which fully adopts the standard PC Windows type interface. The Version 4 interface has developed a strong syntax for video conferencing which was under developed and inconsistent in previous versions. An interesting aspect of interface design for video conferencing is the fact that the transmitted video data is rich in interface protocols itself. The interface should suggest implicitly or explicitly that communication control has been passed from the interface to the data and back!

References

1. X. Cao & A. Tagg et al, 'A graphical user interface for a multimedia communication system', Proc. EVA'93, London, 1993.

2. P. Clarke, J. Burren, J. Griffiths, N. Harding, N. Harding, I. Leselie, & A. Tagg, 'UNISON & RACE MultiMed: Complementary Experiments in the Applications of ISDN', RACE/IEE Proc. International Conf. on Integrated Broadband Services & Networks, 1990

3. S. Harbour, 'Desktop Conferencing', Proc. IEE Colloquium on Consumer Applications of ISDN, 1990

4. D. Shrimpton, C. Cooper, 'Multicast Communications on the Unison Network', Computer Communications, Vol. 13 No 8 pp 460- 468, 1990

5. M. Zajicek, K. Brownsey, 'Timetabling/scheduling systems: How to specify their human computer interfaces', Proc. The Ergonomics Society 1994 Annual Conference, 1994.

6. M. Zajicek, K. Brownsey, 'Investigating formal specification of graphical interface design for an interactive constraint based resource allocation system', Proc. Sixth International Conference on Software Engineering and Knowledge Engineering, Latvia, 1994.

7. M. Zajicek, K. Brownsey, 'An application specific formal method for describing graphical interface design for an interactive constraint based resource allocation system', Proc. EWHCI'94, St. Petersburg, 1994.

Aspects in User Interface Design for Mobile Multi-User Applications

Hans-Werner Gellersen

Telecooperation Office, University of Karlsruhe
Vincenz-Prießnitz-Str. 1, 76131 Karlsruhe, Germany; [+49] (721) 690239

Abstract. Based on availability of advanced communication systems future applications will increasingly feature aspects such as distribution, cooperation, mobility, media-integration, and internationalization. We present a discussion of these aspects with respect to human-computer interaction and argue, that they can not be fully encapsulated but have to be supported in user interface development. It is pointed out, that present user interface development is not effective in the presence of many different application aspects, as it lacks integration of tools and methods. Finally, an approach for user interface development based on the notion of UI aspects in a tuplespace-based framework is presented.

1   Introduction

We present a discussion of aspects such as distribution, cooperation, mobility, and media-integration with respect to human-computer interaction. We believe that these aspects will be prominent in next generation applications exploiting advances in enabling technologies such as high-speed networking, mobile computing, and multimedia technology. Some of these technologies have very obvious consequences for human-computer interaction, e.g. the integration of new media for multimodal interaction. Other technologies, e.g. distributed systems, are usually thought of as *middleware*, that can be abstracted from in human-computer interaction. We argue, that these technologies can, and sometimes should, not be fully encapsulated, and that their effects have to be taken into account in user interface design and management.

In section 2, we will elaborate on a number of application aspects, discuss their contribution to usability of applications, and point out problems they pose on UI design and management. Section 3 discusses present UI development, which leads to the conclusion that integration of heterogeneous tools and methods is the key requirement for more effective UI development. Finally, in section 4, a framework designed for structuring UI development into UI aspects is presented.

2   Application Aspects and their Relevance for UI Development

2.1 Distributed Systems

Distributed systems contribute to application usability by facilitating access to non-local information, by increasing availability and performance based on replication, and by mapping the locality inherent in many application domains. Yet, there are many problems inherent with distribution: risk of partial failure, lack of global state, heterogeneity, etc. Distributed systems research has much focused on hiding these unpleasant characteristics from users and even engineers of distributed applications. Advances in this direction are, e.g., distributed OS, service traders, and distributed object-oriented languages. These advances take major steps towards abstraction from distribution aspects, and in many instances allow users the illusion of local interaction.

Still, many distribution related problems can not be encapsulated entirely, and thus effect human-computer interaction, e.g. availability, reliability, and performance. Consider users as highest instance in the communication protocol stack: they get involved when underlying instances fail to handle some fault behaviour. A typical scenario is loss of connection to an information service, where it usually is up to the user to decide whether to connect to a similar service, or when to retry, etc. Further, consider performance: the performance of a distributed application depends heavily on the nature of the network (bandwidth, protocols) and on network load, and does not remain hidden from the user. Consider e.g. a database query which may take differently long at different times. The uncertainty, whether a service will be processed in a tolerable time span, accounts for poor usability: every ftp user knows how unnerving it is to realize after several minutes of waiting that the required information will not be available in time.

2.2 Cooperating Humans

Traditionally, computers function as tools for support of single-user tasks. Advances in computer supported cooperative work (CSCW) now increasingly provide humans with support for a wider scope of their work, which does not consist of isolated tasks but spans a complex network of human interaction. Currently, CSCW is mainly used to label applications in which humans interact synchronously and in which coordination of the cooperation is up to the participants (generally based on their social behaviour). In these *groupware* applications, e.g. multimedia conferencing, computers are increasingly perceived as medium rather than as tool. Besides in groupware we find support for cooperative work in application integration systems, which now receive much attention under the label *workflows* referring to procedures within large organizations. Here, human activities are rather loosely coupled, interaction is mainly asynchronous, and coordination is well-defined and system-controlled. Individual workflow participants are usually only partly aware of the coordination.

With respect to UI design and management knowledge of cooperation semantics, i.e. role-task bindings, enrolment rules, etc., is elementary. The UI has to reflect the role of its user, which will not only be manifest in the set of actions provided in the interface, but also in different views of the data. Thus, an important UI issue imposed by cooperation is the need for separation of data and views. This in turn imposes the problem of keeping different views consistent to maintain a shared context for cooperation.

2.3 Mobile Computing

In discussing mobile computing we have to be aware of three forms of mobility which can exist separately or in combinations:

- Mobile devices: network access points, which can be connected to static networks at different times and locations, or to radio networks quasi-statically.

- Mobile users: mobile with their personal device, or moving from device to device.

- Mobile information: e.g. files in office workflows, data accumulated in vehicles, ...

A new class of computing devices for mobile computing is evolving from two directions: hand-held communication devices are increasingly equipped with computing capabilities, and portable general-purpose computers gain communication power. The result is a range of devices from intelligent pagers, e.g. active badges, to PDAs. UI design and management is severely challenged, as traditional interaction techniques can not be employed for these ever-smaller devices. The limit for miniaturization of keyboards has already been reached, and alternatives such as stylus-based input are rapidly emerging. Output also has to be reconsidered completely, as present graphics output relies heavily on static elements requiring a lot of display real estate, which is a very scarce resource in mobile devices. Thus, alternative output modalities have to be investigated.

Besides device miniaturization, new ways of computer usage ("out of office") challenge UI development. A so far neglected problem space characterized by inherently mobile objects and users, reflecting mobile goods and humans and the involved logistics in real-world tasks, can now be addressed. Of course, new usage environments impose additional requirements on human-computer interaction. The same task, e.g. data entry, or information access, can require different interaction techniques in different settings: e.g. driving a car rules out typing or handwriting; noisy environments rule out speech-based interaction; and meetings rule out techniques which require the user to shift his attention away from communication partners. Summarizing, it becomes obvious that both mobile computing devices and environments pose constraints on human-computer interaction modalities.

2.4 Multimedia-integration

In daily life, humans utilize many different media and modalities for communication based on the experience that some media and modalities are more effective than others in certain contexts. Obviously, human-computer interaction can improve considerably, if different media are integrated for information presentation, and if different modalities can be combined for interaction. Although multimedia has entered the desktop, integration is still poor. Applications and UIs fail to sufficiently abstract from differences in media handling at OS and networking level, where different storage and transport requirements lead to media separation. This results in *media modality* [5]: media such as video commonly appear as encapsulated chunks of coarse granularity. Media-integration is further hampered by attitudes of users and designers: e.g. many associate video with TV and thus consider it inherently non-interactive.

Human-computer interaction is challenged to support media-integration at media-level and in software engineering. At media-level, more abstraction from underlying representations is required to enable tighter linkage of media to multimedia objects. Here, media granularity is a key aspect: for some media, e.g. text, we find very fine granularity (characters) which allows to link different pieces of information very effectively (further, it provides users with browsing and searching support). Other media typically have very coarse granularity, e.g. video: currently, frame numbers are the only means for establishing intravideo granularity, which of course is not very helpful for defining links to other media, as they are not content-based. Media-integration in software engineering first of all requires explicit support for different media and modalities: they have to be treated as building blocks of equal rights for application development. Whereas in traditional UI design media and modalities have been implied, media-integrated UI development has to support a choice of media as explicit design decision.

Further, media-integration requires a common grip for media handling and manipulation, based on commonalities among media. Finally, better media understanding would be the basis for automated conversion among media, and for advanced support of human-human interaction in CSCW (e.g., content-based coordination of meetings).

2.5 Internationalization and Liberation

Traditionally, computer applications come with one-fits-all UIs. This limits use to groups of users who speak the same language (literally and metaphorically), and excludes people with special needs. Now, we experience an increased demand for support of inhomogeneous user groups: global markets, travelling people, home computing. Thus, internationalization needs to be integrated in the software engineering process, supporting culture-based adaptation to increase usability for the individual. Adaptation can range from large-scale, e.g. language and writing system, to details such as date/time/address formats. Also, different work habits and problem solving techniques have to be taken into account. Similar to cultural adaptation, increasingly widespread use of computers and liberation demands of people with special needs requires UI adaptation, here according to experience and skills.

Table 1. System aspects and their relevance to UI development.

System aspects	UI development challenges
Distribution	Heterogeneous platforms Service availability and performance
Cooperation	Interaction roles, coordination Different views of shared information
Mobility	Availability, weak consistency Multimodal Interaction
Media-integration	Integration in Software Engineering Media understanding
Internationalization Liberation	Adaptation to culture, skills, abilities

3 Software Technology for UI Development

We have pointed out a number of system aspects that ought to be considered explicitly in UI development. Subsequently, we relate the challenges imposed on UI development, as summarized in table 1, to existing UI development approaches. We briefly discuss toolkit-based UI development, and user interface management systems (UIMS). Then, we present an argument for integration of tools and methods.

3.1 User Interface Development based on Toolkits

Toolkits provide UI developers with sets of building blocks for particular interaction styles and aspects. Especially for graphical user interfaces (GUIs), many toolkits have been introduced. These toolkits are strictly bound to the desktop metaphor and to direct manipulation as interaction paradigm. The toolkit approach has several well-known deficiencies:

- Complex APIs hamper integration of multiple toolkits.
- Poor abstraction from user interface details.
- Focus on presentation, rather than on more important semantic design issues.
- Weak integration of toolkit objects with semantic objects.
- No assistance to ensure good design practice.

The listed drawbacks of the toolkit approach are particularly limiting with respect to the UI development challenges listed in table 1. Toolkits impose platforms, metaphors, modalities, media, dialogue structure, and even programming styles (e.g., GUI toolkits force event-based programming). Important design decisions are not supported explicitly, and thus get hidden in application code. This results in UIs difficult to port and extend, and difficult to adapt to individual preferences and needs. Further, the complexity of integrating different toolkits renders them inappropriate for integration of multiple interaction techniques for multimodal user interfaces.

3.2 User Interface Management Systems

Over the last decade, many user interface management systems (UIMS) have been proposed. These approaches are based on user interface models for generation and management of computer-human interaction, thereby relieving the developer from specification of presentation details. UIMS generally stress semantic aspects of an interface: ACE, e.g., provides *selectors*, which are semantic-based controls as opposed to presentation-oriented widgets [3]. Alas, automation of presentation tasks such as window and menu layout commonly yields limited UI designs. UIMS increasingly address this concern and provide more powerful presentation building blocks, e.g. *templates* in HUMANOID [9].

In order to extend UIMS capabilities for multimodal and internationalized interfaces, a broad understanding of different media, modalities, usage scenarios, and cultural issues needs to be developed and formulated. First steps in this direction are multimedia presentation planning as investigated in AI [7], and models of multimodal systems, e.g. [1]. Few UIMS have addressed distribution, cooperation, and mobility concerns: CHIRON-1 [10], e.g., is a distributed UIMS supporting multiple users, and RUSE [4] is a UIMS for managing hand-held terminals in a mobile computing environment.

3.3 Integration of Tools and Methods

In present UI development we observe to major deficiencies: lack of integration of different interaction techniques and interaction aspects, and lack of methodological support for good design practice. UI tools have made progress in producing widget sets and construction environments for designing interfaces consisting of standard menus, windows, boxes and buttons. Increasingly, construction sets also become available for other interaction techniques, e.g. device-dependent toolkits for audio and video. All these tools are narrow in the scope of UIs they cover. Thus, for the construction of more sophisticated dialogues including multiple users utilizing multiple modalities, the major challenge is integration of lower-level toolkits. Besides integration, methodological support is required to ensure good design practice. A variety of methods have been proposed for analysis, design and evaluation, however, they have not gained much acceptance. As with tools, we find that methods commonly only address rather small parts of the design problem. In order to improve UI development substantially, a framework is required which brings together different tools and different methods (at present, integration of methods and tools is only found in style guides). As UI design and management is highly dependent on many application aspects, as discussed in section 2, such a framework should be tightly integrated in software engineering.

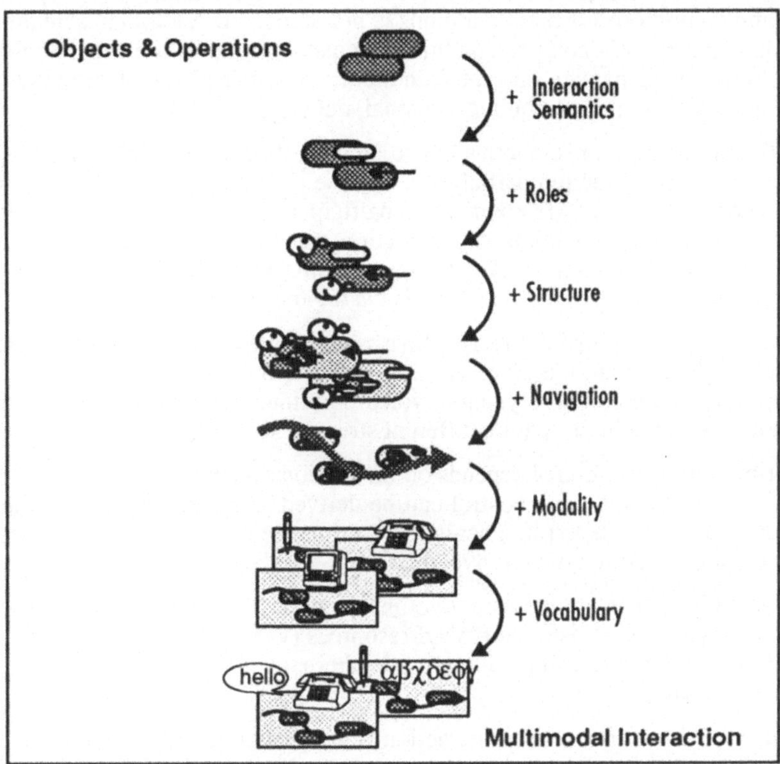

Fig. 1. From objects to *interaction items* by adding aspects

4 Design and Management Support for Multimodal Interaction

In this section, we present a structuring approach for user interface development around the notion of UI aspects, and propose a tuplespace-based framework for integration of UI tools and methods.

4.1 UI Aspects

User interface design decisions have many dependencies. This is particularly true in the context of cooperative media-integrated applications in mobile networking environments where we are confronted with a broad diversity of devices, tasks and user profiles. Unfortunately, UI design decisions are poorly structured within present software engineering. We propose a new approach for structured design based on so-called UI aspects. First, driven by the task structure of an application, those application objects to be interfaced have to be identified. Following this initial step, a number of

UI aspects have to be considered (cf. fig. 2). It should be retained that not all aspects necessarily need to be specified. Further, there is no strict order in which to treat different aspects, though there are dependencies. The purpose of UI aspects is to structure distinct design decisions, and to model them explicitly so they can be maintained.

Interaction Semantics. For specification of interaction semantics mere type information of application objects and operations is not sufficient. Additional semantic information is required: pre- and postconditions, constraints and defaults that apply to user actions; selection semantics (discrete/continuous sets; selection of 1 or many or intervals); argument semantics (required, optional, default).

Roles. Group interaction semantics has to be described in terms of roles, abstracting from actual group interaction participants. We use three different notions of roles: *user roles* as surrogates of real life cooperation participants; *organizational roles* representing capabilities and constraints of interaction participants related to their function within an organization; and, *task roles* representing responsibilities within a task. A role resolution mechanism maps task roles via organizational roles to users.

Structure. Structuring of interaction objects into aggregations or choices determines the cognitive load of an interface, and thus depends on human factors. A major constraint is the available modality, e.g. a voice-only interface will, because of the transient nature of its medium, require different structure than a GUI.

Navigation. Dialogue control depends on interaction semantics and on human factors. To some extent, the dialogue control can be derived from pre- and postconditions of user actions. In addition, explicit navigation scripts are required for dialogue sequencing in complex structures such as hypertext-style interfaces.

Modality. This aspects encapsulates two important decisions: choice of modality for a given interactive task, constrained by UI resources (virtual devices); and, combination of modalities to increase bandwidth, provide alternatives, support concurrence, and/or achieve redundancy.

Vocabulary. The symbol set for interaction is dependent on media and modalities, on cultural standards, and on skills/abilities/expertise. Next to the choice of symbols the size of the vocabulary is an important decision, determining cognitive load.

4.2 A Tuplespace-based Framework for Integrated Support of UI Aspects

We pointed out key aspects in UI development which ought to be supported explicitly by dedicated tools. In project Items [2], investigating software technology for cooperative media-integrated applications, we have developed a number of such specialized tools: e.g. an extensible Scheme-based UI language [6], and graphical editors for interaction semantics and navigation scripts (*PreScripts* [8]). In addition, we are integrating components for multimedia and multimodal interaction (e.g. *Liveboard* interaction, speech recognition/synthesis). As these tools are very inhomogeneous (employing special-purpose languages; running on different platforms), we chose to integrate them loosely coupled based on the tuplespace model of distributed shared memory. The tuplespace model is very simple and orthogonal to the concepts in most programming languages, and thus a flexible basis for integration of heterogeneous components.

We implemented such a tuplespace and extended it with coordination concepts based on the blackboard model [6]. In this environment tools (or more generally *agents*) generate artefacts and make them available as tuples to be further processed by other (maybe unknown) agents, who identify tuple-artefacts based on content. Artefacts themselves, e.g. UI components, can also be coupled via tuplespace. This can be exploited in interactive applications by controlling application and multiple views separately, so that application and views remain highly independent. Then, views, or complete UIs, can be added or modified dynamically, e.g. to support different interaction modality. This flexibility of course also applies to the framework: additional tools and knowledge bases can be added or upgraded incrementally.

5   Conclusion

Aspects such as distribution, cooperation, mobility, and multimedia pose major challenges on UI development. We pointed out, that UI design and management in the presence of these system aspects can only be effective within a software engineering framework integrating different tools and methods. A structuring approach based on so-called UI aspects was introduced, as well as a framework for integration of specialized tools and methods. Within project Items, development of dedicated tools for support of UI aspects is an ongoing process. With a first set of tools we are currently validating our approach of tuplespace-based integration.

6   References

1.   Coutaz, J., Nigay, L., Salber, D. The MSM Framework: A Design Space for Multi-Sensory-Motor Systems. *Proc. of EWHCI '93*, Moscow, Aug. 1993, pp. 231-241.

2.   Gellersen, H.-W., Mühlhäuser, M., Frick, O. Multi-user and Multimodal Aspects of Multimedia. *Proc. of 1st EG Symposium on Multimedia*, Graz, June 1994.

3.   Johnson J. Selectors: Going Beyond User-Interface Widgets. *Proc. of CHI '92*. May 1992, pp. 273-279.

4.   Landay, J.A., Kaufmann, T.R. User Interface Issues in Mobile Computing. *Proc. of 4th Workshop on Workstation Operating Systems*, Oct. 1993, pp. 40-47.

5.   Laurel, B., Oren, B. and Don, A. Issues in Multimedia Interface Design: Media Integration and Interface Agents. In *Proc. of CHI '90*, April 1990, pp. 133-139.

6.   Leidig, T. *Development of Cooperative Graphically-interactive Applications*. Doctoral thesis, University of Kaiserslautern, March 1994. In german.

7.   Maybury, M. (Ed.) *Intelligent Multimedia Interfaces*, MIT Press, 1993.

8.   Richartz, M., Mühlhäuser, M. PreScripts: A Typing Approach to the Construction and Traversal of Hypertext. *Proc. of ED-MEDIA '93*, Orlando, June 1993.

9.   Szekely, P., Luo, P., Neches, R. Facilitating the Exploration of Interface Design. *Proc. of CHI '92*, Monterey, CA, 1992, pp. 507-515.

10. Taylor, R., Johnson, G. Separation of Concerns in the Chiron-1 User Interface Development and Management System. *Proc. of INTERCHI '93*, April 1993, pp. 367-374.

Das virtuelle Büro als Benutzungsschnittstelle für kooperatives Arbeiten

Markus Sohlenkamp
GMD
Postfach 1316
53754 Sankt Augustin
Email: sohlenkamp@gmd.de

Zusammenfassung

DIVA stellt eine Umgebung zur Unterstützung kooperativen Arbeitens dar. Beruhend auf der Metapher eines virtuellen Büros, werden die für Kooperationen wesentlichen Elemente eines realen Büros modelliert. Verschiedene grundlegende Aspekte des gemeinsamen Arbeitens werden unter einer einheitlichen Schnittstelle integriert, die die übliche Desktop-Metapher erweitert. DIVA unterstützt Kommunikation zwischen Benutzern über das Schalten von Video- und Audioverbindungen, Kooperation über Mehrbenutzeranwendungen sowie die Wahrnehmung der Handlungen anderer Benutzer. Alle diese Aktivitäten werden sowohl für synchrones (zeitgleiches) als auch für asynchrones (zeitversetztes) Arbeiten unterstützt.

1 Einführung

Die Zahl der Systeme zur Unterstützung kooperativen Arbeitens nimmt kontinuierlich zu. Häufig werden aber nur Teilaspekte des Spektrums behandelt. So gibt es etwa die Kommunikation verschiedener Benutzer unterstützende Systeme [4, 6, 15], Anwendungen zur kooperativen Erstellung von Dokumenten [1, 8, 11] und Werkzeuge zur Koordination von Arbeitsabläufen [10, 14]. Unser Ansatz—DIVA—versucht einige dieser verschiedenen Aspekte unter einer einheitlichen Benutzungsoberfläche zu integrieren. Unterstützt werden Kommunikation, Kooperation sowie die Darstellung von Informationen über die Aktivitäten anderer Benutzer, jeweils sowohl für den synchronen als auch für den asynchronen Fall.

Die Schnittstelle beruht dabei auf der Metapher eines virtuellen Büros und kann als Erweiterung der üblichen Schreibtisch-Metapher angesehen werden. In beiden Fällen werden nur die für die jeweilige Aufgabenstellung relevanten Elemente modelliert, um den Benutzern einen möglichst intuitiven Zugang zu den gebotenen Möglichkeiten zu bieten. Im Fall von DIVA sind diese Elemente im wesentlichen Benutzer, Räume, Schreibtische und Dokumente.

Zwei Entwurfsziele standen beim Design von DIVA im Vordergrund [17]. Zum einen sollten verschiedene Aspekte des kooperativen Arbeitens in eine einheitliche Umgebung integriert werden. Übergänge zwischen verschiedenen Arbeitsmodi sollten dabei fließend sein. Zum anderen sollte die Schnittstelle vorhandene Kenntnisse der Benutzer ausnutzen, was zu der Verwendung der Metapher eines virtuellen Büros und zur Anlehnung an existierende Schnittstellen führte.

Eine Reihe von Systemen weisen Ähnlichkeiten zu DIVA auf. Das Xerox Rooms System [9] verwendet das Modell der virtuellen Räume, ist aber auf einzelne Benutzer beschränkt. DIVE [5] modelliert ebenfalls ein reales Büro, geht aber eher in Richtung virtuelle Realität. Sepia [7] unterstützt Kommunikation und Kooperation, letzteres jedoch nur für eine spezifische Anwendung. VOODOO [13] modelliert kommunikative Aspekte eines Großraumbüros in ähnlicher Weise wie DIVA; VROOMS [4] benutzt ebenfalls das Raummodell, um Kommunikationsverbindungen herzustellen.

2 Technische Grundlagen

Sowohl das virtuelle Büro selbst als auch die Anwendungen, die in ihm für kooperatives Arbeiten verwendet werden können, sind mit GINA implementiert. GINA wurde ursprünglich als objektorientierte Rahmenanwendung für graphisch-interaktive Applikationen auf der Basis von OSF/Motif in CLOS (Common Lisp Object System) entwickelt [18]. In GINA wird jede Benutzeraktion durch ein sogenanntes *Kommandoobjekt* gekapselt, wobei lediglich die Zustandsänderungen bei Ausführen bzw. Zurücknehmen eines Kommandos kodiert werden müssen. Dieser Mechanismus ermöglicht eine einfache Navigation in der Kommandohistorie eines Dokumentes. Durch Erweiterung dieser Technik um die Möglichkeit, Kommandos an andere Applikationen zu verschicken sowie ausgewählte Kommandos erneut auszuführen bzw. rückgängig zu machen (selective redo/undo), bietet GINA auch generische Unterstützung für die Entwicklung von Mehrbenutzeranwendungen mit verteilter Architektur [2, 19].

Kommandos werden dabei lokal ausgeführt, an angekoppelte Anwendungen verschickt und dort repliziert. Durch die Auswahl der zu verschickenden Kommandos werden verschiedene Kopplungsgrade ermöglicht: von striktem WYSIWIS (What You See Is What I See) über gemeinsamen Dokumentenzustand bis zur kompletten Entkopplung. Im ersten Fall werden auch Kommandos wie Menuselektionen oder das Scrollen von Fenstern übertragen, im zweiten Fall lediglich zustandsverändernde Kommandos. Bei entkoppelten Applikationen werden keine Kommandos übertragen; die hierbei entstehenden divergierenden Versionen eines Dokumentes können in GINA später wieder halbautomatisch zusammengeführt werden. Weitere Möglichkeiten von Kommandoobjekten liegen z.B. in der animierten Darstellung von Kommandoaufrufen [3]. DIVA macht von diesen verschiedenen Fähigkeiten weitgehenden Gebrauch.

Um informelle Kommunikation zwischen Benutzern zu ermöglichen, werden von DIVA Video- und Audioverbindungen geschaltet. Dazu werden zwei Serverprozesse verwendet. Der Audioserver (AudioFile, [12]) bearbeitet Tonein- und Ausgabe über ein dem X-Server ähnliches Protokoll; er ist netzwerktransparent, hardwareunabhängig und kann verschiedene Toninformationen mischen. Spezielle Audiofile-Klienten sammeln die Toninformationen einer Maschine und übertragen sie an angeschlossene Rechner. Der Videoserver beruht auf der verwendeten Videohardware: er digitalisiert das von einer auf dem Monitor der Workstation installierten Videokamera gelieferte Bild in ein Bildschirmfenster und kopiert dieses in Fenster auf anderen Bildschirmen. Sämtliche Daten sowohl der Video- als auch der Audiokonferenzen werden dabei über vorhandene Standardnetzwerke und -protokolle übertragen [16]. Maschinen ohne die spezielle Videohardware können ebenfalls an einer DIVA-Sitzung teilnehmen; in diesen Fällen werden vordefinierte Standbilder angezeigt.

3 Grundlegende Elemente der Schnittstelle

Um die Benutzungsschnittstelle möglichst einfach zu halten, werden nur wenige, elementare Elemente eines realen Büros modelliert. Dies sind Personen, Räume, Schreibtische und Dokumente. Zusätzlich existieren noch einige untergeordnete Objekte wie zum Beispiel Notizzettel und Aktenkoffer.

Personen repräsentieren die Benutzer des Systems. Sie werden als kleine, mit einem Namen versehene Fotos dargestellt und können mit der Maus verschoben werden, um ihre Position in der virtuellen Welt und damit ihre Kommunikationssituation oder ihre Arbeitsumgebung zu verändern.

Dokumente stellen die Gegenstände für gemeinsame Bearbeitung im virtuellen Büro dar. Im Prinzip ähneln sie ihren Gegenstücken in der normalen Schreibtischumgebung; sie weisen jedoch eine Reihe von zusätzlichen Attributen auf, die durch die Mehrbenutzerumgebung erforderlich werden. Dies sind etwa Zugriffsrechte, Aktivitätsstatus und Änderungsinformationen. Kopien von Dokumenten können an verschiedenen Stellen plaziert werden, um alternative Zugangsmöglichkeiten zu erhalten.

Schreibtische kontrollieren eine Reihe von Funktionen im virtuellen Büro. Sie dienen der Steuerung und Anzeige von Kopplungsgraden während einer Kooperation; zum Erhalten von Arbeitskontexten sowie zum Festlegen von Privatunterhaltungen während einer Sitzung.

Räume enthalten Personen, Dokumente und Schreibtische. Sie dienen der Kommunikationssteuerung: wie in der realen Welt, können Personen im selben Raum einander sehen und hören sowie miteinander sprechen. Weiterhin zeigen Räume die Verfügbarkeit und Kommunikationsbereitschaft von Benutzern an.

Benutzer bewegen sich im virtuellen Büro, indem sie ihr Icon mit der Maus verschieben. Durch Betrachten der Räume können Informationen über allgemeine Aktivitäten gesammelt werden. Bei Betreten eines Raums werden Video- und Audioverbindungen zu allen darin enthaltenen Personen geschaltet. Um ein Dokument kooperativ zu bearbeiten, muß es auf einen Schreibtisch geschoben werden. Sitzen dabei mehrere Kooperationspartner am gleichen Schreibtisch, bearbeiten sie das Dokument in enger Kopplung; sitzen sie an verschiedenen Schreibtischen, sind sie lose gekoppelt.

4 Arbeiten im virtuellen Büro

Abb. 1 zeigt eine typische DIVA-Sitzung aus der Sicht des Benutzers Markus. Das virtuelle Büro wird in zwei Fenstern dargestellt, von denen das erste (*Bürofenster*, unten) das virtuelle Bürogebäude mit den verschieden Räumen, deren Anordnung, den Benutzern, deren Aufenthaltsorten und Bewegungen zeigt. Das zweite Fenster (*Raumfenster*, Mitte links) zeigt die Inhalte des Raumes, in denen sich der Benutzer zur Zeit aufhält, also die darin befindlichen Personen, Schreibtische und Dokumente, sowie den Aktenkoffer des Benutzers. Im oberen Bereich des Bildschirms werden zusätzliche Fenster geöffnet, um die Videobilder der in einem Raum befindlichen Personen anzuzeigen.

Im Bürofenster lassen sich auf einen Blick eine Vielzahl von Informationen erkennen: Markus, Cici und Mike haben sich in Markus' Büro getroffen; ebenso Andreas und Claus im Projektraum. Thomas und Greg sind allein in ihren Räumen und ansprechbar. Jim möchte nicht gestört werden, was durch seinen verschlossenen Raum verdeutlicht wird. Das Raumfenster zeigt weitere Einzelheiten: Markus und Cici bearbeiten eine Zeichnung namens "figure" in enger Kopplung. Dasselbe Dokument wird auch von Mike bearbeitet, er ist jedoch nur lose an die beiden anderen gekoppelt, da er sich an einem anderen Schreibtisch befindet. Darüber hinaus bearbeitet er noch ein weiteres Dokument. Auf einem dritten Schreibtisch liegt ein geöffnetes Dokument zur Weiterbearbeitung bereit. Markus bearbeitet zudem das Dokument "Chapter 1", das sich in seinem Aktenkoffer befindet und daher nur ihm zugänglich ist; das zugehörige Applikationsfenster ist aus Platzgründen nicht mit abgebildet.

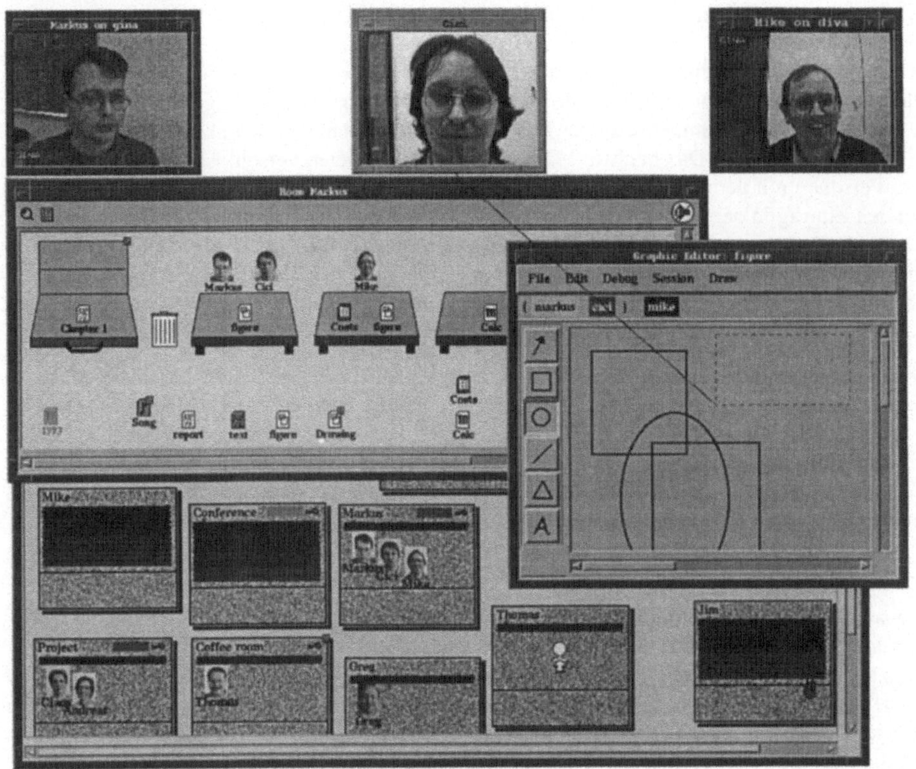

Abb. 1: Kooperatives Arbeiten mit DIVA

Die Icons der Dokumente signalisieren durch ihre Färbung, daß sich "text" und "Song" seit ihrer letzten Bearbeitung durch Markus geändert haben, und daß "Costs" von einem anderen Benutzer bearbeitet wird. Verschiedene Elemente sind zusätzlich mit einer Notiz versehen.

Im folgenden werden die genauen Einzelheiten sowie weitere Details der Schnittstelle erläutert.

5 Einzelheiten der Schnittstelle

Obwohl sich die Benutzungsschnittstelle von DIVA an der bekannten Desktop-Metapher orientiert, etwa was die Verwendung von Icons zur Darstellung der verschiedenen Objekte oder deren Manipulation mit der Maus angeht, sind viele Details an die besonderen Erfordernisse einer Mehrbenutzerumgebung angepaßt. Diese durch die Anwesenheit von mehr als einem Benutzer erforderlichen Erweiterungen beziehen sich auf die Kommunikation und Kooperation untereinander—was beides sowohl synchron als auch asynchron stattfinden kann—, sowie auf das Wissen über die Aktivitäten anderer, ebenfalls synchron ("Was tun andere jetzt ?") und asynchron ("Was haben andere getan ?").

5.1 Synchrone Kommunikation

Zur Kommunikation zwischen Benutzern werden in DIVA automatisch Video- und Audioverbindungen zwischen allen Personen im selben Raum geschaltet. Um die Sichtbarkeit und Erreichbarkeit von Benutzern zu kontrollieren, können Räume verschiedene Zustände annehmen.

Geöffnete Räume können von jedermann betreten werden, Personen, die sich in ihnen aufhalten, sind im Bürofenster direkt sichtbar. Geschlossene Räume können ebenfalls von jedermann betreten werden, ihr Inhalt wird jedoch erst bei Betreten bzw. Näherkommen sichtbar. In diesen Fällen wird den Personen im Büro die Kontaktaufnahme optisch angezeigt, um die auch in der realen Welt übliche Symmetrie zu gewährleisten: wenn man andere sieht, kann man selbst ebenfalls gesehen werden. Das höchste Maß an Privatsphäre bieten verschlossene Räume, die nur von Personen mit dem passenden Schlüssel betreten werden können. Der Schlüssel stellt hierbei den Eintrag in der jedem Raum zugeordneten Liste der zugangsberechtigten Benutzer dar. Lediglich Personen auf dieser Liste können den Zustand eines Raums ändern. Die Änderung erfolgt über eine Attributdialogbox, die für jedes Element im virtuellen Büro über das Lupensymbol aus der Werkzeugleiste aufgerufen werden kann und in der Informationen über das Objekt zusammengefaßt sind und manipuliert werden können.

DIVA erlaubt es über die normale Audiokonferenz hinaus, private Gespräche zwischen Personen am selben Schreibtisch einzurichten, z.B. um Themen von nicht allgemeinem Interesse zu behandeln. Hierzu müssen die Icons der beteiligten Personen so angeordnet werden, daß sie einander überlappen, analog dazu, daß in der realen Welt die Beteiligten näher aneinander rücken würden. Die Geräusche einer Privatunterhaltung werden lediglich stark gedämpft nach außen übertragen, während die Toninformation von außerhalb unverändert übernommen wird.

5.2 Asynchrone Kommunikation

Asynchrone Kommunikation wird in DIVA über die Möglichkeit unterstützt, Objekte mit Notizzetteln zu versehen. Hierzu wird das Notizzettelsymbol aus der Werkzeugleiste des Raumfensters auf das gewünschte Objekt gezogen, wodurch eine Anwendung gestartet wird, die das Eingeben einer Notiz ermöglicht. Objekte mit einer Notiz werden grafisch dadurch kenntlich gemacht, daß sie in ihrer oberen rechten Ecke ein kleines Notizzettelicon aufweisen. Durch Anklicken dieses Symbols kann die Nachricht gelesen werden. Eine Ausnahme bilden hier Notizen für Personen: da diese nur für die entsprechende Person bestimmt sind, erscheinen sie im Aktenkoffer des jeweiligen Benutzers. Dieser ist anderen nicht zugänglich und dient dem Transport von Dokumenten sowie der Aufnahme und Bearbeitung von privaten Dokumenten.

5.3 Synchrone Kooperation

Synchrone Kooperation wird über die gemeinsame Bearbeitung von Dokumenten ermöglicht. Zentrales Element sind hierbei die Schreibtische: durch Ziehen eines Dokumentes auf einen Schreibtisch wird die entsprechende Anwendung gestartet, wobei der Benutzer ebenfalls an den Schreibtisch bewegt wird. Sitzen mehrere Personen am gleichen Schreibtisch—und bearbeiten damit dieselben Dokumente—, so arbeiten sie automatisch in einem engen Kopplungsgrad; z.B. können sie die Ausführung von Kommandos der Kooperationspartner sehen. Bearbeiten dagegen mehrere Personen dasselbe Dokument an verschiedenen Schreibtischen, so sind sie lose gekoppelt und können lediglich die Auswirkungen von Aktionen anderer Benutzer beobachten.

Wesentlich ist, daß der Kopplungsgrad einer Kooperation jederzeit einfach dadurch geändert werden kann, daß sich einer der Kooperationspartner mit dem Dokument an einen anderen Schreibtisch begibt. Ebenfalls macht es keinen Unterschied, ob eine kooperative Sitzung gestartet oder ein Dokument allein bearbeitet werden soll: entscheidend ist lediglich die Anzahl der Personen, die dasselbe Dokument bearbeiten.

Die jeweiligen Benutzer und die entsprechenden Kopplungsgrade werden auch in einer Informationszeile in der Applikation selbst dargestellt (vgl. Abb. 1); Gruppen, die eng gekoppelt sind, werden dabei durch Klammern zusammengefaßt. Der Kopplungsgrad läßt sich auch durch

Manipulation dieser Informationszeile ändern. In diesem Fall wird die Darstellung des virtuellen Büros entsprechend angepaßt, so daß beide Darstellungen konsistent bleiben.

Analog zu den Räumen weisen auch Dokumente eine Liste von zugangsberechtigten Benutzern auf. Hat ein Benutzer keine Zugriffsrechte für ein Dokument, so erscheint das entsprechende Icon für ihn in grau, und er kann das Dokument weder öffnen noch seine Attribute ändern.

5.4 Asynchrone Kooperation

Asynchrone Kooperation, d.h. das zeitversetzte Arbeiten, wird auf mehreren Ebenen unterstützt. Über den Notizzettelmechanismus kann asynchrones Arbeiten koordiniert werden. Wird ein Dokument gestartet, das dem Benutzer unbekannte Änderungen aufweist, bietet das System die Möglichkeit, eine animierte Darstellung der Veränderungen vorzuspielen. Der Benutzer kann dadurch erkennen, welche Arbeiten während seiner Abwesenheit vorgenommen worden sind. Darüber hinaus lassen sich divergierende Dokumentenversionen halbautomatisch zusammenführen.

5.5 Synchrone Wahrnehmung

DIVA bietet, neben der Video- und Audioverbindung, Informationen über die Aktivitäten anderer Benutzer auf verschiedenen Ebenen. Einen globalen Überblick liefert das Bürofenster. Dort kann beobachtet werden, wo sich Personen aufhalten, wo Treffen stattfinden und wer zur Zeit kommunikationsbereit ist. Die Bewegungen anderer Benutzer können per Animation verfolgt werden. Räume, die Dokumente enthalten, die zur Zeit von anderen Benutzern bearbeitet werden, werden durch eine rote Markierung gekennzeichnet.

Die Aktivitäten innerhalb eines Raumes werden im Raumfenster visualisiert, das nur den jeweils im Raum befindlichen Personen sichtbar ist. Dort kann festgestellt werden, welcher Benutzer an welchen Dokumenten arbeitet, mit wem er dabei kooperiert und welcher Kopplungsgrad für die Kooperation benutzt wird. Privatgespräche zwischen einzelnen Benutzern sind ebenfalls sofort erkennbar. Darüber hinaus kann anhand der Dokumentenicons ermittelt werden, welche Dokumente zur Zeit von anderen Benutzern—möglicherweise in anderen Räumen—bearbeitet werden: analog zur Kennzeichnung der entsprechenden Räume sind diese rot eingefärbt.

Auch auf der Ebene der einzelnen Anwendung bietet DIVA weitgehende Unterstützung: die Kooperationspartner und ihr Kopplungsgrad werden in einer Titelleiste in jeder Applikation angezeigt, wobei zusätzlich jedem Benutzer eine Farbe zugeordnet ist. Aktionen eines Benutzers werden, abhängig vom gewählten Kopplungsgrad, in seiner zugeordneten Farbe animiert. Darüber hinaus werden während der Ausführung eines Kommandos aufblitzende Linien zwischen dem Videobild des ausführenden Benutzers und seiner Cursorposition eingeblendet, die eine unterbewußte Zuordnung einer Aktion zu einer Person ermöglichen.

Abb. 1 zeigt eine entsprechende Arbeitssituation. Die Benutzer Markus und Cici bearbeiten das Dokument "figure" in enger Kooperation, was sowohl im Raumfenster—durch Verwendung desselben Schreibtisches—als auch in der Applikation selbst durch die Klammer um die Benutzernamen angezeigt wird. Cici erzeugt gerade ein neues Rechteck. Dies wird für Markus durch das entsprechend eingefärbte Feedback und die Videobild und Cursorposition verbindenden Linien verdeutlicht.

5.6 Asynchrone Wahrnehmung

DIVA bietet auch eine Reihe von Informationen über Aktivitäten, die im virtuellen Büro bereits stattgefunden haben. Zunächst einmal läßt sich an einem Dokumentenicon erkennen, ob das entsprechende Dokument dem Benutzer unbekannte Änderungen aufweist. In diesem Fall ist es grün eingefärbt. Räume, die derartige Dokumente enthalten, werden im Bürofenster durch eine grüne Markierung gekennzeichnet, was das Auffinden veränderter Dokumente vereinfacht.

Wie bereits erwähnt, bietet das System dem Benutzer beim Starten einer derartigen Anwendung die Möglichkeit, zunächst eine Animation der in seiner Abwesenheit erfolgten Kommandos abzuspielen—d.h. die stattgefundenen Aktivitäten zu beobachten—wodurch er erkennen kann, wie der aktuelle Dokumentenzustand erreicht wurde.

6 Probleme und mögliche Erweiterungen

Ein grundlegendes Problem liegt in der Natur der von DIVA unterstützten Anwendungen: da diese mit GINA implementiert sein müssen, um in den Genuß aller gebotenen Möglichkeiten zu kommen, sind Benutzer auf die vorhandenen Demoapplikationen beschränkt bzw. müssen sich ihre eigenen Applikationen programmieren. Eine Unterstützung beliebiger, vorhandener Applikationen wäre hier sinnvoll, allerdings würde im allgemeinen nicht dasselbe Ausmaß an Unterstützung geboten werden können wie für GINA-Anwendungen.

Ein weiteres Problem betrifft die Video- und Audioverbindungen, die möglicherweise nicht ausreichend sind, um normale Kommunikation zu ersetzen. Zum einen bietet der relativ kleine und feststehende Kameraausschnitt nicht genug Möglichkeiten, um sich über die realen Gegebenheiten in einem Raum zu informieren; zum anderen ist die Qualität der Audioübertragung nur mäßig und eine räumliche Zuordnung der Sprecher nicht möglich.

Eine Verbesserungsmöglichkeit betrifft die bessere Integration der verschiedenen Bestandteile des virtuellen Büros, die im vorhandenen Prototyp über mehrere Bildschirmfenster verteilt sind. Besonders problematisch ist hierbei, das dieselbe Information mehrmals erscheint. So hat etwa jeder Benutzer drei Repräsentationen: im Bürofenster, im Raumfenster und als Videobild. Es erscheint daher sinnvoll, die verschiedenen Fenster zusammenzufassen. Zum Beispiel ist es denkbar, Räume bei Betreten derart zu vergrößern, daß ihr Inhalt sichtbar wird, wobei ihre Umgebung in geeigneter Weise verschoben wird. Darüber hinaus könnten auch die Videobilder der Personen direkt in die Raumdarstellung integriert werden.

7 Bewertung

Trotz der zuvor geschilderten Probleme zeigt der Prototyp des virtuellen Büros vielversprechende Ansätze. Diese beruhen insbesondere auf der Integration der drei wesentlichen Funktionen Kommunikation, Kooperation und Anbieten von Informationen über die Aktivitäten anderer Benutzer unter einer einheitlichen, an traditionellen Schnittstellen ausgerichteten Metapher. Die Beschränkung auf wesentliche Elemente eines realen Büros führt dabei zu einer deutlichen Vereinfachung der Schnittstelle, ohne daß auf grundlegende Funktionalität verzichtet werden müßte.

Zwar steht eine breit angelegte Benutzerstudie des Systems noch aus, erste Erfahrungen bei Vorführungen zeigen jedoch, daß auch mit dem Computer nicht vertraute Personen gut zurechtkommen und wesentliche Funktionen tatsächlich intuitiv begreifen.

Literatur

1. Baecker, R.M., Nastos, D., Posner, I.R., and Mawby, K.L. The User-centred Iterative Design of Collaborative Writing Software. In *Proceedings of INTERCHI'93* (24.-29. Apr., Amsterdam), ACM/SIGCHI, NY, 1993, pp. 399-405.

2. Berlage, T. and Genau, A. A Framework for Shared Applications with Replicated Architecture. In *Proceedings of UIST'93* (3.-5. Nov., Atlanta, Georgia), ACM/SIGCHI, NY, 1993, pp. 249-258.

3. Berlage, T. and Spenke, M. The GINA Interaction Recorder. In Proceedings of IFIP TC2/WG2.7 Working Conference on Engineering for Human-Computer Interaction (10.-14. Aug., Ellivuori, Finnland), 1992.

4. Borning, A. and Travers, M. Two Approaches to Casual Interaction over Computer and Video Networks. In *Proceedings of CHI'91* (28. Apr. - 2. Mai, New Orleans), ACM/SIGCHI, NY, 1991, pp. 13-19.

5. Fahlen, L.E., Brown, C.G., Stahl, O. and Carlsson, C. A Space Based Model for User Interaction in Shared Synthetic Environments. In *Proceedings of INTERCHI'93* (24.-29. Apr., Amsterdam), ACM/SIGCHI, NY, 1993, pp. 43-48.

6. Gaver, W., Moran, T., MacLean, A., Lovstrand, L., Dourish, P., Carter, K. and Buxton, W. Realizing a video environment: Europarc's RAVE system. In *Proceedings of CHI'92* (3.-7. Mai, Monterey, CA), ACM/SIGCHI, NY, 1992, pp. 27-35.

7. Haake, J.M. and Wilson, B. Supporting Collaborative Writing of Hyperdocuments in SEPIA. In *Proceedings of CSCW'92* (31. Okt. - 4. Nov., Toronto, Kanada), ACM/SIGCHI, NY, 1992, pp. 138-146.

8. Hardock, G., Kurtenbach, G. and Buxton, W. A Marking Based Interface for Collaborative Writing. In *Proceedings of UIST'93* (3.-5. Nov., Atlanta, Georgia), ACM/SIGCHI, NY, 1993, pp. 259-266.

9. Henderson, D.A., Jr. and Card, S.K. Rooms: The use of multiple virtual workspaces to reduce space contention in a window-based graphical user interface. *ACM Transactions on Graphics, 5,* 3 (July 1986), 211-243.

10. Kreifelts, T., Hinrichs, E., Karl-Heinz, K. Experiences with the DOMINO office procedure system. In *Proceedings of European CSCW'91* (Sept., Amsterdam), Kluwer, Dordrecht, pp. 117-130, 1991.

11. Leland, M., Fish, R.S., and Kraut, R.E. Collaborative Document Production Using Quilt. In *Proceedings of CSCW'88* (Sept., Portland, Oregon), ACM/SIGCHI, NY, 1988, pp. 206-215.

12. Levergood, T.M., Payne, A.C., Gettys, J., Treese, G.W. and Stewart, L.C. AudioFile: A Network-Transparent System for Distributed Audio Applications. In *Proceedings of the USENIX Summer Conference* (Juni, 1993).

13. Li, J. and Mantei, M. Working together, virtually. In *Proceedings of Graphics Interface'92* (11.-15. Mai, Vancouver, Kanada), CIPS, Toronto, 1992, pp. 115-122.

14. Medina-Mora, R., Winograd, T., Flores, R., and Flores, F. The Action Workflow Approach to Workflow Management Technology. In *Proceedings of CSCW'92* (31. Okt. 31 - 4. Nov., Toronto, Kanada), ACM/SIGCHI, NY, 1992, pp. 281-288.

15. Root, R.W. Design of a Multi-Media Vehicle for Social Browsing. In *Proceedings of CSCW'88* (Sept., Portland, Oregon), ACM/SIGCHI, NY, 1988, pp. 25-38.

16. Sohlenkamp, M. A Virtual Office Environment Supporting Shared Applications. In *Proceedings of the 3rd International Montpellier Conference "Interface to Real and Virtual Worlds"* (7.-11. Feb., Montpellier, Frankreich), 1994, pp. 163-173.

17. Sohlenkamp, M. and Chwelos, G. Integrating Communication, Cooperation, and Awareness: The DIVA Virtual Office Environment. Erscheint in *Proceedings of CSCW'94* (22.-26. Okt., Chapel Hill, NC), 1994.

18. Spenke, M. and Beilken, C.: An Overview of GINA—the Generic Interactive Application. In *User Interface Management and Design, Proceedings of the Workshop on User Interface Management Systems and Environments* (4.-6. Juni, Lissabon, Portugal), Springer Verlag, Berlin, 1990, pp. 273-293.

19. Spenke, M.: From Undo to Multi-User Applications—the Demo. In *Proceedings of the INTERCHI'93* , (24.-29. Apr., Amsterdam), ACM/SIGCHI, NY, 1993, pp. 468-469.

Fachgespräch **FG 4**

"Systemtechnische Unterstützung
verteilter Multimedia-Anwendungen"

In Zusammenarbeit mit den GI-Fachgruppen *"Kommunikation und Verteilte Systeme"*, *"Datenbanken"* und *"Betriebssysteme"* (*)

Koordinator: W. Lamersdorf, Universität Hamburg, FB Informatik

Programmausschuß: W. Benn (Chemnitz), B. Butscher (Berlin), R.G. Herrtwich (Heidelberg), W. Lamersdorf (Hamburg), K. Meyer-Wegener (Dresden), J. Nehmer (Kaiserslautern), A. Schill (Dresden), O. Spaniol (Aachen), B. Wolfinger (Hamburg)

Zusammenfassung:

Erwartungen und Interesse an datenintensiven und verteilten *Multimedia*-Anwendungen sind groß. Ihre *Realisierung* in offenen Systemen stellt jedoch neuartige Anforderungen, insbesondere an die Kommunikation (z.B. hohe Datenraten, Synchronisation), die Datenverwaltung (z.B. viele Daten, komplexe Datenstrukturen) sowie an die Betriebssystemunterstützung (z.B. Realzeitverarbeitung). *Effiziente* Realisierungen verteilter Anwendungsprogramme sind nur durch ein geordnetes *Zusammenwirken* von Techniken aus allen drei Gebieten zu erreichen. Deshalb behandelt dieses Fachgespräch neben den spezifischen Anforderungen offener Multimedia-Anwendungen vor allem Dienste und Systemkomponenten zur Unterstützung verteilter Anwendungsprogramme sowie deren (bisher oft noch unzureichende) Integration.
Schwerpunkte des Programms sind dabei Sitzungen zu den Themenbereichen *"Multimedia-Anwendungen"*, *"Kommunikationsunterstützung"* und *"Verteilte Systemumgebungen"*.

(*) Gefördert durch das ESPRIT Network of Excellence Nr. 6606 "IDOMENEUS" (Information and Data on Open Media for Networks of User)

Multicast for Multimedia
– An Introduction –

Wolfgang Effelsberg

Praktische Informatik IV
University of Mannheim
68131 Mannheim, Germany
effelsberg@pi4.informatik.uni-mannheim.de

Abstract. Many new applications in networks require support for multicast communication. In addition, continuous data streams such as audio and video need real-time performance guarantees to ensure acceptable quality. Whereas point-to-point isochronous protocols and multicast have been discussed separately in the past, the combination of multicast and real-time transmission is particularly demanding. This paper gives a short overview of ongoing efforts in this area.

1   Multimedia Systems Require Multicast Support

Workstations using RISC processors and broadband networks such as FDDI and ATM now provide the bandwidth and processing power for a new generation of innovative applications. Most prominent are multimedia applications, integrating digital audio and video with traditional text, line drawings and still images. Examples of such applications are desktop videoconferencing, digital video-on-demand services, multimedia documents with embedded audio and video clips, distance learning and many more. Obviously most of these require group communication.

Today, group communication is often done using multiple peer-to-peer connections. This is quite inefficient because the same packet is often sent repeatedly over the same link. Multicast support in the network allows one sender to transmit to multiple, but not necessarily to all receivers. If multicast is available within a network architecture, the unnecessary duplication of messages can be avoided. This is particularly important for continuous data streams, such as audio and video, because of their high data volumes.

Unfortunately, the current generation of networking protocols does not have multicast support in higher layers; neither TCP/IP nor the OSI protocol stack defines multicast above layer 2. Multicast for multimedia is particularly demanding because digitized audio and video steams must be transferred isochronously, i.e. with a minimal variance in delay.

2   Multicast in LANs

In the lower layers of LAN architectures, multicast has always been part of the architecture. Multicast addressing is already defined in the IEEE Logical Link

Control layer for LANs (IEEE 802.2), where the first bit of an address indicates whether it is a single-station address or a group address. Address recognition and frame copying is implemented on network adapters for CSMA/CD, Token Ring, Token Bus and FDDI, and each station can be programmed to copy not only frames with its own single-station address, but also frames of a given list of group addresses.

Multicast is easy to implement in LANs since they have broadcast topologies: On a bus or ring, each frame reaches all stations on the ring. There is no multicast tree topology, and no multicast routing tables are necessary. On a broadcast bus or ring, the multicast function is thus reduced to group address recognition in each station, and group address management. Unfortunately, the latter is not well supported in LANs.

3   Multicast in ATM

ATM, the Asynchronous Transfer Mode, is based on connection-oriented fast packet switching. Packets are called *cells* and have a fixed size of 53 bytes. An ATM connection is a virtual circuit similar to an X.25 connection: All cell switches on the path from the sender to the receiver route cells explicitly, using a switch fabric. When a point-to-point connection is established, a "mini cell route" is established in each ATM switch along the virtual circuit.

Adding multicast to an ATM switch thus requires a cell duplication function within the switch, and an architecture to map multicast (i.e. group) addresses to "mini cell routes" in the switches. The cell duplication function is often straight-forward: the principle is that the ATM switch can be programmed to duplicate cells arriving on a particular virtual circuit and route them to a specified number of outgoing virtual circuits. Several different architectures for cell duplication in ATM have been proposed; a good overview can be found in [3].

A multicast connection in ATM consists of a tree of ATM switches. Whereas most switches available today support cell duplication, it seems that the tree routing problem and especially the signalling protocol for it is still unsolved; ATM multicast connections are set up "by hand", and are typically permanent virtual circuits. The derivation of an optimal multicast tree for a given group of addresses is quite difficult; it requires detailed knowledge of the global link topology, quality-of-service (QoS) parameters of the multicast connection, current load of the links and switches, etc. This is still a research issue.

4   Multicast at the Network Layer

4.1   Connectionless Multicast for IP

In the mid'-80s an IP address extension (class D) was proposed for multicast addressing [1]. Based on such multicast addresses, IP routers can copy incoming packets and forward them on several outgoing links. This is quite similar to cell duplication in an ATM switch, but is done in software at layer 3. Also proposed were host extensions for IP multicasting [2] that are now part of many IP implementations on Unix workstations and IP routers.

In order to gain experience with multicast IP, an overlay network for the Internet was created called MBONE (Multicast backBONE). All participating nodes are multicast IP routers; if there is a router on the path without multicast capability, a technique called "tunneling" is used to get to the next multicast router. Several interesting applications were written for MBONE; vat (visual audio tool from LBL), nv (network video from Xerox PARC), wb (white board from LBL) and sd (session directory from LBL) are the most popular ones. They can be installed on standard workstations without special hardware (except for audio, of course), and are becoming quite popular.

Experience with MBONE shows its major drawbacks: the multicast tree routing algorithms are not working very well yet (nor are they secure), and the datagram nature of IP leads to frequent blocking and loss of audio and video packets. It is obvious that performance guarantees cannot be given without resource reservation in the network nodes, but resource reservation requires status information and is thus incompatible with the connectionless paradigm.

In a recent proposal, a reservation protocol was described as an add-on to IP ($RSVP$, [10]). RSVP is an intermediate solution between connectionless and connection-oriented approaches. In RSVP the receiver sends out a reservation message with a flow specification. This message identifies the data stream the receiver wants to see, and is forwarded in the direction of the sender. The sender typically does not know the set of receivers currently connected to its multicast stream. No RSVP implementations have been reported yet.

Maintenance of status information, and thus also of reservation parameters, is more natural in connection-oriented protocols. Therefore several other research groups concentrate on connection-oriented multicast with real-time performance guarantees.

4.2   Connection-Oriented Multicast with ST-II

The Internet Stream Protocol Version 2 (ST-II) is at the same layer as IP, and is intended to support real-time communication with multicast. In an earlier design, ST defined an abstraction called an "omniplex stream", where all senders of a group could send to all receivers through the same stream. This turned out to be too difficult to implement and to manage. ST-II now uses uni-directional multicast streams, similar to most other multicast approaches.

Connection setup in ST-II is sender-initiated. The connect request contains a flow specification and an initial set of desired receivers. The ST-II nodes route the request packet towards the receivers, establishing the multicast tree. If the resources available in an ST-II node are insufficient, this is noted, and the flow spec is updated accordingly. When a desired receiver is reached by a connect request packet, it determines whether it wants to join the group. If it accepts, it may further reduce the required resources by updating the flow spec in the reply packet.

Once a stream is established, the sender can add or delete receiving nodes from the tree. In principle, the connection setup procedure is then repeated with the new set of receivers. ST-II does not specify how a new receiver wishing to participate in an existing multicast can notify the sender.

The ST-II design documents describe the protocol flow well, but leave many host implementation details open. Several ST-II implementations exist and are in experimental use [9, 8, 7].

4.3 Connection-Oriented Multicast with the Tenet Architecture

In its real-time communication work, the Tenet group at UC Berkeley and the International Computer Science Institute emphasizes mathematically provable performance guarantees, contractual relationships between client and service, general parameterized user-network interfaces with multiple traffic and QoS (quality of service) bounds definable over continuous ranges, and large heterogeneous packet-switching networking environments. The Tenet solution to guaranteed performance is based on resource reservation in all packet switches along a virtual circuit. For this purpose the Tenet architecture proposes an extension to IP, called RTIP, and a real-time transport protocol called RMTP. Both can coexist with IP and TCP in an internetwork. The QoS parameters requested at connection establishment time, such as bandwidth, maximum end-to-end delay and maximum delay jitter, determine the resources to be reserved in each packet switch along the path. Such resources are processing power, buffer space and "schedulability", i.e. whether the new connection can be established without violating local packet delay constraints of existing connections. The Tenet papers describe in detail, with mathematical formulae, how the required resources within a switch can be determined [5, 6].

The current Tenet prototype provides real-time unicast channels only, but real-time multicast is being designed into the next version, called Tenet Scheme 2.

An open problem in current real-time multicast architectures is the dynamic joining and leaving of receivers during a connection. ST-II allows the sender to add new receivers, and the multicast tree is extended accordingly. Tenet Scheme 2 will also allow dynamic group membership. The maintenance of performance guarantees for the existing and new members, tree rerouting, failure management, etc. are still unsolved problems [4].

5 Status and Outlook

As we have seen, multicast support is available for LANs today, but considerable work is still needed on multicast in ATM and on upper layers enabling multicast in internetworks. Experience with Multicast IP in the MBONE network shows that packet duplication within a packet-switching node is now well understood and already works quite well today. Experience with resource reservation for guaranteed QoS was gained with the ST-II and Tenet approaches.

Group membership and group address management, optimal tree routing and dynamic join and leave are much harder to design and implement than is packet duplication. The integration of efficient layer 2 multicasting, as it is readily available in LANs and ATM switches, into the multicast algorithms and protocols of the network layer is still unclear. Considerable work remains necessary to make multicast for multimedia a reality.

References

1. S.E. Deering, D.R. Cheriton: Host Groups: A Multicast Extension to the Internet Protocol. Internet RFC 966, December 1985
2. S.E. Deering, D.R. Cheriton: Multicast Routing in Datagram Internetworks and Extended LANs. ACM Trans. on Computer Systems, Vol.8, No.2, May 1990, pp. 85-110
3. M. Doar: Multicast in the Asynchronous Transfer Mode Environment. PhD Dissertation, University of Cambridge, 1993
4. W. Effelsberg, E. Müller-Menrad: Dynamic Join and Leave for Real-Time Multicast. International Computer Science Institute, Technical Report TR-93-056. Available via ftp from icsi.berkeley.edu.
5. D. Ferrari: Realtime Communication in an Internetwork. Journal of High-Speed Networks, Vol. 1, No. 1, 1992, pp. 79-103
6. D. Ferrari, D.C. Verma: A Scheme for Real-Time Channel Establishment in Wide-Area Networks. IEEE Journal On Selected Areas In Communications, Vol.8, No. 4, 1990, pp. 368-379
7. R.G. Herrtwich: An Architecture for Multimedia Data Stream Handling and its Implication for Multimedia Transport Service Interfaces. Proc. Third Workshop on Future Trends of Distributed Computing Systems, Taipei, Taiwan, April 1992, IEEE Comput. Soc. Press, 1992, pp. 269-75.
8. C. Partridge, S. Pink: An Implementation of the Revised Internet Stream Protocol (ST-2). Internetworking: Research and Experience, March 1992, Vol. 3, No. 1, pp. 27-54.
9. C. Topolcic: Experimental Internet Stream Protocol, Version 2 (ST-II) Internet RFC 1190, October 1990.
10. L. Zhang, S. Deering, D. Estrin, S. Shenker, D. Zappala: RSVP: A New ReSerVation Protocol IEEE Network, September 1993.

Synchronisation in einer verteilten Entwicklungs- und Laufzeitumgebung für multimediale Anwendungen

Thomas Käppner, Falk Henkel, Michael Müller, Andreas Schröer
IBM European Networking Center, Vangerowstraße 18, D-69115 Heidelberg
{kaeppner, henkel, mueller, schroeer}@vnet.ibm.com

Zusammenfassung: Integrierte Multimediasysteme ermöglichen neuartige Anwendungen, deren Qualität vom Nutzer jedoch an der Qualität analoger Lösungen gemessen wird. Einen Beitrag zur Akzeptanz dieser Anwendungen ist die Realisierung von Synchronisationsmechanismen, die die zeitlich korrekte Wiedergabe von erzeugten und bearbeiteten Audio- und Videodaten sicherstellen. Die Distributed Multimedia Object (DMO) Services bilden eine Plattform zur Unterstützung multimedialer Anwendungen. Anwendungen spezifizieren ihre Anforderungen an die Bearbeitung und Synchronisation multimedialer Daten durch Objekte, die dann zur Ausführungszeit in einer Echtzeitumgebung realisiert werden. Dieser Artikel beschreibt die prinzipiellen Methoden zur Synchronisation von Medien auf Endsystemen und ihre Integration in die DMO Services.

1 Einführung

1.1 Motivation

Dank jüngster Fortschritte in Computer- und Netzwerktechnologie stehen erstmals leistungsfähige Arbeitsplatzrechner und Rechnernetze zur Verfügung mit der Fähigkeit, zeitkritische Information wie Audio- und Videodaten digital zu verarbeiten. Dadurch werden neue Anwendungsfelder wie Audio/Video-Konferenzsysteme, interaktives Fernsehen oder rechnergestützte Lehre eröffnet. Die Akzeptanz dieser Anwendungen hängt insbesondere davon ab, ob die digitale Technik dem Benutzer die von analogen Lösungen her gewohnte Qualität bieten kann. Eine entscheidender Beitrag zum Erreichen dieser Qualität ist die Realisierung von Synchronisationsmechanismen.

Synchronisation löst verschiedene Aufgaben bei der Übertragung und Präsentation multimedialer Daten. Einerseits müssen die Echtzeitanforderungen innerhalb eines kontinuierlichen Datenstroms erfüllt werden, indem die Informationseinheiten isochron ausgegeben werden, d. h., die Verzögerungsschwankung (jitter) muß minimiert werden. Andererseits sollen zeitliche Zusammenhänge zwischen verschiedenen Datenströmen eingehalten werden. Dabei kann es sich sowohl um die Synchronisation zwischen Strömen kontinuierlicher Medien handeln, wie bei der zeitlichen Abstimmung von Audio- und Videostrom, um Lippensynchronität zu erreichen, als auch um eine zeitliche Beziehung von kontinuierlichen zu diskreten Daten wie zum Beispiel beim Einblenden von Untertiteln in einen Videofilm. Trotz dieser Anforderungen sollen möglichst keine Daten verloren gehen, damit die Bild- und Tonqualität bei der Wiedergabe nicht schlechter als die der Datenquelle ist.

Aufgrund ihrer spezifischen Eigenschaften erfordert die Verarbeitung multimedialer Daten Echtzeitunterstützung durch eine Systemschicht, die es erlaubt, Audio- und Videodatenströme in einer verteilten Umgebung zu übertragen, zu synchronisieren und darzustellen. Die Distributed Multimedia Object (DMO) Services bilden eine solche Schicht. Sie bieten eine Schnittstelle zu multimedialen Objekten in einer Echtzeitumgebung an. Anwendungen können Objekte erzeugen und über geeignete Methoden zu Audio/Videoströmen kombinieren. Diese werden dann in einem DMO Server realisiert, der für die Behandlung aller zeitkritischen Daten eines Rechners zuständig ist. Netzübergreifende Ströme auf der Basis eines multimedialen Transportsystems können zwischen mehreren Servern transparent für die Anwendung aufgebaut werden. Speziell für die Synchronisation wird eine Schnittstelle zur Verfügung gestellt, durch die zeitliche Abhängigkeiten der Daten spezifiziert werden können. Zur Laufzeit überwachen die den Datenstrom realisierenden DMO Server die Einhaltung dieser Spezifikation und damit die zeitgerechte Präsentation der Daten gegenüber dem Benutzer.

1.2 Einordnung in das Fachgebiet

Mit Methoden zur Synchronisation und ihrer Einbettung in Kommunikationsarchitekturen haben sich verschiedene Arbeiten beschäftigt [AH91, Lit93, Ste90, Nic90, BHL91]. Im Tactus-System [Dan+93] wird die zeitgerechte Wiedergabe multimedialer Daten dadurch erreicht, daß Datenpakete von der Anwendung bereits deutlich vor ihrer Wiedergabezeit an einen Ausgabeserver geschickt werden. Dieses Verfahren ist nur bei der Wiedergabe von gespeicherten Daten praktikabel, da hierbei geringere Anforderungen an die Interaktivität gestellt werden, eine größere Gesamtverzögerung also vertretbar ist. Im Gegensatz zu Tactus werden in dem von uns vorgestellten System die Daten in einer dedizierten Echtzeitumgebung verarbeitet, die von der eigentlichen Anwendung getrennt ist.

Escobar et al. [EDP 91] zeigen wie auf der Basis eines gemeinsamen Zeitsystems zwischen Rechnern (global synchronisierte Uhren) ein Synchronisationsprotokoll entwickelt werden kann, das durch Einfügen einer Referenzverzögerung die gleichzeitige Präsentation von Daten auf verschiedenen Rechnern sicherstellt. Die Einfachheit und Genauigkeit der Synchronisationsverfahren kann durch synchronisierte Uhren gesteigert werden, generell kann man sie aber nicht voraussetzen.

Ramanathan et al. [RR93] verwenden Rückmeldenachrichten (feedback messages), um auch ohne synchronisierte Uhren Datenströme auf verschiedenen Rechnern gleichzeitig darzustellen. Der Sender der Daten kann mit Rückmeldenachrichten Asynchronität beim Empfänger erkennen und durch Modifikation des gesendeten Datenstroms abstellen. Das genannte Verfahren setzt Informationen über die maximale Verzögerungsschwankung von Netzwerkverbindungen voraus und ist relativ aufwendig. Es wird ebenfalls nur für die Wiedergabe von gespeicherten Daten verwendet.

Im Gegensatz zu den genannten Arbeiten werden durch das hier vorgestellte System nicht nur Multimediapräsentationen, sondern auch die direkte Kommunikation zwischen Menschen unterstützt. Diese stellt qualitativ andere Anforderungen an das Gesamtsystem: So erfordern Audio/Videokonferenzen eine Minimierung der Verzögerung, Multimediapräsentationen dagegen eine geringe Verlustrate. Der Anwendungskontext wird explizit einbezogen, um die Synchronisationsmechanismen zu optimieren. Ein adaptives Verfahren sichert die Einhaltung der zeitlichen Beziehungen auch bei einer veränderlichen System- und Netzwerkbelastung.

Durch die DMO Services werden keine synchronisierten Uhren vorausgesetzt. Allerdings werden in einer Umgebung, in der synchronisierte Uhren zur Verfügung stehen, diese als Zeitquelle genutzt. Sie erhöhen dadurch die Leistungsfähigkeit der Synchronisationsmechanismen. So bleiben die vorgestellten Verfahren universell anwendbar und garantieren gleichzeitig die optimale Nutzung der technologischen Gegebenheiten.

Die DMO Services gestatten es, die gewünschte Verarbeitung der Audio/Videodaten wie auch die Anforderungen in Bezug auf Synchronisation durch Multimediaobjekte zu spezifizieren. Diese Objekte abstrahieren von Schnittstellen spezieller Hard- und Software. Zeitinformation kann von der Anwendung durch ein von ihr definiertes Zeitsystem spezifiziert werden.

Dieser Artikel beschreibt die prinzipiellen Methoden zur Synchronisation von Strömen innerhalb und zwischen Endsystemen mit Hilfe der DMO Services. Im nächsten Kapitel wird ein Modell zur Synchronisation eingeführt. Dabei werden grundlegende Begriffe erklärt sowie die adaptiven Synchronisationsverfahren beschrieben. Kapitel 3 befaßt sich mit der Integration der Synchronisationsmechanismen in die DMO Services. In Kapitel 4 werden die Ergebnisse zusammengefaßt.

2 Modell der Synchronisation

2.1 Begriffe

Wenn zeitliche Zusammenhänge zwischen Informationseinheiten dargestellt werden sollen, muß eine *Zeitquelle* existieren, die ein *Zeitsystem* liefert. Handelt es sich bei der Zeitquelle um eine *lokale* Uhr, ist bei netzübergreifenden Strömen die Zeitdifferenz zwischen Empfänger und

Sender nicht feststellbar. Nur *global synchronisierte* Uhren liefern in so einem Fall eine genaue Übertragungsverzögerung. Die Zeit einer Uhr wird auch als *absolute Zeit* bezeichnet. Im Gegensatz dazu spricht man von einer *relative Zeit*, wenn die Zeitdifferenz zu einem bestimmten Zeitpunkt, zum Beispiel zum Beginn eines kontinuierlichen Datenstroms, ausgedrückt werden soll.

Um einem kontinuierlichen Datenstrom diskrete Zeiten zuordnen zu können, wird er in Raster unterschiedlicher Granularität unterteilt. Die *Wiedergabeeinheit* ist die kleinste Informationseinheit des Datenstroms, z. Bsp. ein einzelner Abtastwert (sample) bei Audiodaten und ein Einzelbild (frame) bei Videodaten. Ein oder mehrere aufeinanderfolgende Wiedergabeeinheiten bilden eine *Synchronisationseinheit*, der ein Zeitstempel zugeordnet ist. Der Zeitstempel gibt die absolute Zeit an, zu der die Synchronisationseinheit generiert wurde. Eine *Adaptionseinheit* faßt mehrere Synchronisationseinheiten zusammen (Abb. 1).

AE						
SE			...		SE	
WE	...	WE	WE	...	WE	WE	...	WE

Abb. 1: Wiedergabeeinheit WE, Synchronisationseinheit SE und Adaptionseinheit AE

Bezüglich der Art der Datenquelle unterteilt man in *Livesynchronisation* und *synthetische Synchronisation*. Ein Liveszenario ist gekennzeichnet durch die Digitalisierung der Datenströme an der Quelle und die direkte Wiedergabe gegenüber dem Benutzer an der Senke. Die Verzögerung zwischen Datenerzeugung und -präsentation sollte dabei minimal sein. Von synthetischer Synchronisation spricht man bei der Präsentation gespeicherter Multimediadaten mit vordefinierten zeitlichen Beziehungen. Dabei steht die Qualität der Präsentation, also eine geringe Paketverlustrate im Vordergrund.

Anhand der Synchronisationsziele unterscheidet man *Intra-* und *Intersynchronisation*. Bei der Intrasynchronisation geht es um die kontinuierliche Wiedergabe der Informationseinheiten eines einzelnen Datenstromes bei minimaler Verzögerung. Intersynchronisation realisiert die zeitgleiche Darstellung von Informationseinheiten verschiedener Datenströme, wobei sowohl eine Uhr als auch ein bevorzugter Datenstrom die Bezugszeit liefern kann. (Siehe auch Abb. 2 für die Einordnung von Beispielanwendungen in diese Klassifikationen.)

	Livesynchronisation	synthetische Synchronisation
Intrasynchronisation	*Kameraüberwachung*	*Audioplayer*
Intersynchronisation	*Audio/Video-Konferenz*	*Multimediapräsentation*

Abb. 2: Klassifikation der Synchronisation

2.2 Intrasynchronisation

Ziel der Intrasynchronisation ist die isochrone Reproduktion eines Datenstroms beim Empfänger. Jede Synchronisationseinheit erfährt zwischen Quelle und Senke eine nicht notwendigerweise konstante Bearbeitungszeit und damit eine Verzögerungsschwankung. Deshalb muß die Isochronität des Datenstroms durch Synchronisationsmechanismen beim Empfänger wiederhergestellt werden.

Die Zwischenspeicherung von Synchronisationseinheiten beim Empfänger ist ein Hilfsmittel, Verzögerungsschwankungen auszugleichen, die allerdings den Nachteil einer erhöhten Wiedergabeverzögerung mit sich bringt. Gerade bei interaktiver Kommunikation ist die Wiedergabeverzögerung zwischen Sender und Empfänger ein kritischer Faktor. Daher ist die Anzahl der für die Glättung des Datenstroms zwischenzuspeichernden Dateneinheiten zu minimieren.

Bei einer statischen Festlegung dieser Anzahl kann die veränderliche System- und Netzwerkbelastung nicht in Betracht gezogen werden. Eine zu gering gewählte Anzahl wird daher bei Überlastung des Systems die Isochronität gefährden, während eine zu groß gewählte Anzahl die Verzögerung unnötig vergrößert. Wir schlagen daher eine dynamische Anpassung vor, durch die in Abhängigkeit von der aktuellen Situation die Anzahl der gepufferten Dateneinheiten angepaßt wird.

Die absolute Zeit der Generierung einer Synchronisationseinheit wird durch einen Zeitstempel t_n angegeben. Bezüglich dieses Zeitstempels wird beim Empfänger der Wiedergabezeitpunkt p_n bestimmt, zu dem die Synchronisationseinheit durch das Ausgabegerät dargestellt werden soll. Zur Anpassung an die aktuelle Netzwerk- und Systembelastung kann der Wiedergabezeitpunkt um einen Korrekturwert d_{korr} verschoben werden. Um diesen zu bestimmen, gibt es verschiedene Strategien in Abhängigkeit davon, ob lokale oder global synchronisierte Uhren zur Verfügung stehen.

2.2.1 Verfahren bei lokaler Zeitquelle

Da im allgemeinen keine Aussagen über die absoluten Verzögerungsschwankungen getroffen werden können, wird bei diesem Verfahren die Wiedergabe des Datenstroms verzögert, bis die zweite Synchronisationseinheit beim Empfänger eintrifft. Der initiale Korrekturwert ergibt sich damit aus der Differenz von Wiedergabezeitpunkt p und Ankunftszeitpunkt a des ersten Paketes $(d_{korr} := p_1 - a_1)$. Danach wird in einem iterativen Prozeß der Wiedergabezeitpunkt so verändert, daß unter Einhaltung einer maximalen Verspätungsrate eine minimale Verzögerung erreicht wird.

Die Adaptionseinheit repräsentiert das Iterationsintervall des Verfahrens. Nach jeder Adaptionseinheit wird ein neuer Korrekturwert bestimmt, um den die Wiedergabezeitpunkte der folgenden Synchronisationseinheiten zu verschieben sind. Für alle folgenden Synchronisationseinheiten gilt $p_n = a_1 + t_n - t_1 + d_{korr}$.

Sei N_{SE} die Anzahl der Synchronisationseinheiten einer Adaptionseinheit und N_{SElate} die Anzahl der davon erst nach ihrem berechneten Wiedergabezeitpunkt bereitstehenden und damit wertlosen Synchronisationseinheiten. Dann sei die Verspätungsrate l definiert als:

$$l = \frac{N_{SElate}}{N_{SE}}$$

Diese Verspätungsrate l wird bezüglich des aktuellen Wiedergabezeitpunkts p_n und die Verspätungsrate l_{shift} bezüglich des früheren Wiedergabezeitpunkts $p_n - \Delta t_{SE}$ bestimmt, um eine Aussage darüber treffen zu können, welche Auswirkung die Verschiebung des Wiedergabezeitpunktes hätte. Das Maß der Verschiebung Δt_{SE} charakterisiert die Genauigkeit des Verfahrens und kann von der Anwendung vorgegeben werden. Es muß ein Bruchteil der ebenfalls von der Anwendung spezifizierten Gesamtverzögerung d_{max} sein, um eine ausreichende Schrittzahl für die Veränderung des Korrekturwertes zur Verfügung zu haben.

Nachdem l und l_{shift} bestimmt sind, wird eine Fallunterscheidung vorgenommen, um den Korrekturwert d_{korr} für die nächste Adaptionseinheit neu zu bestimmen.

1. Fall: $l \leq l_{max} \wedge l_{shift} \leq l_{max}$ $\quad \Rightarrow d_{korr} := d_{korr} - \Delta t_{SE}$

2. Fall: $l \leq l_{max} \wedge l_{shift} > l_{max}$ $\quad \Rightarrow d_{korr} := d_{korr}$

3. Fall: $l > l_{max} \wedge d_{korr} \leq d_{max} - \Delta t_{SE}$ $\quad \Rightarrow d_{korr} := d_{korr} + \Delta t_{SE}$

4. Fall: $l > l_{max} \wedge d_{korr} > d_{max} - \Delta t_{SE}$ $\Rightarrow$ Verletzung der Synchronisationsspezifikation

Im ersten Fall kann eine Verringerung der Gesamtverzögerung erfolgen, weil auch nach einer Anpassung noch $l \leq l_{max}$ gilt, während im zweiten Fall der optimale Fall eingestellt ist, eine Korrektur also unterbleibt. Ausgelöst durch eine erhöhte Verspätungsrate wird der Korrekturwert vergrößert, um wieder $l \leq l_{max}$ zu erreichen (Fall 3). Die Gesamtverzögerung d_{max} kann durch den lokalen Korrekturwert d_{korr} nur abgeschätzt werden. Im vierten Fall ist daher klar, daß das Verfahren die geforderten Synchronisationsbedingungen nicht mehr einhalten kann.

Die Anwendung wird darüber informiert. Abb. 3a zeigt einen typischen Verlauf der Verzögerungsminimierung.

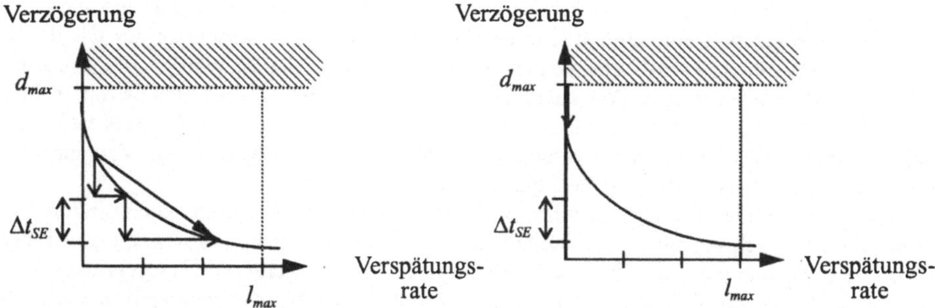

Abb. 3: a) Verzögerungsminimierung   b) Minimierung der Verspätungsrate

2.2.2 Verfahren bei globaler Zeitquelle

Stehen global synchronisierte Uhren zur Verfügung, so kann beim Empfänger die Gesamtverzögerung d als Zeitdifferenz $p_n - t_n$ bestimmt werden. Damit ist es möglich, wahlweise die Verzögerung oder die Verspätungsrate zu minimieren. Eine Minimierung der Verzögerung kann eine höhere Verspätungsrate zur Folge haben, während eine Minimierung der Verspätungsrate die Gesamtverzögerung erhöht. Die Anwendung kann deshalb festlegen, welche Minimierung erfolgen soll, und damit das für den jeweiligen Anwendungsfall geeignetere Verfahren auswählen. So soll bei einer A/V-Konferenz die Verzögerung sehr klein sein, während bei einer Multimediapräsentation die Qualität der Datenströme im Vordergrund steht.

Das Verfahren zur Verzögerungsminimierung ist bereits im vorhergehenden Abschnitt beschrieben. Durch die zusätzliche Information über die absolute Gesamtverzögerung erübrigt sich die dort angewandte Abschätzung durch den lokalen Korrekturwert d_{korr}, d. h. eine Verletzung der Synchronisationsbedingungen kann direkt erkannt werden.

Beim Verfahren zur Minimierung der Verspätungsrate werden die ersten ankommenden Synchronisationseinheiten solange verzögert, bis die maximal zulässige Gesamtverzögerung d_{max} erreicht ist. In den nachfolgenden Adaptionseinheiten wird die Gesamtverzögerung wiederum verringert, solange die Verspätungsrate 0 bleibt. Erhöht sich die Verspätungsrate z. Bsp. durch Veränderungen der Systembelastung, so wird die Gesamtverzögerung bis zum angegebenen Maximalwert erhöht.

Es ist wieder l und l_{shift} zu bestimmen und eine Fallunterscheidung bezüglich der Verspätungsrate vorzunehmen.

1. Fall: $l = 0 \wedge l_{shift} = 0$ $\Rightarrow d_{korr} := d_{korr} - \Delta t_{SE}$

2. Fall: $l = 0 \wedge l_{shift} > 0$ $\Rightarrow d_{korr} := d_{korr}$

3. Fall: $0 < l < l_{max} \wedge d > d_{max} - \Delta t_{SE}$ $\Rightarrow d_{korr} := d_{korr}$

4. Fall: $0 < l < l_{max} \wedge d \leq d_{max} - \Delta t_{SE}$ $\Rightarrow d_{korr} := d_{korr} + \Delta t_{SE}$

5. Fall: $l > l_{max} \wedge d \leq d_{max} - \Delta t_{SE}$ $\Rightarrow d_{korr} := d_{korr} + \Delta t_{SE}$

6. Fall: $l > l_{max} \wedge d > d_{max} - \Delta t_{SE}$ $\Rightarrow$ Verletzung der Synchronisationsspezifikation

Im ersten Fall kann die Verzögerung verringert werden, weil sich die Verspätungsrate dadurch nicht erhöht (siehe auch Abb. 3b). Andernfalls unterbleibt eine Veränderung des Korrekturwertes (Fall 2). Ist die Verspätungsrate innerhalb des zulässigen Bereichs, so wird anhand der aktuellen Gesamtverzögerung entschieden, ob der Wiedergabezeitpunkt verschoben werden kann (Fälle 3 und 4). Ist die Verspätungsrate über den spezifizierten Maximalwert angewachsen, so muß durch eine Erhöhung der Verzögerung die Verspätungsrate angepaßt werden (Fall 5). Kann dies wegen der aktuellen Gesamtverzögerung nicht geschehen, so sind die spezifizierten Synchronisationsbedingungen verletzt (Fall 6).

2.3 Intersynchronisation

Die Intersynchronisation realisiert die zeitliche Koordinierung mehrerer Datenströme. Da keine aufwendigen Protokolle zwischen Sender und Empfänger verwendet werden sollen, muß bei Livesynchronisation eine einheitliche Bezugszeit für alle Datenströme an der Quelle existieren. Diese Bezugszeit wird beim Sender in Zeitstempel des Livedatenstroms umgesetzt und beim Empfänger als absolute Zeit ausgewertet. Dagegen wird bei Dateidatenströmen beim Empfänger aus dem Zeitstempel die Zeit relativ zum Startzeitpunkt des Stromes berechnet. Dadurch können auch Ströme von verschiedenen Rechnern synchronisiert werden, wenn keine global synchronisierten Uhren zur Verfügung stehen.

Nach einer erfolgten Intrasynchronisation für die einzelnen Datenströme kann die Intersynchronisation dadurch gewährleistet werden, daß die unterschiedlichen Übertragungsverzögerungen beim Empfänger durch eine einheitliche Referenzverzögerung d_{ref} ausgeglichen wird. Dadurch wird erreicht, daß alle Datenströme um dieselbe Zeitspanne verzögert werden. Die Referenzverzögerung ergibt sich aus den bei der Intrasynchronisation ermittelten Korrekturwerten entweder als der Korrekturwert eines von der Anwendung bevorzugten Datenstroms oder als das Maximum aller ermittelten Korrekturwerte.

Die Referenzverzögerung ersetzt die bei der Intrasynchronisation ermittelten Korrekturwerte der einzelnen Ströme für die nächste Adaptionseinheit und führt so zur Ermittlung eines neuen Wertes. Bei dieser dynamischen Adaption der Referenzverzögerung ist es allerdings nicht mehr möglich, eine Veränderung der Verzögerung separat auf einen Datenstrom zu beziehen, sondern es sind stets alle Datenströme betroffen. Die bei der Intrasynchronisation angegebenen Parameter für l_{max} und d_{max} sind weiterhin für jeden Datenstrom einzuhalten.

Bei der Minimierung der Verspätungsrate wird die Referenzverzögerung so verändert, daß die Verspätungsrate aller Datenströme minimal wird, ohne dabei die Maximalverzögerung eines Datenstroms zu überschreiten. Damit wird die Intersynchronisation die bei der angegebenen Verzögerung bestmögliche Qualität liefern.

Für die Verzögerungsminimierung wird die Verzögerung solange verringert, bis für den ersten Datenstrom die maximale Verspätungsrate erreicht wird. Für die Anwendung steht dadurch ein Verfahren zur Intersynchronisation zur Verfügung, das bei noch vertretbarer Qualität die geringste Verzögerung der Datenströme bietet.

3 Realisierung der Synchronisation in den DMO Services

3.1 Einführung in die DMO Services

Die Distributed Multimedia Object (DMO) Services bieten Systemunterstützung für multimediale Anwendungen sowohl während der Entwicklung als auch zur Laufzeit. Sie stellen eine abstrakte Schnittstelle zur Verfügung, die eine Anwendung nutzen kann, um multimediale Objekte zu erzeugen und zu kombinieren. Auf diese Art und Weise kann sie Audio- oder Videoströme in Form eines azyklischen, netzübergreifenden Graphen zusammensetzen, wobei die Implementation der Objekte und ihre Verteilung im Netzwerk transparent sind. Realisiert werden die multimedialen Objekte im DMO Server, der die Echtzeitumgebung für die Behandlung der zeitgebundenen Daten eines Rechners bereitstellt.

3.2 Wichtige Klassen multimedialer Objekte des DMO Services

- Die Klasse *Clock* repräsentiert ein Zeitsystem. Als Zeitquelle kann eine Systemuhr oder ein Datenstrom dienen. Über verschiedene Attribute wie Offset, Skalierungsfaktor und Auflösung wird das Zeitsystem konfiguriert. Ein Objekt der Klasse Clock kann Zeitereignisse generieren und ermöglicht so der Anwendung, zeitgesteuerte Aktionen auszuführen.
- *LogicalDevice* ist eine Abstraktion für Hard- und Software wie zum Beispiel Mikrophon, Videofenster, Mixer oder Synchronisationstreamhandler. Diese Abstraktion vereinigt gegenüber der Anwendung die entsprechenden physikalischen Geräte, die die Echtzeitbearbeitung von Datenströmen letztendlich ausführen, in einer einheitlichen Schnittstelle.

- Ein *Stream* ist eine Verkettung von logischen Geräten in der Form eines azyklischen Graphen. Es werden Methoden zum Starten und Stoppen eines Stromes angeboten. Die Klasse Stream enthält die Schnittstelle zur Intrasynchronisation. Die Anwendung kann so die Parameter für die maximal zulässige Verzögerung, die akzeptierte Paketverspätungsrate und die Kontextangabe (live oder synthetisch) einstellen.
- Die Klasse *Streamgroup* faßt mehrere Ströme in einer Verwaltungseinheit zusammen. Dadurch lassen sich innerhalb des DMO Servers Ressourcen gemeinsam anfordern und Operationen wie Start und Stop auf einer Gruppe von Strömen ausführen. Die Schnittstelle für die Intersynchronisation von Strömen befindet sich in dieser Klasse.

3.3 Die Benutzung der multimedialen Objekte

Ein Beispielszenario soll die Benutzung der multimedialen Objekte durch die Anwendung verdeutlichen. Ein verteilter TV-Dienst zeigt an einem Arbeitsplatz einen Videofilm, der auf einem Dateiserver zentral gespeichert ist. Dazu müssen zwei getrennte Ströme für Audio und Video aufgebaut werden. Der Audiostrom enthält die logischen Geräte Filer und Lautsprecher. Dementsprechend besteht der Videostrom aus Filer und Videofenster. Um Intersynchronisation und Operationen auf beiden Stömen zusammen durchführen zu können, werden die Ströme in einer Gruppe zusammengefaßt. An der Stromgruppe werden die Synchronisationsattribute gesetzt: die Anwendung spezifiziert eine geringe Paketverspätungsrate, da die Qualität wichtiger ist als die Gesamtverzögerung. Anschließend kann sie Start- und Stopoperationen auf der Stromgruppe ausführen und erhält zwei kontinuierliche, intersynchrone Datenströme. Abb. 4 zeigt die abstrakte Sicht der Anwendung auf die multimedialen Objekte.

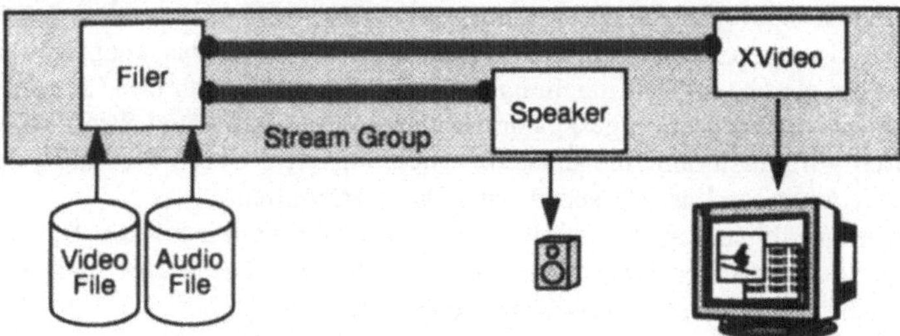

Abb. 4: Anwendungssicht auf die multimedialen Objekte für das Beispielszenario

3.4 Realisierung der Synchronisation

In der Schicht der DMO Server resultiert aus dem Beispielszenario eine Konfiguration wie in Abb. 5 zu sehen. Bei der Definition der Stöme werden automatisch die notwendigen Streamhandler eingefügt. Mit Hilfe der Netzwerkstreamhandler wird die Übertragung über das Netz realisiert.

Auf Empfängerseite ist jeder Synchronisationsstreamhandler für die Intrasynchronisation des Datenstromes verantwortlich, dem er zugeordnet ist. Die Intersynchronisation der Datenstöme wird durch einen Eventkommunikationsmechanismus zwischen den beteiligten Synchronisationsstreamhandlern erreicht. Den Synchronisationsstreamhandlern ist ein Clock-Objekt zugeordnet, das das benötigte Zeitsystem liefert. Für den Austausch der Daten zwischen den Objekten wird ein spezielles A/V-Protokoll benutzt. Der Kopf einer Protokolldateneinheit enthält den 32 Bit langen Zeitstempel, den die Synchronisationsstreamhandler auswerten.

4 Zusammenfassung

Die DMO Services bieten eine Systemunterstützung für multimediale Anwendungen einschließlich Synchronisationsmechanismen für Intra- und Intersynchronisation. Diese Mechanismen setzen die Existenz einer synchronisierten Zeitquelle zwischen Rechnern nicht voraus

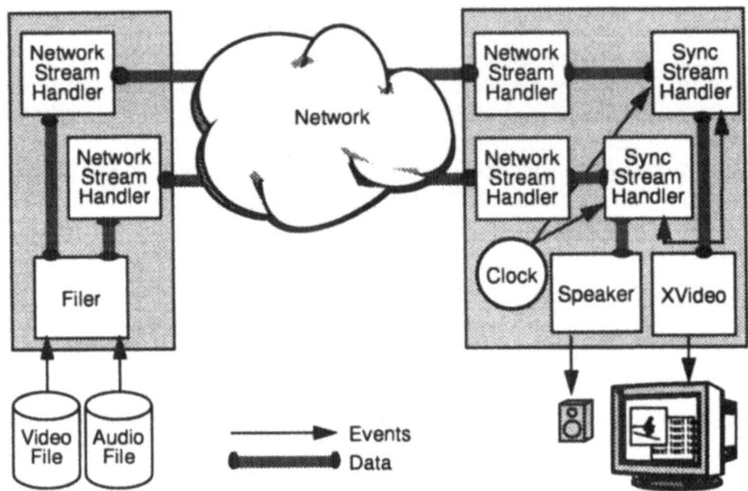

Abb. 5: Konfiguration in der Schicht der DMO Server für das Beispielszenario

und sind daher universell anwendbar. Steht allerdings eine globale Zeitquelle zur Verfügung, so erhöht sich die Leistungsfähigkeit der Verfahren.

Der Anwendungskontext wird in die Verfahren mit einbezogen, um unterschiedliche Anforderungen von Anwendungen zu berücksichtigen. Dadurch wird entschieden, welcher der beiden Parameter Gesamtverzögerung und Verspätungsrate durch das adaptive Verfahren zu minimieren ist bei gleichzeitiger Einhaltung der spezifizierten Grenzwerte für beide Dimensionen. Bei der Intersynchronisation gespeicherter Daten wird relativ zum Strombeginn synchronisiert. Dadurch wird auch ohne die Existenz synchronisierter Uhren die Intersynchronisation von auf verschiedenen Rechnern gespeicherten Daten ermöglicht.

Durch die aufgezählten Eigenschaften ist eine optimale Anpassung des Synchronisationsverfahrens an die technischen Gegebenheiten, die veränderliche System- und Netzwerkbelastung und die Anforderungen von Anwendungen möglich.

Die DMO Services liefern der Anwendung eine einfache Abstraktion der Hard- und Software, die für digitale Audio/Video-Verarbeitung notwendig ist. Für die Definition von Synchronisationsbeziehungen steht eine einfache objektorientierte Schnittstelle zur Verfügung. Die DMO Services werden gegenwärtig am IBM European Networking Center implementiert.

5 Literaturverzeichnis

[AH91] David P. Anderson, Georg Homsy: "A Continous Media I/O Server and Its Synchronization Mechanism", IEEE Computer, 51-57, Oktober 1991.

[BLH91] Gerold Blakowski, Jens Hübel, Ulrike Langrehr: "Tools for Specifying and Executing Synchronized Multimedia Presentations", 2nd International Workshop for Network and Operating System Support for Digital Audio and Video. Heidelberg, November 1991.

[Dan+93] Roger B. Dannenberg et al.: "Tactus: toolkit-level support for synchronized interactive multimedia", Multimedia Systems, Vol. 1, No. 2, 77-86, 1993.

[EDP91] Julio Escobar, Debra Deutsch, Craig Partridge: "A Multi-Service Flow Synchronization Protocol", Technical Report, BBN Systems and Technologies Division, Marz 1991.

[Lit93] T. D. C. Little: "A framework for synchronous delivery of time-dependent multimedia data", Multimedia Systems, Vol. 1, No. 2, 87-94, 1993.

[Nic90] Cosmos Nicolaou: "An Architecture for Real-Time Multimedia Communication Systems", IEEE Journal on Selected Areas in Communications, Vol. 8, No.3, 391-400, April 1990.

[RR93] Srinivas Ramanathan, P. Venkat Rangan: "Adaptive Feedback Techniques for Synchronized Multimedia Retrieval over Integrated Networks", ACM Transactions on Networking, Vol. 1, No. 2, April 1993.

[Ste90] Ralf Steinmetz: "Synchronization Properties in Multimedia Systems", IEEE Journal on Selected Areas in Communications, Vol. 8, No. 3, 401ff, April 1990.

Design and implementation of a global reference mechanism for data objects

Herwart Pusch
Forschungsinstitut für Offene Kommunikationssysteme (Fokus),
Gesellschaft für Mathematik und Datenverarbeitung (GMD),
Hardenbergplatz 2
D-10623 Berlin

Abstract

This paper describes an implementation of a global reference mechanism and its integration with multimedia mail projects. The mechanism consists of two services, the *External Reference Production* (ERP; [6]) service, for storing data in a remote store, and the *Referenced Data Transfer* (RDT; ISO/IEC 10740, [15], [16]) service, as the retrieval component. The whole mechanism is based on the concepts specified in the *Distributed Office Applications Model* (DOAM; ISO/IEC 10031, [13], [14]) standard.

The system was developed at *GMD Fokus* using the *ISO Development Environment* (ISODE, [8]), in order to make it easy to port the system to different platforms[1], and to ensure OSI [9] conformance. To our knowledge, the system includes the first realization of the standardized RDT *service element*.

1 Introduction

In the context of electronic mail in heterogeneous environments most common systems are still restricted to handling and exchanging text based information. To enhance the capabilities of electronic mail *GMD Fokus* participates in two projects that specify and implement multimedia mail systems. These projects are the *BERKOM*[2] *Multimedia-Mail Teleservice* [18] and the *CIO*[3] *Multimedia Mail System* [5]. Both projects are managed by the *De·Te·Berkom GmbH*, a consulting company of German Telecom (*Deutsche Bundespost Telekom*).

Both projects implement an extended *Interpersonal Messaging System* (IPMS, [2]) based on the *Message Handling System* (MHS), described in the CCITT recommendations of the X.400 series (1988, [1], [12]). The multimedia mail systems use the externally defined body part type mechanism of X.400 to support the use of additional (in the standard not yet specified) information types (e.g. video and sound) within a message.

This context created the need for a powerful reference mechanism, which would make it possible to include a reference to mono or multimedia data within a message instead of including the data itself. To replace data with its reference greatly reduces the size of the message, since multimedia information is often very bulky[4] and a reference to such data usually needs a correspondingly insignificant amount of memory space. The data, here called *data object*, is then stored at a specific, remotely accessible store. Subsequently the reference might be used by the receiver of the message to access the original data, using an external access service.

---

1. The system is already in use by several project partners on different platforms (e.g. Alpha AXP/DEC OSF/1, HP9000/HPUX 9.0, NeXTstations/NeXTstep, RS/6000/AIX, SiliconGraphics/IRIX, Sun SPARC/SunOs 4.1.3, and porting to PCs with DOS/Windows, Linux and NeXTstep is also in progress).
2. BERliner KOMmunikationssysteme.
3. Coordination, Implementation & Operation of Multimedia Services (RACE project 2060).
4. Video easily exceeds hundreds of megabytes.

This mechanism reduces the network load and 'bypasses' the *Message Transfer System* (MTS, [1]). The reduction is achieved by not transferring all referenced multimedia information. The receiver will probably not request the transfer of information which of no interest to him or which is already available at his side. An unnecessary transfer will also be avoided if he lacks the capabilities to present the information at his end. This effect multiplies if messages are sent to a group of receivers. Bypassing the MTS is necessary, since most of the existing nodes between originator and recipient in a X.400 MTS have message size restrictions. The maximum message size is easily exceeded when multimedia information is transferred.

In order to support the reference mechanism the multimedia mail systems had to find a way to refer to and access the data. An appropriate concept, the *Referenced Object Access* (ROA) model, is described in the DOAM standard [13]. The standard also specifies a set of datatypes [14], which are necessary for services to support the functionality described in the ROA model. The most important of these datatypes is the *Distinguished Object Reference* (DOR). It represents a reference that makes it possible to localize and identify *data objects* globally. A second standard, the *Referenced Data Transfer* (RDT, [15], [16]), specifies an access service according to the ROA model.

An additional aspect of the BERKOM and CIO multimedia mail systems is that they support a service that makes mass storage available to all users of references. This service might be offered by several service providers, which could install stores at different sites. In the context of the projects, the store is called *Global Store* (GS). In order to transfer the data to the store a second transfer service is needed. This is the *External Reference Production* (ERP) service. It was specified and implemented at *GMD Fokus*.

In order to be able to use the reference mechanism in arbitrary applications, all components of the mechanism were realized as *Application Programming Interfaces* (API). The following section gives a short overview of the necessary standards and protocols and the integration of the APIs in the given project context. The third section describes the current implementation of the APIs and the services.

2 Background

2.1 Multimedia mail project

Because both multimedia mail projects are closely related, this paper will concentrate on the *BERKOM Multimedia-Mail Teleservice*. Nevertheless the description is also applicable for the CIO multimedia mail project as the concepts are very similar. In the context of the reference mechanism only the terminology and the integrated store differ in both projects.

According to the requirements of the *Multimedia-Mail System* and the integrated reference mechanism a configuration can be derived as shown in Fig. 1. The system comprises the *Multimedia-Mail User Agents* (MM-Mail UA), the *Global Store Server* and the *Message Transfer System*. As opposed to a normal X.400 UA, the MM-Mail UAs are capable of exchanging data objects with the integrated reference mechanism.

In a typical reference handling scenario for the *Multimedia-Mail System* three communicating entities might be involved. These are the *MM-Mail UA* of the sender, the *MM-Mail UA* of the receiver and the *Global Store Server*. These are referred to below as *agent*. All agents have a similar structure and consist of several components. Components of the agents which are not of interest in this paper are not included in Fig. 1 (e.g. a multimedia message editor or the component that connects a *MM-Mail UA* with the MTS). A comprehensive illustration can be found in [18].

In the context of the reference mechanism, four components of an agent are of interest: the *Reference Manager*, the local store of each agent, the *External Reference Production Service*

Element (ERPSE, [6]) and the *Referenced Data Transfer Service Element* (RDTSE). The *Reference Manager* hides the complexity of the reference mechanism from the user and the rest of the system. It exports a small set of routines and supports the use of the service elements. It also enables a service to access the local store. ERPSE and RDTSE are the communicating components of the reference mechanism. They handle the communication protocols to transfer and retrieve data objects to and from a remote store.

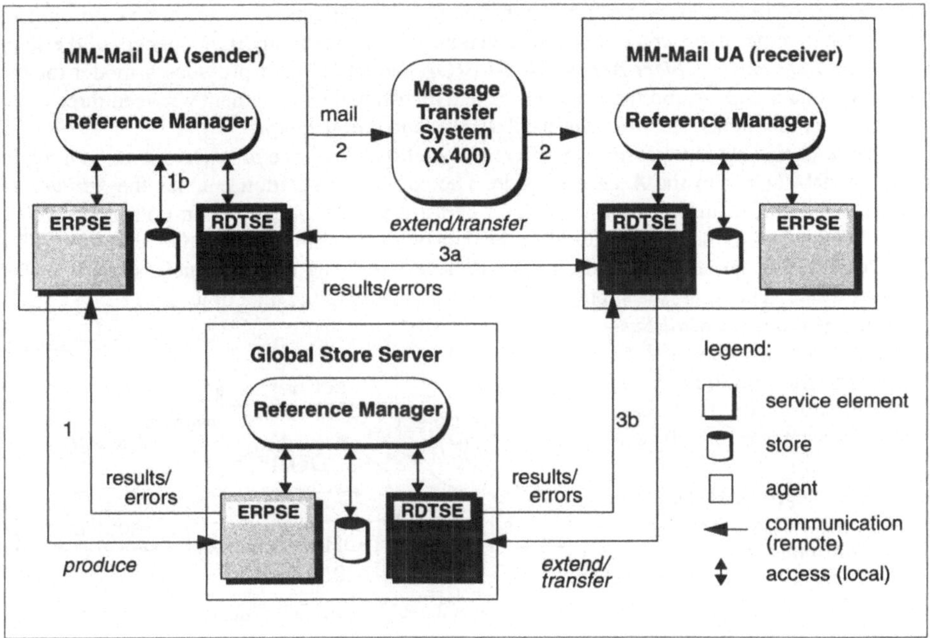

Fig. 1: BERKOM Multimedia-Mail system overview.

The figure shows the communicational aspects of the system. For the purpose of this paper the connections are shown as arrows and are therefore directional. However, the system is symmetrical, so that a sender can receive or a receiver can send multimedia messages.

If a user of the *Multimedia-Mail System* wants to compose a message, he might include several parts. The implemented editors make it possible to handle text, graphics, sound and video and they support the integration of external references instead of often bulky multimedia objects.

In order to support a subsequent access to the referenced data objects by the receiver of the message, they have to be stored. The store might be located at the sender's side or a remote global store might be used. If the sender uses the remote global store, storage is carried out by means of the *External Reference Production Service Element* (ERPSE, connection 1). ERPSE generates a *Distinguished Object Reference* (DOR). When the ERP protocol successfully results in the production of a DOR, this reference can be included in a message. If the data object is stored locally no protocol is necessary and the DOR is generated locally (connection 1b).

The next step is to send the message via MTS to the receiver (connection 2). When the message arrives, the receiver has the opportunity to retrieve the referenced data object. To do so the *Reference Manager* utilizes the *Referenced Data Transfer Service Element* (RDTSE). The data object is retrieved either from the sender's store (connection 3a) or from the *Global Store Server* (connection 3b).

Since the DOR comprises all necessary addressing and identifying information retrieval is carried out transparently by the RDT. For the receiver the location of the data object and the way it is transferred are not of interest.

2.2 Distributed Office Applications Model (DOAM)

The first part of the standard describes how distributed applications in an office environment might work together in order to exchange data objects. The most important concept of the standard is the *Referenced Object Access Model* (ROA model [13]). It provides a model for the exchange of data objects and their references in a distributed environment between three communicating components: the *Initiator*, the *Accessee* and the *Accessor*.

The *Initiator* is able to perform two different operations. With the *produce* operation it might transfer a data object to the *Accessee*'s side. The *consume* operation enables the *Initiator* to give the *Accessor* all information it needs to perform a ROA operation. In both operations a DOR is exchanged to identify and localize the data object in a subsequent ROA operation. This ROA operation is initiated by the *Accessor* to access the data object, which is stored at the *Accessee*'s side. The *Accessee* supports and controls access to the data object.

For the *Multimedia-Mail System* it is important that a third component (the *Initiator*) exists, since the reference to a data object is transferred a different way (via mail) than the object itself. The mapping of the components and the communication of the *Multimedia-Mail System* to the ROA model is shown in Fig. 2. Within this figure the long arrows represent the communication between components, showing the origin of an operation and where it has to be performed. The short arrows represent data flow.

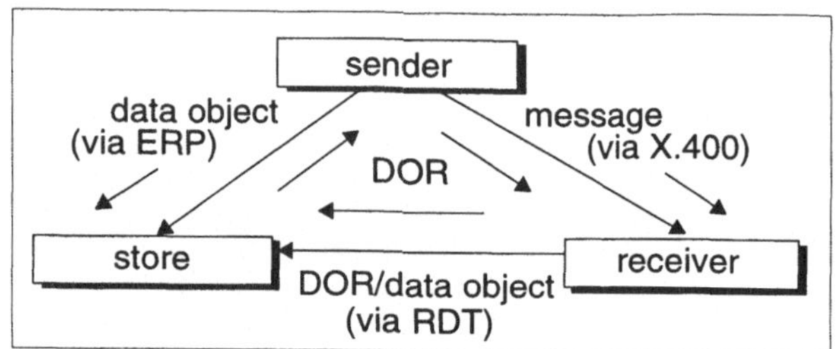

Fig. 2: Use of the ROA model in the Multimedia-Mail context.

In Fig. 2 the *produce* operation is supported by the ERP service. The *consume* operation is realized by the transfer of messages, including references, via MHS and the ROA operation is implemented by the RDT service (see also Fig. 1).

The second part of the standard specifies four datatypes, which are needed for the reference mechanism. These are the DOR, two *Quality of service* (QoS) structures for specific operations (*produce* and *extend*) and an *altered value* structure that indicates the alteration of a data object at the *Accessee*'s side upon a transfer operation. The specification of the DOR is the most significant as it represents the reference type with all the information that identifies a data object globally.

The DOR is structured and consists of five parts which are represented in the following table. Each component of the DOR has a presence attribute that determines whether it is optional or mandatory. The standard describes the *AE-identifier* as conditional and only in case of specific operations as mandatory. This exceeds the possibilities of ASN.1 [10] and is changed to optional in the DOR specification of the standard. The *Usage of reference* component is described as *defaultable*.

The first component of the DOR is the *AE-identifier* (AEI). The AEI comprises all information needed to identify and address a remote *Application Entity* (AE) in a heterogeneous environment. The addressing information can be included directly (*Locational-identifier*) or by two different pointers to the *Directory* (X.500, [3]). With the help of these pointers (*Direct-logical-identifier, Indirect-logical-identifier*) the appropriate addressing information can be retrieved from the *Directory*. The *Locational-identifier* consists of the *Presentation-address* and the *AE-title* as its addressing information. Whichever contexts (protocols) are supported is kept in the *Application-contexts* component of the AEI.

The second component of the DOR is the *Local-reference*, which identifies the data object at the storage side. It consists of two parts: the *Application* identifies an additional generator of the referenced data object (e.g. a second store), whereas the *Specific-reference* holds the unique identification of the data object in the store.

The *Data-object-type* component describes the type of the referenced data object. Before transfer takes place this component helps the receiver to decide if he can handle the data and whether it is useful to transfer it. After transfer the component provides the information needed for handling the data.

The *Quality-of-service* (QoS) component comprises information for administration of the data object in the store. It determines, by means of the *QoS-level*, whether a modification of the data object in the store is indicated and if the accessibility of the data object is guaranteed up to a specific time. It depends on the level whether the produce and fidelity time are held in the component or not. The *Usage-of-reference* determines whether access to the referenced data object is granted several times or only once.

Components of the DOR

Component	Presence
AE-identifier	conditional
Locational-identifier	optional
Presentation-address	mandatory
AE-title	optional
Application-contexts	mandatory
Direct-logical-identifier	optional
Indirect-logical-identifier	optional
Local-reference	mandatory
Application	optional
Specific-reference	mandatory
Data-object-type	mandatory
Quality-of-service	optional
Qos-level	optional
Produce-time	mandatory
Fidelity-time	optional
Usage-of-reference	defaultable
Token	optional

The last component of the DOR is the *Token*, which was introduced to allow for the possibility of authentication mechanisms, not yet specified in the standard.

With these components a DOR enables a service to address, handle, identify and administer data objects.

2.3 External Reference Production (ERP) protocol

The ERP implements the protocol between the originator of a data object (*Initiator*[1]) and the remote recipient (*Accessee*) as described in the ROA model. The *Accessee* makes mass storage available for the *Initiator* and grants subsequent access to the data object. The so-called *ROA-produce* operation is specified by the ERP *produce* operation and as an additional feature ERP supports a *reserve* operation. If the *Accessee* implements an accounting mechanism it is important that the *Initiator* has to be registered as an authorized user before any invocation of an ERP operation can take place or be accepted by the *Accessee*. The registration of users is a proprietary task of the *Accessee*'s side and is not supported by the ERP protocol.

The *reserve* operation is used to reserve memory space at the *Accessee*'s side. It can also be understood as an inquiry if the *Accessee* is capable of storing a data object of a specific size and with a specific *quality of service* (QoS). For this purpose the protocol specifies the *Produce-QoS* (see 2.2) and the size of the data object as its parameters. The result of the *reserve*

---

1. Since ERP and RDT are based on the DOA model, they utilize the terms Accessee, Accessor and Initiator.

operation comprises the DOR or, if the QoS cannot be supported, the *Accessee* returns a QoS offer instead of a DOR. If the *reserve* operation is successful the *Accessee* reserves the requested memory space for the *Initiator*'s use and a subsequent *produce* operation might be invoked.

The *produce* operation enables the *Initiator* to transfer and store the data object at the remote *Accessee* and to get a DOR in return. The operation might also be invoked if no *reserve* operation was executed. In this case the *Initiator* cannot be sure whether the *produce* operation will successfully provide the requested QoS and space. If the store cannot support the QoS, or it does not have enough memory space available, it will reject the operation and the transferred data will be lost.

Parameters of the *produce* operation are the data object and either a reference to the previously reserved space or a specific *Produce-QoS* and the *data-object-type* that identifies the type of the transferred data. The operation returns the DOR on success or a QoS and a size if the produce requirements (QoS and size of the data object) cannot be supported. The returned QoS represents a *quality of service* that could be offered by the store side. Otherwise an error will be returned. If the operation succeeds the DOR is a valid reference to the data object in the store.

2.4 Referenced Data Transfer (RDT) protocol

The RDT can be described as an access service to a remote server. The requesting side (RDT *client*) invokes operations on the remote side (RDT *server*). The RDT server executes the operation and sends back the results.

The protocol supports two operations. The first is the operation *transfer*. It enables the *Accessor* to request the transfer of a data object from the *Accessee* using the DOR. The operation awaits three parameters. These are the DOR, a *transfer condition* and a *time* value.

The DOR is used for identification of the data object, the *transfer condition* makes it possible to determine under which condition a transfer of a data object should take place and the *time* parameter is used in connection with the *transfer condition*.

The *transfer condition* may have three distinct values. The first value (*altered-value-acceptable*) says that a transfer should take place even if the data object was modified after the release of the DOR. The second value (*only-altered-value-requested*) says that the *Accessee* should transfer the data object only if it was modified since the last transfer. In this case the *time* parameter might specify a point in time after which the data object should have been modified in order to be of interest for a transfer. The third value (*altered-value-not-acceptable*) says that the data object should be transferred only if it was not modified since the DOR was released. Which transfer condition is supported by the *Accessee* depends on the *Qos level* of the DOR.

The result of the transfer operation comprises two parts. The first is the *altered value* flag (see 2.2). The default is the value "*undefined*" because the information concerning the modification of the data object might not always be available. The second is optionally the data object itself. The type of the data object is specified as *external* so that arbitrary data can be handled with the RDT protocol.

RDT also supports the operation *extend*. It allows the Accessor to request the extension of the *quality of service* (QoS) for a referenced data object. The operation supports two parameters. The first is the *Extend-QoS*, which holds the values that should be modified. The second is the DOR that should be modified and refers to the data object for which the modification should be made. The protocol restricts the operation to allow only two activities: at a *Qos level* of 3 the *fidelity time* can be extended and the *usage of reference* can be changed from a *single* to *multiple* setting. If the modifications of the QoS are completely supported the extended DOR is sent back as the result. If the modification is not supported, the operation might be refused or a restricted extension might be offered. In the latter case the transferred DOR contains the supported extensions.

If the components of the *Extend-QoS* parameter in the *extend* operation are empty, the operation is interpreted as a request for the current state of the DOR. In this case the validity of the DOR is tested and the DOR, or an error, is returned.

3 Implementation

The following comprises a short overview of the implemented DOA, ERP and RDT APIs and the services. For a comprehensive description, refer to [17]. This document also describes three command line tools and the window interfaces which are built on top of the APIs. The tools were implemented to test the APIs and to give an example of how to use them. With the commands a user may build a DOR locally (*mkdor*), or remote (*erp*), or he may use the RDT service (*rdt*) with its operations.

3.1 DOA API

The DOA API supports the handling of the datatypes specified in the DOAM standard. The API has a specific structure, both to make the use of the routines easier and to unify the access to the datatypes.

On the lowest level the API comprises an initializing routine for each of the DOAM datatypes. On the next level the API supports writing, reading and freeing routines for the five DOR components (see table *"Components of the DOR"*). On the third level the API supports extra routines to enhance the capabilities of the low level API as e.g. the transparent address handling.

On the upper level of the API a set of writing, reading and freeing routines for the complete DOR and QoS structures are supported. Additionally a validation routine and coding routines for a DOR make secure handling and the exchange of references possible.

3.2 ERP and RDT service implementations

The service implementations of ERP and RDT consist of several parts. Each of the two services comprise three separate APIs and an implementation of the server.

The most important components of the implementations are the client APIs and the server implementations. These components enable a user to integrate each service within any other application and to use the services in an arbitrary context (see also 3.3). Each client API supports routines for association control (*bind* and *unbind*) and for the service specific operations. For these operations the APIs support synchronous and asynchronous routines. To collect the incoming results in the asynchronous case the APIs also support wait routines. The routines of the two client APIs enable a user to develop a client without precise knowledge about the service specifics and the handling of DORs.

If a site wants to offer one of the two services, either to enable remote clients to access locally stored data objects or to store data objects, it has to install the corresponding server. Currently two different server implementations are available for each of ERP and RDT in order to support the two project specific store implementations. To enable developers to integrate other store implementations, the system supports an additional store API. This API executes the storage access and might be modified or reimplemented to use the services with other stores. Within the *Multimedia-Mail System* this API is part of the *Reference Manager*. Through the API the handling of newly specified or application specific datatypes can be integrated. This is needed since RDT and ERP support externally defined datatypes.

To support the handling of newly defined or application specific datatypes it is also necessary to handle the data correctly on the client side. Likewise the user who implements the handling of his own datatypes on the server side also has to implement the correct handling on the client side. For this purpose the ERP and RDT comprise additional APIs, which might be extended to cover the newly developed needs.

3.3 The *Reference Manager* and its Interfaces

GMD Fokus has also developed a userinterface to the *Reference Manager*, called *External Reference Manager (xRef)*. This interface was realized for two different systems: X11 on *Sun* and *NeXTstep*. Other project partners have implemented their own interfaces or have integrated the XRM in their multimedia mail system.

4 Summary and outlook

GMD Fokus has developed two services, ERP and RDT (conforming to the OSI reference model), together with a set of APIs. The APIs enable a user to develop his own applications, which make use of the RDT and ERP services in an easy way and which do not require an inside view of the OSI protocol stack nor an intensive handling of the ISODE development environment. However the software makes it possible to enhance the current implementation by adding or reimplementing specific parts.

To give an example of how the APIs are to be used and how the services work, the software also comprises command line tools. These tools make it possible for a DOR to be built locally, for the remote storage of data objects via ERP service and their retrieval via RDT service by means of a DOR.

Experience with the Multimedia-Mail System showed that the reference mechanism is a great advantage in shortening the delivery time of multimedia messages. Transfer times were greatly reduced in a local Ethernet when references instead of multimedia information were included in a message. To what extent this might have an effect in an open environment cannot yet be answered at this point. This might be ascertained using statistical methods when the system is employed for communication and information exchange between the different project partners.

When using the system we have also found one major disadvantage of the current reference mechanism. It is caused by the fact that the RDT standard demands that the service be based on remote operations [11]. The concept of remote operations forces the service to handle a data object as one block, comprising the whole object. If an RDT client requests the transfer of a data object it has to wait until the whole object is transferred before it can process it. An additional problem is that the receiver has to have the appropriate memory available for the transferred object. In the case of video data these objects easily exceed several hundred megabytes, so the reference mechanism requires mass memory, which is not always available to every user.

This problem could be solved if the data is transferred in small units. If it is possible to keep the correct sequence of data units when transferring them, the data can be directly presented and each block may be removed afterwards. This concept will also be realized at *GMD Fokus* by implementing a '*real time*' RDT.

This mechanism might be enhanced by optimizing the use of the local resources. The problem of huge memory need might also be solved if only a part of the data object has to be stored. This part could consist of several transfer data blocks, but will not reach the size of the whole object. In this case the transfer rate and the speed of presentation can be adjusted if the transfer system supports the negotiation of transfer rates, or if it supports fixed transfer rates.

The *real time RDT* will be implemented on top of the *Multimedia Transport System* (MMT, [7]) which is also realized in the context of the *BERKOM Teleservice Projects*.

Acknowledgments

The author would like to thank Mohammed Durmosch, Majid Ghamsari, Gerd-Peter Meier and Mehrdad Roshandel for their contribution to the system and Gerd Schürmann and Klaus-Dietrich Engel for helpful discussions and suggestions.

References

[1]   CCITT Recommendations X.400 series (MHS): Message Handling System, 1988.

[2]   CCITT Recommendation X.420: Message Handling System, Interpersonal Messaging System, 1988.

[3]   CCITT Recommend. X.500: Open Systems Interconnection (OSI) - The Directory - Overview of Concepts, Models and Services, IS 1988, see ISO/IEC 9594-1, 1990.

[4]   CCITT Recommendations X.520: Open Systems Interconnection (OSI) - The Directory - Selected attribute types, IS 1988.

[5]   CIO, RACE-Project 2060: Functions and Components of a MultiMedia Mail System, De·Te·Berkom, Technisches Zentrum Berlin, September 1992.

[6]   ERP - 1/2: External Reference Production - Part 1: Abstract Service Definition, Part 2: Protocol Specification, Internal Draft Specification of GMD Fokus Berlin, 1993.

[7]   L. Delgrossi, J. Sandvoss, The BERKOM II MultiMedia Transport System (MMT). Version 3.0, De·Te·Berkom, Technisches Zentrum Berlin, February 1993.

[8]   ISODE Volume 1-18, ISODE CONSORTIUM, Version 1.0, February 1993.

[9]   ISO 7498, OSI: Information Processing Systems - Open Systems Interconnection - Basic Reference Model, IS 1984.

[10]   ISO 8824, ASN.1: Information Processing Systems - Open Systems Interconnection - Specification of Abstract Syntax Notation One (ASN.1), IS 1990.

[11]   ISO/IEC 9072-Part 1/2, RO: Information Processing Systems - Open Systems Interconnection - Remote Operations - Part 1: Model, notation and service definition, Part 2: Protocol specification, IS 1989.

[12]   ISO/IEC 10021-1 to 7, MOTIS: Information Processing Systems - Text Communication - Message Oriented Text Interchange Systems (MOTIS), IS 1990.

[13]   ISO/IEC 10031-1 (DOAM): Information Technology - Text and Office Systems - Distributed-office-applications Model - Part 1: General Model. IS 1991.

[14]   ISO/IEC 10031-2 (DOAM): Information Technology - Text and Office Systems - Distributed-office-applications Model - Part 2: Distinguished-object-reference and Associated Procedures, IS 1991.

[15]   ISO/IEC 10740-1, RDT: Information Technology - Text and Office Systems - Referenced Data Transfer - Part 1: Abstract Service Definition, IS 1993.

[16]   ISO/IEC 10740-2, RDT: Information Technology - Text and Office Systems - Referenced Data Transfer - Part 2: Protocol Specification, IS 1993.

[17]   H. Pusch, M. Roshandel, M. Durmosch, The BERKOM Multimedia-Mail Teleservice - API description of External Reference Manager, Distinguished Object Reference, External Reference Production and Referenced Data Transfer and Installation Guide, Release 3, GMD Fokus Berlin, 1994

[18]   G. Schürmann, E. Moeller, A. Scheller, G.R. Hoffmann, J. Rückert, The BERKOM Multimedia-Mail Teleservice. Release 2.2, De·Te·Berkom, Technisches Zentrum Berlin, March 1993.

Remote Camera Control in a
Distributed Multimedia System

Marcus Wieland, Ralf Steinmetz, Peter Sander

IBM European Networking Center
Vangerowstraße 18 • 69115 Heidelberg • Germany

1 Introduction

Most publications on multimedia issues address basic technology or system software aspects (video server implementation, communication protocols, etc.). Some papers discuss networked applications with the focus on multimedia conferencing, multimedia and hypermedia documents and video on demand with client and server systems. We look into details of networked applications, a remote camera control application.

We designed and implemented the HeiCam application (HeiCam - The Heidelberg Remote Camera Control) to exploit the advantages of existing computing and communication for the purpose of a remote camera control. Remote camera control facilities are mainly used to observe buildings or restricted areas, especially where danger to life exists or employment is unprofitable, as in chemical plants or nuclear power stations. First, let us describe in detail how a remote camera control works in a networked environment.

The camera is attached to a computer, the "camera server", via an electrical interface, for example a serial RS232C interface. Control commands like "move", "zoom" and "focus" are sent via this interface from the computer to the camera. The originator of the commands is an application running on a remote computer, the "camera client". Both computers, client and server, are interconnected by a computer network, for example a Token Ring or Ethernet LAN. Audio and video data is continuously captured, coded and compressed at the server. This data is transmitted over the network to the client. At this remote location the audio/video signal is displayed in the window of the client application. In these set-ups the camera attached to the camera server can be controlled remotely from one of the clients. The user controls horizontal and vertical movements by clicking with the mouse on appropriate buttons or on some part of the displayed video image itself. All other control functions of the camera are also reflected appropriately at the user interface at the client workstation.

We learned that the visual control of critical production processes would be easier if video pictures from the process could be displayed together with corresponding measurement data on a single display. Control consoles for production supervision have always been developed with the goal of integrated solutions: Control personnel should have all relevant information at their disposal in a compact and precise form. Up to now it has not been possible to integrate video using the same facilities. Consequently separate displays had to be installed in control centers. There are advantages to retrofitting video monitoring into existing control consoles. Video pictures can be shown in one window while other windows display measurements and alarm indicators along with schematics of the production process. With an intelligent presentation system, it is possible to display only relevant video information at a certain point of time or at a specific state of the industrial process to be supervised. The physical distance between camera and the controlling workstation is of no concern. The control commands for the camera as well as the live video and audio data are transmitted over the same digital network. Other scenarios based on the same live video technology include the use of cameras in security systems.

2 Environment and Constraints

HeiCam has been developed in various versions over the last 3 years. Based on the initial prototypes a user requirement study was performed. We wanted to find out the specific user demands of what and how to remotely control a camera. In the following we outline these issues and describe how they are reflected in HeiCam. We have developed HeiCam on PS/2 with OS/2 [4,3] and on RS/6000 with AIX [9].

Network Environment

A main motivation for the use of this application is the desired reduction of expenses in association with the installation of any distributed remote camera control. Existing infrastructure, namely computer networks and the attached workstations should be used. It should be avoided to invest in dedicated equipment such as analog cabling for the transmission of video signals.

During the last years, there is a discernible trend from stand-alone workstations and PCs to networked systems. A networked environment offers the opportunity to share expensive peripheral devices such as laser printers, scanners and in principle also audiovisual equipment like cameras. The other principal usage is the exchange of data. Conventional LANs provide fast bulk data transfer in a fair mode without real-time demands. To a certain extent these networks can also function as "shared medium" for the exchange of audio/video data.

In such an environment a workstation can act as client and/or server. HeiCam incorporates this client/server paradigm: Several servers and several clients are attached to the same network. The server provides video data to the clients using multicast facilities of the communication protocols. Any client is able to control every camera attached to any server. Servers have to be equipped with special video hardware for framegrabbing, digitizing and compressing the desired video signal. Depending on the employed compression scheme the client might also be equipped with hardware to speed-up the decompression and display process.

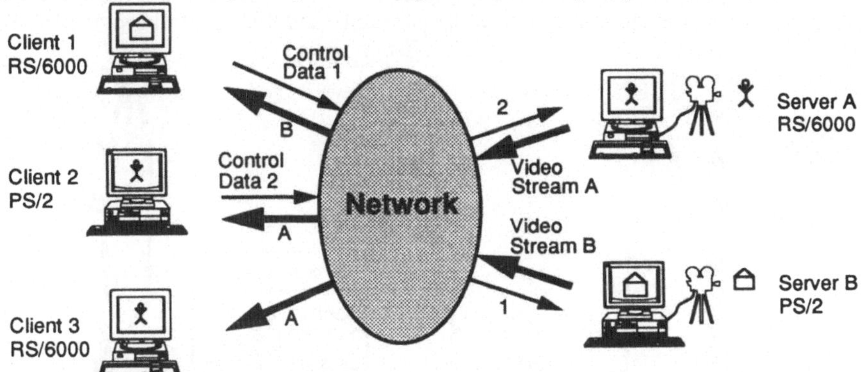

Figure 1: Network Environment

Figure 1 shows a typical scenario of the HeiCam application and symbolizes the network environment: Server A and Server B feed their video data into the network. The clients can choose which video streams they want to attach to. Client 1 "consumes" the "video stream A" and controls the respective camera with the "control data flow 1". Client 2 displays the video data of stream B and sends the control data flow 2. The HeiCam application at client 3 can display either video stream.

Independence of a Specific Audio and Video Format

As outlined in [7,8] there already exist many compression techniques. The most important compression techniques are JPEG, H.261, MPEG and proprietary developments like DVI, Intel's Indeo, Microsoft's Video for Windows, IBM's Ultimotion, Apple's QuickTime or DigiCipher II developed by General Instruments Corp. and AT&T. This large number of compression schemes and their ongoing developments demands for adaptability to various formats and implementations. The use of a seperate AV subsystem allows the integration of further compression techniques and capture/display hardware adapters outside the scope of the Hei-

Cam application. Therefore the HeiCam application is independent of any specific audio and video format.

Independence of a Specific Camera Type

Similar to the various formats of audio and video data and their integration into the audio/video subsystem, a closer look to the diverse camera hardware control interfaces is required.

The architecture of a distributed remote camera control should support a large amount of video cameras. These cameras differ considerably with respect to their intended use (for example monitoring or teleconferencing). We encounter considerable differences in the hardware interfaces for each remote camera control. HeiCam must allow for the integration of this set of heterogeneous hardware resources. Hence in analogy to well-known operating system components we introduce a novel interface software between control functions and the actual camera hardware: the "camera driver". A set of drivers for different cameras provides the independence of a specific camera type.

Functional Blocks

A structured design of the remote camera control application results in the separation of the software into the following functional blocks.

- User interface (text and graphics oriented)
- Networked control functions for the camera control (including a camera driver at the server site) with the "HeiCam Control Protocol" (HCP)
- A networked audio/video subsystem with the "Source and Sink Control Protocol" (SSCP)

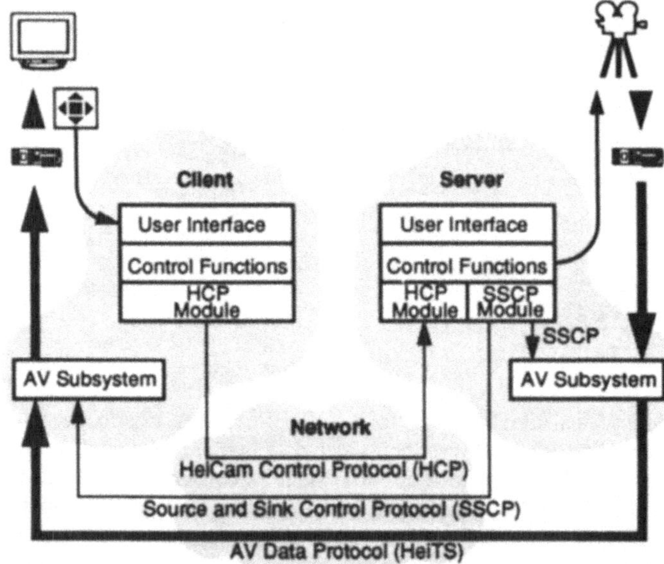

Figure 2: Data Stream and Control Stream Flows

The user interface enables the user to interact with the HeiCam application. It must provide a clear view of the available functions for the control of the camera which must be easy to use and easy to remember. The control functions module performs the commands issued by the user via the user interface. At the server site it processes the communication with the camera driver. Protocols for the communication between client and server and the communication between server software and the separated audio/video (AV) subsystem are needed. Therefore, interface modules to these protocols are required. The audio/video subsystem controls and manages the distribution of the audio and video data from a server to the several clients. It is developed separately, interfaced by HeiCam and entirely encapsulated. Note that also in our version with an object-oriented design and implementation we encounter the same functional partitioning as part of the class hierarchy [3].

Video Stream and Control Protocols

As mentioned in the description of the functional blocks above, two control protocols are needed to negotiate and establish the actual video data transfer, and to control the remote camera itself. These protocols exist in addition to the protocol for the transmission of the video images. The protocols and the video stream are all transmitted over the digital network, however they have different requirements:

The transmission of audio and video data has to fulfil real-time requirements and must obey strict time constraints. A management of the involved resources, e.g., network bandwidth, CPU time and buffer space, has to be done. Therefore, a special transport system for audio and video data is needed. The Heidelberg Transport System (HeiTS) [2] processes the transmission of the AV data and ensures the needed resource management. In principle any other multimedia transport system can also be used as long as it interworks with the available AV subsystem.

The communication between the server and the AV subsystems of server and client requires a protocol to cause the AV subsystem to start or stop an audio/video transmission between server and client. This protocol is not strictly time-bound and it should provide for the selection of different video data rates, constant and variable bit rates as delivered by the respective compression schemes. It is known as SSCP, the Source and Sink Control Protocol [1].

The stream of camera control data is not strictly time-bound, but it should be reliable. This control protocol is called HCP (HeiCam Control Protocol) and is based on RPC. The use of traditional protocols, such as TCP/IP, as transport layer protocols of the RPC are suitable for the transport of the control commands and simplifies the exchange of these commands in heterogeneous environments.

3 Specific User Requirements

Besides the consideration of the above elaborated application environment and the introduction to the basic functional blocks, the most crucial factor of success in any multimedia application is a clear understanding of the specific user requirements.

Any user interacting with a remote control application is not only interested in having as many features and functions as possible; she/he demands for a fast response time to any given command and it should be very easy to use for a casual as well as a professional user. All these major points are the primary factor for the success or failure of HeiCam. All architecture and implementation issues must support and enable these user requirements.

Control Operations

In the design phase of a remote camera control, the question arises which control operations should be available for the user and how they are called. First of all, the user expects an intuitive way of handling the remote camera: Selecting and changing the shot the camera offers. The user needs, for better acceptance, hands-on movements and focus and other operations of the camera, as he would hold a camera right in his hands.

The HeiCam user interface offers therefore a set of functions a user will expect. There are

- Move (left, right, up, down), zoom and focus
- Video capture (with facilities to record and playback videos at the local machine as well as at a remote server. This can be used if a security guard or supervisor is recognizing an unauthorized access to a restricted area and the video is serving as evidence.)
- Defined camera positions (storage and retrieval of several camera positions in order to

access predefined camera positions rapidly. These positions are defined by the spatial position of the camera and the corresponding zoom and focus values.)

- Adjustments for image quality (like contrast, colors, brilliancy, etc.)

Access Control

The acceptance of any video camera in a remote environment highly depends on the whole access control support including authorization. The system architecture should support a variety of possibilities as enumerated in this section.

With respect to the available capabilities, the access to a remote camera control can be allowed for all operations, for a subset of operations, for no control operations of the camera but display of video data or for no operation at all.

With respect to the users, machines and applications, the access to a remote camera control can be allowed to a person or to a group of people, to certain applications or to computers or groups of computers (i.e. for anybody working in on machines owned by a department).

If several people/applications/computers are authorized simultaneously, the access to the camera has to be synchronized. Just imagine a soccer game transmission where each spectator can control the same camera. Therefore, the possibility to control the camera has to be granted exclusively to a person/application/computer at one point of time.

User Interface

Many multimedia applications in the domain of conferencing are technology driven. Hence the user interface has not the highest priority. We see this from a different perspective, and are experienced that the users are most critical concerning this issue: The success or failure of an application like HeiCam heavily depends on the acceptance of the user interface by the user.

The user sitting in front of this computer wants to change the position of the camera in order to get another view. Therefore, he issues control commands to, for example, move, zoom, and focus the camera. He interacts with the application through the user interface of the camera control application. The goals of the design of such a user interface are to provide ease of use for first-time users, an easy to remember mechanism for casual users, and a fast and effective operation technique for frequent users. To some extent these goals are contradictory and difficult to implement. We approached this crucial issue by providing a button/menu based window interface as well as the novel "active video window" approach (as outlined in the next section).

In the novel approach the movement comprising "up", "down", "right", "left" i.e. rotations with respect to two right-angled axes of the camera are controlled by immediate interaction with the moving image [5].

Fast Response Time

Another requirement following the interaction between user and user interface of the multimedia system is the already mentioned real-time and a short response time.

The purpose of a remote camera control system in a multimedia environment has the possibility of controlling the "live action". It is especially the interaction between user and system that ensures a high acceptance of the overall system. This way, the user gets an immediate response of his operation shortly selected before and a precise adjustment of the camera, i.e. for focus operations. A multimedia system that is unable to meet these assumptions implies unwanted delays and a long response time.

4 Implementation Aspects

To separate the application into functional blocks, a special block of the control functions was built. The control functions are the logical part of the performance of control commands given by the user on both sites, client and server. Because of the independence of a specific camera hardware the control functions are divided into device independent control, the logical part of the control functions, and a device dependent control. Both parts are connected with a clearly defined programming interface. The part of the device dependent control is called the camera driver and performs the transmission of control codes to the camera hardware.

This existing architecture and implementation of a remote camera control fulfils all the requirements mentioned above. This realization of the requirements is described in this section as well as the used communication protocols. This section shows how HeiCam works and lightens the most critical aspects.

Camera Movements

The camera movements contain all functions for horizontal and vertical move, zoom and focus of the camera and its lens. These movements can be combined because of a similar performance of their commands. The HeiCam Control Protocol (HCP) was designed and implemented for the transmission of the control commands from client to server.

There are two possibilities to formulate a control command for a camera movement: A relative command or an absolute command. A relative command is a control command like "Move camera 180 degrees left with speed 3". "Move camera with speed level 3 towards the position of 180 degrees" is an absolute command. The coupling of direction and speed level to one control command "Move left with speed 3" groups logically related issues together, and it alleviates the communication paths from the transmission of at least one additional message. Using such a command requires to give a command to stop the camera at the desired object.

In general the motor of the camera hardware possess not only the state "On" or "Off", it allows the division of a movement into various speed levels. Because of the inertia of the motors at the alteration of the speed level, we often experienced a certain problem: A sudden acceleration to the highest speed level in a very short period of time can cause a damage of the camera motors or demand at least a re-adjustment of the motors. This must be prevented. The introduction of ramps for acceleration and to brake down a camera movement solves this problem. This acceleration in the step by step mode avoids the damage of the motors.

Storage of Positions

The storage of positions is very specific to the used camera type. Some cameras allow to store positions by their special control hardware, others return values of their current camera positions and consequently facilitate a storage by software. Hence the handling of stored positions is also the duty of the camera driver.

The storage of a position means to save the values of the current camera position as well as values of the actual adjustment of the lens (zoom and focus). In order to address different already stored positions we introduced position identifiers, i.e names and numbers.

The management of these positions and the respective position names is performed by the camera driver at the server site. If a client wants to move to a desired position, then client transmits the accompanying control command and the position identifier via HCP to the server. The server tells the camera driver to perform the movement to the named position. Depending on the camera type and the used storage technique the camera driver determines the requires values for positioning and adjustment of the lens. These values and the identifiers of the positions are kept internally at the server in a position table and stored in file for availibility at any restart of the server.

The HeiCam Control Protocol (HCP)

The HeiCam Control Protocol is the protocol for the transmission of the control commands from the client to the server. Even though this protocol is not strictly time-bound the amount of transmitted data should be as little as possible. Therefore, all commands are executed at the server using ramps to accelerate and slow down.

HCP uses the Remote Procedure Call (RPC) which is suited for the development of client/ server applications. The RPC is able to use UDP or TCP as lower layers of its own protocol. It is important to the HeiCam application that any command given by the user is executed exactly once. The reliability of TCP guarantees the fulfillment of this major requirement. The use of these standard protocols straight forward and simplified the development of the HCP. At the transmission of a command via HCP a data structure is sent which contains all informations needed for the execution of the desired control command.

The Audio/Video Subsystem

The delivery of the audio and video data from the camera server to the connected clients is the duty of a separate audio/video subsystem. This separation of client/server program and AV subsystem allows the reuse of already developed software modules and the independence of a specific audio and video format.

The BERKOM Multimedia Collaboration Service (MMC) supports joint working in a distributed environment. It allows users to share applications and to participate in audiovisual conferences from their workstation [1]. The Audio Visual Component (AVC) of the BERKOM project is interfaced by the HeiCam application. The AVC is based on HeiTS and establishes audio and video connections between servers and clients. There is one AVC on each server or client machine.

The Heidelberg Transport System (HeiTS) provides the ability to exchange streams of continuous-media data with quality of service (QoS) guarantees - where applications can specify the requirements they have for the transport service. To provide these QoS guarantees, the protocols of HeiTS are embedded into an environment which provides real-time techniques and resource management. HeiTS transfers continuous-media data streams from one origin to one or multiple targets via multicast. HeiTS nodes negotiate QoS values by exchanging flow specifications to determine the resources required - delay, jitter, throughput and reliability. Therefore, the cooperation of HeiTS and the AVC as a separate audio/video subsystem offers a powerful and already available facility for the transmission of multimedia data streams.

The AV subsystem has a clearly defined interface, the Source and Sink Control Protocol (SSCP). It can be used to establish transmissions of continuous-media data. This protocol controls how to open and to close connections by definition of endpoints.

At the HeiCam application the camera server works as central control for the distribution of the audio/video streams. That means that each client is able to request the transmission of the video images at the server indenpendent of the control of the camera.

Implementation of the User Interface

The graphic-oriented user interface of the HeiCam client is the control panel of the remote camera control. The integration of all required functions and a clear arrangement of the control elements ensures easy handling and fast interaction with the application.

Buttons for each direction of horizontal and vertical movement and for zooming and focussing the camera are integrated into the control panel. A sliderbar for fixing the desired speed level of the movements is integrated as well. A click with the mouse on a button starts the movement in concerning direction. A further click stops the started movement. The click on the stop button executes the halt of all camera movements. Using the sliderbar to change the speed level during a moving operation is possible as well. Stored positions can be added, renamed and deleted with buttons. A listbox gives a summary of all current stored positions. Using the mouse by clicking into the listbox executes the movement of the camera to the desired position.

Besides the traditional user interface with buttons for each direction of horizontal and vertical movement and for zooming and focussing, our novel approach [5] means to a remote camera by clicking in the window where the video of the camera is displayed. The direct interaction on the video window follows human intuition: We experienced this to be most effective and easy to use. This approach contains two variants for controlling the camera by clicking with the mouse:

- The user issues a double click at an object in the video window. Subsequently the camera is moved to a position, where this object results to be in the center of the video window.
- The user issues a single click at one side or at a corner of the video window. The nearer the click occurred at the border of the window, the higher is the speed level of the movement. I.e. a click in the upper right corner of the window causes the camera movements "left" and "up", a click nearby the center of the window causes a slowly move.

5 Experiences and Outlook

Since the start of the HeiCam project and its development in 1991 different HeiCam versions on two platforms were implemented. They were shown at many exhibitions around Europe including Cebit '92 at Hanover, Germany and the Security '93 at Utrecht, Netherlands. The field of the security and surveillance industry is changing more and more towards digital processing. Therefore, the HeiCam application finds more and more interest.

A **script language** allows to record and to playback sequences of previously issued control commands. The supervisor is able to concentrate on the monitoring only. In order to record a sequence the controller has to start the recording and to issue all commands as usual. All control commands and the time between two commands is kept in a editable file. A script command to restart the programmed macro file also provides the playback of an endless sequence.

The combination of a digital remote camera control with a **set of sensors**, such as photoelectric beams or motion detectors, extends the automation of industrial monitoring systems. If an event occurred and is caught by the sensors, the camera would move directly to the scene and the video image is automatically shown at the controller's monitor and recorded to a file.

The **detection of motion** can be done by analyses of a digital video. Video compression techniques using interframe coding allow the detection of motions by an analysis of the size of these delta frames. A sophisticate analysis of a live video may also be done to control a camera by tracing a desired moving object.

HeiCam comprises the remote camera control and interfaces the transmission of live video. It includes the possibility to store and retrieve the video images in a simple way. The development on different platforms, the simple integration into existing applications and the sophisticated user interface opens a wide market and the access to a large number of PS/2s and workstations.

References

[1] Altenhofen, Dittrich, Hammerschmidt, Käppner, Kruschel, Kückes, Steinig: *The BERKOM Multimedia Collaboration Service*; 1st ACM International Conference on Multimedia, Anaheim, Ca., June 1993.

[2] Hehmann, Herrtwich, Schulz, Schütt, Steinmetz: *Implementing HeiTS - Architecture and Implementation Strategy of the Heidelberg High-Speed Transport System*; in 'Lecture Notes in Computer Science 614', Springer-Verlag, Heidelberg, Germany 1992.

[3] Lier: *Design and Implementation of a Remote Camera Control for a Distributed Multimedia System*; diploma thesis at the 'Fachhochschule Wiesbaden', Germany, April 1993.

[4] Sander: *Design and Implementation of a Remote Camera Control based on a Multimedia Transport System*; diploma thesis at the University of Mannheim, Germany, June 1992.

[5] Sander, Ralf Steinmetz: *Method and Apparatus for Controlling a Camera*; patent, International Application, according to the Patent Cooperation Treaty PCT/EP 93/02647

[6] Steinmetz: *Multimedia-Technologie: Einführung und Grundlagen*, Springer-Verlag, Heidelberg, Germany, September 1993.

[7] Steinmetz: *Data compression in multimedia computing - principles and techniques*, Multimedia Systems, vol.1 nr.4: 166-172, Springer International, Heidelberg, Germany, February 1994

[8] Steinmetz: *Data compression in multimedia computing - standards and systems*, Multimedia Systems, vol.1 nr.5: 187-204, Springer International, Heidelberg, Germany, March 1994

[9] Wieland: *Design and Implementation of a Remote Camera Control based on a Multimedia Transport System*, diploma thesis at the 'Berufsakademie Stuttgart', Germany, August 1993

ATM-Netze – die Infrastruktur für Multimediakommunikation?

U. Killat
Technische Universität Hamburg-Harburg
Digitale Kommunikationssysteme
Denickestraße 17, D-21071 Hamburg, Germany
Tel.: + 49 40 7718-3049 FAX: + 49 40 7718-2941
E-Mail: killat@tu-harburg.d400.de

1 Einleitung

Im Bereich der Lokalen Netze werden heute typischerweise Datenraten in der Größenordnung von 10 Mbit/s bis 100 Mbit/s genutzt. Für Weitverkehrsnetze streben die meisten Netzbetreiber ein ATM-basiertes Breitband-ISDN an, das einen Teilnehmeranschluß von bis zu 155 Mbit/s bietet. Dieses Breitband-ISDN wird zum einen die Funktion eines „Backbone"-Netzes ausüben, das Lokale Netze zu größeren Informationsverbünden verknüpft, zum anderen soll es die Basis für die sogenannte Multimediakommunikation legen. Zum Begriff „Multimedia" heißt es in [1]: „Ein Multimedia-System ist durch die rechnergesteuerte, integrierte Erzeugung, Manipulation, Darstellung, Speicherung und Kommunikation von unabhängigen Informationen gekennzeichnet, die in mindestens einem kontinuierlichen (zeitabhängigen) und einem diskreten (zeitunabhängigen) Medium kodiert sind." Dabei hat man es bei kontinuierlichen Medien mit Informationen aus dem Video-, Audio- oder Meßsignalbereich zu tun. Der Anspruch der ATM-Netze geht nun in der Tat dahin, daß mit Hilfe geeigneter Anpassungsprotokolle („ATM Adaption Layer Protocols") sowohl kontinuierliche Datenströme als auch diskrete Datenpakete transportiert werden.

Darüber hinaus besteht die Möglichkeit, dynamisch sogenannte virtuelle Kanäle mit wählbarer Datenrate auf bzw. abzubauen. Dieses Vorgehen hat eine konzeptionelle Nähe zu dem Öffnen und Schließen von Fenstern in einer (lokalen) Multimediaanwendung. Von hier leitet sich die häufig geäußerte These ab, ATM- Netze seien die geeignete Basis für die Multimediakommunikation.

In diesem Beitrag werden die Anforderungen der Multimediakommunikation an eine Netzinfrastruktur benannt und mit den existierenden Leistungsmerkmalen der ATM-Netze verglichen. Es werden Hinweise für neue Leistungsmerkmale gegeben und einige Schwierigkeiten aufgezeigt, mit denen sich ein ATM-Netz bei der Implementierung der Anforderungen der Multimediatechnik konfrontiert sieht.

2 Anforderungen der Multimediakommunikation

Multimedia Anwendungen stellen eine Reihe von Anforderungen an eine Netzinfrastruktur, die sich aus

- der Vielzahl („Multi"-media) der Datenströme
- der Art der Datenströme
- den Zusammenhängen zwischen den Datenströmen

ergeben.

Die Vielzahl der Datenströme erfordert Mechanismen um

- Datenströme in dem Kontext eines Rufes zu definieren
- Übertragungskapazitäten für diese Datenströme bereitzustellen oder zu entziehen
- Datenströme auf Punkt-zu-Punkt, Punkt-zu-Mehrpunkt und Mehrpunkt-zu-Punkt Verkehrsbeziehungen abzubilden.

Die Art der Datenströme schlägt sich in unterschiedlichen Dienstgüteanforderungen sowie unterschiedlichen Datenstrukturen nieder, die wieder auf die vom Netz verlangten Strukturen abzubilden sind.

Die Zusammenhänge der Datenströme sind in erster Linie semantischer Natur und sollten demnach ein Problem der Anwendung sein. Sie äußern sich aber auch in Form von Synchronisationsbedingungen zwischen den einzelnen Datenströmen. Dabei treten qualitative Bedingungen (vorher, nachher) genauso auf wie quantitative Zeitangaben.

Im folgenden Kapitel werden die genannten Anforderungen vor dem Hintergrund der ATM-Technik näher untersucht.

3 Das ATM-basierte B-ISDN im Lichte der Anforderungen der Multimediakommunikation

3.1 Vielzahl der Datenströme

Das B-ISDN arbeitet verbindungsorientiert. Die ATM Protokolldateneinheiten heißen Zellen, ihr Format ist in Abb. 1 dargestellt. Verbindungen werden in einer Signalisierungsphase auf- bzw. abgebaut. Das VPI/VCI-Feld einer Zelle identifiziert durch die Angabe eines „virtual path" (VP) und eines „virtual circuit" (VC) eindeutig die Verbindung, zu der diese Zelle gehört. Für eine Verbindung wird eine bestimmte Dienstgüte garantiert. Die Vielzahl von Datenströmen einer Multimediaverbindung sprengt dieses Konzept: Ist eine B-ISDN-Verbindung mit der Multimediaverbindung oder mit einem in ihr enthaltenen Datenstrom zu identifizieren? Die derzeitige Empfehlung Q.2931 [2] der ITU-TS gibt darauf noch keine Antwort. Allerdings ist der „B-ISDN Release Timetable" [3] zu entnehmen, daß die speziellen Probleme der Multimediakommunikation mit laufenden bzw. geplanten Arbeiten angegangen werden sollen. So gibt es etwa den Begriff des „multiconnection call" (MC), der mehrere Datenströme umfaßt; er ist aber bislang nur für Punkt-zu-Punkt Konfigurationen definiert. Dabei wird der Ruf („call") an einen VP, die Verbindungen („connections") an VCs innerhalb dieses VPs gebunden.

Eine wichtige Frage für den Aufbau eines MC ist, mit welcher Detaillierung alle Datenströme spezifiziert werden müssen. Zwei Extremfälle sind denkbar:

- Der Benutzer hat innerhalb eines Rufes jederzeit die Möglichkeit, weitere Verbindungen zu definieren und anzufordern. Offensichtlich kann er für die Befriedigung dieser Wünsche keine geringere Blockierungswahrscheinlichkeit erwarten als für Rufe ohne Multimedia-Charakter.
- Der Benutzer spezifiziert beim Rufaufbau die Parameter aller Verbindungen, die während der Multimediakommunikation aktiviert werden sollen. Dann sollte das Netz bei Anahme des Rufes auch eine gewisse Verpflichtung eingehen, Ressourcen für die spezifizierten Verbindungen zu reservieren. Dabei sind dem Netz in der Regel die Zeitpunkte unbekannt, zu denen eine Verbindung aktiv wird. Das Netz wird also

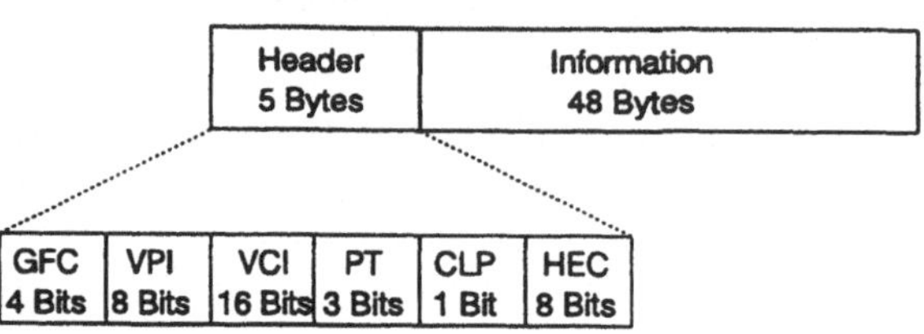

Abb. 1: ATM Zellstruktur

eine Schätzung vornehmen, die noch unsicherer ausfallen muß als die Schätzung für die Belastung der Ressourcen durch Verbindungen ohne Multimediaanteile.

Derzeitig wird in der ITU-TS eine Art Mittelweg diskutiert, bei dem zwischen notwendigen und optionalen Verbindungen eines MC unterschieden wird. Die optionalen Verbindungen können dynamisch zu dem MC hinzugenommen oder fallengelassen werden. Das Netz gibt keine Garantie für ihr Zustandekommen.

Ein weiterer Gesichtspunkt von Multimediaverbindungen – aber nicht nur von ihnen – ist der Typ der Verbindung, insbesondere Punkt-zu-Mehrpunkt Verbindungen („Multicastverbindungen") und Mehrpunkt-zu-Punkt Verbindungen. An einem Signalisierungsprotokoll für Punkt-zu-Mehrpunkt Verbindungen wird zur Zeit in der ITU-TS gearbeitet. Eine Analyse neuer Verbindungstypen zeigt, daß mit ihnen auch neue Probleme auftauchen, Anforderungen der Dienstgüte umzusetzen in entsprechende Vorgaben an die Netzgüte. Dies soll im folgenden an einem Beispiel verdeutlich werden.

Einrichtung von Multicastverbindungen

Die Rufannahme soll einen Weg identifizieren, der den geforderten Dienstgüteparametern genügt. Wir stellen uns vereinfachend vor, der Prozeß liefe zweistufig ab.

- Aufsuchen des optimalen Weges (ggf. eine statische Wegesuche)
- Überprüfung, ob auf diesem Wege die Dienstgüteparameter eingehalten werden; in Abhängigkeit von diesem Ergebnis: Annahme oder Blockierung des Rufes.

Für einen Multicast-Ruf kann man sich vorstellen, daß die Wegesuche die Netzlast zu minimieren, d.h. Verzweigungspunkte möglichst nahe an die Senken zu verlegen sucht. Welche Anforderungen sind jetzt an die Netzgüte für die beteiligten Abschnitte zu stellen, um die Dienstgüte der Multicastverbindung einzuhalten? Wir wollen uns die Problematik anhand von Abb. 2 und dem Dienstgüteparameter „Zellenverlustwahrscheinlichkeit" δ verdeutlichen. Die Multicastverbindung habe den Knoten A als Quelle und B, C, D als Senken.

Eine Strategie könnte sein, von jedem der Abschnitte des Multicastbaumes eine Zellenverlustwahrscheinlichkeit von δ/N_{max} zu verlangen, wobei N_{max} die Anzahl der Segmente des längsten Pfades angibt (in Abb. 2: $N_{max} = 5$). Wir bezeichnen diese Strategie als die des global längsten Pfades. Eine zweite Strategie, die des lokal längsten Pfades, ist in Abb. 3 dargestellt: Hier berechnet jeder Knoten X die verbleibende Anzahl von Pfadsegmenten N_{Rest} zu den von ihm ausgehenden Multicastteilnehmern sowie die bereits akkumulierten Verlustwahrscheinlichkeiten $\delta_{\overline{\Sigma}}^x$. Für das von X ausgehende Wegesegment

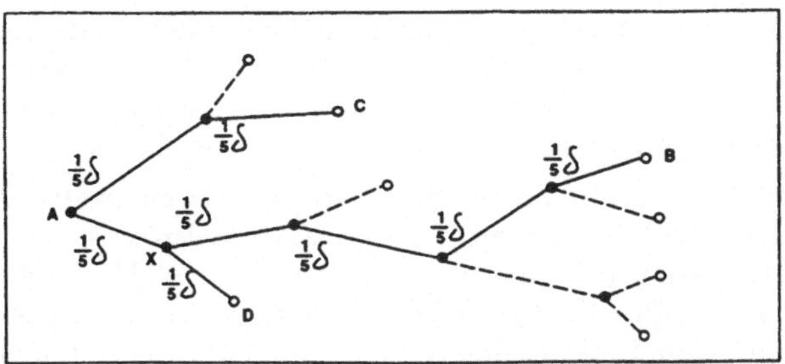

Abb. 2: Strategie des globals längsten Pfades

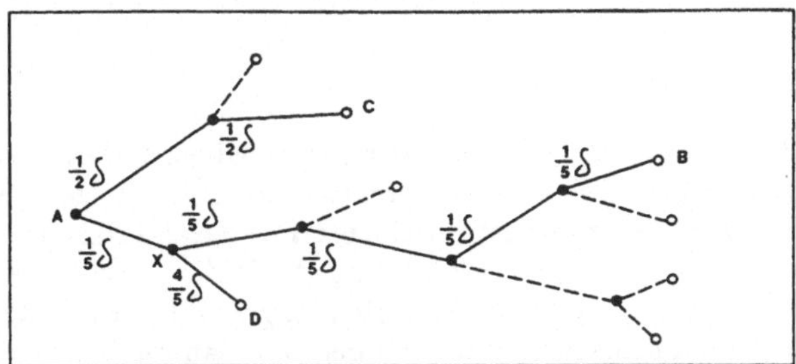

Abb. 3: Strategie des lokals längsten Pfades

ist $(\delta - \delta_{\Sigma}^x)/N_{Rest}$ eine obere Schranke für die Zellenverlustwahrscheinlichkeit. Die erste Strategie leidet unter überhöhten Anforderungen für kurze Pfade, die zweite unter einem höheren Implementierungsaufwand. Eine dritte Strategie könnte sich schließlich aus der Frage ableiten, ob ein Zellenverlust immer gleich zu bewerten ist, unabhängig davon, ob er in der Nähe der Wurzel oder eines Blattes des Baumes auftritt. Da der erste Fall die Netzressourcen stärker beansprucht, bietet sich eine Skalierung der Zellenverlustwahrscheinlichkeiten pro Segment mit einer monotonen Funktion von $1/n$ an, wobei n die Anzahl der „Kopien" ist, die implizit in den Zellen des betrachteten Segmentes enthalten sind. Eine solche Strategie wird sicherlich den Retransmissionsverkehr im Netz verringern; sie kann aber auch zu hohen Zurückweisungsraten von Multicast-Verbindungen führen, da an die wurzelnahen Segmente sehr hohe Netzgüteanforderungen gestellt werden.

Die Diskussion hat gezeigt, daß Konzepte, die auf der Dienstebene klar zu sein scheinen, auf der Netzebene auf eine Vielzahl noch nicht abgeklärter Zielkonflikte führen. Weitere Details finden sich in [4].

3.2 Art der Datenströme

Die unterschiedlichen Arten von Datenströmen, die in einer Multimediaverbindung zusammengefaßt sind, haben aus Sicht der Anwendung recht unterschiedliche individuelle Dienstgüteanforderungen.

Dem kann ein ATM-Netz zunächst nur in sehr begrenztem Maße Rechnung tragen: Die ATM-Schicht kennt nur den CLP-Parameter des ATM-Kopffeldes (Abb. 1) als ein Instrument, unterschiedliche Dienstgüteanforderungen innerhalb einer Verbindung zu berücksichtigen. Mit dem CLP-Bit kann angezeigt werden, daß eine Zelle im Falle einer Netzüberlast verworfen werden kann. Darüber hinaus kommen die VPs als Träger unterschiedlicher Dienstgüteniveaus in Frage. Allerdings ist der bislang betrachtete „multiconnection call" an einen VP gebunden und kann naturgemäß für alle Datenströme nur einen Satz von Dienstgüteparametern garantieren: ein Defizit aus Sicht der Multimediakommunikation!

Für einige Datenströme hat die Frequenz, mit der die Daten an der Quelle produziert werden, eine Ende-zu-Ende Bedeutung: Ein typisches Beispiel ist der 8 kHz Takt von Sprachsignalen. In diesem Fall kann das Protokoll der „ATM Adaption Layer 1" [5] benutzt werden, um den Takt der Quelle beim Empfänger aus den Daten zurückzugewinnen. Eine weitere wichtige Unterscheidung zwischen verschiedenen Datenströmen bezieht sich auf die von der Anwendung definierten „Service Data Units". Die Protokolle der ATM Anpassungsschicht [5] veranlassen die Segmentierung und Assemblierung größerer Datenpakete und behandeln die dabei auftretenden möglichen Fehlerfälle.

3.3 Synchronisationsprobleme

Der semantische Zusammenhang zwischen den unterschiedlichen Datenströmen einer Multimediakommunikation äußert sich in Synchronisationsanforderungen zwischen den Datenströmen. Wir wollen dies zunächst an einigen Beispielen erläutern. Ein Videofilm, der in 50 Sprachen präsentiert werden soll, wird die Video- und die Audioinformation (bzw. Videotext-Untertitel) in getrennten Verbindungen anliefern. Man bekommt dann Anforderungen an die Lippensynchronität (80 ms) bzw. an die Synchronität des Textes (500 ms). Ähnliche Werte von etwa 500 ms ergeben sich auch für Zeiger (z.B. Maus), die innerhalb eines Textes oder einer Grafik parallel zum gesprochenen Wort Markierungen vornehmen [1]. Weiter liegen auch Grenzwerte für einen Medienwechsel (z.B. der Übergang von Text in eine Animation) in diesem Zeitbereich.

Bei all diesen Synchronisationsproblemen stellt sich die Frage: Wer soll synchronisieren, und hat das Netz überhaupt etwas damit zu tun? Grundsätzlich können alle Synchronisationen beim Empfänger durchgeführt werden, und man kann alle Probleme auf das Multimediaendgerät verschieben. Auf der anderen Seite legen Verbindungen mit Realzeitanforderungen maximale Verzögerungen fest, so daß der zeitliche Spielraum für eine Synchronisation beim Empfänger empfindlich eingeengt wird.

In einer Punkt-zu-Punkt Verbindung wird man daher davon ausgehen, daß der Empfänger die Zeitbeziehungen des Senders reproduziert, wobei das Netz nur minimale Laufzeitverzerrungen einführen sollte. Dieser Forderung kann man nachkommen, indem für jede Verbindung innerhalb eines Rufes sehr enge Grenzen für die Dienstgüteparameter (Zellenverzögerung, bzw. deren Varianz) festgelegt werden, so daß auch die relativen Zeitversätze zwischen den Datenströmen nicht groß werden können. Sinnvoller scheint es aber zu sein, diese netzweit geltenden Parameter nicht überzustrapazieren, sondern für die Belange der Multimediakommunikation ein an den MC geknüpftes Gütekriterium einzuführen. In der ITU-TS wird von einem „restricted differential time delay" gesprochen, der mit Hilfe einer „common route connection group" realisiert wird. Dies ist eine Menge von Verbindungen innerhalb eines MC, die über denselben Weg vermittelt wird. Diese Konzepte sollen Bestandteil zukünftiger Signalisierungsprotokolle werden. Eine solche Unterstützung von Multimediaverbindungen durch das Netz könnte eine Zeitstempeltechnik auf Transportebene [6] für Punkt-zu-Punkt Verbindungen überflüssig machen.

Grundsätzlich andere Verhältnisse liegen bei Mehrpunkt-zu-Punkt Verbindungen vor. Auch bei idealen topologischen Verhältnissen (gleichlange Wege, weitgehend gemeinsame Wegführung) kann eine Synchronisation nur gewährleistet werden, wenn die verschiedenen Quellen mit einem einheitlichen Takt versorgt werden. Eine ähnliche Fiktion gilt auch für die Sendefrequenzrückgewinnung beim AAL1- Protokoll [5]. Der im ATM-Netz durchgängig vorhandene Takt könnte z.B der Takt der SDH Übertragungsinfrastruktur sein, derer sich das ATM-basierte B-ISDN bedient.

Wir wollen jetzt annehmen, daß die Laufzeitunterschiede der Datenelemente verschiedener Datenströme gering genug sind, um eine Aufrechterhaltung der Synchronisation beim Empfänger zu gewährleisten. Dann erhebt sich die Frage, ob diese Synchronisation in höheren Schichten aufrechterhalten werden kann: Wenn jede der betrachteten Verbindungen eines Multimedia-Rufes individuelle Protokolle zur Fehlerbehandlung und Flußkontrolle hat, erscheint ein „Auseinanderlaufen" der Verbindungen vorprogrammiert. Ein ähnliches Problem tritt generell auch bei Multicastverbindungen auf, wo eine individuelle Flußkontrolle das Multicasting ad absurdum führen kann.

Die Lösung dieser Problematik muß auf das Netz und die Anwender verteilt werden. Das Netz sollte eine äußerst geringe Verlustwahrscheinlichkeit garantieren – was im ATM-Bereich mit Verlustwahrscheinlichkeiten von 10^{-10} auch gegeben ist. Für höhere Anforderungen sollte der Anwender möglichst von Fehlerkorrektur Techniken Gebrauch machen. Sind dennoch Wiederanforderungen notwendig, so erscheint es unter Umständen sinnvoll zu sein, den Retransmissionsverkehr „outband" in einer separaten Verbindung zu führen. Dadurch wird ein unmittelbarer Synchronisationsverlust vermieden; die Anwendung entscheidet, wann es ihr möglich ist, den Datenbestand zu aktualisieren.

Äußerst problematisch ist dagegen die Ende-zu-Ende Flußkontrolle. Hier sind Reservierungstechniken vorzusehen, die Abnahmegarantien für möglichst große semantisch abgeschlossene Anteile des Datenstroms vorsehen. Grundsätzlich handelt es sich hier aber um Probleme, die in der Kommunikation zwischen den Anwendungen auftreten und nicht dem Netz angelastet werden dürfen.

4 Zusammenfassung

Es wurde untersucht, in wieweit die Anforderungen von Multimedia Diensten an eine Kommunikationsinfrastruktur von ATM-Netzen erfüllt werden. Dabei wurde deutlich, daß neue Konzepte wie „multiconnection call"und „common route connection group" hilfreich, aber nicht ausreichend sein werden. An einem einfachen Beispiel wurde auch gezeigt, daß die Umsetzung von neuen Dienstgütekonzepten auf Netzgüteparameter einige offene Fragen aufwirft. Diese offenen Punkte konzentrieren sich gerade in dem Bereich der ATM-Technik, nämlich der Rufannahme, der ohnehin als der am wenigsten beherrschte Teilaspekt betrachtet werden muß.

Literatur

1. R. Steinmetz: Multimedia-Technologie, Springer Verlag, Berlin (1993)
2. ITU-TS Draft Recomendation Q.2931
   B-ISDN Digital Subscriber Signalling (DSS2)
   User Network Interface Layer 3 Specification for Basic Call/ Connection Control (1993)
3. ITU-TS SG13 Contribution No. D266: B-ISDN Release Timeable (March 1994)
4. K. Schmidt: On Connection Admission Control in Multicast ATM Networks, erscheint in: Proceedings Broadband Islands '94
5. B-ISDN ATM Adaptation Layer (AAL) specification: CITT Recommendation I. 363
6. T. Bozios, N.B. Pronios: Multimedia Synchronisation: The Role of the Communication System, Proceedings Broadband Islands '93, p. 91-102

Übertragung komprimierter isochroner Datenströme

Christian Dünkel, Thomas Paradies*

Technische Universität Ilmenau
98693 Ilmenau

Kurzfassung. Die Übertragung isochroner Datenströme für Audio-/Video- Anwendungen unter harten Zeitbedingungen stellt hohe Forderungen an das Transfersystem. Eine Möglichkeit, die Forderungen zu vermindern, ist die Komprimierung dieser Datenströme. Komprimierung verursacht aber Probleme, die das Sichern der von den Anwendungen geforderten Isochronität der Datenströme erschweren.
In diesem Artikel wird eine intervallbasierte Methode zur Steuerung der Übertragung komprimierter isochroner Datenströme vorgestellt.

1 Einleitung

Verteilte Anwendungen können aus Prozessen bestehen, die Daten mit konstanter Rate erzeugen und verbrauchen. Dabei sind Erzeuger und Verbraucher räumlich getrennt und erfordern die Übertragung isochroner Datenströme (z.B. digitalisierte Audio- und Videosignale). Charakteristische, von den Anwendungen zu spezifizierende Übertragungsparameter für einen zeitkritischen Datenstrom sind Durchsatz und Ende-zu-Ende-Verzögerung (Fehlerrate wird vernachlässigt). Für isochrone Datenströme ist zusätzlich die Verzögerungsschwankung bedeutsam. Die Werte dieser Parameter bestimmen den in einem Netzwerk mit Paketvermittlung zu reservierenden Anteil der Ressourcen (Übertragungskapazität der physikalischen Verbindungen, Speicher und Bearbeitungskapazität in Netzwerkknoten [Fer90], [AHS90], [MW92]), die für eine garantierte Übertragung des Datenstromes auf dem festgelegten Übertragungspfad erforderlich sind.
Wegen des hohen Bedarfs an Übertragungskapazität und Knotenressourcen wird eine Entlastung des Netzwerkes angestrebt [Sch93]. Somit ist eine Komprimierung von Massendaten vor der Übertragung erwünscht. Komprimierung widerspricht aber den Eigenschaften isochroner Datenströme, da der für unterschiedliche Abschnitte des Datenstroms erreichte Komprimierungsfaktor und das Zeitverhalten der Abschnitte nicht konstant sind. Auch der Zeitaufwand für Komprimierung und Dekomprimierung unterschiedlicher Datenstromabschnitte variiert. Weitere Probleme werden durch die verwendeten Komprimierungsverfahren verursacht [CCI90], [ISO92] (z.B. beim MPEG-Video-Coding-Verfahren entspricht die Bitstream-Anordnung des komprimierten Videostreams nicht der Darstellungssequenz). Komprimierung stellt eine hohe Barriere dar, wenn Anwendungen

---

* e-mail: {duenkel, paradies}@prakinf.tu-ilmenau.de

nach Erzeugung der Daten eine sofortige Verfügbarkeit (mit geringer Verzögerung) beim Verbraucher verlangen.

Eine Einflußnahme auf die Komprimierung (Regelung der Kodierungsparameter) in Abhängigkeit von der momentan vorherrschenden Netzwerklast erscheint
zur Anpassung der zu übertragenden Datenmenge an die aktuell verfügbaren
Netzwerkressourcen sinnvoll [GG91]. Wegen harter Zeitforderungen der Übertragung ist dieses Prinzip bei längeren Übertragungspfaden ungeeignet.

Im folgenden wird ein Konzept zur intervallbasierten Komprimierung und Steuerung der Übertragung von isochronen Datenströmen beschrieben.

2 Beschreibung von Paketströmen mit Zeitintervallen

Das Zeitverhalten von Netzwerkknoten und das Zeitverhalten von Datenströmen
bzw. Paketen bei ihrer Übertragung kann mit Zeitintervallen beschrieben werden. Jedes Zeitintervall (und seine Länge T) ist durch einen Startzeitpunkt t_b
und einen Endzeitpunkt t_e bestimmt.

Bei der Übertragung eines Paketes kann man an jedem beliebigen Punkt des
Übertragungspfades t_b und t_e ermitteln und T berechnen. In jedem Punkt der
direkten physikalischen Verbindung zwischen zwei Netzwerkknoten (mit konstanter Übertragungsrate R) ist bei Übertragung eines Paketes der Länge P der
Wert T des als *Paketintervall* bezeichneten Intervalls gleich ($T = \frac{P}{R}$).

Ein Paketstrom ist durch die Länge P seiner Pakete und die Zwischenzeiten
beim Absenden, Übertragen und Eintreffen der Pakete gekennzeichnet. Bezieht
man die Betrachtung auf den Anfang (oder das Ende) der Pakete, so ist ein
Paketstrom über den minimalen Wert X_{min} der Zwischenzeit zweier beliebiger
in Sequenz übertragener Pakete (auch *Folgepaketintervall* genannt) und den maximalen Wert P_{max} der Paketlängen sowie den durchschnittlichen Wert X_{ave}
der Folgepaketintervalle, ermittelt in einem *Beobachtungsintervall I*, spezifiziert
[MW92].

Im Idealfall sollen bei einem paketierten kontinuierlichen Datenstrom die Pa-

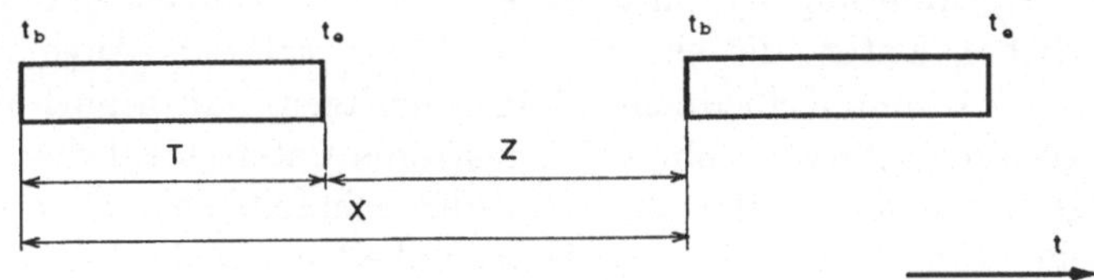

Abb.1. Paketstrom und seine Intervalle

kete bei konstanter Paketlänge P in konstanten Zeitabständen X (Folgepaketintervalle) übertragen werden. Bei konstanter Übertragungsrate R des Übertra-
gungsmediums ist der ideale Paketstrom durch konstante *Paketintervalle T* und
konstante *Paketzwischenintervalle Z* ($Z = X - T$) gekennzeichnet (siehe Abb. 1).

3 Paketstrom eines komprimierten Datenstroms

Auch ein komprimierter isochroner Datenstrom läßt sich mit $X_{min}, P_{max}, X_{ave}$ und I beschreiben. Im Vergleich zum idealen Paketstrom des isochronen Datenstroms sind die Werte der Paketlängen P und der Folgepaketintervalle X nicht konstant - man könnte eine der Größen fixieren -, aber gegenüber dem idealen Paketstrom wäre P_{max} kleiner und X_{ave} (somit auch Z_{ave}) größer bei gleichem Beobachtungsintervall I.

Der Erfolg der Komprimierung läßt sich über den Komprimierungsfaktor K ausdrücken, der das Verhältnis der Datenmenge S_0 des ursprünglichen isochronen Datenstroms zur Datenmenge S_K des komprimierten Datenstroms über ein Beobachtungsintervall I angibt.

4 Auswirkungen der Komprimierung

Komprimierung und Dekomprimierung verursachen prozeßbedingt zusätzliche Verzögerungen. Zwangsläufig ergeben sich Fragen, ob die Verzögerungen toleriert werden können und inwieweit Komprimierungsfaktor und Verzögerungen aufeinander wirken.

Bei der Komprimierung eines Datenstroms (z.B. Videodaten mit MPEG) ergeben sich Abschnitte, deren Daten logisch verbunden sind, da die Daten sich einander zur Dekomprimierung bedingen. Diese Daten sind nicht abhängig von Daten anderer Abschnitte (ein Abschnitt entspricht einer *Group of Picture (GoP)* bei MPEG).

4.1 Zeit- und Intervallbezüge

Weist man Abschnitte als *Verbrauchseinheiten* aus, so erhält der Verbraucher nach der Dekomprimierung der Daten einer Verbrauchseinheit eine Nachbildung der ursprünglichen Daten, die ein *Verbrauchsintervall* der Länge V ausfüllen. Weil die Abschnitte unterschiedliche Längen besitzen, haben auch die so zugewiesenen Verbrauchsintervalle eines Datenstroms unterschiedliche Längen, die aber einem ganzzahligen Vielfachen der Verbrauchszeit einer *Dateneinheit* entsprechen (siehe Abb. 2), da z.B. eine Dateneinheit exakt die benötigten Daten zur Darstellung eines Videoframes umfaßt.

Jedes Verbrauchsintervall wird entsprechend der Beschaffenheit des ursprünglichen Datenstroms vom Komprimierer bei der Komprimierung festgelegt (Bildung von GoP's). Die Anfangsdaten eines Verbrauchsintervalls unterliegen somit mindestens der Initialverzögerung d_{iV}, die der Länge V des Verbrauchsintervalls entspricht. Die komprimierten Daten des Verbrauchsintervalls enthalten alle Informationen, die der Dekomprimierer zur vollständigen Wiederherstellung bzw. Nachbildung der ursprünglichen Daten des Verbrauchsintervalls benötigt.

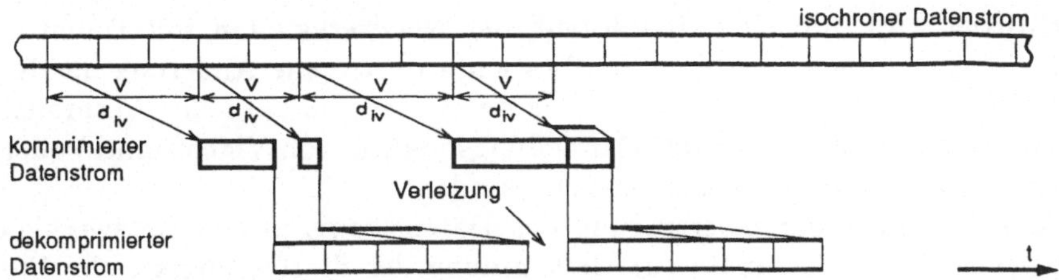

Abb.2. Einfluß der Länge V der Verbrauchsintervalle

4.2 Abhängigkeiten zwischen Anwendung und Transfersystem

Für das Transfersystem ist das Verhalten jedes einzelnen Echtzeitdatenstroms entscheidend, da mehrere nebenläufige Echtzeitverbindungen (aber auch Nicht-echtzeitkommunikationsbeziehungen) zu unterstützen sind. Damit der Transferdienst in der Lage ist, die Übertragung zu steuern, müssen Komprimierer und Transferdienst Vereinbarungen über die Beschaffenheit des zu erwartenden Datenstroms treffen. Hierfür ist die Festlegung einer geeigneten Länge V der Verbrauchsintervalle wichtig, die von Komprimierer und Dekomprimierer in Absprache mit Erzeuger und Verbraucher ausgehandelt werden muß. Eine variable Länge von V ist für die Steuerung ungeeignet und kann zu Unterbrechungen in der Versorgung der Verbraucher mit Daten führen. Mit festgelegtem V können die sich aus der Komprimierung ergebenden Abschnitte nicht mehr als Verbrauchsintervalle ausgewiesen werden. Da die Intervallgrenzen der Verbrauchsintervalle einzuhalten sind, müssen zusätzliche Referenzdaten zum Erzeugen neuer Abschnitte eingeführt werden, damit ein Verbrauchsintervall exakt aus den Daten eines oder mehrerer Abschnitte gebildet wird. Mit Festlegung der Länge V der Verbrauchsintervalle wird der isochrone Datenstrom in Perioden unterteilt (siehe [MW92]). Da V auch die Initialverzögerung bestimmt, ist d_{iV} für die Anfangsdaten aller Verbrauchsintervalle konstant.

Vom Komprimierer wird verlangt, daß er die festgelegte Länge V der Verbrauchsintervalle unterstützt und die komprimierten Daten dem Transferdienst periodisch (bestimmt durch V) zur Übertragung bereitstellt. V bestimmt auch die Länge des Steuerzyklus für die Übertragung der Daten eines Verbrauchsintervalls in jedem zu durchlaufenden Netzwerkknoten des Transfersystems.

Für die Ressourcenreservierung in den Netzwerkknoten muß die maximal in einem Verbrauchsintervall zu erwartende Datenmenge $S_{KV_{max}}$ spezifiziert werden. Diese Datenmenge ist durch den minimalen Komprimierungsfaktor $K_{V_{min}}$ und die unkomprimierte Datenmenge S_{0V} (die direkt von der festgelegten Länge V der Verbrauchsintervalle abhängig ist) bestimmt.

$$S_{KV_{max}} = \frac{S_{0V}}{K_{V_{min}}}$$

Der Komprimierer muß gegenüber dem Übertragungsdienst sichern, daß in jedem Verbrauchsintervall der minimale Komprimierungsfaktor $K_{V_{min}}$ nicht unterschritten wird, um ein „Überfluten" der Netzwerkknoten mit Daten dieser Echtzeitverbindung zu verhindern. Dies kann durch eine Änderung der Kodierungsparameter für die Komprimierung der Daten des aktuellen Verbrauchsintervalls (z.B. Verminderung der Darstellungsqualität von Videoframes) oder mit gezieltem Verwerfen von Daten erreicht werden.

Für die Steuerung der Übertragung des Datenstroms in den Netzwerkknoten sind Synchronisationspunkte zur Bestimmung der Startzeitpunkte der Steuerzyklen erforderlich. Dafür muß der Komprimierer den Anfang der Daten jedes Verbrauchsintervalls kennzeichnen und sicherstellen, daß er alle Daten eines Verbrauchsintervalls mit dem Verstreichen der Intervallzeit vollständig an den Transferdienst übergeben hat. Dementsprechend hat am Ziel-Netzwerkknoten die Übergabe der Daten an den Dekomprimierer zu erfolgen.

Zur vollständigen Rekonstruktion benötigt der Dekomprimierer alle komprimierten Daten eines Verbrauchsintervalls S_{KV}. Bei Übergabe der Daten an den Verbraucher tritt eine Endverzögerung d_{eV} auf, die maximal der Länge V eines Verbrauchsintervalls entspricht.

4.3 Rückschlüsse auf Komprimierer und Dekomprimierer

Komprimierer und Dekomprimierer müssen Verbrauchsintervalle zwischen minimaler Länge und maximaler Länge unterstützen, die eine Arbeitsfähigkeit der Komprimierer/Dekomprimierer und eine akzeptable Verzögerung garantieren. Die minimale Länge ist durch die Verbrauchszeit einer Dateneinheit und die maximale Länge durch die Verbrauchszeit des gesamten Datenstroms bestimmt. Die Länge V der Verbrauchsintervalle bestimmt nicht nur die Initialverzögerung und die Endverzögerung $(d_{iV} + d_{eV} = 2 * V)$ der Daten eines Verbrauchsintervalls, sondern sie hat auch Einfluß auf den erreichbaren Komprimierungsfaktor K_V (Bewegungsschätzung in Videosequenzen bei MPEG). Somit ist die Wahl der Länge der Verbrauchsintervalle von den angestrebten Parametergrößen für Ende-zu-Ende-Verzögerung D $(D = 2 * V + D_{transmission})$ und dem kleinsten verfügbaren Durchsatz ϑ_{min} auf der Übertragungsstrecke (geringstes R oder Knoten mit geringster Leistungsfähigkeit) und damit implizit von dem minimal zulässigen Komprimierungsfaktor $K_{V_{min}}$ abhängig.

$$\frac{S_{0V}}{K_{V_{min}} * V} \leq \vartheta_{min}$$

Auch das Verfahren der Komprimierung/Dekomprimierung spielt eine wichtige Rolle. Wird mit Vorwärts- und Rückwärtsreferenzen gearbeitet, müssen diese innerhalb eines Verbrauchsintervalls gehalten werden und dürfen die Intervallgrenzen nicht überschreiten (generell die Rückwärtsreferenzen, bei Vorwärtsreferenzen sind Ausnahmen möglich). Dies bedeutet, daß jedes Verbrauchsintervall seine eigenen Referenzdaten für die Rekonstruktion der ursprünglichen Daten benötigt und somit auch enthalten muß (siehe Abb. 3). Um die Grenzen der Verbrauchsintervalle nicht zu verletzen, ist explizit die Erzeugung zusätzlicher Referenzdaten zu erzwingen (z.B. explizite Erzeugung von I-coded Videoframes

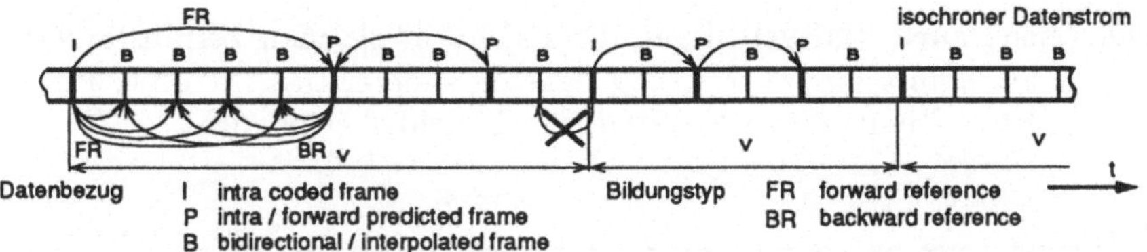

Abb.3. Datenreferenzen bei MPEG-Video-Coding-Verfahren

bei H.261). Somit bestehen die Daten eines Verbrauchsintervalls aus einer oder mehreren GoP's.

5   Das Transfersystem

Wegen des Verlustes der Isochronität nach dem Komprimieren eines isochronen Datenstroms fehlen für die Steuerung der zeitkritischen Übertragung Synchronisationspunkte. Deshalb werden Verbrauchsintervalle mit festgelegter Länge V eingeführt. Auch die Ressourcenreservierung in den Netzwerkknoten wird auf die maximal in jedem Verbrauchsintervall zu erwartende Datenmenge des Datenstroms ausgerichtet. Jedoch ist die Ausnutzung der reservierten Ressourcen in jedem Verbrauchsintervall von der tatsächlichen Menge der komprimierten Daten des Datenstroms abhängig. Da von jedem Netzwerkknoten gleichzeitig mehrere Kommunikationsbeziehungen zu bedienen sind, soll die Nutzung der Ressourcen innerhalb eines Verbrauchsintervalls gleichmäßig erfolgen.

5.1   Die Übertragungssteuerung in den Netzwerkknoten

Um eine gleichmäßige (burstfreie) Übertragung eines Datenstromes innerhalb eines Verbrauchsintervalls zu ermöglichen, muß jeder Netzwerkknoten mit Beginn der Übertragung der Daten des Verbrauchsintervalls Kenntnis von der Anzahl A_P der zu erwartenden Pakete der Länge P haben (abhängig von der über K_V und S_{0V} bestimmten Datenmenge S_{KV}), um den Mittelwert der Folgepaketintervalle X_{ave} jeweils für die Ankunft und die Ausgabe der Pakete zu bestimmen.

$$A_P = \left\lceil \frac{S_{0V}}{K_V * P} \right\rceil \quad ; \quad X_{ave} = \frac{V}{A_P}$$

Der ermittelte Wert X_{ave} ist die Sollgröße X für die Steuerung der Paketausgabe in einem Netzwerkknoten für die Dauer V eines Steuerzyklus.
Bezieht man dies auf die in [ZF93] vorgestellte Netzknotenarchitektur für Rate Controlled Static Priority Queueing (bestehend aus Regulatoren zum Ausgleichen der Schwankungen innerhalb der Paketankünfte von Echtzeitdatenströmen und einem Scheduler zum Steuern der Paketausgabe an einem Netzwerkknotenausgang), so werden die Paketankünfte der Daten eines Verbrauchsintervalls von einem Regulator auf den berechneten Wert von X synchronisiert. Für den

Scheduler (siehe auch [DR94]) liegen die Pakete in gleichen Zeitabständen X zur Ausgabe an. Somit wird gleichmäßig Paketen anderer Datenströme, die nicht dieser gesteuerten Übertragung bedürfen, ein Durchlaß ermöglicht.

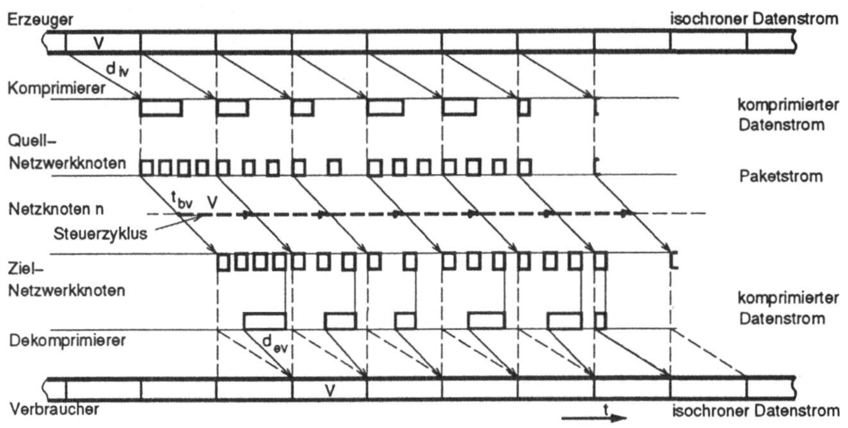

Abb.4. Verbrauchs-/Steuerintervalle der Länge V beim Transfer

5.2 Protokollunterstützung

Für die beschriebene Übertragungssteuerung muß das Transferprotokoll (verbindungsorientiert) mit zusätzlicher Funktionalität ausgestattet werden. Bei Aufbau einer Verbindung (siehe [Top90]) ist nicht nur die Aushandlung der Länge V der Verbrauchsintervalle zwischen Komprimierer/Dekomprimierer und Übertragungsdienst erforderlich. Die Ressourcenreservierung in den Netzwerkknoten erfordert für die Spezifizierung des Durchsatzes zusätzlich (zu V) S_{0V} und den minimalen Komprimierungsfaktor $K_{V_{min}}$. Nach Verbindungsaufbau ist jeder zu durchlaufende Netzwerkknoten mit den zur Steuerung benötigten Werten V und S_{0V} ausgestattet. In der Datenübertragungsphase muß einem Netzwerkknoten zur Synchronisation jeweils der Startzeitpunkt t_{bv} der Steuerzyklen mitgeteilt werden (siehe Abb. 4). Zum Bestimmen der Sequenz der Paketausgabezeitpunkte ist der Komprimierungsfaktor K_V der Daten des neuen Verbrauchsintervalls erforderlich. Beide Informationen muß das erste Paket der Daten eines Verbrauchsintervalls enthalten.

6 Zusammenfassung

Die vorgestellte Methode, isochrone Datenströme komprimiert zu übertragen, beruht auf der Einführung von Verbrauchsintervallen mit festgelegter Länge V. Verbrauchsintervalle ermöglichen nicht nur die Steuerung der Übertragung, sondern auch eine Anpassung der Kodierungsparameter des Komprimierers (sowie die in [LG91], [Nic90] beschriebene Synchronisation der Datenströme von Multimediaanwendungen). Damit wird die maximal in einem Verbrauchsintervall zu übertragende komprimierte Datenmenge begrenzt, um - zusammen mit dem in Abschnitt 5.1 beschriebenen Regulierungsmechanismus - Überlastsituationen in den Netzwerkknoten und dem daraus resultierenden Verwerfen von Paketen vorzubeugen.

Neben einer Erweiterung der Funktionalität von Transportprotokollen muß auch die Arbeitsweise von Komprimierern/ Dekomprimierern auf Verbrauchsintervalle ausgerichtet werden, da sie für die Übertragung eine Aussage über die Beschaffenheit der komprimierten Daten (Komprimierungsfaktor) treffen müssen.

Weil die Länge der Verbrauchsintervalle und der Komprimierungsfaktor Einfluß auf die Übertragungsparameter haben (Durchsatz, Verzögerung usw.), liegen Schwerpunkte zukünftiger Arbeiten nicht nur in der Simulation des beschriebenen Steueralgorithmus und der Untersuchung/Anpassung von Komprimierungsverfahren, sondern sie beinhalten auch Untersuchungen zu Einfluß und Akzeptanz von Verbrauchsintervallen unterschiedlich festgelegter Länge V seitens der Anwendungen.

Literatur

[AHS90] D.P. Anderson, R.G. Herrtwich, and C. Schaefer. Srp: A resource reservation protocol for guaranteed-performance in the internet. *Technical Report ICSI Berkeley TR-90-006*, 1990.

[CCI90] CCITT Study Group XV. Recommendation H.261: Video codec for audiovisual services at p*64 kbit/s. *CCITT, Geneva*, 1990.

[DR94] C. Dünkel and D. Reschke. Laxity controlled scheduling stategy for real-time communication. *Technical Report TU Ilmenau*, 1994.

[Fer90] D. Ferrari. Client requirements for real-time communication services. *IEEE Communication Magazine*, November 1990.

[GG91] M. Gilge and R. Gusella. Motion video coding for packet-switching networks - an integrated approach. *Technical Report ICSI Berkeley, TR -91-065*, 1991.

[ISO92] ISO/IEC DIS 11172. Information technology - coding of moving pictures and associated audio for digital storage media up to about 1.5 mbit/s. *Draft International Standard*, 1992.

[LG91] T.D.C. Little and A. Ghafoor. Scheduling of bandwith-constrained multimedia traffic. *Proc. Second International Workshop on Network and Operating System Support for Digital Audio and Video, Heidelberg*, 1991.

[MW92] M. Moran and B. Wolfinger. Design of a continuous media data transport service and protocol. *Technical Report ICSI Berkeley, TR-92-019*, 1992.

[Nic90] C. Nicolaou. An architecture for real-time multimedia communication systems. *IEEE Journal on Selected Areas in Communications*, 8(3), April 1990.

[Sch93] H.G. Schulzrinne. Reducing and characterizing packet loss for high-speed computer networks with real-time services. *Dissertation, University of Massachusetts*, May 1993.

[Top90] C. Topolcic. Experimental internet stream protocol, Version-2 (ST-II). *RFC 1190*, 1990.

[ZF93] H. Zhang and D. Ferrari. Rate-controlled static-priority queueing. *IEEE Infocom'93*, 1993.

Ein Konzept zur Integration von Netzwerk-Filtern in verteilte Multimedia-Systeme

Gabriel Dermler
Universität Stuttgart, IPVR
Breitwiesenstraße 20-22
70565 Stuttgart

Kurzfassung

Multicast-Übertragungen mit heterogenen Empfängern können unter Verwendung von Filtern im Netzwerk optimiert werden. Dieser Artikel beschreibt die Einbettung des Filter-Konzepts in eine Architektur, die die Realisierung verteilter Multimedia-Systeme erlaubt. Die Schichtung der Architektur entspricht einer Trennung in Anwendungs- und Systemsicht. Die Rolle des Systems bei der Konfiguration multimedialer Kommunikation sowie der Reservierung von Ressourcen wird beschrieben im Hinblick auf Teilstrom- und Filterbildung. Die Verzahnung der Ressourcenreservierung und der Propagierung der Filter durchs Netzwerk wird erläutert. Drei Möglichkeiten der Filterpropagierung auf Netzwerkebene werden diskutiert und bewertet.

1 Einleitung

Kontinuierliche Datenströme bedingen häufig eine hohe Verkehrslast zu deren Übertragung erhebliche Netzwerkressourcen benötigt werden. Ein Weg, diesen Bedarf bei Multicast-Kommunikationsmustern zu senken, ist die Verteilung eines Stromes über einen Multicastbaum. Multicast-Übertragungen sind bzgl. Ressourcenverwendung optimierbar, wenn angeschlossene Empfänger den übertragenen Strom in gleicher Weise benötigen. Multimedia-Kommunikation weicht jedoch häufig von dieser Voraussetzung ab: heterogene Empfänger können oder wollen häufig ein- und denselben Datenstrom in unterschiedlicher Qualität empfangen. Um auch für diesen Fall Multicast-Übertragungen zu optimieren, wurden in [PPAK92], [PPAK93] und [ZDE+93] Konzepte zum Filtern in den Knoten eines Multicastbaums eingeführt.

Filter können unterschiedliche Funktionen haben ([PPAK93]). Gegenstand dieses Artikels sind selektive Filter. Sie sorgen in Netzwerknoten dafür, daß nur die Teile eines Stroms weitergeleitet werden, die von angeschlossenen Empfängern benötigt werden ([PPAK93], [ZDE+93]). Die Selektion von Teilen eines Stroms setzt eine entsprechende Kodierbarkeit des Stroms voraus. Diese ist für Video- und für Audioströme gegeben ([DHH+93], [Stei94], [HSF93]). So ist z.B. ein Videostrom in eine Hierarchie von Teilströmen zerlegbar, durch deren teilweise Auswahl unterschiedliche Stromqualitäten in Bezug auf Bildgröße, Bildrate oder Pixelauflösung generiert werden. Ein Empfänger hat somit die Möglichkeit, über die Auswahl einer Teilstrommenge die von ihm gewünschte Stromqualität einzustellen. Die Auswahl wird in Form eines Filters spezifiziert, der zur optimierten Ressourcenbelegung im Netzwerk vom Empfänger entlang des Multicastbaums in Richtung Sender propagiert wird ([PPAK93], [ZDE+93]).

In diesem Artikel wird ein Konzept zur Verwendung von Teilströmen und Filtern in CINEMA vorgestellt. CINEMA ([BDH+93]) ist ein System, das Anwendungen (Klienten) erlaubt, zur Kommunikation und Verarbeitung multimedialer Ströme Geflechte aus Verarbeitungsbausteinen (Komponenten) aufzubauen und zu benutzen. Komponentengeflechte können sich über mehrere Rechner erstrecken und insbesondere beliebig verteilte Quellen und Senken beinhalten. Zur Integration des Teilstromkonzepts in CINEMA wird ein 3-Schichten-Modell vorgestellt. Sinn der Schichtung ist eine weitgehende Kapselung der Generierung bzw. Zusammenführung von Teilströmen vor der Anwendung. Für diese Aufgaben werden in einer eigenen Schicht zwei Bausteintypen eingeführt: Splitter und Combiner. Ihre Rolle in CINEMA wird für zwei Phasen erläutert: die Konfigurationsphase und die Phase der Ressourcen-Reservierung. Anschließend wird die Verzahnung der Ressourcenreservierung in CI-NEMA mit der Filterpropagierung auf Netzwerkebene beschrieben. Drei verschiedene Möglichkeiten zur Filterpropagierung werden aufgezeigt und unter verschiedenen Gesichtspunkten diskutiert. Den Abschluß bildet eine kurze Zusammenfassung des Artikels sowie des Stands der Arbeit.

2 Integration des Filterkonzepts in CINEMA

2.1 Das 3-Schichten-Modell

Die Integration der Netzwerkfilter wird durch eine geschichtete Architektur realisiert. Die Architektur stellt eine Erweiterung der im Rahmen des CINEMA- Projekts angestellten Überlegungen zur Strukturierung verteilter Multimedia-Systeme dar. Drei Schichten werden unterschieden:

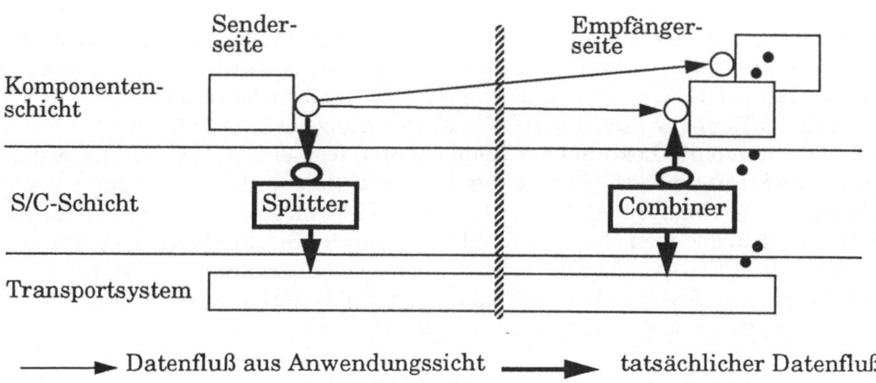

Bild 2.1: 3-Schichten-Modell

In der *Komponentenschicht* sind Bausteine enthalten, die von einer CINEMA-Anwendung zu einem Komponentengeflecht zusammengestellt werden. Eine Komponente bearbeitet einen oder mehrere kontinuierliche Datenströme in einer für sie spezifischen Art. Durch ein Komponentengeflecht legt eine Anwendung eine Sequenz von Bearbeitungsschritten für die Datenströme fest. Die Anwendungen benutzen hierzu in einer **Konfigurationsphase** den Konfigurationsmanager von CINEMA (s. 2.2). CINEMA erlaubt die Konfiguration beliebiger Topologien. Zur Erläuterung der Integration des Teilstromkonzepts wird eine einfache Multicast-Topologie aus jeweils einer Komponente beim Sender und jedem Empfänger betrachtet (Bild 2.1).

In der *Splitter/Combiner-Schicht* sind zwei Bausteintypen enthalten, die für die Teilstrombildung nötig sind. Splitter und Combiner sind der Anwendung nicht sichtbar, vielmehr werden sie vom CINEMA-System vor bzw. nach dem Transportsystem eingefügt. Aufgabe des Splitters ist es, während der **Datenübertragungsphase** Teilströme aus einem Strom zu bilden. Entsprechend stellt ein Combiner auf der Empfangsseite aus Teilströmen einen Gesamtstrom her. Durch diese Schichtung wird erreicht, daß die Behandlung der Teilströme einer Anwendung als möglichst transparente Systemunterstützung bereitgestellt wird. Wie in 2.3 gezeigt wird, ist der Combiner in der **Phase der Ressourcen-Reservierung** für die Berechnung generischer, d.h. stromtypunspezifischer Filter zuständig, die vom Transportsystem propagiert werden.

Das *Transportsystem* ist für den Transfer der Teilströme zwischen Sender und Empfängern einer Multicast-Beziehung verantwortlich. In der Phase der Ressourcenreservierung ist es ferner für die Propagierung von Filtern zwischen Knoten des Netzwerks zuständig (s. 3). Im folgenden werden die Phasen der Konfiguration und der Ressourcen- Reservierung näher beschrieben, soweit sie von Bedeutung für die Betrachtung von Teilströmen in CINEMA sind.

2.2 Die Konfigurationsphase

Ein Komponentengeflecht wird von einer Anwendung in einer Konfigurationsphase zusammengestellt. Neben dem logischen Zusammenhang wird von der Anwendung auch die Lokation der Komponenten festgelegt. Eine mögliche Unterstützung bei der Verteilung der Komponenten durch CINEMA wird gegenwärtig untersucht. Steht die Konfiguration und die Lokation der Komponenten fest, ermittelt CINEMA, welcher Splitter zum Stromtyp verfügbar ist, der durch die getroffene Auswahl und Lokation von Komponenten bedingt ist. Wird z.B. von CINEMA festgestellt, daß auf der Senderseite aus dem dortigen Geflecht ein JPEG-kodierter Strom ([Wall91]) hervorgeht, wird es einen JPEG-spezifischen Splitter suchen und ans Ende des senderseitigen Geflechts anfügen. Entsprechend wird auf der Empfänger-Seite der Multicast-Beziehung ein typgleicher Combiner vor das dortige Geflecht gesetzt.

Nach Abschluß der Konfiguration verbindet CINEMA die Komponenten durch geeignete Transfermechanismen. Splitter und Combiner werden durch ein multicast- fähiges Transportsystem verbunden, das zudem den Transfer von Teilströmen und Filterpropagierung unterstützt. Steht ein solches Transportsystem nicht zur Verfügung, werden Splitter und Combiner nicht eingefügt. Ein bestehendes Komponentengeflecht kann dynamisch verändert werden, so z.B. auch während der Datenübertragungsphase. Für die Teilstrombildung von Bedeutung ist die mögliche Erweiterung eines Multicast-Geflechts um neue Empfänger. Ein neuer Empfänger spezifiziert sein lokales Geflecht und verbindet es mit dem senderseitigen Komponentengeflecht. War auf Senderseite ein Splitter vorhanden, wird von CINEMA bei dem neuen Empfänger ein entsprechender Combiner eingebaut.

Durch die dynamische Konfigurierbarkeit werden Szenarien unterstützt, in denen Empfänger von Multicast-Übertragungen dynamisch hinzugenommen werden müssen, wie dies z.B. bei Informationsverteilern oder Konferenzen mit wechselnder Teilnehmerschaft der Fall ist. Der Vorgang der Hinzunahme führt, aus der Sicht des neuen Empfängers, zum Import des verfügbaren Stromes. Die folgenden Betrachtungen in der Phase der Ressourcenreservierung konzentrieren sich auf die Dynamik in diesen Szenarien, genauer auf den Import-Vorgang durch einen neuen Empfänger.

2.3 Import eines Stromes durch einen Empfänger

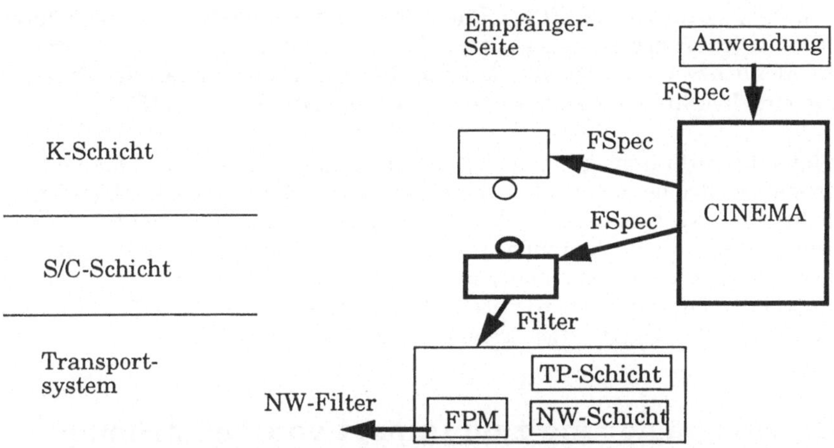

Bild 2.2: Ressourcenreservierung und Filterpropagierung (ohne Rücklaufphase)

Nachdem bei einem Empfänger das Geflecht installiert wurde, wird zum Import eines Stromes durch die Anwendung eine FlowSpec spezifiziert. Die FlowSpec enthält u.a. Angaben über die Stromqualität (z.B. Bildgröße, Bildrate eines Videostroms), in der ein Strom zu importieren ist. Diese Angaben werden von CINEMA den Komponenten und dem Combiner zur Verfügung gestellt, so daß sie ihren jeweiligen Bedarf an Ressourcen berechnen und bei Ressourcenmanagern belegen können (Bild 2.2). Die FlowSpec wird von CINEMA nacheinander durch die Komponenten geschleust, beginnend mit der letzten Komponente des Geflechts. Hierdurch realisiert CINEMA ein Ressourcenreservierungsprotokoll, das das gesamte Empfänger-Geflecht durchläuft. Es wird ergänzt durch ein Filterpropagierungsprotokoll, das die Ressourcenreservierung auf Netzwerkebene abwickelt (s. 3).

Wichtig für die Teilstrombildung ist, daß die FlowSpec eine Stromqualität anzeigt, die vom Combiner durch den Import aller oder nur eines Teils der Teilströme gebildet werden kann, die zum ausgewählten Strom gehören. CINEMA unterstützt dies, indem es nach abgeschlossener Konfigurierungsphase eine geeignete Form der Flow-Spec zusammenstellt. Ist im Geflecht ein Combiner enthalten, wird in die FlowSpec eine Liste möglicher Qualitätsstufen (z.B. unterschiedliche Bildgrößen) eingefügt, die durch den Combiner unterstützt werden. Die Anwendung verwendet diese FlowSpec-Schablone um die von ihr gewünschte Qualitätsstufe(n) auszuwählen.

Wenn CINEMA im Rahmen des Ressourcenreservierungsprotokolls die FlowSpec an den Combiner übergibt, berechnet dieser aus der angezeigten Qualitätsstufe die zu importierenden Teilströme, d.h. er stellt für das Transportsystem einen generischen (vom Stromformat unabhängigen) Filter zusammen, in dem durch einen Schwellwert die Menge der zu importierenden Teilströme spezifiziert ist:
Filter(StreamId, Schwellwert, FlowSpec für Teilstrom 1, ...)

In der Filterspezifikation ist auch eine Beschreibung des Datenflusses für jeden Teilstrom enthalten, typischerweise in der Form (TSDU-Größe, TSDU-Rate). Die Spezifikation wird vom Empfängertransportsystem benötigt, um Ressourcen reservieren zu können. Das Transportsystem enthält neben entsprechenden Mechanismen ein Filterpropagierungsmodul (FPM). Das FPM hat die Aufgabe, den Filter durchs Netzwerk in Richtung des Senders zu propagieren. Im Abschnitt 3 werden hierzu verschiedene Möglichkeiten vorgestellt. Auf der Netzwerkebene enthält der Filter, sofern nötig, eine Beschreibung jeder Teilstromlast als (NPDU-Größe, NPDU-Rate).

Als Ergebnis der Filterpropagierung zeigt das Transportsystem an, ob die im Filter angegebenen Teilströme importiert werden konnten. Falls ein vollständiger Import nicht möglich war, wird angezeigt, welche der Teilströme importiert werden konnten. Die Anzeige initiiert die Rücklaufphase des Ressourcenreservierungsprotokolls beim Empfänger. Hierbei können Combiner und Komponenten ihre Ressourcenbelegung anpassen und der Anwendung wird mitgeteilt, welche evtl. reduzierte Qualitätsstufe von CINEMA für den importierten Strom gewährleistet werden kann.

3 Filterpropagierung zum Import von Teilströmen

Ausganspunkt sind erneut Szenarien, die dynamische Hinzunahmen von Empfängern erlauben. Für die Betrachtung des Importvorganges wird vorausgesetzt, daß auf Netzwerkebene bereits bekannt ist, welche Teilströme zu einem Strom insgesamt verfügbar sind. Findet beispielsweise im unteren Bild bereits Kommunikation zwischen dem Sender und Empfänger E1 statt, ist in Knoten K1 und K2 dieses Wissen vorhanden (Bild 3.1).

Im folgenden werden verschiedene Verfahren zur Filterpropagierung diskutiert. Eine vollständige Diskussion müßte diverse Aspekte einschließlich Routing, Auf- und Abbau von Verbindungen umfassen. Wir beschränken uns hier auf folgende Aspekte. Zum einen unterscheiden sich die Verfahren darin, wo sich ein neuer Empfänger beim bestehenden Multicastbaum mit seinem Filter zuerst anmeldet, anders ausgedrückt, über welchen Knoten der Empfänger andockt. Zum anderen involvieren (und belasten) die verschiedenen Ansätze den Sender in unterschiedlichem Maß, was eine unterschiedliche Skalierbarkeit in Bezug auf die Häufigkeit von Empfängerzunahmen bedingt. Ferner wird anhand eines der Verfahren ein Protokoll skizziert, das während der Filterpropagierung überbelegte Ressourcen freigibt.

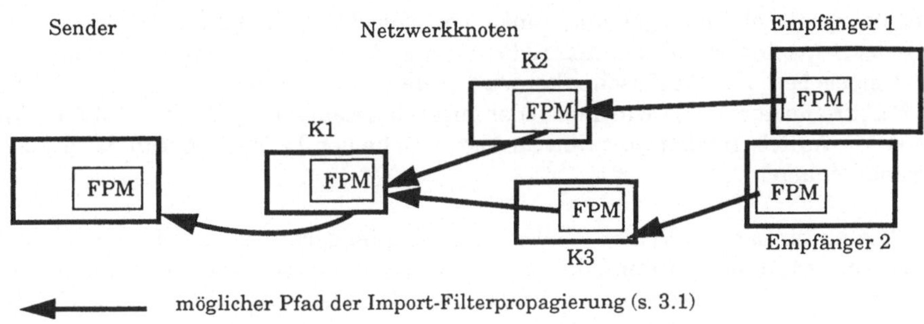

Bild 3.1: Multicastbaum der Netzwerkebene

3.1 Andocken über erweiterten Multicast-Baum

Bei diesem Verfahren wird davon ausgegangen, daß zunächst der Multicast-Baum erweitert wird, um den neuen Empfänger zu berücksichtigen ([PPAK92]), z.B. im Bild 3.1 um den Knoten K3 falls Empfänger 2 neu hinzukommt. Die Filterpropagierung erfolgt erst in einem zweiten Schritt. Die Berechnung des Multicastbaums erfolgt ohne Kenntnis des Filters, was zu Lasten der Optimalität gehen kann. Dem neuen Empfänger muß explizit mitgeteilt werden, über welchen Knoten (K3) er andocken soll.

Das Prinzip der Filterpropagierung vom Empfänger in Richtung des Senders sowie die Aggregierung der Filter in Netzwerknoten sind in [PPAK92], [ZDE+93] beschrieben. Das Verfahren stellt sicher, daß der Sender beim Verbindsaufbau nur dann involviert wird, falls ein Empfänger Teilströme importiert, die von keinem der angeschlossenen Empfänger vorher importiert wurden. Die Häufigkeit der Senderinvolvierung ist damit in der Regel von der Anzahl der Teilströme abhängig, nicht aber von der Anzahl der Empfängerhinzunahmen.

Die Frage, in welcher Weise das Verfahren reagiert, falls in einem der Knoten nicht genügend Ressourcen vorhanden sind, wurde in [PPAK92], [ZDE+93] nicht näher untersucht. Folgendes Verfahren ist möglich. Wird in einem Knoten Ressourcenknappheit festgestellt, werden für den neuen Empfänger Ressourcen (im Knoten und für den abgehenden Link in Richtung Empfänger) soweit wie möglich reserviert. Der Schwellwert im Filter wird auf den Wert herabgesetzt, der der begrenzten Ressourcenbelegung entspricht. Der Wert wird außerdem im Knoten im Kontext des abgehenden Links festgehalten.

Der Filter wird weiter in Richtung des Senders propagiert, bis er an einem Knoten
ankommt, bei dem bereits alle vom Empfänger gewünschten Teilströme importiert
sind. Hierbei kann es passieren, daß Ressourcen, die in zuerst durchlaufenen Knoten
reserviert wurden, durch die Herabsetzung des Schwellwerts in später durchlaufenen Knoten nicht mehr benötigt werden. Die Freigabe dieser Ressourcen geschieht
wie folgt: der Sender sendet für einen Strom periodisch sogenannte Auffrischpakete,
die zunächst den beim Sender eingestellten Schwellwert enthalten. In jedem Knoten
wird überprüft, ob für abgehende Links der Schwellwert höher ist. Ist dies der Fall,
wird der Schwellwert für den Link reduziert und die entsprechenden Ressourcen werden freigegeben. Das Auffrischpaket wird entlang aller Links weiterpropagiert, über
die Teilströme importiert wurden. Jeder angeschlossenen Empfänger erhält auf diese
Weise ein Auffrischpaket, das ihm anzeigt, welche der Teilströme ihm bereitgestellt
werden können.

Das Verfahren hat den Vorteil, daß es keine empfängerbezogene Information in den
Knoten erfordert, um während der Verbindungsaufbauphase überbelegte Ressourcen
freizugeben. Zum anderen kann es Empfängern laufend Schwankungen in der Stromqualität anzeigen, die durch Überlast in Netzwerknoten entstehen, auf die diese
durch Herabsetzen von Schwellwerten reagieren. Zur Freigabe von Ressourcen bei
Verbindungsabbruch durch einen Empfänger eignet sich das Verfahren jedoch nicht
(s. [ZDE+93] für ein Verfahren hierfür).

3.2 Andocken über den Sender

In diesem Fall wendet sich ein neuer Empfänger mit seinem Filter grundsätzlich an
den Sender. Das Verfahren ist gering skalierbar, da jedes Mal der Sender involviert
wird. Eine Verbindung zum Empfänger wird aufgebaut, indem der Sender den Filter
in Richtung Empfänger propagiert. In jedem durchlaufenen Knoten wird der nächste
Link in Richtung Empfänger ausgewählt und die dafür nötigen Ressourcen werden
analog zu 4.2 belegt. Neben der geringen Skalierbarkeit hat das Verfahren den Nachteil, daß das oben beschriebene Verfahren zur Ressourcenfreigabe nicht anwendbar
ist. Als Vorteil kann gelten, daß ein neuer Empfänger nicht über die Andockstelle in
einem erweiterten Multicast-Baum informiert werden muß, bevor er seinen Filter
versenden kann. Der Sender ist als Andockstelle bekannt und der Multicast-Baum
wird schritthaltend mit der Filterpropagierung erweitert.

3.3 Andocken über einen Empfänger

Dieses Verfahren versucht die Vorteile der beiden vorigen Ansätze zu vereinigen. Die
Idee ist, daß ein neuer Empfänger über einen anderen, bereits angeschlossenen Empfänger (bzw. seinen vorgelagerten Netzwerknoten) andockt. Der Filter des neuen
Empfängers würde zunächst in Richtung des Senders propagiert. In jedem durchlaufenen Knoten muß entschieden werden, ob der Multicast-Baum von dem Knoten aus
durch eine neue Abzweigung in Richtung des neuen Empfängers ergänzt werden soll.
Das Verfahren erfordert u.a. zweierlei. Zum einen sind Routing-Algorithmen nötig,
die die Lokation für die neue Abzweigung bestimmen. Zum anderen hängt die Güte

des Verfahrens davon ab, welcher bestehende Empfänger zum Andocken ausgewählt wird. Diese Fragen sind Gegenstand laufender Untersuchungen. Falls sie geeignet lösbar sind, würde das Verfahren sowohl eine Erweiterung des Multicast-Baums im voraus als auch eine übermäßige Belastung des Senders vermeiden.

4 Zusammenfassung

Im Artikel wurde ein 3-Schichten-Modell zur Verwendung von Teilströmen und Netzwerk-Filtern in CINEMA vorgestellt. Wesentlich hierfür war die Splitter/Combiner Schicht, in der die Generierung und Zusammenführung von Teilströmen zusammengefaßt wurde. Konfigurations- und Ressourcenreservierungsphase in CINEMA wurden im Schichtenmodell für den Fall des Imports eines Stroms durch einen Multicast-Empfänger erläutert. Die Verzahnung der Ressourcenreservierung mit der Filterpropagierung auf Netzwerkebene wurde beschrieben. Drei Verfahren zur Filterpropagierung wurden diskutiert im Hinblick auf die Art der Hinzunahme eines neuen Empfängers zu einer Multicast-Übertragung, auf den Grad der Involvierung des Senders sowie die Freigabe überbelegter Ressourcen während der Verbindungsaufbauphase. Insbesondere wurde ein neuer Ansatz beschrieben, der die Hinzunahme eines neuen Empfängers über einen bereits aktiven Empfänger vorsieht.

Gegenwärtig werden Splitter und Combiner für einige gängige Audio- und Videostromformate implementiert. Ferner werden Algorithmen untersucht, die zum Routing von Teilströmen geeignet sind, insbesondere auch für den Fall des Andockens über angeschlossene Empfänger. Die Algorithmen sowie die Mechanismen zur Filterpropagierung werden in einem weiteren Schritt implementiert werden.

5 Referenzen

[BDH+93] I. Bart et al.: *CINEMA: Eine konfigurierbare, integrierte Multimedia-Architektur.* GI/ ITG Arbeitstreffen, Stuttgart, Februar 1993.

[DHH+93] L. Delgrossi et al.: Media Scaling for Audiovisual Communication with the Heidelberg Transport System. In *Proc. of the First ACM Intl. Conference on Multimedia*, S. 99–104. acm press, August 1993.

[HSF93] D. Hoffman et al.: Network Support for Dynamically Scaled Multimedia Data Streams. In *Proc. of the 4th Intl. Workshop on Network and OS Support for Digital Audio and Video*, Lancaster, Nov 1993.

[PPAK92] J. Pasquale et al.: The Multimedia Multicast Channel. In *Proc. of the Third Intl. Workshop on Network and Operating System Support for Digital Audio and Video*, San Diego, Nov 1992.

[PPAK93] J. Pasquale et al.: Filter Propagation in Dissemination Trees: Trading Off Bandwidth and Processing in Continuous Media Networks. In *Proc. of the Fourth Intl. Workshop on Network and Operating System Support for Digital Audio and Video*, Lancaster, November 1993.

[Stei94] R. Steinmetz. Compression Techniques in Multimedia Systems: A Survey. *to be published in "Multimedia Systems", acm/Springer Verlag*, 1994.

[Wall91] G.K. Wallace. The JPEG Still Picture Compression Standard. *Comm. of the ACM*, 34(4), 1991.

[ZDE+93] L. Zhang et al.: A New Resource Reservation Protocol. *IEEE Network* Mag., Sep 1993.

Messungen für Videoverkehr als Basis für Lastmodelle

Robert R.Thomys, Leif Bräuer
Universität Hamburg
Vogt-Kölln-Str. 30
22527 Hamburg
e-mail: thomys@informatik.uni-hamburg.d400.de

Zusammenfassung:*In dieser Arbeit werden typische Videoanwendungen in Abhängigkeit von der Bewegung in der Szene klassifiziert. Basierend auf der Klassifikation werden Lastmessungen für Videokommunikation auf einer Schnittstelle, die sich auf die Übergabe digitaler und komprimierter Bilder bezieht, durchgeführt. Diese Messungen sind Grundlage für eine realitätsnahe Lastmodellierung, die auf einer neuen Lastbeschreibungstechnik beruht. Die Untersuchungen sollen Basis für einerseits realitätsnahe Benutzermodelle und andererseits für die Lastcharakterisierung der Schnittstellen für Videokommunikation sowie für Leistungsanalysen eines ATM-Multiplexers sein. Die Untersuchungsergebnisse zeigen neue Anforderungen an die zukünftigen multimedialen Systeme und unterstreichen, daß eine effiziente Realisierung dieser Systeme auf realitätsnahen Lastmessungen beruhen sollte.*

1 Einleitung

In jüngerer Vergangenheit hat eine neue Klasse von Netzwerk-Anwendungen erheblich an Bedeutung gewonnen, die sog. *Multimedia-Anwendungen*. Hierbei ergeben sich mögliche Anwendungen wie Bildschirmtext, Bildtelefon, Videokonferenzen, Übermittlung von Fernsehprogrammen, usw. Gleichzeitig wurden unterschiedliche Hochgeschwindigkeitsnetze sowohl im lokalen (LAN) als auch im regionalen (MAN) und überregionalen Bereich (WAN) entworfen und standardisiert (wie z.B. FDDI I, FDDI II, DQDB und B-ISDN mit der ATM-Technik).

Im folgenden werden wir uns auf Videokommunikation, d.h. die Übertragung von Bewegtbildsequenzen (sog. Videoströme in Realzeit) konzentrieren. In der Regel werden Videoströme mit konstanter (CBR) oder variabler Bitrate (VBR) komprimiert und übertragen [RaS 92, NFO 89, KOI 89]. Konstante Bitrate ist charakterisiert durch variable Videoqualität und eine daraus resultierende sehr einfache Lastbeschreibung (konstante Framegröße und Zwischenankunftszeit). Im Gegensatz zu CBR wird VBR durch konstante Videoqualität und variable Framegröße charakterisiert. Die Framegröße ist dabei stark von der Intensität der Bewegung in der Szene abhängig. Für die Integration der genannten Dienste und Übertragung von Videoströmen variabler Bitrate eignet sich besonders das B-ISDN mit ATM-Technik.

Zur Zeit gibt es noch keine allgemein akzeptierten Lastmodelle für die Videokommunikation. Einige interessante analytische Ansätze zur Lastmodellierung für Videokommunikation findet man in [MKS 87, NFO 89, YJZ 92, SSD 93]. Hierbei wird versucht, eine bestimmte Videosequenz analytisch nachzubilden. Diese Vorgehensweise hat aber den Nachteil, daß nicht immer für beliebige Videoanwendungen ein Lastmodell erstellt werden kann. Des weiteren wird hier sehr stark von der Realität abstrahiert. Es wird weder das Benutzerverhalten noch eine ausreichende Menge von realitätsnahen Videoquellen berücksichtigt. Im Gegensatz dazu stellen wir Lastmodelle für eine Vielzahl unterschiedlicher Videoquellen dar, die auf realitätsnahen Messungen beruhen. Hierbei wird eine neue Lastmodellierungstechnik verwendet. Anhand der Meßresultate sollen dann Lastmodelle für Bewegtbildübertragung erstellt werden. Diese Modelle sollen insbesondere das Verhalten der Benutzer im multimedialen Umfeld nachbilden.

Der Beitrag ist wie folgt aufgebaut. In Abschnitt 2 werden die Randbedingungen der Messungen erläutert. Anschließend werden wir auf die Interpretation (Abschnitt 3) und die mögliche Nutzung der Meßergebnisse (Abschnitt 4) eingehen.

2 Ziele und Randbedingungen der Messungen

2.1 Schnittstellen für Videokommunikation

Die Abb. 1 stellt mögliche Schnittstellen von Bewegtbildübertragung über ein ATM-Netz dar. Die Schnittstelle I_1 beschreibt die digitale unkomprimierte Bewegtbildsequenz. Hierbei kann die Intensität der Bewegung in der Szene quantitativ erfaßt werden. Diese Kenngröße kann dann als Kriterium für die Lastmessungen und Modellierung von Videquellen ausgewählt werden. Die Lastcharakterisierung dieser Schnittstelle ist unabhängig vom Komprimierungsalgorithmus. Die Erkenntnisse über die Bewegung in der Szene spielen eine entscheidende Rolle bei der Lastgenerierung (VBR) des Komprimierungsalgorithmus. Die Lastcharakterisierung dieser Schnittstelle hängt u.a. von folgenden Parametern ab:
- Zwischenankunftszeit der Bilder (abhängig von der Qualitätsanforderung ca. 20-100 Bilder/s)
- Bildformat (z.B. 240x256 Pixels)
- Bitanzahl pro Pixel (z.B. beim YUV-Standard 24 Bits, d.h. für jede Komponente 8 Bits).

Die Schnittstelle I_2 stellt komprimierte Bilder bereit. Der Komprimierungsalgorithmus [Gal 91, PaZ 92, Ste 93] generiert Frames einer variablen Länge, die sowohl von dem Algorithmus, als auch von der Art der Videoanwendung (Bewegung in der Szene) abhängt. Aus der Sicht der Lastmodellierung wird durch die Länge der komprimierten Videoframes die Last an dieser Schnittstelle charakterisiert. Die Abhängigkeiten zwischen Framelänge und der Intensität der Bewegung in der Szene einerseits und die zwischen Framelänge und dem Komprimierungsalgorithmus andererseits stellen eine gute Grundlage der Messung und Modellierung der Last dar. Die in dieser Arbeit dargestellten Ergebnisse basieren auf dieser Schnittstelle.

Nach der Fragmentierung der komprimierten Videoframes auf die konstante Länge und das Format von ATM-Zellen, werden diese dann die Schnittstelle I_3 passieren. Jede ATM-Zelle besteht bekanntlich aus einem kleinen Block mit der festen Länge von 53 Oktetts (48 Oktetts für das Informationsfeld und 5 Oktetts für den Zellenheader). Da ein ATM-Netz VBR unterstützt, ist die Zwischenankunftszeit der Zellen hierbei entscheidend.

2.2 Klassifikation verteilter Videoanwendungen

Eine mögliche Klassifikationsgrundlage für verteilte Videoquellen stellt die Intensität der Bewegung in der Szene dar. Die Klassen wurden von uns so gewählt, daß sie möglichst das gesamte Spektrum von Bewegung in der Szene als auch Szenenwechsel berücksichtigen. Im folgenden werden fünf Klassen von Videoquellen nach aufsteigender Bewegungsintensität in der Szene unterschieden:

Klasse 1. no motion: Keine Bewegungen in der Szene (Aufnahme von Standbildern).

Klasse 2. low motion: Minimale Bewegung in der Szene (Brustbild einer sitzenden und sprechenden Person, z.B. das Bildtelefon).

Klasse 3.. medium motion: Mittlere Bewegung in der Szene (Gruppe von sitzenden und sprechenden Personen, z.B. als Anwendung denkbar wäre per Video übermittelte Konferenz.

Klasse 4. high motion: Kontinuierlich hohe Bewegung in der Szene, z.B. mögliche Anwendungen wären Sportaufnahmen (wie Aerobic) oder Spielfilmszenen mit viel Bewegung.

Klasse 5. scene changes: Videosequenzen, in denen die Szenen schnell gewechselt wurden. Als Beispielanwendung haben wir Ausschnitte aus der Fernsehwerbung verwendet.

2.3 Lastmessungen für Videokommunikation

Die Untersuchungsumgebung bildet, das unter OS/2 installierte *ActionMedia II* System, das auch als DVI (Digital Video Interactive) bekannt ist [Rip 89]. Der Komprimierungsalgorithmus ist der *RTV 2.0* (Real Time Video), der aber nicht dem MPEG-Standard entspricht. Eine genaue Beschreibung der Umgebung findet man in [Ste 93, IBM 92a, IBM 92b]. Während der Messungen betrug die Auflösung des Bildes 256x240 mit 9 Bits pro Pixel. Die Framerate war konstant und auf 25 Frames/s eingestellt. Der dazugehörige Audiostrom wurde während der Lastmessungen ausgelassen.

Unsere Lastmessungen basieren auf der I_2-Schnittstelle (s. Abb. 1). Zu jeder Klasse K_i ($i \in$ {1,2,3,4,5}) wurde folgende charakteristische Videoquelle Q_i (s. Abschn. 2.2) verwendet, die einen Videostrom λ_i erzeugt:
- Videoquelle Q_1: Standbildaufnahme (festes Bild aus 1m Entfernung)
- Videoquelle Q_2: Sitzende und sprechende Person aus 2m Entfernung (Bildtelefon)
- Videoquelle Q_3: Gruppe von sich unterhaltenden Personen aus 3m Entfernung (Videoübertragung einer Konferenz)
- Videoquelle Q_4: Aerobicsportler aus 3m Entfernung
- Videoquelle Q_5: Szenen aus einer Fernsehwerbung

Bei den Lastmessungen wurden für jede Videoquelle Q_i der Parameter *N* des RTV-Algorithmus variiert. Dieser stellt die Rate dar, mit der das Bild als *Intraframe* (d.h. ein neues unabhängiges Bild) komprimiert wird. Hierbei bedeutet N=1, daß der Videostrom nur aus Intraframes besteht. Der Wert N=9999 deutet darauf hin, daß der Videostrom während des Meßintervalls nach dem ersten Intraframe nur noch aus *Interframes* (ein vom Intraframe abhängiges Zwischenbild) besteht. Die Lastmessungen wurden mehrfach mit verschiedenen Videosequenzen durchgeführt, um eventuelle Meßfehler auszuschließen.

3 Interpretation der Meßergebnisse

Einige Meßergebnisse sind graphisch in Abb. 2, 3 und 4 dargestellt. Die Abb. 2 stellt die Verteilung der Bitrate für jede Videoquelle Q_i und dem Parameterwert N=25 dar. Die Abb. 3 und 4 zeigen detaillierte Meßergebnisse der Videoquellen Q_2 und Q_5. Hierbei wurden die Messungen mit dem Parameterwert N=25 durch zwei Diagramme erfaßt. Das erste beschreibt die zeitlichen Veränderungen der Framegröße einer Videosequenz. Das zweite stellt das dazugehörige Histogramm dar. Die Messungen zeigen deutlich, daß bei den Videoquellen mit relativ geringem Bewegungsanteil in der Szene (d.h. für die drei Klassen von Videoanwendungen Q_1, Q_2 und Q_3) und jeweils dem gleichen Wert für N ein ähnliches Verhalten der Videosequenzen zu beobachten ist. Hierbei können die Intraframes und Interframes voneinander unterschieden werden. Des weiteren erhöht sich hier die Streuung um die mittlere Größe von Intra- und Interframes mit steigendem Anteil an Bewegung in der Szene.

Für alle drei Videoquellen gilt, daß die Histogramme für N≠1 und N≠9999 zwei Häufungspunkte (HPs) aufweisen, einen für Intraframes HP_1 und den anderen für Interframes HP_2. Wird der Wert von N erhöht, nimmt die Rate der Intraframes (und damit HP_1) ab und die der Interframes (und damit HP_2) zu. Die Streuung der beiden Häufungspunkte nimmt mit steigender Bewegung in der Szene zu. Für den Fall N=1 und N=9999 erhalten wir wie erwartet nur einen HP. Die Abweichung vom Mittelwert nimmt auch hier mit steigendem Bewegungsanteil in der Szene zu. In der Regel verschieben sich die Häufungspunkte der Videoquellen Q_1 bis Q_3 zu höheren Wertebereichen.

Die Videoquellen Q_4 und Q_5 weisen ebenfalls Gemeinsamkeiten auf. Hierbei kann man nicht mehr zwischen zwei Häufungspunkten unterscheiden. Die Rate mit der ein Frame als Intraframe kodiert wird (N-Parameter) spielt bei Szenen mit höherem Bewegungsanteil keine große Rolle. Die Streuung der Werte für die Quelle Q_5 ist größer als die für Q_4. Der maximale Framegröße wird erwartungsgemäß bei Szenenwechseln erreicht. Es zeigt sich folgendes Verhalten für VBR-Videoverkehr:

- Die Bitrate der nacheinander folgenden Frames ist stark korreliert.
- Die Bitrate des kodierten Videostroms ist stark von der Bewegung in einer Szene abhängig (siehe Abb. 2).
- Das Maximum der Bitrate wird während eines Szenenwechsels erreicht.
- Videoströme der Klasse K_4 haben über längere Zeit hohe Bitraten, die aber im Vergleich zu K_5-Strömen niedriger sind.

4 Nutzung der Meßresultate zur Lastmodellierung

Unsere Messungen, die ein relativ breites Spektrum von Videoquellen abdecken, können als Grundlage für realitätsnahe Lastmodellierung für Videokommunikation dienen. Eine genaue Beschreibung der von uns verwendeten Modellbeschreibungstechnik findet man in [WoK 90, Kim 93]. Im folgenden werden einfache Lastmodelle für jede Videoquelle dargestellt. Das Modell soll das Verhalten der Videoquelle nachbilden können. Aufgrund der Verhaltensähnlichkeiten der Videoquellen Q_1, Q_2 und Q_3 stellen wir ein gemeinsames parametrisiertes Lastmodell dar. Hierbei werden die Videoquellen durch einen erweiterten deterministischen Automaten (Abb. 5) modelliert. Der Automat besteht aus den Zuständen: *inter*, *intra* und *d*. Dabei ist:

- *intra*: Zustand, in dem Intraframes generiert werden
- *inter*: Zustand, in dem Interframes generiert werden
- *d*: die Verzögerung (*delay*) zwischen zwei aufeinanderfolgenden Videoframes.

Die Zustandsübergänge erfolgen deterministisch in Abhängigkeit vom Parameter N. Dieser legt die Rate fest, mit der ein Frame als Intraframe generiert wird. Für den Wert N=1 bleibt man immer im Zustand *intra*. Für den Fall N=9999 bedeutet es, daß man nach dem ersten Intraframe in den Zustand *inter* übergeht und dort verbleibt. In allen anderen Fällen wechselt der Automat seinen Zustand, wenn ein Intraframe generiert wird. Die drei Videoquellen Q_1, Q_2, Q_3 unterscheidet nur die Streuung und der Mittelwert voneinander. Das Verhalten für einen vorgegebenen Wert von N bleibt gleich. Die Parametrisierung des Modells erfolgt aus den Lastmessungen (z.B. Verteilung der Größe der Intra- und Interframes). Wie lange der Automat im Zustand *intra* und *inter* verbleibt, ergibt sich direkt aus dem Parameter N des Komprimierungsalgorithmus.

Auch die restlichen charakteristischen Videoquellen Q_4 und Q_5 weisen beide ein ähnliches Verhalten auf. Hierbei gibt es keine klare Trennung zwischen Intraframes und Interframes mehr. Daher ist das Modell aus Abb. 5 nicht anwendbar. Das Verhalten von diesen Quellen wird aber auch hier durch einen erweiterten Automaten modelliert. In diesem Fall werden die Zustandsübergänge stochastisch bestimmt. Die Zustände können hier als Stufen (*levels*) gesehen werden. In jedem *level* werden Frames bestimmter Größen (abhängig von der aus den Lastmessungen gewonnenen Verteilung der Framegrößen) generiert. Die Verteilung Aufteilung der *levels* können aus den Messungen (z.B. Histogramme) abgeleitet werden. Natürlich hängt die Framegröße nicht nur von der Bewegung in der Szene sondern auch von dem Komprimierungsalgorithmus ab.

Die Abb. 6 stellt ein Modell mit drei *levels* dar, dabei:

- stellen *L1*, *L2*, *L3* die Stufen (Levels) der Framegröße dar,
- sind p_{ij} die Übergangswahrscheinlichkeiten (*ÜW*),
- beschreibt *d* die konstante Verzögerung (*delay*) zwischen zwei aufeinanderfolgenden Videoframes.

Für das Lastmodell in Abb. 6 wurden folgende Stufen gewählt:

$$L1: F_{min} < F_{size} <= F_{min} + interval$$
$$L2: F_{min} + interval < F_{size} <= F_{min} + 2x\ interval$$
$$L3: F_{min} + 2x\ interval < F_{size} <= F_{max}$$

Dabei ist:

F_{min} die minimale Framegröße in der Sequenz
F_{max} die maximale Framegröße in der Sequenz
F_{size} die aktuelle Framegröße
interval $= F_{max} - F_{min}$ / Anzahl der levels

Die Verteilung der Framegrößen in einem Zustand, das Minimum und das Maximum der Framegrößen sind aus den Histogrammen direkt ableitbar. Die Übergangswahrscheinlichkeiten p_{ij}, und die Aufenthaltsdauer in jedem Zustand können aus den Messungen berechnet werden. Um eine gute Näherung der Aufenthaltsdauer in einem Zustand zu erhalten, leiten wir aus den Messungen für jede ÜW p_{ij} die dazugehörige Verteilung der Aufenthaltsdauer ab. Es wird zur Zeit experimentell untersucht, welche Aufteilung und Anzahl der Stufen für bestimmte Videoquellen geeignet sind.

5 Zusammenfassung und Ausblick

In dieser Arbeit haben wir vereinfachte Lastmodelle für Videoquellen vorgestellt, die auf Lastmessungen basieren. Die Modelle entwickelten wir mit Hilfe einer neuen Lastbeschreibungsmethode, die auf einem erweiterten endlichen Automaten basiert. Der Beitrag zeigt deutlich, daß zukünftige multimediale Systeme mit einer völlig neuen Art von Verkehrsaufkommen rechnen müssen. Unsere Meßergebnisse haben bestätigt, daß die von Videoquellen generierte Last einerseits von der Bewegung in der Szene und andererseits von dem Algorithmus stark abhängig ist.

Zur Zeit werden die Lastmodelle als Basis für Lastgeneratoren verwendet und dadurch ihre Robustheit untersucht. Weiterhin sind ergänzende Lastmessungen und Lastmodellierung basierend auf der Schnittstelle I_1 (vgl. Abschnitt 2.1) geplant. Unser Ziel ist ein anpaßbarer Lastgenerator, der in der Lage ist, das Verhalten beliebiger Videoanwendungen nachzubilden und das dazugehörige parametrisierte Lastmodell automatisch zu erzeugen.

Die hier vorgestellten Modelle sind Grundlage für weitergehende Untersuchungen:
- Analyse von gemischtem Videoverkehr an den Schnittstellen I_1, I_2 und I_3
- Charakterisierung der daraus resultierenden Last
- Kompositionen verschiedener Videoströme
- Leistungsanalyse eines ATM-Knotens bei Realzeitanwendungen.

Die Ergebnisse dieses Beitrags stellen somit einen wichtigen Schritt im Hinblick auf die Gewinnung eines benutzernahen Lastmodells in einer multimedialen Umgebung dar, wie es in [Kim 93] gefordert wird.

Danksagung: Herrn Prof. Dr. B. Wolfinger sei für Anregungen gedankt, die zum Entstehen dieses Papiers beitrugen.

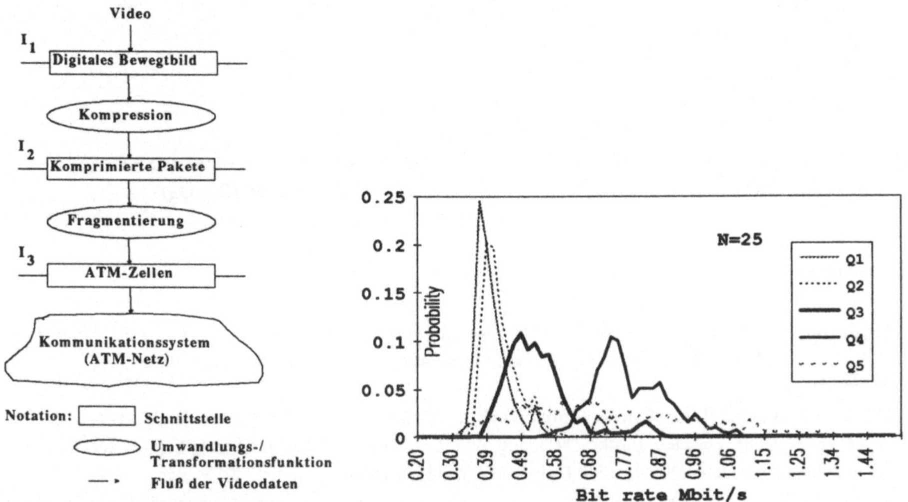

Abb: 1: Schnittstellen bei Bewegtbildübertragung über ein ATM-Netz

Abb. 2: Verteilung der Bitrate für alle Klassen

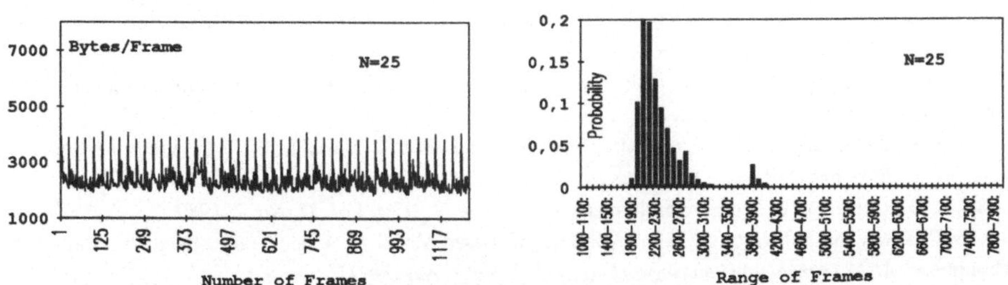

Abb. 3: Generierte Bytes für Videoanwendungen der Klasse 2 ("Low Motion" für N=25)

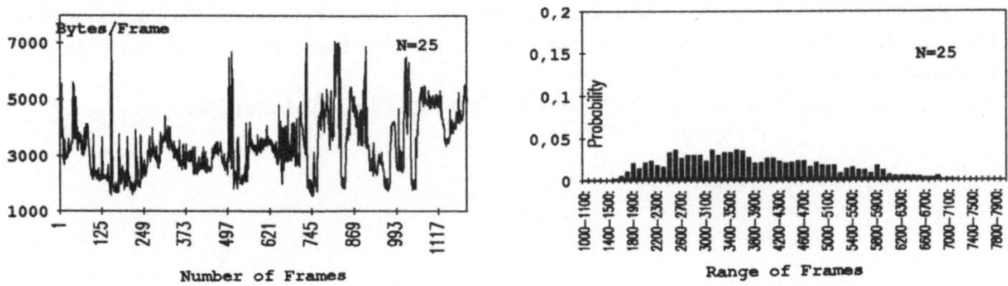

Abb. 4: Generierte Bytes für Videoanwendungen der Klasse 5 ("Scene Changes" für N=25)

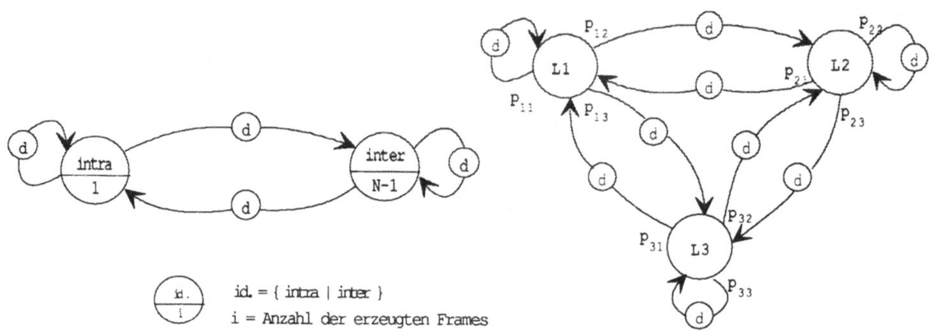

Abb. 5: Allgemeines Lastmodell für Videoquellen (Q_1, Q_2, Q_3)

Abb. 6: Allgemeines Lastmodell für Videoquellen (Q_4, Q_5)

Literaturverzeichnis

[Gal 91] D. Le Gall: A video compression standard for multimedia applications. *C. ACM, Vol. 34, No. 4, 1991.*

[IBM 92a] ActionMedia II Developer´s Toolkit: *Application Programmer´s Guide, June 1992, Part No. 10G2990.*

[IBM 92b] ActionMedia II Developer´s Toolkit: *Technical Reference, June 1992, Part No. 04G5144.*

[Kim 93] J. J. Kim: Formale Lastbeschreibung und eine Methode zur Lastmodellierung für innovative Kommunikationssysteme. *Dissertation. Universität Hamburg 1993.*

[KOI 89] R. Kishimoto, Y. Ogata, F. Inumaru: Generation Interval Distribution Characteristics of Packetized Variable Rate Video Coding Data Streams in an ATM Network. *IEEE J. on Sel. Areas in Comm., Vol. 7, No. 5, 1989.*

[MKS 87] B. Maglaris, G. Karlsson, P. Sen, D. Anastassiou, J. Robbins: Performance analysis of statistical multiplexing for packet video sources. *in Proc. Globecom ´87, Nov. 1987.*

[NFO 89] M. Nomura, T. Fujii, N. Ohta: Basic Characteristics of Variable Rate Video Coding in ATM Environment. *IEEE J. on Sel. Areas in Comm., Vol. 7, No. 5, 1989.*

[PaZ 92] P. Pancha, M. El Zarki: A look at the MPEG video coding standard for variable bit rate video transmission. *Infocom ´92, Florence, Italy.*

[RaS 92] G. Ramamurthy, B. Sengupta: Modeling and Analysis of a Variable Bit Rate Video Multiplexer. *Infocom ´92, Florence, Italy.*

[Rip 89] G. D. Ripley: DVI - A digital multimedia technology. *C. ACM, Vol. 32, No. 7, 1989.*

[SSD 93] P. Skelly, M. Schwartz, S. Dixit: A Histogram-Based Model for Video Traffic Behavior in an ATM Multiplexer. *ACM Transactions on Networking, Vol. 1, No. 4, August ´93.*

[Ste 93] R. Steinmetz: Multimedia-Technologie. Einführung und Grundlagen. *Berlin, Springer, 1993.*

[VeP 89] W. Verbiest, L. Pinnoo: A Variable Bit Rate Video Codec for Asynchronous Transfer Mode Networks. *IEEE J. on Sel. Areas in Comm., Vol. 7, No. 5, 1989.*

[WoK 90] B. Wolfinger, J. J. Kim: Load Measurements as a Basis for Modeling the Load of Innovative Communication Systems with Service Integration. *Proc. IEEE Workshop on Future Trends of Distributed Computing Systems 1990.*

[YJZ 92] F. Yegenoglu, B. Jabbari, Y. Zhang: Modeling of Motion Classified VBR Codecs. *Infocom ´92.*

Effiziente Modellierung von ODP-Traderfederationen mittels P²AM*

C. Popien, B. Meyer, F. Sassenscheidt

RWTH Aachen, Lehrstuhl für Informatik IV, D-52056 Aachen
e-mail: popien@informatik.rwth-aachen.de

Zusammenfassung

Bei der Vermittlung von Dienstangeboten in Offenen Verteilten Systemen sind Anzahl und Anordung der dienstvermittelnden Trader ausschlaggebend für eine effiziente Arbeitsweise des Systems. Konventionelle Methoden zur Bewertung parallel arbeitender Einheiten eignen sich leider nicht, um den bestehenden Anforderungen gerecht zu werden. Deshalb wurde die Parallel Performance Analysis Methodology (P²AM) entwickelt. Sie basiert auf einem Splitting von Fork-Join-Netzen und ist ein allgemeines Verfahren zur Leistungsbewertung von parallelen Architekturen. Insbesondere eignet sich P²AM für die Analyse parallel arbeitender Trader, die innerhalb einer Federation miteinander kooperieren. Funktionalität sowie Einsatzmöglichkeiten von P²AM werden am Beispiel der Bewertung von verteilten Traderfederationen mit mittlerer Antwortzeit als Zielgröße dargestellt.

1. Einleitung

Dem Trend bei der Entwicklung von Rechnersystemen zufolge gewinnen Netzwerke leistungsfähiger Workstations gegenüber zentralen Großrechnern zunehmend an Bedeutung. Um den daraus entstehenden neuen Anforderungen gerecht zu werden, starteten Industriekonsortien und Forschungseinrichtungen zahlreiche Aktivitäten.

Von besonderer Bedeutung sind das Referenzmodell *Open Distributed Processing* (ODP) der Internationalen Standardisierungsorganisation ISO und praktische Ansätze zu verteilten Entwicklungsumgebungen: ANSAware der *Advanced Network Systems Architecture* (ANSA), die *Distributed Computing Environment* (DCE) der *Open Systems Foundation* (OSF) und die *Common Object Request Broker Architecture* (CORBA) der *Object Management Group* (OMG), siehe [Gei 92], [Sch 92], [ODP P1-P4, Tr]. Alle diese Projekte haben gemeinsam, daß Dienstangebote eines Verteilten Systems durch einen Trader bzw. einen Verzeichnisdienst verwaltet und vermittelt werden. Da in großen Systemen ein zentraler Trader sehr schnell seine Leistungsgrenze erreicht, werden Trader dezentral realisiert.

Auf der Basis von Verträgen, welche Autonomie sowie Sicherheitsinteressen der beteiligten Trader gewährleisten, können Trader in einem Verbund, auch Federation genannt, zusammenarbeiten. Die Funktionsweise eines ODP-Traders ist in Abbildung 1 dargestellt. Dem ODP-Trader werden von Exportern Dienste angeboten (Aktion 1), die er in seine Traderdatenbank (TDB) aufnimmt. Im Falle einer Dienstanfrage (Aktion 2) wird diese Datenbank nach geeigneten Dienstangeboten durchsucht und ggf. eine Selektion der Einträge vorgenommen. Wird der Trader in seiner TDB nicht fündig, so kann er seinen Administrator beauftragen, mit anderen Tradern zu kooperieren (Aktion 3a). Dieser handelt mit dem Administrator eines anderen Traders einen Federationsvertrag aus (Aktion 3b) und informiert den Trader (Aktion 3c). Nun kann der Trader A auch Anfragen an Trader B weiterleiten, siehe [PoMe

---

* Diese Arbeit wurde durch die Deutsche Forschungsgemeinschaft unter Kenn-Nr. Sp 230/8-1 unterstützt.

93]. Hat der Trader ein geeignetes Dienstangebot gefunden, so leitet er die Referenz darauf an den Importer weiter (Aktion 4).

Um eine optimale Konfiguration zu erhalten, ist neben der Anzahl und Anordnung der Trader auch die Aufteilung der Dienstangebote auf die einzelnen TDBen von großer Bedeutung. Werden neue Rechner in ein bestehendes Verteiltes System integriert oder bestehen Freiheiten bei der Ausgliederung von Systemkomponenten, so sollte eine Überlastung einzelner Trader vermieden werden.

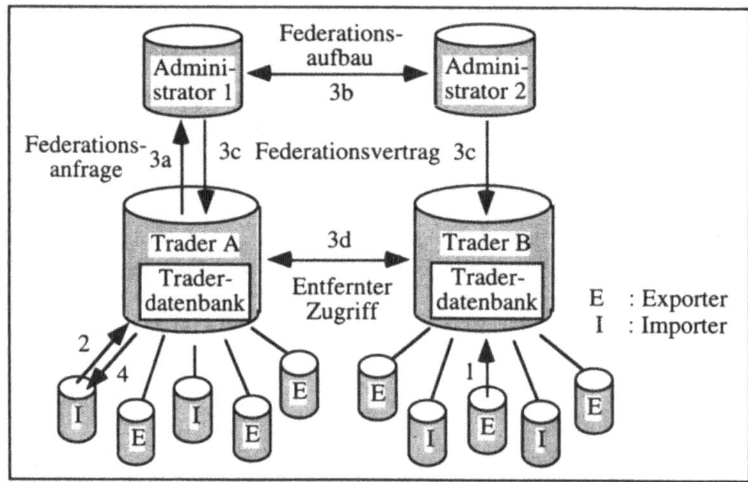

Abb. 1: Modell einer ODP-Trader Federation

Um neben qualitativen auch quantitative Aussagen machen zu können, erscheint eine Leistungsbewertung von Traderarchitekturen basierend auf Warteschlangennetzen sinnvoll, siehe [Kl 75], [Ki 90]. In [MePo 93] wird eine Klassifikation bestehender Netze in sogenannte Struktur-/Ablaufmodelle vorgenommen, die zentrale oder verteilte bzw. sequentiell oder parallel arbeitende Systeme unterscheiden. Da insbesondere parallele Abläufe von Interesse sind, werden Fork-Join-Netze (FJNe) verwendet, siehe [Bo 89].

Das Modell einer Federation von ODP-Tradern wird durch n parallele Bedienstationen erstellt, wobei jede Bedienstation einem Trader entspricht und eine Traderanfrage in Teilanfragen unterteilt wird, deren Bearbeitung an andere Trader delegiert werden kann. Da in der Regel bei einer Anfrage nicht alle Trader der Federation im Suchraum enthalten sind, muß das betrachtete Modell weiter verallgemeinert werden. Es existieren bereits einige Ansätze, die sich mit der Leistungsbewertung von Tradersystemen auseinandersetzen. Im Unterschied zu der vorliegenden Arbeit, welche die mittlere Antwortzeit einer Importeranfrage minimieren möchte, beschäftigen sich [WoTs 93] jedoch mit der Auswahl des Exporters eines bestimmten Dienstes, der am geringsten ausgelastet ist.

2. Grundlagen für die Bewertung einer ODP-Traderfederation

Die Modellierung einer Federation von Tradern basiert auf der Nutzung von FJNen. Dabei handelt es sich um Warteschlangennetze, die um zwei Stationstypen erweitert werden. Die Fork-Station teilt einen Auftrag in mehrere identische, parallel ausführbare Teilaufträge, die mit der Join-Station wieder synchronisiert und zusammengefügt werden. Das Modell für die

Federation von ODP-Tradern, welches für die Leistungsbewertung eingesetzt wird, umfaßt folgende Parameter

- Anzahl n der Trader,
- Ankunftsrate λ_i je Trader T_i,
- Bedienrate μ_i je Trader T_i und die
- Suchraumgröße.

Die Suchraumgröße wird durch die Traderbesuchshäufigkeiten TBH(i,j) festgelegt. Sie bestimmt die Wahrscheinlichkeit, mit der ein Trader T_i bei der Auswertung einer Anfrage eine Teilanfrage an Trader T_j delegiert. Das Modell einer Federation von zwei Tradern zeigt Abbildung 2. Benutzeranfragen werden von einem Trader entgegengenommen und an die Trader weitergeleitet, welche die Anfrage auswerten sollen. Wurde eine Teilanfrage beantwortet, so wird das Teilergebnis an den Trader zurückgesendet, der die Teilanfragen initiiert hat. Hat dieser alle Teilergebnisse erhalten, so kann er das Gesamtergebnis an den Benutzer weiterleiten.

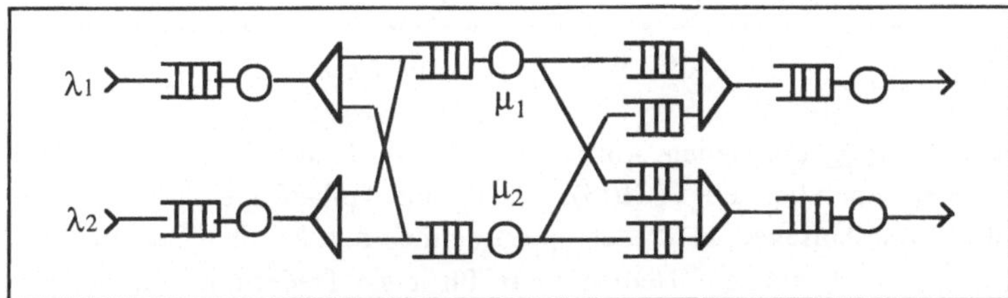

Abb. 2: FJN-Modell einer Traderfederation

Ziel der Analyse des Modells einer Federation von Tradern ist, die mittlere Antwortzeit einer Anfrage zu bestimmen. Bei den folgenden Analysen müssen alle Einträge der TDB eines Traders bzw. der in der Federation erreichbaren Trader untersucht werden.

Alternativ kann die Analyse auch für Traderanfragen durchgeführt werden, welche nur einen bestimmten Eintrag aus der TDB lesen, schreiben oder diesen modifizieren. Zu erwarten ist, daß diese Analyse weitaus günstigere Werte für die mittlere Antwortzeit liefert, da die Anfragen von einem Trader beantwortet werden können.

3. Die Parallel Performance Analysis Methodology (P²AM)

Zur Analyse einer Federation von ODP-Tradern sind mehrere Verfahren wie Kapelnikov [Ka 87], [KME 87], Thomasian und Bay [ThBa 86], Balsamo und Donatiello [BaDo 90], Duda und Czachorski [Du 87], [DuCz 87] und andere untersucht worden. Leider ist jedoch keines dieser Verfahren uneingeschränkt geeignet, um den gegebenen Anforderungen bei der Modellierung zu entsprechen. Deshalb wurde der günstigste Ansatz, das Verfahren von Duda, ausgewählt, welches als Basis der nachfolgenden Überlegungen Verwendung findet.

Das in [MePo 93] vorgestellte und hier verwendete Verfahren teilt das Warteschlangenmodell der Federation von Tradern in eine Menge von FJNen. Hierfür müssen die Verbindungen zwischen den Tradern unterbrochen werden und an deren Enden Auftragsquellen bzw. -senken modelliert werden. Damit das gesamte Modell stabil bleibt, muß für jede Bedienstation eines Traders T_i die folgende Gleichgewichtsbedingung erfüllt werden:

$$\lambda_i + \sum_{j \neq i} TBH(j,i) * \lambda_j = \mu_i .$$

Dabei muß die Bedienstation des Traders T_i in der Lage sein, sowohl die Anfragen, die ein Benutzer an ihn selbst stellt, als auch die Teilanfragen anderer Trader bearbeiten zu können.

Als Ergebnis dieser Transformation ergeben sich n FJNe, mit jeweils n parallel arbeitenden Tradern für die Anfrageauswertung. In Abbildung 3 ist ein Beispiel mit zwei FJNen und zwei parallel arbeitenden Tradern dargestellt.

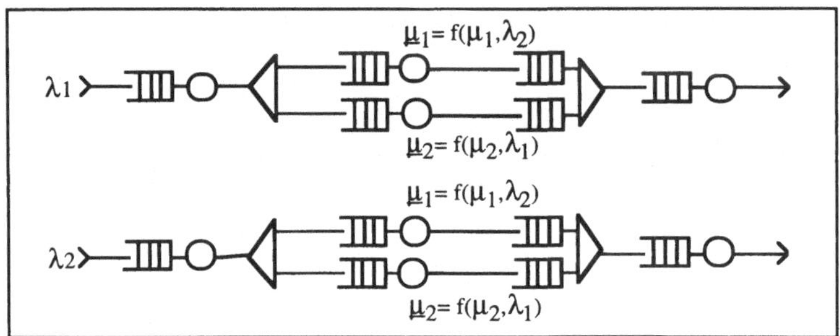

Abb. 3: Zwei Fork-Join-Netze

Die Ankunftsrate $\underline{\lambda}_j$ der neuen Auftragsquellen an Trader T_i berechnet sich aus dem Produkt der Wahrscheinlichkeit TBH(j,i), daß T_j eine Teilanfrage an T_i delegiert, und der Ankunftsrate λ_j von Anfragen an Trader T_j. Zusammen mit der alten Bedienrate μ_j kann aus diesen Ankunftsraten $\underline{\lambda}_j$ die neue Bedienrate $\underline{\mu}_j$ für jeden Trader unter Berücksichtigung der o.g. Gleichgewichtsbedingungen berechnet werden. Diese Analyse kann auf die anfangs erwähnten Verfahren zurückgeführt werden.

4. Analyse von ODP-Traderfederationen

Bei den folgenden Analysen wird angenommen, daß die Bedienzeiten der Trader mit der Größe der TDB steigen. Jedoch ist diese Abhängigkeit nicht direkt proportional. Es wird angenommen, daß die Bedienzeit eines Traders T_i durch die Summe eines von der Größe der TDB abhängigen und eines davon unabhängigen Terms gebildet wird.

$$\frac{1}{\mu_i} = \frac{1}{\mu_{fix}} + |TDB_i| * \frac{1}{\mu_{Dienstangebot}}$$

Der feste Anteil ist durch Betriebssystemaktivitäten, wie Prozeßerzeugung rechtzufertigen, während der zweite Term die Zeit für den Vergleich zweier Dienstangebote darstellt. Bei den folgenden Analysen wird angenommen, das der feste Anteil der Bedienzeit um den Faktor 10 größer ist als der variable Anteil für den Vergleich zweier Dienstangebote. Die Ankunftsraten verschiedener Benutzer eines Traders können problemlos addiert werden, solange es sich um Poisson-Ankunftsprozesse handelt.

4.1 Analyse einer Traderfederation bei fester Ankunftsrate

Das in dem vorangegangenen Abschnitt vorgestellte Verfahren zur Analyse einer ODP-Traderfederation läßt den Kommunikationsaufwand außer Betracht. Dieser ist nötig, um Teilanfragen an andere Trader zu schicken bzw. Teilergebnisse von diesen Tradern zu erhalten. Deshalb wird im folgenden so vorgegangen, daß die mittlere Antwortzeit der Anfrage sich zum einen aus dem Wert, den die Analyse liefert, und zum anderen aus dem Kommunikationsaufwand zusammensetzt, d.h.

$$\bar{t}_{gesamt} = \bar{t}_{Analyse} + \bar{t}_{Kommunikation}$$

Dabei berechnet sich der Kommunikationsaufwand aus dem Produkt der mittleren Übertragungsdauer einer Nachricht zwischen zwei Tradern und der Anzahl der notwendigen Nachrichten.

$$\bar{t}_{Kommunikation} = \#Nachrichten * \bar{t}_{Nachrichtenübertragung}$$

Problematisch wird dieser Ansatz, wenn die Übertragungsdauer zwischen zwei Tradern erheblich schwankt, z.B. wenn sowohl eine HSLAN-Verbindung als auch eine WAN-Verbindung enthalten ist. Auf mögliche Anpassungen soll im folgenden nicht weiter eingegangen werden. Zunächst soll die Auswirkung des Verteilungsgrades der Dienstangebote auf die mittlere Antwortzeit eines Traders in einer Federation untersucht werden. Dabei bleibt die Anzahl der Dienstangebote in der Federation konstant. Als Richtwert wird von 1000 Dienstangeboten ausgegangen, die gleichmäßig auf die einzelnen Trader bzw. alle Trader einer Federation verteilt werden. Es ist offensichtlich, daß ein einziger bedienender Trader alle Anfragen bearbeiten muß, während zwei Trader die Anfragen zu gleichen Teilen aufspalten. Die Bedienraten der Trader verändern sich mit der Größe der TDB wie oben beschrieben wurde.

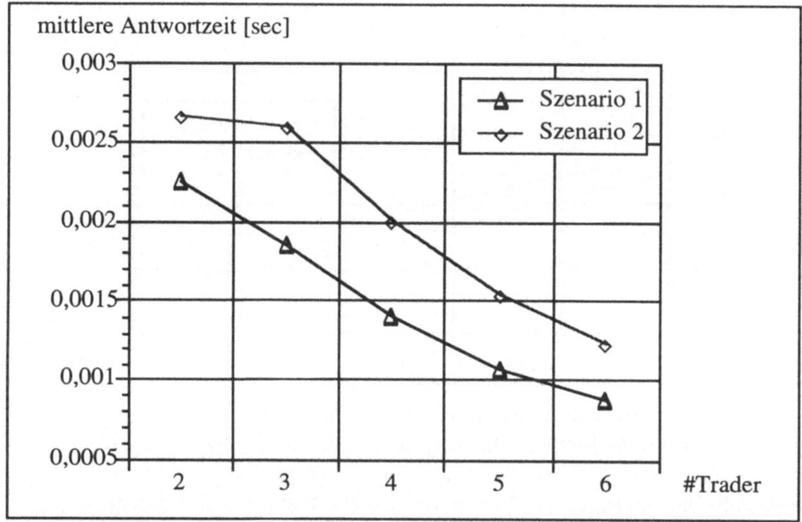

Abb. 4: Die mittlere Antwortzeit in Abhängigkeit von der Anzahl der Trader bei unterschiedlichen Anfragehäufigkeiten

Abbildung 4 zeigt die mittlere Antwortzeit einer Anfrage in Abhängigkeit von der Traderanzahl in der Federation. Unterschieden werden verschiedene Profile der Suchraumgrößen für Anfragen. Szenario 2 steht für Anfragen, deren Suchraumgrößen gleichverteilt sind. Das bedeutet, daß Anfragen an alle Trader genauso häufig vorkommen, wie Anfragen an einen Trader. Diese Analysewerte werden mit denen von Szenario 1 verglichen, wobei Anfragen untersucht werden, bei denen die relative Häufigkeit der Suchraumgröße in einem konstanten Verhältnis aufgeteilt sind.

Anfragen an einen Trader kommen doppelt so oft vor, wie Anfragen an zwei Trader, diese wiederum kommen doppelt so oft vor, wie Anfragen an drei Trader. Anfragen mit einem noch größeren Suchraum haben die gleiche Häufigkeit, wie Anfragen an drei Trader. Wie zu erwarten war, ist Szenario 1 in allen Fällen günstiger als eine Gleichverteilung der relativen

Häufigkeit der Suchraumgröße. Dies liegt an dem größeren Synchronisationsaufwand bei Anfragen, die in viele Teilanfragen geteilt werden. Für n=3 Trader ist der Unterschied maximal. Auffallend ist jedoch, das mit steigender Traderanzahl der Unterschied der Werte beider Szenarien kleiner wird, so daß dieser ab einer bestimmten Größe unerheblich ist.

Die Werte der Kurven in Abbildung 5 stützen sich auf die Werte von Szenario 1 in Abbildung 4, jedoch wird nun der Kommunikationsaufwand berücksichtigt. Die beiden verschiedenen Kurven stellen jeweils die mittlere Antwortzeit in Abhängigkeit von der Anzahl der Trader in der Federation dar, wobei in einem Fall ein Kommunikationsaufwand angenommmen wird. Eine Kurve stellt eine Federation mit einer Verbindung basierend auf einem Hochgeschwindigkeitsnetz (HGN) dar, während die andere Kurve sich auf das Szenario 1 in der oben beschriebenen Form bezieht.

Per Definition der Anforderungen an die einzelnen Netze wird für Ethernet eine Übertragungsrate von 10 Mbit/s, für FDDI 100 Mbit/s und für ATM 620 Mbit/s vorausgesetzt. Diese Werte haben jedoch insbesondere bei den hier vorliegenden kleinen Paketgrößen einen vernachlässigbaren Anteil bezüglich der mittleren Antwortzeiten, so daß eine Unterscheidung im weiteren nicht vorgenommen werden braucht. Den Annahmen liegt ferner auf Ebene drei und vier in jedem Fall TCP/IP zugrunde.

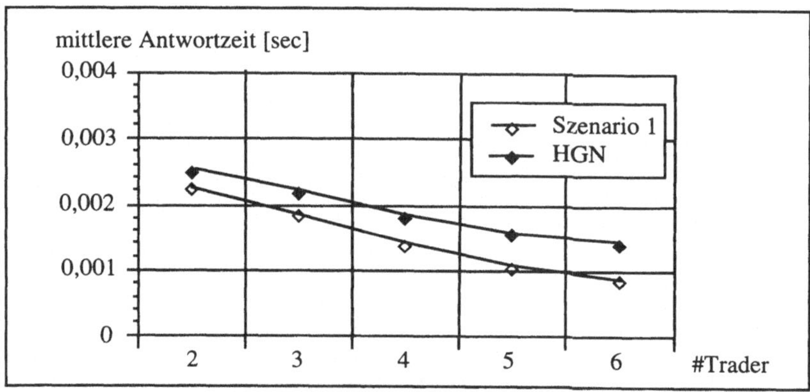

Abb. 5: Vergleich der mittleren Antwortzeiten je Traderanzahl für Hochgeschwindigkeitsnetze und ohne Berücksichtigung des Kommunikationsaufwandes

Für die Anzahl der übermittelten Daten werden für Teilanfragen 1200 Byte und für Teilergebnisse 8000 Byte angesetzt. Bei der Analyse zeigt sich, daß der Kommunikationsaufwand die Vorteile durch den Einsatz zusätzlicher Trader nicht aufheben kann. Dabei ist die mittlere Antwortzeit einer Anfrage bei geringerer Traderanzahl größer als die Antwortzeit einer Anfrage bei größerer Traderanzahl. Der durch die Kommunikation hervorgerufene Einfluß ist relativ gering, aber nicht vernachlässigbar.

4.2. Optimierung einer Federation bei dynamischer Ankunftsrate

In den vorangegangenen Analysen ist das Problem der bestmöglichen Aufteilung einer festen Anzahl von Dienstangeboten auf eine bestimmte Anzahl von Tradern bei konstanter Ankunftsrate untersucht worden. Im folgenden wird analysiert, wie sich die mittlere Antwortzeit bei Hinzunahme eines weiteren Traders mit zusätzlichen Ankünften verhält. Angenommen wird wiederum, daß sich die relativen Häufigkeiten der Anfragesuchräume in einem konstanten Verhältnis teilen, wie es im Zusammenhang mit Abbildung 4, Szenario 1, schon beschrieben wurde.

Abbildung 6 beschreibt die mittlere Antwortzeit in Abhängigkeit von der Anzahl der Trader. Die resultierenden Werte beschreiben eine Kurve, die zunächst steil ansteigt, für n=4 Trader ihr Maximum erreicht und dann abfällt. Das Gefälle der Kurve nimmt für n>8 Trader jedoch wieder stark ab. Während für n=2 Trader der Synchronisationsaufwand noch gering ist, steigt er für n zwischen 3 und 6 so stark an, daß durch den Geschwindigkeitsgewinn die nebenläufige Auswertung nicht kompensiert werden kann. Für n>6 wird dieser jedoch immer bestimmender, so daß der Synchronisationsaufwand in den Hintergrund gerät. Durch dieses Ergebnis wird unterstrichen, daß sich der Einsatz einer größeren Traderanzahl lohnt.

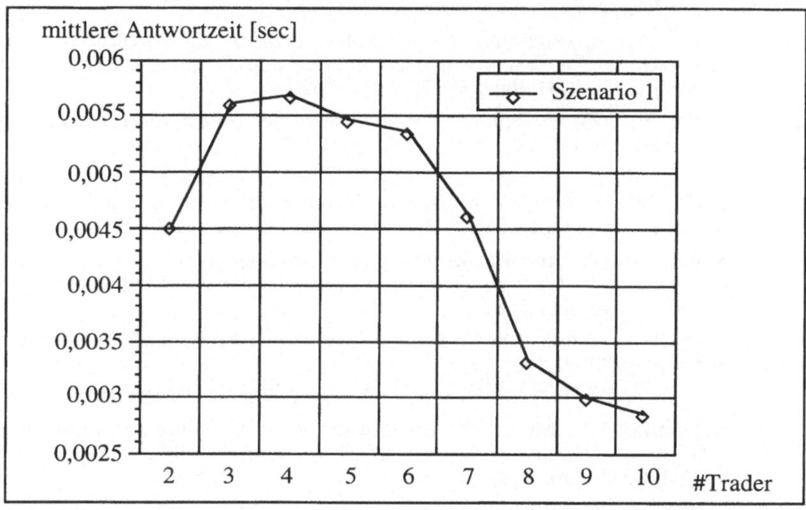

Abb. 6: Die mittlere Antwortzeit in Abhängigkeit von der Traderanzahl

5. Schlußfolgerungen

Bekannte Client/Server-Konzepte werden zunehmend durch Tradingmodelle, welche die Vermittlung von Diensten unterstützen, ergänzt. Die Vielzahl der Anwendungen unterstreicht die große Bedeutung, die dieses Gebiet der Datenkommunikation bereits besitzt und die dem Trading in naher Zukunft noch zukommen wird.

Als Beispiele für Anwendungen eines ODP-Traders sollen hier nur die Road Traffic Informatics (RTI) [PoHa 93] und das Computer Integrated Manufacturing (CIM) [HePo 93] genannt werden. Vor diesem praktischen Hintergrund haben die hier gewonnenen Ergebnisse einen sehr hohen Stellenwert. Dieser resultiert zum einen daraus, daß sich die entwickelte Analysemethode in besonders guter Weise zur Bewertung von Traderarchitekturen eignet, zum anderen ist sie jedoch auch allgemein zur Leistungsbewertung von parallel arbeitenden Rechnerarchitekturen einsetzbar.

Aus der Erweiterung der P^2AM um die Einbeziehung des Kommunikationsaufwandes beim Trading sind praktisch sehr relevante Ergebnisse ableitbar. Die dargestellten Aussagen für Hochgeschwindigkeitsnetze führen zu interessanten Schlußfolgerungen für die Konzipierung eines Systems. Hieraus können Erkenntnisse abgeleitet werden, die bereits in der Phase der Konfiguration einbezogen werden sollten.

Aus den durchgeführten Arbeiten ergibt sich eine beträchtliche Anzahl offener bzw. weiterführender Fragen und Problemstellungen. Wenn eine Überlast bei einem einzelnen Trader oder einer prozentual kleinen Anzahl von Tradern auftritt - inwiefern kann diese dann durch Replikation von Daten auf weniger ausgelastete Tradern ausgeglichen werden? Erste Möglichkeiten zur Modellierung von Datenreplikation sind bereits angedacht, jedoch noch nicht so ausgereift entwickelt, daß sie hier schon in die Ausführungen einbezogen werden sollten.

Literaturreferenzen

[Bo 89]   Bolch, G.: *Leistungsbewertung von Rechensystemen*. Teubner 1989.

[DuCz 87]   Duda, A.; Czachorski, T.: *Performance Evaluation of Fork and Join Synchronization Primitives*. Acta Informatica 24 (1987), S. 525-553

[Du 87]   Duda, A.: *Approximate Performance Analysis of Parallel Systems*. 2nd International Workshop on Mathematics and Computer Performance and Reliabilty, North Holland 1987, S. 189-202

[Gei 92]   Geihs, K.: *Object Request Broker*. Praxis der Informationsverarbeitung und Kommunikation (PIK), Vol. 15, No. 4, (1992)

[HePo 93]   Hermanns, O.; Popien, C.: *Modelling Heterogeneous CIM-Interfaces with ODP*. Special Issue of Journal of Information Science and Technology on Applications of Open Distributed Systems, New York, July 1993

[Ka 87]   Kapelnikov, A.: *Analytic Modeling Methododlgy for Evaluating Performance of Distributed, Multiple-Computer Systems*. UCLA, PhD Dissertation CSD-870061, November 1987

[Ki 90]   King, P.: *Computer and Communication System Performance Modelling*. Prentice Hall 1990

[Kl 75]   Kleinrock, L.: *Queueing Systems - Volume 1: Theory*. Wiley 1975

[KME 87]   Kapelnikov, A.; Muntz, R.; Ercegovac, M.: *A Modeling Methodology for the Analysis of Concurrent Systems and Computations*. UCLA, Technical Report CSD-870038, July 1987

[MePo 93]   Meyer, B.; Popien, C.: *Modellierungs- und Bewertungskonzepte für ODP-Architekturen*. GI/ITG Messung, Modellierung und Bewertung von Rechen- und Kommunikationssystemen (MMB´93), Springer 1993, S. 77-89

[ODP P1]   ISO/IEC JTC1/SC21/WG 7 N885(preliminary): *Basic Reference Model of Open Distributed Processing - Part 1: Overview and User Model*. Nov. 1993

[ODP P2]   ISO/IEC JTC1/SC21 Nxxxx: WG7 *DIS Basic Reference Model of Open Distributed Processing - Part 2: Descriptive Model*. Feb. 1994

[ODP P3]   ISO/IEC JTC1/SC21 Nxxxx: WG7 *DIS Basic Reference Model of Open Distributed Processing - Part 3: Prescriptive Model*. Feb. 1994

[ODP P4]   ISO/IEC JTC1/SC21 N7056: *Working Draft for the Basic Reference Model of Open Distributed Processing - Part 4: Architectural Semanitcs*. Aug. 1993

[ODP Tr]   ISO/IEC JTC1/SC21 N8409: *WD- ODP Trading Function*. Jan. 1994

[PoHa 93]   Popien, C.; Hager, R.: *The ODP Trader Functionality Applied to the Integrated Road Transport Environment*. IEEE Conference Globecom´93, Houston 1993.

[PoMe 93]   Popien, C.; Meyer, B.: *Federating ODP Traders: An X.500 Approach*. IEEE International Conference on Communication (ICC´93), Genf 1993.

[Sch 92]   Schill, A.: *OSF/DCE*. In: Informatik Spektrum, Vol. 15, No. 6, (1992)

[ThBa 86]   Thomasian, A.; Bay, P.: *Analytic Queueing Network Models for Parallel Processing of Task Systems*. IEEE Transactions on Computers, Vol. 35, No. 12, (1986), S. 1045-1054

[WoTs 93]   Wolisz, A.; Tschammer, V.: *Performance aspects of trading in open distributed systems*. Computer Communications, Vol. 16, No. 5, (1993), S. 277-287.

Vermittlung und Verwaltung von Diensten in offenen verteilten Systemen

Kay Müller, Kathrin Jones, Michael Merz

Universität Hamburg
Fachbereich Informatik – Datenbanken und Informationssysteme
Vogt–Kölln–Str. 30 — D–22527 Hamburg
e-mail: kmueller @ dbis1.informatik.uni-hamburg.de

Zusammenfassung In offenen verteilten Systemen wird zunehmend eine Vielzahl verschiedenartiger, bekannter und unbekannter Dienste angeboten. Um diese Dienste effektiv und effizient nutzen zu können, sind adäquate Unterstützungsmechanismen für die Dienstvermittlung, die Dienstverwaltung, den Dienstzugriff und die Dienstkontrolle erforderlich. Zur Realisierung dieser Aufgaben stellen wir die im COSM/TRADE–Projekt[1] entwickelte Systemarchitektur vor, wobei in diesem Artikel der Schwerpunkt der Betrachtung in der Vermittlung und Verwaltung sogenannter klassifizierter Dienste durch den TRADE–Trader liegt.

1   Einleitung

Die fortschreitende Entwicklung heutiger Kommunikationsnetze ermöglicht die räumliche Ausdehnung von verteilten Systemen auch über große Distanzen. Die Einführung und Verbreitung der neuartigen Netzwerktechnologien gewährleistet dabei nicht nur eine schnelle und zuverlässige Datenübertragung, sondern macht eine effektive und effiziente Nutzung von entfernten Diensten erst möglich. Dadurch entsteht hinsichtlich des allgemeinen Client/Server–Paradigmas [Svo85] erstmalig ein offener „Markt" von Diensten, in dem Diensterbringer (Server) dedizierte Dienste über wohldefinierte Schnittstellen einer Vielzahl von externen Anwendungen als Dienstnehmer (Clients) zur Verfügung stellen. Aufgrund dieser Globalisierung des Dienstmarktes können Dienstnehmer aus einer großen Anzahl verschiedenartiger, bereits bekannter bzw. *klassifizierter* oder noch unbekannter bzw. *unklassifizierter* Dienste eine Auswahl treffen und diese lokal nutzen. Hierbei stehen dem Dienstnehmer jedoch mehrere Probleme gegenüber, die die Vermittlung und Verwaltung der verfügbaren Dienstangebote als auch den Zugriff auf die entsprechenden Diensterbringer betreffen. Um diesen Problemen zu begegnen sind generelle systemtechnische Mechanismen erforderlich, welche die Nutzung externer Dienste in offenen verteilten Systemen für einen Dienstnehmer (z. B. einen interaktiven Benutzer oder ein Anwendungsprogramm) angemessen unterstützen. Dabei müssen grundsätzlich zwei unterschiedliche Teilziele verfolgt werden, die in der Praxis oft miteinander im Wettstreit stehen: Einerseits

---

[1] Common Open Service Market / Service Trading and Coordination Environment

soll eine weitgehende *Standardisierung* und Klassifikation von verschiedenartigen „Diensttypen" erfolgen, um einen möglichst hohen Grad an *Interoperabilität* und *Wiederverwendbarkeit* der angebotenen Dienste zu erreichen; andererseits liegt jedoch gerade in der *Individualität* unklassifizierter Dienstangebote für viele Dienstbetreiber ein wichtiger Anreiz, ihre Dienste in derartigen Märkten überhaupt kommerziell anzubieten. Zur Erfüllung beider Teilziele ergibt sich unmittelbar die Forderung nach der Entwicklung einer Systemarchitektur, welche sowohl den spezifischen Anforderungen der verschiedenartigen Dienste gerecht wird, als auch eine Integration der entwickelten Unterstützungsmechanismen für die Dienstvermittlung, die Dienstverwaltung, den Dienstzugriff und die Dienstkontrolle erlaubt.

Dieser Artikel gliedert sich wie folgt: Im folgenden Abschnitt wird anhand von zwei Beispielen die Untergliederung der verschiedenartigen Dienste in offenen Dienstmärkten in die zwei groben Kategorien der klassifizierten und unklassifizierten Dienste dargestellt. Anschließend wird im dritten Abschnitt die COSM/TRADE–Systemarchitektur vorgestellt, welche eine integrierte Unterstützung beliebiger Dienste, d. h. sowohl klassifizierter als auch unklassifizierter, bietet. Im vierten Abschnitt wird speziell auf die Dienstvermittlung und –verwaltung klassifizierter Dienstangebote mittels des *TRADE–Traders* eingegangen. Anschließend wird im fünften Abschnitt die zur Zeit durchgeführte Prototypimplementation des TRADE-Traders beschrieben, welche auf Basis des „Distributed Computing Environment" (DCE) [Fou92] und des Encina-Toolkits [IBM93] realisiert wird. Abschließend wird eine Zusammenfassung und ein Ausblick auf weitere aktuelle Forschungsaktivitäten im Rahmen des COSM/TRADE–Projektes gegeben.

2 Klassifizierte und unklassifizierte Dienste

Hinsichtlich der schon oben angedeuteten Verschiedenartigkeit der Dienste in verteilten Systemen werden diese grob in die Kategorien der *klassifizierten* bzw. *standardisierten* und *unklassifizierten* Dienste untergliedert. Diese Klassifikation dient als Grundlage für die im nachfolgenden Abschnitt dargestellte COSM/TRADE–Architektur. Im folgenden sollen diese beiden Dienstarten an je einem Beispiel veranschaulicht werden.

Ein Druckdienst als Beispiel für einen klassifizierten Dienst: In Unternehmen tritt oftmals die Situation auf, daß ein Benutzer mit Hilfe seines Textverarbeitungsprogramms ein Dokument auf einem Drucker mit spezifischen Eigenschaften bzw. *Attributen* ausdrucken möchte. Beispiele für derartige Eigenschaften sind der Ort des Druckers, die Papiergröße und die Druckqualität. Stehen mehrere in Frage kommende Druckdienstangebote verschiedener Druckdiensterbringer zur Verfügung, so soll der Dienstnehmer (in diesem Fall das Anwendungsprogramm) bezüglich der Auswahl und der Vermittlung eines für ihn am besten geeigneten Dienstangebotes unterstützt werden. Diese Aufgabe wird in zukünftigen verteilten Systemen durch sogenannte *Trader* erbracht [ODP92], welche eine weitgehend automatische Auswahl und Vermittlung von

Dienstangeboten und der entsprechenden Diensterbringer aufgrund bestimmter Auswahlkriterien ermöglichen. Um eine derartige Vermittlung und Verwaltung von Dienstangeboten durchführen zu können, ist vorab eine *Standardisierung* bzw. *Klassifikation* von Diensten bzgl. ihrer Funktionalität und Semantik erforderlich. Zu diesem Zweck dient der Begriff des *Diensttyps* [Jon94, ODP92], welcher eine Formalisierung des Dienstbegriffs ermöglicht. Der Diensttyp legt den Diensttypnamen, die Dienstattributnamen und –typen und den Schnittstellentyp des Dienstes fest. Der Schnittstellentyp bestimmt hierbei die Menge der Operationstypen und spezifiziert u. a. die operationale Semantik des Dienstes. Abbildung 2 zeigt das Beispiel einer Diensttypbeschreibung des Diensttyps „PrintService" für das hier angeführte Beispiel eines Druckdienstes. Nachdem der definierte Diensttyp dem Trader bekanntgegeben wurde, ist es speziellen Erbringern eines Druckdienstes möglich, sich mit ihren Dienstangeboten unter dem speziellen Diensttyp registrieren zu lassen. Entsprechend können die Dienstnehmer beim Trader geeignete Druckdienstangebote erfragen und sich bei entsprechendem Wunsch das am besten geeignete durch den Trader auswählen lassen. Die Auswahl erfolgt hierbei über die Diensttypkonformität [Car89] und die aktuellen Werte der Dienstattribute der Angebote. Neben statischen Attributen (z. B. die aktuelle Papiergröße) werden auch dynamische Informationen über die registrierten Diensterbringer berücksichtigt. Beim Druckdienst kann z. B. die aktuelle Warteschlangenlänge als dynamisches Attribut herangezogen werden. Grundsätzlich bietet der Trader verschiedene Strategien zur Auswahl geeigneter Diensterbringer an, die sich in der Qualität bzgl. der Wahl des „am besten geeigneten" Dienstangebotes bzw. Diensterbringers unterscheiden [WT90].

Ein Satellitenvermietungsdienst als Beispiel für einen unklassifizierten Dienst: Über eine Satellitenvermietung können Satelliten für Datenübertragungen über weite Distanzen gebucht werden. Das Anbieten einer derartigen Dienstfunktionalität kann aus heutiger Sicht eine Innovation gegenüber den Diensten konkurrierender Vermietungsdienste darstellen, so daß ein besonderes Interesse besteht, möglichst früh und vor dem Auftreten anderer, vergleichbarer Dienste in Erscheinung zu treten und für potentielle Dienstnehmer nutzbar zu werden, um die damit verbundenen Wettbewerbsvorteile ausnutzen zu können. In der Regel wird ein derartiger Dienst nicht über einen standardisierten Diensttyp vermittelbar sein, da dieses die vorherige Bekanntgabe bzw. Definition eines allgemein zugänglichen Diensttyps voraussetzt, der die Funktionalität des neuartigen Dienstes vorab vollständig spezifiziert. Dieses wäre unter ökonomischen Gesichtspunkten jedoch eventuell sogar kontraproduktiv für den Dienstbetreiber, da in diesem Fall der Wettbewerbsvorteil der Innovation des neuartigen Dienstes stark eingeschränkt werden würde. Hieraus ergibt sich unmittelbar, daß die Vermittlung und die Verwaltung eines derartigen Dienstangebotes über einen klassischen Trader nicht durchführbar ist, da eine Zuordnung zu einem entsprechenden Diensttyp nicht möglich ist. Dieses bedeutet jedoch auch, daß der Zugriff auf einen unklassifizierten Dienst nur über spezielle *benutzerorientierte* Werkzeuge erfolgen kann, bei denen der menschliche Benutzer die Funktionalität bzw. Semantik des angebotenen Dienstes interaktiv erschließt und als Entscheidungsgrundlage verwendet [MML94].

3   Die COSM/TRADE–Architektur

Im vorherigen Abschnitt wird deutlich, daß sich durch den zentralen Begriff des Diensttyps bzw. dessen Nichtanwendbarkeit signifikante Unterschiede bei der Dienstvermittlung, der Dienstverwaltung und des Dienstzugriffs der beiden unterschiedlichen Dienstarten ergeben. Entsprechend müssen die jeweiligen charakteristischen Eigenschaften der Dienste bei dem Entwurf systemtechnischer Unterstützungsmechanismen angemessen berücksichtigt werden. Das Ziel der COSM/TRADE–Architektur ist es nun, eine Architektur zu schaffen, welche eine integrierte Unterstützung von Diensten *beliebiger* Art in offenen Dienstmärkten ermöglicht. Hierfür wird durch die Architektur ein Lebenslaufmodell für Dienste realisiert: So kann zum Beispiel die Dienstbeschreibung des unklassifizierten Satellitenvermietungsdienstes als Vorbild für eine spätere Definition einer Diensttypbeschreibung des neuen Diensttyps „SatelliteRental" dienen. Auf diese Weise kann ein nahtloser Übergang von einem unklassifizierten in einen klassifizierten Dienst erfolgen und eine adäquate, dienstartspezifische Systemunterstützung gewährleistet werden. Anlehnend an eine in [Ber93a] vorgeschlagene Begriffsbildung stellt sich die COSM/TRADE–Architektur wie folgt dar (Abbildung 1). Aufsetzend auf sogenannten *Middleware–Diensten*, wie sie zum Beispiel

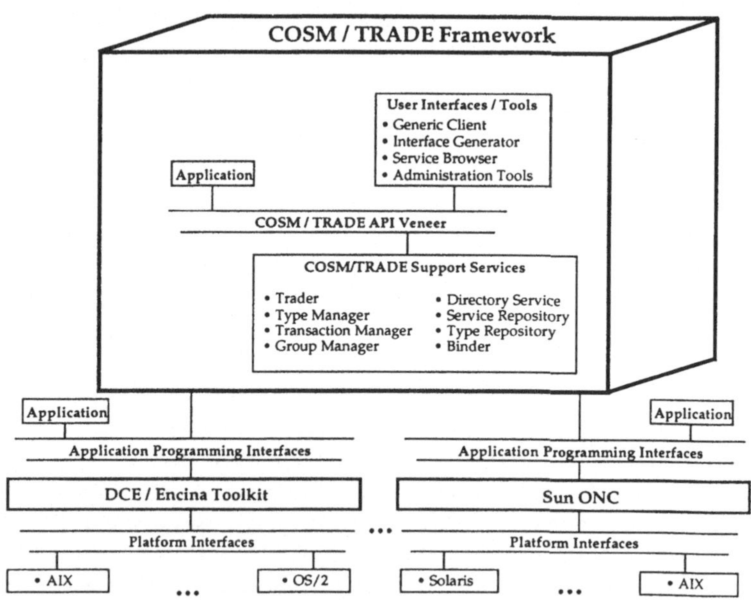

Abbildung 1. COSM/TRADE–Architektur

durch die DCE–Umgebung und das Encina–Toolkit bereitgestellt werden, wird durch die COSM/TRADE–Architektur eine Systemumgebung (*Framework*) realisiert, welche eine spezialisierte Anwendungsumgebung für die Dienstvermittlung, die Dienstverwaltung, den Dienstzugriff und die Dienstkontrolle für beliebige Dienste in verteilten Systemen implementiert. Diese besteht zum einen aus einer Anzahl von Systemdiensten (*Support Services*) wie zum Beispiel dem Trader zur Vermittlung und Verwaltung von klassifizierten Diensten; zum anderen werden auf der anwendungsnahen Ebene spezielle Werkzeuge (*Tools*) für die Benutzung und Programmierung der COSM/TRADE–Systemumgebung angeboten. Beispiele hierfür sind interaktive Werkzeuge wie der Generische Klient [ML93] zum Zugriff auf unklassifizierte Dienste oder eine grafische Managementschnittstelle für den Trader. Der Zugriff der Werkzeuge und Anwendungen auf die COSM/TRADE–Systemumgebung erfolgt hierbei über spezifische Programmierschnittstellen, welche die Komplexität des Zugriffs auf die COSM/TRADE–Systemdienste und die darunterliegenden Middleware–Dienste weitgehend verbergen.

Im folgenden wird speziell auf die Dienstvermittlung und –verwaltung klassifizierter Dienste durch die Trader–Komponente der COSM/TRADE–Architektur eingegangen. Für spezielle Fragen bzgl. der Unterstützung unklassifizierter Dienste sei auf [ML93, MML94] hingewiesen.

4 Vermittlung und Verwaltung klassifizierter Dienste: Der TRADE–Trader

Abbildung 2 stellt die modulare Architektur des TRADE–Traders vor, wobei der *Typmanager* und die *Dienstangebotsverwaltung* zwei Kernbausteine des Traders sind. Zusätzlich benötigt der Trader zur Realisierung seiner Aufgaben eine Reihe weiterer Komponenten, hierzu gehören ein *Namensdienst*, ein *Ablagedienst* (Repository) sowie ein *Autorisierungs–* und *Authentisierungsdienst*. Diese drei Komponenten können auch unabhängig vom Trader genutzt werden.

Der **Typmanager** ist für die Verwaltung des gesamten Typsystems des Traders verantwortlich, wobei die Konformitätsbeziehungen der Schnittstellentypen bzw. Diensttypen im Schnittstellen– und Diensttypgraph dargestellt werden. Der Typmanager besitzt eine Administrationsschnittstelle zum Einfügen von Dienst– und Schnittstellentypen, eine Browsing–Schnittstelle zum Blättern und Suchen von Dienst– und Schnittstellentypen und eine interne Trader–Schnittstelle, welche ausschließlich durch den Trader zum Auffinden konformer Diensttypen und zum Überprüfen der Konformität eines Dienstes zum Diensttyp genutzt wird. Die Aufgabe des Typmanagements durch den Trader wird durch die Nutzung eines externen Ablagedienstes unterstützt, um sämtliche Typdefinitionen persistent abzulegen. Diese Typinformationen können dann bei Bedarf effizient durch externe Werkzeuge, z. B. Werkzeuge für die verteilte Anwendungsprogrammierung, genutzt werden.

Die Verwaltung von Dienstangeboten (Einfügen, Löschen, Suchen) wird vom Trader über die Schnittstelle der **Dienstangebotsverwaltung** durchgeführt.

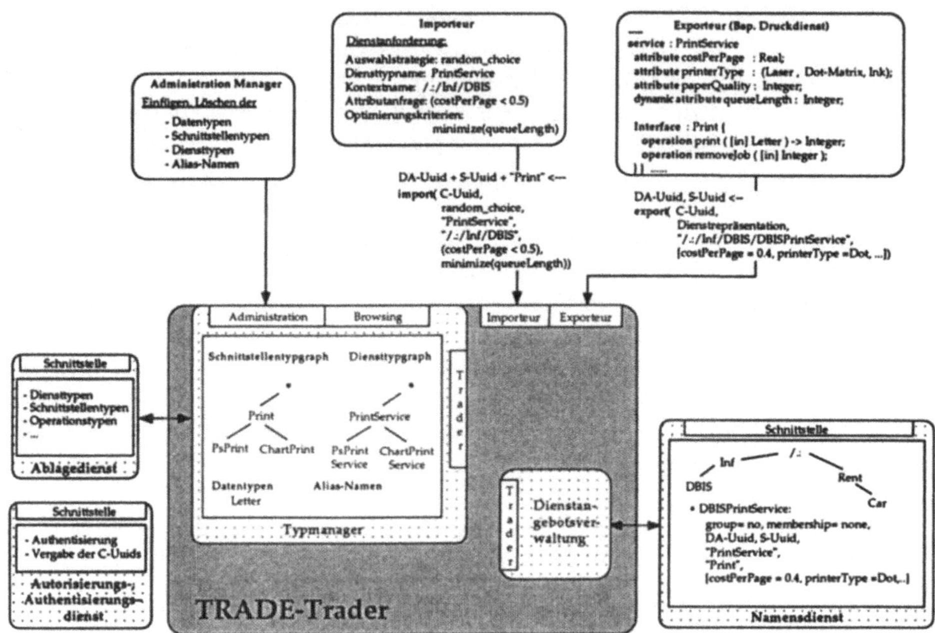

Abbildung 2. Architektur des TRADE–Traders

Diese verwaltet die Dienstangebote der Exporteure mit Hilfe eines Namensdienstes in einer hierarchisch aufgebauten Kontextstruktur. Jeder Kontext besitzt einen global eindeutigen Kontextnamen und verwaltet die Informationen der in diesen Kontext exportierten Dienstangebote. Für jedes Dienstangebot werden u. a. der Diensttypname, der Schnittstellentypname, die Schnittstellenkennung, sowie die Namen und Werte der statischen Attribute gespeichert. Das Einfügen und Löschen von Kontexten in die Kontextstruktur erfolgt durch den Administrator.

Mit Hilfe des **Autorisierungs–** und **Authentisierungsdienstes** werden sämtliche Zugriffe auf die einzelnen Komponenten des Systems kontrolliert. Hierbei erfolgt je nach Grad der Sicherheitsanforderungen eine Überprüfung der Zugriffsberechtigung. Dieses erfolgt sowohl beim Zugriff der Importeure bzw. Exporteure auf den Trader als auch beim Zugriff der Importeure auf die Exporteure. Auch der Trader selbst muß beim Zugriff auf seine Unterstützungsdienste, z. B. den Namensdienst, überprüft werden.

Der Zugriff der Exporteure (Diensterbringer) und Importeure (Dienstnehmer) auf den **TRADE–Trader** erfolgt über die Schnittstellen für Exporteure und für Importeure. Bevor ein Exporteur einen Dienst exportieren kann, muß sowohl der Schnittstellentyp als auch der Diensttyp des Dienstes über die Administrationsschnittstelle des Typmanagers eingefügt worden sein. Auch der entsprechende Kontext muß bereits im Namensraum vorhanden sein. Erst dann können

Exporteure ihre Dienstangebote mittels der Export–Operation beim Trader registrieren. Nach dem Exportieren eines Dienstangebotes können die Dienstnehmer bzw. Importeure dieses über den Trader mittels der Import–Operation importieren. Die Auswahl eines geeigneten Diensterbringers kann hierbei anhand verschiedener Auswahlstrategien vorgenommen werden, z. B. durch Angabe einer zusammengesetzten Attributanfrage. Die Schnittstelle für Exporteure ermöglicht außerdem die Änderung der Werte der statischen Attribute eines Dienstangebotes und das Löschen eines Dienstangebotes.

5 Prototypimplementation des TRADE–Traders

Als Implementierungsplattform dient eine UNIX–Rechnerumgebung mit mehreren IBM RS/6000 Arbeitsplatzrechnern. Der Prototyp wird hauptsächlich in der Programmiersprache C realisiert. Eine wichtige Anforderung an die Implementierung der gesamten COSM/TRADE–Architektur ist das Aufsetzen auf weitgehend standardisierte Entwicklungsbausteine. Aus diesem Grund wird die aktuelle Prototypimplementation des TRADE–Traders weitgehend auf Basis des „Distributed Computing Environment" (DCE) und des Encina–Toolkits durchgeführt, welche auf den IBM RS/6000 Arbeitsplatzrechnern installiert sind. Dadurch wird sowohl ein hoher Grad an Plattformunabhängigkeit der gesamten Architektur gewährleistet, als auch eine weitreichende Nutzung vorhandener Standardbasisdienste möglich. Wie schon in Abbildung 2 ersichtlich wird, lassen sich einige Teilkomponenten der Architektur des TRADE–Traders direkt mit Hilfe von DCE– und Encina–Basisdiensten realisieren. So werden die DCE–Namensdienste (Cell Directory Service bzw. Global Directory Service) für die Realisierung der Dienstangebotsverwaltung eingesetzt, wobei die X/Open Directory Service–Programmierschnittstelle [Fou93] benutzt wird. Mit Hilfe des DCE–Sicherheitsdienstes (Security Service) wird ein adäquater Sicherheitsmechanismus für den Zugriff der Dienstnehmer auf die Diensterbringer gewährleistet. Der eigentliche Zugriff auf die Diensterbringer erfolgt mittels des DCE–RPCs bzw. des Encina–TRPCs, falls ein transaktionaler Zugriff auf den Diensterbringer erforderlich ist.

6 Zusammenfassung und Ausblick

In diesem Beitrag wurde schwerpunktmäßig die Vermittlung und Verwaltung von *klassifizierten* Diensten mittels des TRADE–Traders betrachtet und dessen Architektur vorgestellt. Die einleitende Kategorisierung von Diensten hat verdeutlicht, daß klassifizierte und unklassifizierte Dienste jeweils verschiedenartige Unterstützungsmechanismen benötigen. Diese Unterstützungsmechanismen sollten jedoch nicht isoliert sein, sondern eine integrierte Behandlung der verschiedenartigen Dienste ermöglichen. Eine derartige *integrierte* Systemunterstützung für die Vermittlung und Verwaltung *beliebiger* Dienste ist das Hauptziel der vorgestellten COSM/TRADE–Architektur. Ein weiterer Schwerpunkt laufender Arbeiten ist neben der Entwicklung verschiedener verteilter Anwendungen auf Basis der COSM/TRADE–Systemumgebung insbesondere die Untersuchung und Entwicklung von Unterstützungmechanismen zur *Ablaufkontrolle* komplexer Anwendungsvorgänge (z. B. innerhalb von Workflow Management–Anwendungen [Ber93b]), bei denen sich der Kontrollfluß nicht nur über einzelne Diensterbringer sondern über eine Vielzahl verteilter und miteinander kooperierender Diensterbringer erstreckt. Insbesondere die Integration des Trading–Konzeptes in eine derartige Kontrollumgebung wird hierbei untersucht.

Danksagung

Herrn Prof. Dr. W. Lamersdorf sei an dieser Stelle für seine hilfreichen Anregungen bei dem Entstehen dieses Artikels gedankt.

References

[Ber93a] P. A. Bernstein. Middleware – an architecture for distributed system services. Technical report CRL 93/6, Digital Equipment Corporation, Cambridge Research Lab, 1993.

[Ber93b] R. Berthold. *Workflow Management*. Teubner, 1993.

[Car89] L. Cardelli. Typeful programming. Technical report, DEC SRC Research Report No. 45, 1989.

[Fou92] Open Software Foundation. *Introduction to OSF DCE*. Prentice–Hall, Englewood Cliffs, New Jersey, 1992.

[Fou93] Open Software Foundation. *OSF DCE Application Development Reference*. Prentice–Hall, Englewood Cliffs, New Jersey, 1993.

[IBM93] IBM. *Encina for AIX/6000 Base Reference*. Number SC23-2464. IBM, 1993.

[Jon94] K. Jones. Vermittlung und Verwaltung von Diensten in offenen verteilten Systemen: Ein Objekt– und Architekturmodell. Diplomarbeit, Fachbereich Informatik, Universität Hamburg, 1994.

[ML93] M. Merz und W. Lamersdorf. Cooperation support for an open service market. In *Proceedings of the IFIP TC6/WG6.1 International Conference on Open Distributed Processing*. North–Holland, Elsevier Science Publishers B.V., 1993.

[MML94] M. Merz, K. Müller und W. Lamersdorf. Service trading and mediation in distributed computing environments. In *Proceedings of the International Conference on Distributed Computing Systems (ICDCS '94)*. IEEE Computer Society Press, 1994. (to appear).

[ODP92] ISO/IEC JTC1/SC21/WG7: Working Document on Topic 9.1 – ODP Trader. International Standardization Organization, November 1992.

[Svo85] L. Svobodava. Client/server model of distributed processing. Technical report RZ 1350, IBM, Zürich, 1985.

[WT90] A. Wolisz und V. Tschammer. Service provider selection in an open services environment. In *Proceedings of the 2nd IEEE Workshop on Future Trends on Distributed Computing in the 1990's*, S. 229–235, Cairo, Egypt, September 1990. IEEE.

Developing Cooperative Media-Integrated Software

OLIVER FRICK, MAX MÜHLHÄUSER,
AND HANS-WERNER GELLERSEN
University of Karlsruhe, Telecooperation Group
76128 Karlsruhe, Germany; [+49] (721) 608-4790
email: {oli, max, hwg}@tk.telematik.informatik.uni-karlsruhe.de

Abstract: A software technology suitable for multimedia is presented based on a set of coordinated approaches. The importance of integration is stressed in the multimedia and workplace context. This leads to the notion of cooperative media-integrated software and corresponding software technology. Three important elements of a modeling and development framework for such software are motivated, denoted as 'logical and physical mobility', 'multimodal interaction' and 'cooperation'. The latter two elements are elaborated by presenting corresponding approaches.

1   Motivation and Requirements

Wide-spread workplace computer and affordable audio/video extensions lets multimedia document handling/distribution and point-to-point video conferencing smoothly enter everydays work. One may now suppose that computer science, telecommunications, and consumer electronics are about to merge. But the merge of these huge disciplines can only become a reality if it is exposed to and made beneficial for the *users* via integration on the software side, not only on the hardware side. Three major requirements can be derived from these considerations, as described in the remainder of this section: media integration, cooperation, and software technology.

1.1 Media Integration

Multimedia integration of on the software side - coined here as *media integration* - has three major facets:

- *Media data integration* for conventional software, i.e. support for multimedia data handling in all areas of application software (manufacturing, finance, etc.)
- *Workplace-integration* via software, i.e. support for the coupling of conventional software with new, telecooperation-type applications like audio/video conferencing
- *Enterprise-integration*, i.e. software that coordinates and supports the (often longliving) activities which run an organization

1.2 Cooperation Support

Along with the merge of telecommunications and computers, new forms of support for multiple users must be considered:

- Software is integrated into complex distributed applications. Since a large physical space (distributed system) is covered and "access points" become ubiquitous, *mobile software objects* (both data *and* functions) have to follow *mobile physical objects* (users, goods) as these travel around.

- Cooperating teams must be supported, working together usually at different locations and either at the same time or at different points in time.

- Since the scope of usage ranges from (keyboard-mouse-monitor driven) human-machine interaction to (voice-image driven) human-to-human interaction, and since mobile users tend to carry along their (tiny) 'terminal' device, a broad range and combinations of user interface technologies (modalities) have to be supported.

1.3 Software Technology

If one accepts the importance of such media-integrated cooperative software, then the key problem is *software technology* as the enabling factor which makes software feasible and affordable. Therefore we propose a *framework* for the development of *media-integrated cooperative software*. Fig. 1 shows a three-tiered view onto such a framework which is currently developed our group, called Items[6]. Items is based on earlier projects investigating distributed application development [8] and cooperative multimedia in the CAL domain [9]. Items is partly discussed in this paper.

Using Items, software engineers start by developing an object-oriented design for the software under development. Over time, they can add an arbitrary number of so-called *aspects* to the objects designed (in our terms, this adding of aspects augments objects to *items*). Every aspect treats a very specific facet of the system under development; the semantics of an aspect are known to the system i.e. software development tools, so that a high degree of development support can be offered to the software engineers. The aspects are logically grouped into three different sets as indicated in fig. 1.

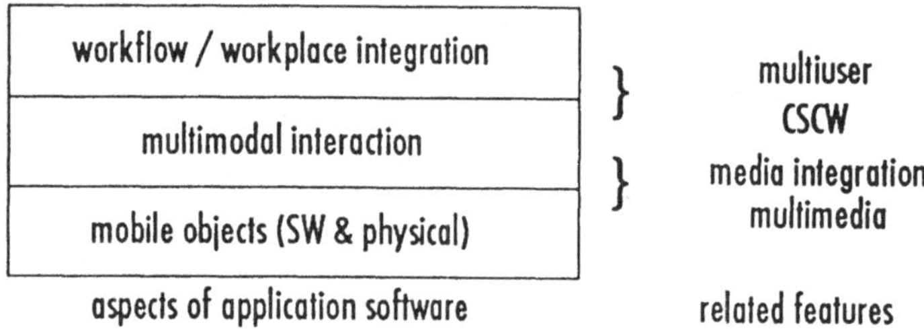

Fig. 1. Framework for cooperative media-integrated software: three sets of aspects

The workflow / workplace integration relates items in the context of long-living activities, so-called workflows. Both rather procedural (descriptive) aspects and rather 'CSCW'-like (rule based, rather liberal) cooperation of users are covered here.

The multimodal interaction support accounts for the 'multimedia' aspects which can be perceived at the interaction interface of applications to their users. Aspects of group interactions between multiple users are covered here, too.

In the 'mobile objects' part, system-inherent aspects are treated. E.g., rules about the configuration, mobility, and clustering of objects in the distributed system are covered here. Another example regards different representations of media for storage, transport, and presentation (this example shows that one logical item may be realized via several interrelated objects at runtime).

In the remainder, we want to concentrate on the areas 'multimodal interaction' and 'workflow/workplace integration' for the sake of space and complexity.

2 Multimodal Interfaces

In this section we discuss aspects of multimodal interaction. In the context of this paper, this discussion has to remain somewhat superficial. We refer to [2] for a more elaborate discussion of our approach and of related work.

User interface development involves a number of distinct design decisions differing in their dependencies. This is particularly true for development of UIs for cooperative media-integrated applications in mobile networking environments where we are confronted with a broad diversity of devices, tasks and user profiles. Unfortunately, UI design decisions are poorly structured within existing software engineering. We propose a new approach for structured UI development based on so-called MMI aspects. In a first step, a software engineer must identify those application domain objects and operations which shall be visible to the user as interaction objects. This step is driven by the task structure of an application, i.e. its decomposition into tasks. Following this first step, there are a number of MMI aspects to be considered (cf. fig. 2). It should be retained that not all aspects necessarily need to be specified. Further, there is no strict order in which to treat different aspects, though there are dependencies. The purpose of MMI aspects is to structure distinct design decisions, and to model them explicitly so they can be maintained.

- **Interaction Semantics:** pre- and postconditions, constraints and defaults that apply to data entry (selection of values) or operation invocation (selection of

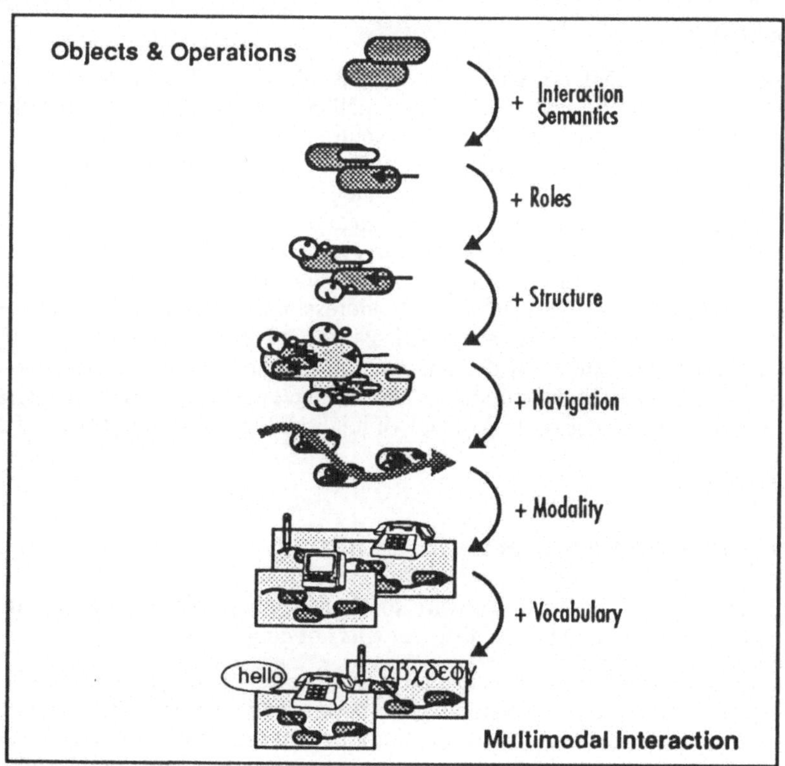

actions); selection semantics (discrete/continuous sets; selection of 1 or many or intervals); argument semantics (required, optional, default). In Items, we have prototyped a textual and a visual description language for interaction semantics.

- **Roles:** Role-task bindings depending on user expertise, user rights and user roles in teamwork; semantics of interaction among roles (e.g., explicit/implicit, synchronous/asynchronous, fine-grained/coarse-grained).

- **Structure:** Compound interaction objects either representing aggregations or choices. Structure is constraint by the modality of interaction, e.g. a voice-only interface will, because of the transient nature of its media, require different structure than a graphics interface.

- **Navigation:** dialog sequencing based on evaluation of pre- and postconditions and on explicit navigation scripts (with complex dialog structures, e.g. hypertext-style interfaces as increasingly found in multimedia applications, good navigation design becomes crucial for usability). In Items, we use PreScripts [11], a typing approach for hypertext traversal, to design and manage this aspect.

- **Modality:** Choice of modality for a given interactive task, constrained by UI resources (virtual devices); Combination of modalities to increase bandwidth, provide alternatives, support concurrence, and achieve redundancy. In Items, we are developing generic tools to support lexical and syntactic fusion of modalities.

- **Vocabulary:** symbol set for interaction, dependent on media/modality, on cultural standards (language, writing system, ...), and on skills/abilities/expertise.

2.1 Related Work

With respect to the MMI design aspects discussed, we find only poor support in present UI development approaches. Existing methods, in particular those based on so-called GUI toolkits, impose metaphors, modalities, media, and dialogue structure. Besides, UI design decisions are hidden in application code, and thus can not easily be revisited. This results in UIs difficult to port and extend, and difficult to adapt to, e.g., different situations in a mobile computing scenarios. UIMS (user interface management systems, e.g. [4, 15, 16]) approaches overcome some of the severe problems of the toolkit approach by capturing dialog semantics and certain presentation issues (layout, style) explicitly, but they in do not address multimedia and multimodality. Approaches to support these advanced UI aspects have been reported [3, 10] but remain to be integrated into a UIMS framework. Summarizing, we observe two major deficiencies in present UI development: lack of integration of different interaction techniques and interaction aspects, and lack of methodological support for good design practice.

3   Workplace and Enterprise Integration

Looking at the state of the art in software support for cooperative work, we find two different approaches, related to two different *kinds* of cooperation:

In *workflow-type cooperations*, interrelated manual or automated activities are loosely coupled via well defined and usually asynchronous interactions. The loose coupling and invisible cooperation structure makes implicit, user-driven coordination between cooperating partners hardly possible. An explicit and firm coordination must therefore be imposed by the system [17]. *Prescriptive* approaches to coordination definition dominate, prescribing an interaction algorithm, the interaction activities and subactivities, and their sequence.

In *CSCW-type cooperations*, cooperating human parties are tightly coupled, usually interacting in an implicit and personal, synchronous, but less controlled and less predictable way. The purpose of cooperation support in the CSCW context is to offer a set of interaction mechanisms (i.e., subactivities) together with coordination rules [13]. Cooperation here is usually based on a *descriptive* coordination definition that leaves room for individual, participant driven schedules and algorithms.

Specialized modeling and support tools for each of the cooperation types are widely available (e.g., [12], [14]), but there is a lack of approaches which cover and integrate both types or cooperation. Such a uniform approach is exactly what we propose in the context of the 'cooperation aspects' of Items. This approach has several advantages: CSCW-type cooperations like conferencing can become a part of a workflow-type cooperation and vice versa; instead of a choice between two extremes, any variation in a spectrum can be realized; finally, better workplace-integration can be achieved, integrating traditional computer use and telecommunications applications.

The Items cooperation approach is based on a graphical definition of cooperations. The model is centered around the notions of tailorable *cooperation description units (CDUs)*, *coordination*, and a *role resolution.*

3.1 Cooperation Description Units (CDUs)

In a top-down modeling approach a cooperation is decomposed into *subactivities*. The 'leaf' elements of the hierarchy are so-called role actions. Role actions are beyond the modeling scope of the cooperation: they may not be subject of the actual cooperation (legacy software), or may be modeled elsewhere (reusability support).

A CDU may have several input and output *parameter groups*, used to trigger a CDU and to return its results. An input triggers a CDU as soon as all required parameters of the input group are valid. Multiple input groups provide for potential parallelism, both inside a CDU and with respect to workflows. Thus, a CDU can 'start working' as soon as one of its 'workpieces' is ready. Multiple output parameter groups in turn can be used to model alternative potentials results or different output states.

3.2 Coordination

After the decomposition of a task a coordination has to be imposed on the set of subactivities. The principle coordination element in our model are *rules*. A CDU definition includes a set of rules which provides guidelines for the execution of its subactivities. Thus, coordination rules define the *behavior* of the cooperation. As rule-based specification of behavior constitutes is a somewhat low level of abstraction, we have identified categories for certain kind of rules where each category is supported by special modelling aids. The first set of rules are distinguished by the coordination knowledge:

- **anticipative rules** define coordination which is known *a-priori*, i.e., describing the 'usual' behavior of the coordination in prescriptive or descriptive manner;
- **reactive rules** define reaction on (un)expected *exceptions*. Generally, they are descriptively defined in special event blocks (cf. fig. 3)

- **organizational rules** define constraints imposed by the embedding organization. Thus, organizational rules taylor cooperations for the different organizations in which they are executed.

Secondly, rules can be distinguished by their *coordination strength*:

- **descriptive rules**, generally defined as invariants or rule blocks (cf. fig. 4), define rules for a certain context or part of a CDU. Once a rule block is entered during execution, its rules are repeatedly evaluated and triggered action parts are activated in an arbitrary order. Thus, rule blocks define areas of *loose coordination*;
- **prescriptive rules** define start and termination conditions of subactivities, implying a *strong coordination* by defining fix activation sequences or flows.

Modelling with prescriptive rules is supported in our model by *links* that introduce shortcuts for trigger and termination rules between subactivities. Links can be distinguished by their condition types (cf. fig. 3):

- **control flow** links represent simple activation rules based only on the termination of a previous subactivity. (E.g., a control flow link between subactivities A and B describes the rule "B is triggered when A is terminated");
- **data flow** links represent activation rules that demand for the existence or availability of certain data (e.g., documents, etc.) produced by other subactivities;
- **role flow** links finally represent activation rules that demand for the availability of certain cooperation participants.

The separation of connecting links into three principle categories bears the opportunity of modeling cooperations according to their underlying nature, and according to the "thinking" of the software engineer. E.g., control flow links are suited for procedure-based modeling similar to [1], and data flow links may be used for form-based modeling (cf. [5]). The combination of both types of links provides for a new style of modeling with more explicit semantics, integrating procedure-based modeling (often used in early stages) and data oriented modeling (typical for more detailed description). Role flow links finally give means for a participants point of view, allowing to describe relations between actors of different subactivities (e.g., "Role RB in subactivity B has to be performed by the same actor that performed as role RA in A before").

3.3 Examples

Fig. 3 shows an example for prescriptive modelling, a CDU describing a cooperative design session. For the CDU modelling, the "cooperative design session" task is decomposed into five necessary subactivities, namely the task force creation that defines all involved people, a video conference between all participants where a design specification is developed, a cooperative design session, a phase where the project leader creates slides for the review, and the final review session where all participants review all design documents. The subtasks then are connected with control flow, data flow and role flow links thus defining an exact algorithm for the design session. In case of a budget change event, the task is reset to the "video conference" step.

Fig. 4 depicts a CDU which refines the "video conference" step. After the conference setup, a rule block is entered that defines the coordination rules during the conference itself in a descriptive manner by giving a set of possible subactivities. The lack of links in the rule block leads to a high degree of freedom in the ordering of subactivities and thus implies weak coordination for the (basically uncontrollable) conference phase.

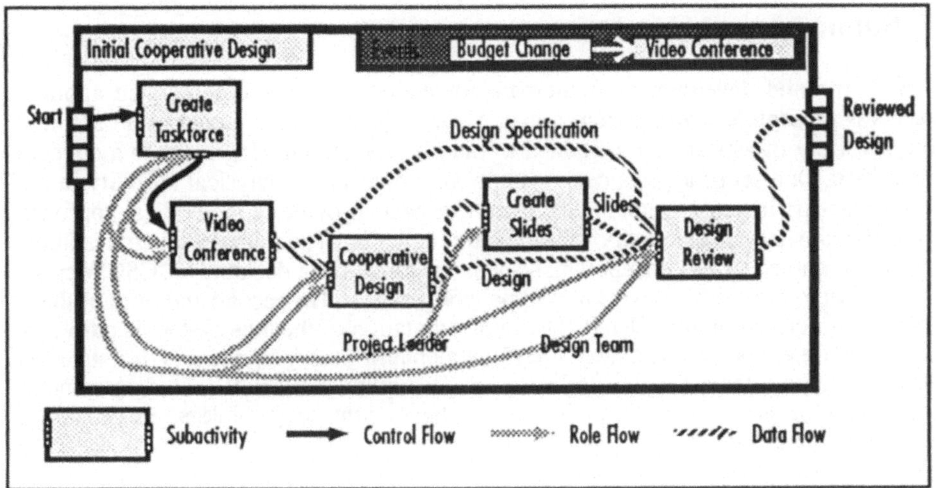

Fig. 3. Coordination description for an initial cooperative design process

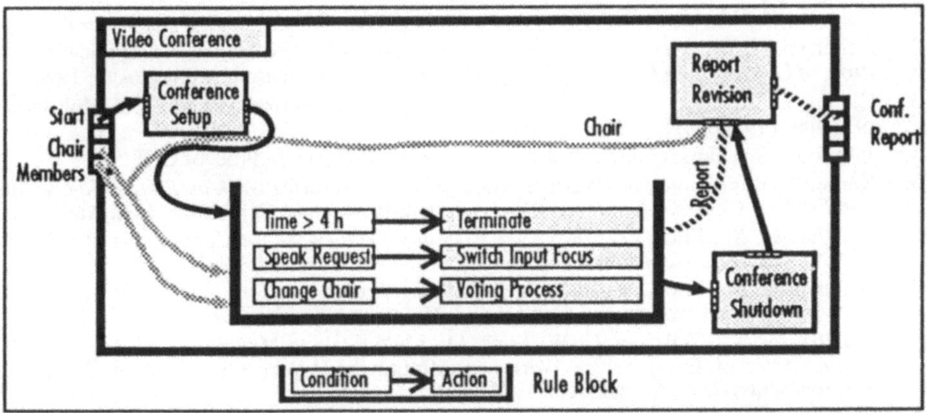

Fig. 4. Refinement: Video conference with prescriptive and descriptive coordination

3.4 Role Resolution

A decoupling of actual cooperation participants ("performers") from the cooperation description is crucial for a good reusability and tailorability of a cooperation description. We therefore propose a three-tiered role model consisting of

- **task roles** for problem domain specific cooperation participant description (e.g., "Traveller"), related to role actions in the CDU leaf nodes
- **organizational roles**, representing interesting capabilities and organizational status (e.g., "Senior SE")
- **surrogates** of real life cooperation participants (e.g., "UI for Mr. Smith"),

A sophisticated role resolution procedure is launched at initialization time of a cooperation, mapping task roles via organizational roles to real life cooperation participants.

4 Summary and Conclusion

A modeling and development framework for cooperative media-integrated applications was presented. Starting from a distributed object-oriented model of an application, a variety of aspects can be added to the objects, augmenting them to a concept called Items. One set of aspects deals with mobile objects and physical mobility in the underlying distributed system. Another set of aspects provides a methodical approach to multimedia and, most notably, multimodal interaction. The third set integrates items into cooperations, a rich concept which spans the range from declarative 'CSCW-type' cooperation to prescriptive 'workflow-type' cooperation. The second and third of these sets were described in more detail. The implementation of the Items system is currently carried out on a tupelspace architecture [7], which allows to integrate and decouple the different support tools for the various aspects. Future work will include a generic mechanism for adding aspects, so that aspects beyond the scope of Items (e.g., security, reliability) can be added and supported.

5 References

1. Buhr, R.,: *Architectures With Pictures*. Proc. OOPSLA'92 Vancouver, BC, Okt. 1992.

2. Gellersen, H.-W.: Aspects in User Interface Design for Mobile Multi-User Applications, in *Proc. of GI Workshop User Interface of Communication Systems*, Hamburg, Aug. 1994.

3. Glinert, E., Blattner, M. *Programming the Multimodal Interface*. Proc. ACM Multimedia '93, June 1993, pp. 189-197.

4. Johnson J. Selectors: *Going Beyond User-Interface Widgets*. In Proc. of CHI '92.

5. Karbe, B., Ramsperger, N., Weiss, P.: *Support of Cooperative Work by Electronic Circulation Folders*, COIS90 - Conf. on Office Information Systems, Cambridge, MA, Apr. 1990.

6. Mühlhäuser, M., Frick, O.: *Towards a Modeling Framework for Cooperative Multimedia OLDAs*. OLDA II Workshop, OOPSLA '92, Vancouver, October 1992.

7. Mühlhäuser, M., Frick, O.: *Towards a Modeling Framework for Cooperative Multimedia OLDAs*. OLDA II Workshop, OOPSLA '92, Vancouver, October 1992.

8. Mühlhäuser, M., Gellersen, H.-W., Frick, O.: *Multiuser and Multimodal Aspects of Multimedia*. Proc. of Eurographics Workshop Multimedia/Hypermedia in Open Distributed Environments, Graz, Austria, June 1994.

9. Mühlhäuser, M., Schaper, J.: *Project NESTOR: New Approaches to Cooperative Multimedia Authoring/Learning*. In Tomek, I.: Computer Assisted Learning, Springer Berlin, 1992.

10. Nigay, L. and Coutaz, J. A: *Design Space for Multimodal Systems: Concurrent Processing and Data Fusion*. In Proc. of INTERCHI '93. April 1993, pp. 172-178.

11. Richartz, M. and Mühlhäuser, M:. *PreScripts: A Typing Approach to the Construction and Traversal of Hypertext*. In Proc. of ED-MEDIA '93, Orlando, June 1993.

12. Rüdebusch, T.: *CSCW–Generic Support for Teamwork in Distributed Systems*. DUV Wiesbaden, 1993 (in german).

13. Roseman, M., Greenberg, S.: *GroupKit: A Groupware Toolkit for Building Real-Time Conf. Appl.*. Proc. CSCW '92.

14. Schäl, T., Zeller, B.: *Supporting Cooperative Processes with Workflow Management Technology. Tutorial on ECSCW '93, Milano, Italy, Sept. 1993*

15. Sukaviriya, P., Foley, J.D., Griffith, T:. *A Second Generation User Interface Design Environment: The Model and The Runtime Architecture*. In Proc. of INTERCHI '93.

16. Wiecha, C., Bennett, W., Boies, S., Gould, J. and Greene, S. ITS: A Tool For Rapidly Developing Interactive Applications. *ACM Trans. on IS 8, 3* (July 1990), pp. 204-236.

17. Winograd, T et.al: *The Action Workflow Approach To Workflow Management Technology*. Proc. CSCW '92, Toronto, Canada.

Kooperationsunterstützung für integrierte POI-/ POS-Systeme

R. Adomeit

Bernhard Holtkamp

Fraunhofer-Einrichtung

für Software- und Systemtechnik (ISST)

Postfach 52 01 30

D-44207 Dortmund

Zusammenfassung

Mit der Entwicklung von Multimedia in Richtung Massenmarkt der Zukunft entsteht ein großes Segment für POI-/ POS-Systeme. Viele derzeit am Markt befindlichen Systeme sind in einem Anfangsstadium, das gekennzeichnet ist durch einen geringen Grad der Integriertheit und hohe Kosten für den Betrieb der Systeme.

Der vorliegende Beitrag beschreibt die Konzepte einer integrierten Lösung für verteilte POI/ POS-Systeme. Es wird eine Integrationsstrategie und -plattform vorgestellt, die eine weitergehende Kooperationsunterstützung zwischen den Beteiligten bietet.

1. Einleitung

Im Bereich der Multimedia-Anwendungen entstehen Systeme, die den Prozeß der Informationsübergabe von Dienst- oder Produktanbietern an potentielle Kunden und den eigentlichen Kaufprozeß in innovativer Form gestalten. Viele Dienst- und Produktanbieter gehen dazu über, ihre Angebote per Selbstbedienungsterminal zu präsentieren, weil die einfache Interaktion durch simples Antippen von Aktionssymbolen die Bedienbereitschaft bei Kunden wesentlich erhöht [Delp94].

Ein interaktives System erlaubt dem Kunden am Point-of-Information (POI) mit Hilfe weniger Tasten am Bildschirm eine Art multimedialen Prospekt durchzublättern, in dem Dienstleistungen oder Produkte präsentiert sind. In ähnlicher Weise wird der Kaufprozeß gestaltet. Der potentielle Käufer kann über entsprechende Front-Ends ausgewählte Produkte an Point-of-Sale-Systemen (POS-Systeme) anfordern und mit diversen Zahlweisen (Bargeld, Kreditkarte, Debitkarte) den Rechnungsbetrag begleichen.

Am Markt befindliche, ältere POI-/ POS-Systeme werden in der Regel isoliert voneinander betrieben, wodurch ein hohes Investment in die Wartung der Komponenten erforderlich wird, da beispielsweise die Zustände der Systeme nicht von zentraler Stelle aus überwacht werden können oder Änderungen von Inhalten manuelle Eingriffe von Personal erfordern.

Modernere Systeme können von zentraler Stelle aktualisiert werden, beispielsweise über Datex-J [Walh92]. Dabei beschränkt sich die Aktualisierung jedoch zumeist auf einfache Inhalte wie Attribute einer Relation (z.B. Zimmerpreise in einem Touristeninformationssystem).

Zukünftige Systeme werden stark in Richtung auf Direktverkauf ausgerichtet sein. Die sich hier ergebenden Problemgebiete liegen in der Aktualisierung von multimedialen Präsentationen mit einem hohen Datenvolumen (Audio/ Video) und dem Transfer von Informationen zum POI/ POS (z.B. Kontoauszugsdruck beim Telebanking).

Die Lösung besteht in der Errichtung eines verteilten Systems, in dem die POI-/ POS-Systeme als Front-Ends integriert werden und mit einem Service-Zentrum als Back-End zur Online-Verwaltung vernetzt werden. Ein Ansatz basiert auf ATM-Kommunikation [ESSAI92]. Die multimedialen Informationen werden hier nicht lokal am POI/ POS gehalten, sondern auf Anforderung von einem zentralen Server über ein Breitbandnetz zum POI/ POS übertragen.

Die Kernproblematik liegt in der Entwicklung einer Kooperationsunterstützung aller am Prozeß der elektronischen Verkaufsförderung beteiligten Komponenten, die in der Kooperation zwischen

- Kunde/ Service-Center
- Sachbearbeiter/ Sachbearbeiter im Service-Center
- Service-Center/ Werbeagentur

eingesetzt werden.

Die effiziente Unterstützung der Kooperation ist ein entscheidender Beitrag zur Reduzierung der Betriebs- und Wartungskosten in verteilten POI-/ POS-Systemen.

In diesem Papier wird zunächst unter dem Begriff TELIS ein Systemmodell für eine integrierte Lösung vorgestellt. Der Schwerpunkt liegt dabei auf der Klassifizierung der Kooperationsunterstützung nach unterschiedlichen Integrationsebenen. Im nächsten Schritt werden Konzepte und Standards für POI-/ POS-Komponenten vorgestellt und für das Service-Center im Detail erläutert. Das Papier schließt mit der Darstellung von Anwendungsbeispielen und einer Zusammenfassung.

2. Das TELIS-Systemmodell

TELIS (Tele-Information und -Services) ist ein Systemmodell für POI-/ POS-Systeme unter konsequenter Verwendung integrierter Software-Infrastrukturen. Hierbei steht der Gedanke der Entwicklung eines offenen, verteilten Systems im Vordergrund, das für die Anforderungen unterschiedlicher Anwendungsgebiete im Bereich der elektronischen Verkaufsförderung maßgeschneidert werden kann.

2.1 Kooperations- und Integrationsebenen

Die Kooperationsunterstützung in einem verteilten, integrierten POI-/ POS-Systems konzentriert sich auf die drei Integrationsebenen:

- **Mensch-zu-Mensch-Integration (Interworking)**
  Das Ziel ist die Zusammenführung der kreativen Leistung aller am Arbeitsprozeß beteiligten Personen (Kooperation). Dieses betrifft sowohl die Bearbeiter in dem Service-Zentrum und der Agentur als auch den Kunden am POI/ POS.

- **Mensch-zu-Technik-Integration (Interaction)**
  Das Ziel ist die Bereitstellung einer elektronischen Arbeitsumgebung, die speziell auf die jeweils zu bearbeitende Aufgabe angepaßt werden kann. Es müssen spezielle Umgebungen zur Verfügung gestellt werden, um den unterschiedlichen Anforderungen der Bearbeiter in dem Service-Zentrum oder der Agentur gerecht zu werden.

- **Technik-zu-Technik-Integration (Interoperation)**
  Das Ziel ist das Zusammenwirken von eingesetzten Software-Werkzeugen verschiedener Hersteller in einer verteilten, heterogenen Umgebung.

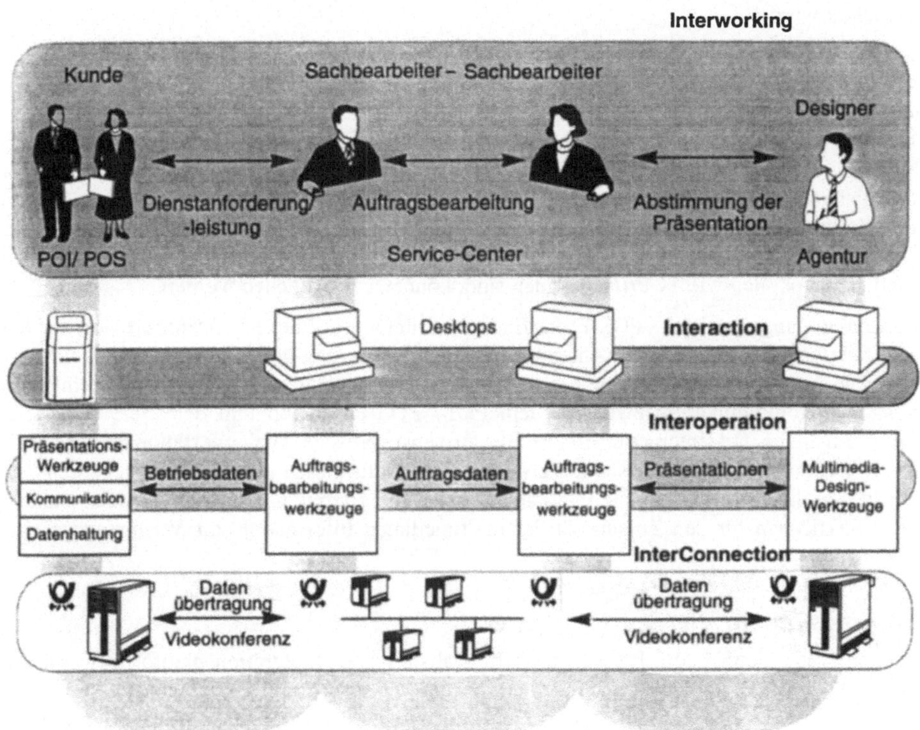

Bild 1: TELIS-Systemmodell

Die genannten Integrationsebenen entsprechen den im CoRe-Referenzmodell des EUREKA Software Factory Projekts identifizierten Ebenen [CoRe92]. Mit der Bereitstellung entsprechender Technologien können die einzelnen Integrationsebenen unterstützt werden. Zielsetzung hierbei ist die Abdeckung der Protokollebenen und Schnittstellen durch Standards.

2.2 Konzepte und Standards für POI-/ POS-Komponenten

Die Verteilungstransparenz von Benutzern, Datenobjekten und Diensten bietet eine Low-Level-Kooperationsunterstützung, d.h. die Unterstützung auf Interoperation-Ebene in CoRe-Terminologie. Diese basiert auf verfügbaren Standards wie X.500 [CCITT89] für Name-und-Location-Services und Standards zur Datenkompression und -kodierung wie TIFF bzw. GIF für Bilder, ISO-JPEG für Standbilder, ISO-MPEG I und II für Bewegtbilder und Ton, CCITT-H2.61 für Bewegtbildübertragung über ISDN oder Dokumentenaustausch-Standards wie EDIFACT [Born93].

Für die Bereitstellung von multimedialen Daten für die Präsentation am Front-End existieren grundsätzlich zwei verschiedene Ansätze, die je nach Datenvolumen eingesetzt werden: die Übertragung der Daten für jede Interaktion des Benutzers von einem zentralen Server oder verteilten Servern oder das lokale Speichern an den Front-Ends. Da in die Präsentation an einem POI/ POS in der Regel keine längeren Audio-/ Videosequenzen integriert sind, ist es sinnvoll, die multimedialen Daten lokal an dem POI/ POS abzulegen. In Anwendungsbereichen wie beispielsweise Tele-Shopping, wo die Verkaufsförderung durch lange Videoclips im Vordergrund steht und enorme Datenvolumina zu verwalten sind, kommen serverorientierte Ansätze zum Einsatz. Für die Übertragung der Daten sind in Projekten wie ESSAI [ESSAI92] Protokolle entwickelt worden.

Der Schwerpunkt der Arbeiten im ISST bildet die Entwicklung von Protokollen zwischen dem Service-Zentrum und den angeschlossenen Front-Ends für die Aktualisierung von Informationen, die an den Front-Ends gespeichert sind. Die multimedialen Daten, die in einer Datenbank zentral verwaltet werden, können in eine Präsentation exportiert und an den Front-Ends aktualisiert werden. Hierbei finden wichtige Aspekte wie z.B. Kontextüberprüfung der Aktualisierung in der Zielumgebung Berücksichtigung. Kostenintensive Fehlübertragungen von Multimedia-Daten beispielsweise aufgrund fehlender Dekompressionssoftware in der Zielumgebung, wie sie derzeit bei kommerziellen Informationsdiensten auf der Basis von Standardprotokollen wie TCP/IP zu finden sind, können so vermieden werden.

Die Entwicklung von POI-/ POS-Front-Ends auf Interaction-Ebene konzentriert sich auf die Identifizierung von Basiskomponenten und die Generalisierung von Dialogstrukturen für verschiedene Anwendungskategorien. Damit wird die Grundlage geschaffen für die Vereinheitlichung der Kommunikation zwischen dem POI-/ POS-Front-End und dem Service-Center. Bisher existieren auf Interaction-Ebene nur firmenspezifische Dialoggestaltungen [SNI93]. Mit dem Trend zu Mehrwertsystem, die sich an den Bedürfnissen des Kunden orientieren und Dienste wie Stadtinformation und Fahrkartenverkauf integrieren, müssen dem Kunden einheitliche Oberflächen für den Zugang zu der multimedialen Information zur Verfügung gestellt werden.

2.3 Konzepte für das Service-Center

Basierend auf dem CoRe-Referenzmodell realisiert die Integrationsplattform Kernel/2r [ADHS92] die Unterstützung bei der Definition und Überwachung von Vorgängen sowie bei der Integration von Software-Komponenten und deren Zusammenarbeit im Service-Center. Sowohl Gruppenarbeit als auch individuelles Arbeiten werden unterstützt.

Für die verschiedenen Integrations-Ebenen stellt **Kernel/2r** folgende Komponenten bereit:

- **CorMan (Interworking)**
  Diese Prozeßmanagement-Komponente unterstützt die Teamarbeit und besteht aus integrierten Werkzeugen zur Modellierung, Analyse und Simulation von Vorgängen. Die Modelle werden graphisch dargestellt, wobei z.B. organisatorische Strukturen, Informationsflüsse sowie Aktivitäten und deren Bindung an Benutzerrollen (z.B. Designer, PR-Manager, Sachbearbeiter, Administrator) definiert werden können [DeGW93].

- **WHOWs (Interaction)**
  Jeder Bearbeiter in der Agentur oder dem Service-Zentrum verfügt über eine eigene Interaktionsumgebung, die eine Graphikoberfläche zur Arbeitsorganisation bereitstellt. Diese WHOWs sind an individuelle Benutzerwünsche anpaßbar und beinhalten unter anderem eine Agenda zur Durchführung von Aktivitäten, Aktivität-Objekt-Werkzeug-Bindungen und Benachrichtigungen [Adom92]. Dem Kunden am POI/ POS wird ein interaktives, multimediales Informationspaket zur Verfügung gestellt.

- **MUSE (Interoperation)**
  Diese Komponente verbindet als sogenannter Software-Bus unter anderem CorMan und die WHOWs. MUSE unterstützt sowohl das Einfügen neuer Service-Komponenten (z.B. Datenbanken)

als auch die Zusammenarbeit solcher Komponenten durch Verkettung automatisierter Aktionsfolgen, welche auf die verschiedenen, an unterschiedlichen Orten residierenden Service-Komponenten zugreifen [Holt92].

Für die verschiedenen Ebenen existiert jeweils eine Vielzahl verschiedener Komponenten am Markt. Auf Interworking-Ebene sind Systeme wie STAFFWARE oder FlowMark [BIFO93] verfügbar. Auf Interaction-Ebene sind diverse Desktops wie Lotus Notes [LOTU93] oder X.desktop [Burg92] für die Interaktionen des Benutzers auf unterschiedlichen Plattformen zu finden. Die eingesetzten Werkzeuge sind in der Regel benutzerspezifisch und müssen in die Umgebung der am Arbeitsprozeß beteiligten Personen eingebettet werden. Auf Interoperation-Ebene finden sich Realisierungen der Software-Bus-Konzepte in Systemen wie CORBA [CORBA92].

Die Software-Komponenten stehen jedoch isoliert voneinander und müssen anwendungsspezifisch integriert werden. Durch die Verbindung anwendungsspezifischer Software-Komponenten und die Unterstützung anwendungsspezifischer Vorgangsmodelle entsteht das eigentliche Anwendungssystem. Als Beispiele sind Sie Integration von Multimedia-Datenbanken zur Verwaltung von Texten, Grafiken, Audio- und Video-Informationen oder von Vertriebs-Datenbanken zur Kunden- und Produktverwaltung zu nennen. Kernel/ 2r ist offen für die Integration von Hypermedia-Systemen zur Erstellung multimedialer Präsentationen und Software für die Vertriebsunterstützung. Die integrierten Werkzeuge werden in prozeßgesteuerte Arbeitsabläufe eingebunden.

Das folgende Bild skizziert die Realisierung von integrierten POI-/ POS-Systemen auf der Basis von Kernel/2r.

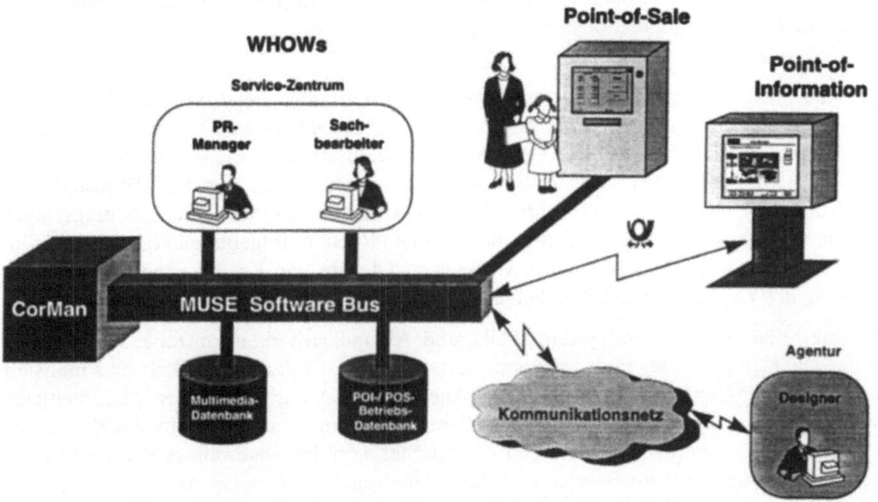

Bild 2: TELIS-Integration von POI-/ POS-Systeme in die Plattform Kernel/2r

Ein entscheidender Vorteil der Integrationsplattform Kernel/2r ist die Möglichkeit der Online-Erweiterung um:

- Interaktive Komponenten,
- Service-Komponenten,
- Dienste, die diese Service-Komponenten verknüpfen,
- Kernel-Instanzen im verteilten System,
- Message Handling Systeme zur Kommunikation mit fernen Instanzen.

Somit kann die Umgebung an individuelle Anforderungen angepaßt und die Arbeitsprozesse optimal unterstützt werden.

2.4 Interworking-Standards

Für die Interworking-Ebene existieren bisher noch keine allgemeingültigen Standards. Hier wird erst für spezielle Segmente (CASE, Projektmanagement) an der Definition von Standards gearbeitet.

Für die Kooperation zwischen POI-/ POS-Kunden und dem Service-Center sind derzeit überhaupt keine Interworking-Standards absehbar. Der Trend geht zur der Realisierung von Videokommunikation zwischen dem Kunden und dem Beratungspersonal im Service-Zentrum, um den Einsatz von Personal direkt am POI/ POS einzusparen [Hehm94]. Der Kunde, der Zusatzinformationen benötigt, kann sich per Videokonferenz mit einem entfernt sitzenden Berater in Verbindung setzen. Erste Ergebnisse bezüglich derartiger Kooperationsunterstützung stellen beispielsweise Multimedia Collaborative Services [BERK93] dar, die bisher jedoch nicht auf den POI-/ POS-Bereich übertragen worden sind.

3. Anwendungsbeispiele

Die Komponenten des Kernel/2r für die unterschiedlichen Integrationsebenen sind für SUN-Workstations und PCs entwickelt worden. Die Anwendbarkeit der Konzepte ist in verschiedenen Projekten gezeigt worden. Schwerpunkte hierbei waren die Entwicklung von multimedialen Kunden-Front-Ends zur Produkt- bzw. Dienstleistungspräsentation, die Integration unterschiedlicher Kommunikationsträger und die Modellierung von Arbeitsabläufen im Service-Zentrum.

Am Beispiel eines Fahrkartenverkaufsautomaten im öffentlichen Personennahverkehr (POS) ist ein Front-End für den Kunden als flexibel konfigurierbare Verkaufs- und Informationsschnittstelle realisiert worden. In einer Datenbank für Verkaufsdaten, die in dem Bearbeitungszentrum des Betreibers an den Software-Bus adaptiert ist, können die Verkaufs-Transaktionen, die der Kunde an dem POS durchführt, über einen Dienst des Software-Bus eingetragen werden. Damit ist eine Unterstützung einer heterogenen Rechnerumgebung in lokalen und globalen Netzwerken möglich. In ähnlicher Weise sind Dienste von Kreditkarten-Instituten zur Überprüfung des Kreditlimits des Kunden und Durchführung einer Buchung integriert.

Am Beispiel eines Informationssystem (POI) sind Aktualisierbarkeitskonzepte für Informationen an den Kunden-Front-Ends in einem verteilten POI-System entwickelt und realisiert worden. In der Gesamtumgebung wird eine Agentur zur Ausarbeitung von multimedialen Präsentationen mit entsprechender Integration von Werkzeugen an den Software-Bus unterstützt. Darüberhinaus werden die Anfragen von Kunden von den angeschlossenen Front-Ends in eine Vetriebsdatenbank im Service-Zentrum eingetragen und einem definierten Arbeitsablauf mit verschiedenen Personen zugeführt.

4. Zusammenfassung

Mit der Entwicklung von Multimedia in Richtung Massenmarkt der Zukunft entsteht ein großes Segment für POI-/ POS-Systeme. Viele derzeit am Markt befindlichen Systeme sind in einem Anfangsstadium, das gekennzeichnet ist durch einen geringen Grad der Integriertheit und hohe Kosten für den Betrieb der Systeme. Diese Schwachstellen können in einem verteilten POI-/ POS-System durch Berücksichtigung der drei Komponenten Kunde, Service-Zentrum und Agentur mittels einer geeigneten Integrationsstrategie behoben werden.

Das TELIS-Konzept, das die Integrationsplattform Kernel/2r der Fraunhofer-Einrichtung für Software- und Systemtechnik, Dortmund, um POI-/ POS-Komponenten erweitert, ist ein Beispiel einer fortgeschrittenen Integrationsplattform, die eine Kopplung von POI-/ POS-Front-Ends und eine Evolution eines verteilten POI-/ POS-Systems in Richtung Kooperationsunterstützung ermöglicht. Durch definiertes, rechnergestütztes Vorgangsmanagement werden POI-/ POS-Lösungen kostengünstiger, da die Fehlerrate reduziert und die Kommunikation zwischen den Beteiligten beschleunigt wird.

Das vorgestellte Konzept für integrierte POI/ POS-Systeme beruht auf Komponenten, die ursprünglich für Software-Fabriken entwickelt wurden. Die Anwendbarkeit hat sich durch Pilotimplementierungen mit PC-Front-Ends und Workstation-Back-Ends bestätigt. Weiteres Ziel ist die umgehende Einführung der Lösung in kommerzielle Nutzung.

5. Literatur

[Adom92]   R. Adomeit: Interaction Process Engines for Task Management in the Kernel/2r. Proceedings of the ESF Seminar, Berlin, November 1992.

[ADHS92]   R. Adomeit, W. Deiters, B. Holtkamp, F. Schülke, H. Weber. K/2_R: A Kernel for the ESF Software Factory Support Environment. In Proceedings of the 2nd International Conference on System Integration, Morristown, New Jersey, June 1992.

[Born93]   Born: Referenzhandbuch Dateiformate, Addison-Wesley, 1993

[BERK93]   A. Altenhofen, J. Dittrich, R. Hammerschmidt, T.Käppner, C. Kruschel, A. Kückes, T. Steinig: The BERKOM Multimedia Collaboration Service, in: Proceedings of the 1st ACM International Conference on Multimedia, Anaheim, California, June 1993

[BIFO93]   H. Lippold, H-M. Hett, J. Hilgenfeldt, D. Klagge: Vorgangsmanagementsysteme, BIFOA-Marktübersicht. Köln, August 1993

[Burg92]   M. Burgard: X.desktop cookbook, Prentice Hall International Ltd, Hertfordshire, 1992

[CCITT89]   International Telegraph and Telephone Consultative Committee, "Directory Services for a Distributed Environment", Blue Book Volume VIII, Recommendations X.500 - X. 521, Geneva 1989

[CORBA92]Object Management Group: The Common Object Request Broker Architecture and Specification (CORBA), Object Management Group (OMG), Framingham, MA, 1992

[CoRe92]   M. Gera, B. Hirsch, B. Holtkamp, J.-P. Moularde, G. Samuel, H. Weber. "ESF Software Factory CoRe - A Conceptual Reference Model for Software Factories", ESF, November 1992

[DeGW93]   W. Deiters. V. Gruhn, H. Weber.: Software Process Evolution in MELMAC. In D. Cooke (ed).:The Impact of CASE on the Software development Lifecycle, World Scientific Series in Computer Science, 1993

[Delp94]   H. Delpho: Multimedia-Anwendungen in Unternehmen, in: Office Management 3/94, FBO Verlag, März 1994

[ESSAI92]   J.Molgaard: Tele-Shopping System Aspects, ESSAI Deliverable R2029/COS/TSA/R/004/ b1/, RACE II Programm, Juli 1992

[Hehm94]   D.Hehmann: Multimedia Kioske im Handel - Einsatzmöglichkeiten und Technik, IBM Creative Multimedia Studios, Heidelberg, 1994.

[Holt92]   B.Holtkamp: MUSE Interoperation Support, Proceedings of the ESF Seminar, Berlin, November 1992.

[LOTU93]   Lotus Development Corporation: LOTUS NOTES, Lotus Development Corporation, Staines, 1993

[SNI93]   Siemens Nixdorf AG: Gestaltung von Benutzeroberflächen für Selbstbedienungsanwendungen, Siemens Nixdorf AG, Nürnberg, 1993

[Walh92]   S. Walheim-Abele: Informationelle Relevanz von Multimedia - Illustration anhand eines Stadtinformationssystems, Diplomarbeit, Universität Konstanz, Juli 1992

"IT-Sicherheit: Technik im Spannungsfeld von Ethik und Recht"

Koordinator: Dr. H. Stiegler, SNI München

Programmausschuß: O. Ulrich (Bonn), A. Rossnagel (Kassel), H.G. Stiegler (München), G. Weck (Köln), T. Wehner (Hamburg-Harburg)

Zusammenfassung:

Die steigende Durchdringung des täglichen Lebens mit Informationstechnik führt zu einer Abhängigkeit, die vom Einzelnen nicht kontrolliert werden kann. Die Gesellschaft insgesamt wird verletzlich. Gleichzeitig bieten die Techniken der IT-Sicherheit neue Möglichkeiten. Die Lösung der sich abzeichnenden Probleme kann aber nicht allein durch technische Maßnahmen erfolgen, sondern bedingt und erfordert Änderungen im gesellschaftlichen Umfeld, die sowohl den Gesetzesrahmen betreffen als auch ethische Grundauffassungen. Im Rahmen des Fachgesprächs sollen diese Abhängigkeiten anhand aktueller Entwicklungen angesprochen und herausgearbeitet werden. Dies beginnt mit einem Beitrag über die bei der GI entstandenen Ethischen Leitlinien, enthält eine Diskussion über Ethik für die speziellen Belange des Umgangs mit technischen Artefakten, die Erfahrungen bei der Einführung der Chipkarten in der Medizin und Überlegungen zum gesetzlichen Regelungsbedarf beim Einsatz von Chipkarten.

Ethische Verantwortung bei der Gestaltung sicherer Informationssysteme
- Der Beitrag Ethischer Leitlinien - *

Bernd Lutterbeck
Technische Universität Berlin, FB Informatik
Sekr. FR 5-10
Franklinstr. 28/29
10587 Berlin

1 Über einige Mißverständnisse von ethischer Verantwortung

Es fehlt in der deutschen und internationalen Informatik nicht an Stimmen, die sich um eine ethische Verantwortung von Informatikern mühen. Der erreichte Diskussionsstand ist jedoch unbefriedigend:
Mal wird Verantwortung auf die bloße Funktionalität gegebener Systeme beschränkt [WEDEKIND 1987], mal soll der Informatiker "für alle Folgen, die sein Tun unmittelbar oder mittelbar auslöst, verantwortlich (sein)" [SCHEFE 1992]. Die erste Position entlastet die Handelnden von praktisch allen Folgen ihres Tuns, die zweite Position stellt Anforderungen, die niemand wirklich erfüllen kann. Beide Positionen übersehen den Stand der modernen Verantwortungsethik [MÜLLER 1992], die darauf verweist, daß der Begriff Verantwortung seinen Ursprung im Recht hat und in sich eine vierstellige Relation enthält:

JEMAND	SUBJEKT
ist verantwortlich	
FÜR ETWAS	GEGENSTAND
VOR JEMANDEN	INSTANZ
NACH KRITERIEN	WERKE/NORMEN

Wenn man wegen der notwendigen Zirkularität das einzelne Subjekt als Instanz zurückweist, bleibt als einzige <u>weltliche Instanz,</u> vor der man sich verantworten kann, nur noch das Recht. Mit anderen Worten: Es ist unzulässig, jedenfalls praktisch nicht vernünftig, über die ethische Verantwortung der Informatiker zu reden, ohne Recht und Ethik gegeneinander abzugrenzen.

---

* Wesentliche Anregungen verdanke ich der soeben in meinem Fachgebiet abgeschlossenen Dissertation (Ing.) von Rudolf Wilhelm.

Auch der <u>Gegenstand</u> von Verantwortung bleibt bei beiden Positionen durchweg blaß: Wer für alles verantwortlich ist, ist in Wahrheit für nichts verantwortlich. Verantwortung ist immer nur als begrenzte denkbar. Zudem kann man nicht unterstellen, daß dieser Gegenstand für alle Informatiker gleich ist. Es macht einen Unterschied, ob jemand - alleine oder im Team - Systeme spezifiziert oder nach festen Vorgaben programmiert, ob besonders sicherheitskritische Systeme etwa im Bereich der Medizin oder des Verkehrswesens erstellt werden oder nur eine aktuelle Version eines Standardprodukts für Textverarbeitung.
Ethische Verantwortung muß sich also auf eine zu benennende berufliche Situation der Informatiker beziehen. Sie ist in erster Linie Berufsethik [WILHELM 1994].

2   Die Rolle des Rechts oder das Ethische erweist sich im praktischen Tun

Eine neuere Untersuchung über die rechtlichen Steuerungsmöglichkeiten der informationstechnischen Entwicklung kommt zu eher ernüchternden Ergebnissen [LUTTERBECK/WILHELM 1993]: Untersucht wurden neben klassischen gesetzlichen Instrumenten (Datenschutz, Computerstrafrecht, Urheberrecht, Produkthaftungsrecht usw.) moderne ökonomische Instrumentarien (z. B. Steuer- und Abgaben(recht)) sowie berufsrechtliche Regularien und Normungs- sowie IT-Sicherheitskonzepte. Die Ergebnisse, die in einem breiten Diskurs zahlreicher Wissenschaftler und Praktiker unterschiedlicher fachlicher und politischer Herkunft gefunden wurden, lassen sich so zusammenfassen:

-    Trotz offensichtlich nachlassender Steuerungsfähigkeit des Rechts bleibt Recht unentbehrlich: Es gibt keine Alternativen <u>zum</u> Recht, sondern bloß Alternativen <u>im</u> Recht.

-    Die Wirkungen einer ubiquitären Technik wie der Informationstechnik lassen sich schon wegen ihrer Vielfalt nicht generell vorhersagen. Hinzu kommt, daß die gleichen Wirkungen von den einen als positiv, von den anderen als negativ bewertet werden. Es läßt sich also auf dieser Ebene kein Konsens erzielen.

-    Wo die Wirkungen unklar bleiben, kann und darf auch kein Gesetzgeber durch starre Zielvorgaben Einfluß nehmen wollen.

Die zitierte Untersuchung sieht angesichts dieses Befundes alleine die Möglichkeit, die vorfindliche Vielfalt ("Patchwork") von Instrumenten stärker aufeinander zu beziehen und das Recht zu "prozeduralisieren". Mit dieser Strategie der Prozeduralisierung ist gemeint, daß die je gewünschten gesetzlichen Ziele in dafür konzipierten Verfahren jeweils gefunden werden müssen. Das Recht, so die Einsicht, ist nicht schon da. Es muß in Verfahren überhaupt erst gefunden werden. In dieser Sichtweise beschränkt sich Recht auf die Rolle eines Moderators oder Vermittlers für unterschiedliche Diskurse der Technikgestaltung und Technikfolgenabschätzung.

Gleiches gilt für die Sollenssätze der Ethik. Als bloße Sätze sind sie völlig unverbindlich. Ihr Wert, aber auch ihre wirkliche Gestalt, erweist sich erst dann, wenn Informatiker in der Praxis Systeme gestalten. Eine Berufsethik kann gelingen, wenn sie diesen Zusammenhang von (ethischen) Normen und praktischem Handeln in den Griff bekommt.

3   Qualitätssicherung und die Rolle ethischer Leitlinien

Das Präsidium der Gesellschaft für Informatik (GI) hat im Januar 1994 "Ethische Leitlinien" beschlossen [AK INFORMATIK UND VERANTWORTUNG 1993]. Diese Leitlinien setzen die wesentlichen, oben beschriebenen Einsichten um:

- Sie sind als Text der Berufsethik konzipiert. Adressaten sind also in und für die Praxis handelnde Informatiker, durch deren Tun oder Unterlassen Wirkungen in der Realität erzeugt werden.[1]

- Die Leitlinien verzichten darauf, verbindlich irgendwelche Werte vorzuschreiben. Sie nehmen auch keinen Bezug auf konkrete Techniken und Methoden der Informatik, etwa indem sie Sätze folgenden Inhalts formulieren: "Du sollst objektorientiert programmieren", "Du sollst Systeme entsprechend dem IT-Sicherheitskonzept xy entwickeln".
  Statt dessen werden Anforderungen an die <u>Kompetenzen</u> von Informatikern formuliert, die vorhanden sein müssen, damit je wünschbare Informatiksysteme erstellt werden können (Fachkompetenz, Sachkompetenz, juristische Kompetenz, kommunikative Kompetenz und Urteilsfähigkeit).

- Der Bezug, aber auch die Abgrenzung zum Recht, wird auf ebenso einfache wie elegante Weise hergestellt (Art. 3):

    "Vom Mitglied wird erwartet, daß es einschlägige rechtliche Regelungen kennt, einhält und an ihrer Fortschreibung mitwirkt."

---

[1]Ausnahme ist Art. 8, der Lehrende der Informatik anspricht.

Insgesamt setzen auch diese Leitlinien auf ein Konzept von Prozeduralisierung, in dem einzelne Mitglieder, Mitglieder in Führungspositionen und der Berufsverband GI selbst mit je unterschiedlicher Verantwortung auf ethisch wünschbare Ziele hinarbeiten sollen. Entstehen sollen so Informatiksysteme, die die von den Beteiligten gewünschte, technisch mögliche Qualität aufweisen.

Qualität ist indessen auch vertraglich immer geschuldet, zunehmend auch solche Qualität, die den Anforderungen der DIN-ISO 9000er Serie über Qualitätssicherungssysteme genügt [KOCH 1994].

Auch diese Normen gehen den Weg der Prozeduralisierung, indem sie den Prozeß der Erstellung von Software verbessern, die Qualität des Produkts selbst bleibt unberührt.

Umbestritten ist auch, daß je nach Anwendungsproblem ein bestimmtes Maß an IT-Sicherheit geschuldet ist. Ungeklärt ist, ob die deutschen IT-Sicherheitskriterien oder die EG-weit empfohlenen ITSEC-Kriterien umfassenden Qualitätsansprüchen genügen.[2]

Es gibt also deutliche Unterscheidungen zwischen rechtlich geforderten Qualitätsansprüchen und den Qualitätsansprüchen, die man über ethische Berufsregeln erreichen will. Natürlich sind derartige Regeln rechtlich unverbindlich. Wie auch sonst im Bereich des Technikrechts oder etwa der medizinischen Standesethik gilt aber der Satz: Wer die Standards seiner Profession erfüllt, hat die Vermutung der Rechtstreue für sich.

Es kann sich also lohnen, die IT-Sicherheitsdiskussion um den Gesichtspunkt der ethischen Verantwortung zu erweitern.

Literaturverzeichnis:

[AK Informatik und Verantwortung 1993] Arbeitskreis Informatik und Verantwortung (Hrsg.), Ethische Leitlinien der Gesellschaft für Informatik, Informatik-Spektrum 16 (1993), S. 239 f.

[KOCH 1994] Frank H. Koch, Computer-Vertragsrecht. Handbuch für Erwerb und Nutzung von EDV-Systemen, Feiburg 1994

[LENK 1989] H. Lenk, Können Informationssysteme moralisch verantwortlich sein?, Informatik-Spektrum 12 (1989), S. 248 ff.

---

[2]Kriterien hier zitiert nach der kommentierenden Beschreibung von KOCH 1994; zu den Zweifeln s. LUTTERBECK/WILHELM 1993

[LUTTERBECK/STRANSFELD 1992] B. Lutterbeck, R. Stransfeld, Ethik in der Informatik - Vom Appell zum Handeln, in: W. Coy e. a. (Hrsg.), Sichtweisen der Informatik, Braunschweig/Wiesbaden 1992, S. 367 ff.

[LUTTERBECK/WILHELM 1993] B. Lutterbeck, R. Wilhelm, Rechtsgüterschutz in der Informationsgesellschaft, Forschungsbericht des Fachbereichs Informatik der TU Berlin 1993/5, Berlin 1993

[MÜLLER 1992] C. Müller, Verantwortungsethik, in: A. Pieper (Hrsg.), Geschichte der neueren Ethik, Bd. 2, Tübingen und Basel 1992, S. 103 ff.

[SCHEFE 1992] P. Schefe, Theorie oder Aufklärung? Zum Problem einer ethischen Fundierung informatischen Handelns, in: W. Coy e. a. (Hrsg.), Sichtweisen der Informatik, Braunschweig/Wiesbaden 1992, S. 327 ff.

[WEDEKIND 1987] H. Wedekind, Gibt es eine Ethik der Informatik? Zur Verantwortung des Informatikers, in: Informatik-Spektrum 10 (1987), S. 324 ff.

[WILHELM 1994] R. Wilhelm, Stand und Perspektiven informatischer Berufsethik, Dissertation am FB Informatik der TU Berlin, Mai 1994 (im Druck)

Positive Fehlerethik und Informatik -
Widerspruch oder Herausforderung?

Theo Wehner
Technische Universität Hamburg-Harburg
AB Arbeitswissenschaft 1-08/1
21071 Hamburg

1 Vorbemerkungen

Während - bezogen auf das Spannungsfeld zwischen Mensch und Technik - die allgemeine Diskussion *moralischer Rechtfertigungsstrategien* (der Gegenstand der Ethik) in erster Linie den Umgang mit Werkzeugen und Maschinen sowie technischen Systemen zu rechtfertigen versucht, wird hier ein ganzes Paradigma, das der Fehlervermeidung oder Fehlerlosigkeit, im Umgang mit eben diesen bereits gerechtfertigten technischen Artefakten zur Diskussion gestellt.

Dabei geht es dennoch nicht um die Forderung nach "kollektiver Ethik" (der antizipierten Bewältigung von Konfliktsituationen derer, die die Artefakte entwickeln). Diese Auseinandersetzung nämlich wird bereits in einer Arbeitsgruppe der Gesellschaft für Informatik kontinuierlich und vorläufig in Leitlinien endend geführt; es geht hier vielmehr darum, daß über den ontischen Widerspruch zwischen einem "Menschenrecht auf Irrtum" (Guggenberger, 1987) und den evtl. katastrophalen Konsequenzen dieser Forderung im Umgang mit technischen Artefakten nach- bzw. vor-gedacht wird.

Dazu ist es notwendig, erstens die eigene anthropologische Grundauffassung menschlichen Handelns darzulegen und zweitens die Vitalität fehlerhafter Handlungen zu rechtfertigen bzw., soweit dies bereits gelingt, empirisch zu belegen.

2 Der Mensch - ein Handlungswesen

Bei aller Reserve gegenüber der Suche nach anthropologischen Konstanten im allgemeinen und gegenüber dem Anthropologen Arnold Gehlen im besonderen, sollten wir eine seiner Grundannahmen nicht zurückweisen: "Es ist grundfalsch" - schreibt er 1940 - "den Wesensunterschied von Mensch und Tier erst an der Intelligenz festmachen zu wollen; er ist anatomisch und sensomotorisch schon da" (Gehlen, 1940, S. 38). Der Mensch ist somit ein *"Handlungswesen"*, er theoretisiert, um es in Praxis zu übersetzen. Denn, aufs Tun-Können kommt es gerade um des Geistes willen an. Daraus folgerte von Krockow, an Gehlen erinnernd, "der zum Handeln unfähige Geist würde dauernd 'frustriert'. Er müßte verdorren; er hätte sich gar nicht entwickelt" (v. Krockow, 1984, S. 37).

So gesehen wäre es nun zwar interessant - und ich habe dies an anderer Stelle getan (Wehner, 1990) - in die *Fußstapfen der Hand* zu treten, um eine zentrale Dimension, nicht nur in der Menschheitsgeschichte und in der Entwicklung des Geistes, sondern auch in der Technikgenese, nachzuzeichnen; hier jedoch ist es wichtiger den Handlungs- vom Verhaltensbegriff abzugrenzen: Menschliche Tätigkeit läßt sich mittels zweier grundlegend verschiedener Begriffe beschreiben: Durch den *Verhaltensbegriff* wird eine außen- bzw. reizgesteuerte Abfolge von Vollzügen dargestellt; der *Handlungsbegriff* bezeichnet demgegenüber willensgesteuerte, zielgerichtete Akte, die ähnlich wie das Verhalten in einer sequentiellen Abfolge realisiert werden, aber im Gegensatz dazu über eine hierarchische Regulationsstruktur gesteuert werden.

Während das Verhalten vorwiegend durch unmittelbar vorangehende oder folgende Reizbedingungen determiniert ist, beziehen sich Handlungen auf zeitlich umfassendere Ausschnitte der Realität. Sowohl zurückliegende Ereignisse bilden Komponenten der Handlungsplanung als auch in der Zukunft liegende Zustände der Realität.

Nach dieser Unterscheidung genügt es im weiteren noch zwei Dinge hervorzuheben. Erstens meint Handeln schon auf der Ebene des Alltagsverstehens nicht bloß äußerlich beobachtbares Verhalten, sondern immer schon geplantes und in einer spezifischen Art und Weise aufgebautes Einwirken auf die Umwelt. Dabei sind die Handlungen auf der Grundlage bestimmter Wahrnehmungen, Orientierungen, Erwartungen und Werthaltungen ausgewählt worden und repräsentieren sowohl kulturelle Gegebenheiten und Beschränkungen als auch individuelle Überzeugungen und Wissenslücken. Zusätzlich gilt, daß "ein Handlungstyp durch verschiedene Verhaltensabläufe verarbeitet werden (kann) und umgekehrt kann ein und dasselbe Verhaltenselement - je nach Kontexteinbettung - unterschiedlichen Handlungstypen zugeordnet sein" (Brandtstädter, 1985, S. 253). Das Bilden von Handlungsprogrammen ist damit eine Zusammenstellung von Unterprogrammen, deren Reihung jedoch immer einen situationsspezifischen Bezug hat.

Zweitens läßt sich leicht zeigen, daß in allen Handlungstheorien als Grundlage der Bewegungsausführung oder des Problemlösens ein *inneres Modell der Außenwelt* angenommen wird. Dieses Konstrukt wird bei Miller, Galanter und Pribram (1960) als *innere Repräsentation*, bei Neisser (1976) als *orientierendes Schema*, bei Konopkin (1967) als *subjektives Modell* und bei Oschanin (1976) sowie bei Hacker (1986) als (dynamisches) operatives Abbildsystem (OAS) bezeichnet.[1] Diese inneren Modelle werden im Verlaufe

---

[1] Die ausgewählten Autoren repräsentieren die *Meilensteine* im Übergang von rein behavioristischer zu kognitiver Psychologie; sie sind damit keine zufällige Auswahl.

des Tätigseins (und in der Psychologie ist man sich mittlerweile einig, daß Wahrnehmen bereits eine aktive Tätigkeit ist) sukzessive aufgebaut und durch Rückmeldung über den Tätigkeitsverlauf und das Tätigkeitsresultat ständig ausdifferenziert. Der so beschriebene Zusammenhang führt dazu, daß wir grundsätzlich von *zielgerichteten* Handlungen sprechen (vgl. hierzu vor allem Leontjev, 1979; Volpert, 1992). Operative Abbilder erlauben nun nicht nur eine situationsadäquate Planung und Regulation von Tätigkeiten, sondern übernehmen auch in komplexen Situationen die Initiierung von Denkprozessen, die wir deshalb als Probehandlungen beschreiben können.[2]

Um ein solches OAS qualitativ und quantitativ zu erfassen, müssen nun Eigenschaften definiert werden, die als Modellbausteine zu betrachten sind. Eine der grundlegendsten Eigenschaften operativer Abbilder ist ihre *antizipative* Charakteristik, sie wird von allen einschlägigen Autoren benannt und ist von unserer Arbeitsgruppe über Jahre hinweg erforscht und quantifiziert worden (vgl. Stadler & Wehner, 1983; Stadler & Wehner, 1985). Am pointiertesten drückte Neisser (1976) die Funktion innerer Modelle und ihre Verbindung zur Antizipation aus: *"schemata are anticipations, they are the medium by which the past affects the future"* (S. 48). Das bedeutet, das operative Abbilder den Tätigkeitsverlauf, dessen Ziel und das Ergebnis der Tätigkeit, zeitlich vorversetzt abbilden. Ohne eine solche antizipative Charakteristik wäre eine zielgerichtete Tätigkeit nicht möglich und jedes Handeln wäre rein reaktives Verhalten.

Antizipationskomponenten innerer Modelle bestehen also aus der Auswertung rückgekoppelter Informationen und Erfahrungen und der vorstellungsmäßigen Vorwegnahme räumlicher, funktionaler und situativer Gegebenheiten. Sie erlauben die Planung von Zielen und Teilzielen sowie eine vorauseilende Bewertung zu erwartender Resultate und leiten damit erneute Erfahrungsbildung ein. In diesem Sinne spricht man in der Psychologie seit Tolman (1948) auch von *"kognitiven Landkarten"*, die nicht nur der Taxifahrer, sondern jeder von uns für ganz spezifische lokomotorische und kognitive Orientierungen ausgebildet hat und uns antizipatives, zielgerichtetes Handeln erlauben. Dabei ist wichtig, daß die so entstandenen Handlungsvollzüge einen individuellen Handlungsstil erkennen lassen und nicht als standardisierte Muster angesehen werden dürfen. Auch wenn verallgemeinerbare Aspekte aus den einzelnen Handlungsweisen abgeleitet werden könnten (hierzu bedarf es des kollektiven Bedürfnisses nach Wissensgenerierung) dominieren die individuellen, erfahrungsabhängigen Interpretationen und Begründungen des Handlungsvollzugs.

---

[2] Der psychologisch interessierte Leser muß die Verbindung dieser Modellvorstellungen mit Anochins (1967) Konzept der *funktionalen Systeme* und die Integration dieser Betrachtungen in die Tradition der kulturhistorischen Schule (Leontjev, 1979) an den angegebenen Stellen oder bei Stadler und Wehner (1985) verfolgen. Da hier ohnehin nur das Prinzip der Antizipation im Zusammenhang mit den inneren Modellen thematisiert wird, fehlt natürlich auch eine fortführende Betrachtung auf der Ebene der Bewußtseinsbildung.

3 Zur Logik fehlerhaften Handelns

Neben dieser knappen Darlegung zum Menschenbild bleibt nun zu diskutieren, wie der Handlungsfehler psychologisch einzuordnen ist:

Auch wenn man heute in der Philosophie beim Auftreten von Erkenntnisirrtümern keineswegs mehr unterstellt, es handele sich um die Fortsetzung des Sündenfalls (Augustinus), wirkt die These von der *Wahrheit des Irrtums* (Mittelstrass, 1987) dennoch provokant. Spätestens seit Descartes und auf jeden Fall in der Kantschen Philosophie geht man davon aus, daß im Irrtum die Überzeugung dem vorhandenen Wissen vorauseilt. Dies wird dadurch motiviert, daß der unendliche Wille den endlichen Verstand *überspielt*. Wenn dem so ist, daß das Behaupten dem Begründenkönnen nicht standhält, handelt es sich bei dem Auftreten von Irrtümern entweder um fehlende Methoden zum Urteilen und Schließen oder um Methodendefekte.

Dennoch besteht unter den verschiedenen philosophischen Traditionen darüber Konsens, daß wer sich irrt nicht den Irrtum, sondern im Gegenteil die Wahrheit will und darüber hinaus davon überzeugt ist, daß er sie auch mit seinen Behauptungen trifft. Der Irrtum ist damit eine Eigenschaft dessen, der die Wahrheit sucht, sie aber verfehlt.

Wichtig bei dieser Grundannahme ist letztlich, daß der Irrtum keine Gegenwartsform kennt: Das gleichzeitige Behaupten und Negierenkönnen ("ich irre mich jetzt") kennzeichnet im moralischen Sinne die Lüge und grenzt diese vom Irrtum ab. Auch für die psychologische Auseinandersetzung mit dem zielverfehlenden Handeln sollten wir diese Grundannahmen übernehmen:

> *Wer ein nicht-intendiertes Handlungsresultat erzielt, wollte nicht den Fehler, sondern im Gegenteil die Erreichung des intendierten Ziels. Der Handelnde ist darüber hinaus - so muß unterstellt werden - davon überzeugt gewesen, daß er dieses Ziel mit der geplanten und ausgeführten Handlungsweise auch erreicht.* [3]

Am konsequentesten wird diese Sichtweise bereits in den Wahrnehmungstheorien vertreten. Dem Prozeß des "für-wahr-nehmens" fehlt die ethisch-moralische Wertkonfundierung; sie wird erst bei dem sogenannten Erkenntnisakt hergestellt. Daraus folgt für einige Wahrnehmungstheoretiker (Koffka, 1935; Gibson, 1982), daß die Wahrnehmungstäuschung ein intellektueller Prozeß bleibt und wir grundsätzlich von der "Realität der Täuschung" ausgehen müssen. In den optischen Täuschungen setzen sich

---

[3]Eine Ausnahme bildet hier bewußtes Neugierverhalten: Dort, wo ein Handelnder die korrekte Handlungsweise zur Zielerreichung nicht kennt und sogar zusätzlich weiß, daß mit der Handlungssequenz "X" - die er wählt - ebenfalls nicht das eigentlich intendierte Ziel erreicht wird, die Wirkung der betreffenden Handlungssequenz jedoch exploriert werden soll, um ihren Ausgang kennenzulernen, dort sollten wir weder von Fehler noch von Irrtum sprechen.

wider besseren Wissens Systemeigenschaften des Wahrnehmungsapparates durch, die wir als Wesensmerkmale und nicht als Defekte oder Artefakte kennzeichnen müssen (zur Demonstration vgl. das Beispiel im Kasten 1).

Kasten 1: Zur Realität der optischen Täuschung.

Verlangt man von Versuchspersonen die geschätzte Mitte auf den abgebildeten zwei gleich langen Linien (einmal mit offenen und einmal mit geschlossenen Pfeilspitzen) zu markieren, so führt dies, trotz gleicher physikalischer Gegebenheiten, zu unterschiedlichen Ergebnissen: Wider besseres Wissen, als Ausdruck von Systemeigenschaften des Wahrnehmungsapparates.
Die Täuschung bleibt hier ein intellektueller Prozeß und ist nicht Ausdruck von Defekten oder Defiziten.

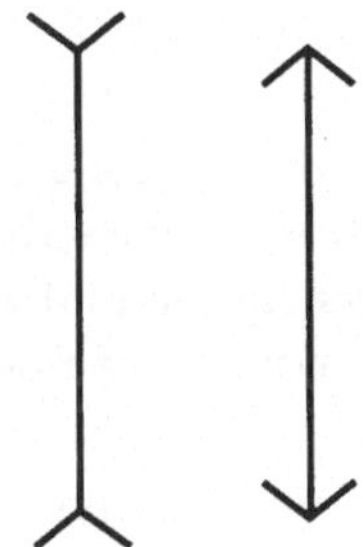

Müller-Lyersche Täuschung

Für die verschiedenen Handlungstheorien kann eine solch elaborierte theoretische Position nicht gefunden werden: Bei der Erklärung zielverfehlenden Handelns werden nicht das Wirken von Systemeigenschaften, Gestaltbildungsprozessen, Ordnungsprinzipien etc., sondern häufiger Aufmerksamkeitsdefizite, Transferprobleme etc. unterstellt. Wir haben an anderer Stelle experimentelle Befunde vorgelegt, die zeigen, daß zielverfehlende Handlungen das Verhältnis von Handlungsteilen zum Handlungsganzen (zur Aufgabe und zum Kontext) zum Ausdruck bringen und letztlich die Bindungsstärke zwischen den verschiedenen Teilhandlungen komplexer Aufgabenbewältigungen offenlegen. (Wehner, Stadler & Mehl, 1983; Wehner & Mehl, 1986; Wehner & Stadler, 1994). Damit ist - im Falle des Handlungsfehlers - eher die Handlungsgestalt selbst zu analysieren, als die überwachenden oder steuernden Anteile.

Aus diesen Forschungen (vgl. Wehner, 1992) resultieren sowohl eine Reihe verallgemeinerbarer Aussagen (vgl. Kasten 2) als auch eine veränderte Grundauffassung zum Umgang mit fehlerhaften Handlungen.

Kasten 2: Verallgemeinerbare Aussagen aus der psychologischen Fehlerforschung (nach Wehner, 1992)

- Handlungsfehler treten weder zufällig noch regellos auf
- Im routinierten Gebrauch von Handlungsprogrammen und nicht unter pathologischen Situationsbedingungen begegnen uns die Fehler.
- Die Abweichung vom intendierten Ziel ist kein Nonsensgebilde, sie weist vielmehr eine Tendenz zum Richtigen auf und ist ein vollgültiger psychischer Akt.
- Der Fehler ist der aussagekräftigste Fall für die Handlungsbedürfnisse, Gewohnheiten, sozialen Konventionen und situativen Gegebenheiten.
- Fehler sind Ausdruck von Fertigkeiten; die Bezeichnung der Ereignisse ist ein soziales und keine strukturanalytisches Urteil.
- Die spontane Ordnungsstruktur und neuartige Sequenzierung fehlerhafter Handlungen ermöglichen den Einblick in die Handlungs- und Situationsstruktur.
- Die potentielle Vitalität des fehlerhaften Handelns liegt in der Veränderung von Handlungsgewohnheiten und der Bereitstellung von Handlungsalternativen.
- Strukturoptimierungen und Energiegewinnung, Banalisierung, Bildung von Trivialprägnanzen etc. können als Nutzen und/oder fehlerhaften Handelns hypostasiert werden.

Üblicherweise werden in den angewandten Disziplinen Fehlervermeidungskonzepte (vom Aufmerksamkeitstraining bis zur Streßreduktion) propagiert, ohne dabei das o. a. Grundpostulat zu berücksichtigen und folglich zu ignorieren, daß der Fehler sich erst im Prozeß des Handelns ereignet und nur am erzielten Resultat erkennbar wird. Diese Auffassung lenkt den Blick auf Fehlerbewältigungsstrategien, ohne präventive Maßnahmen, so sie empirisch begründet und prognostisch valide sind, als überflüssig zu kennzeichnen. Fokussiert man Strategien der Fehlerbewältigung, so unterstellt man dem Prozeß des Handelns das Prinzip der symbolischen *Immanenz* bzw. der *Kontinuierung* und lenkt ferner den Blick auf Korrekturhandlungen. Das Agens des Handelns nämlich liegt in der Spannung zwischen Zweifel und Gewißheit und beansprucht Kontinuität und nicht Fehlerlosigkeit. Zusätzlich wird davon ausgegangen, daß das Ergebnis menschlicher Entwicklungsgeschichte und persönlicher Lernerfahrung in der *Trivialisierung* von Fehlerkonsequenzen zu sehen ist und damit bei der Entwicklung und Konstruktion technischer Artefakte (durch die Anwendung von Prinzipien der Entkopplung etc.) darauf zu achten ist, daß es bei der Interaktion zwischen Mensch und Technik nicht ohne weiteres zur *Enttrivialisierung* von Fehlerkonsequenzen kommt (triviale Fehlerkonsequenzen aus dem alltäglichen Lebensbereich führen in hochkomplexen Systemzusammenhängen häufig zu Katastrophen).

Diese Gedanken mündeten letztlich in den programmatischen Ruf nach fehlerfreundlichen Systemauslegungen, womit zweierlei gemeint ist: *Fehlerfreundlichkeit* (vgl. v. Weizsäcker & v. Weizsäcker, 1985) bedeutet in erster Linie eine Haltung, nämlich die der bewußten Hinwendung zum und nicht der Abwendung vom Fehler und in zweiter Linie die Wirksamkeit eines Prinzips, das vor allem der aktiven Handlungskontrolle von Fehlerkonsequenzen dient und nicht der Fehlervermeidung oder deren ausschließlicher Korrektur. Damit sind die Voraussetzungen und der Effekt des programmatischen Anspruchs genannt: Ein fehlerfreundliches System bzw. Milieu muß *Aneignungschancen* bieten. Dies gelingt jedoch nur, solange die Folgen von Fehlern harmlos gehalten werden können, d. h. der individuelle und kollektive Schaden mit sozialen oder technischen Mitteln begrenzt werden kann.

4 Ethik der Positivität

Für eine fehler-ethische Auseinandersetzung gilt aus dem Gesagten in erster Linie die Abkehr von jedweder Gesinnungs- und Normenethik. Dem Fehler wird eine potentielle Vitalität unterstellt, die letztlich Integration in den Alltag verlangt und nicht Elimination aus der Welt. Exemplarisch wird dieser Anspruch in der Strukturontologie von Rombach (1971, 1987) eingelöst. Sie erlaubt es, die klassische Normenethik in eine positive Fehlerethik umzukehren. Die bei Rombach vertretene "*Ethik der Positivität* verlangt, daß alles verbessert und gebessert wird, und zwar immer nur in dem Umfang des konkret Erreichbaren. Aber freilich auch so, daß das konkret Erreichbare nicht in seinem vorweggegebenen Anschein genommen wird, sondern erst in der entschlossenen Aufnahme eines 'Weges' - der Entscheidung der Wirklichkeit selbst überlassen bleibt. Das auf dem 'Wege' Ermöglichte ist immer sehr viel mehr als das im 'Zustand' Mögliche" (Rombach, 1987. S. 373 f). Die *absolute Positivität* (neben dem Prinzip der *absoluten Solidarität*) "kommt ohne jegliche Anschuldigung aus. Sie sieht freilich Fehler und vielleicht mehr und tiefere als die bisherige Anschluldigungsethik gesehen hat. Sie versteht die Fehler aber als Chancen der Besserung, nicht als Verhinderungen einer Vollendung. Auch die Fehler sind positiv, gerade diese, wenn sie zu Anlässen höherer Vernötigung und damit überhaupt erst einer ausgreifenden Selbstfindung werden. Darin liegt freilich ein höherer Anspruch als der der klassischen Ethik. In letzterer brauchte man nur das Geforderte zu tun, in der ersteren muß man weit über das Geforderte hinaus das nicht möglich Erscheinende, sich aber doch 'von selbst' Ergebende tun. Das Von-Selbst steht höher als das Selbst"(Rombach, 1987, S. 374).

So gesehen kehrt sich die klassische Ethik tatsächlich um: "Sie wird geradezu zu einer Fehlerethik, nicht zu einer Ethik der Fehlerlosigkeit. Sie wird zu einer *Ethik der Endlichkeit* und der Veränderung, nicht der Unendlichkeit und des Unveränderlichen. Sie wird zu einer *menschlichen Ethik*, nicht zu einer gottgleichen Ethik. Sie wird zu einer Hoffnung, nicht zu einem Besitz. Sie stellt den Menschen in den Dienst der Welt, nicht etwa die Welt in den Dienst und unter die Herrschaft des Menschen" (Rombach, 1987, S. 373).

5 Schlußbemerkungen

Ob der so skizzierte psychologisch-ethische Standpunkt des Fehlens auch auf der Ebene von Softwareprodukten identifiziert werden kann oder zumindest als Konzept beansprucht wird, ist Gegenstand unserer derzeitigen Recherche. Um es vorwegzunehmen: Die UNDO-Funktion hält weder einer positiv konnotierten Fehlerethik noch der Forderung nach Fehlerfreundlichkeit stand: Handeln nämlich folgt - wie oben ausgeführt - dem Prinzip der symbolischen Immanenz und Kontinuierung, selbst dort wo es im "muddling-through" endet. Von daher ist ein Prinzip angemessener, das kontinuierliche Veränderungsprozesse ermöglicht und dabei exploratorisches und korrigierendes Handeln begünstigt.

6 Literatur

Anochin, P. K. (1967). *Das funktionelle System als Grundlage der physiologischen Architektur des Verhaltensaktes.* Jena: Fischer (Original 1932).

Brandtstädter, J. (1985). Emotion, Kognition, Handlung: Konzeptuelle Beziehungen. In L. H. Eckensberger & E.-D. Lantermann (Hrsg.), *Emotion und Reflexivität* (S. 252-261). München, Wien, Baltimore: Urban & Schwarzenberg.

Gehlen, A. (1940). *Der Mensch - seine Natur und seine Stellung in der Welt.* Berlin: Junker & Dünnhaupt.

Guggenberger, B. (1987). *Das Menschenrecht auf Irrtum. Anleitung zur Unvollkommenheit.* München: Hanser.

Gibson, J.J. (1982 *Wahrnehmung und Umwelt.* München: Urban und Schwarzenberg.

Hacker, W. (1986). *Arbeitspsychologie. Psychische Regulation von Arbeitstätigkeiten.* Berlin: VEB.

Koffka, K. (1935). *Principles to Gestalt psychology.* London: Routledge, Kegan Paul.

Konopkin, O. A. (1967). Zur funktionellen Struktur der psychologischen Selbstregulation der Tätigkeit. *Probleme und Ergebnisse der Psychologie, 59*, 67-72.

Krokow, C. Graf v. (1984, 17. Febr.). Der Mensch: Tier ohne Instinkt. *Die Zeit,* S. 38.

Leontjev, A. N. (1979). *Tätigkeit, Bewußtsein, Persönlichkeit.* Berlin: VEB.

Miller, G. A., Galanter, E. & Pribram, K.-H. (1960). *Plans and the structure of behavior*. New York: UP.

Mittelstrass, J. (1987). Die Wahrheit des Irrtums. In D: Czeschlik (Hrsg.), *Irrtümer in der Wissenschaft* (S. 43-90). Berlin: Springer.

Neisser, U. (1976). *Cognition and reality*. San Francisco: Freeman.

Oschanin, D. A. (1976). Dynamisches operatives Abbild und konzeptionelles Modell. *Probleme und Ergebnisse der Psychologie, 59*, 37-48.

Rombach, H. (1971). *Strukturontologie*. Freiburg, München: Alber.

Rombach, H. (1987). *Strukturanthropologie. "Der menschliche Mensch"*. Freiburg, München: Alber.

Stadler, M. & Wehner, T. (1983). Kognitive Komponenten bei der operativen und perzeptiven Antizipation zielgerichteter Tätigkeiten. In M. v. Cranach, W. Hacker & W. Volpert (Hrsg), *Kognitive und motivationale Aspekte der Handlung* (S. 123-133). Bern: Huber.

Stadler, M. & Wehner, T. (1985). Anticipation as a basic principle in goal directed action. In M. Frese & J. Sabini (Eds.), *Goal directed behavior: The Concept of action in psychology* (S. 67-77). Hillsdale New Jersey, London: Erlbaum.

Tolman, E. C. (1948). Cognitive maps in rats and men. *Psychological review, 55*, 189-208.

Volpert, W. (1992). *Wie wir handeln - was wir können. Ein Disput als Einführung in die Handlungspsychologie*. Heidelberg: Asanger.

Wehner, T. (1990). Über die Hand und das durch Technik Abhandengekommene. In F. Frei & I. Udris (Hrsg.), *Das Bild der Arbeit* (S. 71-90). Bern: Huber.

Wehner, T. (1992). *Sicherheit als Fehlerfreundlichkeit. Arbeits- und sozialpsychologische Befunde für eine kritische Technikbewertung*. Opladen: Westdeutscher Verlag.

Wehner, T. & Stadler, M. (1994). The cognitive organization of human errors: A Gestalt theory perspective. Applied Psychology, Special Issue: Error dedection and error recovery.

Wehner, T., Stadler, M. & Mehl, K. (1983). Handlungsfehler - Wiederaufnahme eines alten Paradigmas aus gestaltpsychologischer Sicht. *Gestalt Theory, 5*, 267-292.

Weizsäcker, C. v. & Weizsäcker, E.U. v. (1985). Fehlerfreundlichkeit. In K. Kornwachs (Hrsg.), *Offenheit - Zeitlichkeit - Komplexität* (S. 167-201). Frankfurt/M.: Campus.

Chipkarten in der Medizin

Anja Hartmann[*]
Bundesamt für Sicherheit in der Informationstechnik (BSI)
Referat Technikfolgen-Abschätzung
Postfach 200363, D-53133 Bonn

1 Einleitung

Die Sozialversicherungen in Deutschland werden zur Zeit mit einer Reihe verschiedenster Probleme konfrontiert. So steigen z.B. die Ausgaben ins Unermeßliche, während die Einnahmen langsam aber sicher sinken. Um das weitere Auseinanderklaffen dieser Finanzschere zu vermeiden, wurden von Seiten der Regierung wie der Versicherungen verschiedene Maßnahmen ergriffen. Neben einer Erhöhung der Beitragssätze wurden vor allem Einschränkungen im Leistungsumfang vorgenommen. Ein weiterer Ansatzpunkt stellen Maßnahmen zur Verhinderung eines Leistungsmißbrauchs dar. Im Gesundheitswesen wurde zu diesem Zweck das Gesetz über die Gesundheitsstrukturreform entworfen und am 1.1.93 in Kraft gesetzt.
In diesem Kontext wurde auch die Einführung einer Krankenversichertenkarte (KVK) beschlossen. Jeder Patient, der eine Untersuchung oder Behandlung in Arztpraxen oder Krankenhäusern benötigt, wird verpflichtet, die Karte vorzulegen. Die Krankenversichertenkarte ist mit einem Chip versehen, auf dem die folgenden Daten gespeichert sind: Name der Versicherung, Name des Versicherten, sein Geburtsdatum, Geburtsort sowie Adresse, Versichertennummer, Versichertenstatus und die Gültigkeitsdauer der Karte. Sie soll zum Nachweis der Versicherung, zur Erhöhung der Transparenz von Leistungen sowie zur Entlastung der Erfassung dieser Daten in Arztpraxen und Kliniken, d.h., zur Rationalisierung von Verwaltungsabläufen, dienen (vgl. z.B. Schaefer 1993, S.685). Andere Daten als die genannten (beispielsweise Leistungsdaten oder Impfdaten) dürfen nicht auf der Karte gespeichert werden. Um einen Mißbrauch der Krankenversichertenkarte auszuschließen, wurde eine sehr genaue Spezifikation zur Gestaltung des Chips sowie der Chipkartenlesegeräte entworfen, an die sich alle Hersteller halten müssen. So soll insbesondere das Beschreiben, das Ändern oder Löschen von Daten nur durch die ausstellende Behörde, d.h. durch die Krankenkassen selbst, möglich sein. Das Bundesamt für Sicherheit in der Informationstechnik (BSI) prüft auf Antrag der Hersteller die IT-Sicherheit von Karten und Lesegeräten und stellt den Herstellern bei erfolgreicher Zertifizierung ein Zertifikat über ihr Produkt aus. Soweit zum Status Quo, wie er sich im Jahre 1994 darstellt.
Doch während man auf Seiten der Politik noch vorwiegend die Probleme der Einführung und ersten Nutzungsphasen im Fokus der Betrachtung hat, Vor- und Nachteile des "neuen" Systems analysiert, geht die technische Entwicklung dieser Krankenversichertenkarte längst viel weiter. Nicht nur Hersteller und Vertreiber von Chipkarten und Chipkartenlesegeräten sondern vor allem auch die Krankenkassen, Ärztevereinigungen, Medizininformatiker und Wissenschaftler sehen das in der KVK steckende Potential bei weitem nicht ausgenutzt und denken über weitere Anwendungsmöglichkeiten nach. Je nach Interessenlage wollen sie neben den Beitragsdaten auch Leistungs-, Diagnose- und/oder Therapiedaten, Blutgruppen-, Organspendebereitschafts-, Impf- und/oder Rezeptdaten auf den Chips speichern.
Mit einer solchen technischen Erweiterung der KVK wären allerdings je nach Ausgestaltung nicht nur viele Chancen, sondern auch viele Risiken verbunden. Während Protagonisten nicht müde werden darauf hinzuweisen, daß

---

[*] Die Autorin vertritt ihre persönliche Meinung

- weitere Kosten eingespart werden könnten,
- Doppeluntersuchungen vermieden werden könnten,
- im Notfall schnell lebensrettende Daten vorhanden wären,
- Patienten nicht bei jedem neuen Arztbesuch ihre Geschichte von vorn erzählen müßten,
- der Patient alle Daten bei sich (nämlich auf seiner Karte) haben könnte und nicht wie bisher in den Arztpraxen etc. (vgl. z.B. Schaefer 1993),

weisen die Kritiker dieser Entwicklung vor allem auf

- Datenschutz- und
- Datensicherheitsprobleme hin oder
- sehen sich der Chance entraubt, im Zweifelsfalle ein zweites Urteil bei einem weiteren Arzt einzuholen (vgl. z.B. Kuhlmann 1993).

Viele Fragen tun sich auf, die sich nicht nur auf das ob, wie und wann einer informationstechnischen Weiterentwicklung beziehen, sondern die vor allem auch die Konsequenzen verschiedener Entwicklungsoptionen betreffen: Welche Risiken sind zu erwarten bei bestimmungsgemäßer Verwendung der Karte wie bei Mißbrauch? Wer entscheidet, welche gesellschaftlichen Werte höher zu bewerten sind: z.B. Sicherheit oder Wirtschaftlichkeit? Und nicht zuletzt: Wer trägt die Verantwortung, wenn Schäden eintreten? Wer haftet bei Fehlentscheidungen? etc.

2 Chipkarten in der Medizin - das TA-Projekt des Bundesamtes für Sicherheit in der Informationstechnik (BSI)

Um IT-sicherheitsspezifische Fragen des Einsatzes von Chipkarten in so wichtigen Anwendungsfeldern der Informationstechnik wie dem des Gesundheitswesens aufzugreifen, hat das Bundesamt für Sicherheit in der Informationstechnik (BSI) Bonn im Februar 1993 ein TA-Projekt initiiert und bei der Industrieanlagen-Betriebsgesellschaft (IABG) Ottobrunn und dem Fraunhofer Institut für Systemtechnik und Innovationsforschung (ISI) Karlsruhe in Auftrag gegeben. Ziel des im Juli 1994 abgeschlossenen Diskursprojektes war es, sowohl Sicherheits- und Verletzlichkeitsfragen zu untersuchen, Chancen und Risiken szenarisch aufzuzeigen als auch Handlungsoptionen für einen Sicherheitszugewinn zu erarbeiten. Der Diskursansatz wurde gewählt, um dem sehr komplexen Thema gerecht werden und disziplinär vorhandenes Wissen zusammenführen zu können. Darüber hinaus war damit der Anspruch verbunden, alle Beteiligten an einen "runden Tisch" zu bekommen, d.h., Hersteller, Anwender, Wissenschaftler und Betroffene in der direkten Auseinandersetzung miteinander in einen "interkulturellen Dialog" zu führen, so daß verschiedene gesellschaftliche Werte in den Diskurs Eingang finden konnten. Im Verlaufe des Diskurses zeigten sich denn auch sehr schnell die unterschiedlichen Interessen der beteiligten Akteure sowie der damit verbundenen Gestaltungswünsche.

In einem ersten Schritt galt es deshalb, sich dem Problem der IT-Sicherheit definitorisch zu nähern. Ausgangspunkt war dabei der Sicherheitsbegriff des BSI, der auf den "Ausschluß bzw. die Verminderung von Gefahren" (Kersten 1992a, S.293) rekurriert und die Betrachtung von technischen Gefährdungen wie "Bedienungsfehler, technisches Versagen, katastrophenbedingte Ausfälle und absichtliche Manipulationsversuche" (Kersten 1992a, S.293) in den Mittelpunkt rückt. Doch die im Kontext der IT-Sicherheit verwendeten vorwiegend technischen Grundanforderungen, wie Vertraulichkeit von Informationen, Verfügbarkeit von Informationen, Daten, Dienstleistungen, ganzen Systemen sowie die Integrität von Daten, Programmen und Systemen (vgl. Kersten 1992a, S.293) griff den Diskursteilnehmern aufgrund der sehr starken Wechselwirkungen von technischen Sicherheitsaspekten der Chipkarten mit sozialen, rechtlichen und ökonomischen Prozessen deutlich zu kurz. Es wurde deshalb in den zu erarbeitenden Szenarien ein ganzheitlicher IT-Sicherheitsbegriff zugrunde gelegt, der die folgenden Betrachtungsebenen einschließt:

Abbildung 1: Betrachtungsebenen der IT-Sicherheit

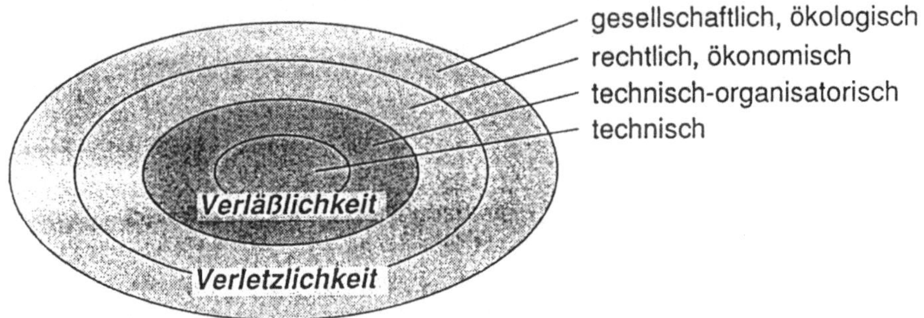

Quelle: BSI 1994, S. 1

Bei einer Technikfolgen-Abschätzung zu Fragen der IT-Sicherheit müssen demnach
* technische Elemente der IT-Sicherheit, d.h., Verfügbarkeit, Integrität und Vertraulichkeit,
* technisch-organisatorische Elemente, z.B. Fragen der medizinischen Dokumentation,
* rechtliche und ökonomische Elemente, d.h., Fragen der Verfassungsverträglichkeit und der Wirtschaftlichkeit sowie
* gesellschaftliche und ökologische Elemente, d.h., Fragen der Verletzlichkeit einer Gesellschaft und der Abhängigkeit von einer funktionierenden Informationstechnik

in den Gestaltungsdiskurs einbezogen werden. Der Rechtsverbindlichkeit von Daten sollte dabei als einer ganz wesentlichen Grundanforderung an die Gestaltung sicherer IT-Systeme besondere Bedeutung zukommen.

2.1 Szenarien zur Gestaltung von Chipkarten in der Medizin

Für die Auswirkungen des Einsatzes von Chipkarten in der Medizin sind folgende Fragen von elementarem Interesse:
* Welche Möglichkeiten der technischen Ausgestaltung von Chipkarten sind in der Diskussion? Hier ist zu differenzieren zwischen (vgl. BSI 1994, Köhler 1993):
  - einfachen Speicherchipkarten,
  - Prozessorkarten,
  - Smart Cards,
  - optischen Karten oder
  - Hybridkarten.

* Welche verschiedenen Datenarten im Gesundheitsbereich sind für eine elektronische Nutzung von Relevanz? In Frage kommen hierbei:
  - Beitragsdaten
  - Leistungsdaten
  - Daten über Blutspende- oder Organspendebereitschaft
  - Impfdaten

- Diagnosedaten
- Therapiedaten oder
- Rezeptdaten.

Da die Hauptgründe für die Einführung einer Patientenchipkarte in der Verbesserung der medizinischen Versorgung, d.h., des "quality of care" sowie der Erhöhung der Transparenz des Leistungsgeschehens gesehen werden, sollte im weiteren Projektverlauf besonderes Augenmerk auf die drei Datenarten Leistungsdaten, Diagnosedaten und Therapiedaten gelegt werden.

Welche Akteure sind an der Entstehung, Speicherung, Weitergabe, Veränderung oder Verarbeitung von Daten beteiligt?

Das Gesundheitswesen in Deutschland weist eine Breite Palette von Akteuren auf, die Interesse an den auf Chips gespeicherten Daten haben könnten:

- Patienten
- Ärzte
- Betriebsärzte
- Krankenhäuser
- Ärztevereinigungen
- Krankenkassen
- Apotheken
- medizinische Dienste
- Wissenschaftler etc.

Die Verflechtung der genannten Komponenten ergab eine umfassende Matrix, deren einzelne Gestaltungsmöglichkeiten auf ihre Rechtsverträglichkeit hin geprüft wurden. Die danach erheblich reduzierte Matrix wurde sodann mit der Ausgangsfragestellung verknüpft: Welche IT-Sicherheitsprobleme sind mit einzelnen Konstellationen verbunden? Und: Was kann getan werden, um einen Sicherheitszugewinn zu erreichen?

Rekurrierend auf die technische Betrachtungsebene der IT-Sicherheit können verschiedene IT-Sicherheitslevels unterschieden werden:

- eine niedrige Sicherheitsstufe wird als ausreichend angesehen, wenn sich der Schutz auf Bedienungsfehler beschränken kann und/oder ein möglicherweise eintretender Schaden als gering einzustufen ist (z.B. KVK, Karte mit Leistungsdaten);
- eine mittlere Sicherheitsstufe wird angestrebt, wenn ein erhöhtes Schadenspotential besteht (z.B. Chipkarte mit Therapiedaten) und/oder mit Manipulationsversuchen zu rechnen ist;
- eine hohe Sicherheitsstufe wird notwendig, wenn mit sehr weitreichenden Schäden im Falle eines Versagens der Technik, eines Manipulationsversuches, eines Bedienungsfehlers oder eines katastrophenbedingten Ausfalls gerechnet werden muß. Die Forderung nach dieser Sicherheitsstufe wird um so stärker, je mehr medizinische Daten auf der Patientenchipkarte gespeichert werden sollen. Eine Fehlfunktion oder der Verlust von Daten kann zu Fehlentscheidungen des Arztes führen, die fatale Konsequenzen für den Patienten (im Extremfall bis hin zum Tode) mit sich bringen können (vgl. Wellbrock 1994).

Bei der Auswahl der Szenarien aus den oben aufgespannten zu berücksichtigenden Elementen wurde besonderer Wert darauf gelegt, ein Szenario zu jedem der drei Sicherheitslevels zu entwickeln. Hintergrund dafür war die Annahme, daß es je nach Gefährdung verschiedener Handlungsoptionen bedarf, um die Sicherheit einer Patientenchipkarte zu erhöhen. Diskutiert wurden deshalb die Szenarien

- "Chipkarte mit Leistungsdaten", die lediglich zur Abrechnung erbrachter Leistungen mit den Krankenkassen genutzt werden;
- "Chipkarte mit Diagnosedaten", die dem Behandlungszweck dient und als besonders bri-

sant betrachtet wird, da sowohl ein unbefugter Zugriff (z.B. durch den Arbeitgeber) als auch ein Verlust von Daten (z.B. der Information Bluterin bei einer Schwangeren) sehr weitreichende Folgen sowohl für den Patienten als auch das medizinische Personal haben kann;
- "Chipkarte mit Therapiedaten", die ebenfalls dem Behandlungszwecke dienen, wobei das Schadenspotential aber als etwas geringer als bei den Diagnosedaten eingeschätzt wird.

2.2 Abgeleitete Handlungsoptionen

Die erarbeiteten Handlungsoptionen können den oben erläuterten Betrachtungsebenen der IT-Sicherheit zugeordnet werden. In der folgenden Darstellung ist zu berücksichtigen, daß es sich hierbei um sehr vorläufige Ergebnisse eines interdisziplinären Diskurses handelt, die einer weiteren Verfeinerung bedürfen. Dem BSI kam als Auftraggeber im Projekt die Moderatorenrolle zu. Dies hat zur Folge, daß das Bundesamt die Ergebnisse des Diskurses an verschiedene Akteure wie z.B. gesellschaftliche Gruppen, politische Entscheidungsträger, Wissenschaft und Presse transferiert, ohne damit eine Wertung derselben zu verbinden. Zwar bestand über die einzelnen Handlungsoptionen ganz allgemein betrachtet weitgehend Konsens, in der Zuordnung derselben zu den einzelnen Karten- und Datentypen gingen die Meinungen jedoch weit auseinander. Während einige der Diskursteilnehmer die Handlungsoptionen ungeachtet der obigen Zuordnung zu verschiedenen Sicherheitslevels und der damit verbundenen Speicherung verschiedener Datenarten möglichst weitgehend umgesetzt sehen wollen, denken andere über eine Stufung verschiedener Handlungsoptionen dem unterschiedlichen Schadenspotential entsprechend nach.

Diskutierte Handlungsoptionen auf der technischen Betrachtungsebene

Die Handlungsoptionen auf der technischen Betrachtungsebene zur Erhöhung der IT-Sicherheit orientieren sich an den gängigen Sicherheitskriterien ITSEC (vgl. Kersten 1992b):
- Szenario 1: eine Chipkarte mit Leistungsdaten soll demnach die Kriterien nach E2/E3 erfüllen;
- Szenario 2: eine Chipkarte mit Diagnosedaten bedarf einer sehr hohen Absicherung, weshalb hier die Erfüllung der Kriterien nach E4/E5 anzustreben wäre;
- Szenario 3: eine Chipkarte mit Therapiedaten liegt im Schadenspotential zwischen Szenario 1 und 2 und könnte dementsprechend den Stufen E3/E4 zugeordnet werden.

Diskutierte Handlungsoptionen auf der technisch-organisatorischen Betrachtungsebene

In die technisch-organisatorische Betrachtungsebene sind weitgehend diejenigen Handlungsoptionen eingeflossen, die aus dem Bereich der Medizin bzw. der Medizininformatik kommen und konkrete Auswirkungen auf den Patienten haben. Hierunter fallen:
- Fragen der medizinischen Dokumentation. Derzeit dokumentiert jeder Arzt seine Daten nach einem ihm eigenen und sinnvoll erscheinenden Schema. Vor einer Speicherung medizinischer Daten (d.h. Szenario 2 und 3) müßte folglich erst eine Vereinheitlichung medizinischer Dokumentationen stehen.
- Fragen des Datenschutzes. Der Patient muß erkennen können, wer welche Zugriffsrechte hat und wann der Arzt oder andere auf die Karten zugreifende Personen Daten verändert, verarbeitet, löscht oder weitergibt.
- Fragen der Beziehungen zwischen Karten und eventuell bestehenden Datennetzen. Können beispielsweise Daten, die aufgrund ihres Umfangs nicht auf eine Karte passen (z.B. Com-

putertomographien) vom Arzt über ein bestehendes medizinisches Netz abgerufen werden. Dem Patienten obliegt es hier, über einen Zugriff auf seine Daten zu entscheiden.

Diskutierte Handlungsoptionen auf der rechtlichen Betrachtungsebene

Die Forderungen der Diskursteilnehmer beruhen hier sowohl auf einer Prüfung einzelner Szenarien auf ihre Rechtsverträglichkeit hin (von Juristen werden mindestens die Szenarien 2 und 3 als mit dem derzeitigen Recht unverträglich eingestuft) als auch auf die von Bizer (1994) aufgestellten Kriterien:

- Einwilligungsfreiheit. Basierend auf das Recht auf informationelle Selbstbestimmung soll der Patient selbst entscheiden können, ob er eine Karte nutzen will, welche Daten auf den Karten gespeichert werden und wann Daten gelöscht werden sollen.
- Zweckbindung. Die gespeicherten Daten dürfen nur für einen vorher definierten Zweck genutzt werden, z.B. Behandlung durch den Arzt, Abrechnung oder in anonymisierter Form für die Forschung.
- Erforderlichkeit. Es darf nur gespeichert werden, was als Information für den Arzt und das weitere medizinische Personal unbedingt notwendig ist. Wie bereits oben erläutert, gibt es bisher keine einheitliche medizinische Dokumentation. Welches Datum ein Arzt für erforderlich hält, entscheidet er derzeit selbst. Im Falle einer Einführung einer Karte mit medizinischen Daten müßten genaue Regelungen bestehen, welche Informationen für welche Zwecke wichtig sind.
- Transparenz. Es bedarf eines Einsichtsrechtes des Patienten. Er muß jederzeit lesen können, was auf der Karte steht und Änderungs- bzw. Verarbeitungsvorgänge nachvollziehen können.
- Vertraulichkeitsschutz. Es müssen Sicherungen gegen unbefugte Zugriffe, wie z.B. durch Arbeitgeber, Versicherungen, Erben, Forscher etc. bestehen.
- Verantwortlichkeit. Es bedarf einer Klärung, wer welche Verantwortung trägt im Falle einer Fehlfunktion der Karte, eines unbefugten Zugriffs etc. Es gilt, die Unversehrtheit, die Echtheit von Daten zu gewährleisten.

Diskutierte Handlungsoptionen auf der gesellschaftlichen Betrachtungsebene

Die gesellschaftliche Diskussion über die Nutzung von Chipkarten im Gesundheitswesen ist stark von ökonomischen Argumenten geprägt. Der Arzt soll durch einen Blick auf die Karte Zeit sparen in der Erhebung der Krankengeschichte. Außerdem wird die Möglichkeit zur Kostenreduktion gesehen, da Mehrfachuntersuchungen vermieden werden können. In diesem Zusammenhang wird befürchtet, daß sich durch die Informatisierung ein schlechteres Verhältnis zwischen Patienten und Ärzten ergeben könnte. Darüber hinaus wird ein Informationsmangel über die Karte, deren Nutzungsmöglichkeiten und die damit verbundenen Gefährdungen befürchtet.

Aus diesen Überlegungen resultieren folgende Handlungsoptionen:

- Mit der Einführung und Nutzung von Patientenchipkarten muß eine umfassende Information der Betroffenen über Chancen und Risiken der Karte sowie die Rechte der Patienten einhergehen.
- Es sind Maßnahmen zu treffen, die einer Verschlechterung des Patient-Arzt-Verhältnisses durch die Informatisierung entgegenwirken, z.B. durch Schulung der Ärzte über Gesprächsführung ohne die Technik in den Mittelpunkt zu stellen oder durch veränderte Abrechnungsmodi.
- Die Patienten sollen trotz Karten nach wie vor die Möglichkeit erhalten, sich die Meinung eines zweiten Arztes einzuholen, ohne daß dieser das Ergebnis seines Kollegen bereits kennt.

Soweit zu den möglichen Handlungsoptionen, wie sie im Diskurs angesprochen bzw. gefordert wurden.

Nicht nur das vorläufige Ergebnis des Diskursprojektes, sondern vielmehr noch eine Analyse des Diskursverlaufes zeigen zwei Dinge sehr deutlich. Zum einen sind während des TA-Prozesses eine Vielzahl von Entscheidungen zu fällen gewesen, in denen sich innerhalb des breiten interdisziplinären Diskurses jeweils spezifische Werte stärker durchgesetzt haben als andere. Zum anderen sind die meisten der Fragen, die noch offen geblieben sind, nur durch oder nach politischen Entscheidungen anzugehen. Neben den politischen sind dabei auch die rechtlichen Akteure in den weiteren Entwicklungs-, Einführungs- und Nutzungsprozess verstärkt einzubeziehen.

3 Technikfolgen-Abschätzung und ihre Rolle in einer Ethik der Technik

Das vorgestellte Diskursprojekt zum Thema "Chipkarten in der Medizin" macht deutlich, daß, wenn man über die Rolle nachdenkt, die TA innerhalb einer neuen Ethik der Technik spielen könnte, vor allem jene Aspekte in den Mittelpunkt der Diskussion zu rücken sind, die die Fragen nach Wertsetzungen und Verantwortlichkeiten aufgreifen.

Sowohl in der Technikentwicklung als auch in der Technikfolgen-Abschätzung ist die Diskussion bezüglich ethischer oder moralischer Fragen stark auf eine Wertediskussion konzentriert. Immer wieder wird darauf hingewiesen, daß es Aufgabe der Wissenschaft sei, Projektionen und Entwürfe für künftige Entwicklungen zu erarbeiten. Den Akteursgruppen Politik und Gesellschaft wird die Aufgabe der Bewertung des Ganzen zugewiesen - und dies obwohl alle Beteiligten sehr wohl wissen, daß bereits während des Prozesses der Entwicklung und Folgeabschätzung immer wieder Einzelentscheidungen getroffen werden müssen, denen verschiedene Werthaltungen zugrunde liegen. Schließlich dienen Werte nicht nur der Beurteilung einer Entwicklung nach deren Fertigstellung oder der Begründung einer Sache, die man anstrebt, sondern auch der Orientierung während der eigenen Arbeit. In der Technikfolgen-Abschätzung hat sich diese Erkenntnis bisher weit mehr durchgesetzt als in der informationstechnischen Entwicklung.
Der VDI hat in seiner Richtlinie zur Technikbewertung verschiedene Werte genannt, die bei technischen Entwicklungen, Ausgestaltungen und Anwendungen angestrebt und bei der Frage der Technikbewertung berücksichtigt werden sollen. Es sind dies: Wohlstand, Gesundheit, Sicherheit, Umweltqualität, Persönlichkeitsentfaltung und Gesellschaftsqualität (VDI 3780).
Im Rahmen des vorgestellten Projektes "Technikfolgen-Abschätzung zur Sicherheit in der Informationstechnik" war insbesondere der Wert "Sicherheit" von herausragendem Interesse.
Gleichwohl hat sich gezeigt, daß es in Abhängigkeit vom Anwendungsfeld einer Konkretisierung der Definition bedarf. Weder die in der VDI-Richtlinie genannte Definition "Abwesenheit von Gefahren für Leib und Leben" (VDI 3780), noch die in der technischen IT-Sicherheitscommunity übliche Definition "Ausschluß bzw. die Verminderung von Gefahren" (Kersten 1992, S.293) mit ihren jeweiligen Interpretationen und Ergänzungen wurden für ausreichend erachtet.

Wie am Beispiel des Projektes "Chipkarten in der Medizin" gezeigt wurde, soll Technikfolgen-Abschätzung dazu dienen, Orientierungs- und Gestaltungswissen zur Verfügung zu stellen, um somit zu einer verantwortbaren Technikentwicklung zu kommen.
Nach Müller-Reißmann kann TA deshalb auch gesehen werden "als Ausdruck der Bereitschaft,

sich der gesellschaftlichen Verantwortung für die Folgen des wissenschaftlich-technischen Handelns zu stellen" (1987, S.201). Doch kann die TA wirklich leisten, was hier von ihr gefordert wird? Skepsis scheint angebracht. Mangelt es bei vielen TA-Studien doch an realen Einflußmöglichkeiten.

Wenn man mit Lenk übereinstimmt, daß Verantwortung heißt, daß man sich zu "ver-antworten" hat, d.h., jemandem (sich selbst, seinem Gewissen, anderen Menschen, Gott) für etwas antworten muß (Lenk 1988, S.58), wird am Beispiel des Chipkarten-Projektes schnell klar, daß dies weder eine einzelne Person noch eine bestimmte gesellschaftliche Gruppe alleine leisten kann. Eine Diskussion der Verantwortung muß sich deshalb hin entwickeln zu einer Diskussion der "Mitverantwortung" (Lenk 1988, S.58). Darüber hinaus ist aufgrund der starken Gefährdung von Mensch und Natur durch die Technik in Anlehnung an Jonas (1978) eine Erweiterung des Verantwortungskonzeptes hin zu einer "Verursacherverantwortung" einerseits und einer "Treuhänderverantwortung" andererseits vorzunehmen (vgl. Jonas 1978 und Lenk 1988). Verschiedene Akteure müssen also die Entwicklung einer Technik mitverantworten. Dabei ist die Verantwortung nicht auf alle Gruppen gleich verteilt. Vielmehr ist die zu tragende Verantwortung in Abhängigkeit von der Stärke der "Eingriffsmacht" (Lenk 1988, S.77) und den damit verbundenen Handlungsmöglichkeiten zu sehen. Es kann deshalb niemals ein einheitliches Maß für Mitverantwortung geben. So spielen bei der Frage der Verursachermitverantwortung die Akteure Entwickler, TA-Beteiligte, politische Entscheider, pressure-groups etc. eine unterschiedliche Rolle. In den meisten Fällen haben die an einem TA-Diskurs Beteiligten vergleichsweise wenig Einflußmöglichkeiten auf die Ausgestaltung einer Technik (eine exakte Evaluation über Auswirkungen von TA-Studien liegt leider bisher nicht vor). Die von den anderen Akteursgruppen zu tragende Verantwortung steigt deshalb in dem Maße an, wie sie Folgenwissen aus TA-Studien nicht zur Kenntnis nehmen bzw. nicht in ihre Arbeit einfließen lassen.

Bei der Frage nach der Treuhänderverantwortung sind all jene Akteure mit in die Betrachtung einzubeziehen, die eine Technik herstellen oder sie in irgendeiner Form nutzen. In unserem obigen Chipkarten-Kontext wären hier z.B. die folgenden Akteure zu nennen: Hersteller von Chipkarten und Lesegeräten, Krankenkassen und ihre Verbände, Versicherungen, Ärzte und Ärztevereinigungen, Krankenhäuser, medizinische Dienste, Apotheken, Forscher, Patienten sowie die politischen Entscheidungsträgern. Letztlich käme damit jedem Bürger ein Stück Treuhändermitverantwortung zu, wie z.B.:

- den Herstellern und Vertreibern, die auf korrekte Erstellung und technische IT-Sicherheitsvorgaben achten müssen,
- den Ärzten, Krankenhäusern, medizinischen Diensten und Apotheken sowie den Versicherungen, denen beim Umgang mit den Karten eine besondere Sorgfaltspflicht zukommt,
- den politischen Entscheidungsträgern, die die Randbedingungen für die Nutzung der Karte schaffen,
- den Patienten, die die richtige Karte bei sich tragen und auf die Aktualität der Daten und die Schlüssigkeit von ärztlichen Aussagen achten sollten.

Wie schon bei der Verursachermitverantwortung so kommen auch bei der Treuhändermitverantwortung einzelnen Akteuren unterschiedliche Verantwortlichkeiten zu. Zwingt man beispielsweise die Patienten dazu, eine Chipkarte gegen ihren Willen nutzen zu müssen oder aber der Karte zu vertrauen, ohne die im Diskurs erarbeiteten Handlungsoptionen, wie z.B. Transparenz, zu berücksichtigen, so kann man ihnen kaum die Mitverantwortung für eventuelle Folgen aufbürden (vgl. dazu auch Sachsse 1988, S.31). In einer weiter zu diskutierenden Verantwortungsethik kommen deshalb den Forderungen nach Transparenz und Freiheit besondere Bedeutung zu.

4 Literatur

Bizer, Johann, 1994: Rechtliche Möglichkeiten und Schranken der Patientenchipkarte. In: BSI 1994: Chipkarten in der Medizin. Dokumentation eines Fachdiskurses am 2. und 3. Dezember 1993 in Bad Aibling. BSI 7154. Bonn, S.57-78.

Bundesamt für Sicherheit in der Informationstechnik (BSI), 1994: Chipkarten in der Medizin. Dokumentation eines Fachdiskurses am 2. und 3. Dezember 1993 in Bad Aibling. BSI 7154. Bonn.

Jonas, Hans, 1978: Das Prinzip Verantwortung. Frankfurt.

Kersten, Heinrich, 1992a: Neue Aufgabenstellungen des Bundesamtes für Sicherheit in der Informationstechnik. In: Datenschutz und Datensicherung, Heft 6, S. 293-297.

Kersten, Heinrich, 1992b: Die Kriterienwerke zur IT-Sicherheit - ihre Bedeutung für die Anwendungspraxis. In: Wirtschaftsinformatik, Heft 4, S.378-390.

Köhler, Claus O,. 1993: Medizinische Dokumentation auf der Chipkarte - Eine neue Dimension. In: Quintessenz, Heft 6, S.627-633.

Kuhlmann, Jan, 1993: Die Verarbeitung von Patientendaten nach dem SGB V und das Recht auf selbstbestimmte medizinische Behandlung. In: Datenschutz und Datensicherung, Heft 4, S.198-208.

Lenk, Hans, 1988: Verantwortung in, für, durch Technik. In: Bungard, Walter / Lenk, Hans (Hrsg.): Technikbewertung. Philosophische unf psychologische Perspektiven, Frankfurt, S. 58-78.

Müller-Reißmann, Karl-Friedrich, 1987: Technologiefolgenabschätzung oder eine andere Technik? Voraussicht oder Vorsicht als Kennzeichen einer neuen Ethik technischen Handelns. In: Technik und Gesellschaft, Jahrbuch 4, Frankfurt, S. 200-214.

Sachsse, Hans, 1988: Zur Physiologie der Wahrnehmung und des Verhaltens. Der Zwang zum Vertrauen. In: Bungard, Walter / Lenk, Hans (Hrsg.): Technikbewertung. Philosophische und psychologische Perspektiven, Frankfurt, S. 21-32.

Schaefer, O.P,. 1993: Die Versichertenkarte - Auftakt zu neuen Kommunikationsstrukturen im Gesundheitswesen. In: Datenschutz und Datensicherung, Heft 12, S.685-688.

VDI 3780: VDI-Richtlinie "Technikbewertung: Begriffe und Grundlagen". März 1991.

Wellbrock, Rita, 1994: Chancen und Risiken des Einsatzes maschinenlesbarer Patientenkarten. In: Datenschutz und Datensicherung, Heft 2, S.70-74.

Grundrechtliche Risiken und Chancen durch Chipkartennutzung

Alexander Roßnagel
Universität Gesamthochschule Kassel
Nora Platiel Str. 5, 34109 Kassel und
Projektgruppe verfassungsverträgliche Technikgestaltung (provet)
Kasinostr. 5, 64293 Darmstadt

Chipkarten in Form leistungsfähiger Prozessor-Karten mit eigenem Betriebssystem, einigen Schutz- und Anwendungsprogrammen sowie ausreichendem Speicherplatz werden in naher Zukunft in einer Fülle von Anwendungen angeboten. Sie werden geplant als Träger von Kreditberechtigungen oder als Geldguthaben, als Personalausweise, Schüler- und Studentenausweise, Mitgliedsausweise und Führerscheine, als Tickets für Flugreisen, die Bahn oder den öffentlichen Nahverkehr, als Berechtigungsnachweise zum Eintritt ins Theater, Schwimmbad oder Museum, als Zugangsberechtigungen für Rechner und Netze, als Träger von Informationen über Patienten, technische Geräte, Rechnerkonfigurationen, Leistungen oder Abrechnungen, als elektronisches Rezept oder als Träger von Schlüsseln zum Verschlüsseln und digitalen Signieren. Die allmähliche Einführung und der dann alltägliche Gebrauch von Chipkarten dürfte - weitgehend unbemerkt - viele Lebensbereiche prägen. Daher ist bereits heute die Frage zu stellen, wie sich die Nutzung von Chipkarten auf die Grundrechte der Nutzer und Dritter auswirken wird. Werden durch künftige Chipkartennutzungen die Verwirklichungsbedingungen von Grundrechten verbessert oder verschlechtert?

Dieser Frage soll im folgenden in vier Schritten nachgegangen werden: Zuerst ist deutlich zu machen, daß die Frage nach den Auswirkungen von Chipkarten nicht auf die kleinen, handlichen Karten beschränkt werden kann, sondern zumindest deren Infrastrukturen und Anwendungbedingungen mit berücksichtigen muß. Im zweiten Schritt ist der Bewertungsmaßstab, nämlich eine Reihe einschlägiger Grundrechte, genauer zu bestimmen. Im dritten Schritt werden potentielle Gefährdungen dieser Grundrechte sowie Abwehrmöglichkeiten gegen diese Risiken untersucht. Viertens werden mögliche Chancen in der Verwendung von Chipkarten, die Verwirklichungsbedingungen von Grundrechten verbessern, sowie mögliche Schwierigkeiten, die Chancen tatsächlich wahrzunehmen, erörtert. Abschließend wird versucht, ein Resümee in Form rechtspolitischer Handlungserfordernisse zu ziehen.

Der Beitrag zeigt, daß die Nutzung von Chipkarten sowohl Risiken als auch Chancen für Grundrechte birgt. Welches dieser Potentiale Realität wird, ist durch die Chipkartentechnik als solche nur in seltenen Fällen festgelegt. Inwieweit Chipkarten Grundrechte gefährden oder schützen, ist weitgehend eine Frage der Gestaltung. Diese betrifft nicht nur die Karten selbst. Vielmehr sind die künftigen Auswirkungen von Chipkarten auch abhängig von der Gestaltung der Chipkartenanwendungen und ihrer Infrastrukturen - und zwar in technischer, organisatorischer und rechtlicher Hinsicht. Aufgrund der Breite und Tiefe möglicher Auswirkungen muß die Frage, wo Risiken und Chancen für Grundrechte zu vermuten und Gestaltungsnotwendigkeiten und -möglichkeiten zu suchen sind, Gegenstand öffentlicher Diskussion und Entscheidung sein. Hierzu erste Hinweise zu geben, ist die Absicht dieses Beitrags.

1 Chipkarten, ihre Anwendungen und ihre Infrastrukturen

Die Chipkarte als solche ist weitgehend ohne Gebrauchswert, sieht man von ihrer Verwendung als Lineal, Lesezeichen oder Eiskratzer ab. Gebrauchswert erlangt sie in der Regel erst durch ihre Einbindung in eine bestimmte Technikanwendung und als Bestandteil einer ihre Verwendung ermöglichenden Infrastruktur. Die Chipkarte ist jeweils nur der kleine *sichtbare* Ausdruck großer *unsichtbarer* Infrastrukturen. Jede Anwendung von Chipkarten setzt Infrastrukturen - in der Regel sogar mehrere - voraus. So ist erstens zum Beispiel eine Infrastruktur für die Erzeugung und Ausgabe von Chipkarten erforderlich. Diese Infrastruktur bietet darüber hinaus meist eine komplette Kartenverwaltung an, die verlorene oder gestohlene Karten sperrt, entsprechende Sperrlisten führt, Auskünfte erteilt oder funktionsunfähige Karten ersetzt. Zum zweiten setzt die Nutzung von Chipkarten eine passende technische Infrastruktur voraus, die an möglichst vielen Stellen die Voraussetzungen bietet, Daten aus den Chipkarten auszulesen, zu verarbeiten und in sie einzugeben. Nur wenn zum Beispiel an Geldausgabeautomaten, an den "Points of Sale" oder in den Arztpraxen und Krankenhäusern kann die Chipkarte als elektronische Geldbörse, Kreditkarte oder als Patientenkarte Verwendung finden. Drittens sind oft Infrastrukturen für die Telekommunikation mit Chipkarten erforderlich. Denn oft dient die Chipkarte dazu, den Zugang oder Zugriff zu entfernt gespeicherten Daten zu erschließen oder Möglichkeiten zu eröffnen, Daten an andere Stellen zu übertragen. Beispiele hierfür sind etwa der Zugang zu Patientendatenbanken oder das Bezahlen am "Point of Sale". Schließlich ist für jede Anwendung von Chipkarten eine eigene Anwendungsinfrastruktur erforderlich. So benötigt zum Beispiel die Anwendung der Chipkarte als elektronische Geldbörse eine andere Infrastruktur aus Programmen, organisatorischen Vorkehrungen und rechtlichen Regeln wie etwa die Anwendung als elektronisches Rezept und wieder andere wie etwa die Anwendnung als elektronischer Führerschein.

Jede Nutzung der Chipkarte zu einem spezifischen Zweck setzt also eine jeweils eigene Infrastruktur voraus, die aus der Chipkartenverwaltung, der technischen Infrastruktur zur Nutzung der Chipkarte und der Telekommunikation sowie aus Anwendungsprogrammen, Anwendungsorganisation und Anwendungsregeln besteht. Drei Beispiele sollen dies verdeutlichen.

- Im *elektronischen Rechtsverkehr* wird die Chipkarte vor allem zum Erzeugen digitaler Signaturen genutzt werden. Hierfür muß eine Infrastruktur die Namen und Qualifikationen festlegen, für die Signaturschlüssel vergeben werden. Sie muß die Schlüsselpaare erzeugen und zertifizieren, auf die Chipkarte laden und diese an die Berechtigten ausgeben. Schließlich muß sie Verzeichnisse zu den ausgegebenen und gesperrten öffentlichen Schlüsseln führen und auf berechtigte Nachfrage hin Auskünfte über die Eintragungen erteilen.

- Die Verwendung der Chipkarte im *Geldverkehr* erfordert unabhängig davon, ob die Karte mit Kredit- oder Debitfunktion, identifizierend wie beim Bezahlen am "Point of Sale" oder anonym wie bei der elektronischen Geldbörse genutzt wird, eine spezifische Infrastruktur. Diese muß beispielsweise Funktionen wie das Erstellen und Ausgeben der Chipkarten, das Identifizieren und Autorisieren der Berechtigten, das Verrechnen der Beträge, das Umbuchen von Gutschriften und Belastungen sowie das Erstellen von Nachweisen gewährleisten.

- Im *Gesundheitswesen* muß die Infrastruktur für Chipkarten etwa Funktionen für das Erstellen und Ausgeben der Chipkarten, das Identifizieren und Autorisieren des Patienten oder des Arztes, den Zugriff auf Diagnose-, Therapie-, Überweisungs- und Rezeptdaten, die Übertragung der Abrechnungsdaten an die Kassenärztliche Vereinigung und die Krankenkasse sowie Abrechnungen und Umbuchungen ermöglichen.

Dieser beispielhafte Blick auf die Infrastrukturen unterschiedlicher Chipkartennutzungen zeigt: Wenn die sozialen, politischen und rechtlichen Auswirkungen von Chipkarten abgeschätzt und bewertet werden sollen, darf sich die Untersuchung nicht auf die Karten als solche beschränken, sondern muß die technischen, organisatorischen und rechtlichen Infrastrukturen ihrer Anwendungen einbeziehen.

2 Grundrechte als Bewertungsmaßstab

Um die Risiken und Chancen von Chipkarten bestimmen zu können, bedarf es eines Maßstabs, von dem aus bestimmt werden kann, ob eine vermutete Auswirkung ein Risiko oder eine Chance darstellt. Hier sollen nicht alle möglichen Gefährdungen und Förderungen durch Chipkarten, sondern nur deren Verfassungsverträglichkeit erörtert werden. Als Chance soll gelten, wenn eine begründete Vermutung besteht, daß Chipkarten die Verwirklichungsbedingungen von Grundrechten verbessern. Als Risiko soll eine Entwicklung angesehen werden, die nach derzeitigen Erkenntnissen die Verwirklichungsbedingungen verschlechtern dürfte. In einem ersten Zugriff erscheinen die Grundrechte auf Entfaltung und Schutz der Persönlichkeit (Art. 2 Abs. 1 GG), auf Wahrung des Fernmeldegeheimnisses Art. 10 Abs. 1 GG), auf Schutz der Berufsfreiheit (Art. 12 GG) und auf Gewährleistung der Eigentumsfreiheit (Art. 14 GG) einschlägig.

Die Grundrechte sind nicht zur Bewertung modernster Informations- und Kommunikationstechniken geschaffen, sondern in ganz anderen sozialen, politischen und historischen Zusammenhängen in das Grundgesetz aufgenommen worden. Um jedoch unabhängig von diesen konkreten Umständen gegenüber allen möglichen Gefährdungen der Grundrechte Schutz gewähren und deren Entfaltung sichern zu können, wurden sie hochabstrakt formuliert. Daher müssen sie für die Aufgabe der Technikbewertung und -gestaltung technik-, risiko- und folgenadäquat konkretisiert werden. Als solche Konkretisierungen sind in der Rechtsprechung und der Literatur beispielsweise der Schutz der Privatsphäre, das Mandanten- und Patientengeheimnis, das Recht auf informationelle Selbstbestimmung, das Recht auf kommunikative Selbstbestimmung sowie die Berufs-, Geschäfts- und Betriebsgeheimnisse zu finden.

Inwieweit Chipkartenanwendungen und ihre Infrastrukturen diesen rechtlichen Anforderungen gerecht werden, ist keine Frage juristischer Spitzfindigkeiten. Denn inwieweit es gelingen wird, die Grundrechte auch in künftigen Anwendungen zu gewährleisten oder - allgemeiner - die Chipkarten-Technik verfassungsverträglich zu gestalten, entscheidet mit über *Akzeptabilität* und *Akzeptanz* von Chipkarten.

3 Grundrechtsrisiken

3.1 Gefährdungen durch Chipkarten

Gefährdungspotentiale für das Grundrecht auf Schutz und Entfaltung der Persönlichkeit können vor allem auf drei Ebenen erwachsen. Gefährdungen können von Chipkarten zum einen dadurch ausgehen, daß sie ermöglichen, viele Vorgänge des täglichen Lebens digital zu erfassen, zu verarbeiten und auszuwerten. Chipkarten werden zum *maschinenlesbaren Organ* des Menschen. Sie koppeln das Individuum an Informations- und Kommunikationssysteme und digitalisieren sein Verhalten. Ihre Aufgabe ist es gerade, viele Verhaltensweisen, für die dies bisher nicht möglich war, einer automatischen Erfassung und Verarbeitung zugänglich zu machen. Auf diese Weise verursachen sie bereits bekannte Datenschutzprobleme, erweitern diese aber dadurch, daß viele bisher nicht erfaßbare Verhaltensweisen durch sie computerisiert werden.

Chipkarten ermöglichen eine erheblich gesteigerte automatische Verarbeitung personenbezogener Daten. Dies ist in der Regel mit einem Kontextverlust und der multifunktionalen Verwendbarkeit der Daten verbunden. Dadurch wird das Risiko hervorgerufen, daß die Daten aus ihrem Entstehungszusammenhang gerissen und außerhalb des Zwecks, der von einer Einwilligung des Betroffenen oder einer gesetzlichen Erlaubnis gesetzt worden ist, verwendet werden. Insbesondere könnten die Daten zur Erstellung von Verhaltens-, Kommunikations- und Bewegungsprofilen verwendet werden. Dies wiederum hätte zur Folge, daß mit diesen Daten individuelles Verhalten leicht kontrolliert und gesteuert werden könnte.

Zum anderen können Chipkarten - je nach Anwendung und sozialer Einbettung - zu *Nutzungs- und Offenbarungszwängen* führen. Einschränkungen der Entfaltungsfreiheit durch Nutzungszwänge könnten sich zum Beispiel durch wirtschaftliche Zwänge ergeben, wenn in Anwendungsbereichen wie dem Geldverkehr, dem Personennahverkehr, dem Zugang zu Kultur- oder anderen Freizeitveranstaltungen die Verwendung von Chipkarten und die Preisgabe der damit verbundenen Daten mit wirtschaftlichen Vergünstigungen verbunden wären. Faktische Zwänge wären zum Beispiel zu erwarten, wenn die "elektronische Geschäftsfähigkeit" von der Verwendung digitaler Signaturen und damit Chipkarten abhängig wäre und ohne diese das Individuum von wichtigen Rechtshandlungen oder Leistungen abgeschnitten wäre. Schließlich könnte die Nutzung von Chipkarten auch gesetzlich vorgeschrieben werden. Gesetzliche Zwänge bestehen heute zum Beispiel für die Versichertenkarte im Gesundheitsbereich und könnten morgen etwa für eine Mautkarte geschaffen werden.

Einschränkungen der informationellen Selbstbestimmung könnten sich durch faktische Offenbarungszwänge ergeben. Wenn auf der Chipkarte sensible Daten gespeichert werden und dies allgemein bekannt ist, könnten sich zum Beispiel gegenüber dem Arbeitgeber, dem Arzt oder der Versicherung in entsprechenden Abhängigskeitssituationen Zwänge ergeben, diesen den Zugriff auf die gespeicherten Daten zu eröffnen. Die Behauptung etwa, keine nachteiligen Eigenschaften oder Krankheiten zu besitzen, könnte dann eventuell nur dadurch nachgewiesen werden, daß ein Zugriff auf das entsprechende Datenfeld ermöglicht wird.

Chipkarten führen schließlich drittens zu einer zusätzlichen *Abhängigkeit* des Individuums *von* neuen gesellschaftlichen *Infrastrukturen*. Eine Struktur aus Instanzen, die die Chipkarten herstellen, mit Programmen und Daten füttern, an die einzelnen ausgeben, ihre Verwendung regeln und kontrollieren, wird zusätzlich zu den bereits bestehenden staatlichen, sozialen und wirtschaftlichen Strukturen unserer Gesellschaft hinzukommen. Diese Instanzen verarbeiten eine große Zahl hoch sensitiver personenbezogener Daten. Ihre Tätigkeit soll die Grundlage für ein sicheres, nachvollzieh- und beweisbares elektronisches Handeln gewährleisten. Sie verfügen über ein hohes Potential zur Kontrolle und Steuerung individuellen Verhaltens. Ihr Wirken ist mit einem sehr hohen Schadenspotential für den einzelnen, Gruppen und die gesamte Gesellschaft verbunden. Sie werden somit über viele Verwirklichungsbedingungen von Grundrechten entscheiden.

3.2 Abwehrmöglichkeiten

Diesen potentiellen Gefährdungen ist unsere Gesellschaft jedoch nicht hilflos ausgeliefert. Vielmehr können wir uns ihrer weitgehend erwehren. Denn ob Chipkarten die Verwirklichungsbedingungen von Grundrechten verschlechtern, hängt weitgehend von ihrer Gestaltung ab. Die Abwehr von Risiken setzt zum einen *rechtliche* Gestaltungen voraus. Für die

Nutzung von Chipkarten muß deren Freiwilligkeit gewährleistet sein. Die Zweckbindungen der erhobenen Daten müssen bereichsspezifisch festgelegt und durch Verwendungsverbote abgesichert sein. Ein Schutz gegen Offenbarungszwänge muß rechtlich dadurch geschaffen werden, daß die Kenntnis der Daten dem Erzwingenden keinen rechtlichen Vorteil bringen darf.

Durch *technische* Gestaltung ist zu gewährleisten, daß die Chipkarte für ihren Inhaber ein von ihm beherrschtes Instrument ist. Auf der Chipkarte dürfen keine Daten und Programme gespeichert sein, die gegen seinen Willen importiert worden sind und ihm nicht transparent und zugänglich sind. Gegen seinen Willen dürfen von der Chipkarte keine Daten ausgelesen werden können. Er muß grundsätzlich in der Lage sein, selbst alle Funktionen auf der Chipkarte auszuführen, wie etwa Daten zu speichern, zu löschen oder zu sperren. Diese unverzichtbare Forderung kann jedoch zu Zielkonflikten mit bestimmten Anwendungszwecken führen, etwa wenn mit seiner Zustimmung auf der Karte ein Arztbrief oder ein Rezept gespeichert worden ist. Daher ist - etwa durch digitale Signaturen - technisch sicherzustellen, daß er nicht berechtigt gespeicherte Dokumente Dritter unbemerkt verändern kann, und rechtlich festzulegen, wer welche Haftung trägt, wenn er solche Dokumente löscht oder sperrt.

Schließlich ist eine *organisatorische* Gestaltung der Chipkartenanwendungen und -infrastrukturen erforderlich. Hinsichtlich der Anwendungen sollte sich die Gestaltung von zwei Zielen leiten lassen: Zum einen müssen jeweils Alternativen zur Nutzung von Chipkarten möglich bleiben, da sonst die rechtliche Absicherung der Freiwilligkeit in der Chipkartennutzung praktisch ins Leere läuft. Zum anderen muß versucht werden, gerade durch die Nutzung von Chipkarten personenbezogene Daten zu vermeiden. Durch Verzicht auf Anwendungen mit Personenidentifikation - wie etwa bei elektronischen Geldbörsen - werden alle datenschutzrechtlichen Risiken der Chipkartennutzung vermieden.

Hinsichtlich der Infrastrukturen muß organisatorische Gestaltung darauf zielen, daß die Abhängigkeit der Bürger minimiert, Mißbrauchsmöglichkeiten begrenzt und Kontrollmöglichkeiten vermieden werden. Diese Ziele dürften vermutlich am ehesten zu verwirklichen sein in einer Infrastruktur, die jeweils aus dezentralen Instanzen besteht, die nur dieser einen Infrastrukturfunktion dienen und öffentlich kontrolliert werden.

Durch solche Gestaltungsmaßnahmen werden nicht alle Grundrechtsrisiken zu vermeiden sein. Zudem werden nicht alle Chipkartennutzer von ihrer Vorbildung und ihrem technischen Verständnis her in der Lage sein, ihre Schutzmöglichkeiten durch Chipkartengestaltung auszunutzen. Doch könnte die Summe dieser Abwehrmaßnahmen zusammen mit den positiven Gestaltungen, die im folgenden erörtert werden, dazu führen, daß die Risiken so reduziert werden, daß die Chancen sie übertreffen.

4 Grundrechtschancen

Die Verwendung von Chipkarten kann Ausdruck freier Entfaltung sein. Sie kann in bestimmten Anwendungszusammenhängen die Chancen verbessern, Grundrechte zu nutzen. Darüberhinaus könnte eine entsprechende Gestaltung nicht nur Risiken für Grundrechte abwehren, sondern sogar einen *verfassungsrechtlichen Mehrwert* bieten. Die Chipkarte kann ein Instrument zum Schutz von Grundrechten sein, wenn sie dem Individuum selbstkontrollierte technische Möglichkeiten der Selbstbestimmung in der Informationsgesellschaft zur Verfügung stellt. Sie könnte den einzelnen technisch aufrüsten, sich gegen die steigende Abhängigkeit von großen gesellschaftlichen und staatlichen Institutionen und deren wachsende Handlungs- und Kontrollmöglichkeiten selbst zu wehren und dadurch seine Rechte auf informationelle und kommunikative Selbstbestimmung selbst zu schützen.

4.1 Entfaltungsfreiheit durch Handhabungsvorteile

Chipkarten können die Verwirklichungsbedingungen der Entfaltungsfreiheit, der Berufsausübung und der Eigentumsnutzung verbessern, indem sie die Wirkungsmacht des Individuums verstärken und seinen Verhaltensspielraum erweitern. Sofern die Chipkarte freiwillig genutzt wird und die Rahmenbedingungen ihrer Verwendung interessenausgewogen rechtlich ausgestaltet sind, kann die Chipkarte die Reichweite individuellen Verhaltens erhöhen und dadurch individuelle Grundrechte stärken.

Chipkarten vermögen die Freiheit *individueller Entfaltung* zu verbessern, wenn sie die Möglichkeiten für den einzelnen Nutzer vergrößern, sich zu schützen, leichter mit anderen Kontakt aufzunehmen und ihnen einfacher und sicherer Informationen zu übermitteln. Dadurch können die eigene Handlungsfähigkeit erhöht, Zeit für andere Tätigkeiten gewonnen, neue Handlungsmöglichkeiten eröffnet oder nur einfach der Bedienungskomfort anderer technischer Systeme verbessert werden. So ermöglicht beispielsweise eine elektronische Geldbörse, an vielen Stellen bequem zu bezahlen, ohne eine ausreichende Anzahl von Geldscheinen mit sich führen, sich um passendes Kleingeld kümmern und das Risiko einer Beraubung tragen zu müssen.

Chipkarten können die *Berufsausübung* unterstützen, wenn sie die zur Durchführung der Berufsarbeit - zunehmend in elektronischer Form - erforderlichen Tätigkeiten ermöglicht, erleichtert oder effektiviert. Beispielsweise könnten medizinische Dokumentationen oder elektronische Rezepte auf Patientenchipkarten die Berufsausübung von Ärzten und Apothekern qualitativ verbessern oder erleichtern.

Chipkarten könnten die Chancen, den eingerichteten Gewerbebetrieb zu erhalten und zu nutzen, erhöhen. Sie können die *Erwerbschancen* eines Unternehmers verbessern. Dies könnte etwa der Fall sein, wenn er durch Verwendung von Chipkarten in seinem Unternehmen erreichen kann, daß elektronische Dokumente schneller und ohne Medienbruch ausgetauscht und durch digitale Signaturen trotz der elektronischen Form der Dokumente ihre Rechtverbindlichkeit gewährleistet wird.

4.2 Datenschutz durch Dateneinsparung

Durch diese Formen der Chipkartennutzungen können bestehende Möglichkeiten der Grundrechtsverwirklichung verbessert, erleichtert oder effektiviert werden. Die folgenden drei Formen, Chipkarten zu nutzen, sollen jedoch auf Möglichkeiten des Grundrechtsschutzes hinweisen, die gerade durch Chipkarten technisch ermöglicht werden.

Eine solche in besonderem Maße verfassungsverträgliche Gestaltung von Chipkartennutzungen kann zum einen in allen den Realisierungen gesehen werden, die helfen, personenbezogene Daten einzusparen, indem weniger personenbezogene Daten gespeichert und verarbeitet werden, als dies gegenwärtig der Fall ist.

Dateneinsparung ist die beste Form des Datenschutzes, weil keine Zweckbindungen der Datenverarbeitung festgelegt, keine Zweckentfremdungen kontrolliert und keine Rechte auf Transparenz und Korrektur unzulässiger Datenverarbeitung geltend gemacht werden müssen. Die Einsparung personenbezogener Daten läßt sich überall dort erreichen, wo mit Hilfe der Chipkarte eine entsprechende Berechtigung für eine Leistung nachgewiesen werden kann, ohne daß hierfür der Leistungsempfänger oder auch der Leistungserbringer identifiziert werden müssen. Drei Beispiele sollen diese mit Chipkarten realisierbare Möglichkeiten, personenbezogene Daten einzusparen, erläutern:

- Mit Chipkarten können elektronische Geldbörsen realisiert werden, mit deren Hilfe am Ort des Verkaufs ebenso anonym bezahlt werden kann wie mit Bargeld auf dem Markt. Diese Form elektronischen Bezahlens bietet dessen Vorteile, verhindert jedoch, daß Datensammlungen über das Konsumverhalten angelegt werden können. Sie ist allen Formen identifizierenden Bezahlens vorzuziehen. Allerdings ist sie nur geeignet für die Vertragsverhältnisse, in denen Leistung und Gegenleistung gleichzeitig ausgetauscht werden.

- Patientenchipkarten können zur Dokumentation von Diagnose-, Prognose-, Therapie- und Notfalldaten verwendet werden. Werden die Daten dezentral beim Patienten gespeichert, hat grundsätzlich er die Verfügungsbefugnis über diese Daten. Durch die dezentrale Datenhaltung kann die Datenspeicherung in den geplanten großen, zentralen Netzwerken zur medizinischen Dokumentation überflüssig werden. Patientenkarten können sogar so gestaltet sein, daß sie von sich aus den Inhaber nicht identifizieren. dadurch kann eine weitgehende Anonymität gewährleistet werden.

Chipkarten als Instrument der Dateneinsparung setzen eine entsprechende technische Gestaltung, eine passende organisatorische Infrastruktur und geeignete rechtliche Rahmenregelungen voraus. So wäre zum Beispiel für die elektronische Geldbörse technisch sicherzustellen, daß das Fälschen elektronischen Geldes ausgeschlossen ist. In organisatorischer Hinsicht ist zu klären, wer elektronische Geldbörsen ausgeben und "auftanken" darf, wie und zwischen wem die Verrechnung elektronischen Geldes erfolgt, wer in welcher Form für fehlerhafte Geldbörsen haftet. Banken haben nur ein beschränktes Interesse an elektronischen Geldbörsen, weil sie Gebühren und Kundenkontakte reduzieren. Für eine anonyme Patientenkarte wäre zum Beispiel sicherzustellen, daß nicht jeder behandelnde Arzt die Daten aus der Chipkarte in seinen Datenbestand übernimmt, mit einem identifizierenden Bezug versieht und dann vielleicht mit anderen Ärzten oder Leistungsträgern austauscht. Ohne staatliche Hilfestellung und Rahmensetzung dürften sich anonyme Chipkarten - trotz ihrer Grundrechtsvorteile - nicht durchsetzen. Er sollte zumindest dafür Sorge tragen, daß sie zumindest als ein Angebot bestehen, das Verbraucher oder Patienten wählen können.

4.3 Persönlichkeitsschutz durch Pseudonyme

Chipkarten ermöglichen dem einzelnen, rechtsverbindlich unter unterschiedlichen Namen zu handeln und durch die Verwendung von Pseudonymen tatsächlich "selbst zu entscheiden, wann und innerhalb welcher Grenzen persönliche Lebenssachverhalte offenbart werden" (BVerfG). Da künftig nahezu jeder Telekooperationsakt Datenspuren hinterläßt, wird die Zusammenführung, Auswertung und Vermarktung dieser personenbezogenen Informationen deutlich zunehmen. Gegen diese Gefahr könnte das Konzept pseudonymen Handelns eine individuelle Handlungsmöglichkeit eröffnen. Nach diesem kann auf der Basis von Chipkarten, asymmetrischen Verschlüsselungsverfahren und Öffentlichen Schlüsselsystemen sich jeder beliebig viele Namen als Pseudonyme zuteilen lassen und seine Teleüberweisungen, Teleeinkäufe, Telebuchungen, Teleberatungen und Informationsnachfragen unter wechselnden Namen, aber dennoch rechtssicher abwickeln. Mit Hilfe dieses Konzepts könnten die Selbstbestimmung und Entscheidungsfreiheit des einzelnen verbessert und insbesondere seine Rechte auf informationelle und kommunikative Selbstbestimmung gesichert werden. Auch wenn er nicht verhindern kann, daß er eine Datenspur hinterläßt, so kann er mit Pseudonymen zumindest unterbinden, daß diese Spur aus einseitigen Interessen bis zu ihm zurückverfolgt werden kann. Indem er entscheidet, ob er in elektronischen Kontakten unter einem Pseudonym auftritt, kann er selbst darüber bestimmen, wer die Informationen, die durch diesen Kontakt entstehen, personenbezogen verarbeiten kann. So kann er sich mit Hilfe von Pseudonymen etwa dagegen wehren, daß Unternehmen oder Verwaltungen über ihn Kunden- oder Klientenprofile erstellen oder verschiedene Organisationen seine Daten-spuren verbinden. Gegenüber Konzepten anonymen Handelns sind Pseudonyme dann vor-zuziehen, wenn durch die Form der Rechtsbeziehung - etwa bei Vorleistung einer Seite - die persönliche Verantwortung gewahrt bleiben muß. Indem solche Öffentlichen Schlüssel-systeme keine Anonymität, sondern nur Pseudonymität ermöglichen, bleibt die Identität zwar im Regelfall, solange der pseudonym Handelnde alle seine Verpflichtungen erfüllt, dem Gegenüber verborgen, kann aber im Streitfall - auf Beschluß eines Richters oder einer Schiedsstelle - aufgedeckt werden.

So überzeugend das Konzept pseudonymen Handelns als solches ist, dürfte seine Umsetzung nicht ohne Probleme sein und einen beträchtlichen Gestaltungsbedarf hervorrufen. Probleme dürften sich zum einen daraus ergeben, die geeigneten Anwendungsfelder zu finden. Ungeeignet dürfte das Konzept überall dort sein, wo eine Identifizierung der Handelnden notwendig oder geboten ist. Dies dürfte zum Beispiel beim Führerschein oder bei Bestellungen von Lieferungen nach Hause der Fall sein. Andererseits dürften Pseudonyme dort eine geeignete Handlungsform darstellen, wo eine Identifizierung nicht notwendig oder geboten ist, wie etwa beim elektronischen Informationsabruf, bei elektronischen Buchungen, beim elektronischen Rezept oder bei Bestellungen von postlagernden Lieferungen. Ein anderes Problem könnte sich durch die Frage ergeben, ob der Empfänger pseudonymer Nachrichten wissen soll, ob er mit einem pseudonym Handelnden kommuniziert. Diese Frage dürfte wohl zu bejahen sein, um dem Empfänger eine ausreichende Transparenz des Handelns und die Kenntnis aller Umstände hierfür zu ermöglichen. Pseudonyme dürften danach nur offen - etwa mit dem Zusatz "Pseudonym" zum jeweiligen Namen - verwendet werden. Weiterhin wird zu unterscheiden sein, ob jemand ein Pseudonym als Privater oder als Funktionsträger verwendet. So dürfte die Nutzung eines Pseudonyms in Ausübung eines öffentlichen Amtes - etwa als Richter - oder unter der Voraussetzung einer besonderen Qualifikation - etwa als Arzt - weitgehend ausgeschlossen sein. Auch wäre zu entscheiden, ob eine freie oder begrenzte Auswahl der Namen für Pseudonyme zugelassen werden kann. In einer von der Projektgruppe verfassungsverträgliche Technikgestaltung (provet) und der Gesellschaft für Mathematik und Datenverarbeitung (GMD) durchgeführten Simulationsstudie "Elektronische Rechtspflege" hat sich gezeigt, daß die sachverständigen Testpersonen nicht - wie vermutet - Pseudonyme auf erdachte Namen wählten, sondern auf die Namen ihrer Kollegen oder Mitarbeiter. Dies führte zu gewissen Irritationen und sollte wohl ausgeschlossen werden. Schließlich muß das Aufdeckungsverfahren möglichst effektiv und unbürokratisch ausgestaltet werden, ohne dadurch allerdings Mißbrauchsmöglichkeiten zu eröffnen.

Voraussetzung für die Nutzung von Pseudonymen wäre zum einen deren Anerkennung im Rechtsverkehr. Im Geldverkehr werden Pseudonyme wohl nur dann genutzt werden kön-nen, wenn entgegen der geltenden Fassung des § 154 Abgabenordnung pseudonyme Konten eingerichtet werden können. Wie dies ermöglicht und zugleich den berechtigten Interessen des Finanzamts Genüge getan werden kann sowie Möglichkeiten zur Geldwäsche unterbun-den werden können, bedarf noch näherer Untersuchungen. Pseudonymes Handeln erfordert Möglichkeiten pseudonymer Telekommunikation. Beispielsweise nützt das Handeln unter fremdem Namen wenig, wenn die Anschlußnummer im ISDN dem Kommunikationspartner angezeigt wird und von diesem ausgewertet werden kann. Um pseudonymes Handeln zu ermöglichen sind schließlich entsprechende Infrastrukturen für die Ausgabe von Chipkarten, die Zuordnung von Pseudonymen und die Gewährleistung ihrer Aufdeckung im Streitfall erforderlich.

4.4 Geheimnisschutz durch Inhaltsverschlüsselung

Mit Hilfe von Chipkarten könnte durch die Verschlüsselung von Nachrichteninhalten und Speichermedien jeder mit einfacher Handhabung alle Formen der Information und Kommunikation - Sprache, Texte, Bilder und Daten - vor der Ausforschung Dritter schützen und damit alle rechtlich anerkannten "Geheimnisse" technisch sichern. Indem so in individueller Selbstbestimmung alle rechtlich anerkannten "Geheimnisse" technisch gesichert werden, könnte Technik zu einer wesentlichen Verbesserung der Verwirklichungsbedingungen mehrerer Grundrechte führen. Dies gilt für das von Art. 2 Abs. 1 GG gewährleistete Recht auf Privatsphäre ebenso wie für das nach der gleichen Vorschrift geschützte Mandanten-, Patienten-, Steuer- und Sozialgeheimnis. Eine technische Absicherung können ebenfalls die von Art. 12 GG geschützten Berufsgeheimnisse erfahren - wie die der Ärzte, Rechtsanwälte, Psychologen, Wirtschaftsprüfer, Steuerbevollmächtigten und anderer. Verbessert werden können auch die Verwirklichungsbedingungen für den Schutz der durch Art. 14 GG anerkannten Betriebs- und Geschäftsgeheimnisse. Schließlich könnte erstmals in der Geschichte das durch Art. 10 Abs. 1 GG gewährleistete Fernmeldegeheimnis durch Technik gesichert werden. Das Recht müßte nicht mehr versuchen, diese Grundrechte durch Verbote und Strafandrohungen zu schützen. Die Notwendigkeit, Rechtsverstöße aufzuklären, Rechtsnormen durchzusetzen und Strafen zu vollstrecken, entfielen weitgehend.

Aber auch hier ist das überzeugende Konzept in seiner Anwendung nicht ohne Probleme und erzeugt einen hohen technischen, organisatorischen und rechtlichen Gestaltungsbedarf. Als eines der Probleme sei etwa die zu regelnde Frage genannt, ob die Träger der rechtlich zu schützenden Geheimnisse, also etwa die Ärzte oder Rechtsanwälte, einer Pflicht zum Verschlüsseln unterliegen oder ob für sie in dieser Hinsicht Entscheidungsfreiheit herrscht. Eine ähnliches Problem ergibt sich durch die Frage, ob der Empfänger einer verschlüsselten Nachricht, diese in der Form gegen sich gelten lassen muß oder ob er verschlüsselte Nachrichten zurückweisen darf. Die wohl schwierigste Frage dürfte jedoch diejenige sein, ob die Verschlüsselungsverfahren so sicher sein sollen, daß sie selbst gegenüber Sicherheitsbehörden sicher sind. Wie vertrauenswürdig aber kann andererseits eine Verschlüsselung sein, wenn jeder sicher sein kann, daß Polizei, Verfassungsschutz oder Geheimdienste die verschlüsselten Dokumente lesen können, und unsicher sein muß, daß sich diese Fähigkeit tatsächlich immer nur auf diese Organisationen beschränkt? Letztlich wird entscheidend sein, ob die Entwicklung zu einer sicheren Verschlüsselung überhaupt verhindert werden kann und ob in der politischen Auseinandersetzung die den staatlichen Organen verbleibenden Handlungsmöglichkeiten aus dem Blickwinkel der Staatssicherheit oder der Bürgersicherheit beurteilt werden.

Voraussetzung für die Umsetzung des Konzeptes der Inhaltsverschlüsselung dürfte zum einen die freie Wahl der Verschlüsselungsverfahren sein, die weder technisch noch rechtlich behindert werden sollten. Zum anderen müßte die freie Verwendung von Verschlüsselungsverfahren gewährleistet sein und schließlich müßte - soweit erforderlich - eine Infrastruktur für die Erzeugung, Verteilung und Verwaltung von Schlüsseln aufgebaut werden.

5 Regelungsbedarf

Abschließend seien die bisherigen Überlegungen in der Form zusammengefaßt, daß sie auf die Frage des Regelungsbedarfs zugespitzt werden. Die rasante und breite Einführung von Chipkarten in vielfältigsten Verwendungen läßt ohne technische, organisatorische und rechtliche Gestaltung der Karten, ihrer Anwendungen und Infrastrukturen befürchten, daß sie überwiegend zu Risiken für die Grundrechte werden.

Diese Risiken können jedoch weitgehend reduziert werden. Chipkarten können sogar zusätzliche Vorteile für die Grundrechtsverwirklichung ermöglichen. Für beides sind aber gesetzliche Regelungen zur technischen, organisatorischen und rechtlichen Gestaltung der Chipkarten, ihrer Anwendungen und ihrer Infrastrukturen dringend erforderlich. Sie können Chipkarten eher als Chance denn als Risiko erscheinen lassen, wenn sie sich konsequent an der Zielsetzung einer verfassungsverträglichen Technikgestaltung und insbesondere an den Leitvorstellungen der informationellen Gewaltenteilung, der Dateneinsparung und einem technisch unterstützten, selbstbestimmten Individuum in der Informationsgesellschaft orientieren.

Literaturhinweise

Arnold, U./Peter, G./Dippoldsmann, P./Hildebrand, C./Engelbrecht, R./Stark, C.: Beiträge zu Patienten-Chipkarten in F!FF-Kommunikation 1933, Heft 4.

Bizer, J.: Smartcard als Instrument rechtsverbindlicher Telekooperation, in: Lange, U. (Hrsg.), MultiCard 1994, (i.E.).

Dethloff, J.: Die Chip-Karte: Ein Instrument der Herrschenden? Ein Plädoyer für die Anonymität. Vortrag auf dem à la Card Symposium am 21.10.1992.

Engelbrecht, R./Baig, S./Monod, E. M./Takahashi, T.: Beiträge zu Patienten-Chipkarten in à la Card 10/1992, 31 ff.

Hammer, V.: Beweiswert digital signierter Dokumente, in: Lange, U. (Hrsg.), MultiCard 1994, (i.E.).

Kallström, L.: Der elektronische Führerschein, à la Card 10/1992, 27 ff.

Klein, S./Kubicek, H.: Konflikfelder beim kartengesteuerten Zahlungsverkehr - wo bleibt der Daten und Verbraucherschutz?, à la Card 2/1991, 22 ff.

Köhler, C.O.: Perspektiven der Chip-Karte im Gesundheitswesen Europas, Praxis medizinischer Dokumentation, Sonderheft September 1992, 25 ff.

Köhler, C.O.: Chancen und Risiken des Einsatzes von Patientenchipkarten, in: Lange, U. (Hrsg.), MultiCard 1994, (i.E.).

Kubicek, H.: Computernetze und die bürgerlichen Freiheitsrechte, Spektrum der Wissenschaft 1992, 117 ff.

Reimer, H./Struif, B. (Hrsg.), Telekommunikation und Sicherheit, TeleTrusT e.V., Darmstadt/Bad Vilbel 1992.

provet, Aufsatzreihe zu Simulationsstudien zu sicherheits- und datenschutzrelevanten Informationssystemen, Datenschutz und Datensicherung, Heft 9/1993 bis Heft 2/1994.

provet/GMD: Die Simulationsstudie Rechtspflege, Edition Sigma, Berlin 1994.

Roßnagel, A. u.a.: Schwarz auf Weiß, Schwerpunktthema im GMD-Spiegel 2/1993.

Roßnagel: Rechtswissenschaftliche Technikfolgenforschung, Nomos Verlag, Baden-Baden 1993.

Roßnagel, A.: Digitale Signaturen im Rechtsverkehr, Neue Juristische Wochenschrift - Computerreport 1994, 96 ff.

Roßnagel, A.: Smartcards - Gefährdung oder Instrument des Persönlichkeitsschutzes, in: Lange, U. (Hrsg.), MultiCard 1994, (i.E.).

Schäfer. O. P.: Chipkarten im europäischen Gesundheitswesen, Nützliches Medium der Gesundheitsversorgung, Praxis Computer 1992, Heft 4, 3 ff.

Stadler, M.: Anonyme digitale Zahlungsmittel, in: Bauknecht, K./Teufel, S. (Hrsg.), Sicherheit in Informationssystemen, Verlag der Fachvereine, Zürich 1994, 247 ff.

Wellbrock, R.: Chancen und Risiken des Einsatzes maschinenlesbarer Patientenchipkarten, Datenschutz und Datensicherung 1994, 70 ff.

Workstations:

Architekturen, Anwendungen und Entwicklungstrends

Koordinator:
D. Tavangarian, Fernuniversität Hagen

Programmausschuß:
Th. Ertl (Scientific Computing), D. Jungmann (TU-Dresden),
C. Müller-Schloer (Univ. Hannover), B. Schallenberger (Siemens AG),
D. Tavangarian (FernUniv. Hagen), H.-O. Veiser (Data General)

Workstations sind Arbeitsplatzrechner, die als einfache *Disk-less*-Systeme oder als Super- bzw. Hochleistungs-Workstations eine hohe Rechenleistung mit hochauflösender Graphik kombinieren und dem Benutzer vor Ort für eine Vielzahl von Anwendungen zur Verfügung stellen. Darüber hinaus bieten Workstations die Möglichkeiten des Multitaskings und des Einsatzes in schnellen Netzwerken für einen Zugang zu weltweit verfügbaren Informationsquellen. Der weltweite Workstation-Markt mit einer großen Vielfalt von Produkten und Komponenten wächst seit Ende der 80er Jahre stetig. Diese Entwicklung wird durch innovative Architekturen, leistungsfähige Kommunikationsnetze sowie hierarchische und offene Organisationsformen voll unterstützt. Bereits aus heutiger Sicht wird davon ausgegangen, daß die aktuellen Einsatzgebiete der Workstations nur einen Bruchteil der Aufgaben ausmachen, die zukünftig mit ihnen bewältigt werden können.

Bei diesem Fachgespräch werden einige Themen zum aktuellen Stand der Forschung im workstationrelevanten Gebieten, insbesondere Einsatz mobiler Workstation, Verfahren zur Kommunikations- und Leistungsbewertung sowie zur Leistungssteigerung, zur Diskussion gestellt.

Audiovisuelle Kommunikation als Basis für kooperatives Arbeiten

J. Bergmann, M. Geiger
Zentralbereich Forschung und Entwicklung, ZFE ST SN 11
Siemens AG
Otto-Hahn-Ring 6
81730 München

1 Motivation

Zu den innovativsten und expansivsten Märkten der Computerindustrie zählt heutzutage zweifellos der Markt für professionelle vernetzte Multimedia-Anwendungen. Verbunden mit den auf Glasfasertechnologie basierenden breitbandigen Netzen und den zugehörigen Transportprotokollen, eröffnen sich vor allem im Bereich des kooperativen Arbeitens (Computer Supported Cooperative Work, CSCW) gänzlich neue Möglichkeiten des Einsatzes von traditionell im technisch-wissenschaftlichen Umfeld eingesetzten Workstations. Dabei wird es örtlich verteilten Arbeitsgruppen ermöglicht, gemeinsame Dokumente zusammen zu bearbeiten. Dies geschieht beispielsweise durch das verteilte Bedienen (application sharing) eines Text- oder Graphikeditors, mit dem das gemeinsame Dokument bearbeitet wird. Um in einem solchen Anwendungsszenario sinnvolles (Zusammen-)Arbeiten gewährleisten zu können, ist es unerläßlich, geeignete audiovisuelle Kommunikationsmittel zur Verfügung zu stellen.

2 Grundlegende Systemanforderungen

Audio/Video (A/V) - Systeme, die für die Kommunikation im Rahmen von CSCW-Anwendungen eingesetzt werden, sollten folgende Eigenschaften aufweisen:

- Integration in Arbeitsplatzrechner

Akzeptanz beim Benutzer und eine damit verbundene hohe Marktdurchdringung können solche Systeme nur erreichen, wenn das A/V-System ein integraler Bestandteil des Arbeitsplatzrechners ist. Umgebungen, wie die fest installierten Konferenzräume oder transportablen Konferenzsysteme, die heute verbreitet sind, sind zum einen zu teuer und zum anderen in der Bedienung zu aufwendig und nur schlecht in die Anwendung zu integrieren.

- Voll digitales System

Im Gegensatz zu analogen Grafik/Video-Overlay Lösungen bieten die voll digitalen Systeme die besseren Möglichkeiten zur Verarbeitung von A/V-Daten im Rechner. Der Hauptvorteil liegt in der Nutzbarkeit vorhandener Resourcen, wie z.B. Prozessor- und Speichereinheiten oder Netzwerke. A/V-Daten nur in Form analoger Signale zu verwenden, würde es z.B. nicht gestatten, ein vorhandenes Rechnernetz für die A/V-Datenübermittlung einzusetzen.

-Gleichzeitige Verarbeitung mehrerer A/V-Datenströme

Um eine echte Teamarbeit mit Hilfe von CSCW-Anwendungen zu ermöglichen müssen auch mehrere A/V-Verbindungen gleichzeitig geschaltet werden können. Eine Konferenz zwischen drei Partnern z.B. erfordert pro Arbeitsplatz einen ausgehenden und zwei eingehende A/V-Datenströme.

- Kompression

Eine sinnvolle Verarbeitung und Übertragung von A/V-Daten in heutigen Rechnersystemen ist nur in komprimierter Form möglich, da die andernfalls auftretenden Datenraten weder im Arbeitsplatzrechner noch durch das Netzwerk bewältigt werden können. Durch ein Kompressionsverfahren wie JPEG kann man z.B. eine Reduktion der Datenrate um den Faktor 30 erreichen.

-Verwendung von Standards

Um eine plattformunabhängige A/V-Datendarstellung und damit eine Interoperabilität zwischen verschiedenen Systemen zu erhalten, müssen standardisierte Kompressionsverfahren wie z.B. JPEG, MPEG1 oder H.261 für Video bzw. G.711 oder G.722 für Audio eingesetzt werden. Nur so können Rechnerlandschaften entstehen, die einen universellen Einsatz von CSCW-Anwendungen gestatten.

- Einsatz spezieller Kommunikationsprotokolle

Um den Anforderungen einer A/V-Verbindung an die Datenübertragung nachkommen zu können, muß ein für Multimediakommunikation geeignetes Protokoll eingesetzt werden. Den damit verbundenen Vorteilen steht allerdings entgegen, daß in den heutigen heterogenen Rechnerlandschaften bereits Kommunikationsprotokolle (z.B. TCP/IP) verwendet werden, die den Einsatz eines solchen Protokolls behindern. Aus diesem Grund muß man auch nach Möglichkeiten suchen, bestehende Kommunikationslandschaften für die A/V-Kommunikation einsetzen zu können. Ein umfassender Umstieg auf neue Protokolle ist in vielen Fällen zunächst nicht möglich oder erwünscht.

3 Kompressionsverfahren

Die Video-Datenkompression für Konferenzen ist heute noch eine der größten technischen Hürden, die man beim Aufbau eines CSCW-Systems überwinden muß. Zum einen gibt es bereits Standards für Kompressionsalgorithmen, deren Verwendung Interoperabilität zwischen heterogenen Systemen ermöglichen kann. Auf der anderen Seite ist es technisch aber noch schwierig diese Algorithmen integriert im Arbeitsplatzrechner im Rahmen von A/V-Konferenzen zu realisieren.

Eine Möglichkeit, die wir als Softwarekompression bezeichnen wollen, ist es, die Videobilder unkomprimiert von einer Framegrabberhardware einzulesen und mittels eines in Software realisierten Verfahrens auf der Haupt-CPU des Rechners zu komprimieren. Die Wiedergabe der Videobilder erfolgt dann durch Softwaredekompression und Ausgabe über das Windowsystem des Rechners auf den Bildschirm. Bei dieser Lösung benötigt man nur den Framegrabber als zusätzliche Hardware im Rechner. Hierfür gibt es für fast alle Rechnertypen bereits heute Lösungen. Bei der Verwendung von Algorithmen ist man zwar sehr flexibel, aber die dafür benötigte Rechenleistung wird von den meisten Rechnertypen noch nicht erbracht.

Die andere Möglichkeit (Harwarekompression) ist die Integration von zusätzlicher Kompressions- und Dekompressionshardware, die nur für die Abarbeitung der Videoalgorithmen zuständig ist und damit die Haupt-CPU entlastet. Diese Lösungen sind zumeist sehr eng an Framegrabber bzw. Bildschirmspeicher des Rechners gekoppelt (nicht über Systembus) und daher meist an einen speziellen Rechnertyp gebunden. Heute sind einige Lösungen erhältlich, die einen Videodatenstrom verarbeiten können. Die Suche nach Systemen, die mehrere Datenströme gleichzeitig, mit entsprechender Qualität und einem standardisierten Algorithmus verarbeiten können, gerät meist noch zur Odyssee. Heute erhältliche Zusatzhardware erreicht dabei noch Preise, die den Preis des restlichen Arbeitsplatzrechners oft übertreffen. Allerdings sollte dieses Problem in Zukunft einfacher zu lösen sein, da bereits mehrere Hersteller Spezialprozessoren für die Realisierung solcher Systeme vorgestellt haben.

Abgesehen von den prinzipiellen Integrationsproblemen bereitet aber auch die Wahl des Kompressionsstandards heute noch Schwierigkeiten. Momentan stehen für unterschiedliche Anforderungen auch unterschiedliche Algorithmen zur Verfügung und es ist noch nicht abzusehen, welcher sich zur bedeutensten oder universellsten Lösungen entwickeln wird. Deswegen sollen hier kurz drei der wichtigsten Verfahren vorgetstellt werde.

- H.261 ist ein Verfahren, das 1990 in einem CCITT-Arbeitskreis definiert wurde und vorallem für den Bereich der Videokonferenzsysteme konzipiert ist. Es ist eingebettet in den Standard H.320, der außer dem Video- auch ein Audiokompressionsverfahren und Protokolle für den Datenverkehr spezifiziert. H.261 ist in der Datenrate genau skalierbar und daher geeignet für die Kommunikation in öffentlichen Netzen, die einen oder mehrere 64 kbit/s Übertragungskanäle zur Verfügung stellen (ISDN). Aus diesem Grund wird H.261 auch als Px64 bezeichnet.

- JPEG ist eigentlich ein Verfahren zur Kompression und Dekompression von Standbildern. Seine derzeitige Bedeutung hat JPEG durch den Umstand erreicht, daß es der Kompressionsstandard ist, für den man heute die meisten Zusatzhardwarelösungen zur Integration in Arbeitsplatzrechner bekommt. Durch geringfügige Protokollerweiterungen kann man aus JPEG ein Verfahren zur Bewegtbildkompression machen. Dies wird dann als MotionJPEG (MJPEG) bezeichnet, ist aber leider nicht standardisiert. Typische Datenraten, die mit MJPEG erreicht werden sind 5-10 Mbit/s. Aus diesem Grund ist es vorallem im Bereich der Videokonferenzsystem zu finden, die sich auf LAN-Umgebungen oder Breitbandnetze stützen.

-MPEG1 ist der erste einer Serie von Videokompressionsstandards, die von der Moving Pictures Experts Group der ISO entwickelt werden. Er wurde für Datenraten von 1,5 Mbit/s konzipiert, was das Abspielen eines MPEG1-Datenstroms von einem CD-ROM Laufwerk gestattet. Heute findet man vorallem Hardwarelösungen zur Dekompression im Bereich der PCs für das Abspielen von CDs. Der Aufbau eines Videokonferenzsystems ist damit nicht möglich, da sinnvolle Kompressionssysteme für Arbeitsplatzrechner noch nicht erhältlich sind. Da derzeit andere MPEG-Standards definiert werden, die eher für den Bereich der Videokonferenzsysteme geeignet erscheinen, ist es fraglich, ob MPEG1 jemals eine bedeutende Rolle im Konferenzbereich einnehmen wird.

4 Multimedia-Transportsystem

Mit der Übertragung von A/V-Daten über Rechnernetzwerke entstehen völlig neue Anforderungen an die Kommunikationssyteme. Zum einen werden höhere Datenraten benötigt. Ein LAN wie Ethernet, das im "normalen" Einsatz 100 oder mehr Teilnehmer verkraftet, kann durch vier oder fünf A/V-Datenströme bereits überlastet sein. Diesem Umstand wird durch die Entwicklung breitbandigerer Netze Rechnung getragen. Zum anderen muß auch die Qualität der Datenübertragung verbessert werden. Einige der Eigenschaften, die A/V-Kommunikation vom Transportsystem fordert, sind im folgenden erläutert.

Die Datenübertragung sollte verbindungsorientiert durchgeführt werden. Da A/V-Daten kontinuierlich über eine längere Zeitspanne geschickt werden, macht es Sinn den Verbindungsaufbau einmal am Anfang durchzuführen. Dies steht im Gegensatz zur Vorgehensweise beim klassischen Datentransfer. Hier werden zum Erreichen hoher Datenraten und eines schnellen Verbindungsaufbaus verbindungslose Dienste verwendet. Der verbindungs-orientierte Datenverkehr erlaubt eine bessere Steuer- und Kontrollierbarkeit und ermöglicht somit die Garantie von Kommunikationsresourcen in Form von sogenannten QoS (Quality of Services) - Parametern. Beispiele für QoS-Parameter sind:

- Datendurchsatz: Die Anwendung kann zu Beginn eine Datenübertragungsrate reservieren, was vorallem bei kontinuierlichen, mit etwa gleichbleibender (abhängig vom Kompressionverfahren) Datenrate laufenden A/V-Verbindungen sinnvoll ist.

- zeitliche Verzögerung: Das Transportsystem garantiert die Übertragungszeit für ein Datenpaket innerhalb von der Anwendung geforderter Grenzen, d.h. die Zeitspanne bewegt sich zwischen einem minimalen und einem maximalen Wert (jitter). Für A/V-Kommunikation ist es wichtig, daß der Datentransport mit möglichst geringen zeitlichen Verzögerungen (Echtzeit) und mit vorhersagbaren zeitlichen Schwankungen geschieht.

- Zuverlässigkeit: Die Anforderungen an die Zuverlässigkeit der Datenverbindung kann bei der A/V-Datenübertragung von Fall zu Fall unterschiedlich sein. Der Ausfall eines Audiodatenpaketes z.B. bleibt dem Benutzer sicher nicht verborgen. Dagegen wird das gelegnetliche Auslassen eines Videobildes bei höheren Bildraten (> 10 frames/s) nicht als störend empfunden. Je nachdem kann eine Anwendung nun vom Transportsystem fordern, daß Unregelmäßigkeiten in Datenverbindungen ignoriert, entdeckt und angezeigt oder korrigiert werden.

Eine weitere sinnvolle Eigenschaft im Hinblick auf Multiuser-A/V-Konferenzen ist ein Dienst zur Unterstützung von Multicast-Verbindungen. Beim Aufbau der Verbindung wird explizit (im Gegensatz zu Broadcast) die Gruppe der Teilnehmer festgelegt. Beim Verschicken von Datenpaketen, muß die Anwendung diese dann nur einmal an das Transportsystem übergeben. Anhand der zuvor definierten Gruppeninformation kann das Transportsystem nun selbständig das Datenpaket an jeden einzelnen Teilnehmer weiterleiten.

5 Ein A/V-Konferenzsystem für kooperatives Arbeiten

In unserer Forschungsgruppe wurde, ein A/V-Videokonferenzsystem für Workstations entwickelt, das in ein CSCW-System eingebettet ist. Diese Arbeiten sind Teil des von der *Deutschen Bundespost Telekom* initiierten BERKOM II-Projektes. Ziel in diesem Projekts ist es, Breitbandkommunikation über öffentliche Netze zwischen Systemen verschiedener Hersteller zu realisieren. Projektpartner innerhalb des BERKOM II-Projektes sind, neben anderen, das *Digital Campus-based Engineering Center (DEC-CEC)*, das *IBM European Networking Center (IBM-ENC)*, *Hewlett-Packard (HP)*, die *Gesellschaft für Mathematik und Daten-verarbeitung (GMD-FOKUS)*, sowie die *Siemens AG* und *Siemens-Nixdorf Informationssysteme*.

Das Projekt umfaßt die Spezifikation und Implementierung zweier Teledienste, *Multimedia Mail (MMM)* [MMM 93] und *Multimedia Collaboration (MMC)* [MMC 93]. Beide nutzen ein innovatives *Multimedia Transportsystem (MMT)* [MMT 93], um eine effiziente A/V-Kommunikation zwischen den Rechnern zu ermöglichen.

Besondere Anforderungen an das A/V-Subsystem eines Rechners stellt insbesondere der MMC-Teledienst, der den Aufbau und die Steuerung von Multimedia-Konferenzen ermöglicht. In einer laufenden Konferenz können dann die Konferenzteilnehmer gemeinsam Applikationen bearbeiten, während sie über die audiovisuelle Verbindung miteinander kommunizieren.

5.1 Funktionaler Aufbau des MMC-Systems

Das MMC-System besteht aus verschiedenen Komponenten, die über definierte Protokoll-schnittstellen miteinander kommunizieren. Zentrale Aufgaben zur Konferenzsteuerung werden über einen Conference Server (oder Backbone), der einmal im MMC-System vorhanden ist, gesteuert. Lokale Aufgaben werden von Modulen wahrgenommen, die sich auf der Workstation des jeweiligen Konferenzteilnehmers befinden. Im einzelnen besteht das MMC-System aus folgenden Komponenten:

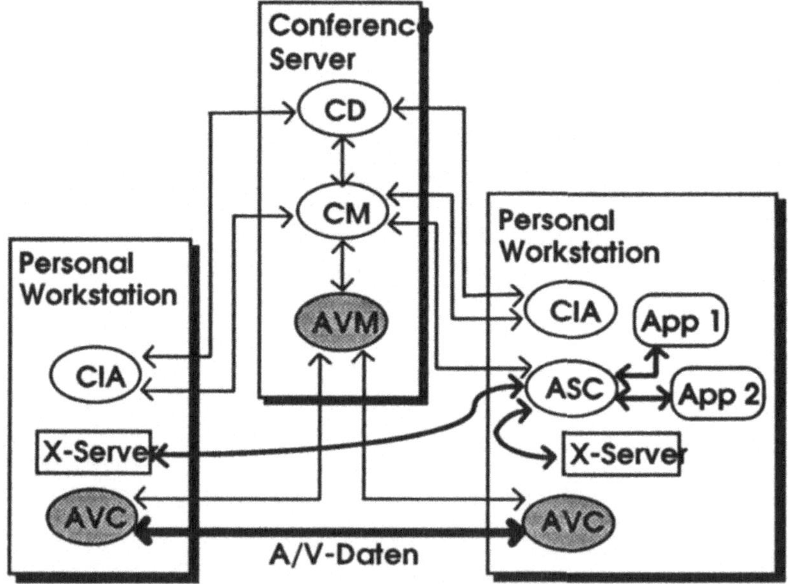

- Der *Conference Manager* (CM) überwacht laufende Konferenzen, sowie Zugangsrechte zu diesen Konferenzen. Desweiteren ist er verantworlich für die Vergabe von Rollen und Interaktionsrechten an die Konferenzteilnehmer.

- Das *Conference Directory* (CD) verwaltet Informationen über potentielle Benutzer und Benutzergruppen.

- Der *AudioVideo Manager* (AVM) etabliert und verwaltet die audiovisuellen Kommunikationsverbindungen zwischen den Konferenzteilnehmern.

- Der Conference Interface Agent (CIA) dient als Benutzungsschnittstelle für das Konferenzsystem.

- Über die *Application Sharing Component* (ASC) kann eine Anwendung von mehreren Konferenzteilnehmern zusammen bearbeitet werden. Diese Komponente sollte sich auf dem Rechner befinden, auf dem die zu verteilende Anwendung gestartet wird.

- Die *AudioVideo Component* (AVC) verwaltet die lokalen audiovisuellen Ressourcen des jeweiligen Konferenzteilnehmers. Die audiovisuellen Daten werden zwischen den AVCs der Teilnehmer direkt ausgetauscht

Die grau schattierten Komponenten kapseln die für den Aufbau und den Ablauf der audiovisuellen Kommunikation notwendige Funktionalität, welche im folgenden näher erläutert wird.

5.2 Funktionalität des AudioVideo Managers (AVM)

Der AVM dient als Schaltzentrale für verteilte A/V-Applikationen, d. h. er ist in der Lage die A/V-Subsysteme in den Endgeräte der an der A/V-Applikation Beteiligten so miteinander zu verschalten, daß audiovisuelle Kommunikation möglich ist. Im Beispiel wird vom CM eine A/V-Gruppe eröffnet, die die Namen bzw. Internet-Adressen der Teilnehmer einer spezifischen Konferenz enthält. Zudem wird im AVM der A/V-Modus (z. B. nur Audio oder Audio/Video) und die A/V-Strategie festgelegt. Die A/V-Strategie bestimmt, ob und wie Endgeräte verschaltet werden, wenn sie über unterschiedliche audiovisuelle Fähigkeiten verfügen. Möglichkeiten sind u. a.:

- *Individual Best*: Endgeräte werden paarweise so verschaltet, daß diese Paare die nach ihren Fähigkeiten beste A/V-Qualität nutzen.

- *All Worst*: Bei der Verschaltung der Endgeräte richtet sich der AVM nach dem Partner, der über die geringsten A/V-Fähigkeiten verfügt.

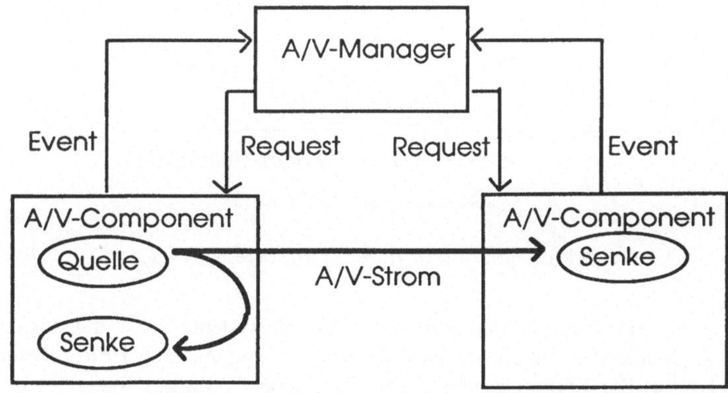

Das audiovisuelle Kommunikationssystem

Unter Berücksichtigung der oben genannten Parameter fragt der AVM bei den beteiligten AVCs die jeweiligen A/V-Fähigkeiten ab, vergleicht diese und öffnet dann bei den AVCs Quellen und Senken, die in einem weiteren Schritt miteinander verschaltet werden. Dies geschieht durch vom Protokoll zur Verfügung gestellte Requests. Es besteht grundsätzlich eine

1:n-Relation zwischen einer Quelle (z. B. Aufnahme von Videodaten über eine Kamera) und einer bzw. mehreren Senken (z. B. Anzeige des Videobildes lokal als Eigenbild und auf dem Endgerät des Konferenzpartners). Über Events kann ein AVC den AVM über unerwartet auftretende Ereignisse informieren (z. B. bei Ausfall der Videohardware).

Bei der Festlegung des gemäß der A/V-Strategie und den Fähigkeiten der beteiligten AVCs "optimalen" A/V-Kommunikationsverfahren kann der AVM nach verschiedenen Gesichtspunkten vorgehen. So kann als Bewertungsmaßstab etwa möglichst hohe A/V-Qualität (bzgl. Bildgröße, Farbtiefe, Kompressionsverfahren und -faktor oder Bildwiederholfrequenz), aber auch möglichst niedrige benötigte Netzbandbreite beim Verschicken der A/V-Daten zu den Partner-AVCs genommen werden.

Neben dem Aushandeln des A/V-Verfahrens und dem Verschalten von Quellen und Senken, kann über den AVM auch ein sog. A/V-Token verwaltet werden. Damit ist es beispielsweise möglich, nur immer den Partner in der Konferenz in Bild und/oder Ton darzustellen, der gerade das A/V-Token besitzt.

5.3 Funktionalität der AudioVideo Component (AVC)

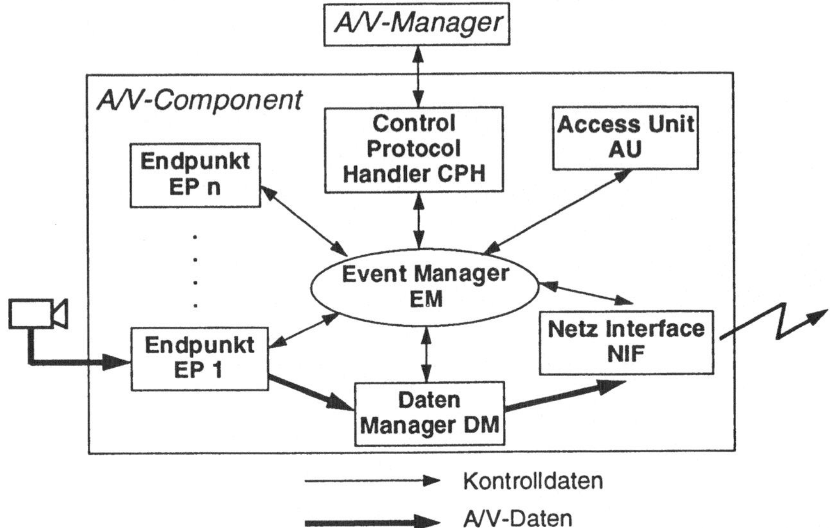

Struktur der Audio/Video Component (AVC)

Der AVC kapselt die Audio/Video-Hardware des Zielsystems (also die lokale Ein- und Ausgabe der audiovisuellen Daten des A/V-Systems) in sogenannten **Endpunkten (EP)**. So liefert beispielsweise der Endpunkt, der die Framegrabber-Karte des Rechners verwaltet, die digitalisierten Daten der Videokamera über eine einheitliche Endpunkt-Schnittstelle an das A/V-System. Ein anderer Endpunkt steuert die Ausgabe der Video-Daten auf den Bildschirm, wieder ein anderer könnte dieselben Daten auf eine Festplatte schreiben. Je nach der auf dem Zielsystem unterstützten A/V-Funktionalität können geeignete Endpunkte frei konfiguriert werden.

Der Austausch der A/V-Daten zwischen Rechnern erfolgt über das **Netz-Interface (NIF)**.

Als Kontrollschnittstelle für den AVC hin zum AVM dient der **Control Protocol Handler (CPH)**. Über diese Schnittstelle wird das Einrichten von Quellen und Senken auf der lokalen Plattform und das logische Verschalten von Quellen und Senken (lokal oder zwischen Rechnern) ermöglicht. Quellen und Senken entsprechen dabei Endpunkten (im lokalen Fall) bzw. Zugangspunkten im NIF (im entfernten Fall).

Der Transport von A/V-Datenpaketen zwischen Endpunkten und/oder dem NIF wird über den **Datenmanger (DM)** gesteuert. Dieses Modul realisiert eine effiziente Flußsteuerung der A/V-Datenpakete innerhalb des AVC.

Die Zugangskontrolle zum AVC erfolgt über die **Access Unit (AU)**. Hier findet die Authentifikation der Anwendung statt.

Kern des AVC ist der **Event Manager (EM)**. Der EM überwacht an welcher Stelle zu welchem Zeitpunkt Ereignisse vorliegen und aktiviert die entsprechenden Komponenten. Ein Beispiel für ein solches Ereignis ist das Eintreffen einer von der Anwendung geschickten Protokollnachricht am CPH. Der EM dient damit ausschließlich zur Steuerung des AVC. Er ist nicht an der Verarbeitung der Nutzdaten innerhalb des AVC beteiligt.

6 Ausblick

Zusammenfassend kann man sagen, daß die Entwicklungen im Bereich der Arbeitsplatz-Videokonferenzsysteme in den nächsten Jahren noch intensiv vorangetrieben werden müssen, um zu funktional und witschaftlich akzeptablen Lösungen zu kommen. Neue Standards für A/V-Datenkompression kündigen sich bereits an. Auch bei den Netzwerken ist mit Neuerungen zu rechnen, die sowohl im LAN, als auch im WAN-Bereich einen professionellen Einsatz von A/V-Konferenzsystemen erlaubt. Eine wichtige Aufgabe wird es sein, Standards und Produkte für CSCW-Anwendungen zu schaffen, die die Akzeptanz einer breiten Benutzerschicht gewinnen können. Nur so werden die Möglichkeiten dieser neuen Systeme beim Einsatz in unseren Arbeitsumgebungen voll zum Tragen kommen.

Literatur

[MMC 93]   M. Altenhofen; et. al.: "The BERKOM Multimedia Teleservices, Volume II, Multimedia Collaboration (Release 3.1)". BERKOM Working Document, 1993.

[MMM 93]   C. Blum; et. al.: "The BERKOM Multimedia Teleservices, Volume I, Multimedia Mail (Release 3.0)". BERKOM Working Document, 1993.

[MMT 93]   S. Böcking; et. al.: "The BERKOM Multimedia Teleservices, Volume I, Multimedia Transport System (Release 3.0)". BERKOM Working Document, 1993.

Ein transparenter Ein–/Ausgabemechanismus für Parallelrechner in einem LAN mit Internet–Protokoll

G.–J. Reefmann
Institut für Rechnerstrukturen und Betriebssysteme (IRB)
Universität Hannover
Lange Laube 3, 30159 Hannover, Germany
email: reefmann@irb.uni–hannover.de

ABSTRACT

Parallelrechner werden heute in zunehmendem Maße mit einer Hardware für den Anschluß an ein LAN (Local Area Network) mit Internet Protokoll ausgestattet. Vom Betriebssystem werden dafür die von Monoprozessor–Maschinen bekannten Netzwerk–Interfaceroutinen angeboten. Diese ermöglichen jedoch nur eine Verbindung zwischen einem Parallelrechnerknoten und z.B. einer Workstation.

In diesem Artikel wird das Konzept für eine Betriebssystemerweiterung vorgestellt, die nicht nur eine Verbindung zwischen zwei Prozessoren, sondern zwischen zwei Recheneinheiten ermöglicht. Unter Recheneinheit wird dabei die Menge der an einem Problem arbeitenden Prozessoren verstanden.

Im Anschluß daran werden die ersten Realisierungsstufen beschrieben. Neben den Stabilitätsuntersuchungen werden erste Ergebnisse über die Performance angegeben.

Key Words: Erweitertes TCP/IP Internet Schichten Modell, Kommunikationsmanager, Nachrichtenzuordner, Workstation–Cluster, XWindows für Parallelrechner

1 EINLEITUNG

Bisher wurden Superrechner, wie Vektor– und Parallelrechner, in erster Linie als *number cruncher* für rechenintensive Probleme im wissenschaftlichen Bereich eingesetzt. Sie werden in der Regel über einen Frontend–Rechner in ein bestehendes LAN (Local Area Network) eingebunden und als "Coprozessor" verwendet. Algorithmen und Programme werden auf einer Workstation entwickelt und später auf dem Superrechner ausgeführt, wobei die Ergebnisse zumeist auf lokalen Platten abgespeichert und nach dem Programmlauf mit Hilfe geeigneter Tools visualisiert werden.

Es werden jedoch immer mehr interaktive Applikationen auf Superrechnern entwickelt, die eine simultane Ein– und Ausgabe von Daten voraussetzen. Anstatt über die enge Kopplung Superrechner–Frontend wird heute die Anbindung meist über ein LAN zu vielen Workstations durchgeführt. Die Kommunikation erfolgt dabei über ein Internetprotokoll, z.B. TCP/IP.

Damit entstehen aber sowohl Performance– wie auch konzeptionelle Probleme: Dem Programmierer müssen mächtigere Kommunikationskonstrukte zur Verfügung gestellt werden, die eine

Behandlung aller Knoten des Parallelrechners als Einheit erlauben, und es muß durch entsprechende Hard- und Software dafür gesorgt werden, daß das LAN und die Netzwerkanbindung nicht zum Engpaß werden. Dazu reicht es nicht aus, die Netzwerk-Interfaceroutinen auf alle Knoten zu portieren. Es ist vielmehr notwendig, neue Mechanismen zur Nachrichtenverteilung zu entwickeln.

Dafür muß heute vom Programmierer ein eigenes Programmiermodell entwickelt werden. Für bestimmte Anwendungen, wie z.B. das netzwerktransparente Fenstersystem XWindows [Scheiffler92], gibt es spezielle Bibliotheken [Intel93]. Diese basieren auf einem Master-Slave Programmiermodell. Dabei dient ein Knoten des Parallelrechners als Sammler für Nachrichten, die aufbereitet, an das Frontend weitergeleitet und dort in das Internet eingespeist werden.

Das Problem bei dieser Architektur ist somit, daß zum einen vom Anwender spezielle Routinen erstellt werden müssen, zum anderen die einzelnen Nachrichten vom Client-Knoten über einen speziellen I/O-Knoten des Parallelrechners zum Server-Prozeß auf dem Frontend gesendet und dort jeweils bearbeitet werden müssen. Diese langen Wege senken die Übertragungsgeschwindigkeit.

Am IRB (Institut für Rechnerstrukturen und Betriebssysteme) wurde ein Konzept entwickelt, das eine von Monoprozessormaschinen bekannte direkte Anbindung an das LAN ermöglicht. Dabei wurde besonders darauf geachtet, vorhandene sequentielle Programme leicht portieren zu können.

2 KONZEPT DER VERBINDUNG VON RECHENEINHEITEN

An dieser Stelle soll zuerst das Konzept der Verbindung von Recheneinheiten vorgestellt werden. Dazu ist es notwendig, die Anbindung von Workstations an das Internet zu erläutern sowie auf die Probleme bei der Umsetzung auf einen Parallelrechner bzw. einen "Virtuellen Parallelrechner" auf Basis eines Workstationclusters einzugehen.

2.1 Problematik

Im Bereich der Unix-Systeme gibt es zwei weit verbreitete Kommunikations-APIs (Application Program Interface): die Berkeley Sockets (BSD Unix) und das System V Transportschicht-Interface (TLI-Transport Layer Interface) [Comer91]. Generell unterscheiden sich die Kommunikationsroutinen in der Art der Implementierung.

Bei beiden APIs wird eine Peer-to-Peer Verbindung hergestellt, d.h. es gibt eine Verbindung zwischen genau zwei Prozessoren. Bei einem parallelen Programm muß somit jeder Knoten eine eigene Verbindung aufbauen. Da Sockets eine begrenzte Ressource sind, bekommt man Probleme mit der Skalierbarkeit von Programmen, d.h. sie können nicht beliebig parallelisiert werden. Bei einem Verbindungsaufbau zwischen N Knoten eines Parallelrechners und einer Workstation wird eine Verwaltung sämtlicher einzelner Verbindungen notwendig. Es spielt somit eine Rolle, auf welcher Maschine der Server bzw. der Client läuft, d.h. solch ein Verbindungsaufbau ist nicht transparent. Dies macht die Portierung vorhandener Software sehr schwierig.

Diese Problematik macht deutlich, daß die bisher implementierte Form der Kommunikationsroutinen nicht zu verwenden ist. Ziel muß es sein, daß die einzelnen Knoten, auf denen ein paralleles

Programm läuft, nicht jeweils eine einzelne Internet Verbindung aufbauen. Sie müssen statt dessen als eine geschlossene Gruppe, eine Recheneinheit, betrachtet werden, die eine Verbindung zu einer Workstation herstellt. Die Vermittlung der Messages an die einzelnen Knoten erfolgt dann auf einer höheren Ebene. Diese muß als Erweiterung in das TCP/IP–Internet–Schichten–Modell eingebunden werden.

2.2 Erweiterung des TCP/IP–Internet–Schichten–Modells

Die Erweiterung des TCP/IP–Internet–Schichten–Modells [Comer91] muß auf der höchsten Ebene erfolgen, d.h. zwischen Applikation und der Transportschicht (Bild 1). Der Kommunikationsmanager soll analog zu [Angus90] mit Relay bezeichnet werden.

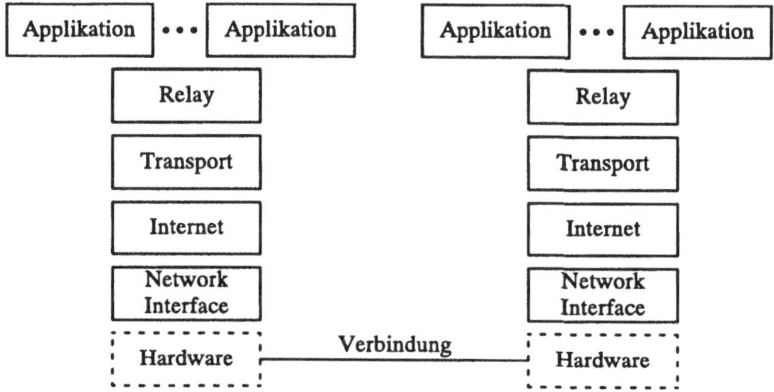

Bild 1:   Erweiterung des TCP/IP Internet Schichten Modells

3 DER RELAY

In diesem Kapitel wird der für die Verwaltung der Verbindung von Recheneinheiten notwendige Kommunikationsmanager, der Relay, näher beschrieben. Er bildet somit die Schnittstelle zwischen einem Rechenknoten und dem Internet (Bild 1). Er muß die Anforderung eines Rechenknotens aufnehmen und weiterverarbeiten.

Auf der Seite des Applikationsprogramms wird eine modifizierte Bibliothek mit den BSD– bzw. System V–Kommunikationsroutinen zur Verfügung gestellt. Diese sind so aufgebaut, daß sämtliche Befehle in Nachrichten umgeformt und an den Relay geschickt werden. Dieser wertet sie aus und ruft die entsprechende Kommunikationsroutine auf. Ergebnisse und Fehlercodes werden ebenfalls als Nachricht an den aufrufenden Knoten gesendet und dort entsprechend ausgewertet. Für den Programmierer sollen sich die neuen Routinen genauso wie die Originale anfühlen. Die Parameter sowie die Rückgabewerte der Funktionen müssen identisch mit denen der Standardfunktionen sein. Dadurch wird die Portierung von vorhandenen Programmen ermöglicht. Da die Funktionalität innerhalb der parallelen Kommunikationsroutinen zunimmt, sind einige zusätzliche spezielle Routinen notwendig.

3.1 Aufbau des Relays

Im Gegensatz zur Verbindung zwischen zwei Prozessoren, wo eine implizite Zuordnung der Nachrichten an einen Prozeß gegeben ist, tritt hier das Problem der Mehrdeutigkeit auf. Es gibt keine ein–eindeutige Zuordnung zwischen Quelle und Sinke. Dies gilt sowohl für ankommende wie auch für abgehende Nachrichten.

So müssen ankommende Nachrichten einem Knoten zugeordnet werden, was insbesondere für von Monoprozessor–Workstations übernommene Programme problematisch ist, da diese natürlich keine weitere Zielkennzeichnung in ihre Protokolle eingebaut haben. Für abgehende Nachrichten gibt es ebenfalls Probleme. In einem parallelen Programm werden auf sämtlichen Knoten dieselben Befehle für die Kommunikation abgesetzt. Dies ist in der Regel unerwünscht, da es zu einer entsprechenden Anzahl einzelner Verbindungen führen würde. Deshalb wird der von einem beliebigen Knoten zuerst ankommende Befehl aktiv bearbeitet, d.h. es wird neben der notwendigen Verwaltungsarbeit der entsprechende Kommunikationsbefehl ausgeführt. Sämtliche gleichgearteten Befehle der übrigen Knoten werden passiv bearbeitet, d.h. die Knoten bekommen nur das Funktionsergebnis des ersten Knotens. Dies reduziert zusätzlich die Datenrate auf dem Netz, da Nachrichten bereits senderseitig selektiert und u.U. verworfen werden.

Für die Verwaltung der ankommenden und abgehenden Nachrichten wird deshalb ein spezielles Verwaltungsmodul, der Nachrichtenzuordner, eingebunden. Auf den Aufbau und die Funktionalität wird in Kapitel 4 eingegangen.

Die Aufgaben des Relays lassen sich wie folgt zusammenfassen:

· Verwaltung sämtlicher Verbindungen der Recheneinheiten

· aktive und passive Bearbeitung eines Befehls

· Zuordnung von eingehenden Nachrichten an die Rechenknoten

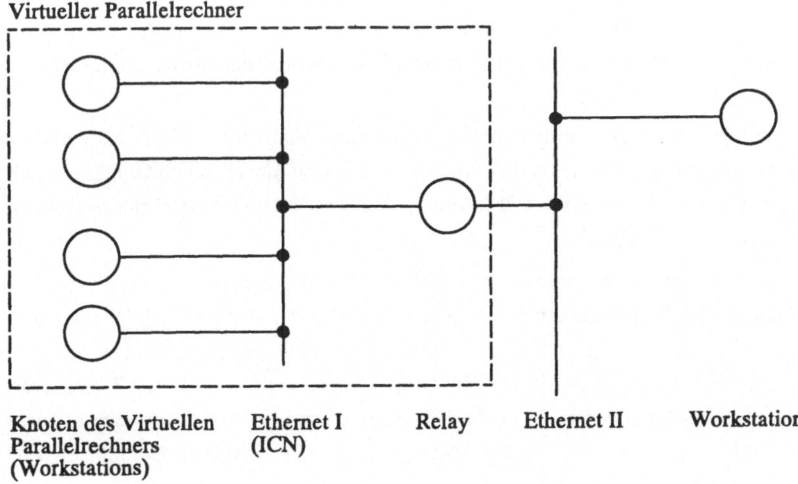

Bild 2: Aufbau eines "Virtuellen Parallelrechners" mit Relay und Anbindung an ein Local Area Network (LAN)

3.2 Implementierung des Relays in einem Workstationcluster

Die Erweiterung des Internet–Schichten–Modells bietet Parallelrechnern eine zu Monoprozessor–Workstations transparente Schnittstelle für den Aufbau von Netzwerkverbindungen. Dieses Modell ist ebenfalls auf "Virtuellen Parallelrechnern" einzusetzen (Bild 2). Die vernetzten Workstations repräsentieren die einzelnen Knoten des Parallelrechners, zusätzlich dient eine Workstation als Relay. Das Ethernet I bildet das Interconnection Network (ICN) des Parallelrechners, das Ethernet II das Local Area Network (LAN), über das der Parallelrechner mit anderen Workstations eine Verbindung aufbauen kann. Bei den üblicherweise vorhandenen Workstationclustern sind die logischen Ethernet I und Ethernet II durch ein physikalisches Ethernet realisiert. Die Verbindung der einzelnen Knoten des "Virtuellen Parallelrechners" und des Relay kann z.B. mit Hilfe von PVM (Parallel Virtual Machine) [PVM93] realisiert werden.

4 DER NACHRICHTENZUORDNER

Für die Kontrolle der einzelnen Verbindungen zwischen Recheneinheiten ist der Relay zuständig. Sämtliche Nachrichten, die über eine Verbindung übertragen werden, müssen ebenfalls verwaltet werden. So sollen identische Nachrichten mehrerer Knoten nur einmal übertragen werden, und ankommende Nachrichten müssen den Empfängerknoten zugeordnet werden. Dies übernimmt der Nachrichtenzuordner, der dem verwendeten Protokoll angepaßt wird.

In diesem Kapitel wird der Aufbau des Nachrichtenzuordners allgemein und am Beispiel für das XWindow–System erläutert.

4.1 Aufbau des Nachrichtenzuordners

Der Nachrichtenzuordner besteht aus zwei Teilen, einem für abgehende und einem für ankommende Nachrichten. Beide Bereiche sind für sich eigenständige Komponenten, bei denen es jedoch eine Verbindung zwischen Einträgen in den Nachrichtenspeichern gibt. In diesen werden neben der eigentlichen Nachricht auch Verwaltungsinformationen abgelegt. Dazu gehört z.B. eine Knotenliste, die als Bitvektor ausgelegt ist und in der die Zugehörigkeit einer Nachricht zu einem Knoten angegeben wird.

Beide Teile des Nachrichtenzuordners bestehen aus einem statischen Grundgerüst, in das für jede Verbindung dynamisch ein Objekt eingebunden wird. Diese dynamischen Objekte bestehen aus Code und Daten, die für jedes Protokoll einmal speziell erzeugt und in eine Nachrichtenzuordnerbibliothek abgelegt werden.

Sämtliche zu sendenden Daten werden innerhalb des Nachrichtenzuordners analysiert und einer weitergehenden Bearbeitung unterzogen. So wird untersucht, ob eine Nachricht bereits von einem anderen Knoten gesendet wurde. In diesem Fall wird diese verworfen und es erfolgt nur eine Eintragung in die Knotenliste der Nachricht. Da es neben den normalen auch Round Trip Nachrichten, das sind Nachrichten bei denen der Sender eine Antwort vom Empfänger erwartet, gibt, wird zusätzlich eine Verwaltung hierfür notwendig. Die Antwort vom Empfänger muß einer Nachricht zugeordnet und den in der Knotenliste eingetragenen Knoten zur Verfügung gestellt werden. Sämtliche jetzt noch tatsächlich zu sendenden Daten werden an die nächste Schicht, die Transportschicht, weitergegeben.

Da jede neue Nachricht den Speicher– und Rechenzeitbedarf erhöht, müssen ältere nicht mehr benötigte Nachrichten entfernt werden. Da nicht vorhersagbar ist, ob und wann die einzelnen Knoten identische Nachrichten übertragen, wurde ein asynchroner Garbage Collector implementiert. Dieser entfernt Nachrichten, die ein bestimmtes Alter überschritten haben.

Sämtliche über das Internet hereinkommenden Daten werden nicht in einen Puffer übernommen, sondern an den Nachrichtenzuordner übergeben. Das Modul für die Bearbeitung von empfangenen Nachrichten bearbeitet die Daten und legt sie in einem speziellen Speicher für empfangene Daten ab. Hierbei wird festgelegt, welche und wieviele Knoten diese Daten bei einer Anforderung bekommen.

Datenanforderungen der einzelnen Knoten werden in einem weiteren Teilmodul bearbeitet. Hier wird die erste für diesen Knoten eingegangene Nachricht aus dem Nachrichtenspeicher für empfangene Daten herausgesucht und übergeben.

Die Aufgaben des Nachrichtenzuordners lassen sich wie folgt zusammenfassen:
- Verwaltung und Filterung sämtlicher ankommenden und abgehenden Nachrichten
- Zuordnung der einzelnen eingehenden Nachrichten an die Rechenknoten

4.2 Anpassung des Nachrichtenzuordners an das XWindow System

Mit Hilfe des oben beschriebenen Konzeptes soll unter anderem eine zur Workstation transparente Verwendung des XWindow–Protokolls [Nye90] auf Parallelrechnern ermöglicht werden. Dafür mußte ein Nachrichtenzuordner für dieses Protokoll entwickelt werden. Hierbei treten einige mehr oder weniger große Probleme auf, die an dieser Stelle kurz erläutert werden sollen.

So ist unter anderem zu berücksichtigen, daß nicht benutzte Einträge im Protokoll keinen Defaultwert sondern Zufallswerte besitzen. Da die Erkennung von identischen, bereits gesendeten Nachrichten damit nicht gewährleistet ist, werden diese Werte auf einen definierten Wert gesetzt.

Der Kontextzuordner wurde mit einer festen Zuordnung der Aufgaben eines Knotens entwickelt. So bedient eine feste Anzahl der Knoten sämtliche Tastatur–Events.

Um festzustellen, ob Nachrichten verlorengegangen sind, verwendet das XWindow–System einen Sequenzzähler im Server und im Client. Sollten diese auseinanderlaufen, so wird eine Warnung ausgegeben. Da bei dem parallelen XWindow–System der Server Nachrichten von verschiedenen Knoten erhält, führt dies automatisch dazu, daß die Sequenzzähler in Server und Client auseinanderlaufen. Um eine permanente Ausgabe von Warnungen zu verhindern, wird eine Anpassung des Zählers vorgenommen.

Das größte Problem bilden die Ressource IDs, kurz XID, des XWindow Systems. Jede neu eingerichtete Ressource, wie z.B. Window, Font, etc. bekommt auf der Client–Seite eine XID zugewiesen. Da jeder Client, d.h. jeder Knoten, die gleiche XID vergibt, kann es zu Konflikten im XServer kommen, da eine XID nur einmal verwendet werden darf. Innerhalb des Nachrichtenzuordners wird deshalb eine knotenabhängige neue XID vergeben. Dies ist allerdings nicht für sämtliche Arten der Ressource IDs möglich, so daß hier eine mögliche Konfliktsituation in Kauf genommen werden muß. Die Praxis hat gezeigt, daß die betreffenden Ressource IDs jeweils nur für einen kurzen Zeitraum gültig sind. Somit ist die Wahrscheinlichkeit einer mehrfachen, gleichzeitigen Benutzung gering.

5 ERSTE ERGEBNISSE

Der Nachrichtenzuordner für das XWindow–Protokoll wurde auf SUN–Workstations implementiert. Als Testprogramme wurden einmal *ico*, ein Demo–Programm des X Programmpakets, sowie ein speziell entwickeltes Programm zur Darstellung der Mandelbrotmenge verwendet.

Hierfür wurde eine parallele Programmversion entwickelt, bei der jeder Rechenknoten einen Bereich der komplexen Zahlenebene berechnet und die Bilddaten an den X–Server weiterleitet, der diese in einem Fenster darstellt. Das Programm wurde nur mit Hilfe der Standardfunktionen aus Xlib sowie XView erstellt. Als Nachrichtenzuordner wurde der speziell für das XWindow–Protokoll entwickelte Nachrichtenzuordner verwendet.

Bei der Untersuchung des Nachrichtenzuordners wurde besonderer Wert auf

- · Performance
- · Portierbarkeit
- · Zuverlässigkeit

gelegt.

Die Portierung von Programmen auf Basis der Xlib ist ohne Probleme möglich. Da sich das System eng an sein Vorbild auf Monoprozessormaschinen hält, ist kein großes Umdenken nötig. Auch mit höheren Bibliotheken, wie z.B. XView, erstellte Programme sind ohne Schwierigkeiten lauffähig.

Der Performanceverlust durch den Relay ist sehr gering. So benötigt der Simulatorprozeß mit Relay und Nachrichtenzuordner auf einer SUN SparcStation 2 weniger als 0.5% der Rechenleistung des Prozessors.

6 ZUSAMMENFASSUNG

Am Institut für Rechnerstrukturen und Betriebssystem (IRB) wurde ein netzwerktransparenter Ein–/Ausgabemechanismus für Parallelrechner in einem LAN mit Internet–Protokoll entwickelt, der das von Workstations her bekannte Programmiermodell anbietet und es für den Einsatz auf Parallelrechner erweitert. Es können somit Applikationen in bekannter Weise neu erstellt oder relativ leicht portiert werden. Dabei hält sich der unweigerliche Performanceverlust in vertretbaren Grenzen. Durch die offene Architektur des Konzeptes kann dieser Performanceverlust durch eine entsprechende Hardwareerweiterung kompensiert werden.

7 LITERATUR

[Angus90]   Ian G. Angus, "Parallel Programs as X–Window Clients: An Implementation", Proc. of the Fifth Distributed Memory Computing Conference, Vol. II, Architecture Software Tools, and other General Issues, April 1990, pp. 1154–1159

[Comer91]   Douglas E. Comer, "Internetworking with TCP/IP", Vol. I; Principles, Protocols and Architecture, Second Edition, 1990, Prentice Hall

[Intel93]   Intel Corporation, "PARAGON OSF/1 Software Tools", April 1993, Order Number: 312545–001

[Nye90]   Adrian Nye, "X Protokoll Reference Manual for X Version 11", Volume 0, 2 nd Edition May 1990, O'Reilly&Associates, Inc.

[PVM93]   Al Geist et.al., PVM 3 Users Guide and Reference Manual, Oak Ridge National Laboratory

[Scheiffler92]   Robert W. Scheiffler, James Gettys, "The Complete Reference to Xlib, X Protocol, ICCCM, XLFD; X Version 11 Release 5", X WINDOW SYSTEM, Third Edition, Digital Press 1992

Systemintegration bei Mobile Computing Anwendungen

Norbert Diehl und Albert Held
Daimler Benz AG, Forschungszentrum Ulm, Informationstechnik (F3)
Wilhelm-Runge-Straße 11, Postfach 2360, 89013 Ulm, Germany
Tel.: +49 731 505 2132/2831, Fax.: +49 731 505 4104, e-mail: {diehl,held}@dbulm1.uucp

1. Mobile Computing

Systeme mit mobilen und stationären Rechnern gewinnen zunehmend an Bedeutung. Durch Mobile Computing kann von jedem beliebigen Ort und zu jeder Zeit auf beliebige Informationen zugegriffen oder Informationen verteilt werden. Mobilität (Ortsunabhängigkeit) und adäquate Informationsversorgung schließen sich nicht mehr aus sondern werden gleichzeitig unterstützt. Kleine aber dennoch leistungsfähige, tragbare Rechner (Notepads, PDAs, ...), die durch drahtlose Kommunikationssysteme (Funk-LANs, paketorientierte Funknetze wie Modacom, ...) in Festnetze eingebunden werden können, sind wesentliche Komponenten für Mobile Computing. Neben der Verfügbarkeit dieser Hardware-Komponenten sind wichtige Probleme bei der Systemintegration zu lösen. Es muß ein leistungsfähiges Gesamtsystem geschaffen werden.

Anwendungen mit mobilen Teilnehmern unterscheiden sich in mindestens drei wichtigen Punkten deutlich von Anwendungen mit ausschließlich stationären Rechnern:

- Ein grundlegender aber sehr weitreichender Punkt ist die Tatsache, daß sich die portablen Rechner und die Nutzer bewegen. Man unterscheidet zwischen Terminal- und Nutzermobilität. Damit ändert sich die Topologie des gesamten Netzwerkes ständig.

- Die portablen Rechner werden trotz der zu erwartenden Leistungssteigerung immer deutlich leistungsschwächer als die stationären Rechner sein. Dieser Unterschied beeinflußt grundlegend die Systemgestaltung.

- Ähnliches gilt für die Kommunikationsnetze. Die Datenraten der drahtlosen Netze werden immer deutlich hinter den Datenraten der Festnetze zurückbleiben. Außerdem sind drahtlose Verbindungen immer unzuverlässiger als Festnetzverbindungen. Verbindungs-unterbrechungen sind eher die Regel als die Ausnahme.

Dynamische Systemkonfiguration, sich bewegende Resourcen, Erreichbarkeit und Datenkonsistenz sind charakteristische Eigenschaften und Herausforderungen von Systemen mit mobilen Teilnehmern. Diese Probleme lassen sich nicht in einer speziellen Kommunikationsschicht lösen. Vielmehr ist eine umfassende Systemarchitektur notwendig. Hinzu kommen hohe Anforderungen an die IT-Sicherheit speziell in den Bereichen Vertraulichkeit und Integrität. Zur Unterstützung konkreter Anwendungen ist außerdem Workflow-Managment unter gleichzeitiger Einbeziehung mobiler Teilnehmer wichtig.

In Kapitel 2 werden für Mobile Computing spezifische Anforderungen an die Systemintegration betrachtet. In Kapitel 3 präsentieren wir eine Systemarchitektur, MOBI-DICK genannt, um Mobile Computing Anwendungen einfach unterstützen zu können. Einen umfassenden Überblick über tragbare Rechner, drahtlose Kommunikationssysteme und Anwendungen von Mobile Computing wird in [1] gegeben.

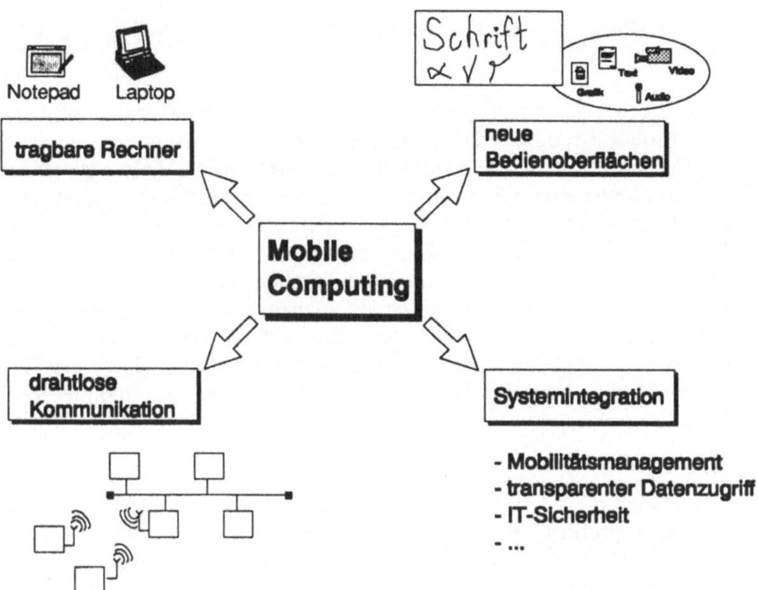

Bild 1: Bausteine für Mobile Computing

2. Systemintegration bei Mobile Computing

Im folgenden werden Problemfelder aufgezeigt, die für Mobile Computing Anwendungen von besonderem Interesse sind. Die Bezeichnung mobile Teilnehmer wird dabei sowohl für die portablen Rechner (Terminal-Mobilität) als auch für die Benutzer dieser Rechner (Nutzer-Mobilität) verwendet.

2.1. Location Management

Da sich die mobilen Teilnehmer bewegen, ändert sich auch die Stelle, an der sie Zugang zum Festnetz haben dynamisch. Ihr Aufenthaltsort ist nicht mehr auf ein spezielles Rechnersubnetz beschränkt. Damit erhält das Location Management eine zentrale Bedeutung [2]. Es ist für die Lokalisierung, das Verfolgen und die Adressierung der mobilen Teilnehmer zuständig. Es gibt verschiedene Möglichkeiten des Location Management. Diese bestehen jedoch meistens aus einer Kombination zweier Basismethoden.

Bei der ersten Möglichkeit wird eine Datenbank (Location Server) verwendet. Der mobile Teilnehmer informiert die Datenbank über jede Positionsänderung und den neuen Aufenthaltsort. Eine Positionsänderung wird hierbei durch den Wechsel von einer (Funk-) Zelle zu einer anderen charakterisiert. Mehrere (Funk-)Zellen können auch zu einer Location Area zusammengefaßt werden. Die Datenbank kann verteilt realisiert sein, um die Leistungsfähigkeit des Gesamtsystems zu erhöhen. Ein typisches Beispiel ist GSM [3]. Hier wird ein Home Location Register (HLR) über jeden Wechsel in eine neue Location Area informiert und kennt somit jeweils den aktuellen Aufenthaltsort des mobilen Teilnehmers. Soll eine Nachricht zu ihm geschickt werden, kann man vom HLR die gewünschte

Information erhalten. Dieses Konzept kann jedoch zu sehr hohem Signalisierungsaufwand im Netzwerk führen.

Eine andere Möglichkeit besteht darin, die Ortsinformation über das gesamte Netzwerk zu verteilen. Dieser Ansatz ist durch das Adressierungs- und Routingschema des Internet bestimmt. Jeder Rechner wird durch eine eindeutige Internet(IP)-Adresse gekennzeichnet. Sollen nun Datenpakete von einem Rechner zu einem anderen geschickt werden, so wird die IP-Adresse des Zielrechners benutzt und die Datenpakete durch Router so lange weitergeleitet, bis sie am gewünschten Ziel ankommen. Damit ist die Ortsinformation indirekt in den IP-Adressen und den Routing-Tabellen enthalten. Es werden keine Datenbanken verwendet, die gezielt befragt werden können, wo sich ein mobiler Teilnehmer aufhält. Vielmehr ist die Information über das gesamte Netz verteilt, es muß nach dem mobilen Teilnehmer 'gesucht' werden. Dieser Ansatz wurde inzwischen durch die Einführung von Mobile-IP erfolgreich von der reinen Festnetzanwendung auf mobile Teilnehmer ausgedehnt [4]. Bei vorwiegend lokal eingeschränkten Ortsveränderungen arbeitet diese Lösung sehr gut.

Zukünftig werden in hierarchischen Verfahren beide Ansätze kombiniert werden. Auch sollen sogenannte 'Bewegungsprofiles', die das typische Verhalten eines mobilen Teilnehmers beschreiben, zur Verringerung des Lokalisierungsaufwand eingesetzt werden.

2.2. Konfigurations- und Resourcen-Mangement

Häufig wird von mobilen Anwendungen gefordert, daß sie das gleiche Verhalten und die gleiche Leistungsfähigkeit zeigen, wie die entsprechenden Festnetzanwendungen. Außerdem soll sich die Arbeitsumgebung auf dem Rechner nach Möglichkeit für stationäre und mobile Nutzer nicht unterscheiden. Die Unterschiede in den zugrunde liegenden Kommunikationssystemen sollen für den Nutzer und die Anwendung transparent sein.

2.2.1. Transparenz in der Netzwerk-Schicht (Mobile-IP)

Bei Mobile-IP [4] wird das normale Internet-Protokoll (Netzwerk-Schicht) für mobile Teilnehmer erweitert. Mobile-IP erlaubt dem mobilen Teilnehmer seine IP-Adresse auch dann unverändert beizubehalten, wenn er sich zu anderen Subnetzwerken bewegt. Außerdem wird die Mobilität den höheren Kommunikationsschichten verborgen, so daß diese arbeiten können als handele es sich bei dem mobilen Rechner um einen gewöhnlichen stationären Rechner. Der gegenwärtige Stand der Normierung von Mobile-IP ist in [5] beschrieben.

Für viele Anwendungen wie etwa Electronic Mail oder den Zugriff auf eine spezielle Datenbank genügt Mobile-IP, um die gewünschte Transparenz zu gewährleisten. Für andere Anwendungen hingegen können nicht alle Probleme in der Netzwerkschicht gelöst werden. Zusätzliche Maßnahmen in anderen Kommunikationsschichten und der Systeminfrastruktur sind notwendig.

2.2.2. Sich bewegende Resourcen und Zugriff auf lokale Resourcen

Mobile Teilnehmer möchten unabhängig von ihrem aktuellen Aufenthaltsort über die gleiche leistungsfähige Arbeitsumgebung verfügen. Beispielsweise sollen die Zugriffszeiten auf eine

Datenbank unabhängig vom Ort sein. Dies kann zum Teil dadurch erreicht werden, daß wichtige Prozesse und Daten oder aber die gesamte Arbeitsumgebung dynamisch dem mobilen Teilnehmer folgen, so daß diese Resourcen möglichst nahe bei ihm vorhanden sind. Wichtige Informationen werden dynamisch repliziert. Fragen der Synchronisation und Datenkonsistenz spielen hierbei eine wichtige Rolle.

Kommt ein mobiler Teilnehmer zu einem neuen Ort, so soll es ihm einfach möglich sein, dort vorhandene lokale Resourcen zu nutzen. Beispielsweise sollte er automatisch Zugriff (natürlich immer unter Berücksichtigung seiner Zugriffsrechte) auf den nächsten Drucker haben oder einfach auf Rechenleistung auf Festnetzrechnern bei Bedarf einfach zugreifen können.

2.3. Datenmanagement

Neben der Tatsache, daß sich die mobilen Teilnehmer bewegen und damit die Systemstruktur dynamisch ist, ist die eingeschränkte Leistungsfähigkeit der portablen Rechner und der drahtlosen Kommunikationssysteme von großer Bedeutung. So sollten Kommunikation und Rechenaufwand nicht gleichmäßig zwischen dem mobilen und stationären Teil des Netzes verteilt sein. Vielmehr sollte bei der Gestaltung der Anwendungen gezielt auf eine optimale Verteilung geachtet werden [6].

Außerdem ist es für Mobile Computing Anwendungen typisch, daß die Kommunikations-verbindung durch Störungen (Funkschatten) häufig unterbrochen wird. Zusätzlich kann es manchmal günstig sein, bewußt auf Kommunikation zu verzichten, um Energie zu sparen. Für beide Fälle (ungeplante und geplante Unterbrechungen) müssen Verfahren entwickelt werden, um Daten und Anwendungen konsistent zu halten [7].

2.4. Neue Anwendungen

Viele Anwendungen von Mobile Computing erweitern existierende Festnetzanwendungen um die Möglichkeit des drahtlosen Zugangs. Die grundsätzliche Systemstruktur blieb jedoch unverändert. Mobile Computing ermöglicht darüber hinaus jedoch auch die Chance, ganz neue Anwendungen zu schaffen.

Es können Anwendungen entwickelt werden, bei denen der Aufenthaltsort des mobilen Nutzers explizit genutzt wird, um zusätzliche Leistungen anzubieten. Ein typisches Beispiel sind ortsabhängige Informationsdienste. Beispielsweise brauchen Verkehrsmeldungen nicht mehr für eine große Region ausgestrahlt zu werden, sondern lassen sich gezielt auf kleine Gebiete begrenzen. Oder auf dem Weg zum Flughafen kann man Informationen über mögliche Flugverzögerungen erhalten.

Ein anderes interessantes Feld sind Anwendungen, die Arbeitsgruppen in ihrer Zusammen-arbeit unterstützen [1]. Durch Mobile Computing lassen sich ad-hoc Arbeitsgruppen an fast beliebigen Orten etablieren. Mögliche Anwendungsfelder liegen im Ausbildungsbereich, bei der Unterstützung von Besprechungen oder in der Unterstützung von Ingenieuren beim Lösen von Problemen an technischen Anlagen. Diese Klasse von Anwendungen benötigen eine ausdrückliche Systemunterstützung, um effektiv realisiert werden zu können.

3. Das MOBI-DICK-System

Das MOBI-DICK-System soll den Anwendungsprogrammierer bei der Realisierung von Mobile Computing Anwendungen unterstützen. Wesentliche Aufgaben sind die Handhabung der Mobilität von Benutzern und Rechnern, der transparente Zugriff auf Informationen (insbesondere von den mobilen Rechnern aus) und die Gewährleistung von Vertraulichkeit und Integrität (IT-Sicherheit).

3.1. Das Architektur Modell

Ein typisches verteiltes System mit mobilen und stationären Rechnern ist in Bild 5 dargestellt. Um ein solches System allgemein beschreiben zu können, werden einige Begriffe eingeführt. Alle Rechner, unabhängig davon ob sie ans Festnetz angeschlossen sind oder über eine drahtlose Kommunikationsverbindung verfügen, werden als 'Station' bezeichnet. Jede Station wird durch mehrere Attribute wie CPU-Leistung, Speicherkapazität oder Art der Komunikationsanbindung charakterisiert. Die Stationen sind zu verschiedenen, disjunkten Verwaltungsgebieten, den sogenannten 'Domains' zusammengefaßt. Jede Domain wird durch einen 'Domain Manager' verwaltet. Der Domain Manager weiß beispielsweise, welche Stationen aktive sind, welche erreicht werden können, oder ob die Kommunikations-verbindung gerade unterbrochen ist. '(Communication)-Ports' dienen zur Beschreibung der Kommunikation zwischen verschiedenen Domains. Normalerweise ist ein Port ein Teil des Domain Managers und wird durch existierende Gateways realisiert. Ad-hoc Netzwerke ohne Verbindung zu Festnetzen können durch Domains ohne Communication-Port beschrieben werden. Bild 2 zeigt eine typische Situation.

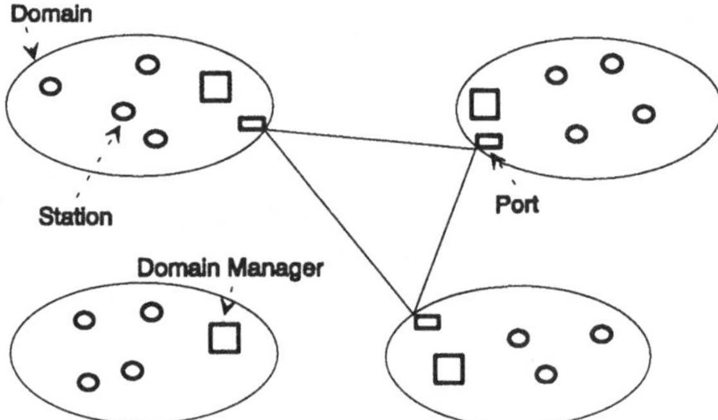

Bild 2: Durch MOBI-DICK beschriebene Infrastruktur.

3.2. Systemkomponenten

Die Benutzer des MOBI-DICK-Systems werden als 'User' bezeichnet. Dies sind menschliche Benutzer aber auch technische Systeme, die zusätzliche Dienste anbieten. Die User werden durch MOBI-DICK in ihren Tätigkeiten unterstützt.

Jede Station hat eine festgelegte innere Struktur (Bild 3) mit den Komponenten 'Communication Interface', 'Station Manager', 'User Management' und 'Application'. Stationen, die als Domain Manager agieren, besitzen zusätzlich noch die Komponente 'Domain Management'.

Die wichtigste Komponente ist der Station Manager. Er kennt alle Attribute der Station und agiert als Schnittstelle zu den Applikationen. Zusammen mit dem Domain Manager ist er für das Konfigurations- und Resource-Management zuständig. Außerdem verfügt er über geeignete Protokolle und Dienste, um die Mobilität der Station zu unterstützen.

Das Communication Interface bildet die Schnittstelle zu dem unterliegenden Kommunikationssystem (Funk-LAN, Modacom, Ethernet,..). Desweiteren erfolgt die Anpassung an dessen spezielle Eigenschaften wie etwa häufige Unterbrechungen bei drahtlosen Systemen durch Funkschatten oder besonders lange Übertragungszeiten.

Stationen, die die Funktion des Domain Managers wahrnehmen, enthalten zusätzlich das Domain Management. Im Prinzip kann jede Station als Domain Manager agieren. In konkreten Realisierungen wird diese Aufgabe jedoch bevorzugt von leistungsfähigen Festnetzrechnern wahrgenommen.

Das Application-Management ist zuständig für die Unterstützung der Anwendungen. Dies wird besonders wichtig, wenn diese ad-hoc Arbeitsgruppen beinhalten oder auf Grund der Mobilität höchst dynamisch sind.

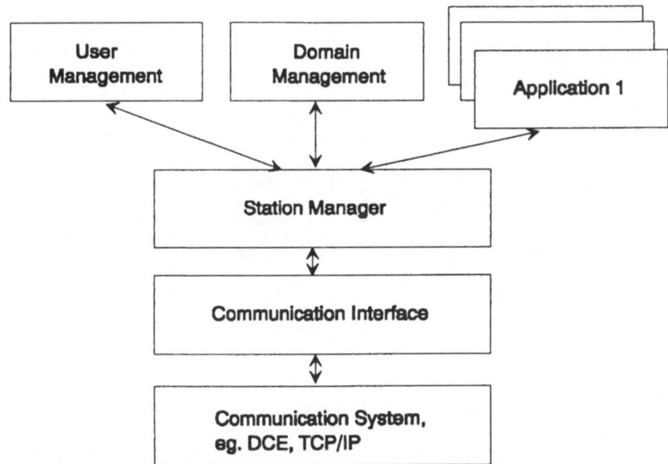

Bild 3: Innere Struktur einer Station von MOBI-DICK.

3.3. Sicherheitsaspekte

Sicherheitsaspekte spielen in zukünftigen Systemen eine bedeutende Rolle, insbesondere wenn drahtlose Kommunikationssysteme eingesetzt werden. Innerhalb einer Domain sind der Station Manager zusammen mit den Domain Manager für Sicherheitsaspekte zuständig. Bei Anwendungen, die sich über mehrere Domains erstrecken, sorgt zusätzlich der Communication Port für die Inter-Domain-Sicherheit. Wichtige Punkte sind Identifikation und Authentifikation sowie das Schlüsselmanagement. Ein Satz von Sicherheitsdiensten ist als integraler Bestandteil von MOBI-DICK vorhanden und steht damit allen Applikationen zur Verfügung. Darauf aufbauend können weitere anwendungsspezifische Sicherheitsdienste realisiert werden.

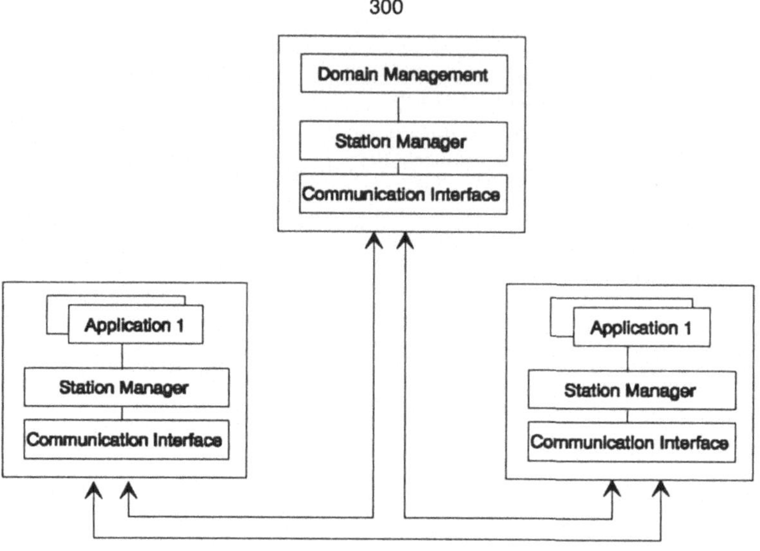

Bild 4: Kommunikation zwischen zwei Stationen unter Nutzung des Domain Managers.

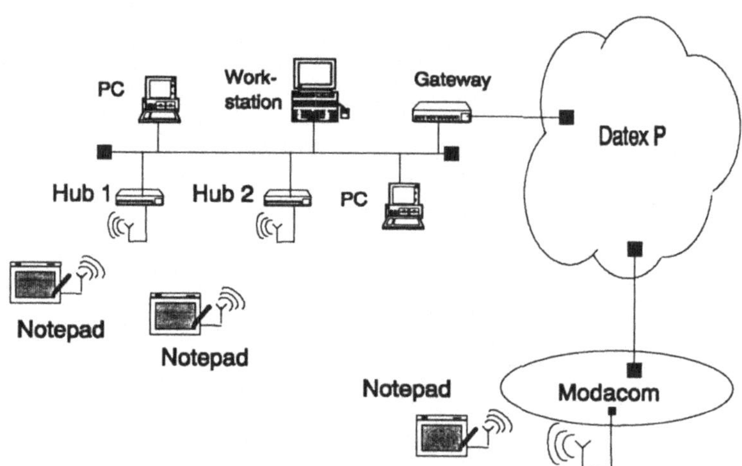

Bild 5: Konfiguration des Testsystems.

3.4. Szenario mit MOBI-DICK

Ein kurzes Szenario soll das Konzept von MOBI-DICK verdeutlichen. Ein User schaltet seinen Rechner ein und startet MOBI-DICK. Die einzelnen Systemkomponenten von MOBI-DICK werden aktiv. Die neue Station sucht nach einem Domain Manager und wird mit dessen Zustimmung Mitglied in der Domain. Der Domain Manager informiert die neue Station über den aktuellen Status der Domain. Damit weiß sie, welche anderen Stationen erreichbar, welche Dienste (Druckerdienste, Datenbank Server) vorhanden und welche

Applikation gerade aktiv sind. Gerät der mobile Rechner, während er aktiv ist, in einen Funkschatten, so kümmern sich Station Manager und Domain Manager gemeinsam darum, daß die Applikation nach der Unterbrechung ohne Probleme weiterarbeiten kann.

Bewegt sich der mobile Teilnehmer von einer Domain in eine andere, so wird er weitergereicht (Handover). Neben dem Handover durch das Kommunikationssystem tauschen die beiden Domain Manager Informationen über den User, die Station und ihre Attribute aus. Damit ist die Voraussetzung für Resourcen-Transparenz geschaffen. Für den User ist keine Neukonfiguration notwendig.

3.5. Testsystem

Im Daimler-Benz Forschungszentrum Ulm realisieren wir zur Zeit ein auf MOBI-DICK basierendes System. Bild 5 zeigt die Konfiguration dieses Systems. Für die drahtlose Kommunikation verwenden wir sowohl ein Funk-LAN als auch Modacom als paketorientiertes Weitverkehrsfunknetz. Damit lassen sich verschiedene Konfigurationen für unterschiedlichste Anwendungen nachbilden. Zur Kommunikation zwischen den einzelnen Stationen verwenden wird den Remote Procedure Call (RPC) des Distributed Computing Environment (DCE) der OSF (Open System Foundation) [8]. Der RPC seinerseits verwendet TCP/IP oder UDP/IP. Der Einsatz von DCE bietet sich aus mehreren Gründen an. So gibt es deutliche Übereinstimmungen bei der Systemarchitektur. Außerdem glauben wir, einige DCE-Dienste wie das verteilte File-System, den Zeit-Service, den auf Kerberos basierenden Security Service und den Directory Service für MOBI-DICK nutzen zu können.

4. Zusammenfassung

Zukünftige informationstechnische Systeme werden Mobilität als einen normalen Systembestandteil unterstützen. Hierzu ist eine umfassende Systemarchitektur notwendig. Es genügt nicht, nur die Festnetzverbindungen durch ein drahtloses Kommunikationssystem zu ersetzen. Unseren Kollegen im Projektteam M. Offergeld, R. Hinz, D. Grill, and R. Kroh möchten wir für ihre Arbeit und Unterstützung danken.

5. Literaturverzeichnis

[1] N. Diehl: Mobile Computing - von den Komponenten zur Systemintegration, ITG Fachtagung 'Herausforderungen der Informationstechnik', VDE-Verlag 1994.
[2] B.R. Badrinath, T Imielinski,: Location Strategies for Personal Communications Networks; Workshop on Networking of Personal Communications Applications, 1992.
[3] M. Mouly, M.-B. Pautet: The GSM System for Mobile Communications; 1993.
[4] J. Ioannidis, D. Duchamp, G.Q. Maguire: IP-based Protocols for Mobile Internetworking; SIGCOMM 91, 1991, pp. 235 - 245.
[5] IP-Mobility Support; IETF Internet Draft, March 1994.
[6] T. Imielinski, B.R. Badrinath: Data Management for Mobile Computing; ACM SIGMOD Record, Vol. 22, No. 1, pp. 34-39, 1993.
[7] M. Satyanaryanan et. al.: Experience with Disconnected Operation in a Mobile Computing Environment; Proc. of 1993 USENIX Symp. on Mobile and Location-Independent Computing, 1993.
[8] Open Software Foundation: Introduction to OSF DCE; Prentice Hall, 1992.

Verfahren zur Performance-Erhöhung in Workstation-Clustern

Djamshid Tavangarian, Gunther Hipper, Michael Klein, Michael Koch
FernUniversität Hagen, Technische Informatik II
Postfach 940, 58084 Hagen

Kurzfassung

Die Anforderungen, die die Benutzer bzw. die Anwendungen an die Rechenleistung einer Workstation stellen, wachsen in vielen Bereichen schneller als die Rechenleistung der zur Verfügung stehenden Workstations. In diesem Beitrag werden auf der Basis einer systematischen Untersuchung drei Konzepte vorgeschlagen, um Anwendungen in einem derartigen Cluster zu beschleunigen. Dies sind, neben der Möglichkeit einige Maschinen im Cluster durch den Einsatz spezieller Hardware sowohl für allgemeine als auch für spezielle Aufgaben zu qualifizieren, Verfahren zur nebenläufigen Ausführung von Applikationen in einem Workstation-Cluster. Aus ihnen wird das dritte Konzept, eine neue Cluster-Architektur mit einem Netzwerk speziell für Aufgaben mit hohen Leistungsanforderungen abgeleitet.

1 Einleitung

Die zunehmende Komplexität der Softwareprodukte verlangt eine dauernde Anpassung der Rechen- und Speicherkapazitäten an die Anforderungen der Software. Eine Aufrüstung existierender Rechner ist jedoch nicht in jedem Falle möglich, so daß vielfach ein Austausch des kompletten Systems notwendig wird, was u.U. mit erheblichen Kosten verbunden ist. Außerdem treten häufig Probleme bei der Integration neuer Maschinen in eine vorhandene Umgebung auf (z.B. neue Rechnerarchitektur, geändertes Betriebssystem etc.).

Auf der anderen Seite werden die Rechner einer Arbeitsgruppe nicht nur für komplexe Programme verwendet, sondern z.B. auch für einfache Editieraufgaben. In diesem Fall ist eine Workstation (WS) nur wenig belastet. Die Rechner einer Arbeitsgruppe sind normalerweise durch ein lokales Netzwerk (LAN) zu einem sogenannten Workstation-Cluster (WS-Cluster) verbunden. Dies ermöglicht den Datenaustausch zwischen den einzelnen Maschinen und den Zugriff auf gemeinsame Ressourcen (Platten, Drucker).

Versucht man die Rechner eines Clusters für die nebenläufige Ausführung von Anwendungen zu nutzen, so stehen diesen Anwendungen fast die gesamten Rechen- und Speicherkapazitäten der Einzelrechner zur Verfügung. Um eine Anwendung in einem WS-Cluster nebenläufig ausführen zu können, müssen verschiedene Voraussetzungen erfüllt sein. Auf der einen Seite muß die Applikation zu verteilen sein, d.h. sie läßt sich in Module zerlegen, die im Cluster verteilt werden. Auf der anderen Seite ist ein Management vorzusehen, um derartige Applikationen zusammen mit anderen Aufgaben zu verwalten.

In dieser Arbeit werden Verfahren untersucht, wie Anwendungen in einem vorhandenen WS-Cluster effizienter ausgeführt werden können. Dazu werden die folgenden drei Konzepte vorgeschlagen:
- Qualifizierung einzelner Maschinen zur Lösung allgemeiner und spezieller Aufgaben.
- Nebenläufige Ausführung von Anwendungen im WS-Cluster.
- Nebenläufige Ausführung von Anwendungen im WS-Cluster unter Ausnutzung der erhöhten Kommunikationsbandbreite, die durch eine spezielle Netzwerkarchitektur (CNA) zur Verfügung gestellt wird.

2 Koprozessoren und Hardware-Beschleuniger

Eine Möglichkeit zur Steigerung der Performance in einem Workstation-Cluster ist die Qualifikation einer einzelnen Station für die Akzeleration von Anwendungen, d.h. diese Station wird durch zusätzliche Hardware für spezielle Aufgaben erweitert. Diese Hardware steht normalerweise nur dem lokalen Benutzer zur Verfügung. In der Client-Server-Umgebung eines WS-Clusters kann sie aber auch von Rechnern anderer Benutzer im Cluster zur Lösung von bestimmten Aufgaben herangezogen werden.

Eine derartige Erweiterung besteht z.B. aus Koprozessoren und/oder Hardware-Beschleunigern. Dabei werden als Koprozessoren in diesem Umfeld nur solche verstanden, deren Leistung nicht auf die lokale WS begrenzt ist. Ein grafischer Koprozessor, der nur für den Bildaufbau der eigenen Maschine zuständig ist, wird hier nicht betrachtet. Typische Beispiele für Koprozessoren sind mathematische Koprozessoren, digitale Signalprozessoren, Kommunikationskoprozessoren, etc. Die Steuerung der Koprozessoren erfolgt durch den Rechner, der die Erweiterung enthält. Auf den Koprozessoren läuft ein minimales Betriebs-system, das die notwendigen Funktionen zur Bereitstellung von Server-Diensten beinhaltet.

Eine weitere Qualifizierung wird durch den Einsatz von spezialisierter Hardware erreicht. Dabei kommen Schaltungen zum Einsatz, die eine spezielle Funktion darstellen. Diese Funktion kann festverdrahtet oder programmierbar sein. Im Falle der Programmierbarkeit des Systems ist eine flexible Anpassung an unterschiedliche Anwendungen möglich. Für diese Art spezialisierter Hardware sind wiederprogrammierbare FPGAs[1] hervorragend geeignet. Die Funktionsweise einer programmierbaren spezialisierten Hardware wird hier an einem Beispiel aus dem Bereich der Simulation digitaler Schaltungen erläutert.

In diesem Fall wird die spezialisierte Hardware verwendet, um die Antwortzeiten bei der Simulation von digitalen Schaltungen in der Hardware-Beschreibungssprache VHDL[2] zu verringern [LRM87]. Normalerweise werden die Komponenten einer digitalen Schaltung für die Simulation durch Softwaremodelle nachgebildet. Im Falle eines Hardware-Beschleunigers werden rechenintensive Teile des Schaltungsmodells während der Simulation nicht durch Software berechnet, sondern auf die spezialisierte Hardware abgebildet. Der Simulator liefert die notwendigen Stimuli an die Hardware, die Hardware bearbeitet sie und liefert die Ergebnisse zur Weiterverarbeitung an den Simulator zurück.

Im Rahmen eines unserer Vorhaben wurde eine SUN-Workstation für die oben angegebene Simulationsaufgabe erweitert. Dabei wird die Workstation als Wirtsrechner verwendet, die FPGAs werden über den internen Bus der WS, den SBUS der Firma SUN, angesteuert.

Bei den eingesetzten FPGAs handelt es sich um Bausteine der Firma XILINX [XIL93], die für die jeweiligen Komponenten individuell konfiguriert werden können. Die dazu benötigten Daten werden in einer Initialisierungsphase vom Wirtsrechner an den Hardware-Beschleuniger übertragen. Ein FPGA steuert dabei die Kommunikation zwischen dem Wirtsrechner und dem Beschleuniger, die Konfiguration der zur Speicherung der Modelle verwendeten FPGAs und den Ablauf der Simulation. Für die Simulation stellt er Register zur Speicherung der Stimuli und der Simulationsergebnisse zur Verfügung (Abb. 1).

Die Simulation gliedert sich in folgende Schritte:
- Abbilden der VHDL-Modelle auf die Komponenten der Simulationsbibliothek.
- Laden der benötigten Modelle in den Hardware-Beschleuniger.
- Simulieren der Modelle durch Übergabe der Stimuli an den Beschleuniger.
- Verarbeiten der Ergebnisse.

---

1. Field Programmable Gate-Arrays
2. Very high speed integrated circuits Hardware Description Language

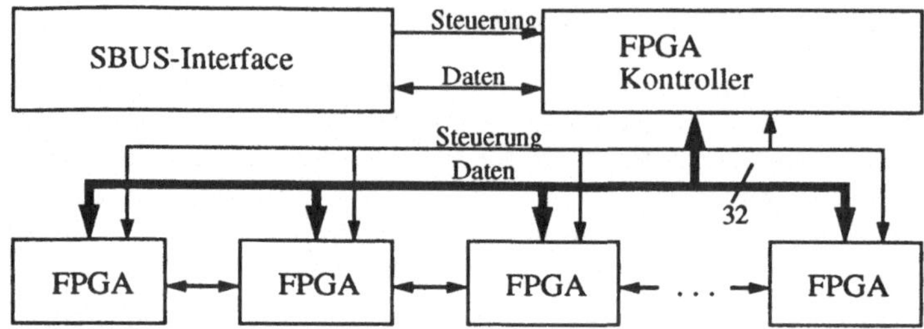

Abbildung 1: Struktur des SBUS-Hardware-Beschleunigers

Die für die Simulation notwendige Bibliothek kann den Anforderungen entsprechend ergänzt werden. Es ist möglich, geänderte oder neue Simulationsmodelle in die FPGAs zu laden. Dazu werden die Modelle mit der XILINX Entwicklungsumgebung erstellt. Das Laden der Modelle geschieht zur Laufzeit über den SBUS. Nach der Konfiguration ist der Hardware-Beschleuniger betriebsbereit und liefert, entsprechend den angelegten Stimuli, die Ergebnisse an den Simulator zurück.

Ein erster Prototyp, bestehend aus einem XILINX XC3064 als Kontroller und zwei XC3064 als Modellspeicher, hat folgende Resultate geliefert:

Gatter	~3000	~6000	~9000
Speedup	1.47	2.92	4.58

Tabelle 1: Ergebnisse der Simulation mit Hardware-Beschleuniger

Die angegebenen Werte gelten für die Simulation inklusive des Ladens der Simulationsmodelle. Es ist zu erkennen, daß die Beschleunigung der Simulation stark von der Größe des Simulationsmodells abhängt. Eine Simulation mit Hilfe der speziellen Hardware ist erst sinnvoll, wenn die Berechnungszeiten für das Schaltungsmodell die Zeiten für die Verwaltung der Simulationsereignisse übersteigen. Wenn dieser Punkt erreicht ist, ergeben sich proportionale Speedup-Werte (Tabelle 1, Spalte 2 & 3). Bei großen Modellen lassen sich weit höhere Speedups erreichen. Dabei ist jedoch die Zeit für das Erstellen des FPGA-Modells zu berücksichtigen.

Mit den zur Zeit existierenden FPGAs ist ein System mit bis zu 200000 Gatterfunktionen (8 XC4025) auf Basis einer einzelnen SBUS-Erweiterung realisierbar. Ein derartiges System würde z.B. die Simulation der Kommunikation zwischen mehreren Kommunikationskoprozessoren ermöglichen [HTK94]. Bei einer solchen Komplexität liegen die Simulationszeiten (Rechenzeiten für das Modell) weit über der Zeit für das Erstellen des FPGA-Modells.

Da die Funktionen des Systems frei programmierbar sind, ist der Anwendungsbereich nicht auf die Berechnung von VHDL-Modellen beschränkt. Entsprechend den Anforderungen kann der Hardware-Beschleuniger außerdem sowohl als Beschleuniger für eine Applikation, z.B. durch das Auslagern eines häufig durchlaufenen Moduls in die Hardware (Bildverarbeitung (JPEG-Komprimierung) etc.), als auch als Spezial-Koprozessor verwendet werden. In diesem Fall werden komplexe Befehle, die von verschiedenen Applikationen benötigt werden, in die Hardware ausgelagert (z.B. DSP, Arithmetik, assoziative Operationen, Speichertests etc.).

Durch die Verwendung des SBUS findet eine vollständige Integration der spezialisierten Hardware in die Workstation-Umgebung statt. Es sind keine externen Anschlüsse bzw. Konfigurationsschalter mehr notwendig. Die Ansteuerung des Hardware-Beschleunigers geschieht vollständig auf Hochsprachenebene. Für die Konfiguration und die Simulation benötigt der Anwender keine speziellen Zugriffsrechte.

3 Parallelverarbeitung in einem Workstation-Cluster

Eine wesentliche Leistungssteigerung wird im Bereich der Arbeitsplatzrechensysteme durch den Übergang von Einzel- zu Multiprozessorsystemen erreicht. Komplexe Aufgaben können durch die Kooperation von Prozessoren in einem Multiprozessorsystem effizienter als mit einem einzigen Prozessor bearbeitet werden. Es werden bereits mehrere Prozessoren als symmetrisches Multiprozessorsystem in eine einzelne WS integriert. Aktuelle Multiprozessorworkstations sind meist als Shared-Memory-Architektur ausgelegt und bieten mit geeignetem Betriebssystem und entsprechenden Applikationen dem Benutzer der WS eine erheblich gesteigerte Rechenleistung an.

Eine andere, bei massiv parallelen Rechnerarchitekturen eingesetzte Möglichkeit zur Realisierung von Multiprozessorsystemen sind Distributed-Memory-Architekturen [TRE88]. Ein solches Multiprozessorsystem mit einem verteilten Speicher besitzt drei wesentliche Komponenten. Die erste Komponente sind die Knotenrechner. Hierzu gehören die im Knoten enthaltenen Prozessoren und der lokale Speicher. Das Verbindungsnetzwerk versieht als zweite Komponente die einzelnen Prozessoren mit der Fähigkeit zur Kommunikation, da die Prozessoren untereinander Daten austauschen müssen um gemeinsam eine Anwendung zu bearbeiten. Weiterhin werden Softwarekomponenten benötigt, die die Kommunikation der Prozessoren untereinander steuern. Hierzu gehören z.B. Treiber für die Anbindung der Schnittstellen an das Betriebssystem der Prozessoren oder Bibliotheken mit Kommunikationsfunktionen.

Ein WS-Cluster enthält durch die einzelnen WSs als Knotenrechner und durch das LAN (Ethernet, Token Ring, FDDI oder ATM) zwischen den WSs bereits alle Hardware-Komponenten, die für eine Distributed-Memory-Multiprozessorarchitektur benötigt werden. Auf diese Weise lassen sich durch das Zusammenfassen der Rechenleistung einzelner WSs zu einem Multiprozessorsystem Aufgaben lösen, die für eine einzelne WS zu komplex sind. Zu den Ressourcen, die das bei WSs gängige Betriebssystem UNIX zu Verfügung stellt, gehören auch Kommunikationsdienste [LMK92]. Zur Vereinfachung der Programmierung eines Clusters als nebenläufiges System werden Programmbibliotheken hinzugefügt, so daß die Kommunikation zwischen den WSs nicht mehr direkt auf der Ebene des Betriebssystems realisiert wird. Es existieren bereits Programmpakete, wie z.B. PVM [GSU93], die eine Bibliothek von Funktionen zum Datentransfer und zur Synchronisation innerhalb des Clusters zu Verfügung stellen. Eine hersteller- und architekturunabhängige Normung dieser Kommunikationsaufrufe soll durch das Message-Passing-Interface [MPI94] erreicht werden.

Die Leistungsfähigkeit eines WS-Clusters wird von den obigen Komponenten bestimmt, d.h.
- von den Daten der WSs im Cluster (Leistungs- und Lastfaktor, Speichergröße etc. [TAV94]),
- von der Leistung des Verbindungsnetzwerks zwischen den Workstations (Bandbreite des Netzes, Latenzzeit vor Beginn der Kommunikation, Overhead durch Protokolle etc.) und
- von der Qualität der Compiler und der Anbindung der Kommunikation an die WS.

Hinzu kommen weitere, von der jeweiligen Anwendung abhängige Faktoren. Die Kooperation von mehreren WSs bei der Bearbeitung einer Anwendung erzeugt neben der Rechenlast auf den WSs auch eine Kommunikationslast auf dem LAN des Clusters. Beide Lasten bestimmen die Bearbeitungszeit der verteilten Anwendung im Cluster. Die Wechselwirkung zwischen Kommunikationslast, Rechenlast und der Bearbeitungszeit kann durch ein Beispiel verdeutlicht werden. Bei der Simulation eines Mikroprozessors auf Gatterebene in der Hardware-Beschreibungssprache VHDL [KTA94] wird zuerst das Modell partitioniert. Hierzu kann entweder eine grobe Partitionierung (z.B. nach Funktionsblöcken wie CPU, FPU, RAM) oder eine feine Partitionierung (jeder Prozessor simuliert nur einige einzelne Gatter) gewählt werden. Bei einer feinen Partitionierung des Modells ist eine erheblich höhere Kommunikationsleistung notwendig, um die sich ändernden Daten bzw. Signale innerhalb des

Clusters mitzuteilen. Hierfür sinkt entsprechend die Rechenlast einer WS und es werden weitere WSs benötigt. Bei einer groben Unterteilung des Modells, wie in Abb. 2 dargestellt, ist weniger Kommunikation notwendig. Nur Signaländerungen an den Schnittstellen der großen Blöcke (A-D) müssen im Cluster bekanntgemacht werden. Veränderungen in den Blöcken sind lokal auf einer WS und erfordern keine Kommunikation. Die Rechenlast der WS wird entsprechend höher.

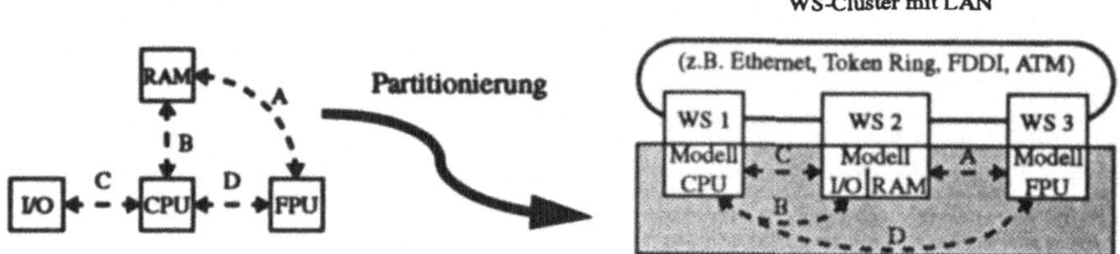

Abbildung 2: Partitionierung eines VHDL-Modells in einem WS-Cluster

Hieraus ergeben sich grundsätzliche Aspekte, die die zu verteilende Anwendung betreffen. Zuerst stellt sich die Frage nach Parallelisierbarkeit und Strukturierbarkeit der Anwendung, d.h. ob zur Lösung eines Problems ein Algorithmus existiert, der durch parallele Operationen die Bearbeitung auf einem Multiprozessorsystem gegenüber einem sequentiellen System wesentlich beschleunigt. Dann folgt die Granularität der Anwendung, d.h. auf wie vielen Prozessoren kann die Anwendung sinnvoll parallel bearbeitet werden. Hierzu gehört auch die Vorlaufzeit zum Starten der Programme auf allen Prozessoren. Bei einer kurzen Laufzeit des Programms kann diese Vorlaufzeit die eigentliche Bearbeitungszeit übersteigen, wie in Abb. 3 dargestellt. Schließlich ist der Kommunikationsbedarf des Algorithmus zu betrachten, d.h. wieviel Datenaustausch zwischen einzelnen WSs das Problem während der parallelen Ausführung erfordert. Es existieren Algorithmen, bei denen die Komplexität der Kommunikation an die Komplexität der Berechnung heranreicht oder sogar höher ist [QUI88].

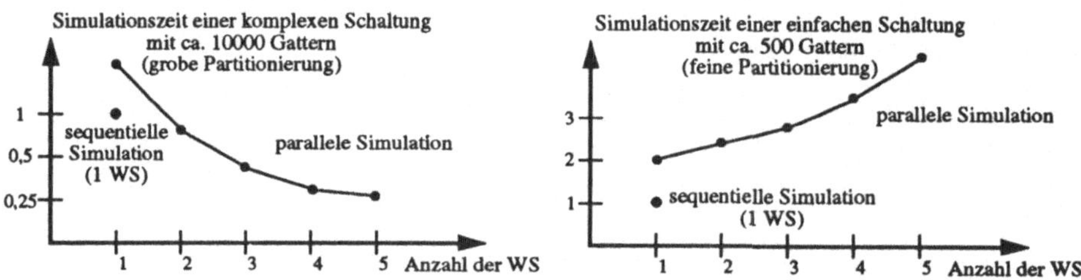

Abbildung 3: Simulationszeiten bei grober und feiner Partitionierung

Bei WS-Clustern liegt eine wesentliche Schwachstelle im Kommunikationssystem. Werden Programme nebenläufig bearbeitet, so kann der Kommunikationsaufwand zwischen einzelnen WS während der Ausführung eines feingranularen Programms sehr groß sein. Das Netzwerk, das die WSs verbindet, ist jedoch nur darauf ausgelegt, Programme und Daten zwischen den Servern und anderen WSs als Clients auszutauschen. Der dafür bereitgestellte Durchsatz von 10 Mbit/s bis 200 Mbit/s ist hierfür ausreichend groß. Werden jedoch ständig Daten während der Programmlaufzeit zwischen WSs innerhalb des Clusters ausgetauscht, so kann das Netz überfordert werden und die für einen Datenaustausch notwendige Zeit drastisch ansteigen. Als Folge der Kommunikation entstehen Prozessorwartezeiten durch Warten auf Teilergebnisse anderer Prozessoren. Sehr effizient einzusetzen sind daher Algorithmen, die nur wenig Kommunikation erfordern. Hierzu gehören Probleme, die sich gut mit einem Single-Program-Multiple-Data-Modell (SPMD) lösen lassen, z.B. Fraktale, Monte-Carlo-Simulationen [GEN93], oder Fehlersimulationen [KTA93]. Auf allen Knoten des WS-Clusters wird hierbei das gleiche Programm mit einem jeweils anderen Datensatz abgearbeitet. Daher belasten nur die anfängliche Verteilung der Aufgaben sowie die Kumulation der Ergebnisse das LAN. Der datenparallele SPMD-Ansatz kann mit einer SIMD-Architektur verglichen werden, da hier auf jedem Prozessor ein identisches Programm mit anderen Datensätzen abgearbeitet wird.

4 High Performance Computing mit Hilfe einer nebenläufigen Netzwerkarchitektur

Im ersten Teil dieses Beitrages wurde gezeigt, wie Applikationen durch den Einsatz eines Koprozessors effizient beschleunigt werden können. Im Gegensatz zu diesem Parallelismus innerhalb einer Workstation zeigte der zweite Teil die Möglichkeit auf, die Workstations in einem Netzwerk nebenläufig arbeiten zu lassen. Die Anzahl der in einem solchen Cluster vorhandenen Rechner kann nahezu beliebig erhöht werden. Dabei kann sich aber das vorhandene Netzwerk zu einem Flaschenhals entwickeln und eine effiziente Ausführung von kommunikationsintensiven Applikationen verhindern.

Dieser Abschnitt stellt die "Concurrent Network Architecture - CNA" [TKH94] vor, bei der es sich um ein neues Konzept zur Erhöhung der Kommunikationbandbreite in einem WS-Cluster handelt. Bei dieser Cluster-Architektur wird der Parallelismus auf das Verbindungsnetzwerk ausgedehnt. Durch den Einsatz einer solchen Topologie, mit mehreren unabhängigen Kommunikationskanälen, wird die Gesamtkommunikationsbandbreite des Systems erhöht. Dadurch können zum einen nebenläufige Anwendungen effizienter bearbeitet werden, zum anderen werden aber auch neue Wege der Parallelverarbeitung in WS-Clustern eröffnet. Die vorgestellte Architektur läßt sich in die Lücke zwischen den massiv parallelen Multiprozessorsystemen und den traditionellen WS-Clustern mit nur einem Kommunikationskanal einordnen.

Die zu einem CNA-Cluster gehörigen WSs sind in einem n-dimensionalen Feld angeordnet, wobei jeder Rechner genau n Schnittstellen besitzt. Die Anzahl der verfügbaren Kommunikationskanäle berechnet sich dann zu:

$$K(n) = \sum_{\substack{j=1 \\ i \neq j}}^{n} \prod_{i=1}^{n} w_i$$

In dieser Formel ist w_i ist die Anzahl der Workstations in jeder Dimension.

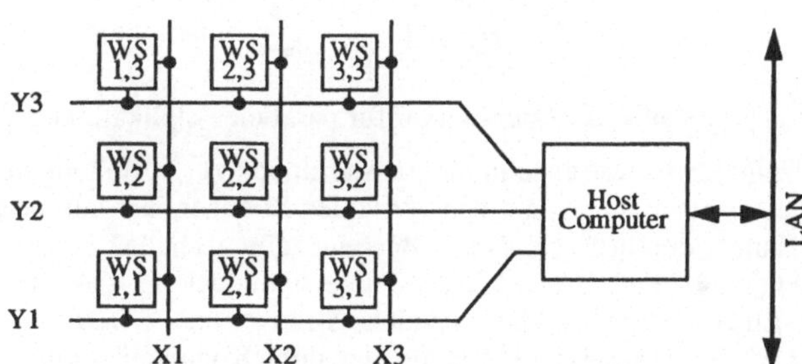

Abbildung 4: Zweidimensionales WS-Cluster mit CNA-Struktur und Hostcomputer

Abb. 4 zeigt eine solche, aus neun Workstations bestehende, zweidimensionale Anordnung mit sechs unabhängigen Netzwerksträngen ($w_1=w_2=3$). Dieses Cluster wurde zu Experimentierzwecken aus PCs mit dem UNIX-kompatiblen Betriebssystem Linux aufgebaut. Für die Verbindungsnetzwerke wurde dabei Standard-Ethernet gewählt. Zum Management des Clusters und zur Verteilung von Applikationen, sowie als Benutzerschnittstelle wird ein

Hostcomputer eingesetzt. Dieser Rechner ist mit allen drei horizontalen Ethernet-Strängen verbunden, wodurch eine Verteilung der Datenströme zwischen dem Cluster und dem Host erreicht wird. Um den Zugang zum Cluster für mehrere Benutzer zu gewährleisten, besitzt der Host einen weiteren Netzwerkanschluß, durch den er mit einem bestehenden LAN verbunden werden kann.

Eine solche CNA-Struktur bietet dem Systemdesigner weitreichende Skalierungsmöglichkeiten verschiedener Komponenten. Bei den Knotenrechnern kann eine Auswahl von einfachen Monoprozessorrechnern bis hin zu schnellen Multiprozessorsystemen getroffen werden. Durch das Hinzufügen von Zeilen oder Spalten von Workstations kann die verfügbare Rechenleistung erhöht werden. Da bei der Erweiterung um eine Spalte oder Zeile auch ein weiterer Netzwerkstrang hinzukommt, wächst die Systembandbreite implizit mit. Wird auch noch die Dimension des Clusters erhöht, so steigt die Systembandbreite ebenfalls an. Dieses verdeutlicht das folgende Beispiel: Soll in dem System aus Abb. 4 die Anzahl der Rechner verdoppelt werden, so läßt sich entweder ein zweidimensionales 3x6 Cluster, oder ein dreidimensionales 3x3x2 Cluster aufbauen. Im ersten Fall stünden nach der Erweiterung neun und im zweiten Fall 15 Kommunikationsstränge zur Verfügung.

Da bei der CNA zunächst keine Annahme über das Übertragungsmedium gemacht wird, kann der Systementwickler aus einer Palette von Medien wählen, die vom einfachen Ethernet bis hin zu schnellen FDDI- oder ATM-Systemen reicht. Somit ist auch auf der Netzwerkebene eine flexible Skalierungsmöglichkeit gegeben.

Neben dem Einsatz als reiner Parallelcomputer eröffnet die CNA weitere Möglichkeiten des parallelen Rechnens in WS-Clustern. Ein Beispiel hierfür ist der Einsatz des Clusters als Batch-Server für parallele Anwendungen, die bereits heute auf traditionellen Clustern in einer akzeptablen Zeit laufen. Abb. 5 zeigt, wie eine mögliche Verteilung solcher Anwendungen in einem zweidimensionalen Cluster aussehen könnte.

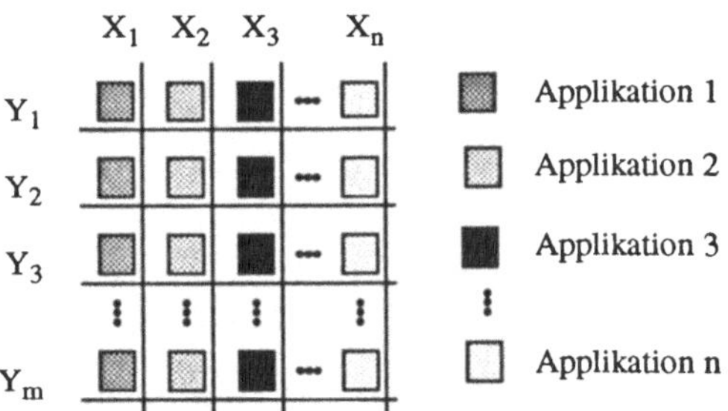

Abbildung 5: Einsatz der CNA als Batch-Server für parallele Applikationen

Während die horizontalen Netzstränge in dieser Anordnung zur Verteilung der Applikationen dienen, können diese Anwendungen auf den vertikalen Strängen ihre interne Kommunikation unabhängig voneinander durchführen. Dieses Beispiel zeigt auch, daß es sinnvoll sein könnte, die Netzwerke innerhalb eines CNA-Clusters unterschiedlich zu gestalten. So könnte in diesem Beispiel Ethernet für die horizontalen Stränge und FDDI auf den vertikalen Kommunikationskanälen eingesetzt werden, um eine hohe Kommunikationsleistung innerhalb der Applikationen zu erreichen.

Die ersten Erfahrungen mit CNA-Clustern haben gezeigt, daß bestehende Werkzeuge zur Softwareentwicklung in WS-Clustern, wie z.B. PVM [GSU93], eingesetzt werden können. Damit läßt sich jedoch die Architektur nicht vollständig ausnutzen. So ist z.B. eine gezielte Ausnutzung der einzelnen Netzwerkstränge unter PVM sehr umständlich. Daher werden zur Zeit spezielle Werkzeuge und Bibliotheken entwickelt, die auf eine allgemeine CNA zugeschnitten sind. Dazu gehören auch Tools zum Betrieb und Management von CNA-Clustern. Diese Tools haben unter anderem die Aufgabe, den verschiedenen Applikationen verschiedene Ressourcen zuzuteilen und damit auch die Anwendungen im Cluster zu verteilen. Dabei sind insbesondere Inhomogenitäten, z.B. Workstations mit unterschiedlichen Leistungen oder verschiedene Netzwerke, zu berücksichtigen.

5 Zusammenfassung

Die Lösung komplexer Aufgaben stellt hohe Anforderungen an die verwendeten Rechnersysteme. Um die Ressourcen eines bestehenden Workstation-Clusters besser ausnutzen zu können gibt es verschiedene Ansätze. Einerseits können vorhandene Workstations durch Koprozessoren oder Hardware-Beschleuniger effizient für rechenintensive Aufgaben, wie z.B. umfangreiche Simulationen in einer Hardware-Beschreibungssprache, qualifiziert werden. Anderseits läßt sich der vorhandene WS-Cluster zur Lösung komplexer Aufgaben einsetzen, die die Leistungsfähigkeit bzw. die Speicherkapazitäten einer einzelnen Workstation übersteigen. Dabei wird die Aufgabe auf verschiedene Maschinen im Netz verteilt und nebenläufig bearbeitet. Probleme können auftreten, wenn die nebenläufige Bearbeitung eine starke Kommunikation in Netz benötigt oder gleichzeitig mehrere nebenläufige Anwendungen ausgeführt werden sollen. Diese Probleme können in vielen Fällen durch den Einsatz der "Concurrent Network Architecture" umgangen werden. Mit dieser Architektur steigt die Kommunikationsbandbreite mit der Anzahl der Workstations im Cluster an, so daß eine natürliche Skalierung gegeben ist.

Unsere zukünftigen Projekte beschäftigen sich daher mit dem Aufbau und der Administration derartiger Architekturen sowie der Implementierung von System- und Anwendungsprogrammen.

6 Literatur

[GEN93] Gentzsch, W.: "Batch- und Parallel-Computing im Workstation-Cluster", Tutorial APS'93, D. Tavangarian, H. Bähring, Hrsg., VDE-Verlag 1993
[GSU93] Geist, G. A., Sunderam, V. S.: "The Evolution of the PVM Concurrent Computing System", COMPCON Spring 93, San Francisco, IEEE Computer Society Press
[HTK94] Hipper, G., Tavangarian, D., Koch, M.: "The Architecture of the ASTRA-Multi-Processor Communication System", Int. Conf. on Intelligent Information Management Processing (ISMM), Washington 1994
[KTA93] Koch, M., Tavangarian, D.: "Akzeleration von Simulationsanwendungen in einem Workstation-Cluster", APS'93, VDE-Verlag 1993
[KTA94] Koch, M., Tavangarian, D.: "Distributed VHDL Simulation within a Workstation Cluster", 27th Hawaii International Conference on System Sciences, HICSS, 1994
[LMK92] Leffler, S. J., McKusick, M. K., Karels, M. J., Quartermann, J. S.: "The Design and Implementation of the 4.3 BSD UNIX Operating System", Addison-Wesley 1992
[LRM87] IEEE Std 1076-1987 VHDL Language Reference Manual, New York, 1988
[MPI94] "MPI : A Message-Passing Interface Standard, Message Passing Interface Forum", erhältlich über anonymous ftp, server ftp.netlib.org, Datei /mpi/mpi-report.ps.Z
[QUI88] Quinn, M. J.: "Designing Efficient Algorithms for Parallel Computers", McGraw-Hill 1988
[TAV94] Tavangarian, D.: "Hochleistungscomputing in Workstation-Clustern", VDE-Kongress 94 "Herausforderung Informationstechnik", München 1994
[TKH94] Tavangarian, D., Klein, M., Hipper, G., Koch, M.: "Parallel Computing in Workstation Clusters using a Concurrent Network Architecture", ISMM94, Washington 1994
[TRE88] Treleaven, P. C.: "Parallel Architecture Overview", Parallel Computing 8 (1988)
[XIL93] XILINX: "The Programmable Logic Data Book", 1993

Systematic Assessment
of Computer Systems Architectures

Günter Böckle

Hermann Hellwagner

ZFE ST SN 1
Siemens AG
Otto-Hahn-Ring 6
81739 München
Guenter.Boeckle@zfe.siemens.de
Hermann.Hellwagner@zfe.siemens.de

Abstract

Development, selection, and evolution of workstation architectures depend mainly on a comprehensive assessment of the architecture and its parts. Proper assessment of an architecture is a key to its success on the market. This paper presents a systematic method for system assessment which supports the user to make decisions explicit, allowing to find out later why which decisions were taken. The assessment process is reproducible and documented by a graphical representation of the most important aspects underlying architecture assessment: system architecture, assessment criteria, and system workload.

1 Introduction

The technical and economical success of a workstation architecture depends fundamentally on the assessment of its behaviour (e.g. performance) and functionality. A plethora of decisions leading to economical failures was based on deficient assessment. What are the goals we want to achieve by proper system assessment?

- A systematic procedure has to be enforced, replacing the common intuitive assessment and decision procedures.
- The main aspects determining an activity in the assessment process have to be made explicit for each step.
- The steps in the assessment process must be explicitly specified so that the process can be refined and optimized.
- Decisions must be made objective and replicable.
- A documentation of the assessment process and its results.

The assessment method described below tries to achieve all these goals.

2 The Basic Assessment Chart

The very first step in an assessment process is the explicit formulation of the assessment goal. What is it we want to derive from an assessment? Which decisions are to be made? Often the assessment goal formulation is poorly defined, e.g.: "Determine the performance of workstation X". But what measure of performance is asked for? What kind of architecture is actually the specific X we have to assess? What kind of application environment is intended for X?

We identified three basic aspects describing a step in the assessment process:

- *Architecture:* describes the system under consideration in the corresponding level of detail.

- *Criteria:* describe what we want to know as result of the assessment, according to the corresponding level of detail.

- *Workload:* characterizes the system's applications.

These three main categories for system assessment are depicted in the *delta chart* in figure 1. Although we have thus formulated the main aspects of an assessment problem, it is usually quite complex and cannot be solved immediately from this chart. The chart has to be refined by creating new and more concrete delta charts. A delta chart representing an assessment problem which can be solved by a corresponding activity is characterized inside by the method applied, e.g."Petri nets".

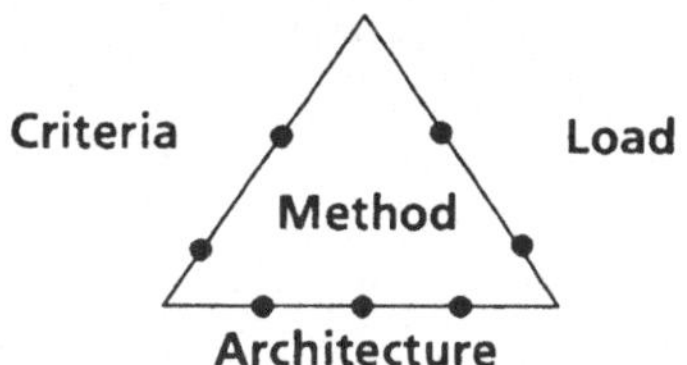

Figure 1: Representation of an Assessment Problem by a Delta Chart

3. The Assessment Process

3.1 Creating the Assessment Graph

The process of systematic assessment is described based on the example in figure 2, where the performance of a SINIX multiprocessor workstation has to be evaluated in order to decide upon several architectural alternatives.

In a first step we have to specify the initial delta chart characterizing the assessment task (figure 3).The architecture to be assessed is the multiprocessor workstation; the criterion to be determined in this example is the system's performance. This multiprocessor workstation is to be applied for database and office applications, thus the workload has to be determined accordingly.

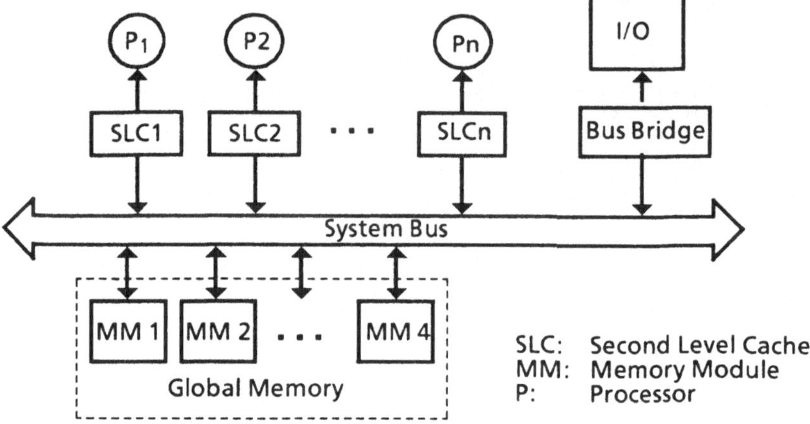

Figure 2: SINIX Multiprocessor Workstation to be Assessed

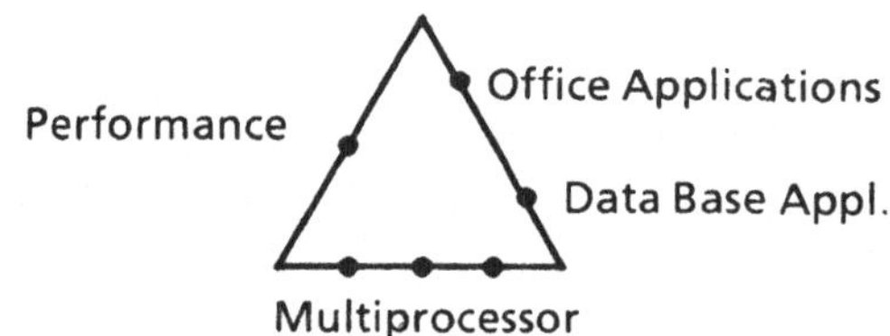

Figure 3: Multiprocessor Workstation, Initial Delta Chart

This formulation of the problem is still quite unspecific and not suited for applying an assessment method; the problem described in figure 3 has to be refined sufficiently, allowing the application of evaluation methods, e.g. simulation. The refinement is performed by creating additional delta charts.

For performing the assessment task we have to refine each edge of the triangle in figure 3. The architecture specification, "multiprocessor", is rather general; analyzing all features of a multiprocessor influencing performance is a rather costly and hardly manageable task; we better specify right at the beginning which architectural properties have actually to be measured or modeled. In this example, the architecture to be considered (i.e. multiprocessor) can be separated into three parts: the processors, the caches, and the bus (or busses); the other parts of the architecture, e.g. I/O, memory, and software are fixed. In the example, the processors' type is fixed, but their number is an architectural property (a parameter which may be changed) to be considered for the assessment. Thus, refining the first triangle yields the delta chart in figure 4. The architectural properties "#processors" and "bus architecture" are not considered here, while the other one, "cache architecture" will be refined. In this example, it is represented by two main architectural properties, "cache size" and "associativity". Thus, we get a new delta chart where the horizontal edge is tagged with "cache size" and "associativity". We consider "cache size" further and refine it as in figure 5 (chart 3), showing that the cache sizes relevant for the architecture considered are 1, 2, and 4 Megabytes.

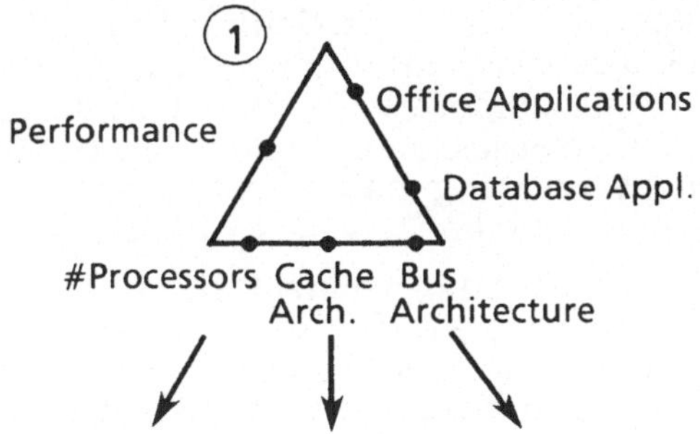

Figure 4: Multiprocessor Workstation, Refined Delta Chart 1

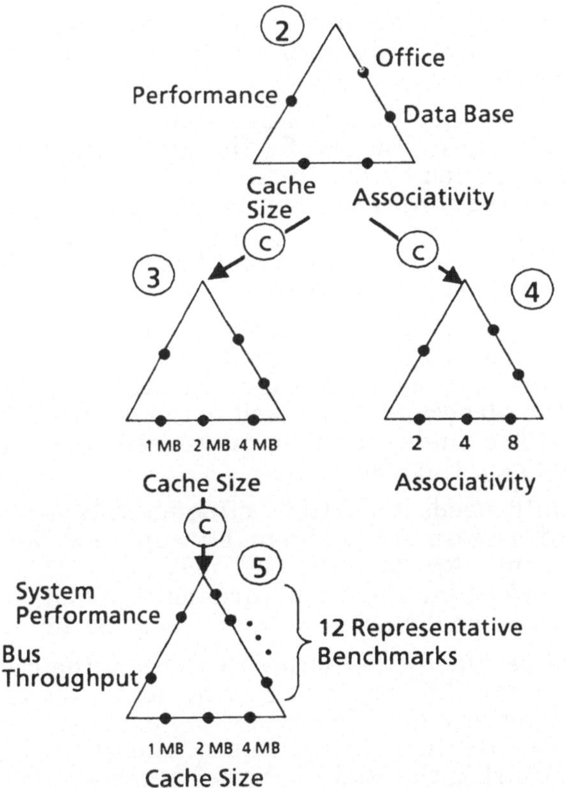

Figure 5: Multiprocessor Workstation, Assessment Graph, Part 1

Not only the architecture can (and needs to) be refined. The attribute "performance" on the criteria edge of our delta chart is quite general.

With respect to the architecture considered it might specify processor performance, system performance or other criteria. In this example, "system performance" and "bus throughput" are to be determined; only system performance is considered below. The load for representing office and database applications is chosen in the example as being composed of a set of benchmarks for each of these kinds of processing.

These examples demonstrate a particular kind of refinement: the *concretization*. Such a concretization may separate an architecture (or criteria or load) into one or more submodules, or it may choose a more concrete realization of an assessment aspect. The concretization refinement is continued by creating new charts until one or more delta charts are derived which can be "solved" by an assessment *method*.

In our example, we assume that we meet all requirements to create a Petri-net model of the caches which allows us to determine the system performance, the criterion needed for our assessment goal. However, for Petri nets the load cannot consist of these benchmarks themselves, it must be represented by parameters characterizing the benchmarks. Such parameters, suitable for Petri nets, are "average memory request length", "average interrequest time" (i.e. the average time between two memory accesses), and "cache-miss rate". This further concretization leads to delta chart 6 in figure 6, annotated with the applied method, "Petri net model".

How can these parameters for the Petri-net analysis be derived? Request length and interrequest time are, for the applications under consideration, mostly determined by the single process and the processor the specific application is running on. Therefore, we can get these parameters by measuring them on a single-processor system running the actual benchmarks. This measurement is another assessment and can be represented by delta chart 8 in figure 6.

Now, this kind of refinement is different from the previous ones; so far, the left edge always remained the left edge of the succeeding triangle after a refinement. This time, however, the right edge with the parameters for specifying the cache's load switched to the left edge of the triangle as new criteria! The kind of refinement we used here is a specific *parameter-determination* refinement.

This delta chart, finally, needs no further refinement. It can be solved as a straightforward assessment problem by applying the method noted, i.e. "measurement". Anyway, the task may not be that simple - we need experts for performing these measurements, a tool for getting the desired data, and the benchmarks characterizing the applications.

There is a third load parameter left on delta chart 6, the cache-miss rate. An expert can derive this parameter by modeling the cache and evaluating the cache performance. In this example, analytical modeling is used. Again, we observe a change in the triangle's edge on the path from chart 6 to chart 7: the load in chart 6 becomes the criterion to be determined by another step of assessment. This chart is annotated by the method, "analytical cache model". Additionally, the load has to be adapted to the kind of model. In the example, the load is

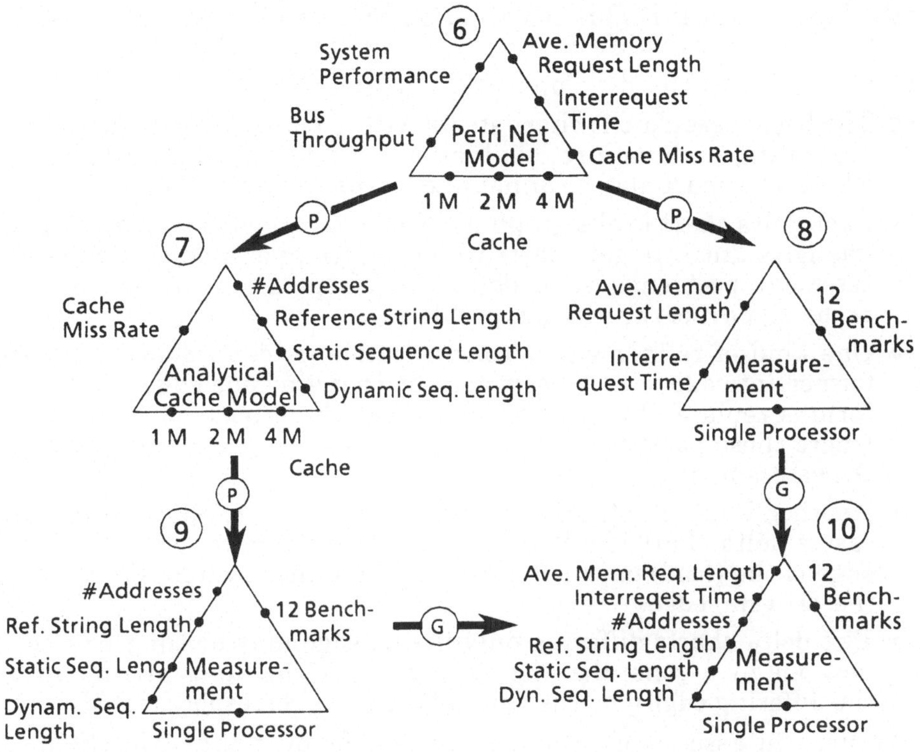

Figure 6: Multiprocessor Workstation, Assessment Graph, Part 2

specified by the parameters "number of addresses, reference string length, static, and dynamic sequence length".

Now we have the same problem as before: the load consists of parameters which are not known yet. However, for the applications in the example, these parameters depend mostly on the kinds of processors used and not their number; thus, we can determine these parameters by measuring them on a single-processor system running the benchmarks representing the applications.

Again, we get a delta chart (#9) needing no further refinement; this measurement can be performed as a straightforward assessment problem as above. Considering these two delta charts, 8 and 9, shows that they differ only in one edge, the criteria. They both represent measurements on the same processor using the same kind of load. We can combine both delta charts into a new one, resulting in a reduction of the work to be performed. For the single delta chart, #10, representing the measurement now, we need only one set of measurements, yet for measuring both sets of criteria noted at the left edge of the delta chart.

Such a combination of two delta charts, differing only in one edge, into a single one where the items on the differing edges are combined is called *generalization*. This combination reduces the cost of our assessment process by avoiding multiple applications of evaluation methods.

Thus, we get rules for developing an assessment process:

- The basic assessment chart starts with a triangle (delta chart) representing architecture, evaluation criteria, and workload as its edges. The chart may be annotated by the evaluation method.

- Each delta chart in the graph is refined iteratively by creating new triangles until we get charts which can be processed as simple assessment problems; each delta chart represents an assessment problem, part of the original problem.

- One kind of refinement is concretization. A delta chart is transformed into one or more new ones by changing one edge where one term is replaced by a set of terms describing parts of it. In cases where these parts are assessed separately we get a bifurcation of the assessment graph.

- Another kind of refinement is parameter determination. In this case a delta chart is replaced by one or more new ones where the edge of the (load) parameters to be determined switches to the left (i.e. criteria) edge.

- Two delta charts differing only in one edge may be composed to a new one by a generalization. The union of the items attributed to the differing edge gets the new delta chart's corresponding edge.

Of course the assessment graph is not fixed for ever; it may be changed whenever a particular solution turns out to be infeasible. Documenting each decision, noting the reasons for choosing a particular refinement or generalization will support an important goal of our assessment methodology: the graph makes the whole assessment process duplicatable and plausible.

3.2 Performing the Assessment

Once the assessment graph is created, the actual evaluation starts. The work to be performed corresponds to a bottom-up walk through the assessment graph, from the leaves to the root. The graph's leaves contain assessment methods which have to be applied; i.e. models are built and evaluated, e.g. analytically or using simulation. First, all these leaves are processed by applying their methods. Next, the leaves' predecessor nodes are processed. In cases where a leaf is a generalization of several predecessors, the results are just divided into subsets. In our example (see triangle 10 in figure 6) the measurement results are divided into two subsets: "{number of addresses, reference string length, static sequence length, dynamic sequence length}" and "{average memory access length, average interrequest time}". This solves the assessment task represented by such a delta chart.

In cases where a delta chart is used to determine parameters of a predecessor we insert the values derived by the assessment of the leaf into the corresponding edge of the preceding delta chart. Thus, we get another assessment problem, represented by the preceding delta chart; this problem is solved like the other ones by applying the corresponding assessment method (e.g. chart #7).

In cases where a delta chart is a concretization of a predecessor we have to *combine* the results of all successors of this predecessor. This may just mean noting the results, e.g. if we have a concretization of one application into several load representations. This combination may also be a complicated analytical composition, e.g. combining performability measures of different parts of a systems architecture. In some cases, mostly in the upper charts, we may get a set of alternative results, e.g. performance curves of different architectural alternatives. For choosing the best alternative, decision support systems may help.

3.3 Summary

Now we can put all elements of the assessment process together:

- Create the basic assessment chart.
- Create the whole assessment graph (as described above).
- For all leaves and all delta charts in the graph which have all successors processed: perform the corresponding assessment problem applying the annotated methods. The result of each assessment problem, i.e. delta chart, is conveyed back to each of its predecessors in the graph for further processing.

  Repeat this step until all delta charts are processed.

4. Conclusion

The process of system assessment, as a base for economic and technical decisions has received little attention so far, notwithstanding its significance. This paper describes a systematic procedure for performing system assessments which clarifies the steps necessary to perform an assessment, makes the process explicit and replicable, and provides ample documentation.

A tool has been developed supporting this assessment method. The tool offers all graphical elements as building blocks, allows zooming, separation of subgraphs, and more features. Using the "motif" user interface it is portable to different platforms.

5. References

H. Beilner: "On the Construction of Computing System Simulators", Experimental Computer Performance Evaluation, North-Holland Publish. Comp., 1980.

Calzarossa and G. Serazzi, "Workload Characterization: A Survey", Proc. IEEE, Vol. 81, No. 8, Aug. 1993, pp. 1136-1150.

P. Heidelberger and S. S. Lavenberg: "Computer Performance Evaluation Methodology", IEEE Transactions on Computers, Vol. C-33, No. 12, pp. 1195-1219, 1984.

Hellwagner, H.: "Lastklassifikation", Technical Report No. 9401, Universität der Bundeswehr, München, March 1994.

Data Engineering Tools
zur Beschleunigung der Projektabwicklung

G. Schäfer
EDV-Beratung und Schulung
Silcherstraße 9
D-68789 St.Leon-Rot

1 Data Engineering Tools - wieso und wozu ?

Die leidige Diskussion über die Sicherung des Industriestandortes Deutschland wurde noch nie so heftig geführt wie in den letzten Monaten. Von Nullrunden bei Lohnabschlüssen und Personalabbau ist die Rede, um die Wettbewerbsfähigkeit der deutschen Industrie sicherzustellen. Die Tatsache, daß unsere Produkte häufig teurer sind als die unserer Konkurrenten wird nicht selten mit den zu hohen Lohnkosten begründet. Dies ist sicher richtig, wenn man unter Kosten den Aufwand versteht, der für die Erbringung einer bestimmten Leistung bezahlt werden muß. Aber die Lohnkosten sind nicht nur abhängig von Stundenlöhnen oder Monatsgehältern, sondern viel mehr noch von der Produktionseffizienz, d.h. vom Faktor "Zeit".

Wenn steinzeitliche Planungs- und Projektabwicklungsmethoden verwendet werden, die dafür verantwortlich sind, daß mehrere Wochen benötigt werden, um eine technische Anlage und das dafür maßgeschneiderte Prozeßleitsystem zu konfigurieren, dann potenziert der Faktor "Zeit" die Kostenschraube und verursacht dadurch unsere mangelhafte Wettbewerbsfähigkeit.

Wenn die Firmen A und B ihre Produkte ineffizient produzieren und Firma C auf A und B als Lieferanten angewiesen ist, hat C zu hohe Kosten beim Einkauf.

Dadurch verteuert sich natürlich auch die Produktion der Produkte der Firma C, die die höheren Kosten ihrerseits an Firma D weiterzugeben versucht.

Wenn nun Firma D überwiegend exportorientiert ist, kann ein zu teurer Einkauf (z.B. von Energie) dazu führen, daß D auf dem Weltmarkt nicht mehr bestehen kann.

Bild 1.1: Kostenschraube

Wenn es um Rationalisierung und Kostenreduzierung geht, wird häufig der Einsatz von Computertechnologien erwogen. In vielen Bereichen hat sich die Workstation als Operator- und Ingenieur-Arbeitsplatz bereits etabliert. Die herausragenden Leistungsdaten dieses Rechnertyps und die zusammen mit ihm angebotenen graphischen Benutzungsschnittstellen /He94/ prädestinieren die Workstation als Plattform für Tools, die den Ingenieur bei seiner Arbeit effektiv unterstützen. Diese Tools sollten ihn von zeitraubenden Routinearbeiten entlasten und ihm so mehr Raum für Kreativität geben. Besonders gewinnbringend sind Tools, die ihn bei der Eingabe und der konsistenten Verwaltung komplexer Datenstrukturen unterstützen. Diese Tools werden häufig als **Data Engineering Tools** bezeichnet.

Die gewünschten Eigenschaften eines Data Engineering Tools und die Vorteile bei seiner Verwendung sollen am Beispiel eines Planungswerkzeugs aufgezeigt werden, mit dessen Hilfe technische Anlagen mit ihrem zugehörigen Leitsystem konfiguriert werden können.

2 Grundzüge eines Prozeßleitsystems

Häufig gliedert man Leitsysteme in Prozeßebene (Feldebene), Anlagenebene und Wartenebene (Bild 2.1). Auf der Prozeßebene werden autark arbeitende Geräte eingesetzt, die mit Hilfe von programmierbarer Funktionalität an die jeweiligen Schutz-, Steuer- und Regelaufgaben anpaßbar sind. Die diesen Feldgeräten übergeordnete Anlagenebene steuert und überwacht eigenständig die Kommunikation, ermöglicht eine anlagenbezogene Prozeßdatenabfrage und stellt das Verbindungsglied zur nächsten Hierarchieebene dar. Auf der Wartenebene laufen alle Daten der Einzelprozesse zusammen und ermöglichen so dem Bedienpersonal das Überwachen und Steuern der Anlage /Gi85/. Die graphische Benutzungsschnittstelle wird immer bedeutsamer, da Prozeßleitsysteme immer höheren Sicherheits- und Zuverlässigkeitsanforderungen genügen müssen /Ro81/. Dies ist auch der Grund für Untersuchungen über den Einsatz von Expertensystemen zur Verbesserung der Benutzungsschnittstellen in der Prozeßleittechnik /El88/.

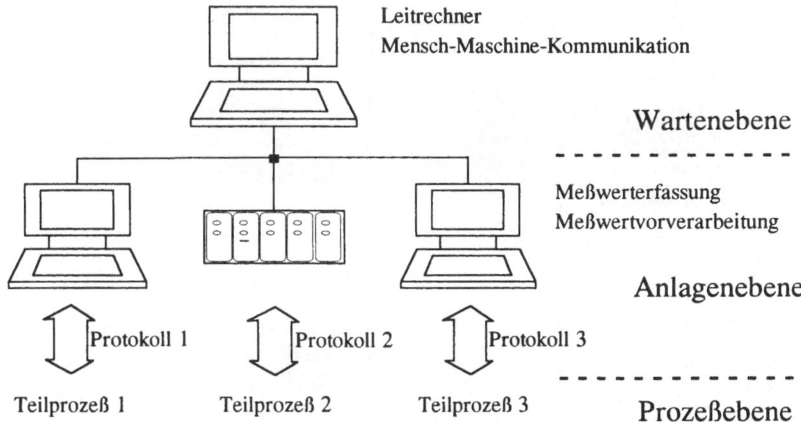

Bild 2.1: Allgemeine Struktur eines Prozeßleitsystems

Da die harten Echtzeitanforderungen durch die sogenannten Anlagenrechner abgedeckt werden, kann man häufig auf die Echtzeitfähigkeit des Leitrechners verzichten, so daß in zunehmendem Maße UNIX-Workstations als Leitrechner zum Einsatz kommen. Die reinen Leistungsdaten von Systemen verschiedener Anbieter werden sich immer ähnlicher. Dies gilt besonders in solchen Marktsegmenten, in denen auf ausgereifte und bewährte Technik zurückgegriffen werden kann. Insofern werden für die Akzeptanz beim Kunden Bedienerfreundlichkeit und Ergonomie der Systeme immer wichtiger. Als positiv im Hinblick auf die angestrebte Ergonomie wird gewertet, wenn der Bediener (Anwender, Operator) mittels graphischer Benutzungsschnittstelle in einer Weise geführt wird, die Fehlbedienungen vermeiden hilft. Man wendet hier oft objektorientierte Prinzipien an, d.h. daß dem Operator nach dem Selektieren einer Prozeßkomponente die auf dieses Objekt anwendbaren Operationen in einem komponentenspezifischen Menü oder einer Dialogbox präsentiert werden. So kann der Operator Ventile öffnen und schließen, für Regler Sollwerte vorgeben, Geräte parametrieren, usw. /Sc90/.

3 Konventionelle Entwicklung einer leittechnischen Anlage

Die Planung und Entwicklung einer leittechnischen Anlage setzt sich aus mehreren Phasen zusammen (Bild 3.1), in denen in der Regel verschiedene Mitarbeiter aus unterschiedlichen Fachrichtungen involviert sind. In einer ersten Phase muß ein Kundenberater, der den zu automatisierenden Prozeß genau kennt, entsprechend den Kundenanforderungen die Prozeß-Hardware und die passenden Schutz- und Steuerungsgeräte zusammenstellen. Später müssen die dem Operator zu präsentierenden Prozeßbilder erstellt werden, die die Anzeige dynamischer Prozeßwerte ermöglichen. In diesem Zusammenhang sind häufig auch Programmierarbeiten auf dem Leitrechner notwendig. Danach bzw. parallel dazu müssen die Prozeß-Hardware aufgebaut und die Anlagenrechner programmiert werden. Abschließend kann die komplette Anlage in Betrieb genommen werden.

Bild 3.1: Konventionelle Planung und Entwicklung

3.1 Konfiguration der Prozeß-Hardware

Die erste Aufgabe des Kundenberaters oder Vertriebsingenieurs ist es, die Anforderungen des Kunden an den zu realisierenden Prozeß zu erfassen. Aufgrund detaillierter Kenntnisse über die von seinem Unternehmen angebotene Palette verwendbarer Prozeßelemente ist er in der Lage, Pläne der Prozeß-Hardware zu erstellen, die alle für die Erfüllung der Kundenanforderungen notwendigen Prozeßelemente enthalten. Dabei müssen je nach den Anforderungen an die Sicherheit und Verfügbarkeit einer Anlage geeignete Kontroll-, Meß- und Schutzeinrichtungen konfiguriert werden. In manchen Fällen ist auch die Integration bestehender Anlagenteile (mitunter auch unter Verwendung von fremden Prozeßkomponenten) erwünscht.

Die vom Vertriebsingenieur mit Hilfe eines CAD-Systems oder eines Standard-Zeichenprogramms erstellten Pläne werden anschließend an die Abwicklungs- und Inbetriebnahmeabteilung weitergeleitet. Diese Abteilungen sind für den Aufbau der Prozeß-Hardware und die Programmierung der verwendeten Leit- und Anlagenrechner zuständig. Im folgenden wird nur noch auf die Programmierung eingegangen.

3.2 Programmierung des Leitrechners

Dem Operator des zu automatisierenden Prozesses muß das Leitsystem alle Informationen zur Verfügung stellen, die für die Überwachung des Anlagenzustands notwendig sind. Diese Informationen (Meßwerte, Zustände, usw.) werden durch dynamisierte Prozeßbilder visualisiert. Für die Erstellung und Integration der dynamischen Prozeßbilder in das Leitsystem werden auf dem Markt verschiedene Toolboxen (Bild 3.2) angeboten. In der Regel werden die dynamischen Prozeßbilder mit einem graphischen Editor erstellt, der es ermöglicht, die Prozeßanknüpfungen (In welchem Graphen werden welche Meßwerte angezeigt ? Woher kommt der Zustand einer Prozeßkomponente ?) zu editieren. Die so erstellten Prozeßbilder werden als einzelne Bilddateien abgespeichert, die keine speziellen Informationen über Art und Eigenschaften der gezeichneten Objekte und über mit dem Bild in Beziehung stehende weitere Bilder haben. Dies bedeutet, daß die graphischen Editoren keine anwendungsspezifischen Überprüfungen ermöglichen (Sind alle Objekte korrekt bezeichnet ? Gibt es doppelt vergebene Bezeichner ?).

Nach der Erzeugung der Bilddateien muß deshalb ein Laufzeitsystem programmiert werden, das die Verwaltung der Einzelbilder ermöglicht. Dieses Bildmanagementsystem baut auf einer Funktionsbibliothek auf, die integraler Bestandteil des Prozeßvisualisierungstools ist. Der graphische Editor selbst basiert in der Regel auf dieser mitgelieferten Funktionsbibliothek.

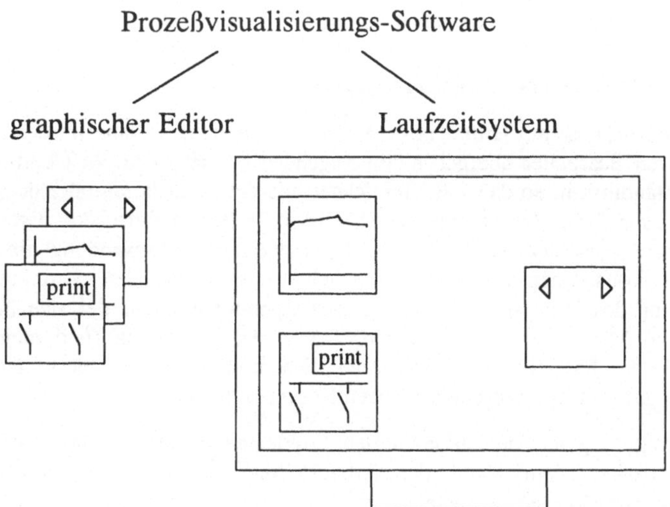

Bild 3.2: Struktur einer Applikation im Bereich Prozeßvisualisierung

Wie unschwer einzusehen ist, wäre es äußerst kostenintensiv, für jedes neue Kundenprojekt ein maßgeschneidertes Laufzeitsystem zu programmieren. Verschiedene Unternehmen haben daher generische Laufzeitsysteme (Bild 3.3) erstellt, die durch projektspezifische Prozeßbilder sowie durch verschiedene Zusatzinformationen (z.B. Zuordnung von Meßwertadressen zu Bildobjekten, Maßeinheiten, Skalierungsangaben, Warn- und Alarmmeldungen) parametriert werden können. Diese vom Leitsystem zusätzlich zur Laufzeit benötigten Informationen müssen jedoch oft über einen Texteditor eingegeben und in Textdateien (Data Dictionary) abgelegt werden, die bei einer durchschnittlichen Kundenapplikation einen Gesamtumfang von weit über 100 Textseiten haben können. Natürlich wiederholen sich in diesen Parameterdateien immer wieder ähnliche Teile, so daß mit Hilfe der Texteditorfunktionen Kopieren und Einfügen relativ schnell eine *fast* richtige Parameterdatei erstellt werden kann, die durch gezielte Modifikationen zu einer korrekten Parameterdatei umgewandelt werden könnte. Leider werden dabei häufig auch Fehler kopiert (dupliziert) bzw. Modifikationen nicht an allen notwendigen Stellen korrekt durchgeführt, so daß fehlerhafte Parameterdateien erzeugt werden.

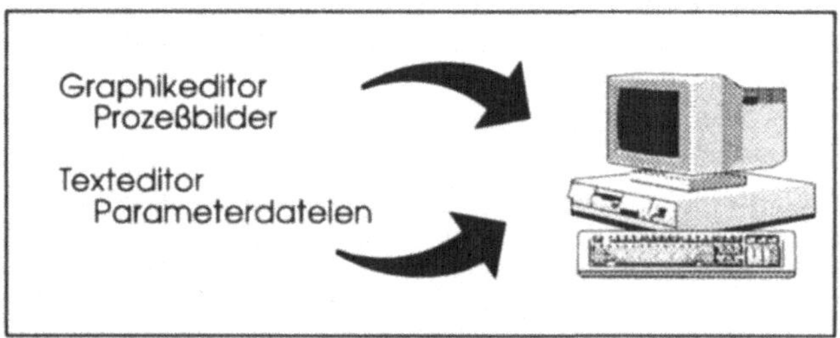

Bild 3.3: Generisches Laufzeitsystem

3.3 Programmierung der Anlagenrechner

Abschließend müssen die verwendeten Subrechner (Anlagenrechner) programmiert werden, die für die Erfassung und Vorverarbeitung der Meßwerte sowie die Weiterleitung an den übergeordneten Leitrechner verantwortlich sind.

3.4 Nachteile der konventionellen Entwicklung

Die in der ersten Phase mit Hilfe eines CAD-Systems erstellten Pläne werden in Papierform an die weiteren Bearbeiter übergeben. Im folgenden kommt es oft zu Übertragungsfehlern und Mißverständnissen, so daß z.B. Bezeichner und Adressen falsch oder doppelt vergeben werden. Da es sich um den komplexen Ablauf von isolierten Einzelaktivitäten handelt, bei denen mehrere verschiedene Tools und Rechnersysteme Verwendung finden, ist eine automatische Konsistenzprüfung nicht möglich. Unter Umständen wird eine fehlerhafte Parametrierung des Leitsystems erst durch den Operator erkannt, der sich über unsinnige Zustands- und Meßwertanzeigen wundert. Da in der Informatik (und nicht nur in der Informatik !) die Faustregel - je später ein Fehler erkannt wird, desto teurer ist seine Beseitigung - gilt, ist dies mit unnötig hohen Kosten verbunden.

Die Schlußfolgerung aus den geschilderten Problemen ist relativ klar. Der Taylorismus (nach F.W.Taylor, dem Vater der Arbeitsteilung in den USA zu Beginn dieses Jahrhunderts) ist nicht mehr zeitgemäß. Der Taylorismus führt zu immensem Planungs- und Kontrollaufwand und ist ein Feind kurzer Durchlaufzeiten.

4 Unterstützung durch Data Engineering Tool

4.1 Vorteile bei der Projektabwicklung

Durch den Einsatz eines maßgeschneiderten Data Engineering Tools (Bild 4.1) können die bisherigen Nachteile bei der Entwicklung kundenspezifischer Prozeßleitsysteme ausgeräumt werden. Ein solches integratives Werkzeug kann schon den Vertriebsingenieur bei der Erstellung der Anlagenbilder unterstützen. Das Endprodukt dieser Designphase wird nicht nur aus Plänen bestehen, die in einer daran anschließenden Phase in mühsamer Art und Weise mittels eines graphischen Editors in echte (dynamische) Prozeßbilder umgesetzt werden müssen. Vielmehr können die dynamischen Prozeßbilder direkt vom Vertriebsingenieur im Rahmen der Planung in einem Arbeitsgang erstellt werden.

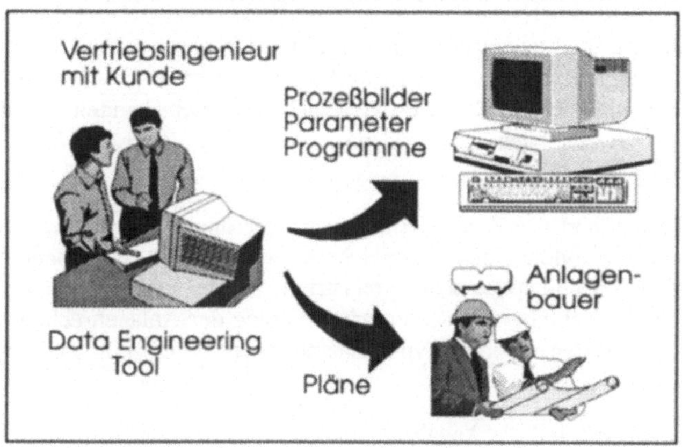

Bild 4.1: Planung mit Data Engineering Tool

Ein Data Engineering Tool kann Bezeichner und Adressen, die im gesamten System eindeutig sein müssen, nach vorgegebenen Konventionen automatisch festlegen. Dadurch kann das Problem der doppelten Adressvergabe und der nicht eindeutigen Benennung von Prozeßvariablen gelöst werden. Ein Data Engineering Tool unterstützt somit die korrekte Erfassung bzw. Erzeugung der für die Parametrierung des Leitsystems erforderlichen Daten. Fehleranfällige Handarbeit wird auf ein Minimum beschränkt. Meßwertadressen und Bezeichner, die an der Benutzungsoberfläche (für den Operator) nicht sichtbar sind, aber intern für die eindeutige Kennzeichnung von Objekten benötigt werden, müssen nicht mehr vom Planer eingegeben werden.

Zur Unterstützung der Anlagenrechnerprogrammierung können Adreßlisten (Meßwertlisten) erstellt werden, die die Adressen selbst und die Art der Adressen (Digital/Analog, Eingabe/Ausgabe, Adreßlänge, ...) enthalten. In letzter Konsequenz könnten sogar die Programme für die Anlagenrechner automatisch aus den vorhandenen Daten generiert und über eine geeignete Schnittstelle in den Anlagenrechner geladen werden.

Zusammenfassend kann gesagt werden, daß der Parametrierungs- und Programmieraufwand bei der Entwicklung kundenspezifischer Leitsysteme durch den Einsatz eines maßgeschneiderten Data Engineering Tools auf ein Minimum beschränkt wird.

4.2 Architektur eines Data Engineering Tools

Die Aufgabe eines Data Engineering Tools ist es, die Konfiguration einer korrekten Anlage aus verschiedenen vorhandenen Bauteilen (Prozeß-Hardware, Überwachungsgeräte, Kontroll-, Schutz- und Meßmodule, ...) zu ermöglichen und gleichzeitig die für die Parametrierung des Leitsystems erforderlichen Daten (dynamische Prozeßbilder, Adreßinformationen, ...) in konsistenter Weise automatisch zu erzeugen. Die Bauteile haben - was ihre Kombinierbarkeit betrifft - eine Vielzahl von Restriktionen. So können an *Prozeßelement A* nur Prozeßelemente vom *Typ T1* und an *Prozeßelement B* nur Prozeßelemente vom *Typ T2* angekoppelt werden. *Gerät A* kann maximal zwei Module, jedoch *Gerät B* vier Module aufnehmen. Auch die Verwendung der Module kann eingeschränkt sein: *Modul A* kann nur verwendet werden, wenn auch *Modul B* verwendet wird; *Modul C* darf nicht zusammen mit *Modul D* verwendet werden.

Die Komplexität der Realität wird durch ein Data Engineering Tool nicht geringer, ein solches Tool erleichtert jedoch die konsistente Verwaltung großer Datenmengen. Da es sich bei diesen Daten um prinzipiell zwei verschiedene Arten handelt, benutzt ein Data Engineering Tool jeweils zwei verschiedene Datenbanken: eine *Typdatenbank* und eine *Projektdatenbank*:

In der *Typdatenbank* sind die Basisinformationen über die verwendbaren Prozeßelemente, Kontroll- und Schutzmodule, usw. gespeichert. Auch die Restriktionen zwischen den Bausteinen sind in der Typdatenbank registriert. Viele Informationen sind von der hardwaremäßigen Verdrahtung und der Programmierung der Anlagenrechner abhängig. Die Eingabe all dieser Daten in die Typdatenbank wird durch ein Teilmodul des Data Engineering Tools ermöglicht.

In der *Projektdatenbank* sind die Angaben enthalten, die eine kundenspezifische Applikation betreffen. Die Projektdatenbank beschreibt die real existierenden Prozeßelemente, die dynamischen Prozeßbilder und die Parametrierungsinformationen. Die in der Projektdatenbank gespeicherten Daten sind applikationsspezifische Daten, deren Wiederverwendung in anderen Projekten in der Regel nicht möglich ist. Diese Aussage gilt für die Prozeßbilder, die sich in jeder Kundenapplikation unterscheiden, genauso wie für die Beschreibung der Schnittstelle zwischen Leittechnik und Prozeß (z.B. die Adressen für Digitaleingaben, Digitalausgaben und Analogeingaben).

Die zu berücksichtigenden Abhängigkeiten zwischen den Komponententypen können durch ein Objektmodell beschrieben werden. Die Abhängigkeiten werden durch Relationen zwischen den Typen ausgedrückt. Eine konstruktive Unterstützung bei der Realisierung der oben beschriebenen Datenbanken bieten objektorientierte Datenbankmanagementsysteme (OODBMS) /Er92, Ki89/. Die im Objektmodell notwendigerweise existierenden *n:m-Relationen* werden von den heute auf dem Markt angebotenen objektorientierten Datenbanken unterstützt, so daß durch Nutzung dieser neuen Technologie der Aufwand für die Entwicklung von Data Engineering Tools reduziert werden kann. Der Schritt vom reinen C++ Programm zu einer Datenbankapplikation ist bei Verwendung einer objektorientierten Datenbank nur mit einem denkbar geringen Aufwand verbunden. Die Fähigkeiten und die Performance dieser Datenbanken sind für den Einsatz in Data Engineering Tools ausreichend, da man bei diesen Anwendungen weniger auf eine komfortable Query-Sprache, sondern vielmehr auf die Möglichkeit der schnellen Navigation im Datenmodell angewiesen ist.

5 Zusammenfassung und Erfahrungen

Der gezielte Einsatz von *Data Engineering Tools* reduziert die Projektabwicklungsdauern in der Regel um den Faktor 3 - 5 und ist als Mittel zur Steigerung der Wettbewerbsfähigkeit nicht zu unterschätzen. Viele Unternehmen haben die Nützlichkeit und Notwendigkeit solcher Tools erkannt und nutzen ihr Mitarbeiterpotential gerade in rezessiven Zeiten zur Entwicklung solcher Werkzeuge.

Die Nutzung objektorientierter Technologien erleichtert die Entwicklung maßgeschneiderter Data Engineering Tools erheblich. Die komplexen Beziehungen zwischen den Hardware-Bausteinen lassen sich am geeignetsten durch ein Objektmodell repräsentieren. Als Mittel zur Speicherung der anfallenden Daten über die verwendbaren Hardware-Bausteine (Typdatenbank) sowie der Daten einer kompletten Kundenapplikation (Projektdatenbank) sind objektorientierte Datenbanksysteme hervorragend geeignet.

Für alle diejenigen, die erkannt haben, daß die Nutzung von Data Engineering Tools die Existenz eines Unternehmens sichern kann, eine Warnung zum Schluß: Viele Projekte mit dem Ziel der Inhouse-Entwicklung eines Data Engineering Tools scheitern daran, daß die Entwickler zwar excellente Kenntnisse über den zu unterstützenden Planungsprozeß haben, aber einen Mangel an Kenntnissen bezüglich objektorientierter Methoden und Werkzeuge aufweisen. Auf der anderen Seite kann der Erfolg einer externen Entwicklung durch ein Softwarehaus (OO-Spezialisten) dadurch verhindert werden, daß der Auftraggeber nicht die Mitarbeiter bereitstellen kann, die das notwendige Fachwissen an das Softwarehaus weitergeben könnten, da diese Mitarbeiter in der Regel aufgrund ihrer ineffizienten Arbeitsweise voll ausgelastet sind. Wenn ein Unternehmen gar verhindern will, daß Fachwissen nach außen gelangt, kommt natürlich nur eine Inhouse-Entwicklung in Frage, die jedoch nur dann erfolgreich sein wird, wenn der Notwendigkeit der Schulung der beteiligten Mitarbeiter im Bereich objektorientierter Technologien (Analyse, Entwurf, Programmierung, Datenbanken) in ausreichendem Maße Rechnung getragen wird.

6 Literatur

/El88/   P.Elzer, H.W.Borchers, H.Siebert, K.Zinser: "Expertensysteme und hochauflösende Grafik zur Unterstützung des Bedienpersonals in der Prozeßleittechnik", Prozeßrechensysteme '88, Proceedings, Springer-Verlag

/Er92/   K.Erni, M.Wilcke, H.W.Borchers, G.Schäfer, M.Nübling: "OODBMS - A Comparative Evaluation of Statice, ObjectStore, ONTOS, VERSANT", ABB Corporate Research Center, Research Report, April 1992

/Gi85/   W.Gilson (ed.): "Planung von modernen Prozeßleitsystemen in der Verfahrens- und Kraftwerkstechnik", VDE-VERLAG, 1985

/He94/   W.Hesse, G.Barkow, H. von Braun, H.-B.Kittlaus, G.Scheschonk: "Terminologie der Softwaretechnik", Informatik-Spektrum(1994)17:96-105, Springer-Verlag

/Ki89/   W.Kim, F.H.Lochowsky (ed.): "Object-Oriented Concepts, Databases, and Applications", ACM Press Frontier Series, Addison Wesley, 1989

/Ro81/   W.B.Rouse: "Human-Computer Interaction in the Control of Dynamic Systems", in Computing Surveys, Vol. 13, No. 1, March 1981, pp. 71-99

/Sc90/   G.Schäfer, K.Zinser: "Object-Oriented Graphical Interfaces in Operator-Process Dialogues", Eurographics Montreux 1990, ESPRIT Section

Fachgespräch **FG 7**

"Realzeitsysteme"

In Zusammenarbeit mit den GI-Fachgruppen *"Echtzeitsysteme"* und *"Echtzeitprogrammierung, PEARL"*

Koordinator: W. A. Halang, FernUniversität Hagen, Elektrotechnik

Programmausschuß: R. Henn (Oberhaching), H. Rzehak (München), F. Saglietti (Garching), Th. Tempelmeier (Rosenheim)

Zusammenfassung:

Konkurrenzfähigkeit und Wohlstand ganzer Nationen hängen heute vom frühestmöglichen und effizienten Einsatz rechnergestützter automatisierungstechnischer Systeme ab. Deshalb und wegen weiterer, neuer und großer Anwendungsbereiche nimmt die Bedeutung von Realzeitsystemen im täglichen Leben und für unser aller Sicherheit rasch zu. Im Interesse des Wohlergehens von Mensch und Umwelt sind beträchtliche Anstrengungen für Erforschung und Entwicklung höchst verläßlicher Echtzeitsysteme erforderlich. Ein Ziel dieses Fachgespräches ist, die auf dem Gebiet der Echtzeitsysteme durch eine schon vor 30 Jahren begonnene wissenschaftliche Durchdringung und vielfältige industrielle Anwendungen erreichte Spitzenstellung der deutschen Informatik einem internationalen Publikum vorzustellen.
Das Fachgespräch zeichnet die Entwicklung der Echtzeitprogrammiersprachen nach und widmet sich Fragen spezifischer Software-Portabilität, geeigneter Entwurfswerkzeuge und sicherer Echtzeitkommunikation.

Missed Opportunities in Real Time Programming ?

P.Elzer
Institute for Process- and Production Control Techniques (IPP)
of the Technical University of Clausthal
Leibnizstrasse 28
D-38678 Clausthal-Zellerfeld (F.R.G.)

1   Introduction

In a recent paper [Spillner 94] about the notorious 'software-crisis' - that has now been conjured for 25 years - real time programming is mentioned as a favourable exception: 'The early specialization in real time programming can be taken as an example. Because the problems of software development in this area are of a very special nature, methods and tools have been successfully developed that are adapted to the problem area'. This state is seen in contrast to the situation of data processing in general where obviously little progress can be observed despite of thousands of person years and hundreds of millions of currency units invested in 'software engineering' during the 25 years ' since the famous 'Garmisch-Conference' in 1968 [Buxton 70].

But the author holds that since a few years this advantage of real time programming over software technology in general is in danger of being lost! As this may have very unfavourable consequences for the safety and security of many technical systems that depend on real time programs, it is necessary to analyze the situation in some detail. It appears that the reason for a certain decay, that can be observed in real time computing, is in most cases the adoption of 'general purpose' hardware, methods, tools and software for purposes of our field.

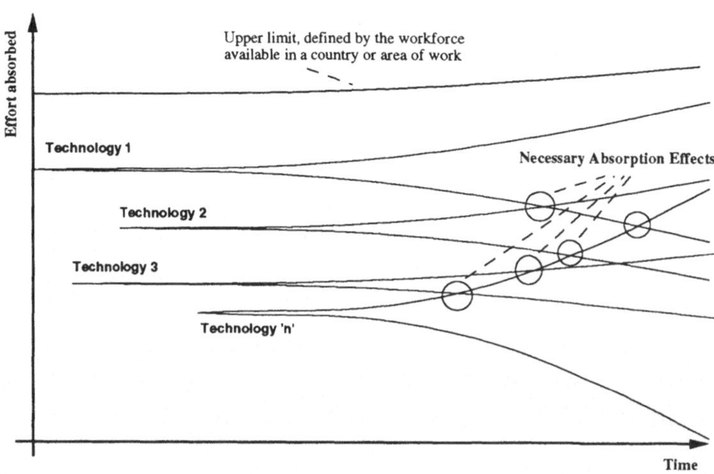

Fig.1: Mutual Absorption of Technologies

In some cases this has been inevitable, because according to certain market forces (cf. [Elzer 90]) some technologies are bound to be absorbed by others if they have to compete for the same (limited) resources, like e.g. the available workforce. Fig.1 illustrates this 'mass effect'. In such cases 'victory' or 'defeat' of a particular technology are practically never based on its technical quality, but exclusively on its timing and success on the market.

But there are other cases where perfectly viable and commercially successful technologies are given up because of false predictions by 'experts' or lack of courage on the part of the responsible people, as can be shown in the case of some European based developments. Others develop a somewhat short-lived apparent prosperity on the basis of self-fulfilling prophecies. This in itself is not necessarily a disadvantage, but during the time in which they are 'fashionable' they absorb resources that would be better spent on technically and commercially more useful approaches.

But the situation is not as bad as it may look at first sight. Worldwide, there still exists a broad variety of viable solutions and ongoing research in real time computing which can easily be used to improve (again!) the state-of-the-art of our field. In the following this moderately optimistic view shall be justified.

2   Historical Development of Real Time Computing

Real time systems are practically as old as computing in general. As early as 1941, Konrad Zuse's 'S 2' automatically measured the profile of an airplane's wings in order to derive correction values for the position of its tail planes [Beauclair 68]. This application may not have been strictly 'Real Time' according to today's definition, but airplane simulation for pilot training, the purpose of 'Project Whirlwind' in 1948 [Redmond 80], certainly was. The first real time systems for civil applications appear to have been the computers running chemical processes in the mid-50'ies [Chem.Eng. 57] and the seat reservation systems for airlines [Fritze 58]. According to a recent survey, it even appears that in the first decades of computing history there were more computers developed for 'real time' applications than for commercial or scientific computing [Laplante 92].

This situation soon changed due to the tremendous success of computing in general. As a result, the market share of real time systems dropped to 10% of the data processing market and never increased since then. This fact made developments in the real time area very vulnerable to absorption by 'mass technologies'. On the other hand, the high technical requirements of real time applications triggered a variety of important developments in computer design and software engineering that had a very fruitful influence on other application areas as well.

So, e.g. real time operating systems had to be more flexible and stable than those for general DP applications. Real time programming languages - starting with CORAL 66 [Woodward 74], in the 60'ies, including PEARL [DIN 66253], 'Process-FORTRAN'

[ISA 76], and ending with Ada© [Ref.Man. 80] in 1979 - required extremely efficient compilers and debuggers. Specification and design methods for real time systems posed more difficult theoretical problems, and methods and tools for test and verification had to be improved or modified in order to cope with the safety critical properties of real time systems.

Fig.2 gives a highly condensed overview over the situation. It also shows some of the 'absorption effects' mentioned above. In particular, it appears that the individual techniques, used within real time programming, develop and decay according to a rather homogeneous pattern: they take approx. 15 years to develop from the basic idea to near perfection and then are replaced within a few years by something that 'does the job' but is far from the quality that had been achieved before. And, after all, it didn't originate in the real time area, but in the 'mass market'.

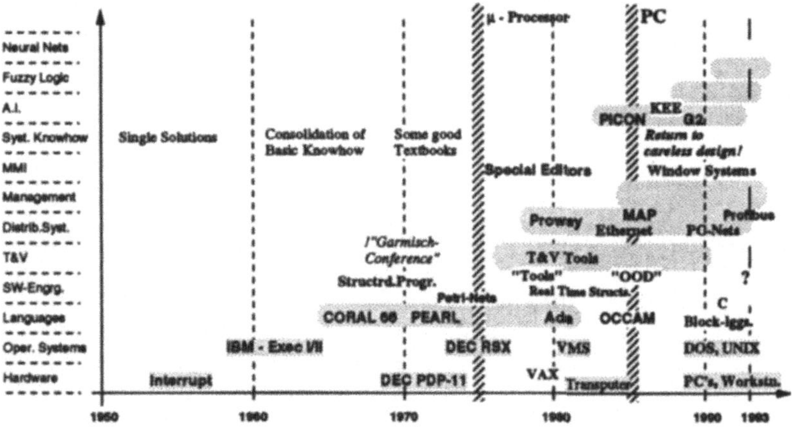

Fig.2: The Evolution of the State-of-the-art in Real Time Programming

Based on earlier research in the area of operating systems - that bear much resemblance to real time systems - and on much own experimentation real time computing had achieved a very satisfacory state-of-the-art in the late 70'ies and early 80'ies. It appeared as if it would soon be possible to develop well-engineered and reliable real time systems in a routine fashion. The man-machine interfaces of realtime systems for supervision and control ('S&C') purposes were far ahead of those of other computers and even the problems of distributed systems appeared to be close to a satisfactory solution.

In 1977 the author together with a colleague for the first time gave an overview over the field of real time programming [Elzer 77a]. According to the state-of-the-art at that time, the subject area was restricted to programming languages and operating systems. In that paper, an attempt was also made to predict the future development of programming languages and some general techniques for real time programming.

© Trademark of the US-DOD, Ada Joint Program Office

The authors pictured descriptive methods, based on structured programming techniques, that would allow program designers to freely formulate the required properties of real time programs in such a way that most programming errors (including deadlocks) could be automatically detected by a preprocessor or a compiler. The real time behavior could also be simulated and tested on the basis of such specifications. These techniques should be supported by a customized and highly efficient real time operating system kernel that could be automatically generated according to the requirements of the application. Some parts of such a system had already been completed [Elzer 77b, 80].

However, within one year the situation changed completely. Another overview paper on standardization of real time languages [Elzer 78a] indicated that Ada, although not yet existent, was already in the process of stopping short all other language developments that were in some way dependent of government funding or the support of larger user groups. In particular, a very active European cooperative project that united over 50 companies with the aim of developing a common programming language for real time purposesl - 'LTPL' (=Long Term Procedural Language') - was abandoned by the Commission of the European Communities. This decision was taken because some (European!) computer scientists had written letters to the CEC and expressed the opinion that Ada would win anyway.

At first, this appeared to be only a problem for researchers working in language development, who found themselves suddenly deprived of financial support, or for 'technological purists' who appeared not to be willing to accept a solution that was not really the best one. Managers in general and researchers in other fields reacted with the remark: 'It does not matter, on which side of the road people drive in one country, as long as they all drive on the same side' (i.e.: a suboptimal standard is better than no standard at all).

But unfortunately things did not work out as expected. Ada has not been accepted as a standard by the free market. People only use it if they are forced to. The reason probably is that it is not the language that had been needed: a systems programming language. In its finally published form it had been selected by the steering committee with a majority of only one vote over its competitor (against the advice of the head of the technical management team and also against the vote of the representative of the F.R.G.) [Elzer 78b, 82]. But currently there is nothing to replace it. The various other real time languages (as e.g. described in [Elzer 77a]) individually did not have enough support to take its place and in the meantime the 'vacuum' has been filled by tools that come from other application areas (like e.g. 'C') and consequently are not quite appropriate for the purpose.

Similar trends can be observed in other areas of real time programming as well. The most conspicuous ones are the disappearance of good real time computers, the difficulties to find reliable real time operating systems and the stagnation in the area of man-machine interfaces for real time systems. In that latter area, in the meantime most office computers have better quality interfaces than S&C systems.

There are certainly good reasons for each of these developments: PC's are cheaper than specialized real time computers, UNIX has become the angry answer of millions of dissatisfied users to the needless show of competion between computer vendors that led to incompatible operating systems, and graphical packages that can be sold for millions of office computers can certainly offer more features for a given amount of money than special purpose software for, say, S&C applications.

But it all adds up to a loss of quality, reliability and safety of technical systems.

3 The Potential for the Future

3.1 Size of Market

What can be safely said is that real time programming still very important and alive in the scientific world. This is e.g. confirmed by the fact that the series of the 'IFAC Workshops on Real Time Programming', founded in 1972, is still attended by many people. As far as larger conferences are concerned, the three-annual German 'Prozess-rechensysteme' ('Process Control Computer Systems') can be taken as an indicator. At the 1991 event [Hommel 91], which was attended by several hundred people, 22 out of 39 papers dealt with software development proper and another 6 with networking problems.

Real time systems also account for a very large - and still increasing - part of the value of currently produced technical goods and systems. So, e.g. approx. 20% of the cost of a modern plant is related to the S&C system. Insiders told the author that a CD-player contains more software than an average PC - and that this software is 'real time'! There are even estimates that within a few years 20% of the costs of a car will go into embedded microprocessors and related equipment.

This means that - despite the fact that it only accounts for 10% of the market of computing in general - real time computing represents a very large market in its own right. It therefore appears to be justified make appropriate investments in order to maintain or re-establish the high standard of work in this field.

3.2 Available Technical Solutions

Unfortunately the author has not enough information about ongoing developments on a European level that are relevant to real time computing. However, it appears that - at least as far as ESPRIT and similar programmes are concerned - research is still caught in the old trap of European computer science: a very strong belief in forma-lism. In the past this has led to vast expenditures for formal methods, specification tools etc. In the moment the official European efforts appear to concentrate on a for-mal view of 'quality': 'ISO 9000' and its derivatives. The author cannot help to believe that after some years and the expenditure of some more millions of ECU's the effect will be the same as in the case of 'software engineering'. But again, the majority view and the absorption effects will prevent investments into smaller and cheaper - but more critical - developments.

But outside the 'official channels' (which obviously always have to follow the mass market with its fashions) there is still ongoing research and development (both in academia and industry) that deals with the pressing problems of real time systems - in particular with respect to their integrity and safety. A few examples shall be given in the following:

PEARL (= **P**rocess and **E**xperiment **R**eal time **L**anguage)

One is the continuing work on the already mentioned programming language PEARL. It was developed in the early 70'ies by a group of industrial companies and research institutes in the F.R.G. mainly for real time applications [Brandes 70, PDV 73]. It was standardized in the late 70'ies [DIN 66253] and has been widely and successfully used for real time systems in industry, aerospace and military applications. It is supported by compilers for most current processors and by a machine independent operating system.

Besides a full and consistent set of language constructs for the control of parallel processes, of their synchronization and their behaviour in real time, PEARL also contains a sophisticated I/O mechanism that allows to deal even with completely 'non-standard' peripheral devices without having to resort to assembler coding. PEARL has also been the first programming language to support modular programming. This is done in a twofold fashion: Firstly, programs can be composed from separately compiled 'Modules' (like those later realized in 'Modula' or Ada). Secondly, machine dependent information (e.g. concerning I/O devices) is concentrated in a special part of each of these modules, the 'System Division'. When transferring a PEARL program from one real time system to another it is therefore sufficient to replace these isolated submodules. The rest of the program system need not be modified at all. This property results in an unsurpassed portability of PEARL programs, even under extremely difficult conditions.

Distinguishing it from all other available real time languages, recently a third level of PEARL was standardized in Germany [DIN 66253-3]. It supports programming of distributed applications and dynamic system reconfiguration. This language extension, called 'Multiprocessor-PEARL', contains elements for the description of the hardware configuration of a distributed system, i.e. of the nodes or 'stations', of the physical communication network between them, and of the connections to the peripherals and the technical process. It is also possible to describe properties of distributed software, e.g. the distribution of software units among the nodes, the logical communication channels, and the corresponding transmission protocols as well as reactions to system malfunctions.

Beginning in the mid-80'ies, PEARL has been revised in order to itake into account the experinces from its practical use. The revised version was published under the name 'PEARL 90'.

The language is supported by a technical committe (FG 4.4.2) within the German Computer Society GI (=Gesellschaft für Informatik). This group comprises language, compiler and operating system specialists as well as users. Besides meetings of the technical subgroups it organizes annual workshops during which all questions of the design of real time systems are discussed [Halang 91, Holleczek 89, 90, 92, 93].

The author holds that this language might well serve as a basis for an international standard of a programming language for high quality and integrity real time systems.

Structured Real Time Programming

One of the real 'breakthroughs' in programming proper was the development of 'structured programming' during the 60'ies. One of the most important results of the respective research was the discovery that the control flow of even the most complex sequential programs can in principle be described by very few basic constructs. One of the most popular and useful representations of these constructs are the diagrams that were proposed by B.Nassi and A.Shneiderman in the early 70'ies [Nassi 73].

One widespread set of these diagrams is shown in Fig.3. It comprises the code-sequence, the repetition of a code sequence under a certain condition, the execution of a number of code sequences depending on certain conditions, and the alternative execution of two code sequences.

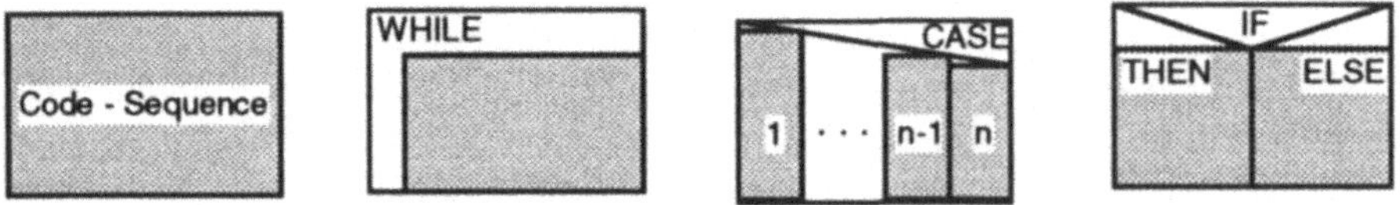

Fig.3: The Nassi-Shneiderman Diagrams

The success of these structuring principles for 'classical' programs encouraged research efforts that aimed at the identification of similar structures in real time systems. A very early proposal was the 'fork-and-join' mechanism [Dennis 66] that also appeared in the form of the 'parallel clause' in ALGOL 68 [Wijngarden 69] and later in 'OCCAM' [Jones 87]. This construct can easily be represented by means of a graphical notation, as Fig.4 shows.

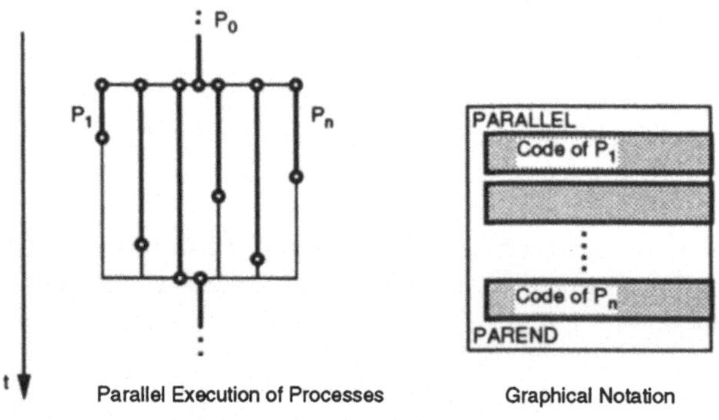

Fig.4: Strictly Controlled Parallelism

But as real time programs in practice mainly have to deal with external events that disturb the orderly flow of execution of a process, it is also necessary to provide mechanisms to cope with such 'irregular events' or 'exceptions'. Exception handling was therefore very early included in programming languages (e.g. in PL/I [ECMA 74], in ALGOL 68 or Ada).

The first consistent proposal for exception handling in programs was published in 1975 [Goodenough 75]. Its combination with the parallel clause and subsequent application to real time programs led to a mechanism that is capable of describing all possible dynamic structures in real time systems [Elzer 77b, 79, 80]. As its detailed description would by far exceed the framework of this paper, Fig.5 shall illustrate its basic principle: the designer of the real time system can specify in an 'exception handler' which action shall be taken in case a certain exception occurs during the execution of a process P. After completion of that action the original process can either be continued at the point of disturbance, repeated from the beginning or cancelled. It can also wait until the cause of the exception disappears. This may e.g. be the case when a certain resource becomes available, the unavailability of which has caused the exception. The functionality of this construct can also be represented by a graphical notation in a rather straightforward way.

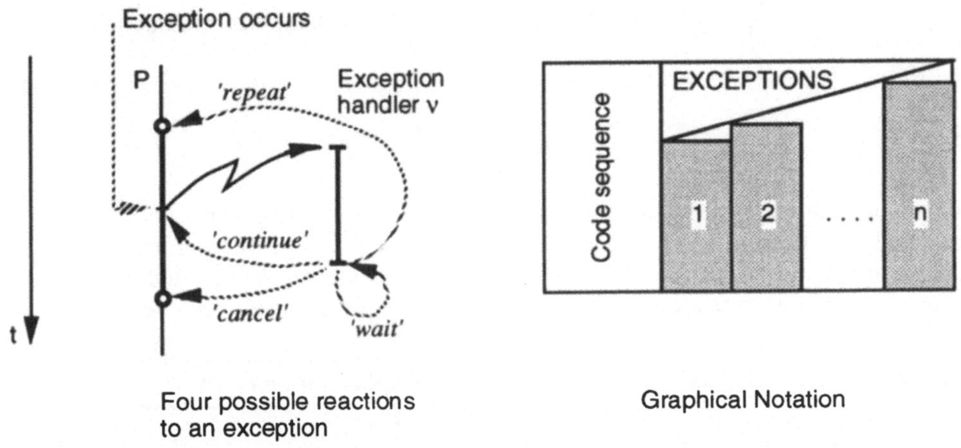

Four possible reactions
to an exception

Graphical Notation

Fig.5: Structured Exception Handling

Another big problem in real time programming is the proper management of resources in a system and their use by the various parallel processes. It could be shown that all cases of access to resources can be expressed by a construct that operates like a 'critical section' with the modification that a set of exception handlers (according to Fig.5) specifies what shall happen if the resource is not available, breaks down, is requested by another process etc. Fig.6 illustrates this behaviour and the respective graphical notation.

Based on earlier research in operating systems it could be shown that the concept of a 'resource' can be generalized to include 'signals' and 'interrupts' as 'consumable resources' and various modes of access to a physical resource as 'virtual resources'. This consideration led to the definition of another construct, the 'integrated signalling' (Fig.7). It is specified in the following way: if a certain code sequence has been successfully completed, a signal is raised ('a consumable resource created'). This is similar to the uninterruptibility of the classical 'semaphore operations' [Dijkstra 69].

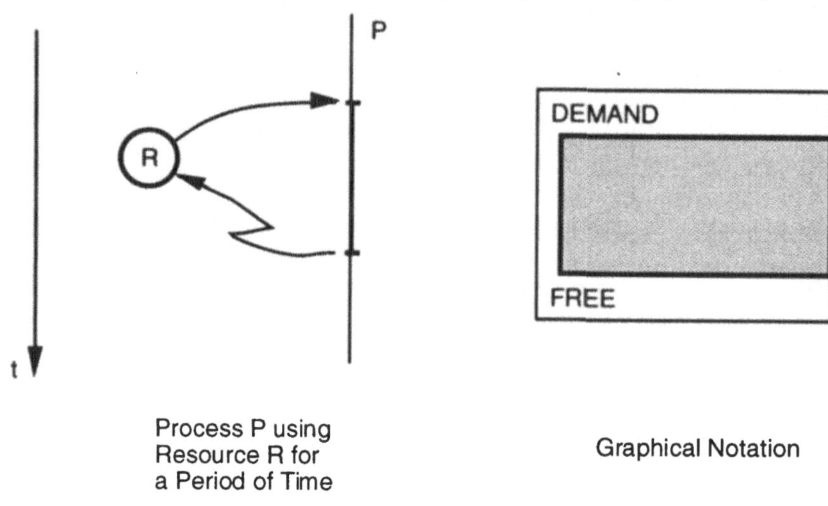

Process P using
Resource R for
a Period of Time

Graphical Notation

Fig.6: Use of Resources

Finally it is necessary to ensure that a real time system for critical applications is free of deadlocks. It could be shown that deadlock detection and prevention mechanisms can be applied to the program system if each process indicates the intented use of resources prior to its execution. A 'resource claim' can be used for this purpose (Fig.8).

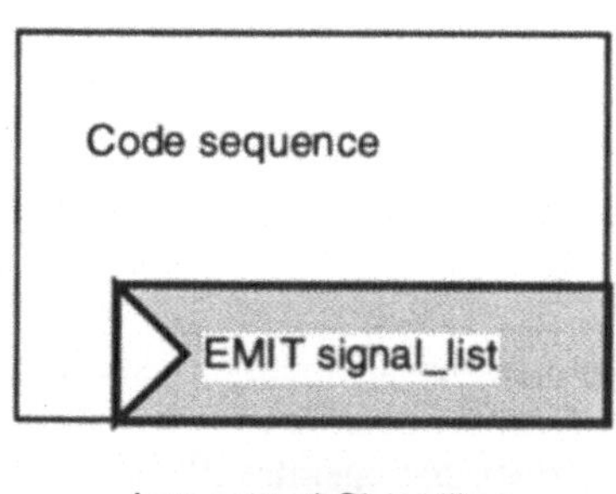

Integrated Signalling

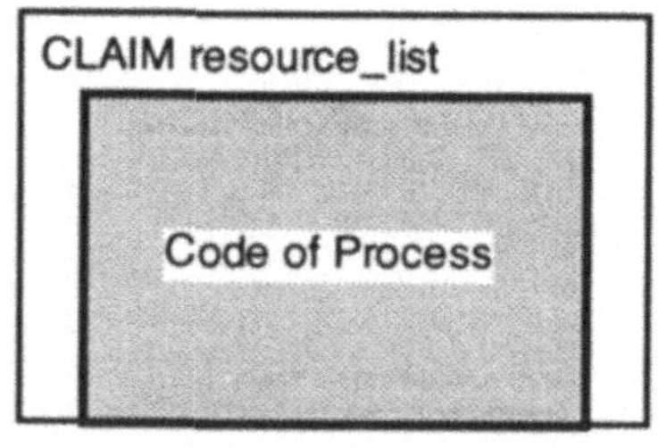

Protoprocess with ResourceClaim

Fig.7: Integrated Signalling

Fig.8: Claiming Resources

Finally it could be shown that these 'real time structograms' can be applied to a broad variety of programming languages and that they allow the specification of real time systems independent of the underlying operating system. The author therefore thinks that this mechanism could be an excellent means for the design of high quality and integrity real time systems in the future, because it does not affect the customary use of the various standard programming languages, operating systems or hardware product lines.

It also allows to extract information from the design of a real time system that can be used as input for simulators on the basis of 'Petri nets' or queuing models in order to test the behavior of a real time system under design already in very early phases.

4   Conclusion

The author hopes that he succeeded in showing that, although there are currently some problems concerning the state-of-the-art in real time programming, there exists a very good basis for future improvements. He is convinced that the few examples shown are just 'the tip of an iceberg', i.e. that in research institutes and development laboratories all over the world there are good solutions available that just have to be recognized and surfaced in order to help to solve many currently pressing problems.

This means that good opportunities have not been really missed as yet.

However, the main precondition for the success of such initiatives would be that the responsible people on one hand develop a more critical attitude towards research fashions and 'total' solutions for all problems. Real technical progress requires much more patience and a deeper understanding of the requirements of the various application areas.

On the other hand a broader outlook is necessary that enables people to recognize good solutions even if they did not originate in the own (sometimes rather narrow) domain. In particular it would be necessary to establish better feedback channels between academics and practitioners in the field in order to be able to discover and solve real problems instead of just repeating arguments in academic circles.

5   References

Beauclair 68   Beauclair, W.de: Rechnen mit Maschinen ('Computing with Machines'); Vieweg Verlag, Braunschweig (1968)

Brandes 70   Brandes, J., Eichentopf, S., Elzer, P., Frevert, L., Haase, V., Mittendorf, H., Müller, G., Rieder, P.: PEARL - The Concept of a Process- and Experiment Oriented Programming Language; edv, Vol.12, No.10, pp.429-442 (1970)

Buxton 70   Buxton, J.N., Randell, B.: Software Engineering Techniques; Conference Report, Published by NATO Science Committee, Brussels (1970)

Chem.Eng. 57   Computer can run Process; Chemical Engineering, pp.184-185 (Oct.1957)

Dennis 66   Dennis, Van Horn: Programming Semantics for Multiprogrammed Computations; CACM, Vol.9, No.3, pp.143-155 (March 1966)

Dijkstra 69   Dijkstra, E.W.: Cooperating Sequential Processes; in: Genuys (Editor) Programming Languages, London (1969)

DIN 66253   Programming Language PEARL;
Part 1: Basic PEARL; Beuth Verlag, Berlin (1981)
Part 2: Full PEARL; Beuth Verlag, Berlin (1982)

DIN 66253-3   Programming Language PEARL;
Part 3: Multiprocessor PEARL; Beuth Verlag, Berlin (1989)

ECMA 74   ECMA/ANSI: PL/I, Basis/1-12 (July 1974)

Elzer 77a   Elzer, P., Roessler, R.: Real Time Languages and Operating Systems; in: Preprints of the 5th IFAC/IFIP International Conference, The Hague, the Netherlands, pp.1-12 (1977)

Elzer 77b   Elzer, P.: A Mechanism for the Design of Structured Real Time Programs for Process Automation; Conference Proceedings 'Prozessrechner 77', Informatik Fachberichte, Vol.7, Springer Verlag Berlin, Heidelberg, New York, pp.137-148 (1977)

Elzer 78a   Elzer, P.: International Efforts to Standardize a High-Level Process Control Language; in: Preprints of the 7. IFAC World Congress, Helsinki, Pergamon Press, Oxford-New York-Frankfurt, pp.2397-2401 (1978)

Elzer 78b   Elzer,P.: The Language Development Project of the US DoD; PDV Development Note, Nuclear Research Center Karlsruhe, KFK-PDV 122, (Dec.1978)

Elzer 79   Elzer, P.: Structured Description of Process Systems; Dissertation, Report of the Institute for Mathematical Machines and Data Processing of the University of Erlangen-Nuernberg, Vol.12, No.1 (Febr.1979)

Elzer 80   Elzer, P.: Resource Allocation by Means of Access Rights, an Alternative View on Real Time Programming; in: Proceedings of the 1980 IFAC-IFIP-Workshop on Real Time Programming, Pergamon Press, Oxford-New York, pp.73-77 (1980)

Elzer 82   Elzer, P.: Results of the Participation in the Language Development Project 'Ada'; PFT Report, Nuclear Research Center Karlsruhe, KFK-PFT 19, (June 1982)

Elzer 90   P.Elzer: New Trends in Software for Real Time Control; in: Proceedings of
                    the 11th IFAC World Congress, Tallinn, Pergamon Press, Oxford-New
                    York-Frankfurt, pp.267-271 (1990)

Fritze 58   Fritze, C.W., Herzfeld, V.E. and Sampson, D.K.: The Univac Air Lines
                    Reservations System: Application of a General Purpose Computer; Procee-
                    dings of the Eastern Joint Computer Conference (1958)

Goodenough 75   Goodenough, J.B.: Exception Handling - Issues and a Proposed Notation;
                    CACM, Vol.18, No.12, pp.683-696 (Dec.1975)

Halang 91   Halang, W. (Editor): Proceedings of the PEARL 91 Workshop on Real Time
                    Systems; Springer Verlag, Berlin-Heidelberg (1991)

Hommel 91   Hommel, G. (Editor): Proceedings of the Conference 'Prozessrechensysteme
                    '91'; Springer Verlag, Berlin-Heidelberg-New York (1991)

Holleczek 89   Holleczek, P. (Editor): Proceedings of the PEARL 89 Workshop on Real
                    Time Systems; Springer Verlag, Berlin-Heidelberg (1989)

Holleczek 90   (and following): corresponding to Holleczek 89

ISA 76   ISA Standard, Industrial Computer System Fortran Procedures for Executive
                    Functions, Process Input/Output, and Bit Manipulation. Instrument Society
                    of America, Pittsburgh (1976)

Jones 87   Jones, G.: Programming in OCCAM; Englewood Cliffs, London, Prentice
                    Hall International (1987)

Laplante 92   Laplante, Ph.A., Funck, E.P. and Gracia-Watson, M. (1992): An Historical
                    Survey of Early Real Time Computing; (to be published)

Nassi 73   Nassi, B., Shneiderman, A.: Flowchart Techniques for Structured Program-
                    ming; SIGPLAN Notices, Vol.8, No.8, pp.12-26 (Aug.1973)

PDV 73   Elzer, P. (Editor): PEARL - a Proposal for a Process- and Experiment Auto-
                    mation Realtime Language; PDV Development Note, Nuclear Research Cen-
                    ter Karlsruhe, KFK-PDV 1, (April.1973)

PEARL 90   GI Technical Committee 4.4.2 'Real Time Programming, PEARL': PEARL
                    90, Language Report, Version 1.0, Bonn (1993)

Redmond 80   Redmond, K.C., Smith, T.S.: Project Whirlwind - The History of a Pioneer
                    Computer. Digital Press, Bedford, Massachusetts (1980)

Ref.Man.80   Reference Manual for the Ada Programming Language; US Dept.of Def., by:
                    Govt.Printing Office, Washington, D.C. (1980)

Spillner 94   Spillner, A.: Kann eine Krise 25 Jahre dauern? ('Can a crisis last 25 years?');
                    Informatik-Spektrum 17, pp.48-52, Springer Verlag (1994)

Wijngarden 69   Wijngarden, Mailloux, Peck, Koster: Report on the Algorithmic Language
                    ALGOL 68; Num.Math.14, pp.79-218 (1969)

Woodward 74   Woodward, P.M., Wetherall, P.R., Gorman, B.: Official Definition of
                    CORAL 66; Her Majesty's Stationery Office, London (1974)

Portability of Software Systems for Real Time Applications

Helmut Rzehak
Universität der Bundeswehr München
85577 Neubiberg

1 Motivation

Running programs on different platforms without any changes is an old goal in computer science. On the whole for formulating algorithms the developement of programming languages has solved the problem sufficiently, and most programmers need not to know the instruction set of the processor on which their programms are running. Despite these advances large software systems are frequently not platform independent and some effort is necessary for porting these systems to other platforms. The incompatibilities are not resolved by programming languages, because they are induced by different concepts for organizing programs and data by the operating system. Generally programming languages treat internal objects known to the program and have no statements affecting the environment - exept some statements for input and output.

We can summarize that complex programs depend on the operating system, and for gaining portabilty in addition to processor independent programming we have to resolve those dependencies as well. Beside some few exeptions (see later on) programming languages don't model objects and operations of the operating system, and if necessary system calls are performed by special subroutines written in assembler language. This lack of abstraction makes programs unportable because the interface to the operating system at the level of system calls is significantly different from system to system. Using C language one tries to get some kind of portability by substituting syntactic entities with appropriate header files. This kind of languge binding for system calls may resolve syntactic differences, but in the case of different semantics this is no mean for getting portability.

For real time applications we need a multiprogramming environment and means for synchronizing concurrent activities, interprocess communications and exeption handling. The operating system has to offer the necessary services. Developing portable software systems raises the question how to solve the problem of different interfaces to the operating system.

2 System Services for Real Time Applications

2.1 Functions

Real time applications require a deterministic (or predictable) behaviour of the system in the time domain and differ from other applications by two main aspects:

- Application entities generally don't proceed independently of each other and therefore need coordination. This reflects partly the dependencies of objects in the real world, with which the computer system has to interact, and is partly the consequence of resource constraints within the computer system.

- A real time system has to react to external stimuli in a timely manner. The corresponding signals are received by the hardware at the first level.

By definition the operating system is responsible for resource management and control of the running proceces and for communication with the environment. Therefore both aspects impose certain requirements on the operating system and application entities must have immediate access to system calls. In addition to the traditional functionality (e.g. like UNIX) we can summarize the requirements:

- Multiprocessing with priority scheduling
- Clocks and timers
- Semaphores or equivalent means for synchronizing activities
- Memory locking and shared memory
- Exeption handling including external events
- Input and output with immediate access to the peripherals

Depending on the size and purpose of the system additional functions (e.g. file handling) may be necessary.

In general real time operating systems are state of the art and have been used for a couple of years for many applications. The real time community highly agree upon these functional requirements and differences mainly result from the scope of applications. Despite this agreement existing systems are built using different concepts and solutions and therefore programs with a direct interface to the operating system are not portable.

2.2 A Model for System Objects and Operations

For preserving an application engineer from dealing with system calls we can establish a model consisting of objects and operations representing the services of the operating system from the view of the application level and embed it in the language. This model should include the following items:

- Multitasking objects with appropriate operations
- Synchronization scheme
- Data types for clock and duration
- Exeptions
- Objects for input and output with mapping on peripheral devices

Compiler and runtime system has to map the model into the operating system of the platform. For optimization the mapping can be based on the whole context of the program. As a concrete example Fig. 1 shows a simplified model of concurrent activities (tasks) of PEARL, one of the few real time programming languages.

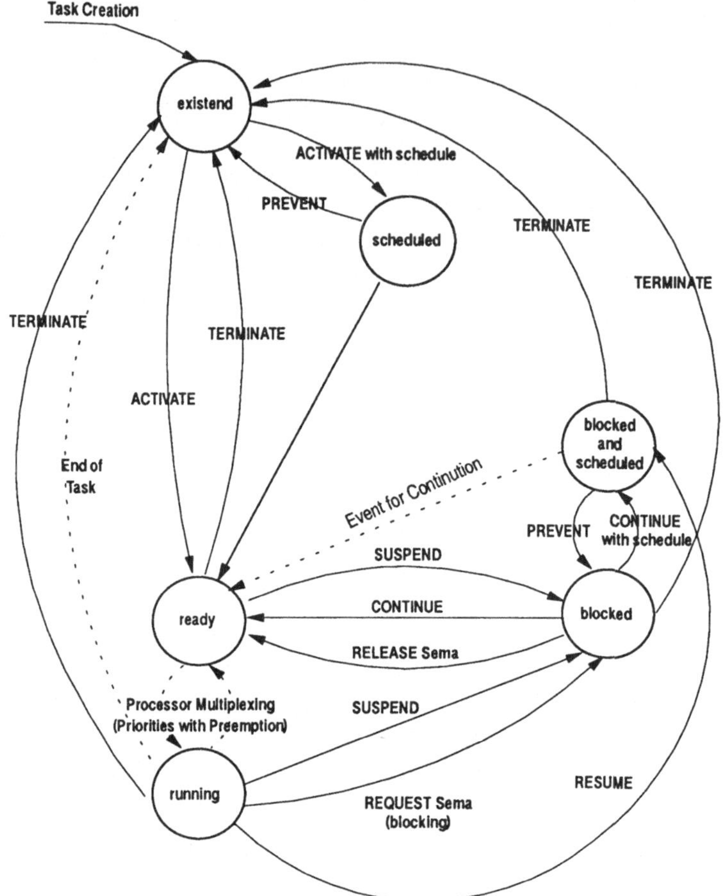

Fig. 1 Model of Concurrent Activities

A model of the operating system means a description on a certain level of abstraction. For application programming an adequate level should allow on the one hand expressing real world objects and on the other hand maintaining a good mapping to a fairly large class of systems.

3 Portable Software Systems

Portability of software systems means platform independent programming. In our context a platform is characterized by the type of processors and the operating system used on this platform. Further we define a metric for portability belonging to a value between zero (no portability) and one (full portability) in order to speak of a certain level of portability. With respect to the instruction set of the processor we assume that programming languages have established a sufficient level of portability, so that we can restrict our reasoning on the role of the operating system.

There are two distinct ways for establishing portable software for real time applications:

- Standardizing the interface to the operating system with appropriate language bindings
- Embedding a model of a generalized operating system in the language

The first way means unifying the system and does not establish system independent programs at all, but for portability it may work for a certain extend. We discuss both ways in the following sections.

3.1 Standard Application Interface to the Operating System

During the last years strong efforts have been made to standardizing operating system interfaces. The most ambitious is the POSIX project. The basic standard has been adopted by the International Standards Organization in 1990. It is based on C language calls and appropriate header files delivered with the operating system providing an adaptation of the programs by string replacement and conditional compiling. Fig. 2 sketches the situation. A language independent version of the standard is on the way but there are lots of problems to be solved (e.g. a suitable reference model).

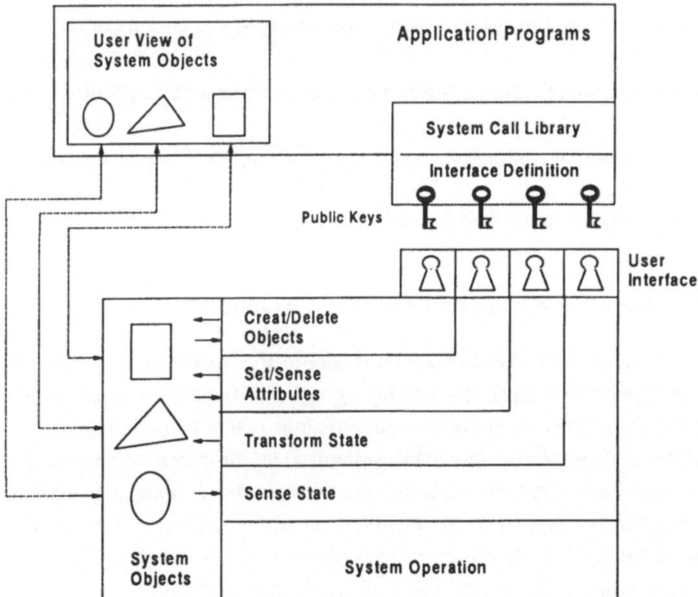

Fig. 2 Accessing the Operating System with a System Call Library

Within the POSIX project the following work items directly concern real time applications:

P1003.4   System Application Program Interface (API) - Amendment 1: Real-Time Extensions [C Language]

P1003.4a	Threads Extension for Portable Operating Systems
P1003.4b	Realtime System API Extensions
P1003.13	Standardized Application Environment Profile - POSIX Realtime Application Support (AEP)

Based on committee drafts some vendors offer POSIX- conforming real time operating systems. A report on experience and current practice is given in section 3.3. Generally this approach can lead to a certain level of portability and we would like to summarize benefits and shortcomings.

Benefits:
- Application programmers can use an established language; no new compiler is necessary.
- Direct access to system calls gives an opportunity for using special features of the system.
- An interface standard may be helpful for comparing the performance of different operating systems..

Shortcomings:
- Conformance requirements restrict the development of operating systems. This may be an enormous burden in the future.
- Portabilty is restricted because the interface definition may not reflect all aspects of system objects and operations.
- This approach may be a vehicle for retaining vendor dependance. This is possible by an intentional lack of conformance or by lack of functionality in the interface standard claiming for incompatible enhancements by different vendors.

3.2 Abstract Model of the Operating System Embedded in the Language

As pointed out in section 2.2 we can establish an abstract model of the operating system as far as it is involved in real time applications. Specialists highly agree upon functional requirements provided by system calls and differences in functionality mainly result from the scope of applications (e.g. whether an application requires a file system). The definition of an abstract model leaves the necessary freedom to system implementors because many kinds of mappings onto a target system are possible. Objects and attributes of the model are part of the application oriented language and application engineers are only involved with these objects. In other words: we need a special real time language. Fig. 3 illustrates the situation.

In the next session we give some remarks on on establisched models and real time languages. Now we summarize benefits and shortcomings:

Benefits:
- Programming is carried out on a higher level of abstraction and nearer to the application. Among other things this results in a higher level of portability.

- With knowledge of the semantics a better optimization is possible.
- Future development of operating systems is not restricted by conformance requirements.

Shortcomings:
- A special real time language and programming environment is necessary.

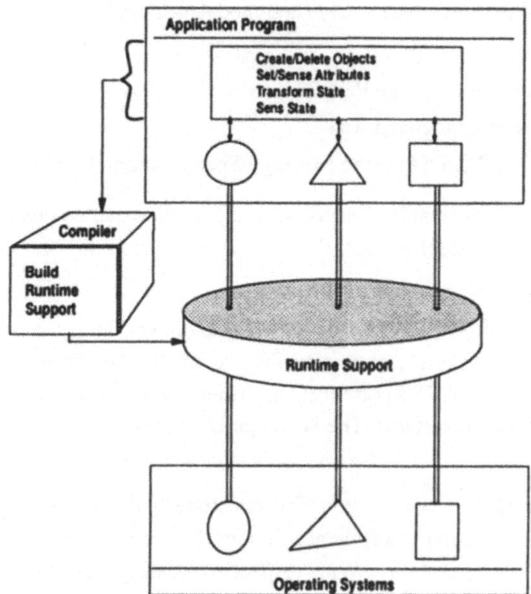

Fig. 3 Using an Abstract Model of the Operating System

3.3 Experience and Current Practice

In the UNIX- world the x/open portability guide has been used successfully for portable programs in a lot of applications. But this portability guide is not a true specification of an application interface. It includes general requirements and rules for constructing applications using C language. It does not cover real time applications. For common applications POSIX should actually replace the x/open portability guide. The real time extensions to POSIX are only stable in part and it is to early for summarizing experience. The author has some experience with systems claiming conformance with real time POSIX based on committee drafts. The detected differences concern the notation and the set of functions as well. Valuable features are missing in some systems.

An other attemt to standardizing real time operating systems has been made by the VME- bus users association (VITA) stimulated by Motorola. The Open Real Time Kernel Interface Definition (ORKID) is focused on the needs and restrictions of small to medium systems, e.g. embedded systems. Outside the Motorola community the influence is insignificant.

On the whole today we have no (or at least very little) positve experience with portable real time programs based on a standard application interface to the operating system. This is a contradiction to experiences of x/open and it may be due to the partly unstable standards definitions. However it looks more like that in real time applications we have a—closer interaction with the operating system as in other applications, and a syntax oriented description is to poor.

In the context of standards we have at least three well established models for essential aspects of an operating system:

- The model embedded in the programming language PEARL
- The model embedded in the programming language Ada
- The Program_Invocation services in the Manufacturing Message Specification (MMS)

The last one is a model for controlling executable objects in a distributed manufacturing environment and is very similar to the task model in PEARL. Dealing with programs we will concentrate us on experience with the languages.

PEARL is widely used in Germany since a couple of years. Compilers and runtime environments are available for about 20 platforms, among which are small sized controller boards as well as large workstations and servers. The portability has been proven in practice by many examples including rather large software systems. The language is proven a good vehicle for portability.

Ada is not yet wide accepted by the real time community. The real time features are often found to poor and some language constructs lead to inefficient solutions. This may change with Ada 9x. There is positive experience with portability. With respect to missing functionality application programmers define their own packages for enhacements to be linked to the application programs. This is a vehicle for portability but the wheel is reinvented ever and ever again.

4 Conclusions

We have considered two possible solutions for gaining portability of software systems for real time applications. An application engineer may both regard as equivalent. In general computer scientists tends to prefer solutions based on a higher level of abstraction, and therefore a model of the operating system embedded in the language seems the best solution. With respect to the environment of technical evolutions there are some more reasons for preferring this solution. First programming languages have their origin in an abstract model of the hardware, and nobody has tried (at least not successfully) to standardize the instruction set of the processor as an essential part of the interface to the hardware. This would have imposed far to hard restrictions on futher devellopment. A standard based on the right level of abstraction gives the necessary freedom for technical evolution.

Looking at the history of real time extensions to POSIX it is questionable if in a committee of different vendor interests an agreement is possible, that is more than a documentation of common capabilities. Usually a standard reflecting only these common capabilities is far beyond users' needs, and in this case lots of enhancements to this so called standard will fill the gap, each incompatible with the others. Without a model of the operating system embedded in the language portability of software systems for real time applications will be a *fata morgana* in the desert of business interests.

References

ANSI/MIL-STD-1815A: Reference Manual for the Ada Programming Language (1983)

Burns, A. and A. Wellings: Real-Time Systems and their Programming Languages; Addison-Wesley Publishing Company, 1990

DIN 66253, Teil 2: Programmiersprache PEARL, Full PEARL

Furht, B. et al.: Real-time UNIX Systems: Design and Application Guide; Kluwer Academic Publishers, 1991

Gallmeister, B.O. and Ch. Lanier: Early Experience with POSIX 1003.4 and POSIX 1003.4a; Proc. IEEE Real-Time Systems Symposium, San Antonio, Dec. 4-6, 1991, pp. 190-198

Halang, W.A. and A.D. Stoyenko: Constructing Predictable Real Time Systems; Kluwer Academic Publishers, 1991

Jensen, E.D.: Alpha: A Non-Proprietary Realtime Operating System for Mission Management Applications; in: H. Rzehak, Echtzeitsysteme und Fuzzy Control, Vieweg-Verlag, 1994

Kneuer, E.: Komfortables Multitasking mit PEARL 90 auf unterschiedlichen Betriebssystemen; GI- Workshop über Realzeitsysteme am 2. und 3. Dez. 1993 in Boppard, Reihe Informatik Aktuell des Springer-Verlags

Kriechbaum, W.: Adding Real-Time Capabilities to a Standard UNIX Implementation: The AIX Version 3.1.5 Approach; in: H. Rzehak, Echtzeitsysteme und Fuzzy Control, Vieweg-Verlag, 1994

Mangold, K.: Ada 9x: Sprachelemente für Realzeitanwendungen; GI- Workshop über Realzeitsysteme am 28. und 29. Nov. 1991 in Boppard, Informatik-Fachberichte Band 295, Springer-Verlags

Portable Operating System Interface for Computer Environments; ISO/IEC 9945-1: 1990 and IEEE Std 1003.1-1990 (POSIX.1)

    Realtime Extensions for Portable Operating Systems; IEEE P1003.4
    Threads Extensions for Portable Operating Systems; IEEE P1003.4a
    Realtime System API Extension; IEEE P1003.4b
    Standardized Application Environment Profile-POSIX Realtime Application Support (AEP); IEEE P1003.13

Rzehak, H.: Der POSIX- Standard und echtzeitfähige UNIX-Systeme; GI- Workshop über Realzeitsysteme am 3. und 4. Dez. 1992 in Boppard, Reihe Informatik Aktuell des Springer-Verlags

Rzehak, H.: Real Time UNIX: What Performance can we Expect?; Control Eng. Practice, Vol. 1 (1993), No. 1, pp. 65 - 70;

Rzehak, H.: Real- Time Operating Systems: Can Theoretical Solutions Match with Practical Needs?; in: W.A. Halang, A.D. Stoyenko (Eds.), Real Time Computing, NATO ASI Series F, Vol. 127, Springer-Verlag, 1994

Schirk, K.: BON, Portierung einer Echtzeitanwendung relativ leicht; GI- Workshop über Realzeitsysteme am 3. und 4. Dez. 1992 in Boppard, Reihe Informatik Aktuell des Springer-Verlags

The Role of Standards in Real-Time Computing; contributions to a panel discussion; in: W.A. Halang, A.D. Stoyenko (Eds.), Real Time Computing, NATO ASI Series F, Vol. 127, Springer-Verlag, 1994

Measuring the Impact of Real-Time Design Techniques

Christof Ebert and Carlos Pereira
Institute for Automation and Software Engineering, University of Stuttgart
Pfaffenwaldring 47, D-70550 Stuttgart, Germany. E-mail: [ebert,pereira]@ias.uni-stuttgart.de

Abstract

The application of embedded real-time systems has introduced new problems for the software engineer related to the complexity of such systems. Especially the early stages of the software development process are vital for the successful implementation of computer systems. Three structured design methods for real-time software systems that are common in industrial projects (SCR, RTSA, DARTS) are compared. This comparison is based on the application of all methods to the specification of a commercial heating system which is in the area of 200 Function Points (6 person months development time). The complete development process is supported by a heterogeneous CASE-environment for reproducibility and hence better comparability. High-order Petri nets are introduced as a graphic formalism for both analysis and architectural design of concurrent systems. The methods are compared quantitatively by providing different complexity metrics over time and qualitatively by subjective observations from this and other projects. Such metrics provide much better project control based upon intermediate results (design documentation) once the methods are applied in a defined fashion. In the given projects DARTS has some advantages compared to the other methods.

Keywords: CASE, complexity traces, design methods, real-time software, software metrics.

1   Introduction

> *It does not matter whether one paints a picture, writes a poem, or caves a statue,*
> *simplicity is the mark of the master-hand.*
> *Elsie De Wolfe*

The development of any real-time software system is a complex task. The main source of difficulty is the large number of subtle and often unexpected interactions that can occur among the various parts of such a system. Real-time systems have the property that past and present events, both external and internal, influence their behavior. These changes are more difficult to understand and hence to describe in a specification than the production of a specific output value from a computation when the corresponding inputs change. The fundamental idea underlying the event-based perspective in specifying concurrent systems is that their behavior can be viewed as sequences of events. These events can be of arbitrary complexity, depending on the systems characteristics of interest. Almost all familiar event-based representations for concurrent systems consist of the following four components: states of the system, events that may change states, transitions caused by events (and showing how events change states), and actions to be performed in response to events.

In requirements analysis, common structured techniques such as SA or JSD emphasize activities and data flow. However, they are difficult to be applied to real-time domains such as industrial automation because of the lack of adequately formalising parallelism and behavior. Real-time extensions of some requirements analysis techniques, such as RTSA or "extended" (timed) statecharts offer different views on the same model, thus supporting the development of real-time systems [1,2]. High order (Predicate Transition) Petri nets and their modifications have also been used for modeling and simulating distributed real-time systems [3]. Most of these techniques suffered from the lack of adequate tool-support and scalability problems (i.e. it could not be proved that the techniques scale up from the small systems that were introduced with their description). With the advent of high resolution graphic workstations newer techniques to improve the software engineering process with tool support based on high Petri nets are now available [4].

This paper compares three structured design methods for real-time software systems that are common in industrial projects (SCR, DARTS, RTSA). The design methods are briefly introduced in chapter 2. Chapter 3 gives an overview of the automation project on which the comparison is based upon. The following chapter 4 introduces a heterogeneous CASE-environment that is used for reproducibility and hence better comparability. In chapter 5 the methods are compared quantitatively by providing different complexity metrics over time. Some typical complexity tracing plots are described. Based on such tracing plots it is possible to characterise projects, to compare different projects, and to investigate reasons and indicators for outliers, both projects or modules. Chapter 6 provides a summary that includes additional qualitative comparisons based on subjective observations from this and other projects.

2   Real-Time Design Methods

During system design the results of the requirements analysis are included in the description of a computer system with interacting hardware devices and software components. The outcome of the design phase is an architecture of the hardware and software subsystems or modules including their hierarchical dependencies, their refinements to smaller components and their interfaces among each other and their environment. One must realise that usually the original description of both the requirements analysis and the system design are incomplete and will expand during the development process. They will even change during the complete system lifetime, and they are vague in many details, hence being misunderstood during the development process. Experience thus shows that it is almost impossible to obtain comprehensive and accurate descriptions of these documents at the beginning of the development process. The modeling method chosen hence must support incremental development and easy maintenance, preferably automatically from succeeding or predecessing steps.

In the context of this project we selected three real-time design methods that are all based on a reactive model of computation. All of them are of wide-spread use in industrial applications.
- SCR (Software Cost Reduction Project of the Naval Research Labs, USA) which was introduced by Parnas et al in the late seventies [5]. SCR is a modular technique that emphasises data abstraction and information hiding.
- DARTS (Design Approach for Real-Time Systems) with its Ada extension ADARTS has been introduced and further refined by Gomaa [6] and focuses primarily on task design.
- RTSA (Real-Time Structured Analysis) from Hatley and Pirbhai [1] was originally introduced as a structured real-time analysis method that was further expanded towards system design in order to bridge the gap between requirements analysis and design smoothly.

Although the current situation (especially in research) is oriented towards introducing object-oriented development approaches, we won't consider such approaches here for briefness (such a comparision can be found elsewhere [7]). The method closest to such techniques is SCR that includes all relevant mechanisms for designing with data abstractions and access functions. The following table provides a brief comparison of the methods and some features that might be relevant for deciding which method to apply. Of course, much more literature and training courses are available for most methods (excluding SCR).

	SCR [5]	DARTS [6]	RTSA [1]
Method description	Design for changes, based on strong modularity is the primary target. Each module fulfils just one single function directly extracted from requirements specs. "*Modules*" in SCR semantics are small units, whose internal functionality is unknown to other modules (*information hiding principle*). Structuring criteria for modules (or functions) are based on three different viewpoints: *hardware hiding* (for hardware specific functions), *software / behavior hiding* (for functions and data structures based on distinct requirements; abstract data types and their access functions) and *software decisions* (design decisions that are not inherent to requirements, e.g. algorithms). Global data use (between different modules) is realised with access functions (abstract data types). After defining a static module structure, *tasks* are built ad hoc.	Dynamic structuring is the first step which results in tasks that are built as groups of functions after real-time analysis (events, synchronisation, parallelism, timing requirements). Tasks are structured to group similar (real-time) aspects in terms of functions, shared data, common states, or timing requirements. Data types and information flow are achieved from specs by approaches (SA). Modules are defined with high cohesion. They group procedures, functions and tasks. Cohesion of such modules includes similar functionality, information hiding, use of shared data, common synchronisation mechanisms, and time ordered sequences.	This design method is a state-based extension of structured analysis (SA) techniques that include real-time representations as well. Structuring criteria hence are to be applied already during the requirements analysis and result eventually in the design. After extracting distinct separate functions with local input-/output data flow during analysis, these functions are grouped to tasks according to function sequences. Data elements should be as local to distinct functions as possible. Their usage in several functions is the base of hierarchical modularisation. Control flows are determined after having modelled data flow.
Tools for design and simulation	(Statemate)	PACE, SPECS	Statemate, PACE, SPECS, GOSS
CASE environments	ProMod-PLUS, StP, Teamwork, (EPOS 2000), (Maestro II)	EPOS 2000, StP, Teamwork, (Excelerator II), (ProMod-PLUS)	EPOS 2000, Excelerator II, ProMod-PLUS, StP, Teamwork

Literature on system design techniques includes a vast amount of different graphical notations. Most notations focus on distinct aspects of the development process (certain parts of the process, distinct objects and their relations, etc.) and therefore they are only useful for distinguished application areas. Although some later publications of the inventors or trainers of these methods tried to introduce a graphical description language, none of them is restricted to a single notation. High-order timed Predicate-Transition Petri nets (PrT-nets) can be applied to the specification of the structure and the behavior of real-time systems (see ch. 4) [4,8]. The complete description of both real-time computer control and external behavior of the real-time environment (plant, etc.) requires a complete formal model of these interacting subsystems. To analyse and prove the correctness of software components it is extremely useful that their descriptions and specifications take advantage of the same formal technique. Petri net theory provides analysis and verification methods, e.g. algorithms for proving invariants, detecting deadlocks and constructing reachability graphs. In the context of this paper we will use a notation for such Petri nets because we are focusing on real-time systems with defined time orders or durations of processes. Such a notation and supportive tools for editing, analysis and simulation (even for prototyping) is introduced in [4].

It is important to note that similar approaches that include formalisms for specifying states, events, data-flow, control-flow, and hierarchical modularization (e.g. statecharts [2] or derivatives [6]) could also be applied instead of the described PrT-net notation.

3   A Real-Time Automation Project

Applications in this category can be briefly characterised as consisting of a real-time computer system that might be embedded into several plants with many I/O-functions provided by heterogeneous sensor or actor systems. External events may occur at any point of time, without knowing in advance, requiring system reactions within a given period of time. In this application category even small systems have considerable complexity in terms of parallelism, synchronisation, timing, decisions, and interface-operations. The principles described in this context, however, can be shifted to other application areas and are of much broader applicability.

To compare the design methods we selected an application for a commercial heating system with two different sources of heat (oil burning and heating pump systems). Its power is in the area of 150 kW and provides heating for around ten office rooms and warm water for kitchen and shower services. Overall volume of the projects is in the range of 200 function points or 400 feature points which resulted in almost ten thousand lines of delivered source code. Our approach is not to intuitively list features or desired properties of real-time design methods, but to apply them to the same set of requirements of a typical embedded system (which is beyond classroom or textbook size). Five projects based on SCR (two projects), DARTS (one project) and RTSA (two projects) have been completed by graduate students with previous knowledge in real-time automation. A simulation and testing environment guaranteed comparative results fulfiling all specs. The project results have then been analysed quantitatively and qualitatively.

4   Tool Support - The CASE Environment

Different life-cycle models suggest different strategies for development support. Since it is not the purpose of this paper to discuss different life-cycle models or underlying methods for process support, we will concentrate our analyses on a distinct life-cycle model for selected types of projects in the area of real-time systems based on DoD standard 2167. The software development process follows this approach systematically, thus creating several products, namely the requirements specification, the system or architectural design, the detailed design, and the source code. These different products are usually developed with tool support. Products of latter phases, such as source code, may even be transformed automatically from earlier results. Several tools are applied in combination to a heterogeneous CASE-environment that fits to real-time software development. A rough model is presented in fig. 1, combining distinct products, methods and tools to the specific underlying development model.

Distinct tools and methods, such as Petri nets or real-time development environments, have been selected for this comparison to support the development of software in the area of industrial automation. Other application domains with their own specific demands would necessarily require other approaches (e.g. structured analysis, entity-relationship modelling and query support for business database transaction systems). The project support environment (IPSE) we are using consists of the following tools and methods:

- **Hierarchical Predicate-Transition Petri nets** (*PACE, SPECS*) are applied for system analysis and design. The approach is based on the ideas of modular design and functional decomposition. Such Petri nets are increasingly used in industrial engineering because they support the representation of control flow, synchronisation, data flow and hierarchical decomposition. This approach focuses on requirements analysis and system design, however includes also rapid prototyping because the resulting models can be simulated and animated. Petri nets as they are introduced and applied here therefore represent a vehicle for communication between customer and developer. The notation of Petri nets is simple enough to be understood by a customer as states, events and data-flows, while the look and feel approach of the user-interface can be presented without much effort. Based on the definition of a semantic description of typical net structures to be used while editing Petri nets (e.g. decisions, loops, rendezvous) it is feasible to analyse them quantitatively consistent with other notations in such a heterogeneous environment [9].

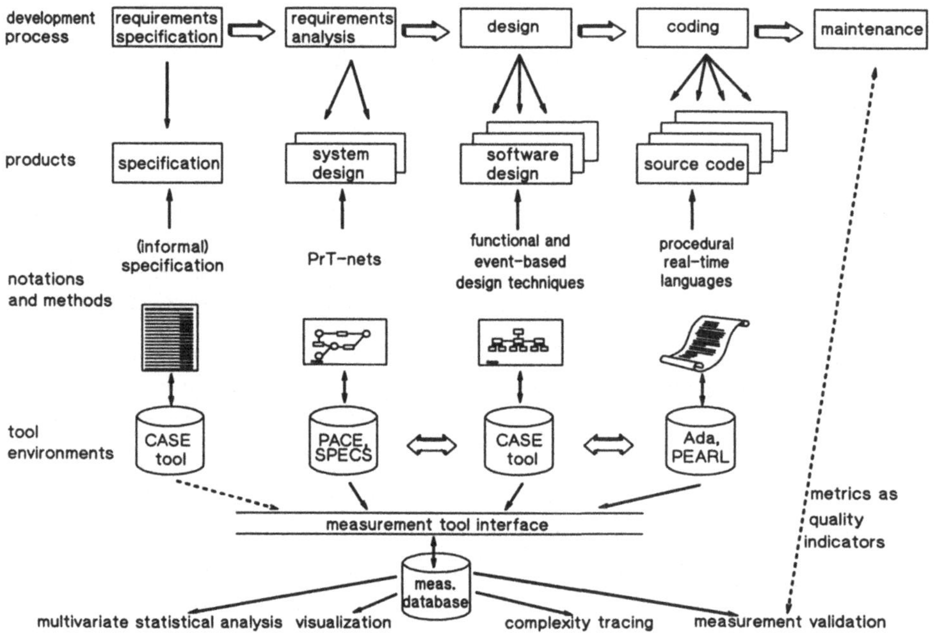

Fig. 1: The underlying model for the software development process

- **The *EPOS 2000* environment** is the IPSE because this state of the art tool supports all phases of a project (from requirements specification and analysis through system development, coding and testing, to system implementation and maintenance) for the entire software/hardware system [10]. Code generation and a connection to the Petri net tool are built upon *EPOS 2000*. *EPOS-S* is the design language offered for preliminary and detailed design. The design measures set is implemented in the *EPOS* environment as one out of several analysis tools. Thus, it can be used in a highly interactive fashion during the complete design process. Because *EPOS* supports the use of various design methods (e.g. event-, function-, module-, data flow-, data-structure-, or even device-oriented procedures), it is possible to trace the influences of different approaches with respect to complexity or quality measures.
- **The *PEARL* real-time programming language** was selected because it is a structured,

modular language that is easy to learn [11]. *EPOS* provides automatic generation of code segments in this language based on the detailed design. Code complexity measures are derived automatically from the source code description. *Ada*™ could be used alternatively, since EPOS supports this language with complete code generation.

One of the advantages of the described approach is the early identification of errors due to several sophisticated analysis methods that are included in all the development tools. Based on the underlying idea of selecting and implementing appropriate measures according to a modular approach - including the use of already existing database retrieval mechanisms or statistical and graphical output systems -, it is feasible to transfer this approach to other CASE environments.

5   Metrics for Quantitative Evaluation

Metrics that can be collected from products of all development phases are size, complexity, cost, effort, and defects or changes [12]. Data sets from several projects can be ordered according to distinct quality or productivity aspects that are often well-known among development and sales people. Such external process measures are the number of customer requests, the number of faults reported, the customer satisfaction with the product, or the maintainability in terms of maintenance staff reports. We will further focus on measuring complexity, effort and maintainability. Our guidelines for selecting such metrics were:
- Applicability to the techniques used in our approach of developing real-time automation systems. All complexity measures need to be applicable to high order Petri Net descriptions, the *EPOS-S* design language and to structured real-time languages (*Ada*™, *PEARL*).
- Traceability of distinct complexity factors independent of the method and technique that is applied during a development step. The candidate metrics should measure one distinct factor for different description languages.
- Common properties for measures should be fulfilled. These properties include robustness towards the underlying factor, specificity of the contributing factor, reproducibility which results in automatic measurement, and usefulness of their application in real projects.

It is insufficient to measure just one or two factors of complexity because software products - of all phases of the life-cycle - contribute to several factors of complexity (e.g. functional or data complexity) to be considered [12]. The selected vector (based on a selection with factor analysis) consists of the following metrics:
1. module size (number of functions per modular unit).
2. total coupling (sum of all coupling aspects including data, time, functional coupling etc.).
3. cyclomatic complexity (number of binary decisions in the control flow).
4. parallelism (number of potentially parallel tasks).
5. statement density (size of functional volume divided by size of descriptive volume).

The analysis of five versions of the real-time automation project with the five relatively independent complexity factors is presented in fig. 2. The two straight lines represent heating systems developed with the SCR design method. The two dotted lines are projects developed with RTSA. The remaining line is based on DARTS. Complexity vectors are given for the four phases requirements analysis, architectural design, detailed design and source code. Complexity data is normalised with the squared average of each group, thus permitting comparison. The tracing plots for complete projects show general and method-dependent properties. Based on tracing plots it is possible to characterise projects and to compare different projects - that must be based on the same development techniques - in order to find outliers early in the life-cycle [13]. Since the tracing analyses can be applied for both modules and complete projects, this technique is also feasible to find outlying modules in one project [12].

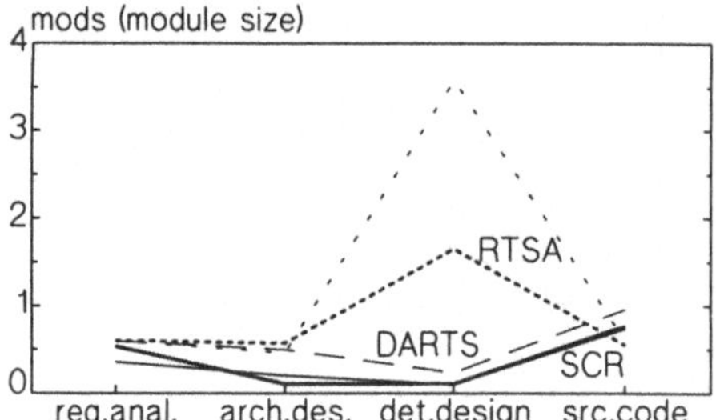

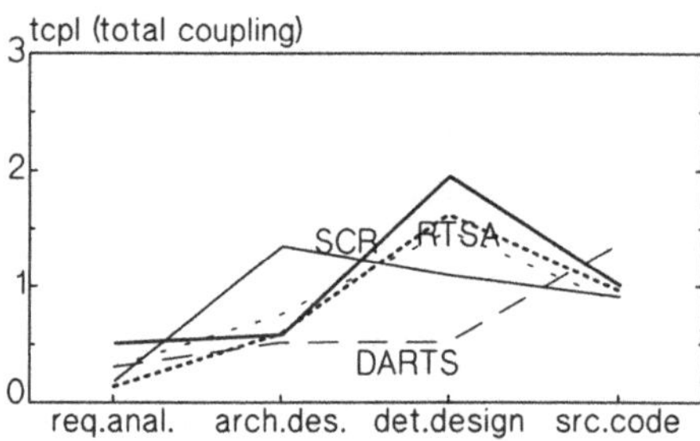

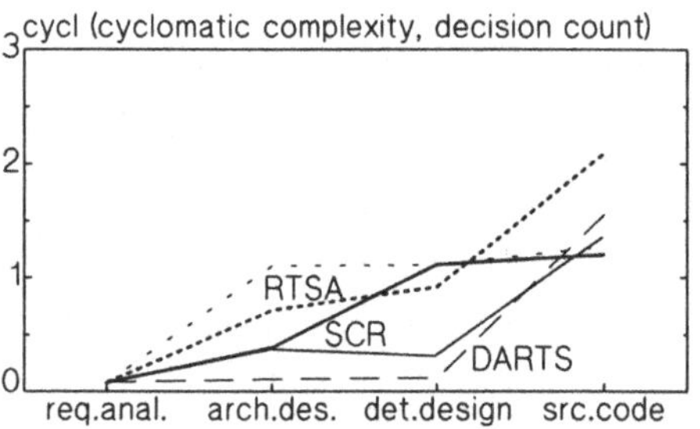

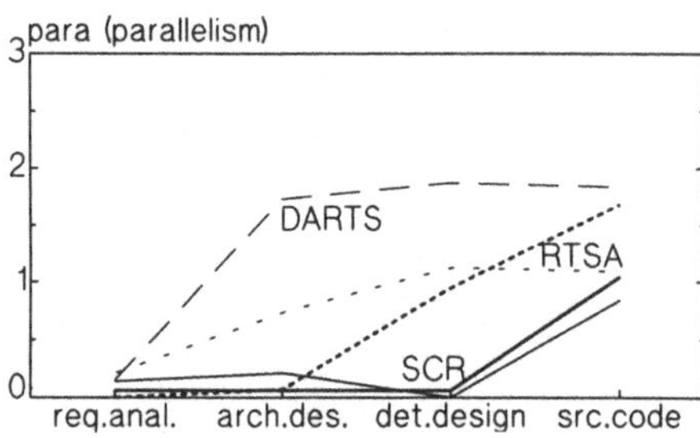

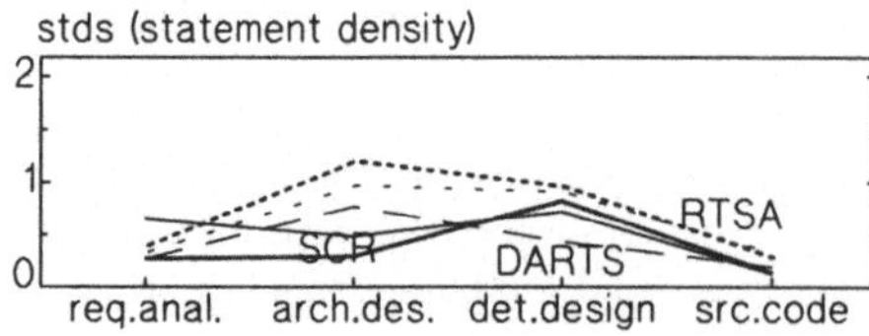

Module size shows small values in DARTS and SCR, while RTSA resulted in sharp increases during detailed design. This is due to the fact that RTSA does not provide guidelines for module-structuring. Additional code guidelines helped reducing module size for RTSA late in the project.

Total coupling shows rather heterogeneous traces that indicate a tool-specific peak during detailed design. The peak is due to redundant data-flow and calling specifications. DARTS is the only method that provides guidelines for steady enhancement without unnecessary coupling, thus decreasing development effort.

Cyclomatic complexity and other control flow complexity metrics (nesting depth) increase slowly and monotonously which indicates that this complexity factor is determined early in the life-cycle. It is almost impossible that control flow measures decrease over the time, because most decisions are problem inherent (decisions in the control flow are caused by decisions in the requirements specification, e.g. *"if temperature is below zero, turn on the heater"* and to a small part by additional decisions based on the specific approach to a solution). DARTS neglects to guide control flow design and results in an overly steep increase during coding.

Parallelism indicates that DARTS is the only method that focuses early on typical real-time structuring criteria. Especially SCR provides no task separating criteria which results in parallelism added during coding.

Comprehensibility (based upon measuring **statement density**) shows developers' individual peculiarities. To a large extend this metric is based on specific human behaviors, such as refining a problem and its solution into many different levels or writing lots of comments. Therefore, the curves remain almost stable for different products in the course of the development process.

Fig 2: Complexity traces of five complexity metrics

6 Conclusions

Real-time design methods are increasingly used in the development of embedded systems. With growing importance of component reusability and system maintainability specific guidelines are necessary for evaluations of methods. Although complexity metrics were originally used to provide development support, we found out that they can also characterise projects' evolvements. Quantitative analyses of projects with complexity metrics hence provide an overview of the development process. They give feedback on results much earlier than code reviews, thus supporting design staff. While the course of the four complexity vectors (analysis, system and detailed design, code) can be viewed as a trajectory in the complexity space, the traces over time give insight in design approaches. For example, separation into few large modules creates another complexity factor distribution than a SCR-type design with many small modules. The first case results in functional or structural complexity (i.e. cyclomatic complexity, module fan-out), while the latter case produces data complexity (i.e. I/O variables between modules, calling trees). Obviously the nature of a specific solution adds complexity to the problem inherent complexity. We hope that this framework and its results can stimulate further comparisons that are not totally based on theoretic insights. Especially the complexity traces could serve as a quantitative approach for such comparisons.

Acknowledgements

This research project was financially supported by the German National Science Foundation (DFG) and by the Brazilian Federal Research Council (CNPq). The authors would like to thank GPP, Munich (Germany) and Landis&Gyr, Zug (Switzerland) for tool support.

References

[1] Hatley, D.J. and I.A. Pirbhai: *Strategies for Real-Time System Specification*. Dorset House, New York, NY, USA, 1987.

[2] Harel, D., H. Lachover, A. Naamad, A. Pnueli, et. al.: STATEMATE: A Working Environment for the Development of Complex Reactive Systems. *IEEE Transactions on Software Engineering*, Vol. 16, No. 4, pp. 403-413, April 1990.

[3] Varadharajan, V.: A Petri Net Model for System Design and Refinement. *J. Systems and Software*, Vol. 15, pp. 239-250, 1991.

[4] Oswald, H., R. Esser und R. Mattmann: An Environment for Specifying and Executing Hierarchical Petri Nets. In: *Proc. of the 12. Int. Conf. on Software Engineering*, IEEE Comp. Soc. Press, Los Alamitos, CA, USA, 1990.

[5] Parnas, D.L., P.C. Clements and D.M. Weiss: The Modular Structure of Complex Systems. *IEEE Trans. on Softw. Eng.*, Vol. SE-11, No. 3, S. 259 - 266, Mrc. 1985.

[6] Gomaa, H.: *Software Design Methods for Concurrent and Real-time Systems*. Addison-Wesley Publishing Company, Reading, MA, USA, 1993..

[7] Pereira, C.E.: Putting OO to work: Results from Applying the Object-Oriented Paradigm during the Development of Real-Time Applications. *First IEEE Workshop on Real-Time Applications*, pp. 166-170. New York, NY, USA, May 13-14, 1993.

[8] Elmstrøm, R., R. Lintulampi and M. Pezzé: Giving Semantics to SA/RT by Means of High-Level Timed Petri Nets. *Real-Time Systems*, Vol. 5, pp. 249-271, 1993.

[9] Ebert, C. and H. Oswald: Complexity Measures for the Analysis of Specifications of (Reliability Related) Computer Systems. *Proc. IFAC SAFECOMP*, pp. 95-100, Pergamon Press, London, 1991.

[10] Lauber, R. (Ed.): EPOS Overview. SPS, New York, NY, USA, Jan. 1990.

[11] Stoyenko, A.D. and W.A. Halang: Extending PEARL for Industrial Real-Time Applications. IEEE Software, Vol. 10, No. 4, pp. 65 - 74, 1993.

[12] Card, D. N. and R. L. Glass: Measuring Software Design Quality. Prentice Hall. Englewood Cliffs, NJ, USA, 1990.

[13] Ebert, C.: Complexity Traces - an Instrument for Software Project Management. In: *Applications of Software Metrics and Quality Assurance in Industry*. Ed.: N. Fenton, Chapman & Hall, London, UK, 1994.

Fail-Safe On-Board Communication
for Automatic Train Protection

Bernhard Eschermann, Hubert Kirrmann

ABB Corporate Research, CHCRC.C1
Segelhof, 5405 Baden-Dättwil, Switzerland

ABSTRACT

Automatic train protection (ATP) systems have to be fail-safe in order to avoid hasards to train passengers. At the same time they have to react to inputs in real time. Previously such systems employed a centralized intelligence with dedicated connections to auxiliary devices, but today´s demands require the distribution of ATP functionality to several intelligent modules connected with a flexible data bus. This paper describes an approach to fail-safe and real-time communication for future ATP systems.

1 INTRODUCTION

Automatic Train Protection (ATP) systems in railway signalling consist of track-side data transmission devices and train-borne electronic systems, which receive and process the data. The data transmitted from the track to the train typically represent driving restrictions (e.g. speed limits, stop signals etc.) and are safety-critical. If the train driver does not react to the visible signals positioned at the track or the corresponding indications on his ATP system display, the ATP system automatically initiates a safe reaction, e.g. by applying the brakes.

The on-board parts of ATP systems have traditionally been large centralized units, which are connected to the driver´s display and control equipment (like brakes) by dedicated links. This method, however, seriously limits adaptability and extensibility. As an example, cross-border trains would have to carry complete ATP equipments from different manufacturers for each track-side device class they can encounter.

Motivated by the increasing cross-border traffic in Europe, the European Union has been sponsoring a project called "Eurocab", whose goal is to harmonize the on-board ATP systems for European trains. Eurocab involves nine major European signalling companies. Work in Eurocab is based on a modular ATP architecture with a set of standard modules connected by a serial bus. An implementation of such an extensible bus-based on-board ATP system is shown in Fig. 1.

The modules constituting the ATP system are:
- a man machine interface module (MMIM), which provides the driver with information and acquires inputs from him,
- a data logging module (DLM) to record data for maintenance or legal purposes,

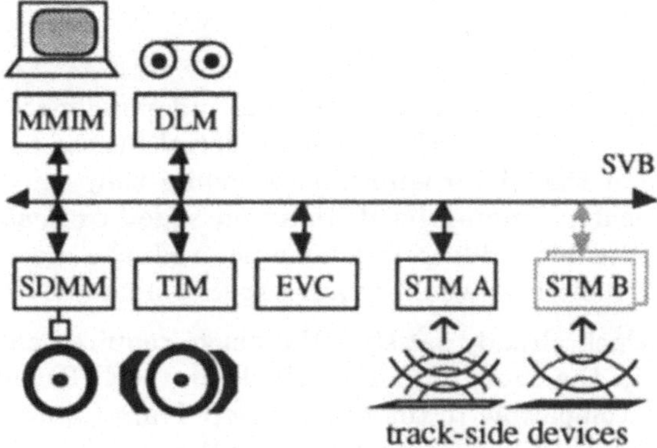

Figure 1: Bus-based on-board ATP system

- a speed and distance measurement module (SDMM), which provides the current speed and the distance travelled,
- a train interface module (TIM), e.g. for enabling the ATP system to apply the brakes,
- a vital computer (EVC) for performing centralized control functions and switching between different ATP systems and
- an arbitrary number of specific ATP modules (STM), which are added for every track-side signalling system the locomotive is expected to encounter. They provide the on-board interface to existing (and new) track-side devices, which might e.g. transmit modulated electromagnetic waves to passing locomotives.

All the modules are connected with a serial bus named Signalling Vehicle Bus (SVB) in Fig. 1.

The definition of a communication standard between the modules of Fig. 1 is the major problem to be solved in Eurocab. It requires
- a clear allocation of functions to the modules, resulting in an agreed functional interface between the modules,
- the definition of the data-flow between modules including the semantics of data, the syntax of data (e.g. number of bits), the frequency with which the data are exchanged, and
- the definition of a safe communication protocol to be followed by all modules.

This paper concentrates on problems related to the third task. Sections 2 to 4 give details about different ISO/OSI protocol layers of a bus to be used as SVB. Since the bus is considered to be generic and untrusted, even though it provides some basic integrity mechanisms, fail-safe (*vital*) operation will be secured by the user layer through an additional safety protocol [1]. Section 5 first describes the general fail-safe principle of ATP system components as exemplified by ABB Signal's ATP system. The bus safety protocol is then described in Section 6.

2 PHYSICAL LAYER

To simplify cabling, to control disturbances and to provide independence of devices, the SVB will be a serial bus. Most of the available serial busses (e.g. Ethernet, CAN) do satisfy some of the SVB requirements, while they fail to satisfy others. In particular the safety-related hard limits on a deterministic response time, the necessary flexible addressing scheme and the harsh electromagnetic environment in locomotives would require special adaptations.

One promising SVB candidate, which already satisfies the above requirements in its current implementation, is the multifunction vehicle bus (MVB). An additional advantage is that it is compatible to the coming IEC Train Communication Network standard [2]. The MVB has been used by ABB Switzerland to connect the traction control devices in its locomotives since 1991 [3]. It can use different physical media (copper, optical fibre) for various distances up to 2000 m all operating at a speed of 1.5 Mbit/s. This speed is sufficient, even for the most demanding bus traffic, which results if track-side devices sending data to the train are passed with maximum train speed (within Eurocab, the maximum assumed train speed is 500 km/h) and these data have to be passed onto the bus in real time.

Data are encoded using Manchester coding, which combines data, clock and frame synchronization in one signal. The frames are headed by a 9-bit delimiter, which includes 3 Manchester code violations to distinguish it from a valid data bit sequence. The frames are protected by 8-bit check sequences built over at most 64 bits of data. The check sequences are built using the high-integrity IEC TC57 telecontrol algorithm to provide a Hamming distance of 4.

MVB distinguishes two kinds of frames: Master frames are only issued by the bus master, slave frames are sent by the slave devices. The delimiters are different for master and slave frames to protect against synchronization slips.

- A master frame has a fixed size of 33 bits, it consists of a 9-bit delimiter, a 4-bit function code, a 12-bit address and an 8-bit check sequence.
- Slave frames may be up to 297 bits long. This includes a 9-bit delimiter, up to 256 bits of data and an 8-bit check sequence for each group of 64 data bits.

3 LINK LAYER

To comply with the real-time requirements, a device shall be able to transmit at least one frame within a finite time, regardless of the bus load, under fault-free conditions. To achieve this, for the MVB a single master initiates data transfers, other devices must not access the bus spontaneously. To increase availability, mastership may be transferred between devices, but mastership transfer will not influence the slave devices.

Two addressing methods are provided:
- In *Source-Addressed Broadcast* the master requests the transmission of a particular item by broadcasting its source identifier and the source device of that item responds with the actual value (Fig. 2). This value is received by all sink devices subscribed to it. Broadcast data are not acknowledged, error recovery is provided by retransmission in one of the next bus periods.

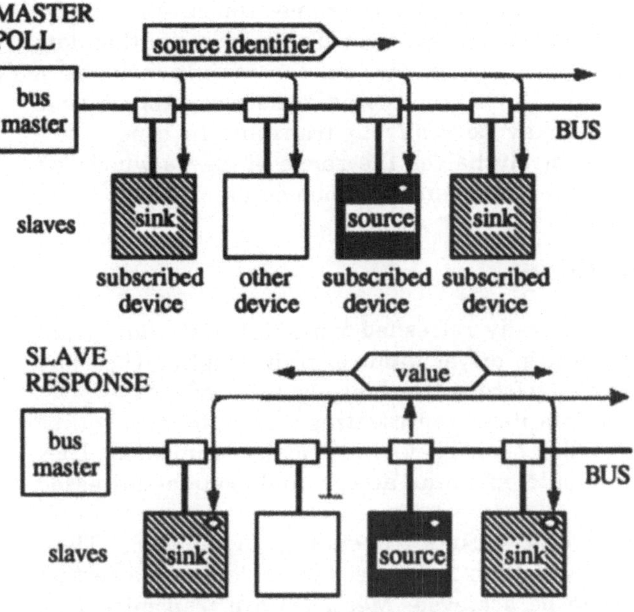

Figure 2: Source-addressed broadcast

- *Destination-Addressed Datagrams* are only received by the specified destination(s). They have to acknowledge the receipt.

Two access modes are supported (see Fig. 3):

- *Periodic Access*, during which the master polls specific addresses at fixed intervals. For this access mode (also called "cyclic transmission") a certain percentage of bus bandwidth is allocated (periodic phase). Addresses may be polled every i-th basic period (cf. Fig. 3), where $i \geq 1$.
- *Sporadic Access* allows event-driven transmission of data. The bus bandwidth which remains after the periodic phase, is used for this mode (sporadic phase). If no sporadic accesses occur, it remains unused. This mode is also called "event transmission" or "on-demand transmission".

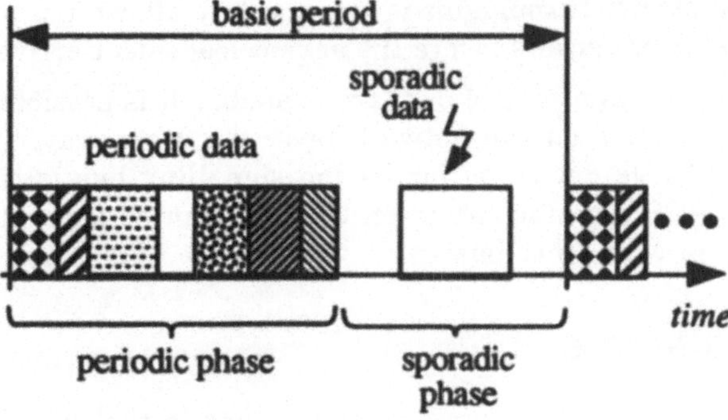

Figure 3: Bus traffic

For each transmission, the master sends a master frame, which contains the type of access and the source address of the data item. The producer of that data item responds with a slave frame. Thus the master mainly acts as a coordinator of the slave data traffic. During the sporadic phase an arbitration is necessary, since several devices may be ready to transmit: In consecutive master frames the master successively halves the range of slaves which are permitted to transmit until no more slave frame collision occurs.

4 HIGHER BUS PROTOCOL LAYERS

The bus traffic is a mix of periodically refreshed variables (e.g. time, train speed) and aperiodic information (e.g. driver input of train length). Therefore the application layer provides an interface to transmit two kinds of data:

- *Process Variables* are short data items representing state information (like speed of train, distance travelled etc.). They are periodically updated. They are transmitted using periodic medium access and source-addressed broadcast.
- *Messages* may consist of several packets transmitted in sequence. Their real-time requirements are lower than for process variables, only a certain average delivery time has to be achieved. Messages are transmitted on demand using destination-addressed datagrams.

The transfer time of process variables is deterministic and limited. To guarantee a maximal delay, they are transmitted periodically. Since they contain state data and are periodically retransmitted anyway, they are not acknowledged.

Messages carry events. Events are state changes, which cause a device to request transmission outside of the normal poll sequence. Events are acknowledged to make sure that no state change goes lost. The acknowledgement is given by the destination through a reply message. The caller checks the timely receipt of a reply message with a timeout. Call and reply messages are paired by the session layer.

The transport layer is responsible for segmenting a message into individual packets, which each fit into a frame. It also does flow control and error recovery through a sliding window protocol: Throughput is increased by allowing a producer to send a certain number of packets before the acknowledgement arrives.

If other vehicle busses (like a traction control bus) are available, it is possible to exchange datagrams between them on the network layer via a gateway. The gateway will be a non-vital slave device as far as the signalling bus is concerned, such that the vital ATP communication on the SVB can be separated from non-vital communication with other busses.

5 GENERAL FAIL-SAFE PRINCIPLE

One of the underlying concepts of railway applications is that in the case of a failure a safe reaction is initiated, in case of an ATP system the brake is applied. The basic safety principle in the vital processing devices is to use several channels (e.g. two channels A and B) which are continuously compared, a mismatch of which initiates a safe reaction.

To protect against software errors, ABB Signal uses diverse (A and B) software implemented by different programmers [4]. In spite of the diversity used, each program version is tested as if it was the only version executed. Cost restrictions may prohibit using redundant hardware (e.g. in mass transit applications); therefore to additionally protect against undetected hardware failures, the A and B software versions operate on complemented data, and address ranges are mirror-mapped in the two programs.

Results of both software versions are compared with non-diverse program modules (C modules). These modules are kept as simple as possible to avoid software failures in these parts, in addition particular care is used in their validation. Making the comparison as simple as possible requires to strictly synchronize A and B programs. However, there is a tradeoff between A and B programs working as independently as possible and forcing them into lockstep, which simplifies comparison.

For all functions performed by non-diverse software modules (C modules), complementary tests to detect hardware failures during their execution are implemented.

6 FAIL-SAFE COMMUNICATION

Even though the bus communication protocol provides a high integrity by itself, it cannot be trusted when considering the integrity requirements in signalling applications. A fail-safe user layer has to cover errors caused by faults in the sender and its communication interface, the communication link itself and the receiver (or its communication interface). The faults may result in
a)   the loss of data or an unacceptably long delay, such that at the time the data are needed they are not available,
b)   the receipt of falsified data,
c)   the receipt of additional data, either due to noise or misrouting, or
d)   the receipt of obsolete data (duplicated data resent).

These errors may be due to failures inside the Eurocab equipment or external influences, e.g. electromagnetic interference. Due to these possible errors, the safety protocol has to ensure
*   integrity,
*   authenticity,
*   and correctness in time.

All vital communication participants (trusted modules) provide protection for both process variables and messages through a pertinent encoding to protect against a) to d). In the case of errors corrupting vital data, the errors have to be detected and a safety reaction which brings the system to a safe fall-back state must be initiated.

6.1 Correctness in Time

A *time stamp* added at the sender allows the receiver to check the time when data was produced. *Sequence numbers* allow to check whether the data are new and whether the previous data were received. Sequence numbers do not uncover late data, time stamps do not necessarily uncover missing telegrams. Sequence numbers may be problematic in the case of broadcasts, where some receivers only listen to a fraction of the data produced by a sender, since such receivers cannot make use of the fact that a counter increases by one from transmission to transmission.

Since periodic data do not carry state changes (cf. Section 4), missing data are not critical as long as the available information is fresh enough. Additionally such data are broadcast. Therefore time stamps can be used to protect against fault type d). To protect against fault type a), receivers additionally monitor process variables based on a fail-safe real-time clock, which allows to detect a time-out based on the time for the last valid reception of data.

If a transmission is not periodical (messages), no receiver time-out is possible. Lost sporadic messages are detected by including a sequence number. This, however, only works if the next message is received. Two solutions exist:
- The pertinent variable may be refreshed periodically (i.e. it is transformed into a process variable). This consumes bus bandwidth but does not involve the slower higher application layers.
- The sender may only provide "I am alive and able to send" information in the periodic phase. Care has to be taken that dormant errors causing a transmission of this information irrespective of its truth are caught by self-tests.

6.2 Integrity

Safety related equipment shall add a safety code to the vital data [1]. It has to protect transmissions both against bus failures and against external influences like electromagnetic disturbances which exceed the coding capabilities of the bus (faults of type b). A long enough safety CRC in addition to the bus CRC satisfies these requirements. The number of check bits has to conform to CENELEC requirements [1]. To avoid single points of wrong side failure within senders and receivers, all information can be sent twice, once as A data and once as diverse B data. This allows to use the two-channel diversity principle outlined in Section 5 consistently throughout the ATP system.

6.3 Authenticity

Type, length and source information for periodic data can be merged in one "logical source identifier", which gives a unique address to each variable transmitted over the bus: A particular variable (e.g. "speed") at each time has only one fixed source known to all possible receivers, it also contains a fixed number of bits (length) known to all receivers. What is also known to everybody is that this variable is e.g. periodically broadcast and vital (i.e. the type information).

The question is, whether the logical source identifier has to be transmitted explicitly together with the user data to protect against c) type faults. It is helpful to remember that the *handling* of data communication is a task of the bus protocol, which e.g. provides mechanisms to transmit periodic data using a source-addressed broadcast. It is sufficient if the checking of the safety code allows to detect if something went wrong, such that a safe reaction is possible. Therefore there is no need to literally include type, length and source information *as separate fields* of the user data, as long as their correctness can be checked otherwise by an application-level protocol executed by vital devices.

This is the case for *periodic data*. Since these data are short, explicitly including type, length and source would create massive safety overheads. An implicit check requires that the sender not only computes the safety CRC based on all the user data (including other application-level safety items like time stamp etc.), but it also has to include the bits for the logical source identifier in this computation. This way a different safety CRC for each logical source is created. The receiver, which knows the expected logical source code of periodically received data, can use it to check the safety CRC and at the same time check that the data comes from the correct source, without the need to receive the logical source identifier in each transmission.

Since for sporadic data the sender is not known in advance, the logical source identifier is explicitly sent with the data. Additionally the receiver address is given. The safety CRC is computed over the whole message (including source and destination), not over individual packets produced by the transport layer.

7 CONCLUSIONS

This paper summarized some of the principles for an on-board data bus connecting the different modules of an automatic train protection system. The main problems are real-time constraints and fail-safe operation. They can be solved by using a pertinent bus protocol providing deterministic delivery times supplemented with a user-level encoding responsible for maintaining safety.

REFERENCES

[1] CENELEC CLC/TC9X/SC9XA/WGA2/SG2/Vital Bus: Basic Requirements for a Safety Related System Communication Using a Serial Single Bus, Final Draft, April 1993.

[2] International Electrotechnical Commission: IEC CD (305) Part III, Train Communication Network, Multifunction Vehicle Bus.

[3] P. Etter, H. Kirrmann: Use of Standardized Integrated Communication Systems on Vehicles and Trains; IPEC 93, Tokyo, 1993.

[4] G. Hagelin: ERICSSON Safety System for Railway Control; Software Diversity in Computerized Control Systems, U. Voges (ed.), pp. 11-27, Springer, 1988.

Feasibility of Ada9X for Real-Time Programming

Karlotto Mangold
ATM Computer GmbH
Bücklestr. 1-5
D 78467 Konstanz

Summary

This paper presents the functionality of Ada and Ada9X for programming of real-time applications. In addition to support the object-oriented programming paradigm, the major extensions to Ada - in the scope of Ada9X - are made to support the requirements of the real-time community. The revision of the language Ada which is done in the Ada9X-project, run by the Department of Defense offers significant improvements in the area of real-time programming. Some highlights are protected types, support for implementation of interrupt handlers, priority based scheduling models, improved determines, and a model to implement distributed systems.. The various activities to define an Ada-binding to IEEE/POSIX real-time standards are not described here.

Real-Time Programming in Ada83

Ada [1] or more precise Ada83 - because it became an American National Standard in 1983 - was developed during the seventies. Some of the requirements Ada83 has to fulfil were specified in para 9 of [2]. The headline was Parallel Processing. Details which were required were: definition of parallel processes, processes shall have the same semantic on single and multi-processor systems, control of shared variables and mutual exclusion, and access to a real-time clock.
Nevertheless the first version of Ada [3], published in 1980, contained more features for Real-Time Programming than Ada83.
The language constructs offered by Ada83 to the Real-Time-Programmer are:
- a hierarchical task concept with tasks as objects declared in the program,
- inter-task communication and synchronization based on the Rendezvous,
- a data-type duration and a delay-statement to describe the minimal delay time, which had to be applied to the calling task.
The hierarchical tasking concepts with tasks and sub-tasks, created dynamically offer more functionality than those offered in most other real-time environments. In contrary to a lot of existing systems where the number of tasks is often static, Ada offers a flexibility which may be dangerous, if these constructs are used in an uncontrolled way. But this is not a problem which is typical for Ada. Only the ease of creating task-hierarchies dynamically, with a large number of tasks, may probably raise problems.

The rendezvous is a synchronous, non-symmetric, one-sided anonymous synchronization primitive, with entry-calls which look like procedure calls and accept- and/or select- statements. This synchronization concept, introduced in Ada is theoretically sufficient for task synchronization and also for modelling any communication structure. Having only one communication mechanism is an advantage from the design perspective. As Ada offers powerful constructs to build other complex constructs using primitives and hiding them, the functionality offered is sufficient as a base to build basic blocks. From a practical point there may be problems in the overhead necessary to implement a simple asynchronous message passing by introducing a specific receiver task for each queue. Another draw-back for real-time application is the missing requirement to deterministic behaviour even if the determines is not so explicitly excluded as supposed in [4].

The Ada9X-Project

In 1988 the Ada Joint Program Office (AJPO) initiated the Ada9X-Project. The goal of this project is to revise the programming language Ada according to the requirements.
The project plan was published in [5]. During the first project phase, everybody was asked to submit proposals and change-requests. As a result of this phase about 900 requests were collected. These requests were ordered, grouped, classified, and evaluated and the approved requests were published as Ada9X requirements [6].
During the next step the requirements were mapped into language constructs. The whole process was monitored by a group of about 30 specialists from various countries, the so-called Distinguished Reviewers. This group was also open to representatives of ISO/IEC JTC1/SC22/WG9 the working group in charge of Ada at ISO-level. This cooperation was made to ensure that at the end of the Ada9X-Project not only a MIL-Standard or an American National Standard but also an International Standard will be available.
In the meantime the language revision made good progress and in summer 1993 a Ada9X language Reference manual was published. [7] was sent out for ballot to ISO/SC22-members and to the ANSI canvass in autumn 1993. The results were very positive. There were 14 ISO votes in favour (7 with comments) and one vote against and 46 ANSI votes in favour and 4 against. Now the comments were handled and a revised Language Reference Manual will be published before Summer 1994 with the goal to have all approvals at the end of 1994. So X will be equal to 4!
From the technical point of view in Ada9X there are upward compatible extensions mainly in three areas, one is to support the object oriented programming paradigm, the second is to introduce hierarchical libraries, and the third is to support real-time requirements. Ada9X also incorporates numerous other minor changes reflecting feedback from the use of existing features as well as specific new features addressing the needs of specialized applications and communities.
From the formal point Ada9X will consist of a core language which must be supported by every implementation and so-called special needs annexes, which will support special application areas. In the field of real time programming there are three relevant annexes. These annexes are dedicated to Systems Programming, Real-Time Systems and Distributed Systems.

In this paper a short overview of the changes in the core language, relevant to Real-Time Programming and the contents of these annexes are presented.

Until the final end of the standardization process the information presented here may be changed. More detailed information can be found in the Ada9X Language Reference Manual, which will be available after the standardization process in the final, approved version or, until then, in the different drafts e.g.[7]. An Overview on the technical highlights with examples and background information is given in [8] and [9] or in several chapters of [10]. As standardization of a language is a (hopefully) converging process, the cited papers give at least the basic concepts and it is expected that there will be only minor (formal) changes but not in principle. The referred annexes are numbered according to version 4.0 of the draft language reference manual [7]. This numbering may be changed in a later version.

In addition to the language definition there are a lot of additional activities within the Ada9X-project. Important ones are:

- User-Implementor teams to study implementation issues of the new language features.
- Activities to support the transition to the new language on different levels.
- The GNAT-project (GNU-Ada-Translator) to implement Ada9X which will be publicly available as the GNU-tools distributed by the Free Software Foundation. For details see [11].
- Developing the validation strategy for Ada9X, to guarantee the implementations being as stable as in the past.

Protected Types

In addition to the task-synchronization by means of a rendezvous a data-oriented synchronization is defined. To use this in Ada9X the concept of protected types is introduced. A protected object provides coordinated access to shared data, through calls on its visible protected operations. As in case of task declarations a simple protected object of an anonymous type or a named protected type can be declared. A protected type looks similar to a package or a task. It has a distinct specification and a body. The specification describes the data structure and the access protocol, whereas the body provides the implementation details. The protected data-structure is a private type and access to the protected data is only possible via the specified access-mechanisms. Protected types have three different access protocols, so-called protected operations. A function has only read access to the data. A subprogram or procedure can access the private data in arbitrary manner. The implementation is such that procedure-calls are mutually exclusive and cannot interfere with each other. The third access method are entry calls. They may block the caller until a given condition is satisfied (namely, that the corresponding entry is open).

Using protected types with the appropriate protected operation the classical examples, as e.g. a bounded buffer, counting semaphores, signal and wait on eventflags, can easily be implemented. For examples see [7], [8] and [9]. As it is also possible to implement these examples only by using the rendezvous-concept, protected records do not add a new functionality to the language. But their use seems to be more natural than adding additional tasks for formal reasons only.

Systems Programming in Ada9X (Annex G)

This Annex provides low level capabilities that are required for systems programming. A detailed description of the functionality defined in Annex G is given in [12]. The specific features defined in this Annex are:
1. Improved access to machine operations: "The implementation shall support machine code insertion or intrinsic subprograms (or both) and all machine operations shall be accessible through one or the other." ([7] Annex G.1). Minimal overhead for this access and an interface to the assembler language is required. To support effective use of these features, an implementation defined mechanism is required to allow machine code to refer to entities declared in the Ada program.
2. Stronger support for representation specification: In section 13 of the core language [7] different levels of support are recommended. An implementation, supporting Annex G must at least support these recommendations.
3. Interrupt Support: Based on protected procedures a model for interrupt handlers is specified. The two pragmas *Interrupt_Handler* and *Attach_Handler* allow the definition of interrupt handlers in Ada and the static connection between interrupts and handlers. If this connection should be made dynamically, there is also a procedure *Interrupts.Attach_Handler* available.
4. Pre-elaboration Requirements: To provide fast starting of programs, requirements on the implementation of pre-elaborable packages are established. In addition to the elaboration rules a pre-elaboration concept and pure packages are specified in the core (section 10.2.1 [7]). There is also a requirement on the implementation to document the circumstance under which the elaboration of a pre-elaborated package causes code to be executed at run time.
5. Shared Variable Control: In addition to the pragma shared in [1] two new pragmas control the access to shared variables. *Atomic* indicates that all load and store operations of this object are indivisible. *Volatile* indicates, that the object maybe updated asynchronously. Obviously atomic objects are implicitly volatile.
6. *Task_Identification* and *Task_Attributes*: These packages provide support to handle "references" to tasks in the language. This is necessary e.g. in server tasks to keep control of the clients. As Task attributes are user defined, they are syntactically different from Ada attributes, but the semantic concept is quite similar. This model avoids the problem of dangling references.

Real-Time Programming in Ada9X (Annex H)

This annex specifies additional characteristics intended for real-time systems software. If an implementation conforms to Annex H it shall also conform to Annex G. The real-time facilities defined in Annex H are:
1. Task Priorities: The pre-emptive task scheduling specified in [1] has been criticized heavily for two reasons. It was too incomplete for portable real-time systems and it was too restrictive to implement some real-time paradigms. For these reasons the Ada83 scheduling model has been replaced by a new, compatible priority scheduling model,

defined in the Real-Time Systems Annex. In addition to the base priority, which is given to a task at creation or by use of *Dynamic_Priorities*-package, there is an active priority which is inherited from other sources.

2. Priority Scheduling: The task dispatching model defines the states ready and running. In addition conceptual priorized queues are defined with rules for moving a task from one queue to another. For some real-time system it is important, that the dispatching described in the annex is the default dispatching. Other implementation-defined policies as e.g. Earliest-Deadline-First can be defined and implemented.

3. Priority Ceiling Locking: By specifying that during execution of a protected operation a task inherits the priority of the protected object, the duration of priority inversions bounded. Another advantage of this concept is the permission to implement locking mechanisms in a very efficient way. As a consequence of this scheme an application cannot create a deadlock by using protected subprograms on a single processor system. A detailed description is given in [8].

4. Entry Queuing Policies: For upward compatibility with Ada83 the default queuing policy is still FIFO, but in addition a pragma is provided to allow alternatives. *FIFO_Queuing* and *Priority_Queuing* are language defined. Implementations are allowed to define other queueing-policies.

5. Dynamic Priorities: The package *Dynamic_Priorities* offers functions to vary the base priorities of tasks at run-time.

6. Pre-emptive Abort: It is explicitly stated that on single processor systems an aborted construct is completed immediately at the first point that is outside the execution of an abort-deferred operation. The abort statement is a blocking statement as in [1], but now it is specified that abortion has to be done immediately.

7. Tasking Restrictions: There is a pragma *restriction* which allows the user to restrict himself explicitly in the use of Ada tasking facilities. There are eight language-defined restrictions. These restrictions either prohibit the use of certain constructs or establishes certain maximum usage values. Using the restriction pragma allows the implementation to optimize the generated system according to the restricted tasking model.

8. Monotonic Time: *Real_Time* is defined to be the physical time as observed in the external environment. The values of the real-time clock are increased monotonically with fine granularity (not greater than 1 millisecond) and bounded discontinuity. In this package also the relationship to other time-related features of the language is defined.

9. Delay Accuracy: Especially timed entry calls can cause a problem, when the required delay duration is approximately of the same size as the time which is necessary to perform a rendezvous. Implementations conforming to Annex H shall always attempt to make a rendezvous and guarantee continuity in its behaviour.

10. Synchronous Task Control: The package *Synchronous_Task_Control* offers a type *Suspension_Objects*. The atomic operations *Set_True* and *Set_False* - defined on objects of that type offer a simple mechanism to block the calling task until another task will resume the suspended task. This feature is especially useful to implement user-defined schedulers or servers. An example to use this package is published in [13].

11. Asynchronous Task Control: The package *Asynchronous_Task_Control* offers the procedures *Hold* and *Continue* to implement an asynchronous suspend/resume on tasks. The semantic described in the concept of priorities. Hold lowers the priority until it is below the base priority of the "idle task" and Continue resets the priority again.

12. Special Optimizations and Determinism Rules: In a specific clause of this annex implementation requirements are imposed to improve the response and the determines of real-time systems.

Distributed Programming in Ada9X (Annex I)

There was an official requirement "Ada9X shall facilitate the distribution of Ada code across a homogeneous distributed architecture" (R8.1-A in[6]). R8.2-A [6] says "Ada9X shall allow for the possibility of dynamic reconfigurations of a distributed application. It shall be possible to replace or modify individual components of a distributed application without recompiling or restarting the entire application".
Another requirement, quite close to distributed programming is R7.1A, which states "Ada9X must permit an Ada programmer to control accesses to shared memory and to make full use of shared memory".
Having a closer look to this requirement, the first problem was to find an upward compatible way how to expand the single processor structure of an Ada program into a distributable Ada program.
This problem is solved by an approach quite similar to the solution which extended PEARL to Multiprocessor-PEARL [15]. Distributable units, so-called partitions, are combined to form a program. In a non-distributed approach a program consists of only one partition.
Other more detailed requirements for supporting distributed Programming were:
- Minimal difference between development of distributed and non-distributed programs.
- Distributed and non-distributed programs may use the same run-time system.
- The distribution model should be independent from the underlying communications network.
- The communication-subsystem should be standardized to keep distributed programs portable and should be open to be independent from specific protocols.
- To support programming of fault-tolerant applications, it should be possible to replace services provided in one component by another component.
- The model should be compatible with other standards that support open distributed applications.
In Ada9X a program is defined as a set of one or more partitions. This partitioning approach specifies active and passive partitions. A passive partition has no thred of control of its own and all its library units are pre-elaborable, i.e.all library_units are either pure or shared passive. A passive partition can be configured either on a storage node or a processing node. Reference to data or subprogram-calls across partitions is called a *remote access*.
According to their role in a distributed system packages are categorized with so-called categorization pragmas. A *pure* package may be replicated consistently anywhere, since it has no variable state that may alter its behaviour. Absence of a categorization pragma denotes *normal* library units. A *Shared_Passive* package is pre-elaborable and depends only upon pure or shared passive packages. A *Remote_Types* package is pre-elaborable and depends only upon pure, shared passive or remote types packages. In addition remote types packages do not contain declarations of any variable or named access type in the visible part. A *Remote_Call_Interface* package can be used as an

interface for remote procedure calls between active partitions and does not containany declaration of a variable, a limited type or a generic.

The model defined in Annex I is contains a partition communication subsystem (PCI), which performs message passing between the partitions. This PCI has a language defined interface called RPC and provides facilities to communicate between active Partitions of a distributed program.

Useful Ada-Packages For Real-Time Programming in Ada9X

Some of the Ada9X-features, useful for Real-Time programming, are part of predefined packages. As text_io was one of the famous predefined packages in Ada83, these packages are listed here just for information purposes. For the detailed specification the approved standards document will be the only official definition of those packages. To offer an effective implementation of these packages only the specifications are standardized, whereas the bodies of these packages are open to be implemented as efficient as possible. Another advantage of having those packages specified in the standard or in an annex is the guarantee of portability by having the same interface on different implementations instead of the widely used package named "my_operating_system" which was available in nearly every Ada83 implementation.

```
Systems Programming Annex (sub_units of package Ada):
      package Interrupts                  -- to attach, detach, define interrupt handlers
      package Task_Identification         -- to get the Task_Id and the state of a task
      package Task_Attributes             -- to get or modify task attributes
Real-Time Systems Annex (sub_units of package Ada):
      package Dynamic_Priorities          -- to handle priorities dynamically
      package Real_Time                   -- types and operations on Time and
                                          -- Time_Span
      package Synchronous_Task_Control    -- to define conditions for suspension
      package Asynchronous_Task_Control   -- hold, continue on specified tasks
Distributed Systems Annex:
      package System.RPC                  -- to define the Remote Procedure Call Interface
Interface to other languages (Annex M):
      package Interfaces.C with child packages strings and pointers
      package Interfaces.COBOL
      package Interfaces.Fortran
```

Conclusions

The improvements made in the Ada9X approach for real-time programming are significant. In Ada83 the implementation of real-time systems was possible, but due to a lack in precise specification and required determines, these implementations were often non-portable and depending on selected implementations. The features available in Ada9X (in the core and the special needs annexes) solve these problems, which were often critized. The functionality offered in Ada9X allows the implementor of real-time systems to take advantage of a high-level real-time programming language. For time-critical applications restricting the tasking model allows to generate highly optimized systems. Synchronous and Asynchronous task control packages can be used as building blocks for semaphores, schedulers and other classical real-time constructs.

As a result Ada9X is well-suited for implementation of real-time systems. As upward compatibility is an important issue in the design of Ada9X, implementation can already be started now, based on Ada83, and as soon as compilers will be available full advantage of Ada9X can be used.

References:

[1] Reference Manual for the Ada Programming Language, ANSI/MIL-STD-1815A , Washington D.C., January 1983.

[2] "Steelman", Requirements For High Order Computer Programming Languages, US Departement of Defense, Washington D.C., June 1978.

[3] Ada Reference Manual, Proposed Standard Document, United States Department of Defense, Washington D.C., July 1980.

[4] Halang, W.A., Hommel,G., Lauber, R.: Perspektiven der Informatik in der Echtzeitverarbeitung, in: Informatik Spektrum 16: S. 357 - 362, 1993.

[5] Ada9X Project Report, Ada9X Project Plan, Office of the Under Secretary of Defense for Acquisition, Washington D.C. , January 1989.

[6] Ada9X Project Report, Ada9X Requirements, Washington D.C., Dec. 1990.

[7] Proposed American National Standard for Information Technology - Programming Languages - Programming Language Ada , Language and Standard Libraries, Draft Version 4.0, ANSI/ISO/IEC CD 8652, ISO/IEC JTC1/SC22 N1451, ISO/IEC JTC1/SC22 WG9 N191, Cambridge Ma., September 1993.

[8] Rationale for the Programming Languages Ada , Language and Standard Libraries, Draft Version 4.0, ISO/IEC JTC1/SC22 N1455, ISO/IEC JTC1/SC22 WG9 N192, Cambridge Ma., September 1993.

[9] Introducing Ada9X, Ada Project Report, Office of the Under Secretary of Defense for Acquisition, Washington D.C. , May 1993

[10] Loftus, C. (ed): Ada Yearbook 1994, Studies in Computer and Communication Systems, Amsterdam, Oxford, Washington, Tokyo, 1994

[11] The GNAT team: The GNAT project: A GNU-Ada9X compiler, in: [10] pp. 145-158.

[12] Baker, T.P., Pazy, O.: The Systems Programming Annex of the proposed Ada9X standard, in: [10] pp. 65 - 73.

[13] Pazy, O., Baker, T.: The Real-Time Systems Annex of the proposed Ada9X standard, in: [10] pp. 75 - 97.

[14] Gargaro, A.: Distributed Programming in Ada9X, in: [10] p 99 - 113.

[15] Mangold, K.: Ada9X für verteilte Systeme? Ein Vergleich mit Mehrrechner PEARL , in: Holleczek,P. (Hrsg.) PEARL92 Workshop über Realzeitsysteme, Berlin, Heidelberg,..., 1992. S.92 - 101.

Simulationstechnik

Koordinatorin: I. Bausch-Gall, BAUSCH-GALL GmbH, München

Programmausschuß: I. Bausch-Gall (München), G. Kampe (Esslingen),
P. Lorenz (Magdeburg), D. Tavangarian (Hagen)

Zusammenfassung:

Simulation ermöglicht Experimente mit Systemen, die sich durch mathematische Modelle beschreiben lassen. Analyse, Validierung und Optimierung komplexer dynamischer Systeme auf dem Rechner werden so möglich. Anwendungsgebiete sind Ingenieuraufgaben, Naturwissenschaften, Medizin, Sozial- und Wirtschaftswissenschaften. Simulation hilft dabei, die Entwicklungszeit zu reduzieren und Resourcen zu sparen.
Der Fachausschuß 4.5 der GI, ASIM (Arbeitsgemeinschaft Simulation) gibt in dieser Sitzung einen Einblick in den augenblicklichen Stand der Technik der Simulation. Die ersten vier Vorträge werden auf Englisch gehalten, um allen Teilnehmern der IFIP-Tagung einen Besuch der Sitzung zu ermöglichen.

F. Breitenecker von der TU Wien, der amtierende Präsident von EUROSIM, des Verbandes aller europäischen Simulationsvereinigungen, wird die Sitzung mit einem Überblick über die Simulationsaktivitäten in Europa eröffnen. Zwei weitere Vorträge werden einen Überblick über Anwendungen in der Medizin und im Umweltschutz und einen Einblick über die Anwendung der Methoden der künstlichen Intelligenz bei Simulationsaufgaben geben.
Drei Vorträge am Schluß der Sitzung werden spezielle Themen aus dem breiten Anwendungsgebiet der Simulation behandeln. Als Anwendungsbeispiele werden ein Beispiel aus der Fertigungstechnik, die Beschreibung analoger Bauteile zur Simulation elektronischer Systeme und eine spezielle Anwendung in der Umwelttechnik vorgestellt.

Simulation in Europe
State-of-the-Art

F. Breitenecker
Dept. Simulation Technique, Technical University Vienna
Wiedner Haupstraße 8-10. A - 1040 Vienna

1 Introduction

This contribution gives an overview of simulation in Europe from a scientific and organizational view. After a short presentation of *EUROSIM*, the Federation of European Simulation Societies, and of related European simulation activities the development of simulation methodology, simulation software and simulation hardware in Europe are discussed, mainly based on results of comparisons of simulation tools. These comparisons have been initiated by *EUROSIM's* journal „*EUROSIM Simulation News Europe*". Among general developments and trends (also negative ones) special aspects as object oriented approaches, standards for simulation tools and the question of a „common denominator" for simulation languages, and parallel simulation are sketched briefly.

2 EUROSIM

EUROSIM, the Federation of European Simulation Societies was set up in 1989. The purpose of *EUROSIM* is to provide a European forum for regional and national simulation societies to promote the advancement of modeling and simulation in industry, research, and development. The following national and regional simulation societies form *EUROSIM*: *ASIM* - Arbeitsgemeinschaft Simulation (Austria, Germany, Switzerland), *CSSS* - Czech and Slovak Simulation Society (Czech Republic, Slovak Republic), *DBSS* - Dutch Benelux Simulation Society (Belgium, The Netherlands, Luxembourg), *FRANCOSIM* - Societe Francophone de Simulation (Belgium, France), *HSTAG* - Hungarian Simulation Tools and Application Group (Hungary), *ISCS* - Italian Society for Computer Simulation (Italy), *SIMS* - Simulation Society of Scandinavia (Denmark, Finland, Norway, Sweden), *UKSS* - United Kingdom Simulation Society (UK). EUROSIM is governed by a board consisting of one representative of each member society, and of a president and of a past president.

EUROSIM started in 1990 the journal **„*EUROSIM Simulation News Europe*" (SNE),** a newsletter distributed to all members of the *EUROSIM* member societies and to people and institutions interested in simulation. In 1993 the first issue of **„*Simulation Practice and Theory*",** the scientific journal of EUROSIM, was published.

The major event of *EUROSIM* is the tri-annual **EUROSIM Congress** organized by one of the member societies. The next *EUROSIM Congress*, **EUROSIM'95,** will be organized by *ASIM* and will take place at the Technical University of Vienna, September 11 - 15, 1995.

EUROSIM is cooperating with other societies dealing with modeling and simulation, primarily with **SCS** and **IMACS**. Furthermore, members of *EUROSIM* member societies are involved in projects of the *EC*, especially in the *SiE group*.

3 The EUROSIM Comparisons

The idea of the journal *SNE* is to promote simulation in Europe by dissemination of information related to all aspects of modeling and simulation. *SNE* is edited by I. Husinsky and F. Breitenecker, Technical University of Vienna, Austria. *SNE* has a circulation of 2500 copies. There are three issues per year (March, July, November). Furthermore *SNE* is also included in the scientific journal „*Simulation Practice and Theory*" in three issues per volume, 1000 copies each.

The contents of *SNE* are news in simulation, simulation society information, industry news, calendar of events, essays, conference announcements, simulation in the European Community, introduction of simulation centers, discussion forum, and comparison of simulation software and hardware and of simulation tools.

The series on comparisons of simulation software is very successful. Based on simple, easily comprehensible models special features of modeling and experimentation within simulation languages, also with respect to an application area, are compared:

- modeling technique
- event handling
- submodel features
- numerical integration
- steady-state calculation
- frequency domain
- plot features
- parameter sweep
- postprocessing
- output analysis
- optimization
- animation

Seven „Software Comparisons", four continuous ones and three discrete ones, and one „Comparison on Parallel Simulation Techniques" have been defined up to now.

The continuous comparisons are: Comparison 1 (C1; Lithium-Cluster Dynamics under Electron Bombardment, November 1990) addressed all kinds of simulation software. 22 solutions have been sent in, a summery can be found in *SNE 6*, November 1992. Comparison 3 (C3; Analysis of a Generalized Class-E Amplifier, July 1991) focused on simulation of electronic circuits resulting in up to now 11 solutions. Comparison 5 (C5; Two State Model, March 1992, revised July 1992) takes more into account a very high accuracy computation than state events. Comparison 7 (C7; Constrained Pendulum, March 1993) is a continuous comparison which addresses all kinds of simulation software, with nine solutions up to now.

The discrete comparisons are: Comparison 2 (C2; Flexible Assembly System, March 1991, comments July 1991) resulted in 21 solutions. A preliminary evaluation can be found in *SNE 4*. Comparison 4 (C4; Dining Philosophers, November 1991) is more general task involving not only simulation but also different modeling techniques like Petri nets. Up to now eight solutions have been sent in. Comparison 6 (C6; Emergency Department - Follow-up Treatment, November 1992) deals with complex control strategies. Six solutions have been presented up to now.

Comparisons that have been existing for quite some time will be terminated. New comparisons will be defined.

SNE 10 introduced a new type of comparison dealing with the benefits of distributed and parallel computation for simulation tasks, the „Comparison of Parallel Simulation Techniques" (CP). Three test examples have been chosen to investigate the types of parallelization techniques best suited to particular types of simulation task.

Each test example should be first solved in a serial fashion to provide a reference for the investigation of speed-up factors. The examples should then be tested using the parallel facilities (software and hardware) available. Performance should be assessed in terms of a numerical value found by dividing the time for serial solution by the time for the parallel solution. Wherever appropriate, serial solutions should be based on the same environment. Information must be provided about the method of parallelization or distribution of subtasks.

This new type of comparison addresses users of all types of parallel and distributed facilities.

The objective is to make comparisons of different types of problems and of methods for the parallelization of simulation tasks. It is not intended that this should involve direct comparisons of the (hardware) performance of parallel facilities.

The first test example is a *Monte-Carlo-study* of the influence of the damping parameter in a damped second order mass-spring system. The second example is concerned with *coupled predator-prey population* models. Five predator-prey populations are interacting. The model is strongly coupled. The third example is based on the a second order *partial differential equation* describing a swinging rope. Discretization by the method of lines results in a set of weakly coupled differential equations.

Table 1 shows the number of solutions published in each issue of *SNE*.

	C1	C2	C3	C4	C5	C6	C7	CP
SNE 0	Def							
SNE 1	5	Def						
SNE 2	4	4	Def					
SNE 3	4	3	5	Def				
SNE 4	1	5	3	3	Def			
SNE 5	4	-	1	1	2			
SNE 6	-	2	-	2	1	Def		
SNE 7	1	2	1	2	-	1	Def	
SNE 8	-	1	-	-	-	1	3	
SNE 9	-	-	-	-	-	2	3	
SNE 10	1	2	-	-	-	2	2	Def / 1
SNE 11	2	2	1	-	1	-	1	2
Total	22	21	11	8	4	6	9	2

Table 1: SNE - Comparisons, publication of solutions

The results of the comparisons have the following form:

- short description of the language
- model description
- results of tasks with experimentation comments.

In the following results of two comparisons will be sketched briefly. Comparison 1 is a problem taken from solid state physics, a nonlinear stiff third-order model describes the concentration of certain aggregates (continuous simulation). Comparison 2 deals with a flexible assembly system testing submodel features and complex control strategies and will be discussed in more detail (discrete simulation).

3.1 EUROSIM Comparison 2: Flexible Assembly System

Up to now twelve simulation languages took the challenge to solve *EUROSIM* Comparison 2. This comparison checks two important features of discrete event simulation tools:

- features for defining and combining submodels
- features for describing complex control strategies.

The model consists of a number of almost identical assembly stations Ax placed on two linked belts B1 and B2 (fig. 1). Parts to be processed and assembled are put into the system on pallets in station A1, where they leave the system, too - the pallets become free for new parts. The parts on pallets are processed in the stations A2 - A6 due to a complex strategy; some stations are identical (A2), some are 'intelligent' performing different operations (A6), etc.
The tasks are:

1. modeling the system by means of submodel features,
2. evaluation of the total throughput and the average throughput time
3. determining the number of pallets with the maximal throughput and with a deadlock.

A preliminary evaluation first showed, that because of the stochastic nature of the processes the results must differ. Some of the simulation tools have produced results of remarkable conformity, others are so different that different modeling techniques have to be assumed - based on different understandings of the problem.

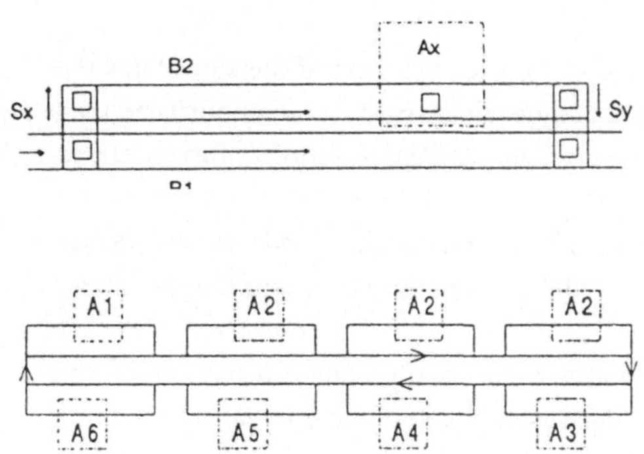

Fig.1: Comparison 2, model layout

LANGUAGE	Throughput total	Throughput average
PS SIMDIS	1384	-
DOSIMIS	1408	436,9
SIMAN	919	627,6
SLAM II	1082	400
MicroSaint	-	603,0
SIMUL_R	1405	409,5
GPSS/H	1409	409,2
CASSANDRA	1415	410,7
DESMO	1408	408,2
TOMAS	884	623,8
SIMPLE	1439	400,2
WITNESS	1439	409,3

Table 2: Comparison 2, results task 2

Table 2 shows the results for twenty pallets in the system for some results sent in. Some of the tools have produced results of remarkable conformity, whereas others are different because of misunderstandings of the model description.

The simulation languages compared in table 2 are of different nature. There are classical languages like *GPSS/H*, there are new (combined) languages with powerful postprocessing features (*SIMUL_R*) and there are the „graphical" languages like *MicroSaint*.

3.2 EUROSIM Comparison 1: 'Lithium-Cluster Dynamics' Model

The 'Lithium-Cluster Dynamics' Model describes the behavior of defects under electron (and photon) bombardment of alkali halides. The dynamic model is based on the equations for the concentrations of different aggregates, resulting in three states governed by nonlinear stiff equations: at the beginning and after the end of the electronic bombardment the transients are very rapid, then they become relatively slow (solution with *ESL*, fig. 2).

The tasks to be performed are:
1. simulation of the stiff system
2. parameter study and plot (fig. 2)
3. steady state calculation.

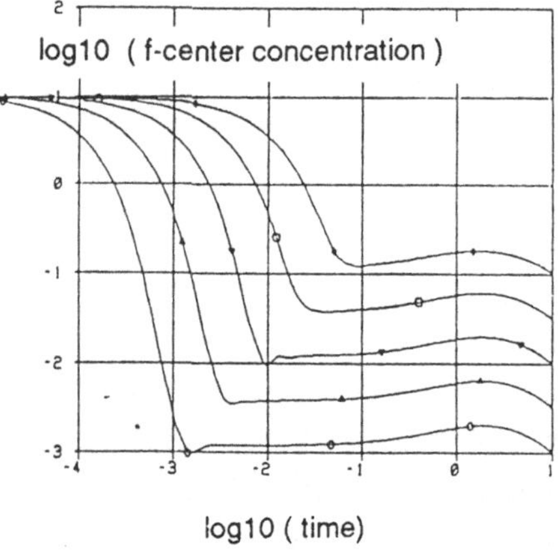

Fig.2: Comparison 1, result task 2

Up to now 22 simulation languages took the challenge to solve Comparison 1. First it has to be noted that all simulation languages fulfilled the tasks with sufficient accuracy.

The languages can be divided roughly into three groups: equation-oriented languages, (graphical) block-oriented languages, and application-oriented languages. Table 3 summarizes the modeling features of the languages in general, indicates the modeling technique used (marked with (*)) and gives remarks.

It is relatively difficult to compare the results of tasks 1. For comparison of the algorithms the relation between the different algorithms within one language may be of more importance than the absolute CPU-times. The model equations are very stiff, so Gear algorithms turned out to be the best ones.

The second task clearly answered which language offers runtime commands for parameter loops, where the loop can be programmed in the model description and where the parameter variation has to be done „manually".

The third tasks checks which languages offer features for steady state calculation of the system. It first seems, that a simulation language must have a steady state finder, but it turns out, that such algorithms may fail by reaching only a local minimum. Consequently, for bigger models with a lot of switching elements, etc., only a long term run is able to determine a steady state.

LANGUAGE	MODEL DESCRIPTION	REMARKS
ACSL	equations (ODE's)	General purpose simulator, event handling
DESIRE	equations (ODE's)	Combination with neural network simulation
DYNAST	equations (DAE's)　(*) graphical blocks (submodels) port diagrams	For linear systems semi-symbolic analysis
ESACAP	equations (DAE's) (*) nodes/branches arbitrary expressions	Based on numerical algorithms for circuit analysis
ESL	equations (ODE's)　(*) graphical blocks (submodels)	Interpretative and Compile Mode, graphic postprocessor
EXTEND	graphical blocks	Continuous and next event modeling
FSIMUL	graphical blocks (submodels)	'Control-Engineering' - features. optimization features
HYBSYS	blocks (elementary) (*) equations	Interpretative simulator, direct data base compilation
I Think	graphical blocks	Modeling based on System Dynamics
MATLAB	equations (MATLAB-functions)	Tool for mathematical and engineering calculations
NAP 2	blocks (electronic circuits)	Specialized for circuit simulation
PROSIGN	equations (ODE's)　(*) graphical blocks (submodels) application-oriented components	Combin. of modeling techniques, interfaces to C, etc.
SIL	equations (ODE's, DAE's)　(*)	Simulation of continuous and discrete systems
SIMULINK	graphical blocks (submodels)　(*) equations (MATLAB-function)	Based on MATLAB, analytical solution of linear parts
SIMUL_R	equations (ODE's)　(*) bond graphs (graphical preproc.) blocks (graphical preprocessor)	Open system (C-based). combined simulation
STEM	equations (ODE's)	Based on Turbo Pascal
TUTSIM	equations / blocks (ODE's)	Bond graph preprocessor
XANALOG	graphical blocks (submodels)　(*)	Sophisticated linearization. real-time - features

Table 3: Comparison 1 - modeling features of simulation languages

4. Developments and trends in existing languages

The results of the comparisons give an interesting insight into the development of existing languages and tools. Although within the commercial tools the US market is the leading one, there are interesting new developments in Europe:

- Big enterprises tend to develop their own language, which are marketed, too.
- Universities and related institutions develop also new languages, which partially are successfully marketed .
- In continuous simulation on the one side CSSL standard - languages become a common denominator for modeling, on the other hand a block-oriented graphical description based on control technique is frequently used.
- In discrete simulation there are two competing new approaches: object-oriented / time event based and object-oriented / Petri net - based .
- In continuous simulation there are projects for normalizing the model description in order to use model descriptions of different languages in one simulation environment.

In more detail, the following developments and problems can be seen in continuous simulation:

Developments:
- Implicit model descriptions
- Submodel features
- Graphical model descriptions
- Graphical preprocessors
- Sophisticated integration algorithms
- State event handling
- New analysis methods (formula manip.)
- Separation of model and experiment
- More powerful runtime interpreters
- Windows - Implementations

Problems:
- Loss of input-output relations
- Conflicts with macro features
- Loss of segment structure
- Overhead in generated equations
- Overhead for about 80% of problems
- Depending on modeling
- CSSL structure to weak
- Interpreters not powerful enough
- Documentation with model
- Loss of speed, esp. on PC

In discrete simulation, each software is implemented with on an event mechanism. Developments are similar to the developments of continuous simulation, but there are additional aspects:

Developments
- Petrinet modeling
- Object oriented approaches
- Predefined strategies
- Interfaces for non-expert users
- Improved animation

Problems
- Implementation with events
- Need for powerful hardware (no PCs)
- Description of complex strategies
- Validation of models
- Simulation becomes a video game

5 General trends and developments

The methodology of simulation technique distinguishes between *model frame*, *experiment frame* and *execution control* due to Zeigler. Today simulation languages and simulators are extended with preprocessors, they offer more algorithms for analyzing the model than analyzing in time domain (integration) and frequency domain (linear analysis).

Consequently, a new view must be taken, which incorporates the different algorithms for analyzing a model. One approach, independently developed at universities and research labs in Europe, is the introduction of a third (fourth) level, the level of methods, or analysis modules, or analysis algorithms, resp. Using the term „*method*", the structure of a simulation systems is extended in a generic way. This concept of *models, methods and experiments* (and *execution control*) allows extensions of any kind, for instance embedding the simulation language into a simulation systems, and into an simulation and analysis systems (interfacing between different languages, etc.).:

- A model is the description of a process with a mathematical formulation in a certain syntax.
- A method is a „procedure" which does anything with the model.
- An experiment is the performance of certain methods with a certain models.

A basic method, for instance, is the simulation run, a complex method is (parameter) optimization, etc. One may distinguish between methods reading, writing and evaluating directly the model description (*basic methods*) and other more complex methods which use this basic methods (*common methods*). Each analysis tool uses one or more basic methods.

Parallelization - Type	Parallelization - Simulation Task	Parallelization - Methods
functional parallelization low level	parallelization (vectorization) of program code	
data parallelization low level	partitioning of states and parallel evaluation, high communication effort	parallelization of root method model-dependent
data parallelization high level	connected generic submodels parallel integration, low comm.effort	parallelization of root method partly model-independent
functional parallelization high level	parallelization of parameter sweeps, optimization, etc.; no comm. effort	parallelization of common methods model-independent

Table 3: Parallelization of simulation tasks: type - task - method

This concept allows for instance an interesting insight into and classification of parallelization of simulation tasks, which become more and more important. European centers for high performance computation and parallel computation resp. try to develop „simulation" - oriented parallelizations of simulation tasks. Table 3 gives a short introduction of the different levels.

Further very important questions are a standardized model description and the „use and translation" of model descriptions in and between different languages. „European approaches" are DYMOLA (continuous models) and OMOLA (combined models, discrete oriented), two model generating systems being preprocessors and in terms of methods common methods for generating models.
DYMOLA allows to describe a model by laws of any kind, where the syntax `expression = expression` is allowed instead of the commonly used syntax: `variable = expression`. DYMOLA uses formula manipulation to solve for the required output variable yielding a state space description. Furthermore, DYMOLA allows to translate this language - independent description into different simulation languages (ACSL, SIMNON, DS-Block, etc.). New version offer definition of submodels by means of object-oriented modeling.
DS-Block developed by DLR suggest another way: model descriptions in different languages are translated into FORTRAN - based model descriptions (nine different subroutines corresponding to the different segments (sections) of CSSL languages, which may be used by any program (available is DS-SIM, a collection of integration routines, frequency domain tools, databases controlled by a analysis environment). Again the structure of models and methods is evident.
A study of the German automotive industry tries to answer the questions, whether it is cheaper to implement models anew in another language, to write a compiler translating directly from one language into another, or to define a „meta language" and to write cross-compilers between existing simulation languages and this meta language.
While in case of continuous simulation a certain pressure for standardization can be observed, in case of discrete simulation a trend for special purpose simulation systems can be seen. As basis for new simulators sometimes Petri nets are used. This approach is highly suitable for object-oriented descriptions and implementations. But due to the von-Neumann structure of the hardware, the implementations are slow and highly memory - consuming. Successful are „direct" object-oriented approaches like SIMPLE or SIMPLEX. But both systems offer (have to offer?) application - oriented environments.

Simulation of Complex Dynamical Systems in Medicine and Environment

Dietmar P.F.Möller, Department of Computer Science, TU Clausthal

Erzstr. 1, D-38678 Clausthal-Zellerfeld

1. Introduction

During the past 20 years sophisticated models have been developed for a large variety of medical and environmental systems. In the meantime modelbuilding and simulation of dynamical medical and environmental systems have been widely accepted as an interdisciplinary method for physicians and biomedical scientists as well as for environmental engineers, applied mathematicians, computer science experts, and others. Hence computer modeling of complex medical systems, e.g. the circulatory system, the renal sytem, the respiratory system, the thermoregulatory system, the liver system, the endocrine system, etc. as well as interactive modeling of environmental systems such as industrial and municipal wastewater treatment plants or comparing the behavior of mountainous forest succecssion models in a changing climate have been done and their dynamic behavior has been studied by means of simulation. Moreover, many of these models have also been successfully applied to parameter estimation either in order to optimize the models behavior, or to estimate even those parameters, which cannot be measured directly in order to sufficiently match the behavior of the real system.

The common problems arising from modeling and simulation in engineering as well as in medicine and environment, and especially the possibility of applying in a wide range of systems research the same methods to solve problems, has improved the cooperation between these different disciplines and removed the rigid barriers of the past between them. However, although it seems that the engineering scientists and the medical and environmental scientists have the same goals in studying their systems, there is still an essential difference between them when building a system model. For instance, the systems engineer is interested in the mathematical model of a system under normal operating conditions. His aim is to use the model of a plant under normal operating conditions. He wants to use the model in order to optimally control the system, or at least to keep it in a relative close vicinity of safe operating conditions and avoid the danger resulting from the system running out of control. Anyhow there is no outstanding interest of a systems engineer in modeling and simulating a plant outside of its allowable operating conditions.

In contrast, the physician and the biomedical scientist is not solely interested in the mathematical model of a medical system under normal, i.e. healthy conditions but he would prefer that the model adequately describes its pathological behavior, i.e. the system's behavior outside of normality limits.

In environmental systems the modeling process is an iterative one, consisting of modelbuilding and computer simulation by changing the structure of the model and its parameters in an effort to closely match the complex dynamical environmental system. In fact the model has served its purpose when an optimal match is obtained between the simulation results and the data obtained from the real system under test, e.g. for the normal or set-point case as well as for cases outside the normal range or set-point, in order to optimize the system for specific goals.

2. General aspects of modeling medical and environmental systems

In general the modelbuilding process of medical and environmental systems entails the utilization of three types of information sources:

- goals and purposes of modeling (determining boundaries, components of relevance, and the level of details),

- a-priori knowledge of the real complex dynamical system being modeled,

- experimental data consisting of measurements on the system inputs and outputs.

With respect to the spectrum of available models, a variety of levels of conceptual and mathematical representations is evident, which depends on the goals and purposes for which the model was intended, the extent of the a-priori knowledge available, data gathered through experimentation, and measurements of the real system.

From a more general point of view, two major facts are of importance when modeling complex medical and environmental systems:

- a model always is a simplification of reality, but should never be so simple that its answers are not true (for instance, for decision-making purposes),

- a model has to be simple enough to allow easy handling and working with it (for instance, transforming knowledge into a computer program).

There are two important boundary conditions when modeling a medical or environmental dynamic system, because modelbuilding is a compromise between model goodness -exactness of the results obtained from the model- and expenditure of modeling -costs for developing the model, its implementation on the computer and its simulation including follow-up services-.

Due to the fact that the main relationships between the physical variables of the medical or environmental system to be modeled are mapped into appropriate mathematical expressions, the models can be sets of differential equations, algebraic equations operator formulations, input-output description in the frequency or time domain etc.

In principle, there exist two different approaches to obtain a dynamic system model: a purely theoretical one based on the derivation of the essential physical (including the chemical, biochemical, and social) relationships within the system, and a purely empirical one based on experiments on the system itself. Practical approaches use the combination of both, which might be the most advantageous way.

Concerning the theoretical derivation of model equations for a dynamic medical system, we use the state space notation, with the corresponding state space vector $\mathbf{X}$, a set $\mathbf{U}$ of inputs and a set $\mathbf{Y}$ of outputs, with the set structure:

$$S:=\{\mathbf{X},\mathbf{Y},\mathbf{U},v,t,a,b\}$$

with v as the set of admissible controls, t as the time domain, a as the state transistion map and b as the read out map, with results, directly expressed in the state space notation as:

$$\dot{\mathbf{X}}=f(\mathbf{X},\mathbf{U},\mathbf{Z},\mathbf{\Theta}_S)$$

with the state vector $\underline{X}$, whose components are the systems variables, e.g. in case of the medical cardiovascular system, the arterial systemic pressure (PAS), the central venous pressure (PVS), the arterial pulmonary pressure (PAP), and the venous pulmonary pressure (PVP). $\underline{U}$ is the control vector of the system, e.g., heart rate, muscle strength, vascular tonus etc., and $\underline{Q}_S$ is the system parameter vector, based on passive elements such as compliance, resistance, inertia of fluid etc. $\underline{Z}$ describes the system excitation, which includes stress, workload, pharmacokinetic stimulation etc. The block diagram in state space notation of the cardiovascular system, shown in Figure 1, illustrates the general aspects outlined above.

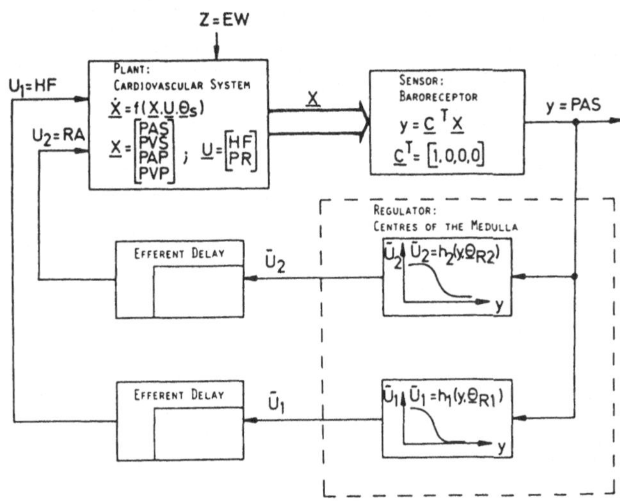

Figure 1. Block diagram of the cardiovascular system

The control vector $\underline{U}$ is based upon the heart frequency (HF) and the peripheral resistance (RA) of the systemic pathway. The system parameter vector $\underline{Q}_S$ describes the capacitive and the resistive elements of the cardiovascular system. The sensing element of the PAS by the so-called baroreceptor at the afferent pathway to the centers of the medulla can be modeled by a linear output equation

$$y = \underline{c}^T \underline{X}$$

$$\underline{c}^T = [1,0,0,0].$$

The centers of the medulla are interpreted as the system-controller with PAS as the controlled variable modeled by two nonlinear controller equations

$$\tilde{U}_1 = h_1(y, \Theta_{R1}),$$

$$\tilde{U}_2 = h_2(y, \Theta_{R2}),$$

with Θ_{R1} and Θ_{R2} as the respective controller parameter vectors. The two system control variables U_1 and U_2 are given by the controller outputs $\tilde{U}_1$ and $\tilde{U}_2$ respectively, but delayed by the efferent pathway, which is modeled as a delay-block in the blockdiagram of the cardiovascular system in Figure 1.

The example of the cardiovascular system shows how to model a complex dynamic system by means of a mathematical approach, based on a priori information of a real existing medical system, which is the basis for the simulation studies of such a medical system in order to investigate its dynamic behavior.

Modeling industrial and municipal wastewater treatment plants, as an example for environmental systems dynamics, is based on data models, obtained from measurements in the respective area with a modular container system -which is, in this context, a physical model of the real environmental system-. With the modular container system mathematical models for different types of reactors can be developed. As an example of how a reactor type mathematically can be described, the following parameters have to be measured: reactor volume V [m^3], nitrification rate r [mg/l], ammonium concentration c [mg/l] and feed dV [1/h] in (c_{in}, dV_{in}) and out (c_{out}, dV_{out}) of the reactor, the reflow dV_r [1/h] and the residence time t_r [h]. If the nitrification rate r is modeled by the so-called *Haldane* kinetics, the following differential equation can be given for the reactor kineticS

$$V * d_{cout} = -r + dV * (c_{in} - c_{out}).$$

the results of which are shown in Figure 2.

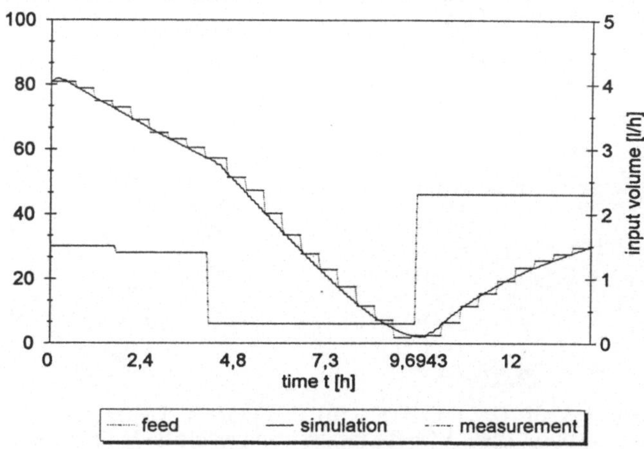

Figure 2. Comparison of measurements and simulation results for a
wastewater treatment plant

3. General aspects of simulating medical and environmental systems

Digital simulation of medical and environmental systems allows for more detailed studies of the system behavior since it is suitable for the realization of the most complex system models. It is based on stable high-precision numerical integration and is supplied with a variety of evaluation means for the simulation results. For instance, by using the digital computer simulation study, even the system representation by PDEs or ODEs (PDEs=partial differential equations ODEs=ordinary differential equations) will be relatively easy to program, which in itself enables a more detailed study of the system under test. On the other side, the possibility to program any nonlinearity, to generate any time-function or to transform any time-variable by programming the corresponding algorithm, the digital simulation permits the implementation of highly nonlinear models with fairly high precision.

It should be noticed, that digital simulation is also a very useful means for education in medicine and environment as well as a powerful tool for the administration in order to check how decisions may influence the society.

The model of the cardiovascular system, outlined in chapter 2, consists of compartments which represent the circulatory fluid dynamics and the nervous control. The simulation study can be done for several application fields such as short- and longterm blood pressure behavior, cardiac diseases classification, artificial heart dynamics investigation, etc. Model verification can be done by proving the physiological significance of the simulation results which shall be done in the segment as an example for the model, shown in Figure 1.

From medicine it is well-known that the oxygen consumption is one of the most important regulating factors of the cardiovascular system. Depending on the degree of an ergometric workload the corresponding oxygen consumption (VO_2) will increase which, in general, appears to increase linearly with the increase of the load itself. The increased oxygen quantity has, in turn, to be supplied to the system, which will be achieved by the increase in cardiac output (HZV) by a factor 1 to 4. Figure 3.a shows the relationship between the HZV and the VO_2 as found experimentally on men and by simulation, using the SIDAS, PSI and BIO-PSI simulating systems. The increase of HZV with the increase of VO_2 is due to the increased heart frequency (HF), whereby HF itself increased linearly with the increase of a ergometric workload (EW), as shown in Figure 4.

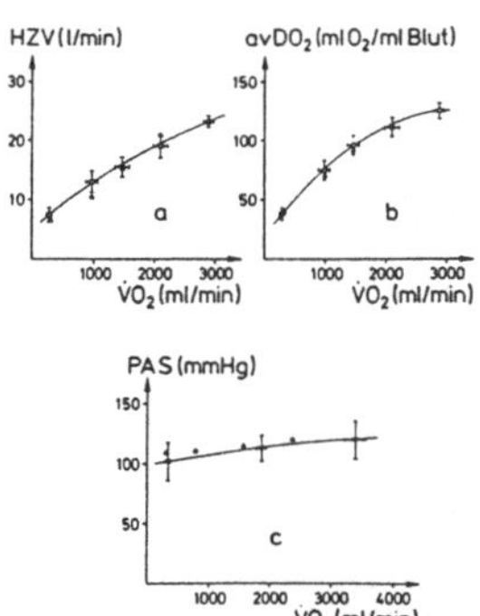

Figure 3. Dependence of HZV (a), $avDO_2$ (b), PAS (c) on oxygen consumption VO_2 for measured (0) and simulated data (▲).

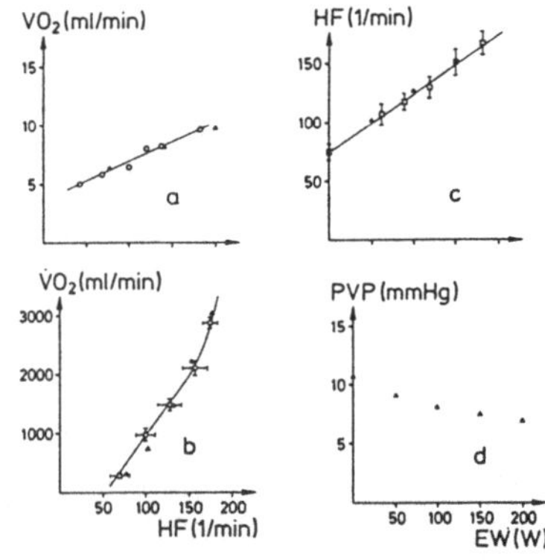

Figure 4. Dependence of VO_2 heart (a) and whole body (b) on HF, and of HF (c) and PVP (d) on EW for measured (0) and simulated data (▲).

For the model of industrial and municipal wastewater treatment plants, discussed in chapter 2, with the help of the simulation packages SIMNON and SIMPLEX II different types of reactors have been studied by simulation. The results of the model equation, shown in chapter 2, based on the *Haldane* kinetics, is shown on the top of Figure 5.

The variation of the feed (dotted line) and the simulated and measured ammonium concentrationtion c_{out} (dashed dotted line) is shown at the top of Figure 5.

The absolute error, between measurement and simulation, is presented in Figure 5, too, in the middle.

To reflect the different ammonium concentration between the inflow and the outflow and the depending nitrification rate, the reactor is divided into three stages: stage 1 feed load, stage 2 netflow, stage 3 outflow. Figure 5 also shows on the bottom the reaction inside the reactor to a sudden change of the feed.

The models obtained will be integrated into an object-oriented environment. Hence it will be possible to create models -based on a model database- suited to a specific problem by means of inheritance and refinement. This may result in a simulation toolbox that supports the engineer in the design and optimal control of wastewater treatment plants. Moreover, simulation studies will support politicious in taking fact-based decisions.

Instead of the SIMNON simulation package, wastewater treatment plants can also be modeled with ARASIM, which is a model bank, integrated into SIMPLEX II, which provides a flexible and powerful tool to analyse existing and/or planned wastewater treatment plants.

ARASIM consists of components which represent the different parts of a wastewater treatment plant. These components can be easily combined to design models of complex structure.

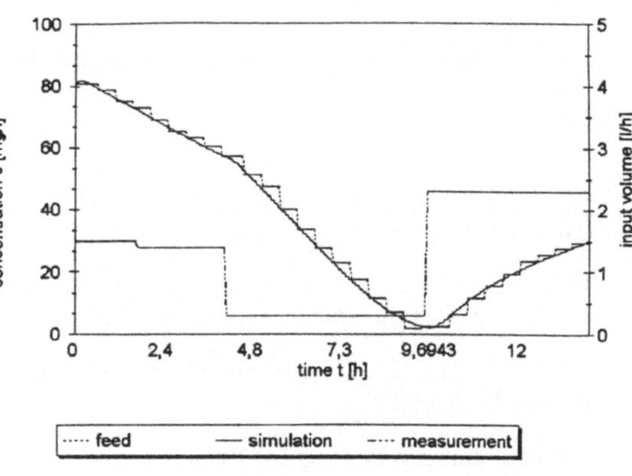

Comparison of measurement and simulation

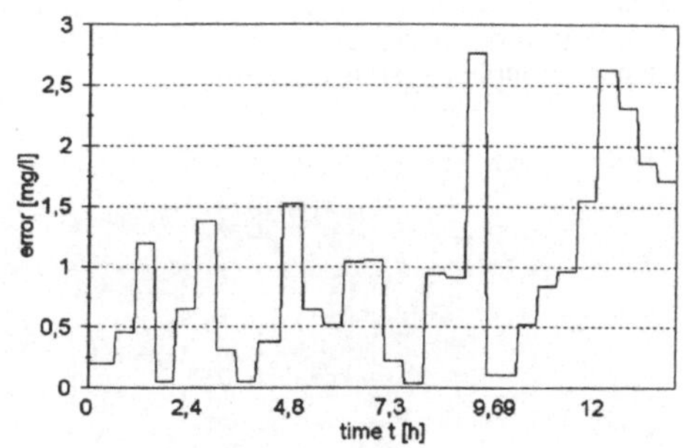

Absolute error

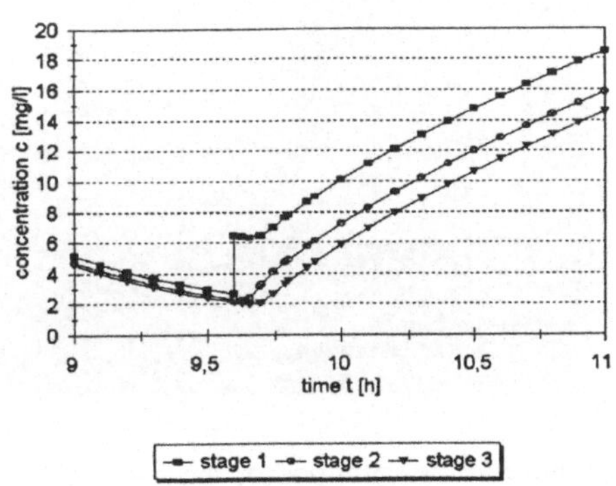

3 - stage modell

Figure 5. SIMNON results, for details see text.

Currently the following components are available in ARASIM:

- A component for the inflow defines the charateristics of the wastewater to be investited,

- The model of the primary clarifier describes the removal of particulate fractions of the wastewater depending on hydraulic residence time,

- The component for the aeration tanks is based on the activated sludge model of IAWPRC
which simulates the changes of organic and nitrogen components caused by biomass activity,

- In oder to get a good representation of the sludge settling the secondary clarifier is implemented as a layer model,

- A control unit can be used for the regulation of oxygen concentration in the aeration tanks.

Depending on the different description levels, the dynamic behavior of complex dynamic environmental models can also be studied in consideration of physical similarity, e.g., a reactor
type, where the characteristics of industrial and municipal wastewater treatments can be investigated in order to develop correct mathematical models for the design and/or optimal control
of such complex systems. Figure 6 shows a reactor type, used for wastewater investigations.

Figure 6. Research reactor for wastewater investigation

4. Outlook

Modeling and simulation of complex dynamical systems in medicine and environment deals with a task to be solved which is well-known as research of ill-defined systems. Such systems substantially benefit from interactivity, since iterative system structure identification and systems behavior analysis are typical for these systems. Interactively connecting and disconnecting submodels, activating or deactivating models are powerful while navigating through a model bank in order to create the fittest modeling for a real-world problem to be solved.

Moreover modeling medical and environmental dynamic systems needs a profound mathematical background for adequate formulation of the systems equations. In the case of ground water flow in agroecological systems e.g., turning bands method, auto-covariance-function etc., are used for model description.

To solve the problems, dealing with wastewater treatment plants, mathematical models for "aerobic bulking" have been developed which can be solved and investigated by digital computer simulation.

A powerful toolbox for environmental simulation, called RAMSES, has been developed by A.Fischlin's systems ecology group at ETH-Zürich, which is an interactive graphical modeling and simulation system for PC or workstation platforms.

5. References

Bracio, B.R.: Modellbildung und Simulation bei industriellen und kommunalen Abwasserreinigungsanlagen
Vortrag 6. Ebernburger Gespräch Umweltsystemanalyse-Umweltinformatik,
Bad Münster am Stein-Ebernburg, 28.-30.4.1994

Fischlin, A.: Interactive Modeling and Simulation of Environmental Systems on Workstations
Report Nr. 9 Systems Ecology ETHZ

Jungblut, J.: Simulation von Kläranlagen mit der Modellbank ARASIM
Vortrag 6. Ebernburger Gespräch Umweltsystemanalyse-Umweltinformatik,
Bad Münster am Stein-Ebernburg, 28-30.4,1994

Möller, D.P.F.: Computer Modeling and Artificial Intelligence: An Introductory Review
In: Structuring Biological Systems,pp.17-47
Ed. S.S.Iyengar
CRC Press, Boca Raton, 1992

Sievers, M.: Entwicklung und Inbetriebnahme einer Pilotanlage zur Behandlung komplexer
Abwässer
CUTEC-Schriftenreihe Nr. 10, 1993

Tietje, O.: Räumliche Variabilität bei der Modellierung der Bodenwasserbewegung in der
ungesättigten Zone
Dissertation TU-Braunschweig, 1993

The Role of Artificial Intelligence Concepts
in System Modelling and Simulation:
An Overview

Helena Szczerbicka
Computer Architecture and Modelling Dept.
University of Bremen, Germany
helena@informatik.uni-bremen.de

Thomas Uthmann
Institute of Computer Science
University of Mainz, Germany
uthmann@informatik.mathematik.uni-mainz.de

Abstract

The impact of modelling and simulation methodology research on the daily practice of the simulation community is becoming clearly perceivable. The same applies to the application of the artificial intelligence research in a diversity of computer related fields. As both fields are strongly based on models as the main way they convey their knowledge, the fact of synergy caused by combining these two computer related areas comes as a more or less logical consequence. There is an increasing interest of incorporating methods and techniques developed by and for the artificial intelligence community into modelling and simulation methodology and practice. This paper addresses common aspects and differences of models in AI with simulation models and some benefits of state of the art AI techniques for modelling and simulation.

1. Introduction

The modelling and simulation of the behaviour of complex systems has been a central part of many scientific and technological endeavours. The scientific investigations of natural and artificial processes involve in many cases the construction of simulation models that both test hypotheses as well as suggest new ones. The engineering of new technologies involves running simulation models at all levels. All of theses activities involve at least three major stages:

- The construction of theoretical models that capture essential abstractions of the reality being modelled.
- The simulation of these models by first expressing them in a suitable programming language and then running the program.
- The evaluation of the results produced by the computer implementation of the model against both the theoretical assumptions for the model and the behaviour of the real system. This evaluation process may result in the reconstruction of the computer program or it may result in the reconstruction of the model.

Modern engineering design is a highly complex process involving consideration of a multiplicity of objectives, constraints, materials and configurations. Despite great strides in computational tools intended to cope with this rising complexity, the design process remains prone to errors. Simulation is increasingly recognised as a useful tool in assessing the quality of sub-optimal design choices and arriving at acceptable trade -offs. However, simulation is of limited effectiveness without a methodology to induce a systematic handling of the multitude goals and constraints impacting a design process. Expected advances can be gained by employing knowledge representation and processing methodologies developed in Artificial Intelligence (AI).

No advancement is possible by keeping status quo. The foundation of a working group "Simulation and AI" in the ASIM in 1988 was a step in building a bridge between these two domains in order to realize advanced modelling and simulation systems, since advances in computers, software engineering, artificial intelligence, modelling and simulation when used together can produce useful synergies.

In this paper we will give a short overview about research activities in this field which has been done in scope of this working group during 5 years of its existence.

Unconventional, or not yet fully explored concepts in simulation and AI have been identified and their implications has been explored in the realization of advanced modelling and simulation methodologies and technologies. Studies have concentrated on the application of Artificial Intelligence in modelling and simulation. However, the aspect of the use of simulation in AI methodologies i.e. simulation of cognitive processes, will be certainly addressed in the near future.

2. Models in AI and Simulation- some potential benefits to Simulation

In one of the first publications about the nature of human problem solving with the aim to facilitate the use of computers in this way Newell, Shaw and Simon[Elsas/Ören/Zeigler 86] proposed in 1957 the formal procedure which was a formal description of the approach that human beings followed in the process of discovery. At the first time they claimed in this way the importance of models. Also R. Hamming predicted visionaryly almost forty years ago [Hamming1958] the potential of model based and simulation tools that are emerging only now: "In time, especially in fields where the basic theory is well understood, at least nine out ten experiments will be done on computers....In the long run this change from the physical approach to the conceptual approach will revolutionize much science and engineering and will keep the computers busy performing the clean-cut, idealized laboratory experiments whose interrelationships are too complex for the human mind to work its way through unaided, as well as the complex, messy situations that occur in engineering practice".

In the pioneering days of AI research was focused on understanding the way in which human beings use facts (or data) and preliminary knowledge while solving problems in practice. Since mathematical theories haven't given adequate solutions in problems of human knowledge acquisition, organisation and storage, as well as aspects of learning AI researchers looked into cognitive psychology and epistemology. The models used in AI were representations of strategies derived from theories about human thought and problem solving with the aim to construct a general problem solver. The goal of their implementation was in the first place the verification of the validity of those theories. The work with these conceptual models has resulted in a conclusion that a general theory of intelligent machine was a far too ambitious goal in the short term. From this point on an apparent division has occurred in AI research. While work continues on central issues of congnitive systems and natural language interpretation, a large amount of effort has been put into building tools and expert aids for certain applications, e.g. teaching, diagnostic and consultation tasks, learning. This later effort has made methods and tools available that can bring new methods in the field of modelling and simulation.

Using the definitions proposed in [Zeigler 1984] and [Elsas 84] a simulation model can be defined to be "a compact representation of a real phenomenon which can generate a behaviour comparable with some behaviour of interest in the real system and moreover, a vehicle to make more evident key characteristics of an object under study". The classification of goals of simulation models given in [Elsas/Ören/Zeigler 86] is the following:

1. without requiring knowledge about the structure of the real system:
    -understanding by imitation
    -generation of adequate behaviour based on whatever suitable principle one can find
    -testing theories based on analogies
2. requiring some knowledge of the structure of the real system:

-compute behaviour based on input data(analysis)
-identify structure based on I/O trajectory pairs (synthesis)
-prescribe necessary input trajectory for required behaviour (control).

The application of simulation studies in the AI community is mainly concentrated in class 1, while the simulation communities have accumulated practice in class2.
The methods and tools that has been developed in the field of modelling and simulation can enhance the abilities of AI researchers in several ways, e.g. by providing better representation for cognitive models by approved and tested simulation. This subject however is out of the scope of activities of the German "Simulation and AI" group at the moment.
How AI can contribute in several aspects of "knowledge based modelling and simulation" has indicated Ören in [Elsas/Ören/Zeigler 86],[Elsas/Ören/Zeigler 89]:
-   query systems, with which user can query a model about its behaviour
-   modelling aids, within which facilities are offered to help to create model, to verify general consistency , to manipulate with models
-   behaviour processing systems, within which behaviour display and analysis can be facilitated .

Over the last three decades, simulation languages and simulation methodologies have been developed with emphasis on facilitating the construction and the analysis of models. In parts, they can be viewed as attempts to narrow the information transfer gap between human who designs and tests the models and the computer who runs them. Modelling and simulation involve the close cooperation between the human and the computer. The traditional role of the human has been to understand the situation being modelled and to create the model. The process of model creation is a complicated cognitive task which involves a variety of skills. Implementation of a computer environment that allows even novice users to effectively model and to perform simulation is of paramount importance. Development of a methodology of design in which design models can be synthetized and tested within a number of objectives, requirements and constraints is a challenge to knowledge-based system design and simulation.

Since use of models is essential in simulation advancements can be achieved by exploring advances in model based concepts such as: modelling formalisms, modelling environments and model-based management, symbolic processing of models. Models developed for simulation in the database field are quite limited for expressing semantics. First knowledge representation techniques developed in AI offer more flexibility when applied in model design for simulation.

Major weakness of the current modelling and simulation paradigms are that they do not have a natural way to view and decompose large scale systems. Some of the concepts from AI paradigms may help address some of these weaknesses in simulation and also improve the modelling capabilities of simulation. The *object-oriented* and *rule-based* paradigms of AI provide a natural way to view and decompose large scale systems and prescribe means to organize dynamic and structural aspects of a model. The basic concepts of the object-oriented paradigm are the use of objects, hierarchical structure, and message passing. Objects can be viewed as components of systems, the hierarchical structure allows subcomponents to communicate with each other. Additionally, modifications can be realized with greater ease in object-oriented systems, thus providing a greater flexibility for the corresponding simulation models. The rule-based paradigm has knowledge embedded in the form of rules. They are appropriate means of help for representing heuristics and for the treatment of imprecise and vague knowledge. Being able to put rules about system behaviour into simulation models would aid in the modelling process.

A new approach is the employment of *case-based reasoning* in simulation models, which describes inferencing based on experiences, being available as concrete cases. It describes a *memory model* for representing bygone experience and a *processing model* for the (re) disco-very and modification of old cases and for the integration of new cases (s. [Wendel 93], and for an introduction [Kolodner 92]).

Furthermore, the modelling capabilities can be improved by applying recent AI paradigms like genetic algorithms, neural nets and /or fuzzy logic. Particularly, they can be useful if the information (concerning the structure and behaviour of the system to be modelled) is limited or only available in implicit or vague form.

An interesting analogy with traditional simulation where the values of descriptive variables are indexed with time can be a done to an indexation with time of a database entries in tempo-ral databases.

As an overall observation it can be stated that the process of model development and expe-rimentation concerning knowledge-based and simulation systems shows some similarities (s. [Uthmann 91]). Therefore, both research fields can alternately profit from employing tools and techniques developed for modelling and experimentation for both approaches.

In the next sections we report about the synergies stated above and another suggestions how to proceed in order to profit from the results obtained in AI.

3. Knowledge-based Simulation Environments

A great amount of research activity concentrates upon developing expert systems as *general help systems* to make simulations available to larger user groups not familiar with simulation systems (s. e.g. [Lehmann 92]). In this context, a desirable feature of the system is the ability to adapt the dialogue appropriately in relation to the level of the user (e.g. "experienced", "novice", ...).

Expert systems can be used in model specification, model identification, model-based ma-nagement, symbolic model processing, symbolic generation of model behaviour, explanation, advice and analysis of simulated behaviour. Inferences can be deduced from the analyses, which might help to improve the simulation system's modelling, i.e. the integrated system can assist in *evaluating* and *validating* the system (see next section). A rule-based reasoning sy-stem can be used as a state transition function. Simulation can be used with other types of knowledge processing such as optimization as well as inductive and deductive inferencing. In case of simulation embedded within a rule-based expert system, once a rule is fired, an action part of the rule, instead of being defined a priori, can be determined as the result of a particular simulation run. Examples of corresponding systems are reported e.g. in [Mertens/Ringl-stetter 89], in [Fox et al. 89] with the knowledge-based simulation system (KBS) or in [Schmidt 88] with the system SIMPLEX-II.

4. Qualitative Modelling and Simulation

The qualitative description of interrelations and of processes, together with inferences based on it, is an essential part of human knowledge and problem solving. An intensive discussion about qualitative approaches in the field of artificial intelligence was initiated by [de Kleer 79], who forms the term "qualitative reasoning". The main objective was to transform human knowledge about physical processes in such a way, that computers can handle them with ease. [Bobrow 85/91] gives a good survey of this area of research.

The employment of qualitative simulation is directed to areas, where analytical and numeri-cal simulation are not or not exclusively applicable (e.g. because the problem structures are too complex for an analytical approach), and/or to areas, where only inexact, incomplete or symbolic knowledge is available. A synopsis of a great number of approaches in qualitative simulation as well as a discussion of the utilization of qualitative methods in simulation is presented in [Fishwick 88/89]. Within the ASIM one can state a clearly increasing interest in qualitative simulation, too (s. e.g. [Guckenbiehl/Kockskaemper 92], [Kaspritzki 92], [Lackinger 90]).

The objective in applying qualitative approaches is identical in all areas: the aims are to enhance the model handling and/or to reduce the model complexity to simplify the description of the system structure and its behaviour, such that only the essential, characteristic qualitative state transitions remain deducible. An additional benefit of this way of modelling is its pedagogical effect: which mechanic apprentice would be able to understand the mechanisms of systems only by studying differential equations?! It is much easier to impart an understanding by means of symbolic and intuitively more intelligible qualitative models. First of all, the simplification leads towards recognition of elementary effects as for example "population -->> rate of birth", i.e. the essential qualitative state transitions are characterized by means of qualitative evaluation statements like "the higher the population the higher the rate of birth". These effects are represented in a so called (weighted) *effect graph* (s. [Bossel92]), which allows the deduction of statements concerning for example critical paths or feedbacks and their effects (positive or negative).

The model attributes in qualitative approaches (e.g. rate of birth) are described with relations and reference values oriented towards so called qualitative landmarks. For the simulation these values have a special meaning, as for example the temperature of 0° C when simulating ice melting. Normally, the relations are very simple, restricted to comparisons of "greater", "smaller" or "equal" relatively to the landmarks and restricted to the changing tendency of attributes ("increasing", "decreasing" or "constant"). A qualitative simulation requires an initial value setting of some parameters. The active processes are calculated from this. Thus the ice melting is an active process when the temperature is above 0° C. With a so called *intrastate*-analysis (s. [Puppe 91], [Wachsmuth 93]) the state description is completed by calculating the unknown attribute values and their changing tendencies from the given attribute values and the structure description with help of a constraint propagation. These tendencies are propagated in an *interstate*-analysis until a change of qualitative values occurs, thereby switching to a consecutive state and indicating the begin of a new *episode* (s. [Charniak/McDermott 85]). If it is possible to activate more than one process, a ramification into all consecutive episodes is carried out. In the consecutive states an intrastate-analysis is performed until a state without active processes or an already visited episode is reached by entering a loop. The transitions between the intra- and interstate-analysis are controlled by a *global* analysis, which particularly includes the detection of loops, equilibrium states and unification of ramifications. The result of a qualitative simulation consists of a sequence of episodes, which are run through in a simulation.

Essentially, one can distinguish between three approaches of qualitative simulation: equation-oriented constraint approaches (e.g. the system QSIM, s. [Kuipers 84/86]), component-oriented approaches, whose behaviour is composed of the behaviour of the components (e.g. the system QPT, s. [Forbes 84]) and process-oriented approaches, in which the behaviour of the system is described by the processes and their interactions (i.e. not components, but processes are the dominant structure entities, as e.g. the system ENVISION from [de Kleer 84]).

Over the last years, an obviously increasing interest in qualitative simulation and modelling technique can be noticed. An important reason is the already mentioned demand for analyses and representation of qualitative relations articulated from the field of artificial intelligence. However, it must be stated that in spite of various (and different) theoretical approaches the applications of a qualitative simulation are restricted to relatively simple examples. Thus up to now they possess only little praxis relevance .

5. Manipulation with Models
5.1 Optimisation of Simulation Models

A lack of one, universal , general optimzation method has led to the situation that there exist a lot of very narrow restricted optimization methods, which are applicable only to specific problems [Schwefel1981]. For simulation model optimization this situation is not satisfactory. We need a method which on the one hand can cope with specific features of a goal function specified by simulation models, but on the other hand is general enough to be applicable for a diversity of them.

In model evaluation by simulation we have to find values of the input model variables, so that some quality criterion defined upon the output variables of the model will be fulfilled in an optimal way. The value of the output variables can be obtained only experimentally, from a simulation run. We have a typical black box situation in which we know the input value of a parameter vector and a corresponding value of an output function without any information about the goal function itself. In that sense we can formulate an optimization problem with a goal function described by a simulation model. Requirements for an optimization algorithm of simulation models are as follows:
- the goal function is highly complex (nonlinear simulation) and multimodal
- the number of possible solutions is vast
- the search space is very large.

New attempts to develop suitable solution techniques have led in recent years to optimization methods modelled on processes found in nature, since the main principle of an evolution of very complex processes found in nature is to improve . In [Hammel/Bäck 1993] we can find approaches based on Evolutionary Algorithms. They are guided stochastic search techniques. They are being used in AI systems which model aspects of human cognition (signal analysis, language processing, induction). Their application field is difficult and important, e.g. designing of semiconductor layouts, controlling factories, making communication networks cheaper, etc. The optimization algorithm being a combination of a Genetic Algorithm and a hill-climbing strategy is presented in [Szczerbicka/Syrjakow 1993]. This algorithm is integrated in REMO (**RE**search **M**odel **O**ptimization Package), a software-tool for model optimization. The power of this algorithm basically results from the combination of the advantages of genetic algorithms and hill-climbing. Another approach for exploring advantages of GAs and improving their effectivity by introduction of an intelligent guided search, based on the knowledge about the system to be optimised is presented in [Rumscheid1993].

5.2 Validation

Model validation is a process within the model development process. It usually consists of performing a series of tests and evaluations on a model until one or more individuals obtain confidence that the model is valid for its intended purpose or until it is determined that the model is invalid. It is a very complex problem for two reasons. One is that there are a large number of attributes which effect how a model is validated. The second is that there is a large number of evaluation tests which can be used. It would be extremely difficult to develop a standardized method of data analysis and to determine the number of observations required. A method proposed in [Huber/Szczerbicka 1994], [Szczerbicka /Huber/Syrjakow 1993] delivers comprehensive information about the behaviour of the system, obtained from simulation results by using machine learning algorithm. It is assumed that there is sufficient simulation data available. They are treated as examples for the input/output behaviour of the model. The examples are analyzed by an inductive ML algorithm which generates a rule base delivering information about relations between input and output parameters. In this way behaviour of the model can be interpreted and it can be determined if the model is valid. Another approach to validation is found in [Müller-Clostermann1994]. Required functionality of the system is proved to be a property of the model using some heuristics.

6. Conclusions

This paper presents an overview of similarities, common aspects and differences of models in artificial intelligence with simulation models. It stresses the role of artificial intelligence methods and concepts in supporting the process of modelling in simulation. Over the last years, an obviously increasing research effort can be observed in developing integrated simulation environments, which try to derive benefit from applying artificial intelligence methods and concepts.

Particularly, recent AI paradigms like genetic algorithms, neural nets and/or fuzzy logic receive great attention, as they can model complex problems even if information (concerning the structure and behaviour of the system) is limited or only available in implicit or vague form.

7. References

[Bobrow 85]: Bobrow, D.G. (ed.): Qualitative Reasoning about Physical Systems. MIT Press, Cambridge, MA, 1985.

[Bobrow 91]: Bobrow, D.G.: Qualitative Reasoning about Physical Systems II. Special volume: Artificial Intelligence, vol. 51, 1991.

[Bossel 92]: Bossel, H.:Modellbildung und Simulation. Vieweg Verlag, Braunschweig/Wiesbaden, 1992.

[Charniak / McDermott 85]: Charniak, E. / McDermott, D.:Introduction to Artificial Intelligence. Addison-Wesley, Reading, Massachusetts, 1985.

[de Kleer 79]: de Kleer: Causal and Teleological Reasoning in Circuit Recognition. PhD thesis, Massachusetts Institute of Technology, 1979.

[de Kleer 84]: de Kleer: How Circuits Work. In: Artificial Intelligence, vol. 24, pp. 205-280, 1984.

[Elsas 84]:Elsas,M.: System Paradigms as reality mappings, in: Simulation and Model based Methodologies: An integrative View. Elsas,Ören, Zeigler (eds), Springer Verlag 1984, pp. 40-67.

[Elsas/Ören/Zeigler 86]: Elsas,M;Ören,T; Zeigler,B.(eds): Modelling and Simulation Methodology in the Artificial Intelligence Era, North Holland, 1986.

[Elsas/Ören/Zeigler 89]: Elsas,M;Ören,T; Zeigler,B.(eds): Modelling and Simulation Methodology,North Holland, 1988.

[Fishwick 88]: Fishwick, P.A.: Qualitative simulation: Fundamental concepts and issues. In: Henson, T. (ed.): Artificial Intelligence and Simulation: The Diversity of Applications. Proceedings of the SCS Multiconference on Artificial Intelligence and Simulation, San Diego, California, SCS publication, pp.25-31.

[Fishwick 91]: Fishwick, P.A.: Methods for Qualitative Modeling in Simulation. In: Fishwick, P.A. / Modjeski, R.B. (eds): Knowledge-Based Simulation. Advances in Simulation, vol. 4, Springer-Verlag New York Berlin Heidelberg, pp. 36-52, 1991.

[Fox et al. 89]: Fox, M.S. / Husain, N. / McRoberts, M. / Reddy, Y.V.: Knowledge-Based Simulation. In: Widman, L.E. / Loparo, K.A. / Nielsen, N.R. (eds): Artificial Intelligence, Simulation & Modeling. John Wiley & Sons, New York, 1989.

[Guckenbiehl / Kockskaemper 92]: Guckenbiehl, Th. / Kockskaemper S.: Qualitative Modellierung und Simulation, in proc. of the 5th Workshop on Simulation and KI, Dortmund, 1992.

[Hammel/Bäck 1993]: Hammel,U.; Bäck, Th.: Einsatz evolutionärer Algorithmen zur Optimierung von Simulationsmodellen, in proc. of the 6th Workshop on Simulation and KI, Karlsruhe,1993.

[Hamming1958]: Hamming,R.W.: Frontiers in computer technology, in:proc.:5th computer applications symposium, oct.1958.

[Huber/Szczerbicka 1994]: Huber,K.P. / Szczerbicka, H.: Einsatz von Entscheidungsbaumverfahren zur Analyse von Simulationsergebnissen, in proc. of the 7th Workshop on Simulation and AI, Braunschweig, 1994.

[Kaspritzki 92]: Kaspritzki, B.: Verfahren zur qualitativen Simulation des Verhaltens von Systemen, in proc. of the 5th Workshop on Simulation and KI, Dortmund, 1992.

[Kolodner 92]: Kolodner, J.L.: An introduction to case-based reasoning. In: Artificial Intelligence Review 6, pp. 3-34, 1992.

[Kuipers 84]: Kuipers, B.: Commonsense Reasoning about Causality: Deriving Behaviour from Structure. In: Artificial Intelligence, vol. 24, pp. 169-203, 1984.

[Kuipers 86]: Kuipers, B.: Qualitative Simulation. In: Artificial Intelligence, vol. 29, pp. 289-338, 1986.

[Lackinger 90]: Lackinger, F.: Qualitative Methoden zur Simulation dynamischer Prozesse, in proc. of the 6th Symposium Simulationstechnik, Vieweg-Verlag, Braunschweig, 1990.

[Lehmann 92]: Lehmann, A.: Knowledge-Based Systems in Simulation - Trends and Applications. In: Sydow, A. (ed): Computational Systems Analysis, Elsevier Science Publishers, pp. 39-42, 1992.

[Mertens /Ringlstetter 89]: Mertens, P. / Ringlstetter, T.: Verbindung von wissensbasierten Systemen mit Simulation im Fertigungsbereich. In: OR Spektrum, vol. 11, pp. 205-216, 1989.

[Müller-Clostermann1994]: Müller-Clostermann,B.: Modellgestützte Validation von Kommunikationsprotokollen durch Zustandsraumexploration, in proc.of the 7th Workshop on Simulation and AI, Braunschweig, 1994.

[Puppe 91]: Puppe, F.: Einfuehrung in Expertensysteme (2. ed.). Springer-Verlag Berlin Heidelberg New York, 1991.

[Rumscheid1993]: Rumscheid, B.: Rechnergestützte Durchführung von Simulationsexperimenten zur optimierung des Materialflusses in komplexen Tertigungssystemen, in proc. of the 6th Workshop on Simulation and KI, Karlsruhe, 1993.

[Schmidt 88]: Schmidt, B.: The Structure of the Simulation System SIMPLEX-II. In: Simulations Environments, Proceedings of the European Simulation Conference, Nizza, Publications of the SCS, 1988.

[Schwefel1981]: Schwefel, H.-P.: Numerical Optimization of Computer Models. Wiley 1981.

[Szczerbicka/Syrjakow 1993]:Szczerbicka, H./Syrjakow, M.:"REMO-A Tool for the automatic Optimization of Perfromance Modells", European Simulation Symposium ESS`93, Delft, The Netherlands, October 1993, pp. 597-603.

[Szczerbicka/Huber/Syrjakow 1993]: Szczerbicka, H., / Huber,K-P. / Syrjakow, M.: "Extracting Knowledge from Simulation Data with Machine Learning Algorithms - A Practical Approach", Proc. of Simtec`93: International Simulation Technology Conference, San Francisco,USA, 7-10 November 1993, pp237-243.

[Uthmann 91]: Uthmann, Th.: Parallelen bei der Entwicklung von Simulations- und Expertensystemen., in proc. of the 7th ASIM-Fachtagung 1991, Hagen, pp. 173-177, 1991.

[Wachsmuth 93]: Wachsmuth, I.: Expertensysteme, Planen und Problemlösen. chapter 7 in: Goerz, G. (Hrsg.): Einfuehrung in die Kuenstliche Intelligenz, Addison-Wesley, Bonn, 1993.

[Wendel 93]: Wendel, O.: MOBIS - Modellierung biologischer Systeme, in proc.of the 6th Workshop on Simulation and AI, Karlsruhe , 1993.

[Zeigler 1984]:Zeigler,B.P.: Multifacetted modelling and Discrete Event Simulation, Academic Press, London,1984, Chapt.3,15.

Anforderungen an eine analoge Hardware-Beschreibungssprache auf Basis von VHDL

Michael Koch, Djamshid Tavangarian
FernUniversität Hagen, Technische Informatik II
Postfach 940, 58084 Hagen

Kurzfassung

Für eine Modellierung gemischter analog/digitaler Schaltungen ist eine Hardware-Beschreibungssprache notwendig, die die erforderlichen Anweisungen und Datenstrukturen für eine effiziente Erfassung digitaler und analoger Komponenten sowie ihrer Kombinationen in konsistenter Form zur Verfügung stellt. In diesem Beitrag werden die wichtigsten Anforderungen an eine derartige HDL untersucht und Ansätze auf Basis der Hardware-Beschreibungssprache VHDL diskutiert.

1 Einleitung

Die Fortschritte in der Mikroelektronik ermöglichen Systemlösungen durch die Integration sowohl digitaler als auch analoger Schaltungskomponenten auf einem Chip. Die Gestaltungsmöglichkeiten bei der Integration führen zu fließenden Grenzen und vielfältig konfigurierbaren Schnittstellen zwischen den analogen und digitalen Systemteilen. Dadurch wird eine vollständige Trennung der Schnittstellen sowohl auf Komponentenebene als auch auf Systemebene in hohem Maße erschwert. Insbesondere eine getrennte Simulation der analogen Schaltungsteile (z.B. mit SPICE[1] [SPI86]) und der digitalen Schaltungsteile (z.B. mit VHDL[2] [VHD87]) ist nicht mehr sinnvoll, da die Wechselwirkungen bedingt durch Kopplungen in den gemischten Schaltungen nicht adäquat erfaßt werden. Notwendig sind leistungsfähige Entwicklungswerkzeuge, die eine gemischte analog/digitale Simulation und Verifikation auf verschiedenen Abstraktionsebenen ermöglichen, die sogenannten Mixed-Mode- oder Mixed-Level-Simulatoren.

Insbesondere führt die zunehmende Komplexität der Schaltungen dazu, daß für die Beschreibung digitaler Schaltungen strukturierte Methoden, in vielen Fällen Hardware-Beschreibungssprachen (z.B. VHDL), eingesetzt werden. VHDL erlaubt die Beschreibung digitaler Schaltungen auf unterschiedlichen Abstraktionsebenen, so daß ein Design vom Systementwurf (Verhaltensbeschreibung) bis zur Detaillierung auf Gatterebene (Strukturbeschreibung) in VHDL beschrieben werden kann [TAV93]. Analoge Schaltungen werden dagegen meist in speziellen Hardware-Beschreibungssprachen strukturell beschrieben und separat simuliert und verifiziert. Eine zusammenhängende Simulation der auf Systemebene interessierenden Parameter, wie z.B. der Stabilität von Regelschleifen (Rückkopplungen) und des Zeitverhaltens an den analog/digitalen Schnittstellen, läßt sich auf diese Weise nur unzureichend durchführen.

Um diese Probleme zu lösen, hat das *IEEE Standards Coordinating Committee (SCC 30)* eine Arbeitsgruppe eingesetzt, die die Möglichkeiten der analogen Verhaltensbeschreibung auf Basis der standardisierten Hardware-Beschreibungssprache VHDL untersuchen soll. Diese *Analog Hardware Description Language* (AHDL) soll die Möglichkeiten von VHDL mit den notwendigen analogen Erweiterungen verbinden.

---

1. Simulation Program with Integrated Circuit Emphasis
2. Very high speed integrated circuits Hardware Description Language

Dieser Beitrag stellt zunächst die Anforderungen an eine analoge Hardware-Beschreibungssprache dar. Dabei werden HDLs zur Modellierung analog/digitaler Systeme als A-HDLs und HDLs zur Beschreibung digitaler Systeme als D-HDLs bezeichnet. Anschließend werden die bestehenden Ansätze für die Modellierung analoger Komponenten in VHDL im Hinblick auf eine analoge Verhaltensbeschreibung untersucht. Abschließend werden weitere Probleme und Lösungsmöglichkeiten dargestellt und ihre Praktizierbarkeit diskutiert.

2 Anforderungen an eine analog/digitale Hardware-Beschreibungssprache

Die Anforderungen an eine A-HDL gehen weit über die Anforderungen an eine D-HDL hinaus [NOL93]. Sie schließen insbesondere Modellierungsverfahren des Zeitverlaufs (kontinuierlich und diskret), die Lösung von Differentialgleichungen im Zeit- und Frequenzbereich sowie die Einhaltung der physikalischen (Energie-) Erhaltungssätze ein. Einen Überblick über die möglichen Anforderungen an eine A-HDL sind in Tab. 1 zusammengefaßt.

Bereich	Anforderungen an ein A-HDL-System
Kontinuierliche und diskrete Signale	Unterstützung von Komponenten mit: - diskreten Zeiten und logischen Signalen, - diskreten Zeiten und kontinuierlichen Signalen, - kontinuierlichen Zeiten und Signalen und deren Kombinationen.
Physikalische Erhaltungssätze	Unterstützung von Komponenten, - die physikalischen Gesetzen unterliegen (z.B. elektrische Komponenten) und - frei definierte Komponenten.
Systemunterstützung	Technologieunabhängige Modellierungsunterstützung für unterschiedliche Komponenten: elektrische, analoge, digitale, optische, (elektro-) mechanische, (elektro-) thermische.
Abstraktionsebenen	Konsistente Unterstützung des hierarchischen Entwurfs über alle Abstraktionsebenen hinweg.
Modellierungs-möglichkeiten	Unterstützung von Ressourcen für wichtige Modellierungsarten, z.B.: - Verwendung von algebraischen und von Differential-Gleichungen, - Einbinden von Modellen, die in einer Standard-Programmiersprache geschrieben sind, - Kombinationen analoger und digitaler Signale und Parameter in einem Modell, - Kombinationen verschiedener Technologien in einem Modell, - Verhaltensbeschreibung im Frequenzbereich, - Angeben von Anfangsbedingungen, - Berechnung der Kleinsignalparameter für die Komponenten einer Technologie, - Veränderung des Verhaltens eines Blocks als Funktion der Zeit, oder abhängig von einer Bedingung im eigenen oder in einem anderen Block, - Erweiterbarkeit der Modelle (Pinanzahl, usw.).
Kompatibilität	Lieferung von vergleichbaren Ergebnissen mit existierenden analogen und digitalen Simulatoren.
Benutzerunterstützung	Unterstützung der Modellierung sowohl für Anfänger als auch für Spezialisten.

Tabelle 1: Zusammenstellung der wichtigsten Anforderungen an eine analoge HDL

Diese Anforderungen lassen sich direkt aus der Darstellung der wichtigsten miteinander korrespondierenden Abstraktionsebenen im analogen und digitalen Bereich ableiten:

Analoge Schaltungen		Digitale Schaltungen	
Abstraktionsebenen	Modellierungsart	Abstraktionsebenen	Modellierungsart
Systemebene	Systemgrößen (z. B. Algorithmen, Übertragungsfunktionen, DGln, Signalflußgraphen)	Systemebene	charakteristische Systemgrößen (z. B. Algorithmen, Pseudocode, Petri-Netze)
Blockebene	abstrakte analoge Blöcke (DGln, Amplitude/Phase, Ströme/Spannungen)	RT-Ebene	Datenfluß (Busse und Register)
Komponentenebene	analoge Grundelemente (DGln, Spannungen und Ströme)	Gatterebene	Gatter und Verbindungen (Boolsche Gleichungen)
Transistorebene	DGln (Spannungen und Ströme)	Transistorebene	DGln (Spannungen und Ströme)
Physikalische Ebene	DGln (Feldstärken)	Physikalische Ebene	DGln (Feldstärken)

Tabelle 2: Die meistverwendeten Abstraktionsebenen für analoge und digitale Schaltungen

In Tab. 2 sind die meistverwendeten Abstraktionsebenen zur Schaltungsbeschreibung angegeben. In der Literatur findet man weitere Abstraktionsebenen, teilweise mit wenig praktischer Relevanz. Der Abstraktionsgrad der Beschreibungen nimmt in der Tabelle von der Systemebene zur physikalischen Ebene hin kontinuierlich ab, die Beschreibungen dagegen werden detaillierter. Während aus der abstrakten Beschreibung auf Systemebene in vielen Fällen noch nicht auf eine analoge oder digitale Realisierung geschlossen werden kann, werden die Unterschiede zwischen analoger und digitaler Modellierung in den folgenden drei Ebenen deutlich sichtbar (Tab. 2 und Abb. 1). Auf Transistor-Ebene findet eine Annäherung statt, da die Systemvariablen in beiden Fällen Spannungen und Ströme darstellen. Eine

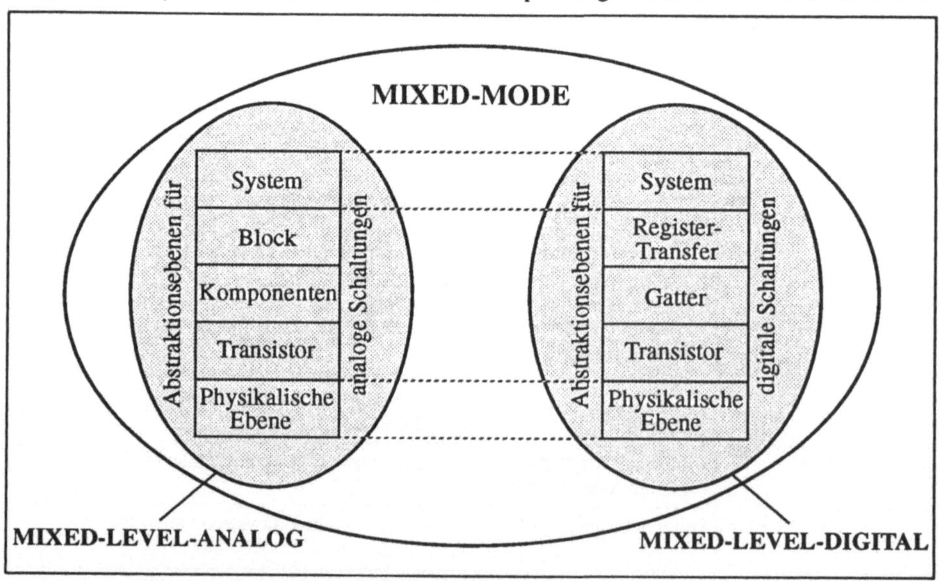

Abbildung 1: Analoge und digitale Abstraktionsebenen

Modellierung der digitalen Elemente dokumentiert jedoch i. allg. das Großsignalverhalten der Elemente (Transistoren als Schalter), während bei einer Modellierung analoger Elemente das Kleinsignalverhalten der Komponenten im Vordergrund steht. Erst auf der physikalischen Ebene können analoge und digitale Schaltungen gleich behandelt werden. Um diese Unterschiede zu verdeutlichen, wird für eine ebenenübergreifende Modellierung nicht der Begriff Mixed-Level-Modellierung verwendet, sondern es wird zwischen Mixed-Level-Analog und Mixed-Level-Digital unterschieden. Die konsistente Zusammenführung von beiden Modellierungsarten wird dann als Mixed-Mode bezeichnet. Im folgenden werden einige charakteristische Unterschiede zwischen analoger und digitaler Modellierung dargestellt.

Für die Modellierung analoger Komponenten (z.B. in SPICE) kommen eine stationäre (Gleichstromanalyse), eine quasi-stationäre (Analyse im Frequenzbereich) und eine dynamische Analyse (Analyse im Zeitbereich) in Frage, die sich von der Betrachtungsweise und den Berechnungsverfahren unterscheiden. Das dynamische Verhalten eines analogen Netzwerkes kann mit Hilfe von Differentialgleichungen (DGln) beschrieben werden. So ist für eine derartige Verhaltensbeschreibung die direkte Eingabe von DGln sinnvoll. Bei der Verwendung einer digitalen Hardware-Beschreibungssprache wie VHDL ergeben sich im Vergleich zu SPICE Probleme sowohl bei der Modellierung der Zeit als auch bei der Modellierung des Verhaltens der Elemente untereinander. Ein digitales Netzwerk wird durch logische Gleichungssysteme modelliert, die das Verhalten des Netzwerkes nur im Zeitbereich widerspiegeln können. Digitale Elemente im Netzwerk werden als logische Komponenten (Gatter) modelliert, die gerichtete Abhängigkeiten der Ausgänge von den Eingängen eines Blocks aufweisen. Dies zeigt sich z.B. bei einer Signalzuweisung und der Reaktion auf einen Eingangssignalwechsel.

```
process(A)
begin
   Y <= not A after 5 ns;
end process;
```

In einem diskreten ereignisgesteuerten Simulator (hier ein VHDL-Simulator) reagiert der Prozeß auf jede Änderung des logischen Zustandes am Eingang A und bestimmt die Änderung des Ausgangszustandes Y. Die Zustände können jeweils diskrete Werte annehmen. Die Zeit kann bei der Simulation nur ganzzahlige Vielfache einer Basiseinheit betragen. Im angegebenen Beispiel wird bei jeder Eingangssignaländerung ein neues Ereignis mit der diskreten Zeit $T_{neu}=T_{alt}+5ns$ generiert. Für eine analoge Simulation ist die Modellierung eines quasi kontinuierlichen Zeitverlaufs notwendig. Der Zustand der Ein- und Ausgangssignale wird durch die Größe der Ströme und Spannungen (Strom- und Spannungspegel) dargestellt. Ein- und Ausgänge sind in vielen Fällen direkt voneinander abhängig, bzw. die enge Kopplung der Elemente und die Speichereigenschaften (z.B. eines Kondensators) können zu Rückwirkungen auf den Eingangsknoten führen. Es liegt keine nur in eine Richtung gerichtete Abbildung der Eingangssignaländerung auf den Ausgang vor. Bei der analogen Schaltung in Abb. 2 kann eine Ladungsveränderung am Kondensator C sowohl zu einer Spannungsänderung am Knoten Ya als auch zu einer Änderung am Knoten B führen.

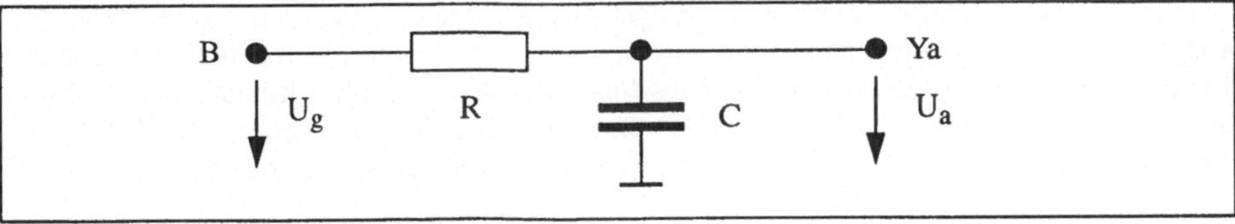

Abbildung 2: Schaltung eines Tiefpaß-Gliedes

Nachdem wir einige Probleme bei der Modellierung analoger Elemente in einer HDL dargelegt haben, werden im folgenden Abschnitt Ansätze diskutiert, die eine Modellierung analoger Schaltungen auf der Basis von VHDL ermöglichen.

3 Ansätze für eine Modellierung analoger Schaltungen in VHDL

Zur Zeit existieren in Verbindung mit VHDL verschiedene Ansätze für eine Modellierung analoger Schaltungen:

- Verwendung der in VHDL enthaltenen Möglichkeiten zur Modellierung analoger Schaltungselemente,
- Erweiterung von VHDL um weitere Sprachelemente sowie um die für die Beschreibung analoger Schaltungen notwendigen Abstraktionsebenen.

Im ersten Fall werden für die Modellierung von analogen Schaltungselementen für eine gemischte analog/digitale Simulation nur diejenigen Sprachelemente verwendet, die in VHDL1076 [VHD87] enthalten sind. Aus den verfügbaren VHDL-Datentypen (REAL) und anderen VHDL-Sprachelementen werden die notwendigen Datentypen und Funktionen definiert. Für diese Art der Modellierung existieren verschiedene Ansätze, die im folgenden näher erläutert werden sollen. Darüberhinaus können analoge Schaltungen z.B. in C beschrieben und in VHDL eingebunden werden [LOW93].

3.1 Beschreibung der Komponenten analoger Netzwerke mit VHDL-Sprachelementen

Eine Möglichkeit zur Modellierung analoger Komponenten ist die Nachbildung einer analogen Simulation in VHDL. Die analoge Schaltung wird in der strukturellen Hardware-Beschreibungssprache SPICE beschrieben. Die notwendigen Gleichungen zur Durchführung einer transienten (dynamischen) bzw. einer stationären Analyse werden als Funktionen in VHDL implementiert. Das Ergebnis sind Knotenspannungen, die an den Schnittstellen in logische Zustände umgerechnet werden können [ZHH91].

Auf diese Weise lassen sich einfache analoge Elemente in eine VHDL-Beschreibung integrieren und für eine gemischte analog/digitale Simulation bearbeiten. Die Modellierung ist jedoch auf eine Beschreibung auf Gatterebene beschränkt.

Um auf ähnliche Weise eine Verhaltensbeschreibung in VHDL durchzuführen, kann die Übertragungsfunktion einer analogen Schaltung (Transferfunktion) verwendet werden [STB91]. Dabei wird das Verhalten der Ausgänge einer Schaltung in Abhängigkeit von den Eingängen beschrieben. Dies entspricht der digitalen Verhaltensbeschreibung in VHDL, da z.B. eine Signalzuweisung eine digitale Transferfunktion darstellt. Das Hauptproblem stellt die Modellierung der Zeit im analogen Modell dar. Während sich die Amplitude der analogen Signale in VHDL durch Gleitkommazahlen darstellen läßt, ist es schwierig, das quasi kontinuierliche Fortschreiten der Zeit in einem diskreten Umfeld darzustellen. Eine Möglichkeit für die Lösung der auftretenden Differentialgleichungen ist die Verwendung des Eulerschen Verfahrens (endliche Taylor-Reihe). Der nächste Ausgangsspannungswert eines Elements wird iterativ aus den Eingangsspannungen und den vorhergehenden Ausgangsspannungen berechnet. Dabei muß der Fehler, der durch die Quantisierung auftritt, berücksichtigt werden. Er liegt bei der Taylor-Reihe in der Größenordnung des nächsten Terms der Reihe. Für das Eulersche Verfahren ist dieser Fehler proportional zu Δt^2. In der Praxis sollte der Zeitschritt Δt kleiner als die kleinste auftretende Zeitkonstante sein.

Als Beispiel wird im folgenden ein Verfahren vorgestellt, das eine Verhaltensbeschreibung analoger Netzwerke mit Hilfe ihrer Zustandsgleichungen, ausgehend von der

Knotenpotentialanalyse, durch einen Satz von Differentialgleichungen der Form $\dot{X} = AX + B$ ermöglicht. Dieses Beispiel gilt für MOS- bzw. CMOS-Schaltkreise, die nur Widerstände, Kondensatoren und Quellen (also keine Induktivitäten) beinhalten:

$$YU_k = I_g$$

$$[G + sC]\,U_k = I_g$$

$$sCU_k = -GU_k + I_g$$

$$\frac{dU_k}{dt} = -C^{-1}GU_k + C^{-1}I_g$$

oder allg. $\dot{U}_k = AU_k + B$

mit $A = -C^{-1}G$ und $B = C^{-1}I_g$

U_k	Knotenspannungen (Zustände)
I_g	unabhängige Quellen
Y	Knotenadmittanzmatrix
G	Knotenleitwertmatrix
C	Knotenkapazitätsmatrix
s	Differentialkoeffizient $\dfrac{d}{dt}$

Um die Zustandsgleichungen in einer Umgebung mit diskreten Zeitschritten berechnen zu können, wird der Differentialquotient durch den Differenzenquotienten ersetzt. Dabei entspricht Δt einem diskreten Simulationsschritt.

$$U_k(t) = \frac{U_k(t - \Delta t) + \Delta t C^{-1} I_g(t)}{1 + \Delta t C^{-1} G}$$

Für die Ausgangsspannung U_a des oben angegebenen Tiefpasses (Abb. 2) ergibt sich dabei:

$$\frac{dU_a}{dt} = -\frac{1}{RC}U_a + \frac{U_g}{RC}$$

$$U_a(t) = \frac{RCU_a(t - \Delta t) + \Delta t U_g(t)}{RC + \Delta t}$$

Um den Quantisierungsfehler zu begrenzen, wird i.a. $\Delta t \approx RC/10$ gewählt werden.

Der Vorteil dieser Art der Modellierung liegt in der Verwendung von Standard-VHDL. Es sind keine Änderungen an der Sprache VHDL notwendig, alle Erweiterungen können durch zusätzliche Bibliotheken zur Verfügung gestellt werden. Der Quelltext zeigt die Modellierung des Tiefpasses in VHDL. Die verwendeten Datentypen sind im Bibliothek *analog_package* definiert. Der analoge Zeitverlauf wird durch die Zuweisung der Ausgangsspannung *vout* mit der Verzögerung *delta_t_a* erzeugt. Die Berechnung der Ausgangsspannungsänderung ist hier in einen Prozeß eingebettet. In der Regel wird diese Berechnung in eine Bibliotheksfunktion ausgelagert.

Interessieren weitere Parameter, die über die Darstellung in der oben angegebenen Form der DGln hinausgehen, so muß die Bibliothek den Erfordernissen angepaßt werden, wobei die Konsistenz mit bestehenden Sprachelementen überprüft werden muß.

Die "Emulation" eines quasi-kontinuierlichen Zeitverlaufs zur Modellierung der analogen Elemente im digitalen Umfeld benötigt Simulationszeiten, die weit über die Zeiten für eine optimierte analoge Simulation hinausgehen. Dies begrenzt den Einsatzbereich dieses

```
use work.analog_package.all;

entity tiefpass is
 generic (r: r_wert; c: c_wert);
 port (vin: in a_signal; vout: buffer a_signal:= 0.0);
end tiefpass;

architecture analog of tiefpass is
 signal voutalt: a_signal := 0.0;
begin
 process (vin, voutalt)
  variable vouttemp: a_signal;
 begin
  vouttemp := ((voutalt*r*c)+(vin*delta_t_analog)) /
             (r*c+delta_t_analog);
  vout <= vouttemp;
 end process;
 voutalt <= vout after delta_t_a;
end analog;
```

Verfahrens auf einfache analoge Schaltungen. Da in vielen Fällen jedoch nur wenige analoge Elemente in einer analog/digitalen Schaltung bzw. die detaillierte Modellierung von einigen digitalen Elementen auf Transistorebene benötigt werden, lassen sich diese Problemstellungen mit Standard-VHDL und einer entsprechenden Bibliothek bewältigen.

3.2 Erweiterung des VHDL-Sprachumfangs um analoge Elemente

Ein anderer Ansatz ist die Integration der für die Modellierung analoger Schaltungen benötigten Ressourcen in VHDL. Aus VHDL entsteht in diesem Fall eine Hardware-Beschreibungssprache für die Beschreibung gemischt analog/digitaler Netzwerke, die als AHDL bezeichnet wird. Ihr Sprachumfang ist um die benötigten Datentypen und Berechnungsverfahren für die Modellierung von Komponenten und Übergangsfunktionen im Zeit- und Frequenzbereich ergänzt. Die im oben dargestellten Quelltext verwendeten Datentypen und Berechnungsverfahren gehören dann zum Sprachumfang. Darüber hinaus können auf diese Weise zusätzliche Möglichkeiten hinzugefügt werden, die eine konsistente Darstellung der relevanten Parameter zulassen, z.B. Frequenz- und Phasengang für die Stabilitätsüberprüfung einer Regelschleife. Für einige Bereiche wäre zusätzlich die Einbeziehung thermischer Analysemethoden wünschenswert [FIS92].

Durch die Integration der Modellierungskonzepte für analoge Komponenten in die AHDL können in einem AHDL-Simulator optimierte Verfahren für die Berechnung komplexer Differentialgleichungssysteme und für eine kontinuierliche Simulation der Zeit eingesetzt werden. Dadurch wird die Simulation gegenüber der Verwendung von VHDL-Bibliotheken beschleunigt, da die zeitaufwendige Nachbildung eines quasi-kontinuierlichen Zeitverlaufs entfällt. Außerdem können auf diese Weise auch Systeme beschrieben werden, die neben elektronischen Komponenten Elemente aus anderen Bereichen, wie z.B. Elektromechanik, Mechanik etc., enthalten. Dabei kann auf Analogien zwischen Differentialgleichungen in mechanischen und elektronischen Systemen zurückgegriffen werden.

Den Vorteilen der zusammenhängenden Modellierung komplexer gemischter analog/digitaler Systeme in einer HDL konsistent über alle Abstraktionsebenen steht die Komplexität der entstehenden Sprache gegenüber. Die Erweiterung der umfangreichen Hardware-Beschreibungssprache VHDL um weitere Sprachelemente kann dazu führen, daß nicht der gesamte Sprachumfang der AHDL implementiert wird. Dadurch kann u.U. die Konsistenz und die Portierbarkeit der Modelle eingeschränkt werden. Insbesondere der Umweg über eine

Konvertierung von AHDL-Modellen in eine herstellereigene Beschreibungssprache könnte zu Informationsverlusten führen, wie sie bei einigen VHDL-Implementierungen aufgetreten sind. Die Komplexität der AHDL muß auch in der Praxis beachtet werden. Der Entwickler muß mit einer für seine Problemstellung ausgewählten Untermenge der Sprache arbeiten können, ohne dadurch in seinen Ausdrucksmöglichkeiten eingeschränkt zu sein.

4 Zusammenfassung

Die Modellierung komplexer gemischt analog/digitaler Schaltungen stellt hohe Anforderungen an eine Hardware-Beschreibungssprache. Es existieren verschiedene Ansätze zur Erweiterung von VHDL zur Beschreibung und Modellierung analoger Komponenten in einem Netzwerk, um so eine gemischt analog/digitale Simulation zu ermöglichen. Der Einsatz von zusätzlichen Bibliotheken für analoge Komponenten in Verbindung mit Standard-VHDL kann eine Lösung darstellen, wenn sich der Anteil analoger Elemente eines Netzwerks in Grenzen hält. Für eine umfassende Verwendung von Modellierungsverfahren für analoge Komponenten sollten die benötigten Sprachelemente längerfristig mit in die HDL einbezogen werden. Dies führt zwar zu einer komplexen A-HDL, die Vorteile einer konsistenten und gut portierbaren Sprache mit definierten inneren Schnittstellen zwischen den analogen und digitalen Modellen überwiegen jedoch die Nachteile bei weitem. Eine derartige Erweiterung von VHDL (unter Ausnutzung von Analogien und Ersatzschaltbildern) würde es dem Designer ermöglichen, mit der für seine Anwendung benötigten Untermenge der Sprache auszukommen. Diese Untermenge kann als Spezialsprache aufgefaßt werden, die konsistent in das Designumfeld eingebettet ist. Um den Sprachumfang dieser AHDL und damit ihre Komplexität zu begrenzen, sollten Analogien in den Beschreibungen unterschiedlicher Systeme (DGln in Elektronik/Mechanik) ausgenutzt werden.

Neben der eigentlichen Modellierung analoger Elemente sollte einem weiteren Punkt Beachtung geschenkt werden: der graphischen und textuellen Darstellung von bestimmten Design-Beschreibungen, die im analogen Bereich verbreitet sind. Dies sind zum Beispiel Diagramme (Amplituden/Phasen-, S-Parameter-Diagramme, usw.), für die eine Repräsentation in der A-HDL gefunden werden muß. Die Umformung könnte z.B. durch ein Preprocessing durchgeführt werden, wenn die entsprechenden Datentypen von der Sprache zur Verfügung gestellt werden.

5 Literatur

[SPI86]   SPICE: User guide (1986), Dep. of Electrical Engineering and Computer Sciences, UC Berkeley

[FIS92]   Fischer-Binder (1992) *"Requirements for AHDL from the point of view of automotive applications"*

[LOW93]   Leyendecker, Th., Oehler, P. and Waldschmidt, K. (1993) *"Simulation und Spezifikation hybrider Systeme mit VHDL,"* ASIM93, Vieweg, S. 399-402

[NOL93]   Nolan, K. (1993) *"Overview of Analog-VHDL Requirements with Contrasts to Other Languages"*

[STB91]   Stanisic, B.R. and Brown, M.W. (1991) *"Behavior Modeling of Mixed Analog-Digital Circuits,"* Kapitel 3, Harr, R.E. and Stanculescu, A.G., eds., *"Applications of VHDL to Circuit Design,"* Kluwer Academic Publishers

[TAV93]   Tavangarian, D. (1993) *"Einsatz von VHDL für die Schaltkreissimulation,"* it+ti 6/93, S. 16-24

[VHD87]   IEEE Std 1076-1987 VHDL Language Reference Manual (1988)

[ZHH91]   Zhou, W.-Y. and Carter, H.W. (1991) *"AnaVHDL: A Mixed-mode Simulation Capability using SPICE and VHDL,"* Proc. of the 1991 Spring VHDL UG Conf.

Dynamische Simulation komplexer Abwasserreinigungsprozesse

Jens Alex und Ralf Tschepetzki

ifak
Institut für Automation und Kommunikation e.V. Magdeburg
an der Otto-von-Guericke-Universität Magdeburg
Steinfeldstraße (IGZ)
D-39179 Barleben
Tel.: 039203 / 810 44
Fax: 039203 / 811 00

1 Dynamische Modelle von biologischen Kläranlagen

Biologische Kläranlagen mit erweiterter Stickstoff– und Phosphorelimination stellen zunehmend höhere Ansprüche an die verfahrenstechnische Gestaltung und Dimensionierung, die Steuerung– und Regelung sowie die Betriebsführung. Mit einem Werkzeug zur dynamische Simulation von Belebtschlamm–Kläranlagen können für alle drei Aufgabenkomplexe wertvolle Beiträge geleistet werden. Die in diesem Beitrag vorgestellte Modellbibliothek für das Simulationssystem MATLAB $^{®}$ / SIMULINK$^{™}$ [1] wurde insbesondere zu Analyse, Entwurf und Optimierung von Steuerungen und Regelungen für kommunale Kläranlagen entwickelt.

1.1 Das Belebtschlammmodell „Activated Sludge No. 1"

Die Simulation von Belebungsbecken mit Nitrifikation und Denitrifikation basiert auf dem „Activated Sludge Model No.1" [HEN-87], das von einer internationalen Arbeitsgruppe[2] der IAWPRC (International Association on Water Pollution Research and Control) erarbeitete wurde. Dieses Modell bietet mit angemessener Detailliertheit eine allgemein akzeptierte Grundlage für verfahrenstechnische und regelungstechnische Untersuchungen. In Deutschland wurde dieses Modell u.a. durch die Habilitationsschrift von Gujer [GUJ-85] bekannt.

Das Modell unterscheidet zwei unterschiedliche Gruppen von Mikroorganismen - die autotrophe und die heterotrophe Biomasse - und bilanziert weitere 11 für die biologische Reinigung relevante Stoffgruppen. Einige Stoffgruppen definieren sich nur durch ihre Rolle bei den im Belebtschlamm ablaufenden biologischen Vorgängen und werden in äquivalentem chemischen Sauerstoffbedarf je Volumeneinheit $[g\,CSB/m^3]$ gerechnet. Durch dieses Vorgehen wurde die Modellierung vereinfacht.

In Tabelle 1 sind die berücksichtigten Stoffgruppen aufgeführt. In dem Modell werden 8 unterschiedlichen biochemischen Umwandlungsprozessen beschrieben. Bild 1 gibt einen Überblick, welche Stoffgruppen bei den einzelnen Reaktionen mit welchen stöchiometrischen Faktoren entstehen und vergehen. Die detailierte Beschreibung dieser Reaktionen, der Kinetik und der auftretenden Faktoren ist [HEN-87] zu entnehmen. Mit diesem Modell ist eine zufriedenstellende Modellierung des Abbaus von Kohlenstoffverbindungen (CSB) und der Stickstoffelimination (Nitrifikation, Denitrifikation) möglich. Die Vorgänge der erweiterten biologischen und chemischen Phosphorelimination werden aber nicht berücksichtigt. Das ist dem Modell „Activated Sludge Model No.2" einer Arbeitsgruppe der IAWQ (International Association on Water Quality) vorbehalten, dessen Publikation für Mitte des Jahres 1994 angekündigt ist.

---

[1] MATLAB $^{®}$ und SIMULINK$^{™}$ sind eingetragene Warenzeichen von The MathWorks Inc., U.S.A.
[2] task group on mathematical modelling for design and operation of biological wastewater treatment

Tabelle 1. Stoffgruppen

S_I Biologisch inerte, gelöste organische Stoffe
S_S Biologisch rasch abbaubare, gelöste organische Stoffe (Substrat)
X_I Biologisch inerte, partikuläre organische Stoffe
X_S Biologisch langsam abbaubare organische Stoffe
X_{BH} Aktive heterotrophe Biomasse
X_{BA} Aktive autotrophe Biomasse
X_P Partikuläre Zerfallsprodukte der Biomasse
S_O Sauerstoff
S_{NO} Nitrat– und Nitrit–Stickstoff
S_{NH} NH_4^+ und NH_3 Stickstoff
S_{ND} Biologisch abbaubarer, gelöster organisch gebundener Stickstoff
X_{ND} Biologisch abbaubarer, partikulärer organisch gebundener Stickstoff
S_{ALK} Alkalität

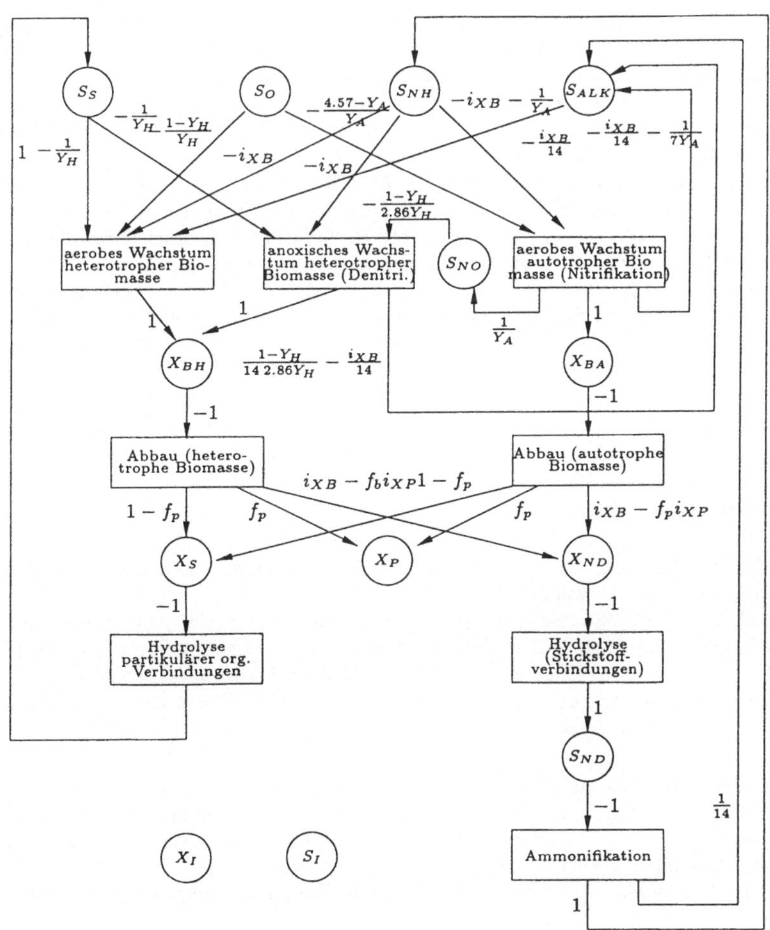

Bild 1. Reaktionen und Stoffgruppen

Mit der Beschreibung der biologischen und chemischen Vorgänge im Belebtschlamm allein kann jedoch noch keine Kläranlage simuliert werden. Hierzu ist die Modellierung aller verfahrenstechnischen Teilkomponenten von Kläranlagen nötig. Das Belebtschlammmodell beispielsweise wurde zu diesem Zweck um die Beschreibung des Sauerstoffeintrags durch eine Druckbelüftung, wie in modernen Kläranlagen üblich, ergänzt.

1.2 Modelle weiterer abwassertechnischer Bauwerke

Nachklärbecken Ein Nachklärbecken hat die Aufgabe, aus dem zufließenden Belebtschlamm die partikulären Bestandteile zu trennen und über den Rücklaufschlamm–Strom in den Reinigungsprozeß rückzuführen. Hierfür gibt es unterschiedlich detaillierte Ansätze, von idealen Feststoffabscheidern angefangen, über Modelle mit Unterscheidung von Trenn- und Eindickzone ([KÖH-88]), Modelle mit Einteilung in mehrere horizontale Schichten ([SCH-88], [HÄR-90]), bis hin zu Modellen mit mehrdimensional verteilten Parametern.

In der Modellbibliothek werden verschieden aufwendig modellierte Nachklärbecken als Module bereitgestellt. Von diesen Modulen ist ein Zwei–Flockenmodell nach [OTT-92] als einziges geeignet, neben den Prozessen der Schlammspeicherung und Schlammeindickung auch die Qualität des Ablaufes ausreichend genau zu beschreiben (Schwebstoffanteil). In diesem Modell wird, neben einer Unterteilung des Beckens in horizontale Schichten, eine Klassifikation der Schlammflocken in Makro– und Mikroflocken mit jeweils unterschiedlichen Absetzverhalten vorgenommen. Durch diese Unterteilung werden je Schicht 19 Stoffgruppen bilanziert. Bei 10 Schichten ergibt sich damit beispielsweise ein Differentialgleichungssystem 190. Ordnung zur Beschreibung des Nachklärbeckens.

In [OTT-92] wird für die Berechnung der Sinkgeschwindigkeit der Makro–Flocken ein Ansatz von *Härtel* [HÄR-90] aufgegriffen, in dem zusätzlich zur Abhängigkeit der Sinkgeschwindigkeit von der Partikel–Konzentration eine sogenannte Ω–Funktion eingeführt wird, die eine Abhängigkeit der Sinkgeschwindigkeit von der Höhe beschreibt. Mit diesem Ansatz soll das Phänomen der drastischen Verringerung der Sinkgeschwindigkeit in der Nähe des Bodens (eigentlich bei Erreichen einer maximalen Schlammkonzentration 1/SVI) besser beschrieben werden.

Dieser Ansatz wurde noch einmal modifiziert, um Unstetigkeiten des ursprünglichen Modellansatzes zu vermeiden und damit die numerische Handhabbarkeit zu verbessern.

Vorklärer Zur Modellierung von Vorklärern steht der Modellblock VK zur Verfügung. Das entsprechend [OTT-94] umgesetzte Modell des Vorklärers berücksichtigt neben der Pufferung des Zulaufes eine mechanische Reduktion von partikulärem CSB und Sickstoff. Diese Reduktion erfolgt in Abhängigkeit der hydraulischen Verweilzeit entsprechend einer empirischen Kennlinie.

Verteilerbauwerke Komplettiert wird die Modellbibliothek durch Blöcke zur Aufteilung und Zusammenführung von Abwasser- bzw. Schlammströmen.

Der Modellblock **Mischer** gestattet die Zusammenführung zweier Abwasserströme und realisiert eine ideale Vermischung. Der Block **Teiler** teilt einen Abwasserstrom in zwei Teilströme auf, wobei über ein zweites Eingangssignal der Aufteilungsfaktor vorgegeben wird.

Die Blöcke **Strang-Aufteilung** und **Strang-Vereinigung** dienen zur vereinfachten Modellierung mehrsträngiger Anlagen.

Modellbildung des Zulaufes Der Zulauf einer Kläranlage ist variabel in Menge und Konzentration. Für einen Tag, eine Woche und auch über ein Jahr lassen sich typische Ganglinien angeben. Diese typischen dynamischen Belastungen müssen bei der verfahrenstechnischen Auslegung der Kläranlage berücksichtigt werden. Für regelungstechnische Untersuchungen sind besonders der Tagesgang, Indirekteinleiterstöße und Zulaufänderungen durch Regenereignisse interessant.

Der Block **Tagesgang** erzeugt zu jedem Simulationszeitpunkt einen Signalvektor, der den variablen Abwasserzufluß einer Kläranlage beschreibt. Neben der Beschreibung des zufließenden

Schmutzwasseranfalles (m^3/d) über einen Tag, wird für jede der 13 modellierten Stoffgruppen eine zugehörige Konzentrationsganglinie berücksichtigt.

Der Block **Regenereignis** dient zur Modellierung eines Regenereignisses im Einzugsgebiet der Kläranlage. Berücksichtigt werden die Regendauer und die durch (Misch–)Kanalisation zur Kläranlage fließende Regenwassermenge. Die Regenwasser–Abflußganglinie wird durch ein angenommenes Speicherverhalten der Kanalisation geformt. Außerdem wird die definierte Regenflut mit dem vorgeschalteten Trockenwetterzufluß gemischt und der Kläranlagenzufluß, ähnlich einem Regenüberlauf, auf die kritische Mischwassermenge begrenzt.

Die Mitnahme von Kanalablagerungen und Abschwemmungen des Einzugsgebietes in Form eines Spülstoßes, der z.B. bei extremen Regen nach langer Trockenheit vorkommt, kann nach dem gleichen Prinzip modelliert werden.

2 Implementierung in MATLAB / SIMULINK

In der Simulationsumgebung MATLAB / SIMULINK existieren unterschiedliche Möglichkeiten zur Beschreibung dynamischer Systeme. Für die meisten Anwendungen ist die grafische Verschaltung in SIMULINK gegebener Standard–Blöcke der effektivste Weg. Die komplexen Differentialgleichungssysteme, beispielsweise zur Beschreibung des Belebtschlammmodells oder des Nachklärermodells, lassen sich allerdings besser textlich als Gleichungen formulieren. Dies erfolgt unter SIMULINK in Form sogenannter s–Funktionen.

2.1 Realisierung als s–Funktion

Für eine Beschreibung durch eine s–Funktion muß das Modell als System expliziter Differentialgleichungen und/oder Differenzengleichungen 1. Ordnung vorliegen.

Es muß eine Funktion bereitgestellt werden, die aus dem Zustandsvektor, dem Eingangssignalvektor und der Simulationszeit entweder den Vektor der Ableitungen der Zustände nach der Zeit (für Differentialgleichungen) bzw. den Vektor der Zustände im nächsten Tastzeitpunkt (für Differenzengleichungen) und den Vektor der Ausgangssignale berechnet.

Diese Funktion kann entweder in der äußerst leistungsfähigen MATLAB -Programmierspache oder als sogenannte mex–Funktion in FORTRAN oder C programmiert werden. Bei der Entwicklung der Modellbibliothek hat es sich als zweckmäßig erwiesen, die einzelnen Modellkomponenten zunächst als MATLAB –Skript zu codieren, die Funktion zu testen und anschließend eine laufzeitoptimale C–mex–Funktion zu erstellen.

Mit der Programmierung der Modellkomponenten als mex–Funktionen wird eine Geschwindigkeitssteigerung um den Faktor 10 erreicht. Für komplexe Kläranlagen kann damit ein Tag auf einem PC in etwa 8 min simuliert werden. Die Simulationsgeschwindigkeit wird hierbei allerdings stark von der Anregung des Systems bestimmt. Eine Anlage mit intermittierender Belüftung beispielsweise, in der ein Zweipunktregler in kurzen Abständen die Belüftung ein- und ausschaltet, benötigt für die Simulation signifikant mehr Zeit, als eine Anlage mit der selben Komplexität (Anzahl Zustandsgrößen), die kontinuierliche betrieben wird (räumliche Trennung von belüfteten und unbelüfteten Zonen).

2.2 Grafische Modellbibliothek

Die einzelnen Teilkomponenten wurden als Modell–Blöcke in einer grafischen Bibliothek (Siehe Bild 2) zusammengefaßt.

Jedes der durch eine s–Funktion beschriebenen Teilmodelle wird durch ein Symbol repräsentiert und kann über Signale bzw. Signalvektoren mit anderen Teilmodellen bzw. mit SIMULINK -Standard–Blöcken verschaltet werden. Die Teilkomponenten zur Modellierung von Kläranlagen haben sinnvollerweise Ein- und Ausgangssignalvektoren, die jeweils einen Abwasser- bzw. Belebtschlammstrom repräsentieren. Aus diesem Grund kann direkt aus dem technologischen Schema der zu modellierenden Kläranlage ein äquivalentes grafisches Modell abgeleitet werden, wie an dem Beispiel in Abschnitt 4 deutlich wird.

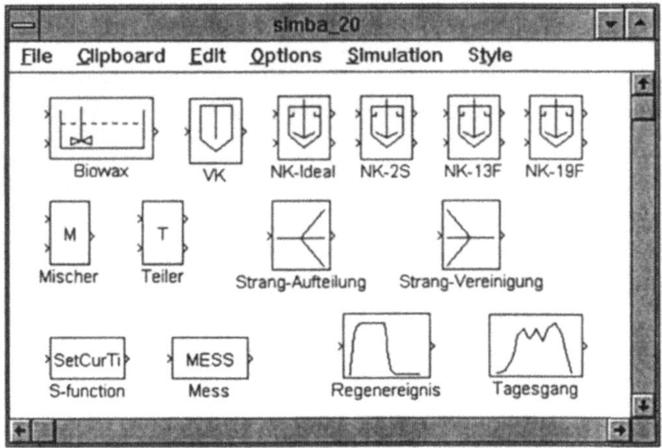

Bild 2. Fenster mit der Modellbibliothek

Soll aus Teilkomponenten ein Modell einer konkreten Anlage aufgebaut werden, müssen die einzelnen Module entsprechend parametriert werden. Hierzu wurde zu jedem Modell–Block ein Dialogfenster generiert, das die jeweils erforderlichen Parameter abfragt und an die zugehörige s–Funktion übergibt. Für den Modellblock NK-19F beispielsweise werden im Dialog zwei Parameter abgefragt. Da das mathematische Modell durch eine Vielzahl von Parametern beschrieben wird, u.a. der Anzahl der Schichten und den Höhen der horizontalen Schichten, werden diese zu einem Vektor zusammengefaßt. Dieser Vektor kann entweder direkt in das Editierfeld für den ersten Parameter des Dialoges eingeben werden oder aber es wird nur der Name einer Variablen auf der MATLAB –Arbeitsfläche angegeben. Als zweite Angabe wird ein Vektor (bzw. der Name des Vektors auf der MATLAB –Arbeitsfläche) zur Initialisierung der Zustände des Modellblocks erwartet.

Für die Arbeit mit verschiedenen Kläranlagenmodellen wird gefordert, daß für jede Anlage ein MATLAB –Skript zu Initialisierung der Parametervektoren bzw. zur Grundinitialisierung der Teil–Zustandsvektoren erstellt wird. Dieses für jedes Modell bereitzustellende Initialisierungs–Skript ist Bestandteil der im folgenden vorgestellten Oberfläche zur Verwaltung von Simulationsexperimenten.

3 Verwaltung von Simulationsexperimenten

Soll SIMULINK zur Simulation komplexer verfahrenstechnischer Anlagen genutzt werden, stellt sich schnell heraus, das die ansonsten komfortable Simulationsumgebung einige Funktionen vermissen läßt. Gemeint ist ein Instrumentarium zur Verwaltung von Simulationszuständen und Parametern. Mit einer einfachen Experimentieroberfläche (Siehe Bild 3) soll dieses Problem entschärft werden. Die Dialogelemente der Experimentieroberfläche realisieren folgende Funktionen:

1,2: Init Model–Editierfeld, und –Schaltfläche Hier ist der Name des Modells einzutragen. Aus dem Namen werden automatisch Vorgaben für die Namen des Start– und Endzustandsvektors generiert. Bei Betätigung der Init Model–Schaltfläche wird das zum aktuellen Modell gehörige Initialisierungs MATLAB–Skript aufgerufen. Dieses File muß die für das Modell benötigten Parameter und gegebenenfalls für neu hinzukommene Modellkomponenten Vorgaben für den Anfangszustand bereitstellen.

3, 4: Load States–Editierfeld und –Schaltfläche In diesem Feld ist der Name eines mat–Files anzugeben, in dem ein Zustand des aktuellen Modells gespeichert ist. Dieses Zustands–mat–File wird in der Regel durch Betätigung des Schalter Save States erzeugt. Bei Betätigung der Load States–Schaltfläche wird der Anfangszustand für die Simulation geladen.

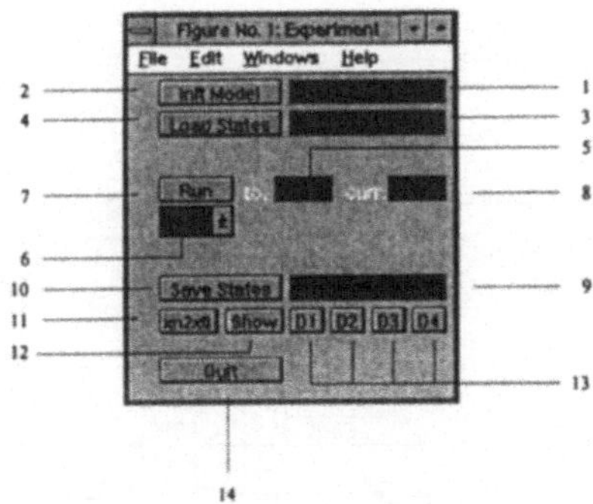

Bild 3. Experimentieroberfläche

Der Aufbau des geladenen Zustandsvektors wird mit dem momentanen Aufbau des Modells verglichen. Wenn im Modell neue oder umbenannte Komponenten enthalten sind, werden für diese Module die standardmäßigen Anfangszustände, ansonsten aber die geladenen Zustandsvektoren gesetzt. Das Zuweisen der Teil-Zustandsvektoren berücksichtigt auch eine u.U. veränderte Reihenfolge beim Aufbau des Gesamtzustandsvektors.

5 Simulations-Endzeit-Editierfeld In diesem Editierfeld wird die gewünschte Dauer der Simulation angegeben.

6 Integrator–Auswahlfeld Hier kann der zu benutzende Integrator ausgewählt werden. Die Standardvorgabe ist **gear**. Nur mit diesem Integrator ist die zuverlässige Simulation von Kläranlagen gesichert.

7 Run–Schaltfläche Mit dieser Schaltfläche wird die Simulation gestartet. Eine weiterer Start des Simulators setzt die Simulation am aktuellen Endzustand fort.

8 Simulations-Istzeit-Anzeigefeld In diesem Feld wird die Istzeit der Simulation angezeigt.

9, 10: Save States–Editierfeld und –Schaltfläche In diesem Feld ist der Name eines mat-Files anzugeben, in dem der Zustand des aktuellen Modells gespeichert werden soll. Standardmäßig wird aus dem Anlagennamen ein Zustandsfile–Name generiert. Mit Betätigung der Schaltfläche wird der aktuelle Modellzustand gespeichert.

11 xn2x0–Schaltfläche Das Betätigen dieser Schaltfläche bewirkt das Umbenennen des Files mit dem im **Save States**–Editierfeld angegeben Namen in ein File mit dem im **Load States**–Editierfeld gegebenen Namen. Das alte Anfangszustands-File wird gelöscht.

12 Show–Schaltfläche Dieser Schalter holt das grafische Modell der Anlage auf den Bildschirm.

13 D1...D4–Schaltfläche Mit diesen Schaltern werden anlagenspezifische MATLAB–Skript–Files gestartet, die der Nutzer um modellspezifische Auswerte– oder Anzeigefunktionen erweitern kann.

4 Ein Beispiel

In Bild 4 wird das grafische Modell einer Beispielanlage mit intermittierender Belüftung und vorgeschaltetem Anaerobbecken mit einer Kapazität von 17500 Einwohnergleichwerten vorgestellt.

Der Abwasserzulauf wird für die vorzunehmenden Untersuchungen als konstanter Strom (mittlerer Trockenwetterzulauf) mit konstanter Zusammensetzung modelliert.

Zusammen mit dem Rücklaufschlamm wird der Zulauf ins Anaerobbecken (Block **Biowax**) geleitet. Der Ablauf des Anaerobbeckens wird in zwei identische Teilstöme aufgeteilt. Im Modell wird auf Grund der Annahme zweier identischer Stränge nur ein Strang simuliert. Dieser

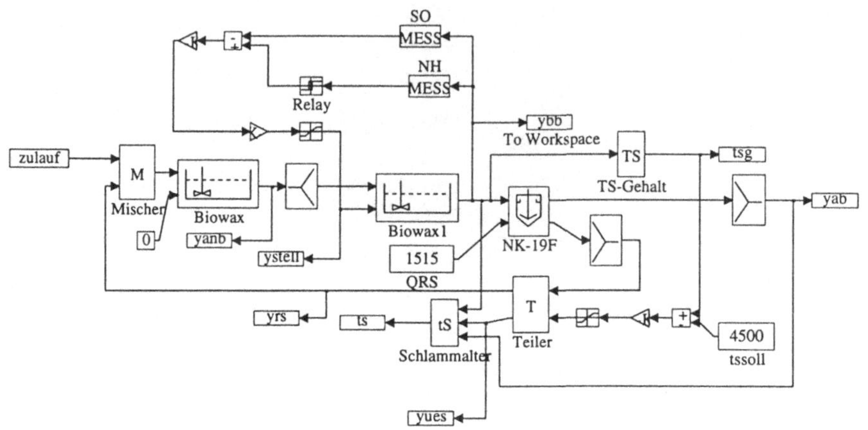

Bild 4. Signalflußplan der Beispielanlage mit intermittierender Belüftung

Teilstrang besteht aus einem Belebtbecken (Block `Biowax1`) mit einem nachgeschalteten Nachklärbecken (Block `NK-19F`). Die Abfluß– und Rücklaufschlammströme der beiden Teilstränge werden vereint, der Rücklaufschlamm wird nach Entnahme des Überschußschlamms (Block `Teiler`) ins Anaerobbecken und der Abfluß in den Vorfluter geleitet. An diesem Modell sind nun verschiedene einfache Regelungen installiert:

Rücklaufschlamm: Der Rücklaufschlammvolumenstrom wird für ein Rücklaufverhältnis $RV = 100\%$ bei mittlerem Trockenwetterzulauf (Block `QRS`) konstant vorgegeben.

Überschußschlamm: Die Stellgröße Übeschußschlammvolumenstrom wird zur Regelung des TS-Gehaltes im Belebtbecken benutzt (P–Regler).

O2-Gehalt: Der Sauerstoffgehalt im Belebtbecken wird über einen P-Regler auf den vom Belüftungsregler vorgegeneben Wert (0 oder 2 mg/l) geregelt.

Belüftung Die intermittierende Belüftung wird über einen Zweipunktregler geschaltet. Steigt der Ammoniumgehalt über 3 mg/l wird die Belüftung eingeschaltet. Sinkt der Ammoniumgehalt unter 1 mg/l wird wieder ausgeschaltet.

Das Verhalten der Zweipunktregelung zur Belüftung bei Belastung der Anlage mit dem Bemessungswert des Trockenwetterzufluß $Q_{zu} = 3030 m^3/d$ ist in Abbildung 5 (Verläufe für die Sauerstoff–, Nitrat–Stickstoff– und Ammonium–Stickstoffkonzentration) dargestellt. Außerdem wird die Summe aus Ammonium– und Nitrat–Stickstoff angegeben. Die belüfteten bzw. unbelüfteten Phasen können gut an Hand der Sauerstoffkonzentration (gepunktet dargestellt) verfolgt werden. Der Regler ist für diese Last günstig ausgelegt. Neben der Ammonium-Konzentration, die wie erwartet zwischen 1 und 3 mg/l pendelt, bewegt sich auch die Nitrat-Konzentration auf diesem Niveau. Die Gesamtkonzentration von anorganischem Stickstoff ist kleiner 4 mg/l.

In dem Bericht [TSC-94] wird dieser einfache Zweipunktregler mit einem Fuzzy–Regler verglichen. Der Fuzzy–Regler wurde mit einem kommerziellen Fuzzy–Entwicklungssystem unter MS-Windows entworfen, als C–Funktion exportiert und als mex–Funktion in die Simulation eingebunden. Weitere Simulationsuntersuchen für verschiedene Kläranlagen und Ergebnisse der Erprobung verschiedener Regelungskonzepte, die mit Hilfe dieser Modellbibliothek gewonnen wurden, sind ebenfalls [TSC-94] zu entnehmen.

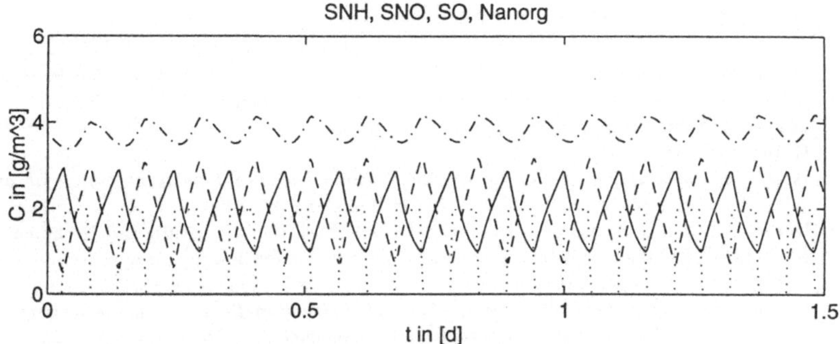

Bild 5. Zweipunktregler mit normaler Last

$\cdots$ Konzentration O_2

$- - -$ Konzentration $NO_{2,3}$–Stickstoff

$-$ Konzentration NH_4^+–Stickstoff

$- \cdot -$ Konzentration Summe NH_4^+, $NO_{2,3}$–Stickstoff

5 Zusammenfassung

Die für biologische Kläranlagen verfügbaren mathematischen Modelle lassen sich mit dem Simulationswerkzeug MATLAB / SIMULINK als komfortable grafische Bibliothek der verfahrenstechnischen Komponeneten implementieren. Mit dieser Bibliothek können beliebig strukturierte Kläranlagen modelliert und simuliert werden. Durch die Offenheit des Simulationssystems lassen sich auf einfachste Weise regelungstechnische Untersuchungen anstellen.

Der Simulator SIMULINK erweist sich als prinzipiell geeignet, auch komplexe verfahrenstechnische Modelle zu erstellen und zu simulieren. Aus Sicht der bei der Implementierung dieser Modellbibliothek gesammmelten Erfahrungen ergeben sich aber folgende wünschenswerte Erweiterungen bzw. Verbesserungen des Simulators:

- Die Verwaltung von Simulationsexperimenten (Zustände, Parameter, Anregungssituationen, Auswertefunktionen) ist unter SIMULINK nur in Ansätzen vorhanden. Die vorgestellte einfache Experimentieroberfläche zeigt aber, daß durch die sehr große Offenheit des Systems, diese Funktionen nachträglich implementiert werden können.
- Da bei Simulationsläufen immer die gesamten Zustandsmatrix auf der Arbeitsfläche erzeugt wird, kann bei komplexen Systemen auf Grund endlicher Speicherresourcen nur über einen begrenzten Zeithorizont simuliert werden. Sinnvoll wäre eine Option, bei der nur der Endzustand als Ergebnisparameter erzeugt wird.
- SIMULINK erlaubt zur Systembeschreibung nur explizite Differentialgleichungen 1. Ordnung. Für bestimmte Modelle erlauben implizite Gleichungen aber eine transparentere Systembeschreibung. Damit verbunden ist das Problem der algebraischen Schleifen. SIMULINK ist in der Lage algebraische Schleifen, die sich über mehrere Blöcke ausbilden, zu lösen. Dies funktioniert allerdings nur für skalare Signale. Wünscheswert ist die Möglichkeit auch innerhalb eines Blocks implizite algeraische Gleichungen zu verwenden und beliebige algebraische Schleifen im gesamten Modell erzeugen zu können.
- Die Geschwindigkeit der Simulation von s–Funktionen, die in der MATLAB –Skript–Sprache geschrieben wurden, ist oft nicht ausreichend. Das Ersetzen durch in C geschriebene mex–Funktionen bedeutet zusätzlichen Aufwand und neue Fehlerquellen.

Literatur

[GUJ-85] Gujer, W.: *Ein dynamisches Modell für die Simulation von komplexen Belebtschlammver-fahren*. Habilitationsschrift Eidgenössische Technische Hochschule Zürich ETHZ und Eidgenössische Anstalt für Wasserversorgung, Abwasserreinigung und Gewässerschutz EAWAG Dübendorf 1985.

[HÄR-90] Härtel, L.: *Modellansätze zur dynamischen Simulation des Belebtschlammverfahrens*. Dissertation, TH-Darmstadt, WAR–Schriftenreihe, Band 47, 1990.

[HEN-87] Henze, M. et al.: *Activated sludge model No.1*. IAWPRC Scientific and Technical Report No.1, IAWPRC task group on mathematical modelling for design and operation of biological wastewater treatment, London 1987.

[KÖH-88] Köhne, M.; Seibert, G.; Zoll, S.; Hoen, K.: *Optimierung meß- und regelungstechnischer Einrichtungen in Abwasserreinigungsanlagen am Beispiel der Belebungsanlage des Klärwerks Siegen*. Abschlußbericht IMR-Bericht 15–90 Universität Siegen, Institut für Mechanik und Regelungstechnik 1988.

[OTT-92] Otterpohl, R.: *Dynamic Models for Clarifiers of Activated Sludge Plants with Dry and Weather Flows*. Water Science and Technology Vol. 26 (1992) No. 5–6, pp. 1391–1400.

[OTT-94] Otterpohl, R.; Raak, M.; Rolfs, Th.: *A Mathematical Model for the Efficiency of the Primary Clarification*. submitted paper, IAWQ 17th Biennial Int. Conference, Budapest Hungary, 24.-30. July 1994.

[SCH-88] Schilling, W.; Hartwig, P.: *Simulation von Reinigungsprozessen in Belebungsanlagen mit Mischwasserzufluß*. gwf Wasser–Abwasser 129 (1988) H. 8, S. 513–524.

[TSC-94] Tschepetzki, R.; Alex, J.: *Konzeptionelle Vorarbeiten und Projektierungsrichtlinien zum Einsatz von Fuzzy–Regelungen bei der Automatisierung moderner Anlagen zur Abwasserreinigung*. Abschlußbericht zu einem vom MWF des Landes Sachsen Anhalt geförderten Vorhabens (FKZ 687A12112), ifak Institut für Automation und Kommunikation, Magdeburg 1994.

Fachgespräch   FG 9

"Kommunikation and Koordination in verteilten betrieblichen Anwendungen"

Organisiert vom GI Fachbereich FB 5 "Wirtschaftsinformatik"

in Zusammenarbeit mit dem FB 6 "Informatik in Recht und öffentlicher Verwaltung" und dem von der DFG (Deutsche Forschungsgemeinschaft) geförderten Schwerpunktprogramm "Verteilte DV-Systeme in der Betriebswirtschaft"

Koordinator: H. Krallmann, Technische Universität Berlin

Programmausschuß: H. Bonin (Lüneburg), H.-R. Hansen (Wien), M. Jarke (Aachen), H. Krallmann (Berlin), F. Kuhlmann (Gießen), P. Lockemann (Karlsruhe), F. Roithmayr (Innsbruck), R. Traunmüller (Linz)

Zusammenfassung:

Globalisierung der Märkte und steigender Wettbewerbsdruck zwingen Unternehmen, die angebotenen Produkte und Dienstleistungen ständig zu verbessern. Der *Europäische Binnenmarkt* sowie *strategische Allianzen* zwischen verschiedenen Unternehmungen führen zu neuen Kooperationsformen und der Notwendigkeit, das verteilt vorhandene Know-how einzelner Spezialisten an allen Orten sich ändernder *Organisationsformen* bereitzustellen. Dadurch und mit zunehmender Unterstützung der *betrieblichen Fach- und Managementaufgaben* durch Informationssysteme kommen in den Unternehmen auf allen Ebenen unterschiedliche Formen *verteilter Anwendungssysteme* zum Einsatz. Moderne Informationssysteme (z.B. Entscheidungs-unterstützungssysteme, Management-Support-Systems) werden heute als verteilte Systeme konzipiert. Alte und neue Softwaresysteme werden über *gemeinsame Daten- und Funktions- bzw. Objektmodelle* integriert. Verteilte Architekturen, unternehmensweite und überbetriebliche Netze sowie Parallelrechner bilden die technologische Basis für das *verteilte Lösen betrieblicher Aufgaben*. Der *adäquaten Kommunikation* zwischen den verschiedenen Aufgabenträgern (Mensch-Rechner, Mensch-Mensch, Rechner-Rechner) kommt dabei eine herausragende Bedeutung zu.

Diese Thematik wird entlang der folgenden Dimensionen diskutiert:

- Methoden und Werkzeuge zur Planung, Entwicklung und Pflege verteilter DV-Systeme,
- Prototypen betriebswirtschaftlicher, verteilter Systeme und Computerunterstützung personeller Kooperation im Betrieb (CSCW, HCCW, GDSS).

Design Related Cost Accounting with a Modular System of Cooperating Backpropagation Networks

Jörg Becker and Martin Prischmann

Westfälische Wilhelms-Universität Münster, Institut für Wirtschaftsinformatik
Grevener Str. 91, D-48159 Münster, Germany

Abstract

The design engineer determines a great part of the later product costs during its design and development. It is the goal of the design related cost accounting to reveal the impact of the decisions of the design engineer on the costs. Basis of design stage cost evaluations is the available information about the planned product. This information about new products not only related to single objects like the products, the assemblies or the parts, but also structural information as held in the bills of materials, which define hierarchical relations between the objects. A modular connectionist system uses both kinds of for design related cost accounting. Object specific neural networks evaluate costs on basis of this object related information. The structural information in form of the bills of materials is pictured to the structure of the modular connectionist system. This modular system consists of several cooperating neural networks, each dedicated to one of the objects. The costs of the assembly processes, where several parts or assemblies are transformed into a more complex object, are determined by specific neural networks also. These single estimations are summed up to a cost evaluation of the total product.

1   Design Related Cost Accounting with Neural Networks

At present a system for design related cost accounting is developed at the "Institut für Wirtschaftsinformatik de r Westfälische Wilhelms-Universität Münster". A prototype is implemented in a cooperation with a mechanical engineering company. Goal of the system is to determine the impact of design decisions on later product costs as exactly as possible early in the design process. The design is mainly responsible for the costs of new products by determining the following processes, in which the costs arise (Becker 1990). The developed system makes the monetary consequences of the design decisions more transparent. This way it supports the design of cost effective products.

As in classical approaches to the design related cost accounting a time invariant functional relation between the object characteristics is assumed. Here, this is a relation between the object features, as determined by the design engineer, and the costs. Basis for cost analyses of new products are data from the statistical cost accounting of earlier products. Ratios and relations between the costs and certain product features are derived from this data. This information is used to build methodological knowledge. On the base of this methodological

This work is supported by the Deutsche Forschungsgemeinschaft DFG.

knowledge the costs of a product can be evaluated already in the early phases of design and development (Pickel 1989 and Becker 1990). Figure 1 depicts this context.

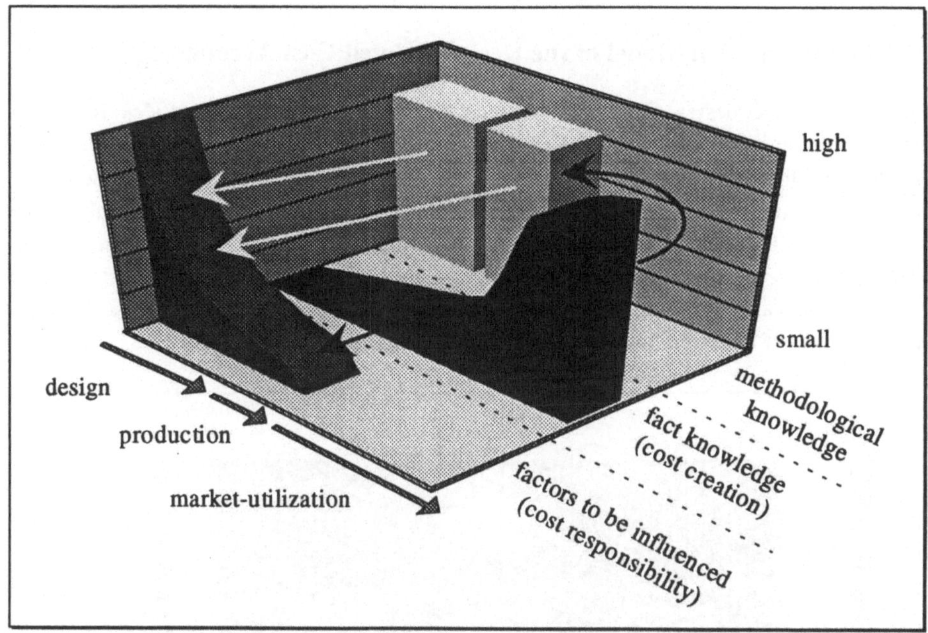

Figure 1: Cost responsibility and cost creation in the product life cycle (Schaal 1991, p. 13)

The functional relations between the descriptive features of a product and the costs are transformed into cost and consumption functions. Neither can these relations be analyzed exactly nor verified. The relations often appear to be unstable over time. On the one hand, learning effects may change the relations. On the other hand, the system builds an integrated part of the company's information systems and is thus influenced by changing contexts within the company or even by changing interactions with other economic entities. The cost relevant features can not be identified unambiguously: Correlations between features, can not be excluded. Hence, the problem of design related cost accounting is ill defined with a structural deficiency concerning the causal effects of the model.

Aspects of the developed cost model can be characterized as inductive. General relations are derived from characteristics of a limited number of past cases. These derived relations are assumed to be valid for new cases, too. Deductive aspects of the model are the following:

- The foundation of the information model: The kind and type of relations between the cost relevant features and costs to be evaluated are determined.

- The selection of the method for cost evaluation: Here, neural networks allow the modelling of arbitrary functional relations. They demonstrated to work well even with correlated and distorted or missing data.

- The selected product features: Their representation depends on the selected method here, in a numerical vector of fixed length.

2   The Information Model of the Design Related Cost Accounting

During the product design, starting from a functional description of a product idea, further information is developed top-down. The design process ends with the development of the drawings and the definition of the constructive bill of materials. This information is used in the process planning for the development of the production bill of materials and the work schedules. At this point, the preliminary costing evaluates the product costs. Bottom-up, starting at the deepest level of the bill of materials, the costs of the parts are evaluated. These evaluations are aggregated to determine the costs of the assemblies and the total product. Here, the costs of the assembly processes are integrated.

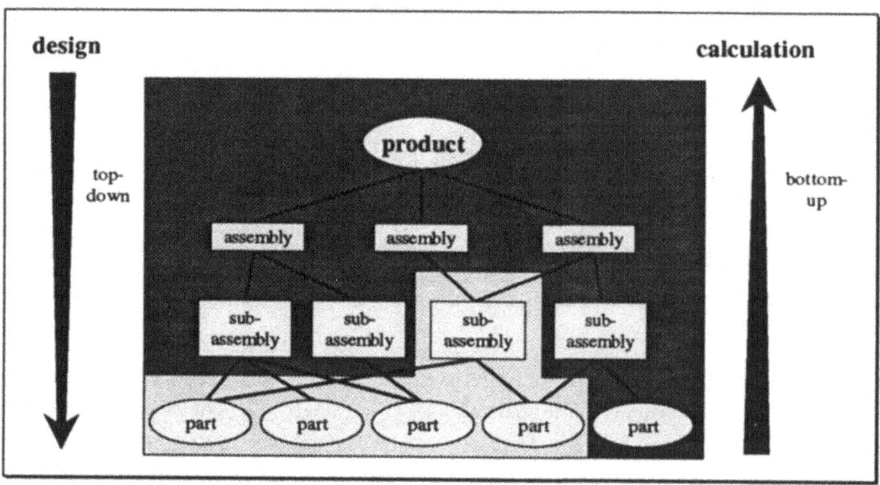

Figure 2:   The relation between design and calculation

During the design process the necessary information for a bottom-up preliminary costing will often not be available. Figure 2 gives an example of this situation. The dark shaded area of the still constructive bill of materials outlines the information that was just elaborated. Sections of the bill of materials can be specified down to the level of parts, whereas for other sections only assemblies with their features are already determined. The constructive bill of materials also implies the corresponding assembly processes. It defines how different parts or assemblies will be grouped together to more complex assemblies.

Hence, two types of information about a product are elaborated during the design process. On the one hand, object related information is specified. This relates to the product as a whole, assemblies or parts, which are characterized by specific features. These features can be of functional, geometrical, technological or physical nature (Becker/Prischmann 1993, p. 83). On the other hand, structure related information is developed. It specifies how the objects as parts of the product are grouped together to more complex objects. Thus, it can be used to generate a bill of materials already early in the design process.

With this of information the design related cost accounting can evaluate product costs similar to the preliminary costing. The costs of the parts or assemblies just specified are evaluated bottom-up. Object specific Backpropagation networks estimate the costs of the parts or assemblies. These networks have been trained the functional relation between descriptive features and the corresponding costs. The necessary assembly processes become evident by the structural information that defined the hierarchical relations of parts and assemblies in the bill of materials. Similar to the cost evaluation of the objects the costs are evaluated for these processes by Backpropagation networks. The features that describe the assembly processes relate to the objects that are assembled and to technological aspects of the process. Hence, all available information can be used for design related cost accounting and the model can be applied to all phases of the product design and development cycle.

3   A Modular System of Backpropagation Networks for Cost Evaluation

Backpropagation networks are used as a method for cost evaluation. They determine the relation between object features and costs, (for further connectionist applications in the context of design support see also Schaal 1991, pp. 149 - 152 and Zarefar/Goulding 1992, pp. 191 - 197). Backpropagation networks are multilayered feedforward networks with separated learning and working phases. The non linear transfer function enables the modeling of arbitrary functional relations. Trained Backpropagation networks can generalize. The relations learned by Backpropagation networks should be valid even for data from the same context but never presented to the network during the learning process (Brause 1991, Becker/Prischmann 1992 and Hecht-Nielsen 1990).

During the learning process of a neural network the difference between the actual and the desired output values can be minimized. In a Backpropagation network this is done by the adaptation of the network's weights. These weights determine the strength of the connections between the network nodes. The amount of the individual weight adaptation is determined by the delta rule a special implementation of a gradient descent algorithm. Each adaptation is marginal, thus all data have to be processed many times by the network (Brause 1991, Becker/Prischmann 1992 and Hecht-Nielsen 1990).

In experiments the Backpropagation networks were superior to adequate mathematical or statistical methods. The neural networks have been compared with statistical regression functions. The adaptation to the training data and the generalization for new data always proofed to be better for the neural network. Non linear regression models have not been analyzed, since assumptions about the type of the functional relations between model variables, i.e. product features and costs, nor about correlations between the variables have to be made. This can not be done for the given problem. A black box method like the Backpropagation network does not require that severe preliminary analysis.

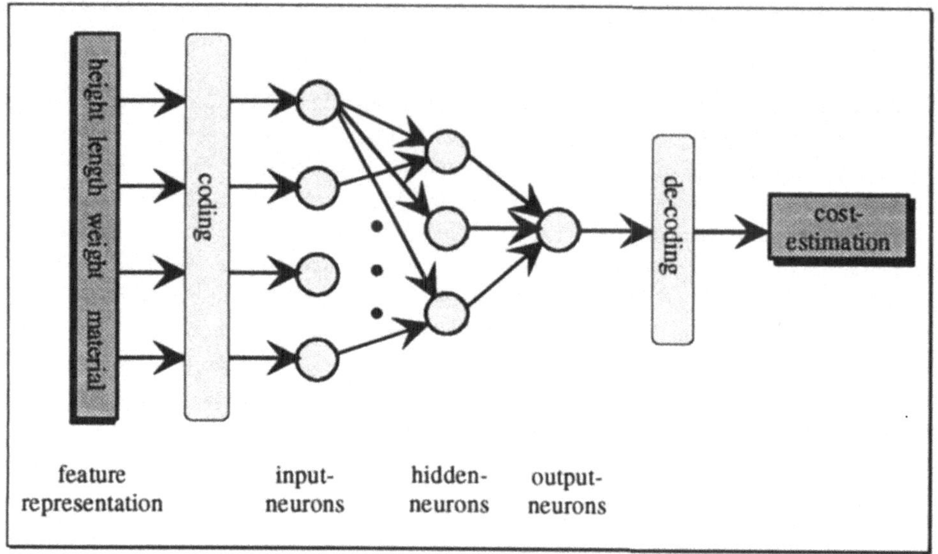

Figure 3:   Processing product information in a Backpropagation network

Backpropagation networks have a fixed topological structure. The coding scheme and the number of the variables determine the number of nodes in the input and the output layer of the network (Becker/Prischmann 1993). Therefore, in the context of design related cost accounting, products, assemblies, parts or assembly processes with a fixed number of descriptive features can be processed by a network. Figure 3 illustrates the processing of product information by a multilayer Backpropagation network. The structure related information, as represented in the bill of materials, can not be coded in a vector with a fixed length. Small adaptation of the design may cause significant changes in the structure of a product and its bill of materials. Hence, it can not be processed by a Backpropagation network.

To solve this problem, for each product or component of a product, which can be atomistic during the design process, a specific Backpropagation network is developed as approximator for the cost function. These Backpropagation networks are trained with the product features and the costs of appropriate examples that are available from the statistical cost accounting. The same is done for the determined assembly processes. When cost estimators for all the possible assemblies or parts and the corresponding assembly processes exist, design related cost accounting can be fully supported. Similar to the preliminary costing, it starts at the deepest level of the bill of materials that is already specified. The costs of all atomistic parts or assemblies are evaluated. Till the highest level of the bill of materials, the product, is not reached, the costs of the more aggregate object one level higher are evaluated. This aggregate object has as its costs the sum of the objects cost of its components and the costs of the necessary assembly process. Thus, the whole product costs are efficiently estimated bottom-up using a modular system of cooperating Backpropagation networks.

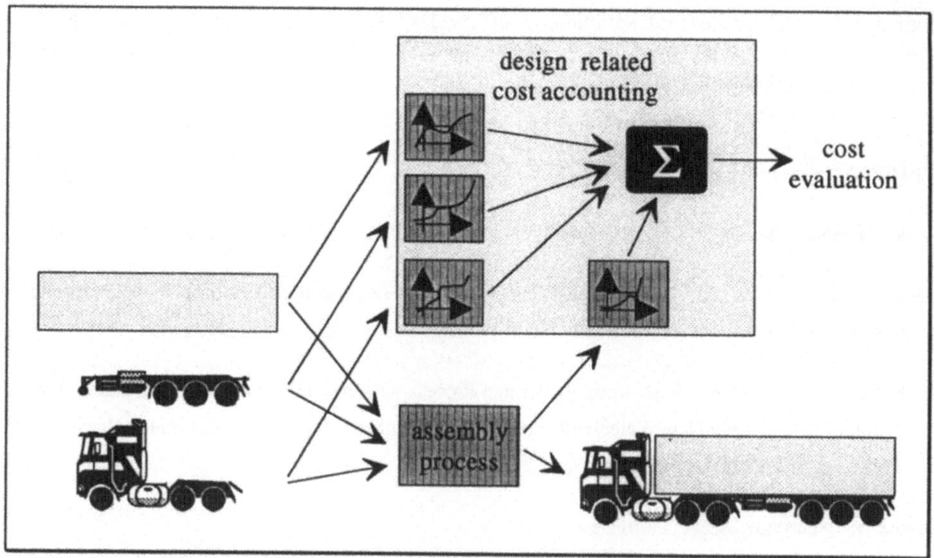

Figure 4: A modular connectionist system for cost evaluation

Figure 4 depicts the cost evaluation with a modular connectionist system for the example of a truck that is made of three assemblies and one corresponding assembly process. The assemblies and the process are represented by their features, which have been developed in the design process. These features are the basis for cost evaluations with cooperating Backpropagation networks. The total costs of the product are the sum of the single evaluated cost components. The calculation method reveals the cost influence of every design detail. The design engineer has the possibility to judge different scenarios of one product, concerning their later cost responsibility. This transparency allows to design and to develop new products according to monetary enterprise goals.

4 Further Project Developments

The realized prototype is implemented as an information system for design support at the cooperation partner of the project. In the present implementation it still works as an isolated system. In the future development, it will become an integrated part of the surrounding business information systems. The system user, i.e. the design engineer, will be able to use it transparently in his used surroundings. These other information systems are mainly systems for computer aided design, the production planning and control system and the financial accounting system. The interaction between the systems is mostly influenced by aspects of data integration. Data from these systems will be used in the developed system, thus avoiding redundancies. The functionality of the system for design support will be implemented as database near functions in the relational database system ORACLE. The database offers as an application server the functionality of the system. The other information systems can use the functionality as clients of the server. Therefore, the workflow will be realized mostly by database triggers. The functionality, specially of the Backpropagation networks, will be implemented with procedural enrichments of standard SQL, as provided by ORACLE 7.0. Hence, the system for design support can be implemented almost independent of the realization of the surrounding information systems.

References

Becker, J: Entwurfs- und konstruktionsbegleitende Konstruktion. krp (1990)6, pp. 353 - 358.

Becker, J., Prischmann, M.: Konnektionistische Modelle - Grundlagen und Konzepte. Arbeitsberichte des Instituts für Wirtschaftsinformatik Nr. 5. Münster 1992.

Becker, J., Prischmann, M.: Supporting the Design Process with Neural Networks - A Complex Application of Cooperating Neural Networks and its Implementation. Journal of Information Science and Technology, 1(1993)3, pp. 79 - 95.

Brause, R.: Neuronale Netze. Stuttgart 1991.

Hecht-Nielsen, R.: Neurocomputing. Massachusetts et al. 1990.

Hrycej, T.: Modular Learning in Neural Networks. A Modularized Approach to Neural Network Classification. New York et al. 1992.

Pickel, H.: Kostenmodelle als Hilfsmittel zum Kostengünstigen Konstruieren. München et al., 1989.

Schaal, S.: Integrierte Wissensverarbeitung am Beispiel konstruktionsbegleitender Kalkulation. München et al. 1991.

Zarefar, H., Goulding, J. R.: Neural Networks in Design of Products: A Case Study. In: Intelligent Design and Manufacturing. Hrsg.: Andrew Kusiak. New York et al. 1992, pp. 179 - 201.

TEAMWORK COORDINATION IN A
DISTRIBUTED SOFTWARE DEVELOPMENT ENVIRONMENT

Andreas Oberweis, Thomas Wendel*, Wolffried Stucky
Universität Karlsruhe
Institut AIFB
D-76128 Karlsruhe
Germany
eMail: {oberweis|wendel|stucky}@aifb.uni-karlsruhe.de

1 Introduction

Teamwork in a software engineering project includes different coordination aspects. Usually many different workflows are implied by a *software development process model*, which prescribes - among other things - the general course of the development process and all demanded deliverables such as design and system documents or source codes. During the whole course of a development project, communication support and efficient management of the flow of work items between different people or between different groups of people is required.

A communication process may be interpreted as a special kind of workflow. However, this interpretation neglects the necessity to distinguish between a *technical* and a *social action perspective* on system development. In a technical perspective system development consists of the execution of prescribed activity structures. In contrast to this the social action perspective describes the development process as social processes of interactions between developers and users [HiKN87, cited in WaWh93]. Due to this distinction, workflow management can be related to the technical perspective and group communication to the social action perspective on system development.

Consequently both perspectives have to be considered in a development environment. So, the users of the environment have to decide, what perspective they want to prefer in the current project context. For this reason we introduce an approach which supports (technical) workflow management as well as (social) group communication. A communication process can be triggered by workflow and vice versa. Moreover the possibility is given to adopt communication processes to workflow processes and to pay explicitly attention to the association between communication and workflow in an easy way.

This paper is organized as follows: In chapter 2 we introduce teamwork components of INCOME/STAR, a distributed environment for the cooperative development of distributed information systems. Chapter 3 describes the support of group communication during the development process. In chapter 4 several features of the workflow management in INCOME/STAR are surveyed. Chapter 5 shows the possibilities to couple group communication and workflow management. In chapter 6 a list of related approaches is given. Finally, chapter 7 presents future work.

2 Teamwork in INCOME/STAR

This chapter describes the teamwork components of INCOME/STAR which is a repository-based environment for the cooperative development of distributed information systems. Figure 1 presents a general view of the distribution structure of INCOME/ STAR. Each project team works with its own environment which consists of - among other components - several teamwork components and the INCOME/STAR repository. Teamwork components have the aim to support

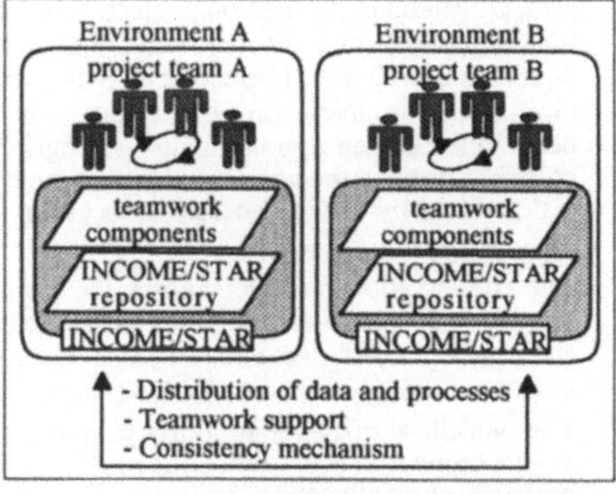

Figure 1: Teamwork support in a distributed development environment

*   T. Wendel's work was supported by a scholarship according to the 'Landesgraduiertenförderungsgesetz Baden-Württemberg' under grant no. 8122/93.

work activities between members of a group, so-called *intra-groupwork*, and between members of different groups, so-called *inter-groupwork*. Especially components of the latter type are responsible for teamwork support between different environments.

The INCOME/STAR repository contains process model representations and stores all development documents. Moreover it is responsible for consistency control of documents and it supports shared access to process information. Development process information consists of static data and dynamic behaviour aspects, which are represented by a semantic object model and high level Petri nets. This information is stored in so-called *development objects*. Furthermore the repository contains so-called *teamwork objects*, such as conversation diagrams (see below for details) and eMail documents. Moreover there are appropriate mechanisms to guarantee a valid distribution of data and processes with respect to several consistency checks.

2.1 Teamwork components

Among other components - like graphical editors, database and application program generators, etc. - there are the following teamwork specific components using the INCOME/STAR repository (see Figure 2):

- **extended eMail system**

  The eMail system maintains a semi-structured message exchange which supports the use of message filtering methods to avoid *information overload*, a typical problem of existing computer-mediated communication systems [HiTu85]. Therefore we have extended the conventional eMail structure by different areas to realize four types of eMail: common, standard, extended and conversational eMail. Common eMail corresponds to conventional UNIX mail. Standard eMail permits to format the mail content. Extended eMail allows the declaration of specific message types, for instance a request or a question. Con-

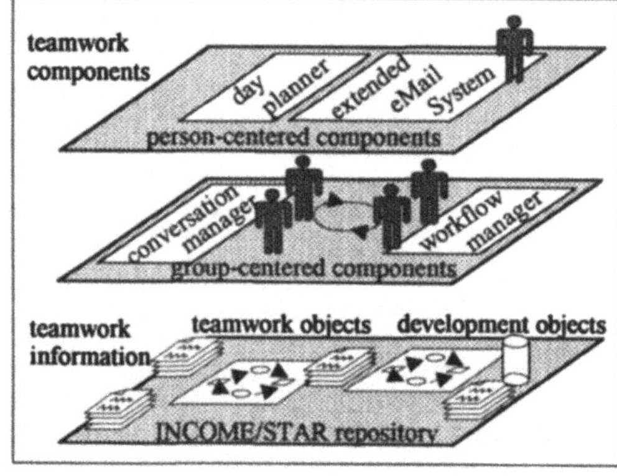

Figure 2: Teamwork components

versational eMail is embbeded in a so-called *conversation* which declares valid orders of message types which can be modelled in a *conversation editor* tool.

- **day planner**

  The day planner maintains three kinds of electronic calendar: personal, group and common project calendar. A personal electronic calendar consists of private and shared spaces. Shared spaces - in contrast to private spaces - are periods of time which can be seen and manipulated by other authorized team members.

  Group appointments can be realized by using appropriate shared spaces of all team members. These group appointments are registered in a group calendar. Furthermore there is a common project specific day plan, in which all deadlines and important project dates are registered und by this are accessible to group members.

- **conversation manager**

  The conversation manager allows the planning and modelling of conversations, which are represented by conversation diagrams (see below for details). Furthermore there is a monitor component, which presents progress information about current conversation processes.

- **workflow manager**

  The workflow manager supports planning and modelling of development activities based on a development process model. It monitors and controls the execution of workflows and supports resource allocation.

Each team member has access to own, adaptable instances of the day planner and the mail desktop. So these applications emphasize a *person-centered view* on teamwork. Complementary to this kind of view, the workflow manager and the conversation manager must pay attention to group specific information, like general resource allocations or personal compositions of groups. So, these components emphasize a *group-centered view* on teamwork.

In contrast to group-centered components, person-centered components can also be used without teamwork functions ('stand alone' mode) due to the fact that everyday work consists of individual *and* group specific activities. For example, in general the day planner supports personal time organization. Furthermore specific teamwork functions, i.e. the execution of a group appointment negotiation, are also supported by this component.

3 Supporting group communication

Computer supported group communication depends on the available communication infrastructure. In software engineering projects members of different project teams often use computer-mediated communication systems (CMCS), like eMail systems or bulletin-board systems, for information - especially document - exchange.

We decided to use an eMail system as favorite basis for realizing group communication because this kind of CMCS is usually available in every network environment. However conventional eMail systems only support text document exchange between different team members acting as mail sender or mail recipient (in the following called 'sender' respectively 'recipient'). There is no explicit consideration of the following social action aspects, which are important for an efficient group communication support: Why is the mail sent to the recipient? Which working context is assumed? Which reaction is expected by the sender? Is this mail important for the current work of the recipient?

The following technical aspects must also be considered: Which kind of documents (e.g. simple text, multimedia, etc.) can be transmitted? Which recipients can be reached? What kind of mail information can be used?

Consequently, conventional eMail systems must be extended to pay attention to these aspects. For this reason so-called *adaptorsystems* are proposed in [HoRö93]. A simple extension is the use of specific mail areas to declare filter information and a message type. Filter information can be interpreted to avoid information overload. A message type, like an *enquiry for appointment*, allows to put the mail in a specific working context.

Often a specific kind of reaction is expected by the sender. However this expectation can be misjudged by the recipient. So the sender needs the possibility to propose different types of valid reactions. This feature can be realized by executing a *conversation* which is based on a *conversation diagram*.

Figure 3 shows the general layer structure of group communication support in INCOME/ STAR. On the top layer a conventional eMail

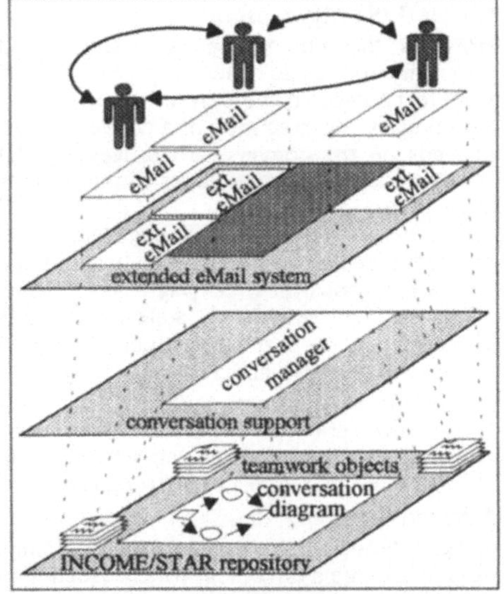

Figure 3: Group communication support in INCOME/STAR

system is used to permit communication processes. On the second layer the extended eMail system is introduced. Each extended mail corresponds to a document stored in the INCOME/STAR repository. The extended eMail system can be supplemented on a third layer with the conversation manager to allow the execution of conversations. All conversation information, concerning, e.g., conversation diagrams or conversation reports, is also stored in the INCOME/STAR repository as teamwork objects.

Conversation diagrams are a graphical language which allows to specify communication processes in an easy and intuitive way. Each conversation diagram consists of two components: conversation acts and processing relations. The execution of a conversation diagram under control of the conversation manager is called a *conversation*.

A *conversation act* represents a team member related communication activity which can be linked to additional conversation acts by processing relations. A *processing relation* represents the following so-called *conditions of fulfillment* to execute a conversation act:

i. *conversational relevance*

This condition represents the importance - e.g. high, low or undetermined - of the following conversation act for the course of the conversation. In this way course preferences can be considered.

ii. *personal competence*

A conversation can also pay attention to the fact that team members differ in competence and skills. For instance, a programmer must have good knowledge of (at least) one programming language while an analyst (possibly) can neglect this kind of knowledge.

iii. *organisational role*

Each software project is embedded in an organisational context. Within this context different kinds of roles, like programmer, analyst, etc., will be taken by the team members in the course of a software project.

These conditions can be used to restrict the participation in a conversation process to a specific collection of team members. Moreover it allows the consideration of different context information while a conversation process is 'on the run'. The information used to check the fulfillment of the conditions is also stored in the INCOME/STAR repository.

However, the initiator of a conversation has the possibility to decide whether given conditions have to be used in the current process or not. Additionally the execution of a conversation act depends on the conversation processing state. A conversation process passes through the following three states: `start`, `continue` and `end`. Possibly the `continue` state can be omitted to realize a simple communication process which consists of a single sender and a single recipient activity. At state `start` a new conversation process is initiated. If the conversation process is finished it gets the state `end`. At state `continue` there is (at least) one conversation act which has to be activated.

conversation act types	graphical representation	..turns conversation process into state ..		
		start	continue	end
strong start act	⬚	X		
weak start act	⬚	X	X	
continuation act	⬚		X	
strong conclusion act	⬚			X
weak conclusion act	⬚		X	X

Figure 4: Conversation act types

Figure 4 shows different general types of conversation acts and their graphical representation. Each conversation act turns the conversation process in a specific state. There are two kinds of conversation acts which can start respectively conclude a conversation process: weak and strong types. In contrast to a strong type, a weak act can also be used to continue the process.

• *Example*

In the following we consider a typical communication process to arrange a document review (see Figure 5). If a team member (named A) wants to initiate a document review by another team member (named B), A can start a *conversation for review*[1] with a new review request.

In the following B can accept or reject this request. Moreover B can ask for further information before making a decision. If B accepts the review request, A can possibly refine the old request and repeat the review process with new information. Also A can start a new conversation with the refinement of a given, already accepted request. For that we use a weak conversation act. Consequently the 'accept' act is a weak act, too.

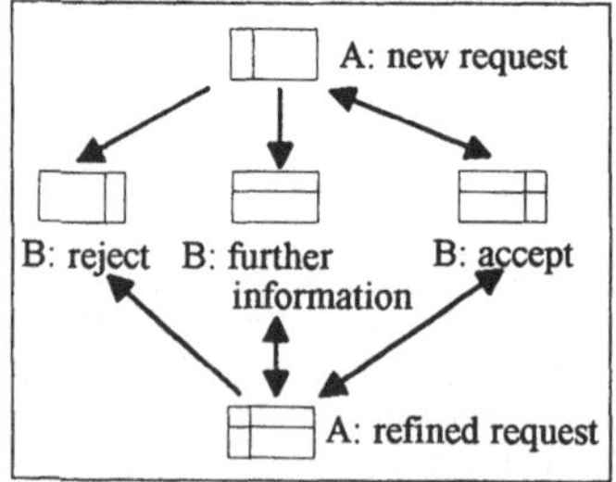

Figure 5: conversation for review (*cfr*)

4 Supporting workflow

The second group-centered component in INCOME/STAR is a workflow manager which supports the flow of work items between different team members and between different teams

---

[1] We neglect the representation of specific conditions of fulfillment to keep this example simple.

based on a workflow model. As a formal specification language for workflows we use high-level Petri nets in combination with a semantic data model.

The modeling of workflows in a software engineering project consists of the following two (complex) steps:

i. Specification of the generic software engineering process model as a hierarchy of Petri nets. The structure of the deliverables is specified in a semantic data model. Development documents usually have a complex structure. To model operations on complex structured objects adequately we have developed an extension of high level Petri nets, namely NR/T-nets (Nested Relation/Transition nets [ObSS93]).

ii. Instantiation of the generic model and tailoring due to the specific project needs.

Finally, each NR/T-net represents a class of possible workflows in a software project. Simulation can be used to validate a given NR/T-net. In INCOME/STAR workflow modelling is supported by a workflow editor, a workflow simulator and a workflow analyzer. The NR/T-net representation of the relevant workflows - including temporal aspects, resource allocation and personal responsibilities - is interpreted as a project plan, which is to be fulfilled for a concrete running project. The workflow manager in INCOME/STAR provides the following functionality:

- team members are notified about actions that are to be started, completed or interrupted in a given situation.
- team members are provided with specific information about the current system state.
- project managers are provided with an overview about the status of workflow.
- alternative decisions, e.g. alternative resource allocations, may be validated.
- certain procedures may be simulated in advance, e.g. for training of unskilled persons or for analysis.
- certain standard procedures are automated.
- activities and their results are controlled.
- team members are provided with support for exception handling.

Figure 6 shows the architecture of the workflow manager. Central component of this architecture is the workflow engine. It is coupled to the repository via the transaction manager. The modification of values in the database or signals from other software systems trigger certain activities of the workflow engine.

The transaction manager handles the execution of repository-based transactions. For that it relieves the workflow manager of specific database tasks, such as commitment control and exception handling, e.g., in the case of hardware errors. [Ober94] describes INCOME/-STAR's workflow concepts in more detail.

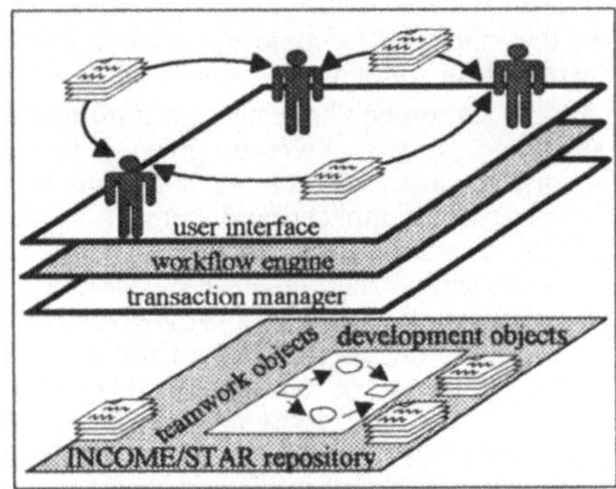

Figure 6: Architecture of the workflow manager in INCOME/STAR

5 Coupling group communication and workflow management

There are the following degrees of coupling group communication and workflow management in INCOME/STAR, which depend on the use of the conversation manager by the workflow manager in a specific workflow:

i. *no coupling*
   Conversation processes can not be initiated by the workflow manager. In this case a pure technical perspective on software development is preferred. All activities are exclusively supported by the workflow manager.

ii. *close coupling*
   The workflow manager is able to trigger specific kinds of conversation processes. Here, conversation processes can be related to specific workflow activities respectively specific workflow objects (see below for details).

iii. *loose coupling*
   All conversation processes supported by the conversation manager can be triggered by the

workflow manager. In contrast to close coupling, conversation processes can be initiated independent of the current workflow.

In the following we consider *close coupling* in more detail due to the fact that this kind of coupling allows an explicit combination of group communication and workflow management. The following aspects can be handled by the execution of specific kinds of conversation processes:

i. valuation of development objects.

ii. support of workflow activities, such as:

* negotiation about the responsibility for the execution of workflow activities.
* coordination of several team members related to one workflow activity.
* exchange of experience to carry out a workflow activity.

Therefore the workflow specification language must be extended by a special kind of transition which we call a *conversation-transition*.

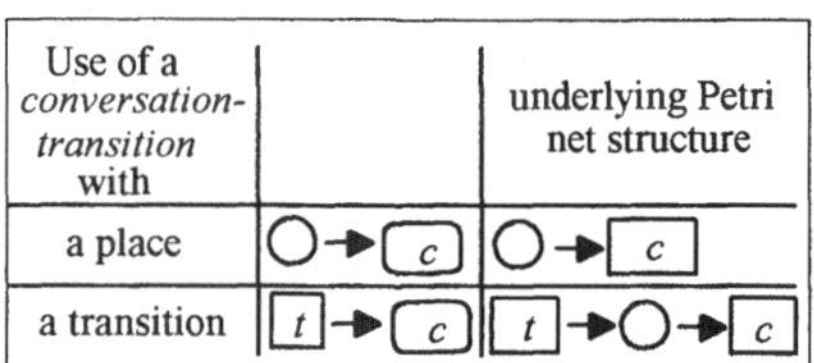

Use of a *conversation-transition* with		underlying Petri net structure
a place		
a transition		

Figure 7: *Conversation-transition*

A *conversation-transition* represents the execution of a specific conversation process. In contrast to conventional transitions[1] it can be related to both places respectively predicates and transitions. For that reason a *conversation transition* is interpreted in the first case as a conventional transition and in the second case as a combination of a place and a transition (see Figure 7). Therefore we use as graphical representation a box with rounded edges to indicate the modified semantics. The inscription of the box refers to a specific conversation diagram.

* *Example*

In the following example we want to describe a *workflow for quality control* (see Figure 8) with a close coupling to a *conversation for review (cfr)*.

An application will be tested if a *test request* and an appropriate *compiled code* are given. If the application is errorfree, an *acceptance document* will be created and afterwards the application documents (source code and compiled code) will be transferred by the configuration management to the *deliverables*. On the other hand, if the application is invalid, a *program trouble report* will be worked out. On the basis of this document the current application will be rejected. The result of this activity is a *revise assignment* which prescribes the application revision in detail. After the revision activity is executed, the application will be tested again.

Additionally, it is possible to support the *reject application* activity by a *cfa*-process to determine a responsible person for the revision activity. Also a *cfa*-process can be triggered if a *test request* exists and an appropriate team member is needed for the test activity.

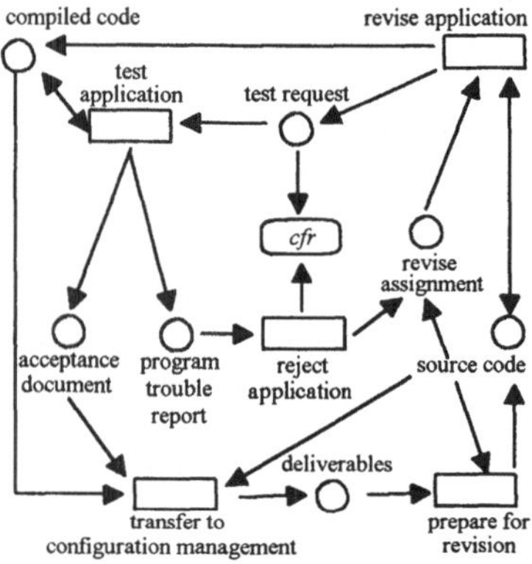

Figure 8: Workflow for quality control

6 Related approaches

There are several approaches which also aim at supporting teamwork in organisations and especially in software projects. However, there is usually no possibility given to pass from the social action perspective to the technical perspective on software development or vice versa. Some of these approaches are surveyed in the following:

The *Coordinator* [Wino88] is a conversation based approach which supports everyday communication processes in organisations by fixed orders of messages. Based on the so-called *language/action perspective* each message represents a specific kind of (teamwork) activity. Other approaches which support everyday communication in teams on the basis of conversations are *Strudel* [ShMK90] and *CHAOS* [BiSi91].

---

[1] We suppose that the reader is familiar with the basic Petri net concepts (see, e.g., [Reis85]).

The *ConversationBuilder* [KT..92] maintains collaborative work activities in software projects. It allows the modelling and use of conversation protocols which can be tailored to certain software development process models or to specific group preferences.

CoNeX [HaJR90] supports teamwork in software projects with respect to the underlying *social processes*. Moreover, further human collaboration aspects, concerning, e.g., *task negotiation* and *decision making,* are also considered. Therefore several models, e.g. a *multi-agent conversation model for task-oriented negotiations,* are introduced and integrated.

GroupFlow [Hilp94] provides a groupware based workflow management which maintains a wide area of different workflows. For that it is distinguished between the following kinds of workflow: *ad hoc workflow, autonomous workgroup, partially standardized workflow* and *standard workflow.*

MELMAC [BrGr93] is a software process management environment which uses also high level petri nets - so-called *FUNSOFT* nets - for the representation of human interaction. In this environment *FUNSOFT* nets are the basis for software process modeling and enacting.

7 Outlook

The teamwork components of INCOME/STAR are currently being implemented in SMALL-TALK. We use these components on UNIX workstations and PCs. The INCOME/STAR repository is currently realized on the basis of a relational database system in the workstation environment. At present, we are validating our approach in practice.

An important aspect of our future work is the support of other system environments, for example by using commercial groupware applications like Lotus Notes. Moreover we will intensify the use of our development environment in software development projects to evaluate the practical relevance of our research work.

References

[BiSi91]   C. Bignoli, C. Simone: AI Techniques for Supporting Human to Human Communication in CHAOS; in J. M. Bowers, S. D. Benford (eds.): Studies in Computer Supported Cooperative Work - Theory, Practice and Design, North-Holland, pp. 103-118, 1991

[BrGr93]   A. Bröckers, V. Gruhn: Computer-Aided Verification of Software Process Model Properties; in C. Rolland, F. Bodart, C. Cauvet (eds.): Advanced Information Systems Engineering, pp. 521-545, 1993

[Hilp94]   W. Hilpert: GroupFlow - Groupware Based Workflow Management, Working paper, Business Computing 2, University of Paderborn, 1994

[HiKN87]   R. A. Hirschheim, H. Klein, M. Newman: A social action perspective of information systems development; in J. DeGross, C. Kriebel (eds.): Proc. of the 8th International Conference on Information Systems, acm Press, pp. 45-56, 1987

[HiTu85]   S. R. Hiltz, M. Turoff: Structuring computer-mediated communication systems to avoid information overload, Communications of the ACM, Volume 28, Number 7, pp. 680-689, July 1985

[HaJR90]   U. Hahn, M. Jarke, T. Rose: Group work in software projects, in S. Gibbs, A. A. Verrijn-Stuart (eds.): Multi-User Interfaces and Applications, North-Holland, pp. 83-101, 1990

[HoRö93]   K. Hofrichter, K. Röhr: Sanfte Wege zur Multimedia Electronic-Mail; Der GMD-Spiegel 2'93, pp. 62-65, 1993 (in German)

[KT..92]   S. M. Kaplan, W. J. Tolone, A. M. Carrol, D. P. Bogia, C. Bignoli: Supporting Collaborative Software Development with ConversationBuilder; in Herbert Weber (ed.): SIGSOFT '92; Software Engineering Notes, Vol. 15, Nr. 5, acm Press, pp. 11-20, 1992

[Ober94]   A. Oberweis: Workflow Management in Software Engineering Projects; in S. Medhat (Ed.): Proc. International Conference on Concurrent Engineering and Electronic Design Automation, Bournemouth/England, pp. 55-60, 1994

[ObSS93]   A. Oberweis, P. Sander, W. Stucky: Petri net based modelling of procedures in complex object database applications, in D. Cooke (ed.): Proc. Seventeenth Annual International Computer Software and Applications Conference COMPSAC'93, Phoenix/Arizona, pp. 138-144, 1993

[Reis85]   W. Reisig: Petri Nets, EATCS Monographs on Theoretical Computer Science, Vol. 4, Springer-Verlag, 1985

[ShMK90]   A. Shepherd, N. Mayer, A. Kuchinsky: Strudel - An extensible electronic conversation toolkit; CSCW'90, Proc. of the Conference on Computer-Supported Cooperative Work, October 7-10, Los Angeles, pp. 93-104, 1990

[WaWh93]   D. G. Wastell, P. White: Using Process Technology to Support Cooperative Work: Prospects and Design Issues; in D. Diaper, C. Sanger (eds.): CSCW in practice: An introduction and Case Studies; Springer Verlag, pp. 105-126, 1993

[Wino88]   T. Winograd: A language/action perspective on the design of cooperative work; in I. Greif (ed.): Computer-supported cooperative work: A book of readings, Morgan Kaufmann Publishers, pp. 623-653, 1988

Tool-Based Business Process Modeling Using the SOM Approach

Otto K. Ferstl   Elmar J. Sinz   Michael Amberg Udo Hagemann
Carsten Malischewski
Business Information Systems, University of Bamberg
D-96045 Bamberg, Germany
Internet {ferstl,sinz,amberg,hagemann,malischewski}@sowi.uni-bamberg.d400.de

1. Introduction

Business processes play an important role in analyzing and designing a company's behavior and organization. Modeling business processes is an integral part of the Semantic Object Model (SOM). The paper shows the basic concepts of business process
modeling using the SOM approach and presents the design goals and architecture of an
accompanying tool.

2. Basic Concepts of Business Process Modeling Using the SOM Approach

The Semantic Object Model (SOM) is a comprehensive approach for analysis and design of business information systems and specification of business application systems
(see [FeSi93a] and [FeSi93b]). The scope of the whole approach covers three major
steps:

- **Enterprise planning**: Identification of a company's universe of discourse, its
  goals and objectives[1], its success factors as well as its value chains.

- **Business process modeling**: From a behavioral viewpoint, a company consists of
  a set of business processes (see [FeSi93c]). Main processes contribute directly to
  the company's goals, sub-processes support the main processes with some kind of
  service. Relationships between business processes follow the client-server model.
  A client process engages a server process with the delivery of a certain service.

---

[1] We use the term *goal* to denote the intended final state of an object, pursued by the execution of a
task. The term *objective* refers to the corresponding quality aspects, aimed by the execution of the
task.

SOM provides an approach for business process modeling using a semi-formal, object-oriented notation.

- **Specification of business application systems**: The purpose of a business application system is to automate some part of a business process. Application systems are identified and separated within the set of business processes and are specified using an object-oriented notation.

This section of the paper concentrates on business process modeling based on the meta model shown in figure 1. The meta model shows the meta components used for business process modeling and the relationships between these components. The complexity of the relationships is given by a (min,max) notation.

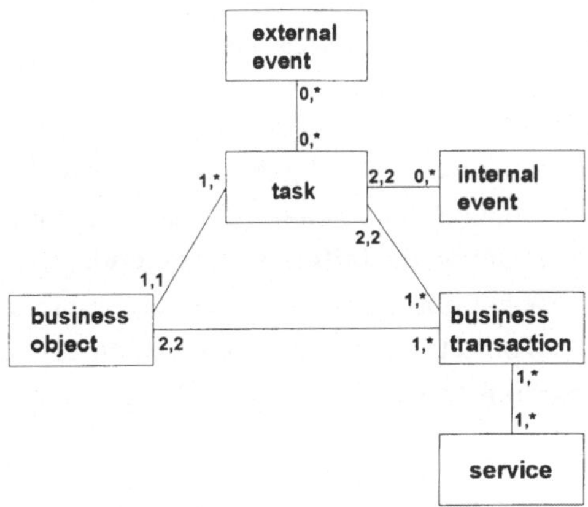

Fig. 1: Meta model of the SOM approach for business process modeling

A **business process** consists of **business objects, business transactions**, and **service** specifications. From a static viewpoint, each business transaction builds a communication channel between two business objects. Referring to the delimitation of the universe of discourse **internal objects** and **external objects** are distinguished. From a dynamic viewpoint, a transaction controls and executes the exchange of services and messages respectively. Each object is associated with a set of **tasks**. A task can be regarded as an operator of an object which drives a transaction. Each transaction is driven by exactly two tasks belonging to different objects. **Internal events** can be used to connect tasks within an object. **External events** define environmental pre-conditions for the execution of tasks.

A business process described according to the meta model above can be refined recursively to a more detailed level. This is done by decomposing objects, tasks, and transactions as well. Decomposition of objects and transactions uncovers the basic coordination mechanisms between objects (see fig. 2):

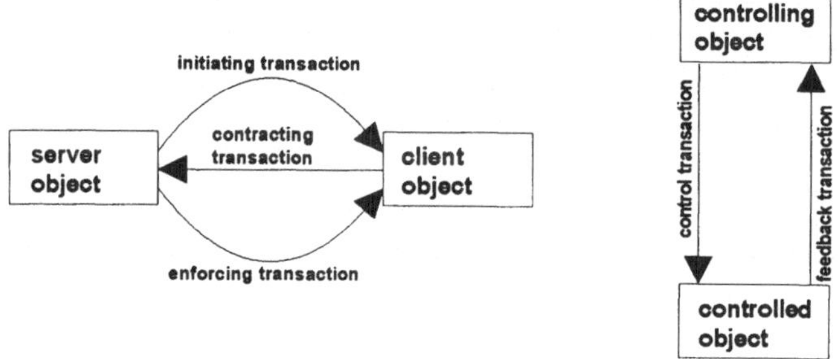

Fig. 2: Basic coordination mechanisms between objects

- **Negotiation principle**:

  A business transaction between two objects is decomposed into a sequence of sub-transactions: (1) an initiating transcation, (2) a contracting transaction and (3) an enforcing transaction. During the **initiating transaction**, the objects learn to know each other and exchange information on deliverable services. Within the **contracting transaction** both objects agree to a contract on the exchange of a service. The purpose of the **enforcing transcation** is to exchange the service between the objects.

- **Feedback control principle**:

  An object is decomposed into two sub-objects and two transactions which establish a feedback control loop. The controlling sub-object prescribes objectives or sends controlling messages to the controlled sub-object by a **control transaction**. A **feedback transaction** closes the feedback control loop by reporting to the controlling object.

The arrowheads of the transaction symbols in figure 2 denote the direction of the service or message delivery.

3. Example for Business Process Modeling

In the following the business process *distribution* is examined as an example. At the initial level, this business process consists of three components: (1) an internal object *distributor*, (2) an external object *customer*, and (3) a transaction *delivery* which models the service delivery from distributor to customer.

The next level consists of a refinement of the initial level. First of all the *delivery* transaction is decomposed to uncover the coordination between *distributor* (server object) and *customer* (client object). As the two objects negotiate about the service delivery, the transaction is decomposed according to the negotiation principle into the sub-transactions *price list* (initiating), *order* (contracting), and *delivery* (enforcing transaction).

In the next step the object *distributor* is decomposed according to the feedback control principle. This leads to the sub-objects *sales* (controlling sub-object) and *store* (controlled sub-object). At the same time the sub-transactions *price list*, *order*, and *delivery* are re-assigned to the sub-objects. The *sales* sub-object deals with *price list* and *order*, the *store* sub-object has to manage the *delivery* transaction.

In addition, decomposition of the *distributor* object introduces the sub-transactions *delivery order* (control transaction) and *delivery report* (feedback transaction) from *sales* to *store* and from *store* to *sales* respectively. The purpose of *delivery order* is to connect the *order* sub-transaction to the *delivery* sub-transaction.

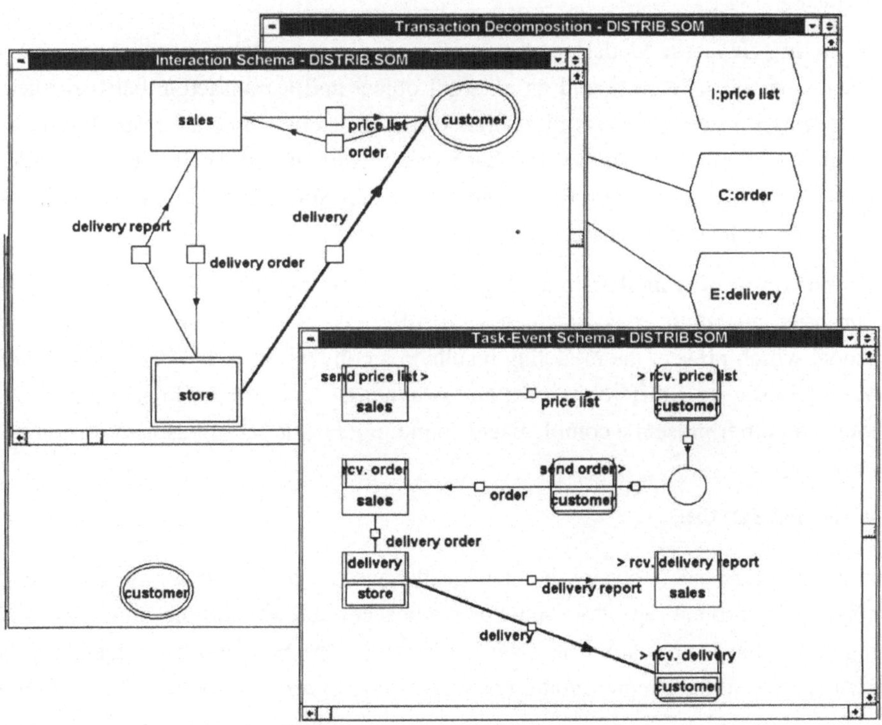

Fig. 3: Example: business process *distribution*; SOM tool view

Figure 3 shows the business process model at this level of refinement. The top left window shows sub-objects and sub-transactions forming the **interaction schema** view on a business process model. The bottom right window shows the sequence of sub-transactions and the tasks to drive them. This graph is called the **task-event schema** view and follows the petri-net concept.

4. Tool support of the modeling process

DESIGN GOALS

The meta model shown in figure 1 comprises all valid business process models, including the initial model to start with. In addition, transformation rules for the decomposition of transactions and objects restrict each design step that transforms a consistent business process model into a more detailed one (see [FeSi93b]). A business process engineer has to obey and must be assisted in obeying the meta model as well as the transformation rules. Consequently the SOM tool provides assistance in two dimensions:

1. **Modeling process:** Modeling starts with a minimal model of a business process, consisting of an internal and an external object and a transaction between them. The design process consists of a series of design steps which are restricted by the given set of transformation rules. Each design step automatically generates additional structures as needed. For example, decomposing a transaction automatically decomposes its driving tasks.

2. **Presentation of a model:** In analogy to technical drawings used for construction purposes, an engineer is provided with different views onto a business process model which present the modeling results in a convenient and effective way. Each view focuses on a different aspect and is available at a selectable granularity. All views together present a complete and sound model of a set of business processes.

TOOL ARCHITECTURE

A tool architecture has to ensure the manageability of large modeling projects in several aspects. The project repository must be made accessible to multiple engineers using heterogeneous hardware platforms. Every engineer has to be supported in handling the complexity of a model's representation as well as taking different points of view onto a model (see [FeHa92]). These requirements lead to a multi-view approach like the PAC model (presentation, abstraction, control; see [Cou87]) combined with a client-server architecture (fig.4).

The tool is implemented in an object-oriented technique as a set of reusable class libraries. As each meta model component is handled by a separate class, the tool's core class structure is identical to the meta model. The core classes have been extended to support the multi-view functionality, namely by the notion of a **local/global** visibility state and a current **focus**. The local visibility state affects a structure's visibility in exactly one view, whereas a structure's global state affects all its representations in several views. Manipulating a structure's visibility is used to reduce the complexity of a model's representation systematically. The focus concept helps to support navigation through a model. If a certain part of a schema is moved into the center of a view, the other views are adjusted automatically.

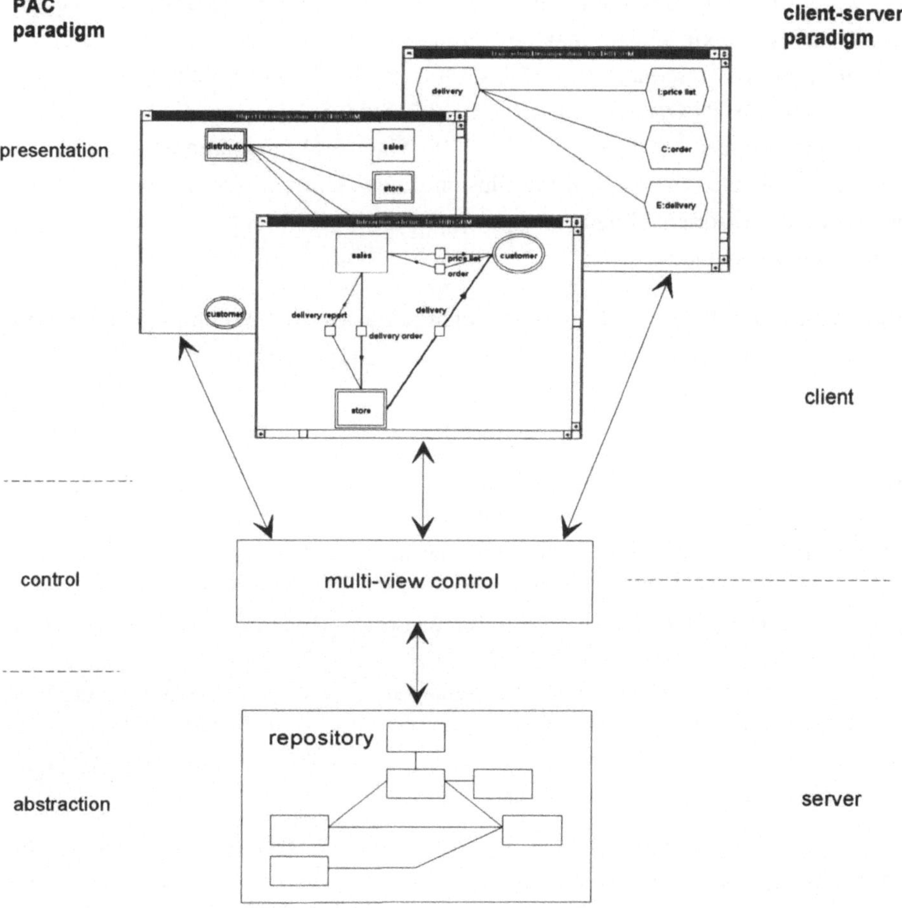

Fig. 4: Architecture of the SOM tool

User interaction via a graphical user interface is encapsulated by a separate class library. These libraries contain roughly 240 classes, 30 of them being root classes without ancestors. The inheritance structure forms a forest of classes with a maximum depth of 8. Using these libraries the task of building an application consists of writing a single application class that activates some views, possibly modifying some view's behavior via subclassing, and linking it with the existing class libraries.

5. Tool availability and experiences

The portability of a tool is mainly affected by the programming language, the user-interface management system (UIMS), and the underlying database system. We decided for C++ as the currently most common object-oriented programming language. We use the user interface toolkit XVT to make the graphical programming interfaces independent of different hardware platforms. Using C++ and XVT, source code compatibility for MS-Windows, SUN OpenLook (SUN SPARC, SunOS 4.1.3), and OSF/Motif platforms (Iris Indigo, Irix 4.0.5f and SNI MX300i, Sinix 5.41) has been achieved. Data management is done on the basis of flat files until now. Currently we are preparing for the use of the object-oriented database system ObjectStore, which is available for the platforms mentioned above.

The tool is currently being used for educational purposes, in research projects, and in commercial projects as well.

References

[Cou87]   Coutaz, J.: The Construction of User Interfaces and the Object Paradigm; In: Bezirin, J. et al (eds.) Proc. ECOOP '87, Paris, Springer, New York, 1987, 121-130

[FeHa92][*]   Ferstl, O.K.; Hagemann U.: Die Visualisierung der SOM-Diskurswelt in einem Multiview-Ansatz; Fachberichte Informatik 7-92, Universität Koblenz-Landau, 1992

[FeSi93a]   Ferstl, O.K.; Sinz, E.J.: Grundlagen der Wirtschaftsinformatik; Oldenbourg, München, 1993

[FeSi93b][*]   Ferstl, O.K.; Sinz, E.J.: Der Modellierungsansatz des Semantischen Objektmodells (SOM); Bamberger Beiträge zur Wirtschaftsinformatik, Nr. 18, Bamberg, 1993

[FeSi93c][*]   Ferstl, O.K.; Sinz, E.J.: Geschäftsprozeßmodellierung; In Wirtschaftsinformatik 35(6), 1993, 589-592

This work is partly supported by the Deutsche Forschungsgemeinschaft (DFG) under contract No. Si 481/1-3. Documents marked with "*" can be retrieved via WWW from

http://www.seda.sowi.uni-bamberg.de/lehrstuhl/publikationen/.

An Application of the Spiral Model to Reengineering and Long-term IS Integration into a Distributed System

Karl Kurbel, Reinhard Jung

University of Muenster, Institute of Business Informatics

Grevener Strasse 91, D-48159 Muenster, Germany

E-Mail: {kurbel | jungr}@uni-muenster.de

1 Planning Long-term Integration of Information Systems

Many companies look at data integration and functional integration as critical success factors for effective information management today [1]. Enterprise-wide IS integration can be achieved in severals ways. First, integrated standard software, like SAP's R/3 package, may be purchased and adapted to the company's needs. Second, when IS development starts "from scratch", entirely new systems may be designed and implemented in an integrated manner. Third, information systems already in use may be reconsidered and integrated with other ones.

Whereas the first and the second approach require large investments and bear more risk of failure, the third one is less spectacular. However, it is more realistic for companies that already have their information systems and use these systems every day. By the third approach, old information systems will be analyzed as to their data structures and their functions, and they will be integrated into *one* integrated information systems environment, or *integrated environment (IE)* for short. In the long run, not only old information systems but also new ones yet to be developed will be added to the IE.

A prerequisite for integrating old IS is reengineering them with respect to their data structures and their functions. To express this particular focus, the term *integration-oriented reengineering* was introduced earlier [2]. It means reengineering old software with the objective of integrating it into modern integrated environments. Some approaches towards IS integration have been presented by other authors [e.g. 3, 4], but they have a rather technical focus. A process model for long-term IS integration which also covers economic impacts is still missing. Therefore, this paper concentrates on strategic project planning and management and on the risks associated with steps of the long-term process.

Since existing applications already run on certain hardware, operating, and data-management systems, and since porting is not feasible in most cases, integration on the logical level will imply distribution of data and functions on the physical level; i.e. IEs are distributed systems.

The process of long-term IS integration requires an adequate infrastructure, called *distribution architecture (DA)*. It specifies how additional systems may be included in an IE. As to data, for example, a DA defines how access to heterogenous databases is provided to old and new IS, how data integrity is to be ensured, and how redundant data are to be updated (for details, see [4, 5]).

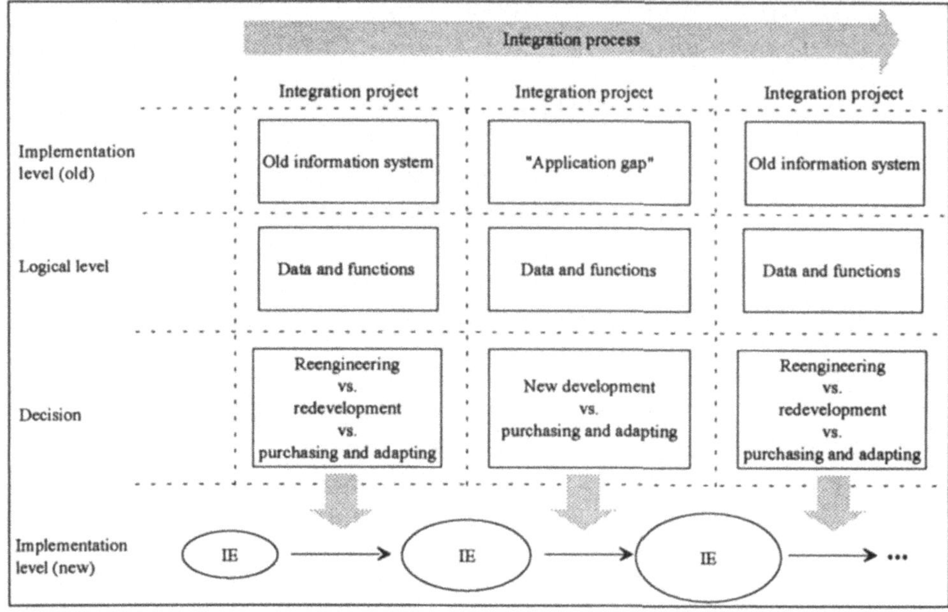

Fig. 1:   Integration process (example)

In the beginning, the IE is empty. Information systems are then added, one at a time. Additional systems may be old systems or new systems. If a system under consideration is an old one, there are three basic choices: reengineering it with regard to integration needs, redevelopment (reimplementing its functionality with new technology), or substitution by a standard software module. New systems to be integrated thus may come from several sources: from redeveloping or substituting old ones, or from filling "application gaps". As an example, figure 1 shows part of an integration process, with two old systems and one new one to be integrated. The underlying idea is *stepwise integration* – instead of considering all information systems at once. It has several advantages over a simultaneous approach:

- Breaking down the overall integration task into subtasks reduces complexity. Data models and functional models can be put together in small portions, respectively.
- Transition from former stand-alone systems to an integrated environment is smoother and less risky. Instead of a "big bang", IE subsystems are introduced gradually.
- Stretching integration over time also means that less manpower is needed at one time. On the contrary, treating all IS simultaneously would require a bulk of human resources at the same time.

Regarding the process of figure 1, decisions have to be made on several levels: Which IS should be selected for integration? In which sequence should they be attacked? Is reengineering or redevelopment more appropriate for a particular system? Is it worth to remove all redundancies when data models are integrated? How exactly should data integration be performed? How far should it go? etc. Each decision induces costs and benefits, and involves dealing with risk. Since significant portions of a company's IS may be affected over time, costs, benefits, and risks have to be dealt with explicitly. That is, the process model should provide enough flexibility to direct long-term integration with regard to expected risks and achieved intermediate benefits and costs, and in accordance with goals of strategic IS planning.

Context-dependent approaches to project planning and management allow for some flexibility; appropriate process models can be selected for specific situations and adapted during the project. In particular, Boehm's spiral model provides a framework for risk-driven configuration and adaption of individual process models [6]. It will be applied subsequently to structure the overall process of long-term IS integration.

2 A Process Model for Long-term IS Integration

The *spiral model* represents a general framework for software projects. It can be adopted for IS integration projects including integration-oriented reengineering, but it needs to be tailored. As in Boehm's approach, the overall integration process will be subdivided into cycles. The purpose of the first cycle is to establish an adequate distribution architecture, whereas each of the following cycles deals with adding one information system to the underlying IE.

2.1 Initial Cycle

The main objective of the initial cycle is to establish a distribution architecture for subsequent integration projects. The DA is characterized by the way additional systems can be integrated into the IE, and by the way they interact with other systems. In particular, design parameters referring to *data access management, integrity management,* and *update management* have to be specified [4]. Each parameter can be stipulated in more than one way. Each combination of parameter values represents one possible DA. In total, there are 24 different architectures [5]. They differ with respect to costs and benefits of subsequent integration projects, and with respect to software quality of the IE. Some are easy to realize, but less favorable regarding performance and security, and vice versa.

The *first step* is therefore to analyze and specify requirements for the overall IE, so that an appropriate DA can be defined. In the *second step,* architectures under consideration are evaluated as to how they meet these requirements, and as to the risks associated with them (e.g. the risk that subsequent integration projects become very costly because the DA does not provide reusable mechanisms for integrity management). Then the best DA solution is selected. In the *third step,* the DA is established. This means that architectural components have to be provided. Some may have to be developed, whereas others (e.g. data brokers [5]) might be available as standard software. Establishing the DA also includes installation of architectural components. If an "ideal" IS is available, it may be used to initialize the IE. (An "ideal" IS is a well-documented and well-structured IS ready for integration, i.e. it does not need reengineering.)

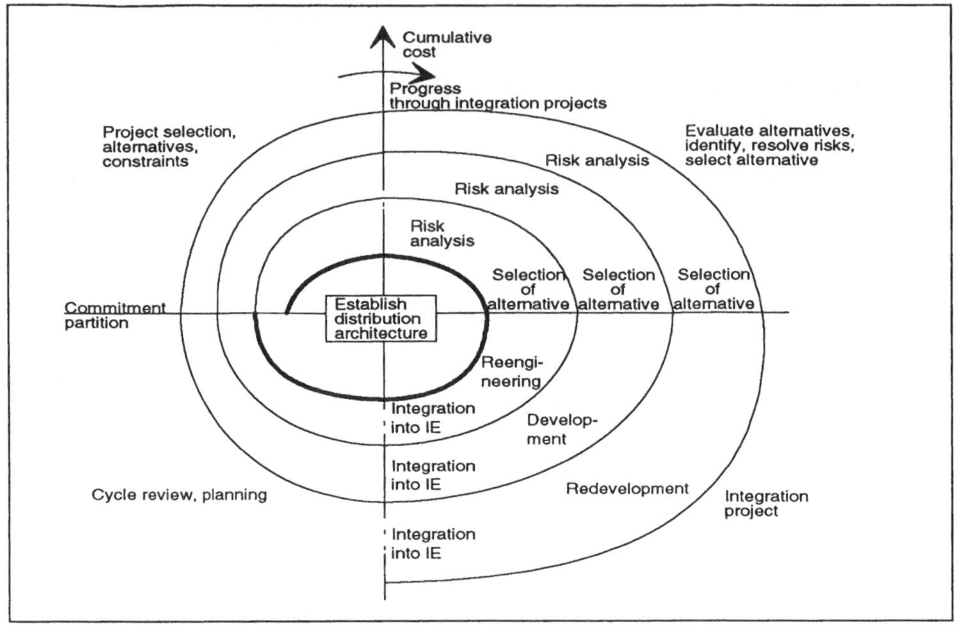

Fig. 2: Process model for IS integration with examples

In the *fourth step*, a first assessment is made as to which ones of the company's IS should be considered for integration into the IE at all. Obsolete and obviously inappropriate systems will be eliminated. The set of remaining candidates will be reexamined during later cycles.

2.2 Subsequent Cycles

Each of the following cycles deals with one integration project. In later stages, maintenance projects may be included as well. If *n* IS are to be included in the IE, there will be *n* integration projects. Consequently, cycles are numbered i = 1 ... n; steps within cycle i will be referred to as *step 1_i* to *step 4_i*. It should be noted that n may not be known in advance.

Step 1_i "Project selection, alternatives, constraints": In *step 1_i*, the next integration project is selected. Candidates are existing information systems as well as "application gaps". As to existing IS, the set of candidates defined in the initial cycle may be reassessed and changed. For example, if the current technological IE basis is different from what it was in the beginning, or if certain functions have become less (or more) important, candidates may be added or removed.

Criteria for candidate selection are diverse. In the first place, priority may be given to systems of strategic importance, e.g. systems providing major contributions to the company's critical success factors. Benefit/cost analysis and similar methods may be used to rank candidate projects [7]. Second, systems with non-overlapping data models, or systems based on similar software technology as the ones already included in the IE, may be chosen because they are easier to integrate than others. On the other hand, benefits of integration show more quickly if systems with a large number of common data objects are given high priorities, because multiple data inputs will be avoided and fewer errors from redundant data will occur.

According to Boehm, alternatives and constraints should be considered during step 1. When an integration project has been decided on, and when it refers to an existing IS, *alternatives* are:

- integration by reengineering vs.
- integration by redevelopment vs.
- integration by purchasing and adapting.

Likewise, when the project refers to an application gap, choices are:

- integration by new development vs.
- integration by purchasing and adapting.

Constraints to be considered may be associated with the process and with the product, e.g. budget and manpower available for the cycle, duration or deadline of the cycle, requirements to be met by the IE subsystem (e.g. improved user interface, better maintainability than before), etc.

Step 2¡ "Risk analysis, risk resolution, choosing an alternative": Alternatives are evaluated now with regard to risk factors. First, risk factors have to be identified [8]. Based on these factors, necessary actions to minimize remaining risks will be specified for each alternative. For example, one risk factor is that expenses might exceed the budget [9, 10]. Alternatives are examined as to which measures are appropriate to resolve risk or to minimize remaining risk. Figure 3 gives examples of two risk factors, budget violation and acceptance by users, as well as risk-resolving measures for several alternatives. Other risk factors are described in [9].

Risk factors do not only refer to the current cycle but also to later cycles including IE operation. For example, quick-and-dirty programming may help to stay within budget and deadlines today, but may significantly increase maintenance costs and costs of later integration projects [11].

When risk factors are identified and when adequate risk resolution measures are formulated, alternatives can be evaluated. Costs, benefits, and risks of alternatives will be different; they have to be weighed against each others. Since necessary investments may also differ, benefits from spending the respective differentials have to be taken into account. Now the decision which alternative to pursue can be made – reengineering, redevelopment, or purchasing and adapting.

Risk factor	Alternative	Risk resolving measure
Budget violation	Integration by reengineering	Estimate costs based on software metrics
	Integration by redevelopment	Apply appropriate cost-estimation method (e.g. function points) to old IS
	Integration by purchasing and adapting	Specify adaption needs and ask for vendor's offer
Acceptance by users	Integration by reengineering	Involve end-users as far as front-end modifications are concerned; include user-interface prototyping in step 3_i
	Integration by redevelopment	Ensure that functionality of new IS resembles old IS; consider end-user suggestions for improvements; do prototyping in step 3_i
	Integration by purchasing and adapting	Demonstrate reference installation to end-users

Fig. 3:   Resolving risks of different alternatives (examples)

Finally, a subprocess model for the next step has to be selected. If the choice is "redevelopment", the waterfall model may be applicable, since expected results are well-specified, namely in the form of the old system. If the choice is "reengineering", the process model includes the following steps, or parts thereof [5]:

(1) *Reverse engineering:* Analyze old IS to determine its data model and its functional model.
(2) *Conceptual integration:* Integrate data models of old system and of IE, as well as their functional models, respectively.
(3) *Restructuring:* Modify old system's program code, according to model changes, and with regard to technical integration.
(4) *Physical integration:* Migrate data to common database, or construct features allowing access to program-dependent files or databases. Integrate program functions into the IE.
(5) *Test* IE and additional subsystem. *Document* the new state.

Problems to be solved during the reengineering subprocess are subject to research in other disciplines as well. Integrating data models (schema integration and view integration, respectively) and mapping the models to the underlying databases (mapping methodology) are important issues in the field of *heterogeneous distributed database systems* [12]. Update and access mechanisms for autonomous databases are subject to research on *federated database systems* [13].

Step 3_i "Integration project": In this step, the selected IS is integrated, according to the subprocess model specified above. Prior to integration, the IS will be reengineered, redeveloped, or purchased and adapted, respectively. Specific approaches to integration-oriented reengineering of legacy systems have been presented elsewhere [3, 14].

Step 4_i "Review and planning": The last step of each cycle comprises a project review by all participants (project manager, developers/reengineering staff, end users). Results are screened and evaluated with respect to expected benefits from integration, constraints, and requirements specified in step 1_i. Furthermore, risk management during step 2_i (identified risks, resolution measures) and the subprocess model for step 3_i are critically evaluated. Improvements to be considered for the next cycle are discussed.

3 Further Research

The spiral model was presented in this paper as a general framework for long-term IS integration processes. Essential steps and decisions during such a process can be represented within this framework. In further research, coarse steps as outlined above need to be refined and elaborated in more detail. The crucial task of risk analysis and risk resolution will be analyzed with respect to major risk factors. For example, decisions regarding reengineering vs. redevelopment or purchasing will usually be based on expected costs. Therefore, cost-estimation methods for integration-oriented reengineering projects have to be developed. As mentioned in figure 3, they will be based on specific software metrics. Those metrics will be used to derive quantitative estimates for reengineering and integration effort. Furthermore, knowledge about integration-oriented reengineering and long-term integration processes will be gathered and represented in a conceptual knowledge model following the KADS methodology. Based on this model, an expert system prototype will be constructed to support implementation of the process model presented in this paper.

References

[1] Goodhue, D.L., Wybo, M.D., Kirsch, L.J.: The Impact of Data Integration on the Costs and Benefits of Information Systems; MIS Quarterly 16 (1992) 3, pp. 293-311.

[2] Eicker, S., Kurbel, K., Pietsch, W., Rautenstrauch, C.: Einbindung von Software-Altlasten durch integrationsorientiertes Reegineering; Wirtschaftsinformatik 34 (1992) 2, pp. 137-145.

[3] Brodie, M.L., Stonebraker, M.: DARWIN: On the Incremental Migration of Legacy Information Systems; Technical Report TR-0222-10-92-165, GTE Laboratories Inc., Waltham, MA 1993.

[4] Eicker, S., Jung, R., Kurbel, K.: Anwendungssystem-Integration und Verteilungsarchitektur aus der Sicht des Reengineering; Informatik Forschung und Entwicklung 8 (1993), pp. 70-78.

[5] Kurbel, K.: Integration-oriented Data Reengineering Supporting Long-term Information Systems Evolution and Business Process Reengineering; in: Proceedings of ICSI '94, Third International Conference on Systems Integration, Sao Paulo, Brazil 1994.

[6] Boehm, B.W.: A Spiral Model of Software Development and Enhancement; IEEE Computer 21 (1988) 5, pp. 61-72.

[7] Bacon, C.J.: The Use of Decision Criteria in Selecting Information Systems/Technology Investments; MIS Quarterly 16 (1992) 3, pp. 335-353.

[8] Rochester, J.B., Douglass, D.P.: Re-Engineering Existing Systems; I/S Analyzer 29 (1991) 10, pp. 1-12.

[9] Jones, C.: Assessment and Control of Software Risks; Englewood Cliffs, NJ 1994.

[10] Lederer, A.L., Prasad, J.: Nine Management Guidelines for Better Cost Estimating; Communications of the ACM 35 (1992) 2, pp. 51-59.

[11] Boehm, B.W., Papaccio, P.N.: Understanding and Controlling Software Costs; IEEE Transactions on Software Engineering 14 (1988) 10, pp. 1462-1477.

[12] Ram, S.: Heterogeneous Distributed Database Systems; IEEE Computer 24 (1991) 12, pp. 7-10.

[13] Sheth, A.P., Larson, J.A.: Federated Database Systems for Managing Distributed, Heterogeneous, and Autonomous Databases; ACM Computing Surveys 22 (1990) 3, pp. 183-236.

[14] Eicker, S., Schnieder, T.: Integrationsorientiertes Reengineering von Cobol-Altsystemen; Praxis der Informationsverarbeitung und Kommunikation 16 (1993) 3, pp. 162-168.

Negotiation Support for Distributed Resource Allocation in a Corporate Environment

Florian Ohly, Leena Suhl, Erwin Reinecke
Technische Universität Berlin, FB 13, Fachgebiet Wirtschaftsinformatik/Angew. EDV
e-mail: suhl@tubvm.cs.tu-berlin.de

1.   Introduction

Virtually all corporations use various resources to be allocated to activities or tasks which are necessary to meet the corporate goals. The resources can be production machines, transportation vehicles, service facilities, or employees, for example. The allocation of resources to activities is often carried out in several phases corresponding to long-term, middle-term and short-term planning as well as operation time rescheduling. The resource allocation process is normally subject to numerous more or less exactly defined constraints within a corporate environment.

Often the corporate resource allocation process involves several organizational planning units as well as several employees within a planning unit. Gradually refined plans are transferred from one organizational unit to the next. They form the *macroscopic work flow* within the planning process. The team work carried out in each planning unit can be characterized as the *microscopic work flow*. As an example, in the course of its creation process an airline flight schedule passes organizational units such as product planning, fleet assignment, flight scheduling, crew scheduling, airport operations scheduling and maintenance scheduling [Suhl93]. Each unit consists of a planning team which has to cooperate in order to create a consistent, high-quality global schedule.

This paper addresses the coordination of the microscopic work flow within a resource allocation process. We assume that each individual planner is fully responsible for a part of the schedule to be generated. Considering this distribution of activities as given we face the challenge, how groupware technology can assist in the automation and innovation of the planning process. The most important constraint is that the partial plans have to share common resources. Thus a groupware system has to detect conflicts and assist in negotiations to resolve them.

In the following, we present the concept of a Negotiation Object System (NOS), a framework and prototype system for the conflict resolution process based on negotiations between autonomous planners, possibly supported by a coordinator. Such a system has to handle different levels of communication in a social-technological context: On the one hand, automation should be realized to the highest degree possible and desirable. This is due to the fact that a human planner can impossibly be aware of all individual decisions which are part of a complex planning process. On the other hand, the system should not prevent human planners from the application of their knowledge gained by experience, which in many cases cannot be formally expressed within an automatic framework. NOS can be classified as distributed, asynchronous groupware which provides basic components for the construction of negotiation

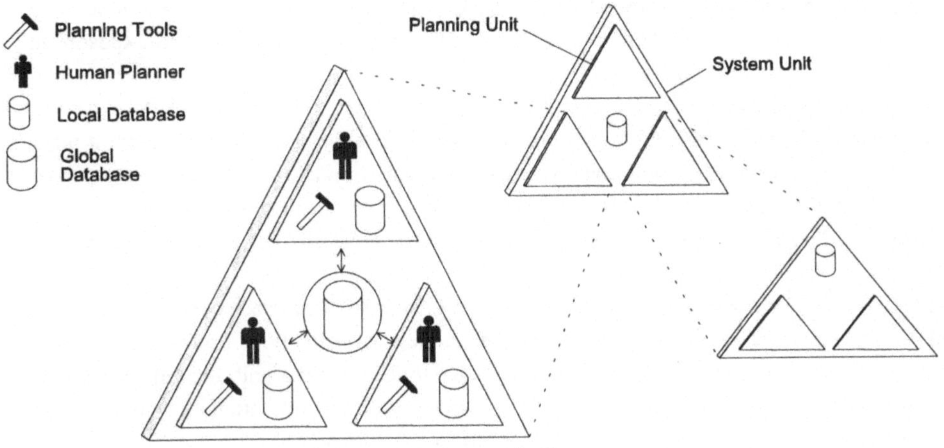

Figure 1: Planning structures within a corporate organisation.

mechanisms for various organizations and applications. Related research mostly focuses on human negotiators [SriJar87, JarJelSha87] or on automation [MoeLesBut92, SmiDav83]. We aim to find a synthesis of both for a complex planning environment.

2. A Concept for a Distributed Planning and Negotiation System

Two kinds of approaches can be used to solve complex planning problems by a team. On the one hand, Distributed Artificial Intelligence (DAI) primarily sees problems from the machine and automation perspective using intelligent, communicating agents. On the other hand, the approach of Computer Supported Cooperative Work (CSCW) mostly focuses on the interaction between human users. A problem such as distributed planning by a team calls for the advantages of both approaches, the focus on the human *and* the machine oriented components of the system. Therefore we try to bridge the gap with a combination of the two.

This can be achieved in a distributed system using an object oriented design for conflict detection and negotiation. Another important element are negotiation agents at the disposal of each participating planner, described in more detail below.

2.1. The Planning Process

The process of constructing a schedule starts either with an initial draft schedule or with a completely new schedule. Each planner allocates tasks which are in his responsibility using requests for common resources. A conflict arises, if a requested resource is already reserved for the proposed time period. The planners, acting cooperatively to achieve a common goal, try to solve conflicts in negotiation processes. There may be a coordinator who is allowed to propose and force a solution in case a negotiation takes too long or does not converge.

From the system perspective, the human planner is part of a *planning unit*, along with several planning tools and a local database at his disposal, which can be used to construct alternative or preliminary plans, prior to their submission into the global data base and their exposure to possible negotiations (Figure 1).

Several planning units can make up a *system unit* within which planners contribute to a common schedule. A system unit with its global database can at the same time represent a planning unit on another level. It will usually reflect an organizational unit of its corporate environment. Whereas here the global database has a passive role we will show how NOS can play the role of a database which at the same time actively supports conflict detection and resolution.

Before a request for a resource is stored in the global database, it can be checked for conflicts, and the planning unit can react by modifying the request accordingly. If such a modification seems unpossible or at least economically unfeasible to the planning unit, the request may be claimed anyway. Hence the concurrency control strategy is basically optimistic: Conflicts are allowed to arise, otherwise there would be no need for negotiation.

Requests for a resource do not necessarily relate to a specific task to be scheduled by the planner. To support more than one planning phase, requests may also try to reserve a resource, which can subsequently be used for a number of own tasks. In this way it is possible to gain an overview and first estimation of needed resources at an early stage, before single planners have finished a complete plan for submission to approval and negotiation.

2.2.   The Negotiation Process

As mentioned above, conflicting resource requests from different planning units are allowed to be stored concurrently. There are several ways to solve the resulting conflicts: By the withdrawal of a request or by negotiation between the planning units concerned. Negotiations may be initiated by a coordinator, if there is one.

To further support different organizational styles (such as hierarchical vs. cooperative) negotiation participant´s roles can be defined closer by the privileges granted to them [MalCro90]. For instance a coordinator may be given the right to act in the place of the planner. Or if there is no coordinator, one planner might still be given the authority to decide if a conflict cannot be solve by mere negotiation.

Negotiations can be seen as a conversation, a structured form of communication, with the goal of conflict resolution. The structure is necessary to enable partial automation and coordination and is represented by a negotiation protocol. The protocol defines which type of message may be uttered from whom, to whom, in which situation[1]. Such a situation may for instance be defined by previous behaviour, the current status of the negotiation and the nature of the underlying conflict.

---

[1] Therefore, messages in the course of a negotiation correspond to the concept of speech acts in Winograd's Coordinator [Winog87]. Although linguists may not see the intent of speech act theory represented properly in this context, the underlying idea proves useful, because typing transmitted messages as speech acts helps to clarify the propositional content and the illocutionary force of the transmitted messages.

Negotiation Type	Necessary Message Types
Bilateral	OFFER: Offer a change of one´s own plan to other negotiation participants. REFUSE: Refuse to give in further. Ask others to make better offers. ACCEPT: Accept the other side's offer. If the conflict is still unsolved this includes a withdrawal of one's own request. STOP: Cancel negotiation; there seems to be no point in negotiating any further at the moment.
Multilateral	WITHDRAW: Withdraw the request and oneself from the negotiation. REJECT: Not as strong as refuse, but a rejection of a specific offer.
With coordinator	APPEAL: Appeal to the coordinator because otherwise negotiation seems futile. PROPOSE: Offering a solution to negotiation partners. APPRAISE: Attach a value to a certain request, thus hinting who should give in. FORCE: If Proposals and appraisals do not lead to a solution found by the planners, the coordinator intervenes and lets the planners know with the help of this message type.
Other	REMIND: Call for pending answers. May especially be used by a coordinator to signal priority for a specific negotiation.

Table 1: Problem type specific message types of the protocol

Messages transmitted in a negotiation are semistructured, i.e. they contain structured and unstructured elements. Structured message components are particularly useful for problem specific parameters and the automation of the negotiation process. Unstructured elements may be take up other essential pieces of information, like comments and explanations, which would not fit into a rigid message structure. A prototype implementation of the basic concepts is described in [Ohly93].

Depending on the problem and the group who is to solve it, different dimensions of complexity will characterize the negotiation process and thus the protocol. Therefore the negotiation protocol is configurable along these dimensions, which are given in Table 1. So far we excluded voting mechanisms for situations in which a unanimous decisions is not required.

The protocol imposes a situation oriented sequence of message types. E.g., after sending an OFFER, the planning unit has to wait for the others to answer with ACCEPT, REJECT or a counter-OFFER before he is allowed to make another offer himself. Just as well planning units have to take into account OFFERs received before making an offer themselves or appealing to the coordinator.

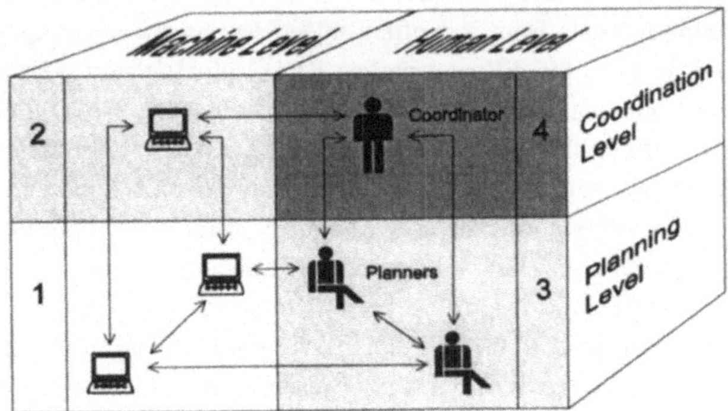

Figure 2: Possible communication levels during negotiation

An essential factor in the automation effort is the routing of communication to the appropriate level, according to the negotiation situation (Figure 2). The components using DAI techniques start communicating automatically about a problem on the lowest possible level (machine-to-machine). If they cannot solve it, above levels are invoked (e.g. human-to-machine or human-to-human on a planner-planner or planner-coordinator level). Levels 1 and 2 denote the communication between machines. Level 3 is the mostly computer-assisted communication between human planners. Finally, level 4 is invoked to support the communication between a planner and a coordinator. Of course, the system does not prevent human planners to search for a solution in face-to-face discussions without communicating via a computer network.

2.3. System Design

The main part of the NOS can be seen as an *object oriented database*, in which all relevant objects involved in planning and negotiation are stored:

Task	Tasks to be scheduled and which need resources to be fulfilled.
Resource	Resources needed to fulfil the tasks.
Request	A request to schedule a task at a specific time with a specific resource.
Constraint	They define the solution space. There are soft and hard constraints. Hard constraints will not permit the storage of a request that violates them, whereas soft constraints only generate a conflict object, when they are checked by a request object but still allow concurrent storage of the conflicting requests.
Conflict	They contain the requests causing the conflict, and a reference to the constraint that was violated. They are only used dynamically for the generation of negotiation objects and not stored permanently.
Negotiation	They are created from conflict objects upon the initiation of a negotiation.

Table 2: Object classes in the NOS data base

If a request (i.e. its planner) wants to find out if it is involved in any conflicts, it sends a message to a handler of the constraint objects. This handler passes the message to relevant constraint objects which in turn look for other conflicting requests and generate conflict objects. If request objects are distributed among the planners the constraint object will also be in charge of locating them while checking for a conflict. Whether a conflict is bilateral or multilateral depends on the constraint object.

Negotiation objects play a vital role in the implementation of the negotiation process. They inherit the copies of the conflicting requests from a conflict object. During the negotiation they are used to specify the offers made by the different parties. The original request objects are locked by the negotiation at its beginning. If the negotiation ends successfully, they will be overwritten by the modified copies. If not, the original requests will be restored. Negotiation objects incorporate the protocol and pass semistructured messages from one unit to the other as the negotiation evolves. Therefore, negotiations themselves already accomplish a number of coordinating functions. Just to name a few more examples: If a negotiation participant wants to find out which types of message types the protocol allows to be uttered next, the negotiation will tell him. If a participant appeals to the coordinator, the negotiation will not accept any more OFFERS until the coordinator has shown a sign of reaction. If it is the next participant's turn, he is notified by the negotiation and receives a copy of the negotiation that he may work on. The constraint object which generated the conflict object the negotiation is about decides when the conflict is solved.

Beside the object oriented database the other essential components of the NOS are the *negotiation agents*, which serve as information filter as well as assistant to the human planner. Each message received by a planning unit is first analysed by its negotiation agent. The agent then decides to either react autonomously or to pass on the message to its human "master". He may also give the negotiation a low enough priority to be dealt with at a later time. The requests as part of a negotiation object are given attributes that assist negotiation agents with case oriented decisions. For example, a request may be given such a high priority that the agent is to decline demands for withdrawal without checking back with his human superior. Others may be deemed so complex and important that they have to be brought to the attention of the human planner immediately.

Since a coordinator wants to be informed as negotiations get stuck, he can specify conditions under which he wants to be notified. A negotiation will look up these options at a specified time period and act accordingly. This feature avoids the occurrences of endless negotiations without progress.

Not all planners will be logged on at all times. Therefore, at the event of log on and log off, the planner's negotiation agent will notify the object base, which in turn notifies all negotiations concerned. On log off, negotiation messages will not be forwarded until the planner logs on again.

3.   Integration into a Corporate Environment

There are two perspectives to the integration of NOS into the corporate environment. On the one hand, an integration at the level of the individual work place must be possible. Planning units have their own tools and user interfaces. These must mainly interact with the Planning Interface and the Negotiation Interface. For instance, if a planner has a request under negotiation and wants to find out about its status, he might click a graphically represented request object in his user interface. Then his user interface is responsible to send a message to load the negotiation object.

On the other hand, the system must be integrated into the remainder of the communication structures and processes of the corporate environment (figure 3). Other parts of the organisation need access to request and negotiation data. The corresponding objects can be referenced from outside applications. In this way objects can for instance be included into a Lotus Notes or any other type of document. Applications accessing the objects without their own editing facilities, will use the NOS´s standard editors, provided the operating system offers appropriate mechanisms for the embedding of the objects into documents. The workflow interface even integrates users who are no direct NOS users. For example, an executive could be notified via e-mail by the NOS when planning does or does not reach a certain stage – provided that the executive and his or her role is known to the NOS.

Five types of interfaces allow other applications to interact with the NOS, each of which cor-

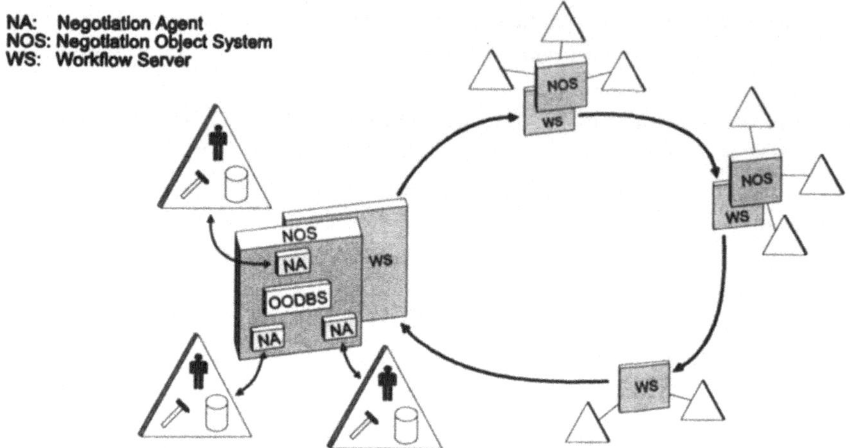

Figure 3: NOS embedded in the macroscopic workflow

responds to a method of an object class. The first three types are for NOS users, the last two rather externally oriented:

- *Configuration Interface:* For definition roles and rights of negotiation participants. Interfaces with the user interfaces of planners, coordinators and system administrators.
- *Planning Interface:* Interfacing with planning tools for definition of problem and solution space (resource, task, and constraint objects).
- *Negotiation Interface:* Interfaces with planning tools for negotiation purposes. Is incorporated into the negotiation agents.
- *Database Interface:* Interfaces with external databases for transfer of objects to and from other objects.
- *Workflow Interface:* Interfaces with external workflow applications to transform incoming documents into NOS objects into, for instance, newly defined tasks – and vice versa. Interfaces with other applications such as word processors, E-Mail, or workflow tools.NOS will offer standard editing tools for external applications who cannot do the editing themselves.

4.   Conclusion

In this paper we presented a novel negotiation concept for conflict resolution in complex resource allocation processes carried out by a cooperative team in a corporate context. The computer support is necessary to find out all consequences of a decision in a complex distributed planning environment. However, the process cannot be fully automated, since it involves a lot of human experience and judgement. We propose a concept of message-based groupware, which can be configured for various applications and corporate environments. Taking advantage of a consistent object-oriented design, not only tasks, resources and requests, but also constraints, conflicts and negotiations are designed as objects. A prototype of the NOS has been implemented in C++ under Windows for Workgroups to support the individual planning workbench developed in our group. After these two components have been integrated together with an object-oriented database we plan to finish the system by adding the semiautonomous negotiation agents.

Literature

[JarJelSha87] Jarke Matthias, Jelassi M. Tawfik, Shakun Melvin F., MEDIATOR: Towards a negotiation support system. European Journal of Operational Research, Vol. 31, pp. 314-334, 1987.

[MalCro90] Malone Thomas W., Crowston K., What is coordination theory and how can it help design cooperative work systems? In Proceedings of the Third Conference on Computer Supported Cooperative Work (Los Angeles, CA, Oct. 8-10), ACM 1990.

[MoeLesBut92] Moehlman Theresa A., Lesser Victor R., Buteau Brandon L., Decentralized Negotiation: An approach to the Distributed Planning Problem. Group Decision and Negotiation, Vol. 1, No. 2, pp. 161-191, 1992.

[Ohly93] Ohly Florian, Ein Verhandlungsmechanismus bei der computergestützten Gruppenarbeit. Diploma Thesis, Technische Universität Berlin, FG Wirtschaftsinformatik/AEDV, 1993.

[SmiDav83] Smith Reid G., Davis Randall, Negotiation as a metaphor for distributed problem solving. Artificial Intelligence, Vol 20, pp. 63-109, North-Holland 1983.

[SriJar 87] Srikanth R., Jarke M., Individual negotiation support in group DSS. In: Bracchi G., Tsichritzis D (Ed.): Office Systems: Methods and Tools. Elsevier Science Publishers B.V. (North Holland) IFIP, 1987.

[Suhl93] Suhl Leena, Systems for computer-aided production planning in airlines. Habilitation Thesis, Technische Universität Berlin, FG Wirtschaftsinformatik/AEDV, 1993.

[Winog87] Winograd T., A language / action perspective on the design of cooperative work. Human-Computer Interaction, Vol. 3, pp. 3-30, 1987.

Cooperative Allround Financial Consulting

T. Heissel, U. Meyer, M. Müller-Wünsch, C. Schopf, A. Woltering

Technical University of Berlin

Department of Computer Science

FR 6-7, Franklinstr. 28/29

D-10587 Berlin

{HEISSEL|UMEYER|MUEWUE|SCHOPF|AWO}@CS.TU-BERLIN.DE

1 Introduction

Globalization of the competition in the banking industry has been used frequently over the last years in order to describe the altered situation of this trade line. The European Common Market and the opportunity to make business deals permanently, on the most different financial sites all over the world, forced banks to adapt to the new competitive terms.

In the past, not only in the banking and insurance industry companies cooperated more often than before or even built up new strategic alliances due to these changing competitive conditions. To figure out the synergy effects and to transform them into a new strategic competitive advantage can only be done by adjusting the organizational units and structures. As a result, the existing, distributed know-how has to be available at any point within this new organization. Using this know-how will lead to better qualified customer services.

A typical example for strategic alliances between banks and insurance companies is the allround financial consulting service. The idea is fascinating and simple at the same time. A bank extends its services by products of the building loan sector and the insurance sector, and adds a mobile field service to its distribution channels. Then, the private customer has almost any financial service available from one hand at one point! The synergy effects are opportunities to rationalize as well as the exploitation of cross selling potentials.

Being successful in the allround financial service business means to concentrate on two major factors:

- First, the customers must recognize detailed and tangible advantages of the one-hand service. The benefits are either reduced consulting cost, and therefore reduced fees, and/or an improved service.

- Second, all involved corporations have consequently to adjust their structures and activities to the aim of the customers' needs.

Customer satisfaction has become a priority over the last years for those companies who realized that losing regular customers produces high opportunity expenditures ([Mert93], p. 126). Satisfied customers can only be attained by individual, competent, qualified and prompt service. This often leads to a conflict of goals with the rationalization efforts of the banking institutions. But, since the mid eighties the part of customers who pay special attention to a very high technical standard of their banks has increased from 22 to 48 percent ([Köch92], p. 8).

During the last years, the intensive utilization of information technology (IT) at the client interface has become apparent. Not only do private and business clients communicate through electronic banking facilities (automatic cashiers, statement printer, etc.) with their banking institute, but other institutional customers make use of automatic transfers and other services in order to improve the efficiency of their business relations. Most of all, however, the global application of IT has concentrated on the faster and less expensive execution of typical traditional banking deals ([Prie92], p. 4).

The application of information technology has not yet penetrated the consulting sector of banks. Although it became apparent especially in this sector that - due to the increasing complexity of the banking products - the quality of consulting diminishes, a fact which can not be compensated only by training the customer advisories in the branch banks. The application of consulting support systems promises to improve the quality of consulting services.

The allround financial consulting is described in the following as a complex, and nevertheless typical, example. Here, at Technical University of Berlin the prototype MAGNIFICO is being developed in order to make use of the capacities of a information technology supported allround financial consulting system. A generalization of the experiences and concepts gathered in this project created a development tool for distributed consulting systems based on a Multi-Agent-Architecture (TUB-MAGIC), which will be described at the end of this paper.

2 Requirements of the Computer-Assisted Allround Financial Consulting Service

The concepts of a computer-assisted insurance consultation at the customer's location is almost introduced in the insurance industry. In other industries these concepts are not yet realized, because the tasks during a high-quality consultation are very complex and often ill-structured. Traditional algorithm-based computer systems have not been able to handle these requests.

The computer system assisting the consulting service has to fulfill the following requirements. It should be

- flexible,

- capable to solve ill-structured problems, and

- intelligent enough to cooperate with other specialists (here: agents) in order to solve the problem.

Flexibility can be divided into three aspects: functional flexibility, spatial flexibility, and time flexibility due to the external interruptions of the consulting process. The environmental changes as well as the changes of the products are often characterized by a dynamic which requests a functionally flexible consulting system. Generally, an advantage of distributed computer systems is seen for instance in the openness for modifications and extensions (see [MüWi93], p. 270).

The consulting process is problem-inherent time and spatial distributed, because the consulting service is often requested by the customer at a time and location which are not identical with the financial consultants and the other expert's availability. On the one hand assembling a consulting team of specialists and putting it together with the customer causes extensive and expensive coordination activities. On the other hand concentrating the consulting services at one or several special consulting centers would probably lead to reduced quality.

Many financial problems are ill-structured. Meanwhile, the computer sciences offer knowledge-based software components which have approved industrial deployment. According to the requirements for performing a task with high quality standards, knowledge-based software systems are suitable to diagnose the customer wishes and to configurate a financial portfolio. In so doing, they represent part of the expert competence. Moreover, the complex consulting requirements overstrain the skills of a single financial consultant. Therefore, all experts from different departments or competence centers have to build a team in order to solve these consulting problems. This may also be achieved with experts from different companies within a strategic alliance. Also a monolithic, computer-based consulting system is overstrained with the task of overall financial consulting. Therefore, another requirement of a consulting system is the capability to find a solution through the cooperation and collaboration of several specialists.

Flexible, computer-based consulting systems, based upon the concepts of distributed artificial intelligence meet all these requirements. These so-called multi-agent systems (MAS) seem to be suitable as a technological and methodological base of a computer-based financial consulting system. In the following, the system MAGNIFICO is described in detail, which fulfills most of the above mentioned requirements.

3   MAGNIFICO

The allround-financial consulting system MAGNIFICO was developed during a research project financed by the DFG (*German Research Association*) within the research priority "Distributed DP systems in business and management" here at the Institute of Systems Analysis and EDP of the Department of Computer Sciences at TU Berlin. The aim of the project is to extract the requirements of a distributed consulting support system for allround-financial consulting. The experiences gathered in the project are generalized and, upon completion, put at the disposal of the research project TUB-MAGIC for a general development environment of distributed consulting support systems. A prototype is being developed.

3.1   Multi-Agent Architecture

The system is based on an multi-agent architecture which has first been developed at Daimler Benz research center in Berlin and which has been developed further in the described project. The architecture defines the structure of all objects of the consulting scenario and the relations between the single objects. Three different types of objects are contained in the scenario.

In the first place there are the agents, units which are embedded in the environment together with other agents (s. fig. 1). An agents represents models of specialists or the client in the real world. Their behaviour is guided by the following cycle:

- agents can gather information of their environment or they can perceive actions of other agents by sensors (horizontal flow of information - s. fig. 1).

- agents can gather information by communicating in a formal language, based upon speech acts, with other agents (vertical flow of information - s. fig. 1).

The cognition module processes the gathered information and represents it in form of knowledge. The intentions of an agent (cf. [Meye93]) lead - in connection with the up-dated knowledge - to possibilities or necessities for further actions or for communication with other agents. This produces changes in the environment which will newly be perceived.

The second type of scenario objects are resources which are established in the environment of the agents, e.g. data bases to which the agents have access. Furthermore, data structures are included to which common access is possible and which exist only temporarily at the run-time of the system, e.g. the investment proposal of MAGNIFICO which is contained as an object in the environment and which is generated gradually by a common action of the agents. Entries and changes to this resource can be percepted by the other agents.

Application terms are the third type of scenario objects; they are embedded as objects in the scenario. Their function is to represent formalized terms or taxonomies of the application field. For example MAGNIFICO models the term "risk". The risk grades "low" or "speculative" are available, as well as different risk types, which are calculated according to the investment form. This way of modeling enables the agents to exchange information about communication terms, to give statements and to draw conclusions from other statements.

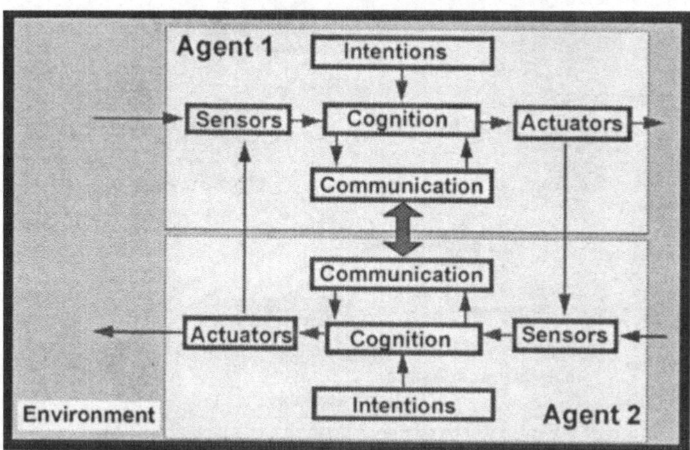

fig. 1:   Multi-Agent Architecture (cf. [Burm91])

The agents are autonomous units which can be distributed among an (TCP/IP based) computer-network at will. In the following will be described how to model an allround financial consulting system based on the multi-agent architecture.

3.2   Modeling an Allround Financial Consulting System

In MAGNIFICO the knowledge of a financial consultant is modeled in the client advisory agent. Together with the client agent who represents the real customer he forms a pair which can be found in the system repeatedly. Investment experts of different investment fields are responsible for the maintenance of their special agents. These experts can be human teams as well. Every consultant has access to the knowledge of all the investment expert at any time and from any place if networks are available. The arising structure of the organisation is shown in fig. 2.
For the first prototype the extensive service offer of an allround financial consulting system is at first limited to the section of a freely disposable investment amount. The client advisory agent contains consultant knowledge which includes all investment sections. The client advisory agent distributes the investment amount to partial investment sections assigning the appropriate exemplary distribution to the client. This assignment is guided by heuristic classification [Clan85]. The integration of the financial portfolio selection theory according to Sharpe for the optimal distribution of the investment amount considering the parameters yields and risks and a preference function of the client is being developed. Upon completion the client advisory agent engages the investment expert to work out investment proposals for each partial investment amount.
The bond agent, the stock agent, a real estate agent, a life insurance agent and a future agent are partial experts of a certain investment section. A tax advisory agent and a national

economy expert are available as advisory experts which put their knowledge at disposal, upon request or unsolicitedly, for compiling an offer.

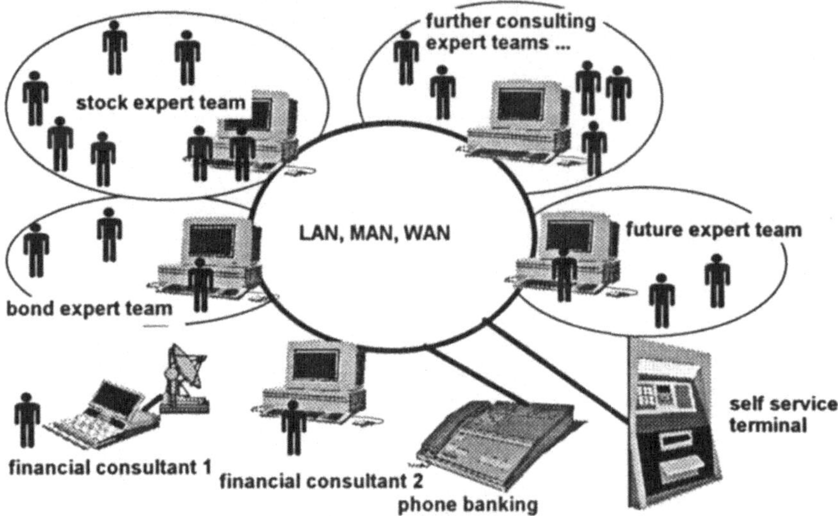

fig. 2:   Organization of a Computer-Assisted Allround Financial Consulting

Customizing the consulting process is made possible by modeling the client in a client model. This model includes five components: The component *characterization* contains data relevant in an administrative sense, the component *SocioDemo* contains socio-demographic data of the client relevant for investment, the component *investment data* contains all decisive data relevant for the investment and the component *capital* models the client's current capital structure. A capital value and a value which indicates the corresponding expenditures is assigned to each attribute. The component *income/expenses* gathers the client's main incomes sources and expenses according to the client's current value and target value. The modeling of the restrictions of the client's cash flows is planned in form of two further components. The client model is implemented in the client agent.

In a more advanced project phase, the agents will be in a position to collaborate independently according to the targets or to compete with other agents. The first experiments are made with the share agent and the future agent.

3.3   Generation of Investment Proposals Based on a Coorperation between Share and Future Agent

The future agent is an expert for options of the German Futures Exchange (DTB). On the DTB standardized options are dealt completely computer-supported. Because of the standardization the market is very liquid. Hence there are fair negotiable prices for private customers at almost any time. Additionally low charges and well-conducted judicial regulations lead to an increasing interest of private customers in dealing on the DTB.

However, the DTB is very complicated. In spite of the standardization there are about two thousand calls and puts available on the DTB. These options are getting more interesting when combining them with one another or combining them with stocks. So it is possible to profit from almost any anticipated market tendency. The private customer needs extensive consultation for dealing at the DTB.

The reasons for a private customer to deal at the DTB can be trading or hedging. Hedging means to offer security for losses because of declining stock prices while trading means making profits from anticipated market tendencies. A stock expert will be needed for judging combinations between stocks and options as well as for helping to anticipate the prices of options.

Trading is the component of the realization of the cooperation between the stock and future agent. The goal of this cooperation is the generation of a "customer-optimal" trade. Therefore the two agents have to agree on the stock on which the option is based and on the period for the anticipation. An easy way to achieve this agreement is for the stock agent to propose until the DTB-agent accepts the proposal; otherwise the stock agent has no more proposals and quits the cooperation

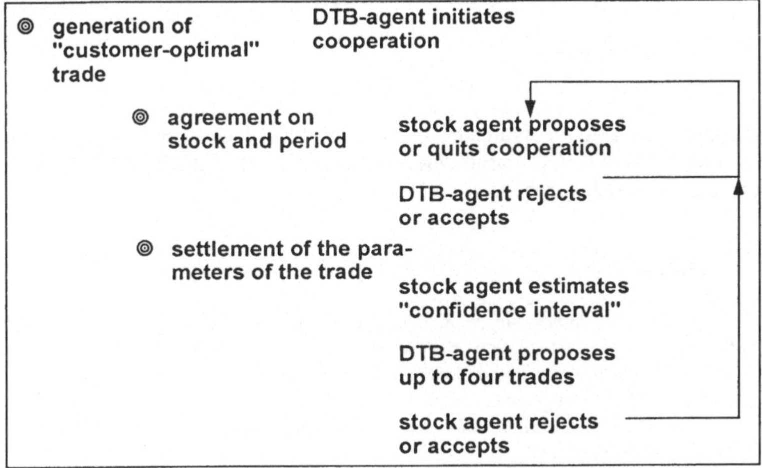

fig. 3: Cooperative Trading with DTB-options

After the agreement on a stock and a period the additional parameters of the trade have to be settled. This part of the cooperation is based on fixed rules with an agreement at the end. The stock agent estimates an interval for the expected price at the end of the considered period. The width of the interval is based on the customer's risk aversion. According to these parameters the DTB-agent configures up to four trades which have their profit-interval corresponding to the anticipated interval and proposes them to the stock agent. He judges the proposals, picks one of them as the best result or rejects all and tries to find another stock.

This simple cooperation may help us to find out generic cooperation forms. As a first result the above described simple form of agreement works well when the agents know each other very well. Otherwise a backtracking about the reasons of the rejection is unavoidable.

4 Outlook

The allround consulting service system MAGNIFICO has not only been developed for the personal financial advisory service by an employee. Moreover, because of its underlying TUB-MAGIC software architecture, it is suitable for many other (semi-)automatic applications of financial services. MAGNIFICO is strictly implemented object-oriented with the software development tool OBJECTWORKS/Smalltalk. Thus, the maintenance of the whole application and of the architecture are very easy.
The integration of all other relevant information systems of a financial enterprise into the multi-agent architecture is conceptually simple, because of the basic client-server conception of TUB-MAGIC. Therefore, that approach supports dynamic and flexible organizations. Even external organizations with their information systems can be integrated by remote object handling.

5 Acknowledgements

We would like to thank the two anonymous reviewers, whose comments helped improve some of the sections. The able programming efforts of Nils Jaeger and Joerg Lindemann in developing the MAGNIFICO prototype respectively the TUB-MAGIC development environment are also much appreciated.

6 References

[Burm91] *Burmeister, B., Sundermeyer, K.*: Cooperative Problem-Solving Guided by Intentions and Perception. *In:* Pre-Proceedings of the 3rd Workshop on MAAMAW. D. Steiner, J. Müller (eds.), Kaiserslautern: DFKI GmbH D-91-10, 1991

[Clan85] *Clancey, W. J.*: Heuristic Classification. *In*: Artificial Intelligence, 27, 1985, S. 289 - 350.

[Köch92] *Köcher, R.*: Kundenpräferenzen und Kundenorientierung in einem schwieriger werdenden Markt. *In:* geldinstitute 10-92, 1992, S. 6 - 16.

[Mert93] *Mertens, P.*: Expertensysteme im Dienste des Kunden. In: *Herzog, O., Christaller, Th., Schütt, D. (Hrsg.):* Grundlagen und Anwendungen der Künstlichen Intelligenz. 17. Fachtagung Künstliche Intelligenz. Berlin: Springer, 1993, S. 125 - 151.

[Meye93] *Meyer, U.*: Intentionalität in der Modellierung von Agenten. *In:* Proceedings des Gründungsworkshop der Fachgruppe Verteilte Künstliche Intelligenz der Gesellschaft für Informatik, Saarbrücken: DFKI GmbH D-93-06, 1993, pp 22-33

[MüWi93] *Müller, H.J., Wittig, P.:* Anwendungen von Multi-Agenten Systemen *In: Müller, H.J. (Hrsg.):* Verteilte Künstliche Intelligenz. Methoden und Anwendungen. Mannheim u.a.: BI-Wiss.-Verl., 1993.

[Prie92] *Priewasser, E.:* Bankbetriebslehre. 3. überarbeitete Auflage. München, Wien: Oldenbourg, 1992.

Solving Logistical Problems with Partly Intelligent Agents

Jürgen Falk, Stefan Spieck, Peter Mertens
University of Erlangen-Nürnberg
Department of Information Systems
Lange Gasse 20
D-90403 Nürnberg
wsw120@wsrz2.wiso.uni-erlangen.de

Abstract

This paper discusses results of applying Partly Intelligent Agents (PIAs) to complex distributed problems in warehouse and transportation logistics. The PIA-concept corresponds to the distributed nature of these problems and is characterized by small computer units with knowledge-based components that carry out partial tasks. First, we discuss the system TRAMPAS where PIAs perform cooperatively freight allotment tasks for a demand-oriented carrier in Germany. Subsequently, PIAs competing for rations of scarce goods in a multi-level warehouse hierarchy by applying a market mechanism are presented. We conclude with an evaluation of the agent-system use and that way prepare a comparison with conventional methods.

1 TRAMPAS (TRAMP Traffic Agent System)

1.1 Problem

In our framework, regional agencies of a German truckload carrier attempt to assign incoming freight orders during the day to the "best-qualified" truck. Freight orders are defined by a pick-up and a delivery location with time-windows and a specified type of goods requiring special handling. The dispatchers of the agencies must know the current locations of "their" trucks somewhere in Germany. Quite often, they have to decide quickly which truck might be assigned to a new order so that it can be accepted or must be refused.

The German carrier we regard is specialized on the transportation of pieces of art (70 per cent), computers (15 per cent), and furniture (15 per cent). The different "hard" and "soft" constraints for each freight allotment that may not be violated most of the time encompass time windows, load capacities, commodity compatibility, crew and vehicle maintenance requirements, possible traffic jams, and especially the complex handling of the goods: For example, a dispatcher has to take into account that at first special safety boxes must be produced in the internal joiner's workshop before pieces of art can be transported.

Since every single freight order needs special attention because of its "unique" constraints, it has to be scheduled detachedly. Additionally, for a partly *Dynamic Vehicle Routing (DVR)-*problem like the one we work on, information (a new freight order) is also made known to the decision-maker concurrently with the determination of the route [Psaraftis (1988)]. Obviously, round-trip scheduling performed by conventional vehicle routing programs is unsuitable.

The dispatchers assign their trucks locally and attempt to coordinate freight orders having pickup and delivery locations in different regions via telephone. The objective is to achieve load consolidations. This coordination process causes many problems in daily practice. The dispatchers of the carrier we investigate talk to each other over the phone the whole day without achieving sufficient consolidation results.

In this problem field, knowledge-based agents offer new opportunities as they are "smart" (regarding all the constraints) and are able to communicate. We call them Partly Intelligent Agents (PIA) since beside a knowledge-based component reflecting the qualitative constraints they are provided with algorithms for calculating load insertions.

1.2   Approach

In the system TRAMPAS (Tramp Traffic Agent System) which follows a strongly decentralized approach, depot-agents representing regional agencies schedule their local vehicle fleet taking all domain-specific constraints into account. But, they have to coordinate the assignments with agents representing other depots especially if incoming freight orders have delivery locations outside their own regions.

When a load is called in, the agent closest to the pickup-location of the new freight order is designated for coordinating the planning process (Coordinating PIA = C-PIA). Agents controlling trucks close to the new load are requested to take part in the assignment process as Participating PIAs (= P-PIAs). Obviously, the composition of a planning course varies from order to order.

The PIAs are equipped with an extendible set of operators for (re-)scheduling and combining freight orders. The operators consist of an algorithmic and a knowledge-based component. We are working on [Adler (1993), Falk et al. (1993)]:

1. *Insertion-Operator*: A new freight order can be added to a current tour without changing the schedule.
2. *Consolidation-Operator:* Following a successful insertion it might be possible to "save" a car by reloading several trucks passing a regional agency. This means consolidating freights at specified points of exchange to optimize load ratios.
3. *Chaining-Operator*: This operator is intended to examine possible combinations of tour segments of different trucks to reduce distances travelled without load.
4. *Exchanging-Operator*: Applying the insertion-operator only leads to situations where new customer inquiries can only be accepted in the promised time-windows by allocating yet unloaded trucks. Quite often in demand oriented business rescheduling of assigned orders leads to better results. Because of the huge number of possible disassignments it is important to find the most promising order to be released. For this purpose, the agents will study their schedules. If an order is released then the new one will be included in the corresponding tour and the scheduling process is restarted with the released order.

   Freight order exchanging is also very important to avoiding congestion of trucks caused by traffic jams.

1.3   Coordination Process

To coordinate the process of every single freight order assignment, we utilize two different kinds of a Contract-Net (CN) [Smith et al. (1980)]:

In TRAMPAS-1, the C-PIA decomposes each allotment task in a predefined order of operators to apply. A possible sequence could be the following:

The C-PIA invokes its partners to plan *insertions* for their neighboring tours first. The P-PIAs evaluate their valid allotment alternatives by calculating values of success (SUCC) which are then reported to the C-PIA. SUCC is defined as revenues minus costs. The C-PIA ranks the

insertions and selects the agent with the highest SUCC, but only if SUCC exceeds a certain threshold value which might be determined individually for each order.

Next, the C-PIA could request the *consolidation* of truckloads (operator 2) and/or the *chaining* of tour segments. Using the consolidation-operator, the P-PIAs examine the pick-up and delivery locations of their tours to find out whether they are marked as points of exchange. Only at marked locations freights can be "shifted" from one truck to another to attain full-loaded vehicles. If at least one common reload time window exists for the schedules of the regarded trucks, the reload can be negotiated by the participating agents. In case of applying the chaining-operator, the P-PIAs try to find out combinations of tour segments. As an assumption, an agent must have calculated at least one insertion proposal for a tour where the new freight order will be added to the end. For the new end location of this alternative, the P-PIA determines neighboring tours. If any exist, it requests chaining-bids from the corresponding agents containing the information whether and how segments can be connected. In this way, the coordination process has branched twice (second stage of CN).

In case of a successful tour or truckload combination, an improved value of success is reported by the respective P-PIA to the coordinator since one vehicle is "saved". However, if - after all these optimization efforts - SUCC remains under the threshold, in the last step the PIAs could be requested to *exchange* freight orders taking advantage of varying time and capacity gaps. During the rescheduling process, it is allowed to relax certain constraints leading e.g. to larger intervals for pickup times.

In TRAMPAS-2, we achieved a higher degree of decentralization by having implemented a further knowledge base enabling the P-PIAs to select the appropriate operator(s) by themselves. In this way, the P-PIAs can "think about" the local tour constellation regarding local objectives and especially local "handling"-constraints. Whereas in TRAMPAS-1 the P-PIAs only *react* to predetermined operators, they *reflect* their future actions in TRAMPAS-2. With this additional knowledge it is more likely that the agents act as human dispatchers.

1.4   Evaluation and Comparison

As the hardware backbone, we use a PC network (Intel 80486) under NOVELL. The agent system has been programmed in C for MS-Windows [Adler (1993), Neumann (1993)].

In a first test, we took the measurement of the speed of solution (TRAMPAS-1). Scheduling of 300 freight orders was performed in about 2 hours 30 minutes using the insertion operator only (15 trucks per depot).

We have reproduced the organizational structure of the regarded German carrier by configuring depot agents for the agencies Cologne (main agency), Hamburg, Berlin, Frankfurt and Munich. The comparison of TRAMPAS-1 with TRAMPAS-2 is in progress. As a first result, we have found out that TRAMPAS-2 computes "cheaper" freight allotments in a shorter time. This is possible since in TRAMPAS-2 - after the new load is called in - the "best-qualified" operators are directly applied by the local agents in the regional agencies. Comparisons with a centralized system (one agent scheduling the whole vehicle fleet of the company) will be started next.

2 RATAS (RATioning Agent System)

2.1 Problem

This second part of the paper deals with applying a similar technique to the rationing of scarce goods in a multi-level warehouse hierarchy. Typical logistical objectives include improving customer service, guaranteeing quicker deliveries, and therefore avoiding stock-outs. In order to accomplish them, most authors focus on proactive techniques like forecasting, determining reliable safety stock levels, and optimizing replenishment policies. However, problems like continued shortages of some products are usually caused by hardly foreseeable influences such as supply delays of raw material or intermediate goods, loss of production capacity, as well as excessive demand [e.g., Schmid (1976, pp. 20)]. The measures we found in literature firstly cannot completely avoid shortages, and secondly give no hint how to deal with them once they occur. Although it may be no longer possible then to improve the common logistical indicative figures, trying to minimize stock-out-costs is worth an effort. In contrast to this, the issue is rarely addressed. We solve this problem with an agent system and discuss design decisions required when implementing a prototype.

2.2 Approach

When the demands of the (lower-level) district warehouses exceed the stock available at the delivering regional warehouse, rations have to be set for the shipment of the scarce goods. This is usually done by a human managing clerk who as a rule relates the size of the rations to the requested amount. This method is quite simple and fair, but does not necessarily help minimizing stock-out-costs.

Since almost all data that can be evaluated to achieve optimized distribution of goods in a decentralized company are kept locally, a decentralized mechanism seems to be a promising approach. The scenario can ideally be represented by a multi agent system in which each agent represents one depot. The main question is how the interactions between the different locations shall be handled. Since the scenario resembles an auction or more generally a market - one supplier (monopolist) faces several customers -, we decided in favor of an approach in which several agents compete with each other for the scarce goods by bidding higher prices. When within the company each depot is regarded as a profit center and the goods are traded and charged using internal prices, this mechanism is easy to implement.

Considering this, a basic concept for a corresponding agent system with two types of PIAs emerges quite naturally. Demand-PIAs (D-PIAs) represent district warehouses (customers). They estimate their potential stock-out-costs and determine bids based on rules that reflect their local situation. The hierarchically higher Allotment-PIAs (A-PIAs) look after the interests of regional warehouses (supplier). According to the incoming bids they assign rations to the D-PIAs.

2.3 System Design Options

2.3.1 Negotiation Mode

A synchronous mode where all agents negotiate with the A-PIA simultaneously like bidding in an auction and an asynchronous approach where only one D-PIA negotiates for its ration at the same time can be distinguished. In the asynchronous mode uncertainties in the process of determining an appropriate price prevail. When the negotiations between the A-PIA and the first D-PIA start, the demand that other depots will express later and the prices they will pay are not yet known. Therefore, it is hard for the A-PIA to determine price limits for giving away goods that retrospectively make sense. In RATAS-1 and -2 (Rationing Agent System), the agents therefore negotiate simultaneously which makes it possible to concentrate on the actual data the D-PIAs determine, instead of on a difficult mechanism of handling the uncertainty added by an asynchronous mode. In a real world company, this can be applied when the warehouses generate their supply orders periodically.

2.3.2   Quality of Bids

We distinguish hetero- and homogeneous bids, the latter being simpler: A D-PIA offers the same price for each item of a scarce good it wants to buy. But, since it may be more important for a location to be able to satisfy some special (e.g. new) customers, the agent would pay a higher price for this part of its order than for the rest. Heterogeneous bids therefore allow divers prices for identical goods within the same order. Take for example a depot that needs 1.000 pieces of product X to satisfy all orders and has categorized 20 % of them as belonging to highly important orders. The corresponding D-PIA could then bid e.g. +30 $ for the first 200 pieces and only +20 $ for the rest.

2.3.3   Allotment Criteria

The design decisions described so far are principally concerned with the D-PIAs. From the view of the A-PIA, one has to consider according to which criteria the scarce goods are given away. Should other criteria aside from the price determine the size of the rations? A mechanism that is based on the price only (a *free market economy*) serves only the single goal of stock-out-cost minimization and would perform best when the quality of the local forecasts is high. On the other hand, this approach to shipment may be too restricted and the quality of the forecasts is not guaranteed. In order to enable the A-PIA to pursue other objectives like showing presence in some regional markets, a special mechanism is integrated in the second prototype RATAS-2. Here, the influence of the bid can be changed dynamically with the allotted amount of the scarce good. This is a very flexible way to adapt to different goals and to decrease the influence of false stock-out-cost estimations.

2.4   Cost Estimation and Agent Interactions

Each D-PIA of a warehouse estimates its stock-out-costs using probabilities to model the different reactions of customers when their orders cannot (or at least not immediately) be satisfied. Possible reactions include:

- Customer does not change the order, and waits until he can be served.
- Customer orders substitution goods instead of those that are not available.
- Customer reduces order.
- Customer cancels order, but there is no effect on his future behavior.
- Customer cancels order and there is a negative effect on his future behavior.

For each of these possibilities, costs are evaluated which is sometimes a quite sophisticated task. E.g., rules are needed to predict which goods can substitute the scarce ones and how likely this is or - when a customer reduces his order - which are the complementary products that are not ordered, too. Adding up the costs of all alternatives each multiplied with the corresponding probability, the stock-out-costs can be estimated combining lost contribution and reduced future orders. We have to talk of cost estimation here because e.g. the probabilities of different alternatives of customer behavior are uncertain. Knowing the approximate costs, each D-PIA derives a limit for the premium it is willing to add to the normal price of a scarce good. In the negotiations, the agents start with low bids and continually increase them until their rations are large enough or until they reach a limit.

The A-PIA assigns rations of the scarce goods to the next level warehouses as described above. That way determining intermediate rations it takes turns with the associated D-PIAs that compute bids. When no D-PIA changes its bid anymore, the intermediate get final rations. For further details see Mertens et al. (1993).

2.5 Evaluation

For testing, the agent system [described in detail by Will (1993)] has been integrated into a simulation program for company logistics developed at our department. Both the company simulation and the agent system have been programmed on a 80486 PC in C for MS-Windows.

Although the best limit depends on the competitors' decisions, we can state that the company and the different depots perform best in the same situation. The success of the efforts regarding stock-out-cost minimization as described above depends strongly on the quality and availability of the data concerning customer structure and behavior. But our results indicate that even when deviations of 15 % between actual and assumed values occur the stock-out-costs remain within 5 % of the optimum. Aside from using RATAS-1 and -2 for rationing of scarce goods, it can also be used for a company-wide evaluation of the different depots in order to rank them.

3 Conclusion

Two research projects that are concerned with the applicability of Distributed Artificial Intelligence (DAI) techniques were presented (see figure 1).

TRAMPAS is not a running system *in practical use* up to now, but solves the logistical problem of cooperative freight allotment. The operators cover a broad range of tasks which were formerly carried out by the human dispatchers using fax and telephone. The presented approach seems to resemble the distributed but nowadays manual driven scheduling process more than a centralized one.

First results of the use of RATAS-1 and -2, agent systems supporting the shipment of scarce goods, indicate that drastic reductions of stock-out-costs can be achieved.

Therefore, both projects attest that DAI approaches are promising for complex planning problems where conventional methods fail, especially if the problem itself or its "handy" solution is distributed among several people.

Further results of the comparisons can be expected at the time of presentation.

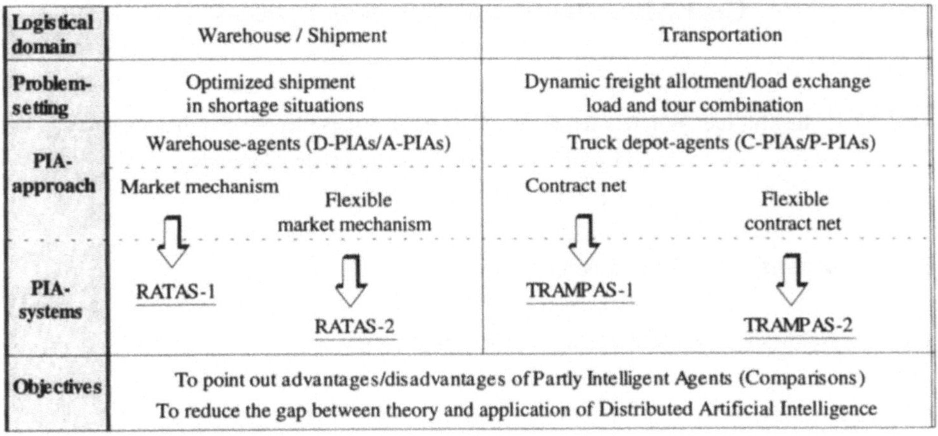

Logistical domain	Warehouse / Shipment		Transportation	
Problem-setting	Optimized shipment in shortage situations		Dynamic freight allotment/load exchange load and tour combination	
PIA-approach	Warehouse-agents (D-PIAs/A-PIAs)		Truck depot-agents (C-PIAs/P-PIAs)	
	Market mechanism	Flexible market mechanism	Contract net	Flexible contract net
PIA-systems	RATAS-1	RATAS-2	TRAMPAS-1	TRAMPAS-2
Objectives	To point out advantages/disadvantages of Partly Intelligent Agents (Comparisons) To reduce the gap between theory and application of Distributed Artificial Intelligence			

Figure 1   Project overview

Acknowledgement

Work on both projects would not have been possible without kind financial support by the DFG (Deutsche Forschungsgemeinschaft).

References

Adler, P., 1993
  Entwicklung mengenorientierter Operatoren für ein dezentrales Dispositionssystem im Bedarfsverkehr bei Speditionen (Nürnberg), Diploma Thesis.
Falk, J., V. Borkowski, R. Neumann and P. Mertens, 1993
  TRAMPAS: A Knowledge-Based Agent System for Distributed Freight Allotment, in: Balagurusamy, E. (Ed.), Proceedings of the Fourth International Computing Congress (ICC 93), Hyderabad (India), 394-401.
Mertens, P., J. Falk and S. Spieck, 1993
  Unterstützung der Lager- und Transportlogistik durch Teilintelligente Agenten, IM Information Management 2, 26-31.
Neumann, R., 1993
  Entwicklung eines dezentralen Dispositionssystems für den Bedarfsverkehr bei Speditionen (Nürnberg), Diploma Thesis.
Psaraftis, H., 1988
  Dynamic Vehicle Routing Problems, in: Golden, B.L. und A.A. Assad (Eds.), Vehicle Routing: Methods and Studies (Amsterdam), 223-248.
Schmid, O., 1976
  Modelle zur Quantifizierung der Fehlmengenkosten als Grundlage optimaler Lieferservicestrategien bei temporärer Lieferunfähigkeit (Mannheim).
Smith, R.G., 1980
  The Contract Net Protocol: High Level Communication and Control in a Distributed Problem Solver, IEEE Transactions on Computers C29, 1104-1113.
Will, S., 1993
  Entwurf und prototypische Realisierung eines Agentensystems zur Güterverteilung in mehrstufigen Lagerhaltungssystemen bei Engpässen (Nürnberg), Study Thesis.

Cost Management of Business Processes

A.-W. Scheer,   C. Berkau,   P. Hirschmann
Institut fuer Wirtschaftsinformatik an der Universitaet des Saarlandes
Im Stadtwald, Geb. 14.1, 66123 Saarbruecken, Germany
E-Mail: petra@iwi.uni-sb.de

1   Current Situation of Accountancy

1.1   Criticism of Traditional Cost Accounting

Existing methods of cost accounting make differentiated cost allocation in indirect-productive areas impossible. Volume-oriented schemes for cost calculation the methods are based on rather lead to marked cost distortions since costs do not depend on output but are functionally connected with business processes. Therefore, cost management has to focus on the influence of cost-driving processes and their parameters. However, process structures are complex and not yet documented in indirect-productive areas. Cost management of business processes comprises two modules: (1) modelling of processes and (2) calculation of process costs.

Cost management in indirect-productive areas experiences increasing significance by a constant change of cost structures. Progress in technology and globalization of markets condition the change of activity structures within enterprises. So, shares of overhead costs and, particularly of fixed costs in total costs increase.[1] Thus, insufficiency of existing cost accounting systems leads to more and more serious mistakes of the responsible management.[2]
Johnson, Kaplan and Cooper propose the concept of activity-based costing as the answer to the criticism of current cost accounting.[3] According to this concept costs are explained and planned by processes and their cost drivers.[4]
This approach provides the possibility of inter-departmental cost management. Processes taking place in cost centers are combined in inter-departmental structures. Due to the current division of organisations according to functional aspects in this way collective responsibilities of process costs arise.[5] The cost management of processes becomes a cooperative task.

The previous support of the cost management by information systems is still deemed to be inadequate.[6] This is regarded as the basic obstacle for the expansion of process-oriented cost accounting methods.[7] Existing approaches are derived from traditional cost accounting systems.[8] However, only calculation functions of process cost accounting can be done. Approaches for the management of business processes, however, are insufficient since operational consequences of modifications of process structures and of process parameters cannot be shown.

1.2 Computer-Support for the Management of Business Processes

EDP is not only instrumental. In recent years it has also given design impacts.[9] Fresh impetus for the cost management of processes is to be expected from the following research areas of computer science:

- distributed systems,
- knowledge-based systems and
- modelling systems.

Basing on research results of these domains a concept for the process cost management has been developed at the Institut fuer Wirtschaftsinformatik. Further below, it is shown from the view of requirements definition as well as from the view of design specification.

2 Concept for the Distributed Cost Management of Business Processes

2.1 Requirements Definition

The concept contains the formal and precise description of processes, their cost estimation and the identification of cost strategies. Emphasizing the distribution of tasks to several areas a cooperative approach is chosen.

The process cost management is based on the knowledge of process structures. Comparable objectives and context conditions [10] suggest the adoption of modelling methods developed for system design. Their use for the rationalization of business processes gives additional advantages which results from the compatibility of methods between process management and process cost management. In order to describe operational processes the method of event-driven process chains (EPC) is applied. It illustrates data and function views.[11] Fig. 1 shows a process chain model.

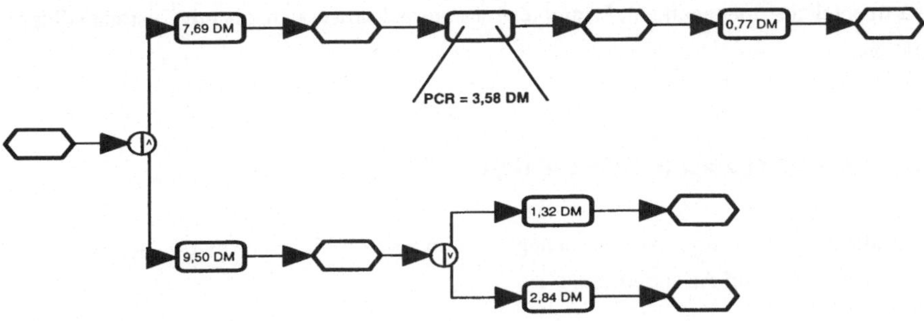

Fig. 1: Process Chain Model

The possibility to represent costs is added to the modelling method. In this way costs of entire process chains can be shown. The calculation of process chains is based on process cost rates of the individual sub-processes. The estimation of sub-processes is based on the method of process cost accounting which uses the results of operative cost accounting methods.

The process cost accounting has two steps:
The first step is realized within cost centers. Costs allocated to cost centers are assigned to processes taking place in these cost centers. Therefore, all processes of a cost center and their most important influencing parameters are identified. Knowing the collected volume of processes and the height of cost categories distributed to processes a process cost rate is estimated. This describes costs which arise for a single process execution. The task of the process cost management requires the correct identification of the process cost rate - contrary to the previous calculation-oriented practice of process cost accounting - according to cost categories and cost drivers.
Due to the estimation of sub-processes with process cost rates - knowing the sequence of the sub-process - also costs for entire and inter-departmental process chains can be determined in the second step. They form the sum of sub-process cost rates multiplied with the sequence. Calculation objects of the process cost accounting are process chains (process cost management) as well as cost units (calculation) which differently use process chains.

Information about process costs is the basis for the derivation and evaluation of rationalization strategies. Relevant processes are identified according to the height of their process cost rates. Possible cost strategies are first derived from a local view of a cost center, and are internally checked with respect to their fulfilment of the goals. Afterwards, the suggested strategies are anticipated inter-departmentally. The global coordination of cost strategies is necessary since the strategies have inter-departmental consequences due to the interdependence of cost centers. Planning and realization of cost strategies condition the cooperation of persons responsible for cost centers.

Process chains distributed to several enterprises have been included in the approach of inter-departmental cost management. Examples for external process chains are Customer-Supplier-Relations.

2.2 Aspects of Design Specification

The realization of the process cost management in a controlling information system is model-based, distributed and AI-supported.

The trend to a more model-based description of business processes, and to the control of office processes by workflow-automation implies an increased process transparency within indirect-productive areas [12] which can be used for process cost management. In order to adopt process models from modelling tools or workflow management systems functions for data transfer are intended. However, since by now usable process descriptions for cost management have rarely been available the process cost management system is staffed with own modelling functions.[13]

The whole process of the process cost management is supported by process chain models: Process chains can be structured and managed by graphical editors. Process cost rates of sub-processes resulting from the process cost accounting are permanently adopted in process-oriented models stored centrally. In this way, cost consequences of possible measures for process-restructuring planned by models can be made visible. Alternative process structures are evaluated due to their process costs.

In order to support the process cost accounting and the process cost management the concept contains knowledge-based system modules. This applies to the trend within the AI to model knowledge-based systems not as stand-alone systems but to support only single modules of a whole system in a knowledge-based way. Due to knowledge-based methods the process cost management can be executed in a markedly refined way. Simplifications judged with arguments concerning expenditure, like e. g. the aggregation of sub-processes to master processes [14] which have created lacks of exactness [15], can be avoided by the use of knowledge-based methods. By that, the expressiveness of the instrument process cost accounting is significantly increased.

Other support potential of the AI is used by the derivation and impact analysis of cost strategies. Additionally to the cost model-based analysis expert system modules which represent the expertise of the controller assist the cost management by the derivation and evaluation of cost strategies.

The concept is determined by the distribution of the process cost management. It is based on a distribution according to the origins costs arise. The system components geographically distributed to cost centers however contain comparable functionality but they differ in area-specific knowledge. For the management of internal and external processes the coordination concept differs since different motivation factors of cooperative behavior exist.

Internal Process Cost Management

If the process cost management is restricted to internal process chains cost center-related and knowledge-based modules for identifying and evaluating strategies are coordinated centrally. From the organisational point of view demand for coordination exists only between persons having equal rights so that discussion as coordination metaphor would have also been possible, however a central coordination instance has been introduced due to the reduction of complexity and reasons of performance. That is based on the blackboard principle.

The resulting distribution concept for the process cost management is shown in Fig. 2.

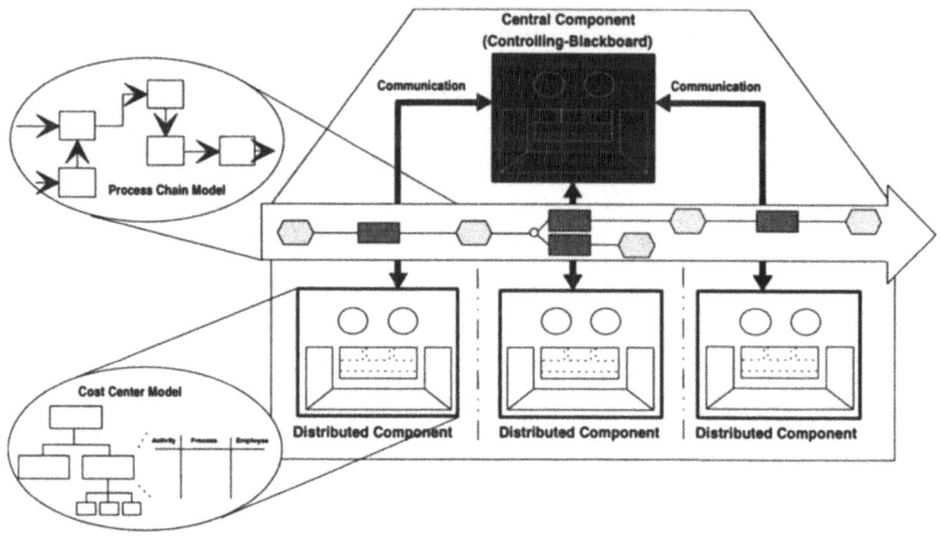

Fig. 2: Distribution Concept for the Process Cost Management [16]

The system components are cost center-specifically generated from developed generic knowledge bases. Here, several functionally specialized modules are distributed to each cost center area. Due to the assignment of system components to single cost centers knowledge can be acquired and maintained intra-departmentally without taking the consistency of the whole knowledge into account.[17] The coordination of sub-solutions is ensured by a central solution agent.

External Process Cost Management

The supposed cooperation willingness and the orientation of the agents towards unified cost goals [18] within the internal cost management cannot be assumed for the management of external process chains. The simplification of the cooperation by centralization would have influenced the result of distributed problem solving. Competitive agents wouldn't have been realized. Therefore, a multi agent system following the priniciple of negotiation has been developed in which the cooperation control is distributed. Contrary to the blackboard approach power and objectives of systems are represented in the agent model used.

A distribution concept for the cost management which is based on the approach of multi agent systems is represented in Fig. 3. The logical link between the agents is emphasized by process chains.

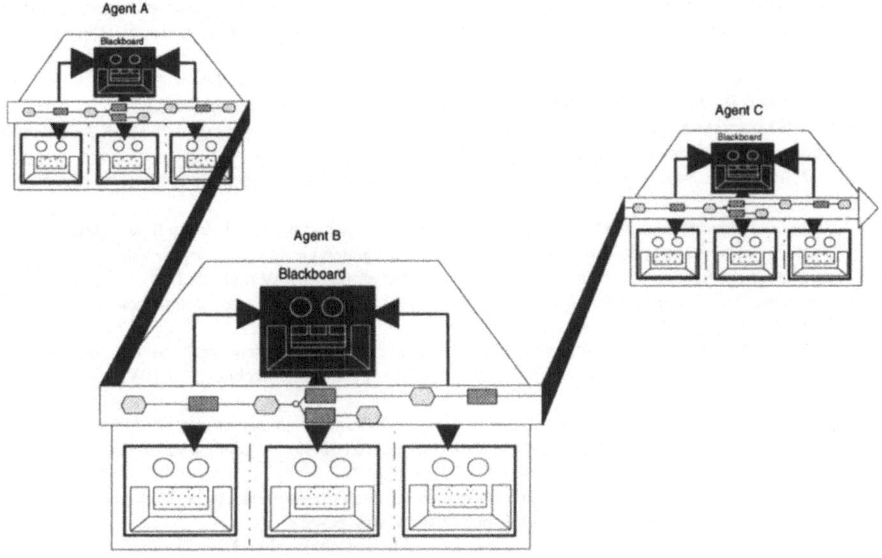

Fig. 3: External Distribution of Controlling Information Systems

3   Validation

The concept for the process cost management described has been realized as prototype "Controlling-Blackboard-System" at the Institut fuer Wirtschaftsinformatik at the University of the Saarland.[19] It has been already implemented in various enterprises of different industrial sectors. In this way enterprise-specific knowledge bases for the derivation and evaluation of cost strategies have been established and existing methodological expertise, e. g. for the selection of cost drivers, the distribution of cost categories to processes etc., could be verified.[20]

It could be shown that the chosen form of distributed knowledge-based systems represents an excellent conception for the process cost management which is also accepted by users.

Literature

[1]   cf. Miller, J. G.; Vollmann, T. E.: The Hidden Factory. HBR, 63(1985)Sept./Oct., pp. 142-150. Laßmann also refers to the increase of overhead costs in German-speaking region; cf. Laßmann, G.: Aktuelle Probleme der Kosten- und Erloesrechnung sowie des Jahresabschlusses bei weitgehend automatisierter Serienfertigung. zfbf, 36(1984)11, pp. 959-978, esp. p. 959; cf. also Waescher, D.: Gemeinkosten-Management im Material- und Logistik-Bereich. ZfB, 57(1987)3, pp. 297-315.

[2]   cf. Horváth, P.; Mayer, R.: Prozeßkostenrechnung - Der neue Weg zu mehr Kostentransparenz und wirkungsvolleren Unternehmensstrategien. Controlling, 1(1989)4, pp. 214-219, esp. p. 215 and Pfohl, H.-C.; Stoelzle, W.: Anwendungsbedingungen, Verfahren und Beurteilung der Prozeßkostenrechnung in industriellen Unternehmen. ZfB, 61(1991)11, pp. 1281-1305, esp. p. 1284.

[3]   cf. Cooper, R.; Kaplan, R. S.: Measure Costs Right: Make the Right Decisions. HBR, 66(1988)Sept./Oct., pp. 96-103 and Johnson, H. T.; Kaplan, R. S.: Relevance Lost: The Rise and Fall of Management Accounting. Boston Mass. 1987.

[4]   cf. Miller, J. G.; Vollmann, T. E.: The Hidden Factory. HBR, 63(1985)Sept./Oct., pp. 142-150, esp. p. 146.

[5]   Striening proposes the introduction of process owners. Cf. Striening, H.-D.: Prozeßmanagement - Versuch eines integrierten Konzeptes zur situationsadaequaten Gestaltung von Verwaltungsprozessen - dargestellt am Beispiel in einem multinationalen Unternehmen IBM. Frankfurt 1988, pp. 164ff.

[6]   cf. Scheer, A.-W.; Berkau, C.: Wissensbasierte Prozeßkostenrechnung - Baustein für das Lean Controlling. krp, (1993)2, pp. 111-119, esp. p. 114.

[7]   cf. Horváth, P.; Mayer, R.: Anmerkungen zum Beitrag von A. G. Coenenberg/T. M. Fischer: "Prozeßkostenrechnung - Strategische Neuorientierung in der Kostenrechnung". DBW, 51(1991)4, pp. 540-542, esp. p. 541.

[8]   cf. Froehling, O.: Prozeßkostenrechnung - System mit Zukunft? io management, 58(1989)10, pp. 67-69, esp. p. 67 and Kagermann, H.: Abbildung prozeßorientierter Kostenrechnungssysteme mit Hilfe von Standardsoftware. DBW, 51(1991)3, pp. 291-292, esp. p. 291.

[9]   cf. Scheer, A.-W.: Einsatz von Datenbanksystemen im Rechnungswesen - Ueberblick und Entwicklungstendenzen. zfbf, 33(1981)6, pp. 490-507, esp. p. 490.

[10]   cf. Scheer, A.-W.: Geschaeftsprozeßorientierte Betriebswirtschaftslehre. Management & Computer, 1(1993)3, p. 163.

[11]   Event-driven process chains are integrated into the level of requirements definition of the control view of the Architecture of Integrated Information Systems (ARIS). Cf. Scheer, A.-W.: Architektur integrierter Informationssysteme. 2nd Ed., Berlin et al. 1992.

[12]   According to Scheer the increasing use of modelling activities and the realization of workflow-management concepts are the possibility to use documented processes for process cost management. By using existing process chain models process cost management can profit from predecessor-systems of the operative level as cost unit accounting per unit in production areas does by using work schedules and bills of materials. Cf. Scheer, A.-W.: Wirtschaftsinformatik - Referenzmodelle für industrielle Geschaeftsprozesse. 4th Ed., Berlin et al. 1994, esp. pp. 676-679.

[13]   cf. e. g.: Horváth, P.: Controlling. 4th Ed., Muenchen 1991, p. 505.

[14]   cf. the expense argument Horváth, P.; Kieninger, M.; Mayer, R.; Schimank, C.: Prozeßkostenrechnung - oder wie die Praxis die Theorie ueberholt, Kritik und Gegenkritik. DBW, 53(1993)5, pp. 609-628, esp. p. 617.

[15]   cf. Glaser, H.: Prozeßkostenrechnung - Darstellung und Kritik. zfbf, 44(1992)3, pp. 275-288.

[16]   cf. Berkau, C.: Verteiltes, wissensbasiertes Prozeßmanagement. In: Rechnungswesen und EDV. 14. Saarbruecker Arbeitstagung 1993. Ed: A.-W. Scheer. Heidelberg 1993, pp. 141-169, esp. p. 148.

[17]   Concerning the preservation of consistency the AI-research has yet no solution proposals. Cf. Zelewski, St. von: Kritische Faktoren beim Einsatz von Expertensystemen. ZfB, 61(1991)2, pp. 237-258, esp. p. 246.

[18]   The term of "agent" cf. Hewitt, C.: Viewing Control Structures as Patterns of Passing Messages. Artificial Intelligence, 8(1977), pp. 323-364 and Hewitt, C.; Agha, G.: Actor Formalisms. In: Encyclopedia of Artificial Intelligence. Ed.: S. C. Shapiro; D. Eckroth. Vol. 1, New York et al. 1987, pp. 2-3.

[19]   cf. the Controlling-Blackboard-System Berkau, C.: Controlling-Blackboardsystem - Blick in die Labors. Management & Computer, 1(1993)2, pp. 150-152.

[20]   cf. Scheer, A.-W.; Berkau, C.; Liebermann, H.: Praktische Erfahrungen beim Einsatz eines wissensbasierten Prozeßmanagementsystems - Anwendung der verteilten Prozeßkostenrechnung in einem Handelsunternehmen. Management & Computer, 1(1993)3, pp. 215-222; Berkau, C.: Ergebnisse der Prozeßkostenrechnungsstudie bei der Meyer & Beck Handels-KG. Interner Forschungsbericht, Saarbruecken 1993; Scheer, A.-W.; Berkau, C.; Hirschmann, P.: Praktische Erfahrungen beim Einsatz eines wissensbasierten Prozeßmanagementsystems. Interner Forschungsbericht, Saarbruecken 1993 and Berkau, C.; Hirschmann, P.; Scheer, A.-W.: Prozeßkostenanalyse für logistische Maßnahmen der Leiterplattenfertigung bei der Philips Medizin Systeme GmbH. Interner Forschungsbericht, Hamburg 1993.

The *GroupFlow* System: A Scalable Approach to Workflow Management between Cooperation and Automation

Ludwig Nastansky - Wolfgang Hilpert
Faculty of Business Administration, Economics & Business Computing
University of Paderborn
Warburger Straße 100
33098 Paderborn, Germany

E-Mail:

Internet: NastansL.Notes@mhs.uni-paderborn.de / WHilpert.Notes@mhs.uni-paderborn.de
Notes: Ludwig Nastansky @ WIUNIPB @ LOTUSINT / Wolfgang Hilpert @ WIUNIPB @ LOTUSINT

1.   Introduction

In this paper, we will discuss business relevance factors, architectural concepts, tool approaches, and user-interface samples of the *GroupFlow* environment. *GroupFlow* offers business process and technology frameworks to set up versatile and flexible workflow systems for distributed information management within organizations and with their outside communication partners. We regard the synergetic approaches being used in the *GroupFlow* architecture - for the frontend client-workplaces of the several user typologies as well as for the distributed backend server components - as innovative. The *GroupFlow* environment perhaps best can be profiled around integrating concepts that are typically referred to as *workgoup computing* or *Groupware* on the one hand, and *workflow management* or *business process design* on the other.

This paper focuses on the following layers of the whole *GroupFlow* system:

- The appropriate business process paradigm underlying the actual design and deployment of workflow systems for business and public organization: *GroupFlow* is modeled around a continuous scale between cooperation and automation (chapter 2).

- The architecture of *GroupFlow* making various classes of workflows on a continuous scale between flexibility and rigid predefined structures accessible for efficient rapid modeling of real life workflows in organizations (chapter 3).

- Some aspects of the *GroupFlow* modeler *WOMED*, like the seamless integration of a graphical design frontend in a distributed operative environment. (chapter 4).

Architectural aspects such as classification management of job folders, and the distributed data structures are not discussed in this paper but are described in other papers [Nastansky/Hilpert 1993; Hilpert 1993; and the full version of this paper].

The research and project work described here has been performed with respect to process modeling, system architecture design, and user interaction considerations that are drawn along the lines of studies such as published in Davenport [1993], Hammer/Champy [1993], Ishii/Ohkubo [1991], Marshak [1992], Medina-Mora/Winograd/Flores/Flores [1992]. Basic results of these works are reflected in this paper only to the extent of their impact on designing a pragmatic workflow environment being applicable for deployment within organizations.

GroupFlow has been implemented using Lotus Notes as the basic development platform and underlying distributed architecture. The user interfaces on the client sides are either based on Notes-native *FORM* and *VIEW* concepts, or developed using other graphical frontend tools appropriate for the user tasks to be performed. Notes technology has been used for data repositories of the actual business information content, for the workflow structure parts, and the various workflow runtime engines supporting processes like messaging, replication, event management or gateway connections. Due to the open architecture of Notes, the backend server side of *GroupFlow* is to be considered completely open. This inter-connectivity extends from real-time two-way linking of data sets being managed in 'legacy' transaction systems, to external processes to be initiated and controlled by *GroupFlow* around a variety of multi-vendor hardware- and software platforms defining the current infrastructure of an organization's IS-resources in an open client server environment.

2. Workflow Management: Automation vs. Cooperation

We are convinced that workflow management must encompass a combination of both

- *a priori* defined process structures in the sense of process control (*[full] automation*), and

- open and flexible processes, whose structures will be determined by evolving circumstances during task processing (*in part automation* or *autonomous workgroup cooperation*).

The first relates to today's existing corporate IS-infrastructures of highly structured large-volume transaction systems. The latter relates to the context of office systems based on more flexible IS-paradigms like workgroup computing, CSCW (computer supported cooperative work), or groupware.

Workflow Continuum in the *GroupFlow* Concept

We outline below the details and substructures of the four different workflow categories. The *combination* of these four categories provides a scaleable degree of automation for workflow management. We utilize known concepts of information dissemination and messaging, varying and integrating them into a technology-framework from which elements can be derived for maximum synergy. Thus, we do not regard as two distinct or even opposite concepts the more or less rigid structures of *workflow automation* on the one hand, and the flexible team-driven concepts of *workgroup computing* on the other.

The basic patterns and some descriptive annotations describing the *GroupFlow* architecture from a business process design point of view are summarized in *Fig. 1*. The various annotations are intended to point out the continuous scale property of organizational workflows, the overlaps in underlying information and communication technologies, and some of the relevance factors defining a relative position in this framework.

GroupFlow is based on workgroup computing concepts, and uses groupware as a development and deployment environment as well as the operative platform. *GroupFlow* encompasses the modeling of complete business process procedures on the managerial level as well as the complete set of tasks to develop, deploy and run a workflow system.

The business information being managed, communicated, worked upon by actors, automatically processed by software agents, stored, retrieved, or archived with *GroupFlow* is embedded in [document-] objects. The objects are stored in a distributed database environment (*Lotus Notes*). These documents are regarded as *containers* capable of handling such diverse data types as 'classical' formatted data structures, rich-text data formats, business graphics, images, and multimedia objects. The documents can also be containers for workplace-centric application modules ('enduser programs' [e.g. interest calculation in a bank office]), using a variety of object-oriented method embedding concepts in a cross platform environment.

Business Relevance Factors for the Workflow Continuum Architecture

The *GroupFlow workflow continuum* architecture not only supports employment of varying automation degrees for *new* business processes to be computerized, it also enables a smooth transition for *redesigning* existing business processes. Thus, it allows the adding of flexibility to previously rigid processes.

Workflow Continuum

1. Ad hoc WF	2. autonomous Workgroup *open* team task	3. Semi- structured WF			4. Standard WF
		a) *open* team task within standard WF	b) *controlled* team task within standard WF	c) *ad hoc* modification of standard WF	
e-mail, store-and-forward	one-step *next agent*, shared DB	combination of pre-determined and open tasks within a single workflow	partially unspecified elements within pre-determined workflow	completely pre-determined workflow and exception	generally preset *next agent*, shared DB
- urgent - short-lived - exceptional - confidential	- shared access - common task	- completely open as well as stand-ardized tasks - intersection of both	- pre-set *number of* group members takes part - regardless of the sequence	- highly recurrent - pre-determined - *easy-to-apply* ad hoc modifi-cation / re-routing	- highly recurrent - well structured - pre-defined
e.g. new type of request	e.g. co-authoring of publication	e.g. co-editing of annual report	e.g. counter-signature	e.g. consumer credit app. (*parti-cular* customer request)	e.g. consumer credit application

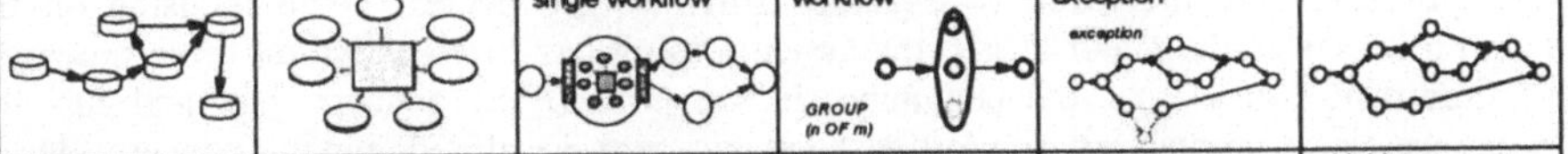

flexible, changeable, unique → determined, structured, recurrent

Fig. 1: Workflow Continuum Architecture of *GroupFlow* Concept

This flexible architecture seems important to us from a pragmatic point of view as well. It reflects the structure of information management in *real life* office environments. In the existing world the needs for *flexible* information flows in organizations have been reflected by the complex but versatile logistics of paper management. Many organizations find it difficult to define realistic strategies for productive and cost-efficient change in the current situation characterized by all too many paradigm shifts in information and communication technologies. Some of the patterns defining this change are sketched in *Fig. 2*. A strategy for change must leverage the investments in standardized business procedures based on transaction systems on the one hand and flexible office systems resolving partially structured or alternating information flows via paper-logistics on the other. Companies may utilize the concepts like those embedded in the *GroupFlow* environment for a smooth transition by keeping some processes predetermined but integrating them with an open and flexible workflow management infrastructure.

Operational and transaction centric systems ('old IS-world'; legacy systems)	Business process and communication oriented systems ('new IS-world'; future systems)
Data-centric design	Communication-centric design
Structured data: transactions, records, numbers	Semi-structured types: messages, compound documents,
Formalized access: SQL, forms	Content-based access: viewer, proximity-search
Low-level integrity management: 'two-phase commit'	High level synchronization: replication, messaging
Static and fixed workplace environment	Mobile office
Internal organization focus	External focus

Fig. 2: Paradigm-shifts in information system design

We consider the forces of structural change currently taking place in many organizations worldwide as another motivating driver for the integrative *GroupFlow* architecture. The changes include flatter organizational models and more team-oriented business control concepts. The lower the degree of predetermined process structures, the more care must be taken in assigning and maintaining clear and well communicated personal responsibilities to guarantee accountability for task coordination and performance. If an organisation does not establish sophisticated, reliable, obvious and yet flexible assignments for task responsibilities, it may run into difficulties managing business process structures in the ever growing complexity of competitive market places. [Scherr 1993, p. 82]

Where traditional system design techniques of data and function modeling were incorporated as the predominant design pattern of application systems (the left hand side of Fig 2), the business processes are the result of extended software life cycles. When focusing on the business processes as the major target, the system design has to converge on these processes as the dominant factor from the beginning. In the *GroupFlow* concept data and function modeling are incorporated as supportive methods, not as the dominant concern during information and communication system design.

3.   *GroupFlow* Architecture Model:

(1)   Ad hoc Workflows

Ad hoc workflow (*Fig. 1, col. 1*) usually deals with *unique* and normally short-lived processes, which can vary largely in their degree of complexity, cannot be pre-determined and are difficult to structure (for example: special customer requests). Until now, although some parts may be recurrent, processes of this type have been viewed as not worthwhile to be automated.

Generally speaking, the *transport of information* can be achieved in two different ways: (1) All pieces of information can be routed from one person to another (*send model*), or, (2) by giving access to common information bases (*share model*). Both concepts are supported within the *GroupFlow* framework. In an ad hoc workflow scenario the send model seems to be most appropriate. All information contained in document objects is sent from one actor to another in an email based store-and-forward manner. In such a *point-to-point* routing scenario it may be difficult to track the status of a specific workflow at a given moment when documents are *sent* from one actor to another.

(2)   Team task: Self-Managing Team Controls Processes

Workflow applications that are basically performed by *team tasks* of self managing workgroups (*Fig. 1, col. 2*) have more of a routine typology than email based ad hoc workflows.

In a workgroup each member has knowledge about the abilities and assigned responsibilities of other team members. Thus, when working cooperatively on a team task all team members can see from the context of a task which actors should be involved in its completion.

A team task with these characteristics can best be supported by some type of structured *bulletin board* or *shared workspace*. The shared *document databases* as offered by groupware technology form an efficient foundation for team task support. The so called *share model* provides a public view on the current jobs all team members are working. Other actors can easily notice pending jobs of absent personnel and react accordingly. This *soft* procedure of work assignment and supervision has proven to be much more practical than modeling complicated logical rules for replacement of absent personnel.

(3)   Semi-structured Workflows

When reflecting *real* business process structures by information technology it is particularly necessary to integrate *predetermined* workflow structures that have been modeled beforehand as seamlessly as possible with an *open* and flexible process structure of *team tasks*. Thus, *semi-*

structured workflows (*Fig. 1, cols. 3a - 3c*) seem to be the most important category for an appropriate business process support based on state-of-the-art information technology and the most significant innovation within the *GroupFlow* technology framework.

There are three major types of semi-structured workflows as outlined below:

(3a)　Open Team Task Within Standard Workflows

Combinations of open and structured business process elements can be modeled using two complementary principles: Either predetermined process elements can be viewed as the major structure incorporating open process parts, or, open process structures can integrate predefined process elements (Fig. 1, col. 3a).

Predetermined workflows as the major process structure

The integration of an *open team task* into a predetermined workflow as the major structure implies that within a particular step of the process several members of the workgroup will be engaged in the completion of the task, but no predefined sequence is imposed.

The embedding of this open team task concept in the *GroupFlow* approach is shown in *Fig. 3*.

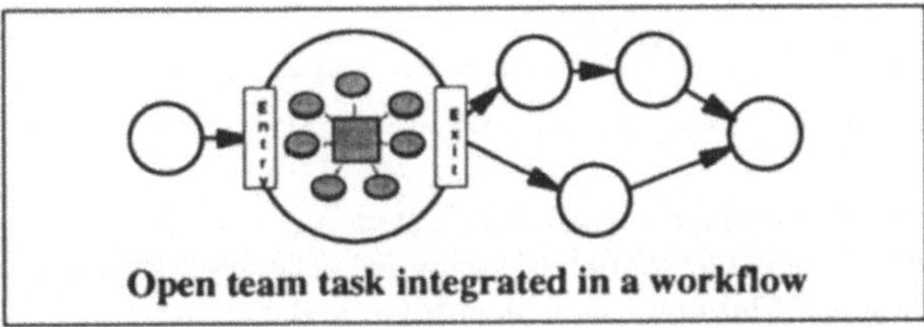

Fig. 3: Open team task integrated with predetermined workflow

When a (partially) autonomous team takes over control of the workflow there must be a well defined personal responsibility for the task performance. If open process elements are not complemented by reliable methods of accountability the processes may be unmanageable.

This integration may also work the other way round - with the open team task as the major process structure.

(3b)　Controlled Team Task Within Standard Workflow

The typical example of controlled team tasks are group decision scenarios such as votes or countersignature. In the process of task definition the number of team members out of a group of potential actors participating in task completion are predefined. Later, during the actual task completion at runtime it does not matter which individual actors out of the predefined superset of potential actors participate in task completion. Also, the actors perform the controlled team task regardless of the sequence of their participation.

(3c)　Ad hoc Modification and Exception Handling of Predetermined Workflows

Another basic principle of the *GroupFlow* architecture is that the predefined workflow is modifiable at run-time by ad hoc modifications and dynamic re-routing of the workflow for special cases and exceptions (*Fig. 1, col. 3c*). This allows for tied integration of standardized and predefined processes with flexible *ad hoc* changes to the workflow definitions. Ad hoc reactions may be required by specific circumstances that turn up during everyday work. A workflow system that does not provide the flexibility for the user to respond to this highly probable type of *real life* necessity forces him or her to leave the context of work within the workflow system - thus possibly causing fatal disruption.

The *GroupFlow* environment integrates a set of structured mechanisms to handle exception or disruption problems of various kinds in predefined workflows. The possible modification rules applying to given workflows have been modeled on common exception situations in business processes, as shown below:

Check-back with previous agent	Question to anyone else	Detour in routing path	Change the type of workflow
- posing request to previous agent of workflow	- pose a question to a person not yet involved in that workflow	- involving further, actor into this workflow	- exchange of underlying workflow type
Check-back	**Inquiry**	**Re-route**	**Change Workflow**

Fig. 4: **Ad hoc change and exception handling of predetermined workflows in the *GroupFlow* system**

As with all other activities within a workflow system, the exception handling to the standard workflow specifications must be thoroughly recorded. The audit trails can be found as entries in the workflow protocol. This may result in changes to the regular workflow type definition.

(4) Predetermined Workflows

Within the *GroupFlow* approach *predetermined workflows* are the underlying structures of the workflow cases discussed above.

4. Workflow Modeling

WOMED Workflow Modeling Editor

The development of the *WOMED* graphical modeler enables intuitive and straightforward modeling during the planning of business processes.

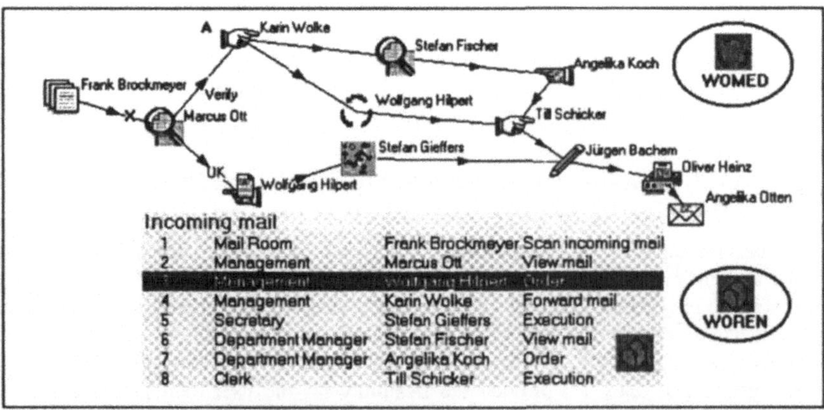

Fig. 5: **Transform Graphical Workflow Model into Repository Entries**

All data of *WOMED* are held in the workflow structure repository databases (Lotus Notes server database files) defining and monitoring the *GroupFlow* runtime systems. *Fig. 5* gives an idea of this concept by representing the 'INCOMING MAIL' workflow in both ways. For an *ex ante* analysis the modeled workflow may be simulated in the *WOMED* simulation mode before actually using it in the runtime environment. [Ott 1994]

The operative system uses the entries in the workflow structure repository to actually route the document objects from one actor to another.

Workflow Clustering

For large processes encompassing many tasks it may become difficult to comprehend the graphical network of the numerous tasks and their temporal constraints. In order to provide the means for sufficient understanding of complex business processes, diverse aggregation levels of the workflow representation are required.

WOMED uses a *clustering* mechanism to manage this type of complexity on several abstraction levels, eventually leading down to the operative tasks on the very bottom of the layered workflow graph. Each *cluster* can be understood as a sub-workflow representing a group of tasks. A cluster can contain (final) tasks as well as other clusters, again representing sub-workflows. On the next higher level a *cluster* will be denoted as an aggregated (sub-) workflow object.

5.　References and Acknowledgments

References

[Davenport 1993]　　Davenport, Thomas H.: Process Innovation, Reengineering Work through Information Technology. Harvard Business School Press, Boston, 1993.

[Hammer/Champy 1993]　　Hammer, Michael; Champy, James: Reengineering the Corporation, A Manifesto For Business Revolution. Harper Business, New York, NY,USA, 1993.

[Hilpert 1993]　　Hilpert, Wolfgang: *GroupFlow* - Groupware based Workflow Management. Working paper, University of Paderborn, December, 1993.

[Ishii/Ohkubo 1991]　　Ishii, H.; Ohkubo, M.: Message-driven groupware design based on an office procedure model, OM-1. In: Journal of Information Processing, Japan, Vol. 14, No. 2, 1991, S. 184-191.

[Marshak 1992]　　Marshak, Ronni T.: Requirements for Workflow. In: Office Computing Report, Seybold, Boston, USA, Vol. 15, No. 3, 1992, 1992, S. 3-16.

[Medina-Mora/Winograd/Flores/Flores 1992]　　Medina-Mora,Raúl; Winograd,Terry; Flores,Rodrigo; Flores,Fernando: The Action Workflow Approach to Workflow Management Technology. In: CSCW 92 Proceedings, 1992.

[Nastansky/Hilpert 1993]　　Nastansky, Ludwig; Hilpert, Wolfgang: Critical Success Factors for Workflow Management as a Key Component in Banking Services, Proceedings, WKWI Conference Nürnberg, Germany, October 7./8., 1993.

[Ott 1994]　　Ott, M.: Conceptional design and implementation of graphical workflow modeling editor in the context of distributed groupware databases, master thesis, University of Paderborn, May 1994.

[Scherr 1993]　　Scherr, A.L.: A new Approach to Business Processes. In: IBM Systems Journal, 32, 1, 1993, pp. 80-98.

Acknowledgments

GroupFlow has been developed within the *CSDS* project group (*client server distributed systems*) at the University of Paderborn in the Department of Business Computing over the past two years. Part of the basic research projects around modeling the business process side as well as researching some of the architectural principles were supported by Deutsche Forschungsgemeinschaft (German National Research Council, DFG).

The full version of this paper can be acquired from the authors.

ITP and INZPLA - a new theory and a new application system for distributed cooperative budget-planning and -control

Eckart Zwicker
Claus Rottenbacher
Technische Universität Berlin
Sekretariat HAD 25
Straße des 17. Juni 135
10623 Berlin
zwic1431@mailszrz.zrz.TU-Berlin.DE

Abstract

The essay describes INZPLA, a distributed planning and control system for decentralized organizations realizing the theory of 'incremental target planning and control' (ITP). The theory of ITP is based on the leadership style Management By Objectives. It determines INZPLA to be an equation based system, that is a 'decision support system'. However, the equation based system INZPLA is not an attachment to corporate planning systems. Rather it is itself a budgeting and control system that is designed to be applied for entire companies.

Introduction

In the recent time 'organizing companies' has become a frequently discussed subject among economy experts due to increasing complexity of markets as well as the internationalization of many companies. Everywhere in business the trend towards decentralization of responsibility to managers down the line can be observed. Many authors demand the 'entrepreneur within a company' to have autonomous profit responsibility and wide ranging freedom to act. They would like companies to shift towards profit-centre-organizations.

Information-Technology systems must be developed to meet this trend. However, large-scale-development of corporate software must be founded upon thorough economic theory.[1]

This presentation summarizes our efforts to implement a budgeting-system, allowing managers to easily and effectively carry out cooperative budgeting and control in decentralized organizations using network- and database-technology in a distributed environment.

The budgeting system, called INZPLA, is based upon the comprehensive theory of ITP.[2] ITP describes a general theory for budgeting planning and control. It is an extension and exploration of 'Management By Objectives' (MBO) and is especially qualified for budgeting in decentralized organizations.

---

[1]   Scheer, 1990, p. 15.
[2]   ITP is an abbreviation for 'incremental target planning and control'. The theory of ITP has been developed by Prof. Zwicker, see Zwicker, 1988.

Part one of this essay outlines the theory of ITP. Part two discusses the computer system and the hard- and software applied for the development of INZPLA. Part three, finally, is a summary of this presentation.

1   Theory of 'incremental target planning' (ITP)

1.1   Basic theory

The theory of ITP is based on Management By Objectives (MBO). MBO is a leadership style 'specifying that superiors and those who report to them will jointly establish objectives over a specified time frame, meeting periodically to evaluate their progress in meeting these goals.'[3]

However, ITP is extended and formalized into a consistent and general theory for budgeting planning and control. The ITP-method rests on an incremental-target-planning-model (ITP-model). Exhibit 1 shows its basic structure.

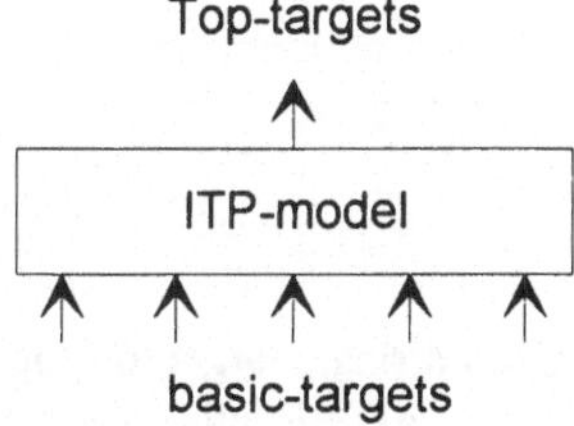

Exhibit 1: ITP-model

The ITP-model consists of equations. The equations link targets of the top-management such as operational profit, ROI or cash-flow, called *top-targets*, with targets of the executing departments (area of responsibility, AOR). These targets are called *basic targets*. Examples are primary purchase prices, demand rates (e.g. in tons per hour) or fixed costs. The basic targets are the 'objectives' as described by MBO.

Exhibit 2 shows a more specified model of ITP for profit-centre-budgeting, called global ITP-model.

A global ITP-model for profit-centre budgeting is always organized hierarchically. There are primary and secondary AOR's. Exhibit 2 shows only one secondary level; however, there can be a hierarchy of secondary levels. The single top level is always the corporate headquarter.

Within the global ITP-model, primary AOR's are executing departments and are defined as independent profit-centres. Each primary AOR has its own equations and forms a self-contained ITP-model (AOR-model) which is subsequentely used for decentralized budgeting.

---

3   Rosenberg, 1978, p.281.

Secondary AOR's are leading departments. The highest secondary level always represents the corporate headquarter.

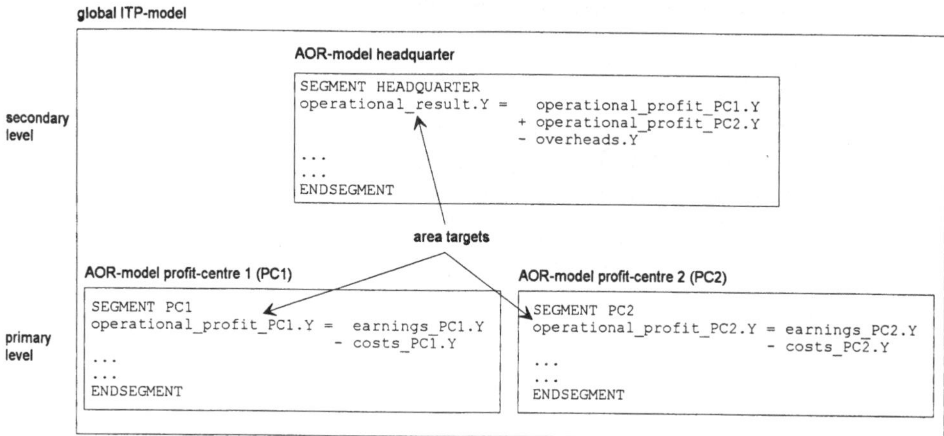

Exhibit 2: ITP-model for profit-centre-budgeting

Each primary and secondary AOR has a single target 'on top' of its AOR-model. It is called area target. The area target of a primary AOR is influenced by all of its basic targets. Thus, in profit-centre-budgeting, not the basic targets but the area target of an AOR is the objective as described by MBO. The area target of a secondary AOR represents the area targets of all those primary AOR's, which are directly subordinated to that secondary AOR.

1.2 Planning procedure

Negotiations between area- and top-management about the objectives for the next planning period are an integral part of MBO.[4] At the outset of negotiations area- and top-management tend to have different opinions about objectives. The ITP-concept provides a special, structured method to reach an agreement between the two groups of interest, using a three step process, named planning-procedure.

The planning procedure includes (1) the bottom-up-step, (2) the top-down-step, (3) the bottom-up-top-down-step (named confrontation).[5]

There are two initial positions in the negotiation process: (1) the position representing the interests of the area-management and (2) the position representing the interests of the top-management.

---

[4] In terms of ITP the area targets of all AOR's serve as the objectives.

[5] There is another 4th step, named post confrontation which allows AOR's decentralized profit-centre budgeting, see chapter 1.4.

In the bottom-up-step the AOR's must provide numerical specifications (bottom-up-values) for their basic targets. These figures represent the AOR's negotiation position.

The top-down-step serves to present the values of the area targets requested by the top-management. The top-management usually postulates a higher operational profit than the one resulting from the bottom-up-planning step. In order to determine the top-down-value of each basic target, the top-management specifies a load margin for each basic target, that is the highest admissible change towards increased load.[6] For example, the sales volume of a certain product can only be raised by +10% due to the limit of maximum market demand. If the basic-target is a cost-target (e.g. supply rate) the additional load-percentage would show a negative direction.

Once the load margins are specified, basic target values are then adapted within their individual load margin in order to reach the top target postulates of the top-management. This is done by an optimization procedure.

In the confrontation, the bottom-up-top-down-step, the final numerical values of the basic targets are then negotiated between top-management and the management of each primary AOR's. Once an agreement is reached, the planning procedure is completed and the area targets have to be achieved.

1.3 Target-control

The above described planning procedure provides specifications for objectives on an annual basis. However, to do the target-control, monthly or quarterly specifications are required. The splitting up of the negotiated yearly values of basic targets into monthly or quarterly values is done by a procedure that will not be described in this essay.

The target control serves to calculate the actual values of area targets as opposed to the planned values. In order to perform this ex-post-control process, the actual values of basic targets are registered. They then serve as parameters in an equation model for the calculation of the operational profit.

1.4 Decentralized budgeting (post-confrontation)

In the post confrontation each AOR has the freedom to assign any numerical values to its basic targets as long as the area target which has been negotiated in the planning procedure, is met. For an objective of 30, for example, an AOR can choose a set of basic targets of 10+10+10 or 12+10+8, etc. The optimal set of basic-targets is calculated by each AOR using its self-contained AOR-model, the profit-centre budgeting model. The AOR's freedom to define sets of basic targets to its best advantage has a motivating effect on an AOR. However, AOR's are not isolated. They are embedded within the corporate cost centre structure and hierarchy. Each variation of numerical values of basic targets affects the amounts of mutual profit centre transfers. Each variation leads to a higher request or release of production capacities of interrelated AOR's. The global ITP-model guarantees the observance of capacitiy restrictions of interrelated AOR's.

---

6   The idea of establishing load margins is based on the theory of 'Organizational Slack', see Cyert, R.M., March, J.G., 1963.

2 The INZPLA-system

2.1 Overview

The architecture of the INZPLA planning and control-system is based on requirements established by the ITP theory. One fundamental requirement is that the INZPLA system must be an equation-based system, since all ITP-models consist of equations.

As opposed to other equation based systems, INZPLA is not a further attachment to existing corporate planning systems. It consists in a special corporate budgeting and control procedure. Equation based systems usually work on a highly aggregated level and are therefore used to evaluate aggregated business planning problems (such as the DuPont-System or other management ratio systems[7]). Unlike these systems, INZPLA employs highly disaggregated models to achieve the requirements of a MBO-planning process. In short: although INZPLA is an equation-based system, a complete course of a disaggregated budgeting and control procedure can be conducted.

2.2 Applied hard- and software

The INZPLA-system uses the client-server-architecture of relational database-management-systems. For creating the INZPLA-system the following platform is being employed:

<u>Hardware and operating system:</u> 486 PC-network using Windows-for-Workgroups 3.11 and NOVELL 3.11.

<u>Language interface system:</u> An editor to feed model equations into the system plus a compiler to generate executable libraries (DLL). The compiler processes a non-procedural order of equations and encodes simultanities (e.g. the mutual cost centre charge transfers) by using the Gauss-Seidel-algorithm.

<u>Database (RDBMS):</u> Gupta's SQLBase, Version 5.12.

<u>User interface system:</u> Gupta's SQLWindows 4.01 as object-oriented 4GL to develop all client-applications. Borlands PASCAL 7.1 with SQL-interface to program object-oriented methods. MS-EXCEL and Gupta's ReportWindows as report systems.

The above platform was chosen in order to simplify the implementation of the INZPLA-system in a company by employing the same database technology as many companies and thereby making it possible to integrate company related data.

2.3 The distributed system

INZPLA as a distributed budgeting and control-system is spread throughout the organization of a company. The AOR's use client-frontends to work with their own AOR-model and independent RDBMS. Each AOR-database is a partial copy of the central RDBMS (storing the global ITP-model) and contains all information concerning itself. Mutual updates are performed periodically on an asynchronous basis.

---

[7]   Reichmann, T., 1990, p. 15 ff.

Exhibit 3 shows the structure of an ITP-model for conducting a decentralized profit-centre budgeting process. The ITP-model of a fictitious company consists of 7 AOR-models, 4 primary and 3 secondary ones.

Global ITP-model

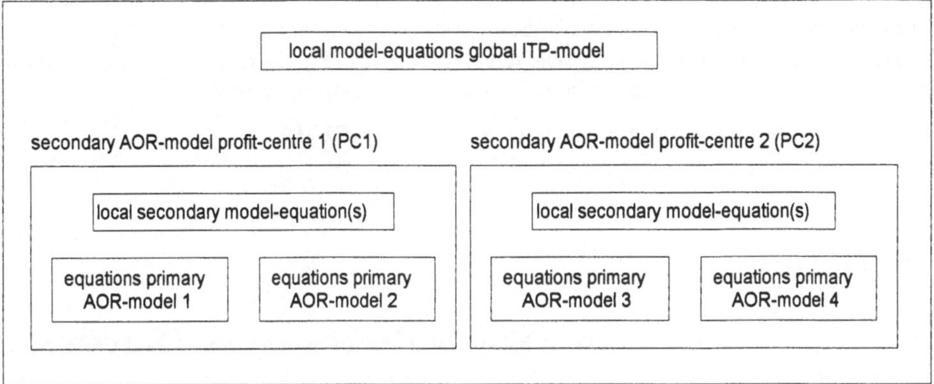

Exhibit 3: ITP-model for decentralized profit-centre-budgeting

All 7 AOR-models form a hierarchy within which the secondary AOR-model consists of all subordinate AOR-models plus local model-equations. Exhibit 4 illustrates a possible configuration of the ITP-model in exhibit 3.

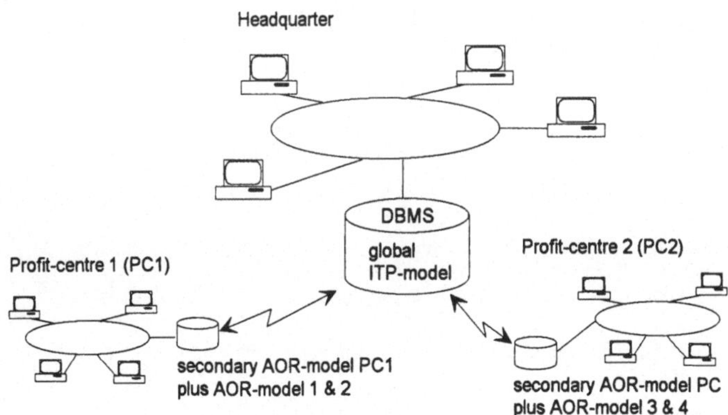

Exhibit 4:   Possible configuration of the distributed INZPLA-system

3   Summary

INZPLA is a computer system, that allows managers to carry out cooperative budgeting and control in decentralized organizations applying network- and database-technology in a distributed environment. The INZPLA-system is based upon the theory of incremental target planning and control (ITP).

The theory of ITP determines INZPLA to be an equation based system, that is a 'decision support system'. As opposed to other equation based systems INZPLA is not an attachment to corporate planning systems. Rather, INZPLA itself is a corporate budgeting and control system that is designed to be applied for entire companies.

Finally, it is important to mention, that INZPLA can only be applied when the architecture of the INZPLA-system and the structure of the ITP-model are closely interrelated with the organization of an applicants company. Sometimes it is necessary to introduce organizational changes to a company in order to be able to apply INZPLA (e.g. the creation of a profit-centre organization with consistent hierarchical cost- and profit-centre structures).

INZPLA is a client-server-application based on a relational DBMS.

REFERENCES

Cyert, Richard M., March, James G.: A behavioral theory of the firm, Englewood Cliffs, New Jersey, 1963.

Reichmann, Thomas: Controlling mit Kennzahlen - Grundlagen einer systemgestützten Controlling-Konzeption, München, 1990.

Rosenberg, Jerry, Martin: Dictionary of business and management, New York, Chichester, Brisbane, 1978.

Scheer, August-Wilhelm: EDV-orientierte Betriebswirtschaftslehre, Grundlagen für ein effizientes Informationsmanagement, Berlin, Heidelberg, Tokyo, 1990.

Zwicker, Eckart: INZPLA - Ein Konzept der computergestützten Unternehmensgesamtplanung, in: W. Lücke (ed.): Betriebswirtschaftliche Steuerungs- und Kontrollprobleme, Wiesbaden, 1988, p. 341 ff.

Workshop ME

»Computer, Media, and Arts«
»Computer und die Künste«

In Zusammenarbeit mit der GI-Fachgruppe *Computer als Medium*

Koordinator: M. Warnke, Universität Lüneburg

Programmausschuß: K. Alsleben (Hamburg), W. Coy (Bremen), J. Shaw (Karlsruhe), M. Warnke (Lüneburg)

Zusammenfassung:

Die zentrale Fragestellung dieses Workshops zielt auf den Zusammenhang zwischen Computer-Technologie und Kunst im ästhetischen Feld.
Es geht um neue Kunstformen in Netzen, um eine Aktualisierung der überkommenen Kunst- und Wunderkammern, um die Rolle des Computers als künstlerischem Medium, die Rolle der menschlichen Sprache in der Gesellschaft von Programmiersprachen, um eine Technologie-Folgenabschätzung für Computerkunst und um die Positionen von Künstlern und Betrachtern im Spannungsfeld zwischen Ordnung und Chaos.

Der Workshop gliedert sich in die Abschnitte *Musik, Computer als Medium, Sprache* und *Kunst.*

Am Rande des Workshops gibt es Präsentationen künstlerischer Arbeiten, die im Zusammenhang mit der Veranstaltung stehen.

ZUM VERHÄLTNIS VON KUNST UND TECHNOLOGIE
dargestellt am Beispiel der zeitgenössischen Musik

Barbara Becker (GMD, St. Augustin)

Gerhard Eckel (IRCAM, Paris)

I Einleitung

Betrachtet man die gegenwärtige Diskussion im Kontext der sogenannten Medienkunst, so wird immer wieder das Gelingen einer (neuen) Synthese von Kunst und Technologie in Aussicht gestellt [1]. Wir möchten im Folgenden diese These aufgreifen, indem wir zunächst im historischen Rückblick die Ziele und Geltungsansprüche von Kunst und Technologie identifizieren, ihre Unterschiede darlegen und Ebenen einer (potentiellen) Annäherung bestimmen. Dabei werden wir exemplarisch die Nutzung von Technologie in der zeitgenössischen Musik erläutern und Möglichkeiten, aber auch Probleme zur Diskussion stellen, die sich aus der Verbindung ästhetischer und technologischer Perspektiven ergeben.

II Die Problematik der zwei Kulturen

Ausgehend von den frühen Griechen finden sich bis heute Bestimmungsversuche, die auf die Unterschiedlichkeit kultureller Deutungsmuster verweisen: so wurden in der Philosophiegeschichte der Wissenschaft primär theoretische, auf Wahrheitsfindung zielende Erkenntnisideale unterstellt, die Technologie als vorwiegend praktischer, sich an Nützlichkeits- und Brauchbarkeitskriterien orientierender Gegenstandsbereich charakterisiert, und die Kunst als zweckfreie, expressive, individuell geprägte Erkundungsfunktion gedeutet, die diesseits logozentrischer oder zweckdienlicher Perspektiven zu verorten sei. Damit trat die Kunst, insbesondere im Kontext der traditionellen Ästhetikdiskussion, in einen gleichsam natürlichen Widerspruch zur Wissenschaft und zur Technik.

Vor allem im Kontext kulturkritischer Diagnosen, wie sie beispielsweise von Adorno [2] entwickelt wurden, gewann die Abgrenzung künstlerischer Expressivität gegenüber der technologischen Rationalität besondere Bedeutung. Hier wurde Technologie als Ausdruck eines totalitären "Man" gedeutet, demgegenüber alleine die Kunst noch einen anderen Akzent setzen könne, indem sie auf ein mögliches "Anderes" verweise. In dieser Interpretation erscheint als grundlegende Maxime jeder technischen Entwicklung das Ziel der Verfügbarmachung; dies kann sich sowohl auf die Beherrschung und Unterwerfung der Natur beziehen als auch auf die Kontrolle sozialer Prozesse. Damit gekoppelt ist die Anforderung an die Zweckdienlichkeit der Technik: technologische Produkte müssen verwertbar sein, das heißt: sie müssen sich im praktischen Gebrauch als handhabbar und nützlich erweisen. Mit einer Ausbreitung der Technik - so die Vertreter einer kulturkritischen Perspektive - wird die Gefahr immer größer, daß die gesamte Kultur - der Mensch eingeschlossen - nur noch als Objekt technischer Verfügbarkeit betrachtet wird und daß sich die zweckrationale Orientierung zunehmend als einzig mögliches Deutungsmuster und einzig gewinnbringende Zugangsweise innerhalb unserer Kultur erweist.

Gegenüber einer derartigen Dominanz der Technik und der mit ihr verknüpften Haltungen hat vor allem Adorno [2] die Kunst als möglichen Ausweg gedeutet. Ihr (metaphysischer) Erkenntnisanspruch ist dem der Technik geradezu diametral entgegengesetzt: So soll gegenüber der ordnenden, totalisierenden Technik im Kunstwerk das Individuelle, Besondere zum Ausdruck kommen, das sogenannte "Nicht-Identische", begrifflich nicht Faßbare. Und bis heute gilt innerhalb der philosophischen Ästhetik [3, 4], daß im künstlerischen Ausdruck neue

Sichten der Welt erprobt und artikuliert werden können, die im Gegensatz zur generellen Ordnung und Deutungsmaxime stehen. In ihrer Zwecklosigkeit ziele Kunst gerade nicht auf Verfügbarmachung, sondern verweise in ihrer Distanzierung von derartigen, der Technik eigentümlichen Haltungen, auf eine mögliche andere Deutung der Welt.

III Künstlerisches Tun: Annäherungen von Kunst und Technologie

Betrachten wir aber im Folgenden die mit einer solchen Differenzierung verbundenen Unterstellungen nochmals genauer: Die meisten klassischen Bestimmungsversuche der Erkenntnisziele und Eigenarten von Kunst sind zumeist dadurch charakterisiert, daß eine Wertung des Kunstwerks aus der Perspektive der Kunstrezeption erfolgt. Wenn wir uns jedoch stattdessen der Kunstproduktion zuwenden, stellt sich die oben skizzierte Kontrastierung technologischer und ästhetischer Ziele weitaus weniger krass dar.

Das enge Verhältnis von Kunst und Technik bzw. Technologie im Gestaltungsprozeß ist bereits bei den Griechen ein wichtiges Thema gewesen, in der Folge innerhalb der Philosophie jedoch eher marginal geblieben. Unter Verweis auf Aristoteles zeigt so beispielswiese Weibel [5] die enge Koppelung von "Techné" mit dem Begriff der Schöpfung auf. Technik sei nicht nur Nachahmung der Natur, sondern auch Gestaltung, schöpferische Neu- und Umformung; sie ist nicht per se Ausdrucksform eines unbedingten Willen zur Rationalität und Rationalisierung = Verfügbarmachung, sondern kann auch zu einer Überwindung und Neudeutung des Gegebenen beitragen.

Wenn man aber die schöpferische Funktion der Technik als konstitutiv begreift, dann greift die traditionelle Gegenüberstellung von Maschine, Mechanischem, Technik und Technologie mit dem Schöpferischen, Kreativen, und Imaginativen nicht länger. Diese Gegenüberstellung war ohnehin nur möglich aufgrund der Tatsache, daß der Prozeß des künstlerischen Schaffens, die Fragen nach dem Wie und Womit, aus der ästhetischen Diskussion konsequent ausgelassen wurden. Jeder Künstler greift nämlich auf "Techniken" zurück und verfügt über ein erlerntes Handwerk. Und zudem bediente er sich immer schon technischer Mittel, um künstlerische Intentionen zum Ausdruck bringen zu können.

Die Problematik, die aus der Anwendung von Technik in der Kunst resultiert, liegt also weniger an der Nutzung von Techologie und der Anwendung zielgerichteter Verfahrensweisen, sondern resultiert aus der im Kontext der Informationsgesellschaft massiver werdenden Gefahr, daß die zweckrationalen Maxime heutiger Techniknutzung als einzig mögliche Form des Umgangs mit Technik erscheinen und so künstlerische Ansprüche und Intentionen verdrängt werden könnten.

IV Nutzung der Computer-Technologie in der zeitgenössischen Musik

Wie in der Geschichte der Kunst ganz allgemein beobachtbar, ist auch die Musikgeschichte und die sie jeweils kennzeichnenden Kompositions- und Interpretations-Techniken beeinflußt vom aktuellen Stand der Technologie. Insbesondere seit den fünfziger Jahren ließ sich eine unmittelbare Integration von Technologie in den Kompositionsprozeß beobachten. Sowohl bei der klanglichen Gestaltung als auch in der formalen Organisation von Musik kamen technologische Werkzeuge immer häufiger zur Anwendung und wirkten stimulierend auf die Entwicklung neuer kompositorischer Verfahren.

Vergleicht man die Rolle von Technologie in der Komposition heute mit jener vor vierzig Jahren, so fällt auf, daß die anregende Funktion, die Technologie auf die Bildung kompositorischer Konzepte hatte, heute einer pragmatisch technizistischen Sicht Platz gemacht hat. Technologie wird gegenwärtig zumeist verwendet, um etablierte musikalische Konzepte zu stabilisieren und nicht, um neue Möglichkeiten zu explorieren. Nicht mehr das Emanziptions-potential von Technologie steht im Vordergrund, sondern deren Kapazität, Produktions-prozesse rationeller zu gestalten. So werden heute oft traditionelle musikalische Techniken mithilfe von Computer-Technologie automatisiert. Inwieweit eine solche Rationalisierung neue künstlerische Perspektiven eröffnet oder eher verstellt, ist nur im Detail erkennbar. Betrachten wir daher die Verwendung von Computersystemen im Bereich der Komposition heute etwas näher. Zwei Ebenen sind dabei zu unterscheiden: Die Verwendung von Computern bei der klanglichen Gestaltung (digitale Klangsynthese) sowie zur Unterstützung der formalen Organi-sation (computerunterstützte Komposition).

1) Der Einsatz des Computers bei der Klangsynthese ermöglicht eine weitgehende Kontrolle über alle wahrnehmungsrelevanten Aspekte des Klangmaterials. Dies impliziert die synthetische Herstellung von Klängen, die Modifikation existierenden Klangmaterials sowie die Analyse des zeitlichen Verlaufes einzelner Klangparameter. Ein breite Palette von Klangsynthese- und trans-formationstechniken stehen heute zur Verfügung und finden sporadisch Anwendung in der zeitgenössischen Komposition. Hervorzuheben ist die Möglichkeit, die Gestaltung des Klang-materials in den Kompositionsprozeß zu integrieren.

2) Computerprogramme zur Kompositionsunterstüzung ermöglichen vor allem die symbolische Repräsentation und Manipulation musikalischer Strukturen. Derartige Programme stellen im wesentlichen komplexe mathematische und logistische Operationen zu Verfügung, die zur Gestaltung und Ordnung des musikalischen Materials verwendet werden können. Zudem ermöglichen sie die Anwendung symbolischer Prozesse zur Organisation musikalischer Parameter und Strukturen sowie die Bildung und Nutzung von Modellen zur Komposition. Derartige Modelle haben sowohl eine explikative wie auch eine generative Funktion [6] und sie dienen sowohl der Manipulation als auch der Produktion musikalischer Objekte (z.B. Akkorde, Tonfolgen, Rhythmen, Klänge, etc.).

Die Möglichkeiten, die die erwähnten Computerprogramme in sich bergen, ähneln interes-santerweise jenen Erfordernissen, die von KomponistInnen in den fünfziger Jahren im Kontext der elektronischen und der seriellen Musik artikuliert wurden: Kontrolle alle Klangparameter, Echtzeit-Manipulation musikalischer Objekte, Verfügbarkeit komplexer Rechenprozeduren etc.. Paradoxerweise gelingt dennoch die Nutzung der Computer-Technologie nicht in befriedigen-der Weise, sondern läßt Tendenzen erkennen, die zum Verlust ästhetischer Ansprüche gegen-über den technologischen Möglichkeiten führen. Wir möchten einige Gründe nennen, die unseres Erachtens dafür verantwortlich sind, daß die schöpferische Nutzung der Technologie in der Musik gegenwärtig noch zu selten gelingt:

- Die meisten Programme sind kommerzielle Produkte und basieren auf traditionellen, veral-teten und für die zeitgenössische Kunstmusik unbrauchbaren Konzepten. Sie zeigen eine vornehmlich technologische Orientierung, die dazu verführt, sich auf bloße Effekte zu beschränken. Für KomponistInnen sind derartige Programme kaum nutzbar und wenig stimulierend.

- Selbst nichtkommerzielle Werkzeuge bergen Probleme in sich: Die mangelnde Kenntnis der Entwickler über die Eigenarten künstlerischer Imagination, Exploration und Organisation schlägt sich nieder in inadäquaten Benutzer-Schnittstellen und mangelnder Handhabbarkeit der Systeme. Spezifische Aspekte der künstlerischen Kreativität, z.B. die Relevanz des Körpers, bleiben bei der Programmentwicklung bislang völlig unberücksichtigt.

- Dies führt zur Notwendigkeit der Zusammenarbeit von Technikern und Künstlern, die sich aber in concreto oft sehr schwierig gestaltet. Unterschiedliche Ziele, Deutungsweisen und Lebensstile prallen aufeinander und verhindern immer wieder eine sinnvolle Kooperation.

Generell läßt sich überdies ein Trend feststellen, der bedenklich stimmt: Die Möglichkeit der Kontrolle sämtlicher musikalisch relevanter Aspekte mithilfe von Computerprogrammen bis hin zur Verfügung über die Aufführungspraxis impliziert, daß der gegenwärtig für unsere kulturelle Situation typische Modus des Umgangs mit Technologie auch die künstlerische Tätigkeit des Komponisten beeinflußt. So ist häufig zu beobachten, daß die ästhetischen Ansprüche, die sich traditionellerweise auf die Artikulation des Nicht-Identischen, Brüchigen richteten, gegenüber dem technologisch Machbaren, der totalen Ordnung und Kontrolle, an Boden verlieren.

V Resumée

Am Beispiel der Nutzung von Computern in der zeitgenössischen Musik versuchten wir zu zeigen, daß der gegenwärtige Umgang mit dieser Technologie wenig befriedigend ist. Statt die technologischen Möglichkeiten schöpferisch zu nutzen, wird allzuhäufig der kulturhistorisch gewachsene, technologische Habitus, der auf Kontrolle, Beherrschung und Verfügbarmachung zielt, in der Computerkomposition übernommen und droht so die expressiven, individuellen Ausdrucksformen, die der Kunst seit jeher zugeschrieben wurden, verkümmern zu lassen.

Diese Art von Umgang mit Technologie ist dieser jedoch nicht immanent, sondern resultiert aus einer jahrhundertealten Tradition, die nicht isoliert für sich steht, sondern in intellektuellen wie sozialen Haltungen ihre Entsprechung hat. Um zu gewährleisten, daß die heutige Technologie in der Kunst zu einer schöpferischen Anwendung gelangt, müssen demnach neue Zugangsformen zur Technologie entwickelt werden: Im spielerischen Umgang sollten ihre Möglichkeiten exploriert werden, um zu gewährleisten, daß sie überhaupt in das Ausdrucksrepertoir von Künstlern integriert werden können. Dabei könnte sich aufgrund unterschiedlicher Deutungs- und Zugangsweisen von Technikern und Künstlern eine Vielfältigkeit und Nuanciertheit bei der Anwendung von Technologie ergeben, die in krassem Widerspruch zum technologischen Habitus innerhalb unserer gegenwärtigen Kultur steht [7]. Erst auf der Basis eines solchen Zugangs, der den Gedanken der Beherrschung und Verfügbarmachung hinter sich läßt, kann die Anwendung von Technik bzw. Technologie in der Kunst zur Überwindung des Gegebenen beitragen und damit auf eine Dimension von Freiheit zielen, wie es in kulturkritischen Analysen immer wieder als eigentliche Bestimmung der Kunst dargelegt wurde.

Literatur

[1] Rötzer, F. (Hrsg.), "Digitaler Schein", Frankfurt 1991
[2] Adorno, Th.W., "Ästhetische Theorie", Frankfurt 1972
[3] Henrich, D., Iser, W. (Hrsg.), "Theorien der Kunst, Frankfurt 1992
[4] Koppe, F. (Hrsg.), "Perspektiven der Kunstphilosophie", Frankfurt 1991,
[5] Weibel, P., "Transformationen der Techno-Ästhetik", in: Rötzer, F. (Hrsg.), "Digitaler Schein", Frankfurt 1991
[6] Assayag, G., "CAO: vers la partition potentielle", Les Cahiers de l'IRCAM, No. 3, Paris 1993
[7] Uske, B., "Das Virtualitätsproblem Musik", in: Berliner Gesellschaft für Neue Musik, "Festival virtueller Irritation", Berlin 1994

TELEMUSIK - KUNST IM NETZ

Mathias Fuchs
Lehrkanzel für Kommunikationstheorie
Hochschule für angewandte Kunst
Oskar Kokoschka-Platz 2
1010 Wien

„Es ist ein Vierteljahr, daß ich Dir die Duetten,
So Dir geweihet sind, zu Wasser zugeschickt.
Doch da Du stille schweigst, so dürft ich fast drauf wetten,
Du habest sie noch nicht, bis diesen Tag erblickt.“
- Georg Philipp Telemann, 1. September 1736

Telemanns früher Versuch, ein Telekommunikationssystem aus Kutsche und Schiff für seine kompositorische Arbeit zu nutzen, weist drastische Nachteile der Kommunikationskanäle jener Zeit nach. Ein Vierteljahr als Übertragungszeit für eine nicht allzu umfangreiche Partitur, die der Empfänger durchsehen, korrigieren und ergänzen sollte, stellt der Technik zur Beförderung der Partitur ein schlechtes Zeugnis aus. Die Kosten der Beförderung waren ein weiteres Problem. Telemann klagt in einem Brief an J.R. Hollander, daß er die Noten per Schiff schicken müsse, um die horrenden Kosten des Landweges zu vermeiden.[1]

Wäre Telemann im Besitz der Technologie unserer Tage gewesen, so hätte die Übertragungszeit für eine Partitur - von sagen wir 1 MByte Partiturumfang - per INTERNET oder EARN höchstens 10 Minuten gedauert, die Kosten hätten für Telemann wenige Pfennige ausgemacht. Als die ersten Computernetzwerke geplant und installiert wurden, hatte man Militär, Wissenschaft und den Verwaltungssektor als mögliche Benutzer im Auge - an Künstler dachte damals sicher niemand. Dennoch bewegen sich Musiker, Bildende Künstler und Literaten seit mehr als 10 Jahren auf den Pfaden internationaler Netzwerke. Während die einen pragmatisch orientiert lediglich den Austausch ihrer Arbeiten, Kritik und Informationsverbreitung bezwecken, interessiert die anderen die Untersuchung des Netzwerks als künstlerisches Medium.

„MAPS - Landkarten“, ein Projekt, an dem etwa 20 Künstler aus Kanada, Frankreich, Ägypten, Ungarn, den Vereinigten Staaten, Deutschland und Österreich teilnahmen, stellte einen dergestalten Versuch dar: Die Netzwerke EARN (European Academic Research Network) und INTERNET dienten als „Leinwand“, auf der die beteiligten Künstler gemeinsam arbeiteten. Da Bilddaten in konvertierter Form wie Text oder beliebiges Datenmaterial übertagen werden können, war es möglich, während des Zeitraums von einem Jahr eine Meta-Karte entstehen zu lassen, die sich aus digitalen Bildsplittern zusammensetzte. Die elektronische Collage verschiedener Autoren aus mehreren Ländern schuf schließlich eine imaginäre Landschaft, in der sich Florentinische Gassen an Kalifornische Highways anschlossen, in der Mondseen und Kontinentalplatten ebenso ihren Platz hatten wie U-Bahn Pläne und anatomische Atlanten.[2]

---

[1] Georg Philipp Telemann: Brief an J.R. Hollander, 1. September 1736
[2] Roy Ascott, Christian Reder, Gabor Kopek u.a.: Térképek - MAPS. Ausstellungskatalog Wien Budapest 1989.

Es versteht sich, daß in dieser Form der Kartographie Grenzen nur mehr dazu da sind, verschoben oder aufgelöst zu werden. Da das Netzwerk als permanentes Distributionsmedium die Bilder im Fluß hielt, die Karten über Kontinente verteilte und rekombinierte, hoben sich Begriffe des abgeschlossenen Werkes, der Autorenschaft, des Copyright und der Individualität wie von selbst auf. An ihre Stelle trat ein System der Kooperation, des Austauschs und der Interaktion. Es scheint einige Anzeichen dafür zu geben, daß in der zeitgenössischen Kunst nach einer Phase der Überbewertungung des Individualgenies nun eine Zeit der Vergesellschaftung ästhetischer Produktion heraufdämmert, in der Computernetzwerke eine entscheidende, weil verbindende Rolle spielen werden.

Lange Übertragungszeiten und komplizierte Konvertierungsroutinen legten der Kommunikation der bildenden Künstler im „MAPS"-Projekt Erschwernisse auf, verhinderten jene jedoch nicht. Im Falle musikalischer Kommunikation wären Verzögerungen der musikalischen Daten katastrophal. Die Übertragung hat verzögerungsfrei zu funktionieren, um Live-Interaktion zu ermöglichen. Berlioz stellte bereits 1847 fest, daß große räumliche Entfernungen zwischen den Musikern eines Ensembles zu Ungenauigkeiten in der Synchronizität führen: *„Bei dieser Gelegenheit bemerkte ich, daß es unmöglich ist, die kleinen Becken in B und F am Zurückbleiben zu hindern, wenn sie zu weit vom Dirigenten entfernt sind. An jenem Tage hatte ich unglücklicherweise die Beckenschläger am anderen Ende des Theaters aufgestellt, und sie blieben trotz meiner Anstrengungen manchmal um einen ganzen Takt zurück."*[3]

Im Falle elektronischer Klang-Kommunikation können die Entfernungen größer sein als im Falle akustischer Kommunikation, die Verzögerungszeiten müssen jedoch klein gehalten werden. Zwischen dem 10. und dem 13. November 1992 fand ein polylokales Simultan-Konzert statt, das von der österreichischen Gruppe ZERO initiiert wurde. Ort des Events war dabei weder Wien (wo sich ein Teil der beteiligten Musiker und Maschinen befand), noch Graz (wo ebenfalls Musiker saßen), sondern eine Wahrscheinlichkeitswolke im elektronischen Raum. Musiker, die über Telefonleitungen verbundene MIDI-Instrumente bedienten, konstituierten eine Band, die gemäß dem Veranstaltungstitel „The Art of Being Everywhere" in Form einer musikalischen Erscheinung an verschiedenen Orten wahrnehmbar war.[4] Ein Produkt im Sinne eines vollständigen und abgeschlossenen Musikstückes entstand während der Net-Jam nicht. An jedem konkreten Ort waren nur Teile des Musikstückes zu hören – nicht das Ganze. Und auch die Musiker blieben als Produzentenkollektiv über weite Strecken unsichtbar. Tatsächlich läßt sich das quantentheoretische Atommodell mit einigem Nutzen auf künstlerische Prozesse in der Art des ZERO MIDI-Konzerts übertragen. Ersetzt jenes doch fixierbare Orte durch „verschmierte" Lokalitäten – Wahrscheinlichkeitswolken – die beschreiben, wo Objekte beobachtet werden könnten. Im Raumdreieck Wien-Graz-Innsbruck waren die Klänge als MIDI-Daten potentiell allgegenwärtig, wurden aber erst durch den Eingriff des Beobachters/ Musikers de facto hörbar gemacht und damit erschaffen.

Eine Installation, die Interaktion zwischen Computern, Instrumenten und Datenbasen verklanglichte – und ganz ohne Menschen auskam –, war die „Hausmusik" (1993). In einem Raum in Wien befanden sich zwei automatische Instrumente (Violine und Klavier), die über ein computerisiertes Übersetzungssystem Wirtschaftsdaten aus aller Welt zum Erklingen brachten. Die Instrumente, die einer klassischen hausmusikalischen Besetzung entsprachen, spielten eine

---

[3] zit. nach: Musik im Raum. In: Österreichische Musikzeitschrift 6 - 1986
[4] „Erscheinung" ist hier natürlich nicht metaphysisch oder gar religiös gemeint, sondern etwa in dem Sinne, in dem Theodor W. Adorno von Erscheinung: Apparition spricht. Er meint damit das plötzliche Auftauchen eines Gegenstandes, der immer schon da war, wie ein Komet jedoch nur kurzzeitig sichtbar wird.

Komposition des globalen Haushalts – oder anders gesagt des ökonomischen Welthaushaltes eines bestimmten Tages. Die Realdaten bestanden aus den On-Line Wirtschaftsdaten der Firma Reuters, stellten also jenen Stoff dar, mit dessen Hilfe für gewöhnlich Nachrichtenagenturen, Broker und Börsenspekulanten „spielen". Im Falle der „Hausmusik" wurden diese Daten allerdings musikalisch umgesetzt. Die Instumente spielten eine Komposition der Welt.

Die Klänge, die man als Besucher hören konnte, liefen ohne Zutun irgendwelcher menschlicher Akteure automatisch ab. Nur den Hintergrund der Datenströme lieferten Menschen – doch nicht als Akteure, sondern als Objekte und Konsumenten wirtschaftlicher Prozesse: ein unmenschliches Geschehen – wie manche meinten –, ganz sicher aber ein menschenleeres. Der Kunsthistoriker Reinhard Braun schrieb über die Hausmusik Aufführung im April 1993:

„Der Unterschied zwischen Ware und Kunstwerk wird jetzt nicht mehr auf der Ebene der Objekte und ihrer Symbolik oder Metaphorik in Frage gestellt, sondern auf der Ebene einer möglichen Konstruktion von Differenzen dieser Kategorien selbst: Der aggressive Rekurs auf die digitalen, universalen Zeichensysteme bedeutet eine Konfusion der Referenzwerte: Schrift, Sprache, Kommunikation, Ware, soziale Entitäten (virtual communities) etc. und die durch sie erzeugten Bedeutungen werden auf die Ebene von Daten und Datentransfers verlagert und damit auf eine Ebene vor den Objekten und deren mögliche Zeichen von Differenz (Ästhetik). Es wird jetzt eine Ordnung hinter der Sprache, hinter der Schrift, hinter der Ware und der Kunst, selbst hinter den (sozialen) Objekten erzeugt, auf der die Konstitution dieser Begriffe stattfindet – oder eben nicht mehr stattfinden kann. Wenn alles zu einer Frage der Datenmuster geworden ist, d.h. keine ontologischen, am Objekt und seinen Erscheinungen orientierten Differenzen mehr eine Rolle spielen, sondern nur mehr solche einer variablen Darstellung und Interpretation dieser Datenmuster, dann wird der Kulturbegriff und seine historischen Ausdifferenzierungen selbst erfaßt: die Wirtschaftsdaten werden mittels Softwareroutinen in wieder andere Daten konvertiert (MIDI) und steuern die Klangerzeuger und einen Violin-Roboter. Ein erstes Terminal empfängt die Daten via Modem vom REUTERS-Host-Rechner in Wien und filtert die Börsenkurs-Daten aus diesem Strom. Ein zweites Terminal zeigt diese Börsendaten an und wandelt sie gleichzeitig in ASCII-Code bzw. Steuersignale um, die dann an einen Macintosh LC II übermittelt werden.
Das Hausmusik-System von MODEM, Computern, MIDI-Interfaces und MIDI-gesteuerten Musikinstrumenten generiert also keine spezifischen Datenmuster (Komposition), sondern arbeitet mit den vorgegebenen Datensätzen des Host-Computers. Es findet lediglich eine Transformation, ein Transfer von Daten statt, ein Transfer, der zeigt, daß die Information selbst keine Bedeutung hat, sondern erst ihre Konvertierung innerhalb und durch einen bestimmten Kontext (Software) Bedeutung und Sinn erzeugt – als Anzeigen, als Kursbewegungen oder als Zeichenketten, die Klangerzeuger steuern."[5]

Die Klänge, die man am Ort der Aufführung hören konnte, waren so gesehen nur klangliche Korrespondenzen zu global verteilten Prozessen, die telematisch vermittelt reterritorialisiert wurden. Obwohl Telemann schon im 18. Jahrhundert Telemusik im Sinne hatte und praktizierte – in dem Sinne nämlich, daß er Komposition als einen telematischen Kommunikationsprozeß verstand – gewinnt Musik im Netz erst mit den Möglichkeiten der Computernetze die Gestalt kollektiver Plattformen künstlerischer Produktion, welche für Rezipienten wie Produzenten transparent und formbar wird. Telemusik stellt eine Form künstlerischen Ausdrucks dar, die aus dem Konzertsaal herauswächst und sich über die Netze ihren Platz im elektronischen Raum schafft.

---

[5] Reinhard Braun, Thomas Feuerstein, Mathias Fuchs u.a.: Hausmusik. TRITON Verlag Wien 1993

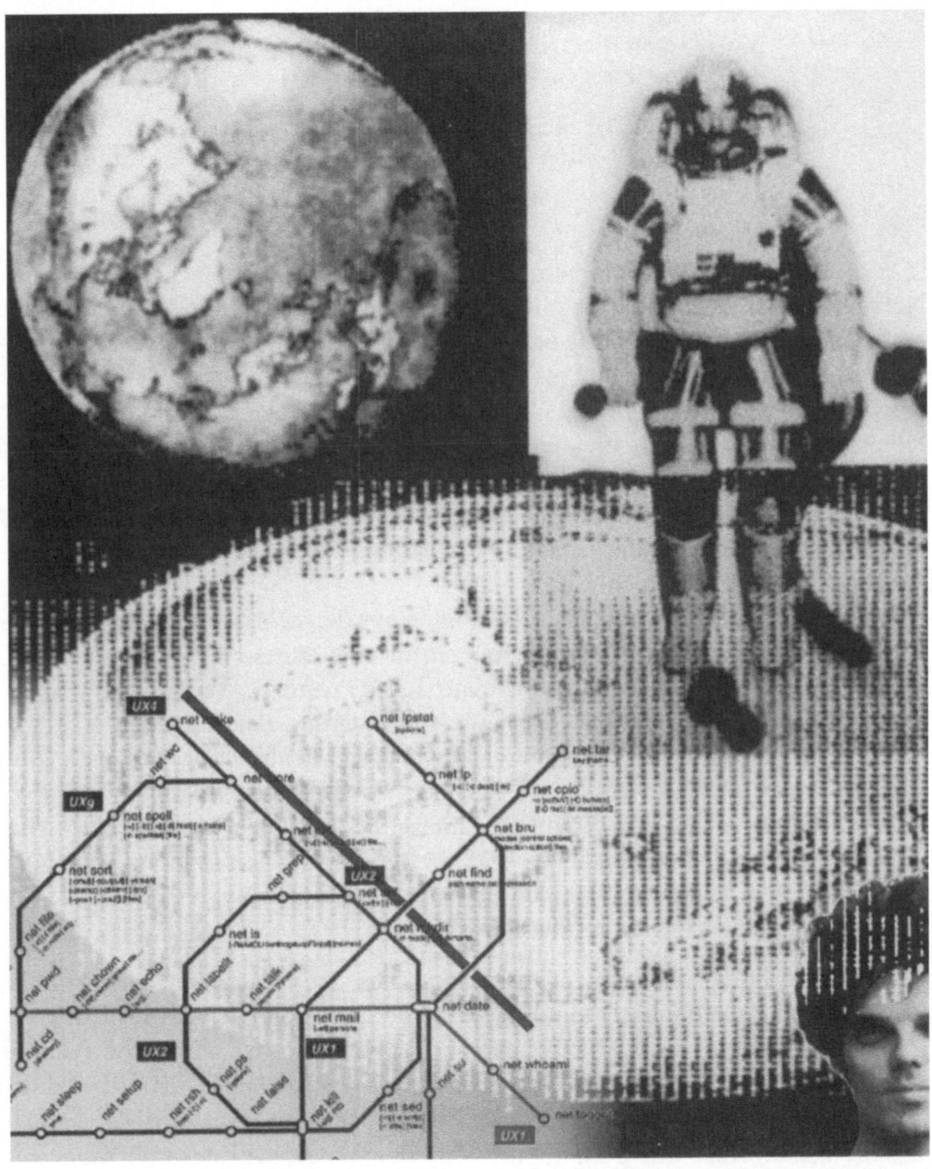

Abbildung: Ausschnitt aus der Meta-Karte "MAPS" mit Bildelementen von Stefan Beck (Frankfurt), Dana Moser (Pittsburgh) und Mathias Fuchs (Wien)

Die Elektronische Kunst- und Wunderkammer
als Erlebnis- und Vermittlungsform

Achim Lipp
The Electronic Kunstkammer
Auf den Häfen 4
28203 Bremen

....Was uns während der vierjährigen Laufzeit des **"Europäischen Museums-Netzwerkes EMN"** zunächst mit Stolz erfüllte: daß das Projekt nämlich ohne große Industriebeteiligung entworfen und realisiert wurde, erwies sich nach Ablauf der Förderung Ende 1992 als gewaltiges handicap: Für die Verwertung des entwickelten Systems, die Pflege , das update, für entsprechende Planstellen etc fehlen den Museen die Interessen sowie die Mittel. So ist von einem Stillstand zu sprechen; die Vermittlung des fertiggestellten Systems konzentriert sich auf das Vorführen, Demonstrieren, Diskutieren des bis dato Erreichten, was - selbst im Abstand von einem Jahr - sich in vieler Hinsicht noch immer auf einem international kaum erreichten Niveau befindet.
Inzwischen ist den verantwortlich Beteiligten aus den acht Museen in sechs Ländern längst klar, daß die Voraussetzungen für eine angestrebte erfolgreiche öffentliche Anwendung noch lange nicht geschaffen wurden. Weder die antizipierte online-Verbindung via IBC noch die Finanzierung eines solchen Verkehrs oder gar die fortgesetzte Weiterentwicklung des Datenbestands durch die Museen auf der einen Seite sind irgend gesichert. Auf der anderen Seite können wir nicht davon ausgehen, daß öffentlich aufgestellte Terminals ohne weiteres vom Publikum sinnvoll und verständig bedient werden könnten. Video Games und Bankautomaten haben das Publikum kaum auf die Bedienung von soetwas wie einer multimedialen **"Kontextmaschine"** vorbereitet.

Die Integration der unterschiedlichen kulturellen Werte und Auffassungen, der Kategorien und isolierten Sammlungsbestände etc entpuppte sich im Laufe der Jahre allmählich für wohl alle Teilnehmer als der Kern des Unternehmens. Die Anwendung Neuer Technologie kann gerade auf diesem Gebiet hilfreich sein, da sie die anschauliche Formulierung des jeweils Anderen immer wieder erlaubt. Die Medien eröffnen uns wohlmöglich die "demokratische Rückeroberung" kulturellen Erbes, das aus den Galerien feudaler Herrscher umstandslos in die Karteikästen der Experten verklappt wurde (siehe *"Kunst im Netzwerk"* , Katalog, Hamburger Kunsthalle 1986) .

Die in diesen Projekten gemachten Erfahrungen im Hinblick auf Aktualgenese von Erkenntnis, Interesse und Veranschaulichung, auf Serendipity und assoziativen Zugriff bilden den Grundstock für Konzepte im Umfeld interaktiver Multimedia-Applikationen im kulturellen Bereich.. Eine ganz besondere Rolle nehmen dabei meine Vorstellungen zur *"Elektronischen Kunst- und Wunderkammer"* ein, die den Verästelungen des barocken analogen Vorläufers, der fürstlichen Kunst- und Wunderkammer, folgen und sich bis in den Entwurf künftiger Modelle erstrecken. Ich nenne hier besonders meine Vorträge auf den beiden Konferenzen über Hypermedia und Interaktivität in Museen (ICHIM; Pittsburgh 1991 und Cambridge, UK 1993), auf denen ich diesen Ansatz für den Aufbau interaktiver multimedialer Datenbanken ausgeführt habe. (Siehe dazu meinen Aufsatz *Towards the Electronic Kunst und Wunderkammer. Spinning on The European MuseumsNetwork EMN*, in Visual Resources, July 1994, Cambridge, U.S.A.)

Eine zusätzliche Dimension gewinne ich seit einiger Zeit aus der Verbindung zu Entwurf und Realisation der *"Encyclopedie"* von **Diderot** und **d´Alembert:** dieses Hauptwerk der europäischen Aufklärung, nach schließlich 30 Jahren im Morgengrauen der Französischen Revolution abgeschlossen, hat in einzigartiger Weise das Wissen der Zeit zusammengefaßt, bewertet, aufgeklärt, verteilt und in wahrhaft gesellschaftsbildender Weise nutzbar gemacht, hat es vorbildlich gegliedert, separiert und vielschichtig verknüpft, in Begriffe und Bilder überführt, es praktisch gemacht - zugleich hat die *"Encyclopedie"* das Medium Buch in all seinen Aspekten zu seiner demokratischen Vollendung geführt.

Im Zusammenhang mit Megaprojekten auf dem Gebiete des elektronischen Publizierens, wie etwa der *"One Million Picture Bank"* von Bill Gates, muß man diese Referenz herstellen ... und sich insbesondere um die Skizzierung von unerläßlichen **Verweisstrukturen, Navigationsstrategien** und **dynamischen update Prozeduren** bemühen, die für eine **voll interaktive multimediale Neue Enzyklopädie** unerläßlich sind.

Allerdings: Es ist atemberaubend, mit welchem Selbstverständnis Verlage und Softwarehäuser auf die Gesamtheit des kulturellen Erbes der Menschheit reflektieren: sehen sie doch darin die sichtbar gewordene Gestaltungs- und Erfindungskraft des Menschen, die sich zur erneuten, nun elektronischen Verwertung von höchstem **Unterhaltungswert** auf den Markt bringen läßt. Mit zügigem Griff setzen sie auf die Sammlungen und Magazine an, um sich entscheidende Segmente aus diesem riesenhaften Fundus zu sichern. Die bislang verkrampfte und eher mißlungene Annäherung zeigt allerdings, welch breiter **Graben zwischen den Museumsexperten, die den Gral in ihrer Obhut wissen, und den neuen Verwertern** derzeit noch klafft. Und der sich wohl nicht so einfach zuschütten läßt. Auch nicht mit Geld.

Zur Zeit scheint es so, als würden potente Projektbetreiber sich frustriert aus dem kulturellen Bereich der öffentlichen Museen zunächst wieder zurückziehen, um den Zeit (und Geld) raubenden Diskussionen um Inhalte, Ziele und Methoden zu entgehen. Ihnen ist das Verantwortungsgefühl der Museen für das ihnen anvertraute Gut fremd - und auch nicht vordergründig ausbeutbar. So wenden sie sich erst einmal einfacher zu öffnenden Archiven zu und füttern - nach meiner Kenntnis in völlig unzureichender Art - ihre Datenbanken mit Unmengen von disparatem und auch beliebigem visuellen Material. Die Notwendigkeit mehrdimensionaler Zugriffsstrategien und die sich daraus für die Datenaufbereitung ergebenden Konsequenzen haben sich erst zaghaft zu erkennen gegeben: Dazu zähle ich u.a. die Integration verschiedener Expertensysteme, Einbindung von Benutzereingaben und Rückkopplungen, nicht vordefinierte und offene Navigations- und Inputsysteme und die Versinnlichung von Datenprozessen als Interfacegestaltung, dazu kommt das speziell für Hamburg entwickelte **assoziative Keywordkonzept.**

Die fortschreitende Definition von Spezifikationen und Pflichtenheften für die Erstellung interaktiver Computerprogramme hat im Laufe der Zeit zu unterschiedlichen Realisationen geführt, die jeweils in mehrschichtige Bedingungspakete eingebunden waren; besonders zu erwähnen ist das völlig **offen und unzensierte Keyword-Inputsystem** von **Kunst im Netzwerk** und das **interaktive offene Multimedia-Eingabeprogramms MDA,** speziell für das **Europäische MuseumsNetzwerk** entwickelt.

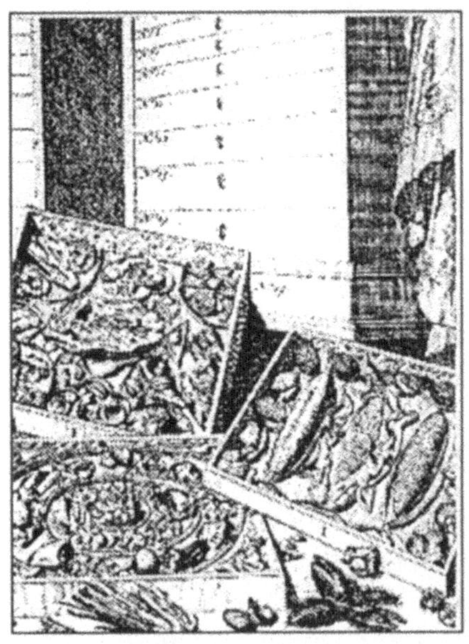

Kunstkammerschrank, 1706

CD - ROM Mini Tower, 1994

Es ist durchaus vorstellbar, daß sich die in diesen und anderen Anwendungen gemachten Erfahrungen in Richtung auf ein Projekt bündeln lassen, das als Anforderungsrahmen u.a. interaktive Nutzung, intelligente Verweisstruktur, multimediale Datenbank, assoziativen Verknüpfungsgenerator, dynamische Datenstruktur und realiserte Online-Vernetzung vereint. Das demokratisierende Potential interaktiver Medienanwendung muß über den Horizont des Elektronischen Museums hinaus gedacht werden. Man darf sich durchaus auf die einst universalen Sinn stiftenden barocken **Kunst- und Wunderkammern** beziehen, auch wenn sie nur auf jeweils einzelne bevorzugte Individuen fokussiert waren, und einen Rundblick in das von **Francis Bacon** um 1600 entworfene universale Gehege von real vernetzten Erfahrungsräumen werfen.

Man wird sehen, daß der von hier aus folgerichtig zu Diderots und d´Alemberts **Encyclopedie** führende Weg uns dann eben nicht zwangsläufig zu den elektronischen Wörterbüchern und Nachschlagewerken von Grolier oder Bertelsmann leitet. Die tatsächliche Online-Kommunikation mit unmittelbarem input, feed back, update etc. prägt die neu-aufklärerischen Grundzüge künftig möglicher Anwendungen und ist bei enzyklopädischen Unternehmen, wozu ja fast alles nun zu geraten scheint, zu antizipieren - wenn sich **das Enzyklopädische** denn überhaupt noch anders fassen läßt als die **Generierung von Zugriffs-, Auswahl- und Verknüpfungsstrategien**. Die zur Zeit sich etablierende CD ROM Realität hat mit den sich daraus ergebenden Konsequenzen kaum etwas zu tun.

Es ist offenkundig, daß es künftig eine bedeutende Aufgabe nicht nur der Museen sein wird, sich intensiv der Frage um die elektronische Umsetzung des kulturellen Erbes zu widmen und bewußt eine aktive Rolle zu übernehmen. In allen kulturellen Bereichen muß man sich klar darüber werden, daß mit dem ersten elektronischen *file* eines Archivs die Diskussion bereits begonnen hat und daß unweigerlich Position bezogen werden muß.
In entsprechender Weise haben sich Ansätze und interkulturelle Projekte nicht nur im pädagogischen Bereich der Museen zu verstehen. Meine eigene Arbeit hat gezeigt, in welch zunächst unerwarteter Weise sich die museologische Diskussion öffnet und der Begriff der Vermittlung völlig neue Dimensionen gewinnt.

Der Erfolg einer **Neuorientierung kultureller Vermittlung** wird ganz sicherlich in entscheidendem Maße davon abhängen, wie wir den Umgang mit den neuen Medien begründen und gestalten und was wir mit der Vorstellung von **Kontinuität** innerhalb dieser **elektronischen Erlebnis- und Vermittlungsformen** verbinden, wohlwissend, daß Kontinuität sich kaum mehr der linearen Vermittlung von Sinnfiguren verdanken kann. Sie wird vielmehr eine **Funktion des Netzwerkens** sein. Allerdings bleibt abzuwarten, wieweit aus der **europäischen Geistesgeschichte** sich herleitende Vorstellungen und Prinzipien bei elektronischen Megaprojekten kurzfristig zum Tragen kommen.
Künstlerischer und pädagogischer Eros brauchen einen langen Atem, Kenntnis und Erfindungsreichtum, um sich neue Wirkungsfelder zu erschließen und sich den erforderlichen Zutritt zu neuen Technologien einschließlich zukunftsorierter Entwurfs- und Eingriffsmöglichkeiten nicht nur - wenngleich unabdingbar - in organisatorischer und finanzieller Hinsicht zu schaffen.

...

Computer schaffen Kunstwerke!?

Michael Schlosser
Friedrich-Hähnel-Str. 15
D-09120 Chemnitz

Zusammenfassung

Bekanntlich wurden bereits mehrfach Computerprogramme zum Komponieren von Musik geschrieben, doch entspricht dieses „Komponieren" nicht der typisch menschlichen kreativen Vorgehensweise. Im Artikel wird eine analoge Aufgabenstellung aus dem Gebiet des Schachspiels betrachtet, nämlich die Erzeugung von Schachproblemen mit Hilfe eines Computers.

Abstract

It is well-known that there have been written computer programs in order to compose music. This way of „composing", however, is quite different from the creative way human beings do. The paper presents an analogous application in the game of chess, namely the generation of chess problems with the aid of a computer.

1   Schachliche Kunstwerke

Neben dem den sportlichen Stil betonenden Wettkampfschach existiert als eine weitere selbständige Form die Schachkomposition (auch Problemschach oder Kunstschach genannt), welche die ästhetisch-künstlerische Seite des Schachspiels hervorhebt.

Im Problemschach wird, ausgehend von einer in einer Schachpartie möglichen legalen Position eine gewisse vom Autor (Komponist) dieser Position erdachte Zugfolge (Lösung) gesucht, die eine bestimmte Forderung (z. B. „Matt in 3 Zügen") erfüllt. Diese Autorlösung ist meist eine Zugkombination, die in guten Problemen künstlerisches Gedankengut in sich vereint, das z. B. durch unerwartete, paradoxe, rätselhafte Züge, schöne und ökonomisch dargestellte Themen usw. zum Ausdruck kommt. Eine solche Häufung ästhetisch wertvollen Inhalts tritt in praktischen Partien selten auf.

Zum Problemschach gehören alle Schachprobleme (Schachaufgaben)[1] mit der Forderung „Matt in n Zügen" und Studien[2]. Im weiteren beschränken wir uns auf Schachprobleme.

Eine wesentliche Forderung an ein Schachproblem ist die sog. Korrektheit, d. h. die vom Komponisten beabsichtigte Lösung soll eindeutig sein. Die Prüfung auf Korrektheit ist für den Komponisten schwierig, zeitaufwendig und leider auch sehr fehleranfällig.

---

[1]In Schachproblemen beginnt im allgemeinen Weiß und setzt trotz stärkster Gegenwehr von Schwarz spätestens in der angegebenen Zügezahl matt.

[2]Studien sind künstliche Endspiele, deren Zielsetzung nicht in einem Matt in n Zügen, sondern in der Erzwingung von Gewinn oder Remis besteht.

2 Wie komponiert der Mensch?

Die bisher geläufige Methode der Komposition von Schachproblemen besteht darin, ein bestimmtes vorgegebenes Thema oder eine inhaltliche Idee mit den Möglichkeiten der Schachfiguren in korrekter Weise darzustellen.

Die Diagramme 1 und 2 sollen einen kleinen Eindruck von der Schönheit von Schachproblemen vermitteln und zeigen, worin einige Unterschiede zum Partieschach bestehen.

Diagramm 1: 1.Ld6! (droht 2.De8 matt), Td7/Ld7 2.Da8/Le7 matt. Weiß nutzt in Partien selten vorkommende Turm-Läufer- bzw. Läufer-Turmverstellungen aus.

Diagramm 2: 1.Td5! b5 2.Td6! cd6: 3.c7 d5 4.c8S! d4 5.Sb6 matt. Hier kann man ein Matt in 5 Zügen nur durch Opfer der stärksten Figur und Umwandlung des Bauern in den scheinbar schwachen Springer erreichen. Paradox!

1 W. Speckmann	2 J. Sorokin	3H. Müller, G. Rinder
Freie Presse, 1965	*Freie Presse, 1968*	*Die Schwalbe, 1970*

2-Matt (3+4)	5-Matt (3+6)	32-Matt (2+8)

3 Wie komponiert der Computer?

Der Computer kann gegenwärtig nicht komponieren nach Vorgabe eines Themas, eines Inhaltes wie ein Mensch. Er wird seit ca. 30 Jahren lediglich benutzt, um vom Menschen gefundene Positionen auf Korrektheit zu überprüfen. Wir wollen jetzt eine Methode vorstellen, mit der es möglich ist, in Kooperation von Computer und Mensch neue Schachprobleme zu schaffen.

Etappe 1: Konstruktion einer vollständigen Endspieldatenbasis

Man beginnt mit der Menge der schwarzen Mattstellungen und geht jeweils einen weißen Zug zurück, d. h. man berechnet alle Positionen „Matt in 1 Zug". Aus diesen Positionen geht man jetzt einen schwarzen Zug zurück und bildet die Menge aller Positionen, die zwangsläufig zu einer Position „Matt in 1 Zug" überführt werden können. Anschließend nimmt Weiß wieder einen Zug zurück; es entsteht die Menge der Positionen „Matt in 2 Zügen" usw. usf. Dies wiederholt sich so lange, bis man keine neuen gewonnenen Positionen mehr findet. Ergebnis ist eine sog. vollständige Endspieldatenbasis (EDB)[3]. Dieser Algorithmus wurde bereits 1912 vom deutschen Mathematiker E. ZERMELO begründet [5]; erste Realisierungen mit dem Computer gelangen 1970 [4].

Etappe 2: Entfernen aller inkorrekten Positionen

Eine EDB enthält i. allg. auch Positionen, in denen mehrere Züge zum Ziel führen. Im praktischen Spiel kann dann einer dieser Züge ausgewählt werden, da dort eine beliebige Lösung gesucht wird. Im Gegensatz dazu liegt ein Schachproblem nur dann vor,

---

[3]Eine EDB kann man sich als eine große Tabelle vorstellen, die für jede theoretisch mögliche Position eines bestimmten Endspiels die Zuganzahl bis zum Gewinn angibt. Verlust- bzw. Remisstellungen werden besonders gekennzeichnet. Außerdem enthält die EDB im Gewinnfall wenigstens einen optimalen Zug.

wenn genau eine optimale Lösung existiert. Positionen mit Inkorrektheiten (d. h. nicht eindeutigen Zugfolgen) sind in diesem Fall auszuschließen.

Etappe 3: Auswahl wirklicher Schachprobleme

Alle nach Etappe 2 verbleibenden Positionen sind zunächst formal korrekte Schachprobleme. Es obliegt nun der Phantasie und der Erfahrung des Menschen, aus diesem möglicherweise sehr reichhaltigen Angebot einige neue, im Sinne des Problemschachs künstlerisch und ästhetisch wertvolle, wirkliche Schachprobleme herauszufiltern. Dieser Schritt kann gegenwärtig (noch) nicht dem Computer anvertraut werden. Es sei hier an ähnlich gelagerte Probleme erinnert, wie z. B. Computer-Komposition in der Musik oder Malerei. An geeigneter Stelle wird auf die Bedeutung dieses Schrittes näher eingegangen werden.

Anwendungen der Methode

Die erste EDB für ein spezielles Schachendspiel entstand bereits Mitte der vierziger Jahre, damals jedoch noch mit Papier und Bleistift. J. HALUMBIREK (Wien) veröffentlichte mehr als 20 Probleme zum Schema von Diagramm 3.

1970 wurde die Methode vermutlich erstmals mittels Computer angewendet und für das Schema von HALUMBIREK ein Problem maximaler Länge konstruiert (Diagramm 3)[4] [1].

Auf der Suche nach neuen Schachproblemen wurden vom Autor dieses Beitrages für neue Schemata analoge EDB aufgebaut. Wir geben nachfolgend drei Ergebnisse wider [2] [3].

4 M. Schlosser	**5** M. Schlosser	**6** M. Schlosser
Sächs. Zeitung, 1985	*Sacharow-Mem., 1989*	*Sakkélet, 1986*
Sonderlob	*2. Lob*	

7-Matt (2+4)	12-Matt (2+8)	12-Matt (2+14)

Wir wollen nun näher begründen, warum jeweils gerade die abgedruckte Position aus einer Fülle ähnlicher Stellungen publiziert wurde (vgl. Etappe 3 der beschriebenen Methode):

Diagramm 4: Die Lösung[5] zeigt zwei gleichlange Varianten; dies ist ein Bonus.

Diagramm 5: Insgesamt existieren 9 korrekte 12-Züger: Da7, b7, c7, d7, e7, f2, f3, f5, g8/Kh6. Alle besitzen die gleiche Lösung 1.Df7 usw.[6] Für das gewählte Standfeld g8 der Dame sprechen zwei Gründe: 1. Steht die Dame nicht auf g8, nimmt der Schlüsselzug 1.Df7 dem schwarzen König wenigstens eines der beiden Fluchtfelder g6 oder g7, was einen

---

[4]Lösung: 1.Da8+ Kb3 2.Da1 Kb4 3.Da2 Kb5 4.Da3 Kb6 5.Da4 Kb7 6.Da5 Kb8 7.Da6 Kc7 8.Db5 Kc8 9.Db6 Kd7 10.Dc5 Kd8 11.Dc6 Ke7 12.Dd5 Ke8 13.Dd6 Kf7 14.De5 Kf8 15.De6 Kg7 16.Df5 Kh8 17.Dg5 Kh7 18.De5! Kg8 19.Df6 Kh7 20.Df8 Kg6 21.De7 Kf5 22.Dd6 Ke4 23.Dc5 Kd3 24.Db4 Ke3 25.Dc4 Kf3 26.Dd4 Kg3 27.De4 Kh3 28.De6+!Kg3 29.Df5 Kh4 30.Dg6 Kh3 31.Dg5 Kh2 32.Dh4 matt.

[5]1.De8 Kf4 2.De6 Kf3 3.De5 Kg4 4.Df6 Kh5 5.Dg7 Kh4 6.Dg6 Kh3 7.Dh5 matt.
1.... Kg4 2.Df8 Kg5 3.Df7 Kg4/Kh6 4.Df6/Dg8 usw.

[6]Wenn Schwarz am Zug wäre, könnte Weiß bereits im 4. Zug mattsetzen (sog. Satzspiel: 1.... Kh5 2.Dg7 Kh4 3.Dg6 Kh3 4.Dh5 matt). Doch verfügt Weiß über keinen Wartezug.

Die Lösung lautet: 1.Df7 Kg5 2.De6 Kf4 3.Dd5 Ke3 4.Dc4 Kf3 5.Dc6+! Ke3 6.Dd5 Kf4 7.De6 Kg5 8.Df7 Kh6 9.Dg8 Die Ausgangsposition ist wiederum erreicht, aber nun mit Schwarz am Zug. Jetzt führt das Satzspiel zum Ziel: 9.... Kh5 10.Dg7 Kh4 11.Dg6 Kh3 12.Dh5 matt.

Mangel darstellt, weil der Lösungszug weniger überraschend ist. 2. Nur in diesem einen Fall existiert in der Ausgangsposition ein Satzspiel.

Diagramm 6: Die Lösung[7] enthält zwei gleichlange Varianten, die in unterschiedlichen Mattbildern enden (Da5/Ka3 bzw. Dh5/Kh3). Ausgehend von beiden wurde die EDB aufgebaut. Der Algorithmus endet hier bei 11,5 Zügen. Die Umwandlung des Bauern in eine Dame wurde durch den Komponisten hinzugefügt.

4 Schlußbetrachtungen

Mit dem Computer können durch Ausnutzung vollständiger EDB zahlreiche neue, bisher noch nicht existierende Schachprobleme, die zum Teil von beachtlicher Schwierigkeit sind und interessante Thematiken beinhalten, gefunden werden.

Die Anzahl der beweglichen Steine in den untersuchten Schemata ist aufgrund der Komplexität der EDB noch gering. Mit der weiteren Entwicklung der Rechentechnik lassen sich schrittweise neue Aufgabenklassen bearbeiten.

Der Computer kann (wenigstens bis heute) nicht komponieren wie ein Mensch! Er durchsucht lediglich systematisch Schachpositionen mit gewissen vom Menschen vorgegebenen Merkmalen nach korrekten Schachproblemen. Das Schaffen eines neuen Schachproblems nach Vorgabe eines Inhalts, eines Themas (d. h. ohne exakte Vorgabe seiner Form) - die eigentliche kreative Seite des Komponierens - verbleibt nach wie vor beim Menschen. Deshalb ist wohl der Zeitpunkt noch zu früh, um in diesem Zusammenhang von einem komponierenden Computer zu sprechen.

Der Übergang zum wirklichen Komponieren ist sehr eng verbunden mit Fragen der Übertragung von Kreativität auf den Computer, mit der Entwicklung maschineller Lernsysteme u. ä. Analog wie in anderen Disziplinen könnten auch hier die im Rahmen der Forschungsarbeiten auf dem Gebiet der Künstlichen Intelligenz entwickelten Mittel und Methoden ein Schlüssel zur Lösung des Problems sein. Ein Schritt in diese Richtung wären speziell für das Problemschach entwickelte Expertensysteme. Bescheidene Anfänge existieren bisher bei der maschinellen Analyse des Inhalts von Schachproblemen. Diese dient als Voraussetzung für die beim Komponieren neuer Schachprobleme notwendige Synthese von inhaltlichen Elementen und stellt ein weites Betätigungsfeld künftiger Untersuchungen dar.

Literatur

[1] Rinder, G. Computer bauen Schachprobleme!? Die Schwalbe, 14(1970)3, 54-57

[2] Schlosser, M. A Test-Bed for Investigations in Machine Learning. GOSLER-Report 18/92, TH Leipzig, October 1992

[3] Schlosser, M. Können Computer Schachprobleme komponieren? Schach-Report/Deutsche Schachblätter, Teil 1, (1994)5, 53-55, Teil 2, (1994)6

[4] Ströhlein, T. Untersuchungen über kombinatorische Spiele. Diss., TH München, 1970

[5] Zermelo, E. Über eine Anwendung der Mengenlehre auf die Theorie des Schachspiels. 5. Int. Mathematikerkongreß, Cambridge, 1912, Bd. 2, 501- 504

---

[7] 1.c8D Ke4 2.Dc5 Kf4 3.Dd5 Ke3 4.Dc4 Kf3 5.Dc6+! Ke3 6.Dd5 Kf4 7.De6 Kg5 8.Df7 Kh6 9.Dg8 Kh5 10.Dg7 Kh4 11.Dg6 Kh3 12.Dh5 matt. 7.... Kf3 8.Df4 Kg4 9.Df6 Kh5 10.Dg7 usw.
1.... Kd4 2.Df5 usw. (symmetrisch zum Abspiel 1.... Ke4)

40 Years of Computer Art

Olaf Langmack
Feinarbeit
Altenbraker Straße 4
D–12053 Berlin

My conception of computer art aims at the artistic analysis of the computer as medium. But the originality of this art does not depend on the use of computers, it can be carried out with any medium suitable for artistic expression. I will detail this position with an interpretation of concrete poetry ("Konkrete Poesie") as computer art and the restoration of a poem as interactive system.

Concrete Poetry

Eugen Gomringer, one of the originators of concrete poetry, stated more than 40 years ago: "One must arrive at new scripts and codes" ([3], page 56). He asked for the "adaptation of writing to the necessity of faster communication. Shortage of expression and simplicity do *not* mean, however, the end of poetry. Even though poetry is disconnected from society" ([3], page 56). The following is an example of such new code, designed to accelerate communication ([2], page 75):

```
ping  pong
     ping  pong  ping
     pong  ping  pong
          ping   pong
```

While writing this, Gomringer takes the position of a director. He provides a concept: "It's ... possible to combine them any way one likes, there is just one handicap, the poet controls the game, he deals out the cards" ([3], page 56). The poet invents the concept, carries it out once himself, writes it down, so that it can be used by his readers or co-poets. They may derive the poems implicit concept. They may vary the concepts use then to yield another version, another constellation ("Konstellation"). They are invited to remotely interact with the poets ideas. Technically this is eased by the fact that the poems "... are small enough that one can have them in one's head and can deal with them in the head" (Gomringer, [3], page 56).

This model suggests obvious analogies to computer systems – the poet could be seen as programmer of an interactive system – so that the question is raised, if computers can be used as medium for concrete poetry.

Restoration

If the restoration of a poem as program succeeds i classify the poem as computer art. Gomringers ideogramm "lieb()leib" ([2], page 87) is an example of such computer art, it has been first published in 1954:

<pre>
                lieb( )leib
          lieb(lie((li(((i e)))eb))ieb)lieb
            l(((li((lie(li eb)ieb))eb)))b
    lieb(((((lie((((li(((l((i() ()e))b)))eb))))ieb)))))lieb
       lieb((((lie(((li((l(i) (e)b))eb)))ieb))))lieb
  ((((((lieb(((((lie((((li(((l((i( )e))b)))eb))))ieb((((((lieb))))))
           (((l((i()e))b))) (((l((e()i))b)))
            l(le((lei(((le ib)))eib))ib)b
      (li)(le)(lb)(il)(el)(bl) (ie)(ib)(ei)(bi)(eb)(be)
                (l)(ie) (ei)(b)
</pre>

The poem – not the concept – plays with the meaning of "lieb" (love) and "leib" (body). The words are split and combined to provoke reflections on their interplay. Parentheses are used to symbolize an echo. An intelligent echo, since it can be made responsible for splitting and rearranging the words. The poem has a dramatical structure, it has plot points. It's not just a formal variation of abstract symbols.

At first sight most computer programmers would identify "lieb()leib" as a LISP program. The LISP programming language requires balanced parentheses to group syntactical entities. But a second look at "lieb()leib" unveils their unbalanced use. Their appearance does not conform to their role in programming. As a LISP program "lieb()leib" is syntactically wrong. This becomes apparent if one restores the poem. As method in this case it is appropriate to establish a set of regular expressions and a context-free grammar - both different types of formal languages - as definition of the poems concept. The grammar does *not* treat opening and closing parentheses as distinct symbols.

With some technical extensions the definition can be used as input to a compiler construction system which then generates an interactive program. This program allows to perform proper variations of "lieb()leib" in real-time. It supports the user to act as Gomringers co-poet.

If the results reach a similar dramatical intensity as the original example remains to be seen though: At the final plot point - where Gomringer makes use of unbalanced parentheses - the poem becomes a robust form ("kerniges Gebilde") in two ways. "The system of the poem is broken by the hommage to "lieb". Because "lieb" is now complete. The goal of the echo parentheses is achieved" (Gomringer, from private communication with the author). Both the hommage to lieb and the unbalanced use of parentheses - a computer related hidden topic - are stated at this point in the poem.

This restoration classifies "lieb()leib" as computer art, probably as one of the earliest examples of computer art. First, since its concept is effectively representable as computer program. The computer can effectively be used to read and write its constellations. And second, since it breaks with rules that are fundamental to programming. It reflects the expressiveness of formal languages in an artistical manner.

Not all examples of concrete poetry (not to talk about the poetry that is "disconnected from society") can be restored as programs. And to avoid misunderstandings, it is my conviction that no sort of poetry can be generated by programs, no programs exist to judge the quality of poetry.

Perspective

A comparison of milestones in the use of formal language theory for the implementation of programming languages with the advent of concrete poetry shows that 40 years of technical progress were necessary, to allow the use of a computer as its medium. This is an example for Marshall McLuhan's observation that "artists from different fields of art discover at the beginning again and again how to use one medium to unfold the power of another" ([1], page 71). It implies that the artistic investigation of the computer does not require the use of computers.

Todays computer art is beared by all different art styles. Computer technology will at least need another 40 years to provide means that will allow the restoration of todays computer art works.

Acknowledgements

Thanks to Eugen Gomringer, Burghardt Groeber and Barbara Wien. Retranslation of McLuhan and all translations of Gomringer by Virginia Penrose.

References

[1] Herbert Marshall McLuhan, *"Die magischen Kanäle - Understanding Media"*; Econ, 1992.

[2] Eugen Gomringer, *"konstellationen, ideogramme, stundenbuch"*; Reclam, 1977.

[3] Eugen Gomringer, *"Konkrete Poesie - Von der ersten Stunde bis zur weltweiten Entwicklung"*, in: Michael Glasmeier, *"Nürnberger wörtliche Tage"*; Verlag für Moderne Kunst, 1990.

Computer, Sprache und Virtualität

Hartmut Sörgel
Humboldt-Universität Berlin, FB Germanistik
Alfred-Randt-Straße 14
12559 Berlin

1. Das Gedächtnis ist ein Ort virtuellen Geschehens und Sprache sein wichtigstes Ausdrucksmittel. Beide enthalten die Welt, uns eingeschlossen, oder vielmehr das von ihr, was wir wahrnehmen. In ihr ist alles der Kraft und der Möglichkeit nach enthalten, das ist alles,was für wahr genommen wird und alles, was wir daraus konstruieren.

2. Die Sprache enthält darum sowohl weniger als auch mehr als die Welt, Nämlich nur den uns zugänglichen Teil und das , was nicht erfahrbar ist, was wir aber aus den zugänglichen Teilen erschließen, neu kombinieren, danach suchen und es in die Welt einbauen. So vergrößert und verändert sich, was wir wahrnehmen durch unsere eigene Tätigkeit. Auch Zeichensysteme wie die Sprache werden, kaum existieren sie, Teil der Welt und mit ihnen ihre Träger und das, was sie bezeichnen. Aber mit der Sprache haben wir gelernt, die Botschaft von uns zu spalten, und zwar so weitgehend, daß sie ohne uns unterwegs sein kann. Heute befindet sich der weitaus größte Teil nicht mehr in oder bei uns sondern in den verschiedenen Speichermedien, oder unterwegs auf Datenbahnen. Und ein einzelner Mensch versteht von dem dort Gespeicherten und Hin- und Hergeschobenen nur Bruchstücke, ganz zu schweigen von der Hard- und Software. Das gleicht den Verhältnissen im subatomaren Bereich, wo die scharfen Grenzen zwischen den Dingen aufgehoben sind, alles ragt ineinander, und wir wissen nicht, was eigentlich dort geschieht, denn es geschieht gleichzeitig hier. Zum Beispiel fliegt die Krähe, die wir beobachten, in Gestalt der Photonen, die das Licht aus ihrem Federkleid herausschlägt, schwarz und grau durch die Augen ebenso wie durch die Luft, auch dort, wo sie selbst nicht ist. Das Auge, mit Hilfe der Sprache, erkennt die Krähe dort, wo sie fliegt, indem es sie aus den Daten konstruiert. Dort fliegt also der Begriff "Krähe", und wir wissen kaum mehr von ihr. Dort fliegt ein Teil der Sprache in schwarzer und grauer Farbe und schlägt mit den Flügeln.

3. Durch Sprache eignen wir uns das Unbekannte an, das Gefährliche oder Unsichtbare wird benennbar und das flügelschlagende Schwarze und Graue eine Krähe. "In der Nähe eines schwarzen Loches, dem Rest eines roten Riesen, im Haar der Berenike befindet sich eine Gruppe schwarzer und weißer Zwerge", könnte eine Astronomin berichten. Erzählt sie ein Märchen? "Nein!" versichert, sie, sie habe das selbst beobachtet. Wir

merken uns so, was anders zu abstrakt wäre und nicht wieder auffindbar. Die "Märchengestalten" markieren den Weg zum Wiederauffinden der Sterne und Sternbilder. Das hier für die Astronomie Gesagte gilt für alle Gebiete. Wir spielen mit den Möglichkeiten der Vorstellungskraft und der Phantasie, die immer noch mehr wissen will als die nackten, also von ihrer vieldeutigen wirklichen Erscheinung abstrahierten Tatsachen, obwohl das die Sachen sind, die durch Taten entstehen, deren Teil der Beobachter im Moment des Beobachtens wird. Sieht er sich selbst als vermeintliche Tatsache?

4. Sprache geht mit Zeit und Raum und allem daraus folgenden freizügig um. Sie setzt Bedingungen und Verhältnisse nach dem Willen und der Fantasie der Sprecherin, das kann eine Wissenschaftlerin, wie die Astronomin oder ein Schriftsteller, und sei es "drei Meilen hinter Weihnachten" (Erich Kästner) sein. Wer spricht oder hört, versetzt sich oder das, wovon gesprochen wird, in beliebige Zeiten und Orte, meist problemlos und ohne Zeitverzug, es sei denn, "drei Meilen hinter Weihnachten". Diese Orts- oder Zeitangabe vermengt beides so, daß ein märchenhafter Zeitort entsteht. Wir gebrauchen Wendungen dieser Art, ohne es zu merken. "Der Weg ist drei Minuten lang", oder, "Hier beginnt eine drei Kilometer lange Stunde." Wie, das gibt es nicht? Oh, Verzeihung, ich habe nur die Daten im Computer etwas durcheinandergebracht. Der Begriff "Zeitraum " legt solche Verwirrungen nahe. Er zeigt, wie sehr beides zusammen gedacht wird. Es begegnet uns ja auch nur zusammen, so daß die Begriffe diese Erfahrung wiedergeben. Und auch viele Konjunktionen und andere Wortarten gelten für beides (z.B.: vor, nach, jenseits, kurz, lang) .Wir verwenden ein fein abgestuftes inneres System, das uns bei solchen Ausdrücken(z. B. bei den Dimensionsadjektiven) meist die richtigen Wörter wählen läßt, so daß wir beim Veranschaulichen der Sachlage nicht scheitern.

5. Sprache experimentiert beständig. Jeder neue Satz sucht und ver-sucht. Er ist eine Versuchung der Wahrheit, die noch nicht bekannt oder bewußt war, aber plötzlich durch das grammatisch-semantische For-mulieren des Satzes gesetzt wird. Die Sätze finden und erfinden den Text. Sie hängen Satz für Satz neue Deutungen an das Thema, das sich dadurch verändert und neue Bedeutungen erhält. Die neue Bedeutung wird sofort wieder neu gedeutet. Ein Netz entsteht, worin alle Knoten miteinander verbunden sind. Und durch seine Maschen schimmert das, was die Sprecherin vor Augen hatte, als sie zu sprechen begann, falls sie die Absicht hatte, etwas deutlich zu machen.So verwebt sie den Text zu einem Netz aus Valenzen, zufälligen und absichtlichen Zuordnungen, Assoziationen usw. Die Hörer tröseln dieses Netz auf, bis sie, was gesagt wurde, in ihre eigene Vorstellungswelt eingeordnet haben.

6. Die Sprache in Gestalt dieses vernetzten Textes hüllt uns ein, denn daran arbeiten und damit spielen alle mit großer Hingabe, jeder für sich und gleichzeitig alle gemeinsam. Sie umhüllen uns mit Wörtern und Sätzen anstelle der Wirklichkeit, einer virtuellen Umwelt schon vor dem Aufkommen der Computer und ohne sie zu benötigen.

7. Mit den Computern zusammen verhüllt die Sprache inzwischen die Erde, als wäre sie ein Spielball oder ein "Netzwerk" aus Texten. Wenn also Computer und Sprache sich verbinden, entsteht eine andere Erde, eine versprachlichte. Das ist eine neue Dimension , die Gestalt der Erde und die auf ihr lebende Menschheit als Gemeinwesen, die wir mit den Wörtern und Sätzen als Begriffe und Sachverhalte auf der Zunge tragen, einer Zunge, mit der ich mir selber rund um die Erde Trost zusprechen kann, inmitten von summenden Maschinchen.

8. Möglich wurde das durch Computer, die ihrerseits auf Entwicklungen in der Mathematik aufbauten, denn die Zahlen und Geometrien mußten erst alle "Erdenschwere" verloren haben. Die Zahlen haben sie verloren, seitdem sie sich selbst genügen. Der Geometrie nahm sie David Hilbert im vergangenen Jahrhundert, indem er ihr die Anschaulichkeit dadurch raubte, daß er ihre Formen vollständig auf durch Zahlen ausgedrückte Verhältnisse zurückführte. Allan Turing konstruierte in unserem Jahrhundert auf dieser Basis die nach ihm benannte algorithmische Maschine, und das ist schon der geistige Vorläufer heutiger Computer, in denen alles das konstruiert werden kann, was vorher ohne Rest in Zahlen bzw. Zeichen zerlegt wurde. Das geht mit Zeichenreihen gut, solange nicht nach ihrer Bedeutung gefragt wird. Da der Hörer bloß die Zeichen braucht, um sie sich dann selbst zu interpretieren, eignen sich die Computer ausgezeichnet zum Speichern und Verbreiten sprachlicher Daten. In diesem Sinn werden wir zu einem Teil des Gesamtsystems: Sprache-Computer-Mensch, das virtuell alle unsere Erfahrungen und uns enthält und an jedem beliebigen Ort jederzeit abrufbar ist. Oder bleiben wir, wer wir waren?   Bauen wir das System nur auf, um bis nach Australien oder rund um die Erde zu sprechen und zu hören und um in weit entfernte Bibliotheken schauen zu können, ohne uns von der Stelle zu rühren, nur mit diesen Geräten vor Mund und Augen, durch die unsere Sätze fliegen, schnell wie Licht?

9. Die Gestalt der mit Computern bearbeiteten oder sogar von ihnen konstruierten Sprache ist das Abbild eines Abbildes eines Abbildes. Ihr Weg führt von den Sinnen über das Gedächtnis zur Sprache und von dort in die elektronisch errechnete Welt auf dem Bildschirm. Ähnlich wie bei Mehrfachspiegelungen erwachsen daraus überraschende Beziehungen,

seltsame Figuren und absurde Verzerrungen, als wären wir über das Höhlengleichnis von Platon nicht nur nicht hinausgekommen sondern tiefer hineingeraten.

10. Aus Sprache wird im virtuellen Rechnerraum eine sinnlich erfahrbare Textlandschaft, durch die wir uns zu Fuß oder wie bei Jeffrey Shaw mit dem Fahrrad bewegen können. Oder die Leser überfliegen die Texte, die unter ihnen wie Wälder wuchern, oder sie wandern durch den Wald und greifen und "begreifen" die Blätter der Bäume als Wörter mit den Händen.
Grapheme als berechenbare geometrische Figuren bevölkern den virtuellen Raum. Als visuelle oder akustische Daten, geschrieben oder gesprochen, sage oder schreibe ich in den Bildschirm, so wie jetzt und bestimme Größe, Farbe und Form, sowie Richtung und Schreibweise der Zeichen. Dann springe ich zwischen meine Sätze, rüttle und verstelle sie, um sie anders zu verstehen und verlaufe mich? Aber sie verwandeln sich. Sie werden, was sie bedeuten. Wie gut sie sich ver- "stellten"! Als wären Wörter und Sätze Larven und Puppen, denen alsbald die Schmetterlinge und Kröten entschlüpfen. Der Erzähler wirft seine Wörter in diesen Raum, und wo kein Weg ist, da erzählt er einen hin. Die Zuhörerin geht dort spazieren und kann den Text interpretieren und umerzählen, also den Weg verändern, während er auf ihm geht und in ein Boot auf einer Wolke umsteigen, in das sie den Erzähler mitnimmt, der noch ganz anderes verspricht und sich verspricht, und alles verschwindet in einem Nebel aus Wörtern und Silben.

11. Ein Ge   Di c ht   fäl l t
      vom Him   Mel und   fegt

    den See b Lau   grüner Wörter.

         Die W   Ör t e r   T A N zEN und
           sie sagen   nichts.
             Sie Schr e i Ben   die Stadt.
               Ihre Straßen   R Eden
                 mit B Lau   grünen Zungen,
               doppel   züngige Sch langen
            im M   Aul   der Ge Schich t e.

Technology Assessment im kulturellen Sektor:
Die Medienkunst als strategischer Partner

Roland Alton-Scheidl

Die Computerkunst bewegt sich heute im Spannungsfeld zwischen wohlwollender Annektion immer besserer und schnellerer Technologie und einem distanzierenden Karikieren ihrer Wirkungen. Computerkunst trägt damit einerseits zur allgegenwärtigen Beschleunigung[1] und Ästhetisierung der Waren- und Symbolwelt bei, andererseits versucht sie, neue Kontexte erst herzustellen und sichtbar zu machen.

Ich werde anhand einer kürzlich durchgeführten Studie über Medienkunst in Österreich[2] und unter Berücksichtigung internationaler Entwicklungen zwei Fragen nachgehen: Erstens, welche Veränderungen lassen sich an den Produktionsweisen von Kunstschaffenden, die mit dem Computer arbeiten, erkennen? Ergeben sich dadurch Forderungen an die Computerindustrie? Und zweitens - vice versa - hat Kunst, die sich mit neuen Technologien auseinandersetzt, Einfluß auf die technolgische Entwicklung? Kann sie das und will sie das?

Die erste Frage nach der Veränderung von Produktionsweisen ist eine klassische Aufgabe der Technikbewertung. Wir beobachten die Diffusion einer Technologie in einem bestimmten Sektor und fragen nach ihren gesellschaftlichen, ökonomischen und ökologischen Konsequenzen.

Zunächst hat die Arbeit mit elektronischen Medien Wirkung auf die Organisationsform der Kulturschaffenden, die vielfach in Paaren oder Gruppen arbeiten - als Verein, informell oder virtuell. Dies ist einerseits auf den hohen Spezialisierungsgrad zurückzuführen, andererseits auf den Projektcharakter vieler Arbeiten, was eine Teamarbeit mit Personen mit Spezialqualifikationen unabdingbar macht. Die Arbeit mit elektronischen Medien hat sowohl Werkzeug- als auch Objektcharakter: ist für einen Teil der Künstler das elektronische Medium nur ein Hilfsmittel, so ist es für andere Objekt der Auseinandersetzung, wobei vielfach das neue Werkzeug die Inhalte erst möglich macht. Ein dritter Aspekt zur Veränderung der Schaffensbedingungen ist der Wandel der Präsentationsorte: Dem Aus-Stellen und Vor-Führen weichen entweder prozeßhafte, semiwissenschaftliche Annäherungen an ein spezifisches Publikum (ars electronica, Mediale, unit^n [3]) oder neuen Interaktionsformen mit einem dispersen Publikum, etwa über Mailboxen oder Satellitenfernsehen.

Neben der Forderung nach adäquater finanzieller Förderung, die, gemessen an den Umsätzen der Elektronik- und Medienindustrie, die Marginalitätsgrenzen endlich überschreiten sollte, sind Sachleistungen in Form von langfristigen Leihgaben von Geräten stets willkommen. Die Belegung medial öffentlicher Orte erfordert in verstärktem Maße Zugänge zu Netzwerken und Sendern, und die Verwendung immer speziellerer Technologien macht den Zugang zu Experten wünschenswert, ansonst gibt es jedoch keine speziellen Anforderungen an die Computer- und Medienindustrie. Interessant ist die Abkehr vieler Medienkünstler von High-End Produkten und die Zuwendung zu low-cost Technologien, die mehr experimentellen Spielraum zulassen.

Die zweite Frage nach der Korrektivkraft von Kunst an der Technik scheint mir wesentlich spannender - wenngleich umstrittener. Paul Brown glaubt an einen positiven Nutzen der künstlerischen Auseinandersetzung mit neuen Technologien:

> "By involving artists (and I use the label in its widest possible sense) and other creatives, I believe that we may be able to help ensure that the new technology is balanced and potentially benevolent."[4]

Wogegen Peter Zec eher skeptisch ist, wenn er fragt:

> "... wo und wie Intellektuelle und Kunstproduzenten in der heraufziehenden Informationsgesellschaft noch eine mitbestimmende Funktion übernehmen können, ohne - wie es zur Zeit vielfach geschieht - als propagandistische Handlanger auf dem Feld der Medienentwicklung sowie der Akzeptanzförderung für neue Technologien eingesetzt und geschickt mißbraucht werden."[5]

Ziel der avantgardistischen Bewegungen (Futurismus, Dadaismus) war es, die soziale Institution einer autonomen Kunst zu zerstören und Kunst und Leben miteinander zu verschmelzen[6]. Doch in einer medialen Bilderflut, wo alles bereits perfekt gestylt ist, kommt Bildkunst zu keinen Aussagen mehr, ihr Protest wird stumpf[7]. Das Problem der Avantgarde ist nicht mehr die Repression durch gesellschaftliche Institutionen, sondern die Indifferenz der Öffentlichkeit. Die Ästhetisierung der Arbeit, der Natur und des Alltags geht einher ohne radikale Veränderung des Lebens. Folge ist ein Rückzug vieler Kunstschaffenden in Selbstreflexivität und die Bildung von Szene-Inseln, die auf symbolischer Ebene eine gewisse Autarkie ausbilden. Bilden hier die Technikkünstler eine Ausnahme? Zu welchen Aussagen kommen sie? Ist Technik von außen gestaltbar? Und wenn ja, unter welchen Bedingungen?

Marcuse und Habermas identifizieren Technik als "Ideologie" bzw. als "gesellschaftliches Projekt" und nicht als Sachzwang. Politisches Handeln entsprechend einer Ideologie verfügt sehr wohl über Spielräume, die kulturelle Entwicklung zu beeinflussen. Diese Tatsache ist von zunehmender Relevanz, da ein Brüchigwerden des technologischen Paradigmas bei der Bevölkerung, bei Entscheidungsträgern und selbst bei Technikern[8] unübersehbar ist. Heutige Technikfolgenabschätzung überprüft jedoch vor allem die sozio-ökonomische und ökologische Verträglichkeit. Sie stellt ein sozial wünschenswertes dem technisch Machbaren voran. Im traditionellen Kunst- und Kulturbereich ist man von so einer Sichtweise noch weit entfernt. Die Medienkunst, und insbesondere die Telematik, so der Mediensoziologe Alfred Smudits,[9] könnte jedoch eine Beschleunigung der Anwendung von "Technology Assessment" im Kulturbereich bringen, da sie nicht nur auf die Marginalien kultureller Kommunikation beschränkt bleibt, sondern sich auf den Freizeit- und Arbeitsbereich unmittelbar ausdehnt.

Technikfolgenforschung im Bereich kultureller Kommunikation hätte die Aufgabe, zunächst ästhetische, ökonomische, soziale, rechtliche und technische Möglichkeiten und Grenzen konkreter Kommunikationstechnologien zu erfassen und sodann Gestaltungsspielräume auszuloten. Eine sozialwissenschaftlich orientierte Kulturforschung müßte den Brückenschlag zwischen Kunst und Technik, zwischen Kulturschaffen und Kommunikationstechnologien schaffen.

Dies ist auch gleichzeitig die neue Dimension des Technology Assessments: Sie muß heraustreten aus der bloßen Bewertung und Politikberatung, die stets entweder zu früh erfolgt (A), also am Beginn einer technologischen Entwicklung mit zu vielen offenen Parametern, oder aber zu spät einsetzt, erst dann, wenn die Politik nur mehr zwischen gegebenen Alternativen zu entscheiden hat (B). Die Technikbewertung müßte in die Technikentwicklungsphase integriert werden (C), um vom Zeitpunkt der Idee bis hin zur Produkteinführung Faktoren wie Sozialverträglichkeit, Benutzerfreundlichkeit, Umweltverträglichkeit oder anhaltende Entwicklungsfähigkeit mit-

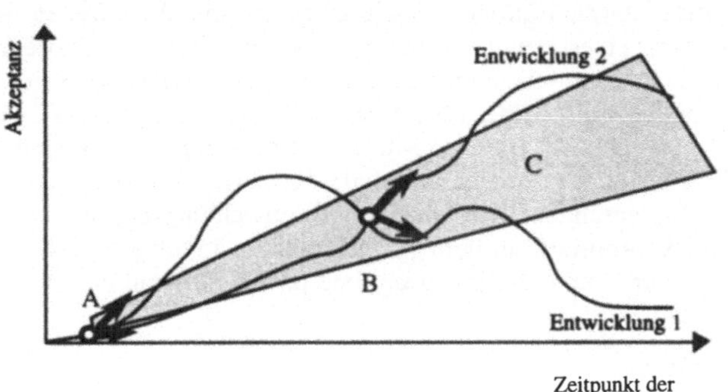

einzubeziehen. Der Prozeß der bewußten Gestaltung von Technik ist vielerorts ja bereits in Gang gekommen, seitdem viele Technikentwicklungen als "organisierte Nicht-Akzeptanz" (Robert Tschiedel) nicht nur volksökonomisch, sondern auch betriebswirtschaftlich negativ zu Buche schlagen. Die sozialverträgliche Technikgestaltung selbst ist kein Rezept oder ein Kriterienraster, das der Technik übergestülpt werden kann; es bringt vielmehr die Plastizität von Technik und die Plastizität des sozialen Umfeldes zu Bewußtsein und erhebt die Forderung, Technikentwicklung als gesamtgesellschaftliches Problem zu begreifen.[10]

Integrierte Technikfolgenforschung bedeutet in diesem Kontext also, die Genese neuer Technologien, Verfahren und Anwendungen nicht alleine den Marktstrategen und Entwicklungsingenieuren zu überlassen, sondern interdisziplinäre Teams von Anfang an miteinander arbeiten zu lassen, die eine wesentlich weitere Problemsichtweise und Methodenvielfalt aufbringen. Im Bereich der Künstlichen Intelligenzforschungen konnten mit diesem Ansatz bereits einschlägige Erfahrungen gemacht werden[11]. Es gelang zum Beispiel durch die Mitwirkung eines Soziologen mit Medienerfahrung in einem Projekt zur Verteilung von Sachwissen, die Leitvorstellungen vom künstlichen Experten wegzubewegen - hin zur Leitidee eines kollektiv geteilten und kommunizierten Wissens, an der Gesprächsmetapher, um sich am Konzept eines interaktiven Handbuches zu orientieren. Werner Rammert schlägt vor, eine jeweils angemessene Organisationsform zu finden, welche die relative Autonomie der disziplinären Sicht- und Herangehensweisen gewährleistet und welche gleichzeitig dazu zwingt, sich wechselseitig wahrzunehmen und die Ergebnisse der anderen in die eigene Sicht hineinzunehmen. Verbundprojekte und Netzwerke zwischen verschiedenen Forscher- und Entwicklergruppen, unter Einbeziehung von Künstlern als Mediatoren, können - als lockere Kopplungen organisiert - im Sinne der integrierten Technikfolgenforschung Bedingungen für akzeptanzoptimierte und gleichzeitig sozialverträgliche Lösungen entstehen lassen. Diese Kooperationsformen üben mehr Verbindlichkeit als Marktbeziehungen und weniger Zwang als organisierte Hierarchien aus. Sie ermöglichen wechselseitige Reflexivität der Erkenntnisse und Interessen. Statt instrumenteller Eingriffe von außen, die sich mit vielen Reibungsverlusten häufig kontraeffektiv auswirken, vertraut sie auf kontextuelle und reflexive Formen der Beeinflussung der Selbststeuerung in den jeweiligen Feldern.

Medienkünstler sind im Informations- und Kommunikationstechnologiesektor in mehrfacher Sicht ideale Partner in solchen Teams: In der Konzeptionsphase sind Trendkenntnisse und (inter)nationale persönliche Kontakte wichtig. Während der Produktentwicklung sind multi- und interdisziplinäres Denken und Arbeiten, Experimentierfreudigkeit, Feldversuche und Testbeds samt Improvisationsgeschick entscheidend. Und ansprechende Präsentationsformen zu finden ist eine tägliche Aufgabe in der Medienkunst.

Drei Beispiele aus Österreich für die Partizipation von Kunstschaffenden in der Technikentwicklung sollen dies illustrieren: (1) Im Projekt "11 Wochen Klausur" koordinierten Künstler in Zusammenarbeit mit karitativen Organisationen, Sozialarbeitern und Betroffenen die zweckgemäße technische Ausstattung eines mobilen Versorgungsbus, mit dem obdachlose In- .und Ausländer kostenlos und ohne Krankenschein medizinische Betreuung angeboten wird.[12] (2) Die elektronische Galerie Bois verkauft Bilder über eine Mailbox und testet vorab, was uns mit video-on-demand ins Haus steht. Ein Hardware- und ein Softwareproduzent sind in diesem Projekt integriert. (3) Und an der Forschungsstelle für Sozioökonomie an der Österreichischen Akademie der Wissenschaften wird ein Technikentwicklungsprojekt für ein öffentliches Voice-Mail-System koordiniert, an dem Medienkünstler involviert sind. Sie testen Prototypen, gestalten das Sound- und Grafikkonzept und passen auf, daß das "mind-mapping" für den Benutzer klappt.

In der künstlerischen Auseinandersetzung mit neuen Technologien tritt ein prozeßhaftes Schaffen, eine Erforschung von Instabilitäten entlang aktueller technischer Entwicklungstrends in den Vordergrund. Gene Youngblood nennt jene neue kreative Disziplin, die die Kunst ablöst, Metadesign, „Design im weitesten Sinne des Wortes, eine echte Renaissance, die Kunst, Wissenschaft und soziales Leben unauflöslich in eins zusammenfügt"[13]. Metadesigner/innen entwickeln Kontexte, keine Inhalte. Sie entwerfen zum Beispiel Netzwerke im physikalischen Raum, die die Existenz autonomer sozialer Welten im virtuellen Raum ermöglichen. Die Aufgabe ist hierbei die Bereitstellung eines öffentlichen Raumes, nicht das Schaffen einer öffentlichen Kunst. Youngblood bezeichnet diese Netzwerke als Maschinen der höchsten Ordnung, die die Menschen in neue Kommunikationsbeziehungen zu versetzen vermögen. Diese Allianz von Kunst und Technik mittels telematischer Netzwerke, die ein zentrales Arbeitsmodell für Medienkünstler darstellen, würde, so Youngblood, die Kunst neu beleben, die Technik humanisieren und überdies jene Mittel hervorbringen, die es uns gestatten im großen Maßstab kreativ zu sein.

Eine Avantgarde der technikorientierten Kunst hätte zumindest aus der Sicht verantwortungsbewußter Technikentwickler die Aufgabe, die Abschätzung von Folgen neuer Technologien vorzunehmen und Gestaltungsvorschläge einzubringen.

---

1   Peter Weibel: "Die Gesamtattacke der Maschinenwelt zielt auf Beschleunigung."

2   Alton-Scheidl, Roland; Hochgerner, Josef; Höglinger, Andrea; Molnar, Martina; Pilz, Margot (1993): Technologische Kultur - Eine Studie über die künstlerische Auseinandersetzung mit neuen Technologien. Guthmann-Peterson: Wien. Sample: 72 ausgewertete Fragebögen + 10 Tiefeninterviews, Rücklaufquote 43 %. Die Studie enthält eine Kurzbeschreibung der Kunstschaffenden mit Kontaktadressen.

3   unit^n war eine viermonatige Veranstaltungsreihe im Frühjahr 1993 in Wien mit mehr als 50 Abendveranstaltungen, zu der 20 internationale Medienkünstler für Workshops eingeladen wurden. Dokumentation: unit^n Publikation. Reflexionen zu Kunst und neuen Medien: Eikon und Medien.Kunst.Passagen. (Hrsg.). Triton Verlag: Wien 1993.

4   Brown, Paul (1990): Metamedia and Cyberspace. Advance Computers in the Future of Art. In: Hayward, Philip, Culture, technology & creativity in the late 20th century. London, Paris, Rom.

5   Zec, Peter (1991): Das Medienwerk. Ästhetische Produktion im Zeitalter der elektronischen Kommunikation. In: Rötzer, Florian, Digitaler Schein. Ästhetik der elektronischen Medien Ffm.

6   Bürger, Peter (1987): Zur Theorie der Avantgarde. In: Christa und Peter Bürger (Hg.): Postmoderne: Alltag, Allegorie und Avantgarde. Ffm.

7   Bürger, Christa (1987): Das Verschwinden der Kunst. In: Christa und Peter Bürger (Hg.): Postmoderne: Alltag, Allegorie und Avantgarde. Ffm.

8   Hochgerner, Josef (1992): Techniker im technischen Wandel. Analysen zur Veränderung von Beschäftigung und Qualifikation in technischen Berufen. Wien (AK).

9   Smudits, Alfred (1990): Kommunikationstechnologien und Kunst. Habilitation. Wien.

10 Martinsen, Renate; Melchior, Josef (1993): Sozialverträgliche Technikgestaltung als neue Aufgabe von Staat und Gesellschaft. Institut für Höhere Studien, Wien, S. 35.

11 Werner Rammert (1993): Braucht die Technikfolgenabschätzung eine Integration in die Künstliche Intelligenzforschung? Papier zum Verbundprojekt "Veränderungen der Wissensreproduktion und -verteilung durch Expertensysteme".

12 BüroBert (1993): Copyshop. Kunstpraxis & politische Öffentlichkeit. Edition ID-Archiv: Berlin-Amsterdam, S. 170-171

13 Youngblood, Gene (1989): Metadesign. In: Kunstforum Bd 89, S 76-84, Köln.

Dipl.-Ing. Roland Alton-Scheidl ist an der Forschungsstelle für Sozioökonomie der Österreichischen Akademie der Wissenschaften mit Forschungen im Telekommunikations-sektor und zur Technikfolgenabschätzung tätig.
Adresse: Kegelgasse 27, A-1030 Wien, Tel. (+43 1) 7122148-37, Fax -34
EMail: scheidl@lezvax.oeaw.ac.at

Workshop der Studierenden
– Students Workshop –

In Zusammenarbeit mit der GI–Präsidiumsarbeitsgruppe
„Informatik und Studierende"
sowie der
Fachschaft Informatik der Universität Hamburg

Koordinator: J. Nedon, Universität Hamburg, FB Informatik

Programmausschuß: U. Arnold, M. Bohn, S. Ernst, J. Nedon,
F. Schuppenhauer, J. Stiefvater, H. Störrle,
V. Wohlgemuth (alle Universität Hamburg)

Zusammenfassung:

Schwerpunkte unseres Programms ergeben sich aus den in Deutschland derzeit laufenden kontroversen Diskussionen um Sinn und Inhalt des Informatik-Studiums sowie das berufliche und gesellschaftliche Umfeld, das uns als angehende InformatikerInnen in naher Zukunft erwarten wird. Hier wollen wir allen Studierenden und Interessierten Freiraum und Gehör verschaffen, um ihre Gedanken, Wünsche und Erwartungen an die Informatik zu präsentieren. Es werden Veranstaltungen zu den Themen

- *Informatik–Beruf und Kinder,*

- *Umweltinformatik,*

- *Entwicklungsländer und Informatik,*

- *Studium und Beruf* sowie

- *Perspektiven der Informatik* stattfinden.

Nachfolgend sind die Abstracts der Vorträge im Workshop der Studierenden angeordnet. Aufgrund ihres Umfanges werden die vollständigen Papiere separat erscheinen und zum Kongreß den TeilnehmerInnen und Interessenten am Workshop der Studierenden als Arbeitsunterlagen zur Verfügung gestellt.

Karriere trotz anderer Lebensinteressen - Optionen innovativer Arbeitsgestaltung und Personalpolitik an InformatikerInnenarbeitsplätzen

Heike Hengstenberg
Halle/Westf.

Die Arbeitsbedingungen von Informatikerinnen und Informatikern lassen sich durchaus (anders) gestalten - nämlich so, daß beide Geschlechter auch eine verantwortungsvolle und qualifizierte Tätigkeit in diesem Berufsfeld mit Familie oder anderen Lebensinteressen vereinbaren können. Diese These unterstellt, daß das gegenwärtig nicht ausreichend möglich ist. Dabei scheinen die Bedingungen dazu gerade in der Informatik 'eigentlich' erfolgversprechender als in (anderen) Ingenieurberufen zu sein.

V . a. über den Charakter und damit die Anforderungen der Tätigkeit als InformatikerIn sowie über das Berufsverhalten von Frauen im Unterschied zu ihren männlichen Kollegen gibt es weit verbreitete Grundannahmen. So werden als Hemmnisse für Gestaltungsvarianten immer wieder die folgenden Faktoren benannt: extreme Anforderungen an die zeitliche Verfügbarkeit und die räumliche Mobilitätsbereitschaft, die Unmöglichkeit der Stellenteilung und die höchst eingeschränkte Vertretbarkeit gerade an verantwortungsvollen Positionen und Funktionen und der technische Wandel als Sachzwang für kontinuierliche Berufsbiographien. Insbesondere "die Arbeit selbst" scheint Änderungen im Wege zu stehen - als seien die vorherrschende Arbeitsgestaltung und Personalpolitik den Anforderungen optimal angemessen. Tatsächlich halten diese Vor-Urteile einer genaueren Betrachtung nicht stand, im Gegenteil: wenn bspw. eine Arbeitszeitreduzierung oder eine vorübergehende Unterbrechung für alle betrieblichen Beteiligten und die betroffenen MitarbeiterInnen möglichst ohne Reibungsverluste bewältigt werden sollen, dann werden damit zugleich allgemeine Organisationsmängel aufgedeckt und können behoben werden. Anhand konkreter Beispiele aus meiner Forschungs- und Beratungstätigkeit werde ich entsprechende Gestaltungsvarianten und -optionen vorstellen.

Die Trennung von akademischer und beruflicher Ausbildung im Bereich der Informatik

J. Freytag
FH Hamburg, FB E/I
Berliner Tor 3, 20099 Hamburg

Eine akademische Ausbildung hat zum Ziel, auf eine Tätigkeit in Wissenschaft und Forschung entweder an der Hochschule oder in einem Forschungszentrum in der Wirtschaft vorzubereiten. Eine derartige Tätigkeit ist gekennzeichnet durch Problemstellungen, die mit Methoden bearbeitet werden, die im Studium erlernt oder selbst entwickelt wurden. – Vorgesetzte und Mitarbeiter haben meistens eine (einschlägige) akademische Ausbildung. Dies gilt auch für eventuell beteiligte, i.a. kooperative Kunden, seien sie aus der eigenen oder aus einer fremden Firma. Im Mittelpunkt steht die Lösung des Problems, nicht der Kunde.

Eine berufliche Ausbildung bereitet vor auf eine anwendungsbezogene Tätigkeit in der Wirtschaft. Betrachtet werden soll der typische Fall, daß der Informatiker in einer Entwicklungsabteilung tätig ist, die Software für Kunden erstellt. Dies sind Fachabteilungen, die entweder zu einer fremden oder zu der eigenen Firma gehören. Die Probleme dürfen nur dann mit den im Studium erlernten modernen Methoden bearbeitet werden, wenn nicht die Entwicklungsabteilung und/oder der Kunde die Anwendung älterer, weniger leistungsfähiger Methoden verlangt. – Vorgesetzte, Mitarbeiter und Kunden sind in vielen Fällen Praktiker ohne eine einschlägige akademische Ausbildung. Jede Problemlösung muß Kosten und Termine einhalten und die wahren Anforderungen des Kunden erfüllen, die nur mit Hilfe der Sachbearbeiter und ihrer Vorgesetzten zu ermitteln sind. Beide sehen mit dem neuen Software-System primär Veränderungen ihres beruflichen Umfeldes und mögliche Rationalisierungen und sind dadurch emotional empfindlich, gegen alles Neue eingestellt und damit a priori nicht kooperativ. Trotzdem stehen sie als Kunden genauso im Mittelpunkt wie die Lösung des Problems.

Eine berufliche Ausbildung muß also nicht nur lehren, wie man ein Anwendungsproblem mit modernen wissenschaftlichen Methoden bearbeitet. Sie muß auch die in der Praxis eingesetzten, häufig veralteten, Verfahren behandeln und den Studierenden beibringen, mit überzeugenden Argumenten die modernen Methoden gegen die alten durchzusetzen. – Eine berufliche Ausbildung muß ferner vermitteln, wie man unter Kosten- und Termindruck mit emotional schwierigen Kunden eine Lösung zustande bringt, die gegenüber dem eigenen Gewissen, gegenüber dem Kunden und gegenüber den Benutzern der Software verantwortbar ist.

Die geschilderten Unterschiede in den Tätigkeiten haben im Bereich der Informatik wesentlich zur Trennung von akademischer und beruflicher Ausbildung beigetragen. Die akademische Ausbildung an der Fachhochschule zu stärken, erscheint aus drei Gründen praktisch unmöglich: Erstens verlangen die Tätigkeitsfelder dies nicht zwingend. Zweitens kann der durchschnittliche Student (30% eines Jahrgangs studieren!) dies nicht leisten, da er die entsprechenden Fähigkeiten und/oder das notwendige Interesse nicht mitbringt. Drittens ist die erforderliche Verlängerung des Studiums politisch nicht durchsetzbar.

Will man an der Universität die berufliche Ausbildung stärker betonen, so gilt es m.E. drei Hürden zu überwinden: Erstens müssen Lehrkräfte mit mehrjähriger praktischer Erfahrung gewonnen werden. Zweitens muß der Stellenwert beruflicher Ausbildung an der Universität erhöht werden. Drittens muß das Studium so umgebaut werden, daß der durchschnittliche Student in der Lage ist und Interesse daran findet, Probleme sowohl unter wissenschaftlicher als auch unter wirtschaftlicher Zielsetzung zu lösen. Auch für diesen Zweck erscheint eine Verlängerung über 9 Semester Regelstudienzeit hinaus politisch nicht durchsetzbar.

Beitrag zum Thema Informatik–Studium

Jörg Prante
Institut für Informatik
Universität Bonn

Zusammenfassung

Dieser Vortrag beschäftigt sich mit dem Studium der Informatik aus studentischer Sicht. Nach einer Bestandsaufnahme der Lehrformen Vorlesungen, Übungen, Seminare und Praktika wird überlegt, inwiefern diese Struktur den Anforderungen an ein effektives Studium genügen kann. Die resultierende Überlegung ist, das Übungsmodell zu stärken und die klassische Vorlesung in ihrer zentralen Bedeutung zurückzudrängen. Eine Trennung der Ausbildung im Studium unter beruflichen und wissenschaftlichen Gesichtspunkten ist wenig sinnvoll, wenn der Anspruch der universitären Bildung weiterhin universell bleiben soll und die Verzahnung von Theorie und Praxis sowie Fakten- und Methodenvermittlung mit gesellschaftlicher Verantwortung Bestand haben soll. Studienstrukturreformen werden zur Zeit vom Staat eingeleitet. Aber in Wahrheit geht es um inhaltliche Reformen, die durchgeführt werden müssen. Die Prinzipien Kreativität, Produktivität und Reflexion müssen dazu eingesetzt werden, die Informatik als Wissenschaft der Wissensvermittlung und der Neuen Technologien wie zum Beispiel der globalen Kommunikation und der Bio-Technologien zu verstehen. Das Lernen und Lehren an der Hochschule soll eine Anleitung zur Kreativität als ein Lebenssinn sein. Kontroll- und Steuerungsinstrumente jeglicher Art sind hier wenig hilfreich, vielmehr muß die Zusammenarbeit zwischen Lehrenden und Lernenden gefördert werden. Die ständige Miteinbeziehung der Studierenden in den Bildungsprozeß muß langfristig angestrebt werden.

Umweltinformatik als Gestaltungswissenschaft

Marcus Röhrs, Volker Wohlgemuth, Bernd Wolff
Fachbereich Informatik, Universität Hamburg

Seit ihren ersten Anfängen Mitte der 80er Jahre hat die Umweltinformatik Beachtliches geschaffen. Es wurden unter anderem computergestützte Kontroll-, Analyse-, Prognose- und Informationssysteme für den Umweltbereich entwickelt. Diese Systeme haben eine bemerkenswerte Qualität erreicht und sind aus der Umwelttechnik nicht mehr wegzudenken. Die bisherige Methodik der Umweltinformatik beinhaltete, daß komplexe Informatiksysteme den Umweltanwendungen als technische Dienstleistung zur Verfügung gestellt wurden. Als besonders geeignet haben sich dafür Modelle und Methoden aus den Bereichen Datenbanken, wissensbasierte Systeme, Computergrafik, Modellbildung und Simulation, Prozeßdaten- und Datenfernverarbeitung erwiesen. Thematisch befassen sich Anwendungen der Informatik im Umweltbereich hauptsächlich mit der Zustandsbeschreibung der Umwelt für Behörden des Bundes und der Länder, so daß von der Umweltinformatik als "Katasterdisziplin für den Öffentlichen Raum" gesprochen wird.

Doch durch die Umweltinformatik könnten sich wesentlich mehr Chancen eröffnen, einen Beitrag zum Umweltschutz zu leisten. Dazu ist ein neues Rollenverständnis der Informatiker notwendig: Informatiker sollen nicht nur technische Lösungen für vorgegebene Aufgaben herstellen, sondern an Aufgabenstellungen anderer Wissenschaften gestaltend mitarbeiten. Sie sollen nicht andere Fachvertreter ersetzen, sondern mit diesen interdisziplinär zusammenarbeiten. Dazu brauchen sie neben ihrem spezifischen Methodenwissen der Informatik auch noch Kontextwissen im Anwendungsbereich. Aus dem interdisziplinären Dialog und der Wechselwirkung von Kontext- und Methodenwissen ergibt sich die Gestaltung des Aufgabenfeldes in der Form, daß sowohl die Informatik ihre Methoden anbietet, als auch andere Wissenschaften sich bei der Lösung ihrer Probleme an die Informatik wenden. Die entstehenden Lösungen sind durch alle beteiligten Experten fundiert und in ihrem Umfang und ihren Auswirkungen stärker zielorientiert. Bei diesem fachübergreifenden Gestaltungsprozeß können Informatiker mit dem neuen Rollenverständnis auch eine Moderatorrolle übernehmen.

Für Umweltinformatiker bedeutet dies, daß sie Kontextwissen aus den im Umweltbereich aktiven Disziplinen - wie Ökologie, Biologie, Chemie, Physik, Wirtschaftswissenschaften etc. - benötigen und dieses mit ihrem informatikspezifischen Methodenwissen verknüpfen. Eine wichtige Erkenntnis dabei ist, daß es den "computerökologischen Wunschpunsch" nicht gibt. Das heißt, Informatikanwendungen beeinträchtigen unsere Umwelt nicht nur durch Elektronikschrott, sondern auch in der Rolle eines Trendverstärkers in unseren Wirtschaftskreisläufen nach dem Motto "höher, schneller, mehr". Hierdurch ergibt sich ein ganz neuer Arbeitsbereich der Umweltinformatik im Sinne einer ökologieorientierten Wirtschaftsinformatik, die ihren Blick auf die Entstehungsorte von Umweltschäden richtet. Diese so gerichtete Informatik sollte statt einer Steigerung der Arbeitsproduktivität eine Erhöhung der Resourcenproduktivität in den Vordergrund stellen.

Information, Entropy and Environmental Problems

Lorenz M. Hilty
Fachbereich Informatik, Universität Hamburg
Vogt-Kölln-Str. 30, 22527 Hamburg

Environmental problems arise from the fact that production and consumption processes are based on partially irreversible transformations of matter and energy. It was the economist Georgescu-Roegen who introduced the concept of irreversibility into economics by pointing out that the idea of perfect economic cycles is inconsistent with the second law of thermodynamics, also known as the entropy law.

If every production or consumption process would be physically reversible, there would be no environmental problem, because we would be able to return to a state of an unpolluted environment and untouched mineral resources. Hence, the partial irreversibility of transformation processes is the key concept to understand environmental problems.

To approach the goal of a sustainable economy, the best we can do is to minimize the amount of irreversible processes while maximizing the quality of life. Todays economy is far away from this optimum. Optimizing economic processes in this sense is closely tied up with the concept of information. However, the naive idea of an information economy in which information or knowledge substitute physical resources is not realistic. Rather we have to investigate different concepts of information on different levels of organization:

1. The physical level, where information in the sense of Shannon´s information theory is related to the entropy concept of statistical mechanics.

2. The individual level, where information is related to knowledge and values.

3. The social level, where information relates to the transfer of knowledge and values between individuals.

On each of these levels, investigating the role of information leads to basic suggestions for solving environmental problems.

Stoffstrommanagement

Andreas Möller
Fachbereich Informatik
Universität Hamburg

Die *Session on Environmental Protection* des *Students Workshop* liefert eine schöne Vorstellung davon, wie Informatiker mit dem Thema *Informatik und Umwelt* umgehen können.

So erhält man mit der Sicht einer *Informatik als Gestaltungswissenschaft* Vorstellungen darüber, sich dem Thema zu nähern und mit ihm umzugehen: Zunächst gilt es, sich eine Orientierung zu verschaffen, um dann mit dem Verfügungswissen des Informatikers handeln zu können. Auch das Thema *Informatik und Umwelt* verlangt dies.

Die globalen Umweltveränderungen, schon heute deutlich sichtbar, lassen die alten Wachstumsleitbilder industriegesellschaftlichen Wirtschaftens nicht mehr zu. Mit Begriffen wie *Entropie* oder *Sustainable Development* verbindet sich eine neue Art des Wirtschaftens und des gesellschaftlichen Umganges. Erst das Wissen um die Stoffströme, deren Bedeutung und Problematik, das Wissen um die Stoff- und Energietransformationen läßt den betrieblichen Umweltschutz gestaltbar werden. Erst dieses Wissen läßt die Interpretation umweltbezogener Daten zu.

Ergänzend dazu sollen in diesem Beitrag die Entscheidungs- und Managementstrukturen für den betrieblichen Umweltschutz geklärt werden. Ähnlich gelagerte Fragestellungen sind das Kerngeschäft der Betriebswirtschaft. Es empfiehlt sich deshalb, von den Erkenntnissen und Erfahrungen dort auszugehen. Eine organisatorische Klammer nennt sich *Controlling*, bezogen auf den betrieblichen Umweltschutz *Ökocontrolling*. Der strukturelle Rahmen des Ökocontrolling erlaubt es, systematisch wichtigen Fragen des Stoffstrommanagements nachzugehen, Fragen der rationalen Entscheidungsfindung, Fragen nach Diskurs, Werten und Einstellungswandel. Ein ökologisches Rechnungswesen verknüpft diese Prozesse mit der physischen Wirklichkeit. Es gibt Auskunft darüber, welche Wirkungen auf die natürliche Umwelt mit bestimmten Entscheidungen verbunden sind. Das Beispiel der *Stoffstromnetze* zeigt denkbare methodische Grundlagen und deren rechnergestützte Umsetzung. Erst nutzbringend in den Entscheidungsprozessen präsentiert, gewinnen Datenerhebung und Datenverarbeitung ihre Legitimation. Ihr Beitrag besteht nicht aus gigantischen Zahlenkolonnen sondern darin, daß sich die Anschauungsform der Wirklichkeit ändert. Ein rechnerunterstütztes Stoffstrommanagement kann helfen, ökonomisches Handeln mit ökologischen Rahmenbedingungen zu kombinieren.

Substitution ?

Informationstechnik und Verkehr

Universität Stuttgart
FachschaftsvertreterInnenversammlung

Kurt Jaeger
pi@faveve.uni-stuttgart.de

Abstract

Seit zwei Jahren wird hinter Ministeriums- und Konzerntüren über neue Modelle des Verkehrsmanagement und der Mobilitätssteuerung gerungen (Stichwort Road Pricing). Vor einigen Monaten wurde auch das Forum Soziale Technikgestaltung des DGB Landesbeziks Baden-Württemberg, welches diskursbegleitend u.a. die Arbeit der neugegründeten Akademie für Technologiefolgenabschätzung Baden-Württemberg mit eigenen Positionen ergänzt, mit dieser Diskussion konfrontiert.

Da die Umsetzung bevorsteht, werden im Forum derzeit nur Leitlinien zur Gestaltung des Road Pricing entwickelt. Eine Stellungnahme zur strukturellen Frage nach „Road Pricing" möchte ich mit diesem Szenario abgeben. Aus meinem persönlichen Verständnis heraus ist Mobilität jedoch in der heutigen Form kein global erweiterbares Modell für eine Marktsituation mehr. Steuernde, aber deswegen nicht strukturell andere Eingriffe werden den resourcenbelastenden Vorgang nicht rechtzeitig beenden.

Im Szenario wird als Denkanstoß die Frage beantwortet, inwieweit Informations- und Kommunikationstechniken langfristig das Verkehrsaufkommen die Mobilität von Informationen (Stichwort Informationsinfrastrktur) physische Mobilität ersetzen kann.

Modellhaft werden dazu Forderungen an Wirtschaft, Politik, Wissenschaft und Gesellschaft entworfen.

Nachhaltige Informatik:
Auch Aufgabe in der Entwicklungszusammenarbeit ?

Günther Cyranek
IT Assessment, Zürich
e-mail: cyranek@avalon.unizh.ch

Voraussetzung für einen Beitrag der Informatik zur nachhaltigen Entwicklung ist die unabdingbare Einbeziehung sozio–kultureller Werte bei der Technikbewertung und –gestaltung in Entwicklungsländern aller Industriealisierungsstufen. Die politische, wirtschaftliche und kulturelle Abhängigkeit der Dritten Welt wird wachsen, wenn sie die Implikationen von IuK für ihre Entwicklungsstrategien nicht berücksichtigt und nicht in konkrete Handlungsschritte umsetzt. Technologie–Transfer bleibt solange ein Mythos, solange in Entwicklungsländern aufgrund mangelnder Forschungs- und Entwicklungskapazitäten keine Innovation für die Weiterentwicklung dieser transferierten Technologie möglich ist. Die Grenzen des IT-Transfers sind aufgrund mangelhafter Ausbildung und fehlendem Training schnell erreicht. Gründe hierfür sind z.B. Curricula, die lokale Gegebenheiten ignorieren, ein begrenzter Zugang zu Fachbüchern und Computern sowie zu wenig Fortbildungsmöglichkeiten. Das Informatik–Know-how in Entwicklungsländern, auf welcher Stufe auch immer, kann bei der vorhandenen Infrastruktur nur dann verbessert und finanziert werden, wenn es gelingt, die Informationstechnologien in Ausbildung und Training als bedeutenden Faktor für die zukünftige Entwicklung einzubeziehen, Schulungskurse an die lokalen Gegebenheiten anzupassen und verstärkt einheimische Ausbilder zu qualifizieren.

Zentrale Faktoren für Scheitern und Erfolg sind aus der Erfahrung von Entwicklungsprojekten mit IT-Einsatz –von Bürosystemen bis zur CIM-Ausbildung– das vorhandene Ausbildungsniveau, der technische Ausrüstungsstand der regionalen Industrie, das vorhandene Fachwissen im Produktions- oder Dienstleistungssektor, die Wirtschaftspolitik hinsichtlich Import/Export sowie die Arbeitsmarktentwicklung.

Es ist vordringlich, Kriterien für sozialverträgliche, angepaßte IT in den jeweiligen Entwicklungsländern selbst zu entwickeln. In Informatik-Curricula sollten deshalb verstärkt lokale Anforderungen und ein Verständnis der Folgen des Technikeinsatzes auf Organisation und Arbeitsinhalte einfließen.

Im Beitrag werden Perspektiven des Einsatzes der IuK-Technologien in Ländern unterschiedlicher Entwicklungsniveaus anhand von Beispielen aus ländlichen Entwicklungsprojekten, der staatlichen Verwaltung, zur industriellen Produktion und zum Software-Export u.a. aus Brasilien, Chile, Indien, Malaysia vorgestellt sowie Defizite des Technologie-Transfers und Konsequenzen für die Ausbildung aufgezeigt.

Konsolidierung des Berufsfeldes
der Computerberufe

Werner Dostal
Institut für Arbeitsmarkt- und Berufsforschung

1. Schwierige Abgrenzung des Berufsfeldes

Heute nutzen etwa ein Drittel aller Arbeitskräfte Computer am Arbeitsplatz, aber nur etwa 1% der Erwerbstätigen sind als Computerspezialisten tätig. Von diesen haben etwa 20% eine einschlägige Erstausbildung als Informatiker, Mathematisch-Technischer Assistent, oder Datenverarbeitungskaufmann o.ä., 80% dieser Computerspezialisten sind angelernt, d.h., sie stammen aus anderen Berufen und haben sich nachträglich in dieses Berufsfeld entwickelt und ihre Computerqualifikation entweder im Selbststudium, in praktischer Berufserfahrung, über eine Reihe von einzelnen Schulungskursen, oder in einer Umschulungsmaßnahme erworben.

2. Der aktuelle Arbeitsmarkt

Computerfachleute waren in den letzten 20 Jahren gesucht und hatten eine sehr niedrige Arbeitslosigkeit. Dies war auch der Grund für die Bundesanstalt für Arbeit, im Rahmen von Fortbildung und Umschulung schwerpunktmäßig Computerqualifikationen zu vermitteln. Von 1986 bis 1989 und seit 1992 steigt die Arbeitslosigkeit in diesem Berufsfeld steil an. Zwischen September 1992 und September 1993 hat sich die Arbeitslosigkeit um 50% erhöht. Trotzdem ist die berufsspezifische Arbeitslosenquote für Computerfachleute unterdurchschnittlich: Sie liegt bei ca. 6%, während die Quote für alle Berufe über 8% liegt.

3. Die Rolle der Informatiker

Die Informatik wird vor allem an den Hochschulen vermittelt, es gibt aber auch auf anderen Ebenen (z.B. Fachhochschulen, Berufsfachschulen, Berufsakademien) einschlägige Ausbildungen. Die Zahl der bisher ausgebildeten Spezialisten liegt in Deutschland bei etwa 50.000. Die Informatik hat sich aus der Wissenschaft zunächst ohne besonderen Anwendungsbezug entwickelt, inzwischen werden aber Anwendungsfächer integriert, um den beruflichen Einsatz vorzubereiten. Dies geht bis hin zur „Bindestrich"–Informatik, in der eine Gleichgewichtigkeit zwischen der Informatik und einem Anwendungsgebiet angestrebt wird.

4. Probleme der Professionalisierung

Neue Berufe haben es schwer, sich auf dem Arbeitsmarkt einzuführen und durchzusetzen. Nachdem zunächst nur Angelernte die computernahen Aufgaben erledigt haben, fanden die Informatiker bereits festgefügte Arbeitsteiligkeitsstrukturen und Aufgabenzuweisungen vor, die nicht informatikergemäß waren, und sich auch bis heute nur wenig geändert haben. Eine spezifische Professionalisierung hat es in diesem Berufsfeld bisher nicht gegeben, einerseits wegen der Knappheit der „echten" Informatiker, andererseits wegen der Gewöhnung an Mischstrukturen, in denen Informatikqualifikationen immer nur kombiniert mit Anwendungsqualifikationen angeboten und deshalb auch nachgefragt wurden. Informatiker wurden vor allem in Spezialfunktionen eingesetzt, nicht aber in jenen Positionen, in denen Informationsstrukturen entwickelt und durchgesetzt werden. Aus diesem Grunde gibt es in den meisten Fällen keine klaren, auf Informatiker zugeschnittene Strukturen. Viele Computeranwender bezweifeln schlicht die Notwendigkeit einer klaren Arbeits- und Aufgabenteilung und meinen, mit diesem Modell angelernter Spagatfachleute gut zu fahren.

5. Qualitätsdefizite in der Computeranwendung

Die derzeitige Informationsverarbeitung wird als nicht optimal gesehen. Unternehmen, die professionelle auf Informatiker zugeschnittene Personalstrukturen haben, zeigen bessere Leistungen als jene, die in traditioneller arbeitsteiliger Weise Computer durch Angelernte einsetzen und betreiben. Aus diesem Grunde haben sich Sonderwege im Outsourcing entwickelt, in dem ein Fortschritt an Professionalität dadurch erreicht wird, daß der Outsourcer Arbeits- und Organisationsstrukturen aufbauen kann, die auf Informatiker besser abgestimmt sind, während der Anwender bei seinen traditionellen Strukturen bleiben kann und keine Sonderlösungen für Computerfachleute aufbauen muß.

6. Empirische Relevanz dieser Phänomene

Die Gesellschaft für Informatik hat 1977, 1985 und 1991/92 Umfragen bei ihren Mitgliedern durchgeführt und eine Vielzahl interessanter Aspekte aufgedeckt. Die Zufriedenheit der Informatiker mit ihrer Berufstätigkeit ist trotz der nicht immer gelungenen Integration vergleichsweise hoch, ihre Einstufung ist gut und viele haben bereits Führungsaufgaben. Es ist aber eine klare Tendenz zu erkennen, daß sich die 1977 erkennbare Drittelung der GI-Mitglieder auf DV-Industrie, DV-Anwender und Forschung/Lehre sich bis 1991/92 in Richtung DV-Industrie verschoben hat. Informatiker gehen also immer seltener zu den DV-Anwendern, weil sie dort offensichtlich keine angemessenen Aufgaben- und Arbeitsstrukturen vorfinden.

7. Das EISS (European Informatics Skill Structure)

Im Rahmen der CEPIS (Council of European Professional Informatics Societies) ist ein Strukturmodell von Tätigkeiten im Informatikbereich entwickelt worden, in dem die vorkommenden Aufgaben und Tätigkeiten dokumentiert und so in einzelne Tätigkeitsfelder und -ebenen gegliedert wurden, daß für jede Aufgabe die erforderliche Ausbildung, die Anforderungen und mögliche Weiterentwicklungen definiert wurden. Dies geschah in internationaler Zusammenarbiet, so daß mit dem EISS eine europäisch einheitliche Struktur des gesamten Berufsfeldes vorliegt. Dieses EISS sollte die Basis für die Weiterentwicklung und die Einordnung von Ausbildung und Arbeitsplatzdefinitionen sein und insbesondere eine europäische Integration der Informatik erleichtern und die Professionalisierung verbessern.

Informatik, Verantwortung und
die Ethischen Leitlinien der GI

Karl-Heinz Rödiger
Universität Bremen

Die Informatik als Profession ist herangereift. Die Zeiten, in denen Informatiker ihre Sünden mit dem Verweis auf die Jugendlichkeit ihrer Disziplin, auf ihre eigene Unerfahrenheit und auf die kurzen Halbwertszeiten informatischen Wissens entschuldigen konnten, sollten inzwischen der Vergangenheit angehören. Zu diesem Reifungsprozeß gehört die Kanonisierung das Wissens ebenso wie eine zunehmende Reflexion des eigenen Tuns. Die Gesellschaft für Informatik (GI) ist als wissenschaftliche und berufsständische Vereinigung der Ort professioneller Reflexion. Zur Ausprägung des Professionellen Selbstverständnisses gehört die Herausbildung beruflicher Standards, die das Sachwissen und Können, aber auch die gesellschaftliche Verantwortung und Mitwirkung betreffen. Dies geschieht implizit in einem steten Prozeß; im einzelnen kann es auch explizit erfolgen, etwa durch die Entwicklung von Richtlinien, wie dies der Verein Deutscher Ingenieure (VDI) seit langem macht, durch die Mitarbeit an der Normung oder an rechtlichen Regelungen. Zu den anspruchsvollen Aufgaben dieser Art gehören explizite Aussagen zur erwünschten professionellen Praxis und zum verantwortungsvollen Handeln. Implizit sind sie in jedem wissenschaftlichen oder berufsständischen Zusammenschluß vorhanden. Die damit verbundene Breite unterschiedlicher Erfahrungen und Haltungen, sowie ihre unvermeidliche innere Widersprüchlichkeit werden jedoch erst sichtbar, wenn versucht wird, die impliziten Regeln und Vorstellungen explizit zu formulieren; manchmal kann es durchaus sinnvoll sein, auf eine solche Explizierung zu verzichten.

Dem steht freilich der gesellschaftliche Wunsch entgegen, mit den Produkten und Prozessen informatischer Arbeit in planbarer und kontrollierbarer Weise umzugehen. Einigen sich die Profession und die Betroffenen nicht über geeignete Normen und Vorgehensweisen, und besteht ein besonderes öffentliches Regulierungsintersse, so führt dies zu rechtlichen Maßnahmen, die dann den professionell Tätigen als äußere Randbedingung entgegentreten. Produkthaftungsgesetze, Datenschutzgesetze, Rahmenprüfungsordnungen und das Recht auf informationelle Selbstbestimmung sind Beispiele äußerer Regulierungen.

Ethische Kodizes und Leitlinien dienen primär als professionelle Selbstregulierung unterhalb des Rechtsweges. Bei der Frage professioneller Verantwortung ist der Handlungsrahmen nicht leicht abzustecken, da zuerst ein gewisser Konsens unter den Beteiligten herzustellen ist. Wissenschaftliche Vereinigung in pluralen Gesellschaften teilen deren Bedingungen und Grenzen. Wollen sie für alle Mitglieder sprechen, können sie diese Randbedingungen nicht partikulär überschreiten. Dies beschränkt den ethischen Diskurs im Ergebnis - nicht jedoch in der Auseinandersetzung.

Zahlreiche Informatik-Vereinigungen, vor allem in den angelsächsichen Ländern, verfügen seit langem über ethische Kodizes. Sie geben Zeugnis von den kulturellen Determinanten, denen solche Selbstregulierungen unterliegen. Im Kontext dieser Diskussion hat der Arbeitskreis „Informatik und Verantwortung" der GI die jüngst publizierten „Ethischen Leitlinien" entwickelt. Ihre zentralen Forderungen reflektieren die dynamische Entwicklung der Disziplin: permanente Weiterbildung und Kompetenzerwerb auch in den Anwendungsfeldern der Informatik. Ihre Kernpunkte sind das Verlangen nach Diskursen als kollektivem Lernprozeß, eine Fallsammlung als Anlaß für die gemeinschaftliche Reflexion und die fortwährende Anpassung der Leitlinien an den Stand des gesellschaftlichen Diskurses. Der Duktus des Papiers ist ein eher empfehlender und helfender, denn ein mit Sanktionen drohender.

Gedanken zur Entwicklung der Informatik

Klaus Fuchs-Kittowski
FB Informatik
Universität Hamburg

1. Informatik ist nicht identisch mit Computer Science. Dieser Gedanke lag schon den grundsätzlichen Überlegungen von H. Zemanek zum Gegenstand der Informatik zugrunde, wie sie in dem programmatischen Aufsatz „Was ist Informatik?" dargestellt wurden. Die Theorie der Informatik steht und entwickelt sich im Spannungsfeld zwischen formalem Modell und nichtformaler Wirklichkeit. Das Verständnis und die bewußte menschengerechte Gestaltung des Verhältnisses von technischem Automaten und schöpferisch tätigem Menschen, von formalem Modell und der nichtformalen, natürlichen und gesellschaftlichen Umwelt wird immer deutlicher als das philosophische, theoretische und methodologische Grundproblem der Informatik erkannt. Das kritiklose Akzeptieren der Welt des technischen Automaten als Modell für die gesamte Wirklichkeit erweist sich zunehmend als gefährlicher Irrtum. Kern der Informatik ist demnach eine Theorie, die theoretisches Wissen über Grundbegriffe, wie Information und Organisation, Algorithmus u.a., sowie Struktur und Funktion semantischer und syntaktischer Informationsverarbeitung, Prinzipien und Methoden der Programmierung bereitstellt. Für eine Theorie, die die Probleme der Anwendung mit einschließt, sind auch die Aspekte der Mensch-Maschine-Interaktion, der Gestaltung der Mensch-Mensch und Mensch-Maschine Arbeitsteilung von großer Bedeutung, denn die rationelle Nutzung der IKT-Anwendungssysteme verlangt Nutzerfreundlichkeit, eine arbeits- und organisationswissenschaftlich begründete Einbettung der IKT-Anwendungssysteme in die jeweiligen Arbeitsprozesse, in die soziale Organisation, in der und für die sie funktionieren soll.

2. Der Informatiker hat insbesondere Gestaltungsaufgaben, die gewährleisten, daß nicht primär der Mensch sich an die Technik anpassen, sich ihr unterordnen muß, sondern daß solche rechnerunterstützten Informationssysteme geschaffen werden, bei deren Nutzung der Mensch Subjekt der Entwicklung und Anwendung ist und bleibt. Informationssystemgestaltung und Softwareentwicklung wird dabei jedoch immer nur einen Kompromiß realisieren, zwischen den historisch gegebenen konkreten technischen sowie software-technologischen Möglichkeiten und den aus der Sicht moderner Unternehmenskultur, des effektiven Einsatzes der Informationstechnologien und zur Bewältigung der Paradoxie der Sicherheit notwendig erhobenen Forderung nach Berücksichtigung des arbeitenden Menschen als Gesamtpersönlichkeit. Trotz hoher Flexibilität der Softwaresysteme wird beispielsweise die Beachtung der Verschiedenheit der Benutzergruppen und Unterschiedlichkeit der Menschen immer nur mit Einschränkungen möglich sein. Die Systeme müssen also deutlich offen sein. Dies ist in der Tat für die Praxis der Informationssystemgestaltung und Softwareentwicklung eine äußerst schwierig zu bewältigende Herausforderung.

3. Die wichtige Erfahrung ist, daß der Mensch heute ohne Unterstützung durch Automaten nicht mehr in der Lage ist, die Masse und Komplexität der Informationen über die zu kontrollierenden Systeme zu beherrschen. Die technischen Systeme sind ihm hinsichtlich der Sicherheit und Geschwindigkeit der zu verarbeitenden Datenmengen weit überlegen. Es sind jedoch auch die Situationen zu beachten, in denen der Mensch die Verantwortung übernehmen bzw. auf jeden Fall behalten muß. Dies gilt insbesondere für Risikosituationen, die allein auf der Grundlage formaler Regelsysteme nicht beherrscht werden können. Wogegen der Mensch, auf der Grundlage komprimierter Erfahrung, - Intuition - in unvorhersehbaren Situa-

tionen, bei hoher Motivation und Bildung, effektivere Entscheidungen als die Maschine treffen kann. Wenn der Mensch also nicht von vornherein als zu ersetzendes Mangelwesen (Störfaktor) gesehen wird, sondern anerkannt werden muß, daß der Mensch in den hochkomplexen informations-technologischen Systemen die höchste Autorität ist und bleiben muß, zwingt dies den Systemgestalter und Softwareentwickler, zugleich Arbeits- und Organisationsgestalter zu sein. Dies bedeutet eine weitere Vertiefung der „Informationssystemgestaltung", (des Information Systems Engineering) als eigenständiger Disziplin, die Ausprägung einer „sozialorientierten Informationssystemgestaltung" in Wechselbeziehung mit der Entwicklung der Disziplin „Informatik und Gesellschaft" und ihre weitere curriculare Ausgestaltung.

4. Aussagen über Erwartungen an die Entwicklung der Informatik als Wissenschaft und die Ausbildung von Informatikern müssen insbesondere die Anforderungen der Praxis reflektieren. Wenn man beachtet, wie R. Kling im Rahmen der Currikular-Debatte in den USA deutlich herausgearbeitet hat, daß der überwiegende Teil der Informatikabsolventen für die Entwicklung und die Nutzung der IKT in sozialen Organisationen tätig wird, muß man in der Ausbildung diese DV-Anwendungsbereiche und ihre Probleme entsprechend berücksichtigen. Eine Orientierung auf die Probleme des „organizational computing", einer Organisationsinformatik, erfolgte jedoch zumindest im Rahmen der Kerninformatik bisher nicht. Stellenmarktanalysen zeigen, daß EDV-Kernberufe weniger stark nachgefragt werden. „Der Informatiker-Nachwuchs muß sich darauf einstellen, daß er künftig mehr Anwendungs- und Dienstleitungs-Know-how mitbringen muß". Verstärkt wird dieser Trend durch eine weitere Entwicklung: Von den Informatikern wird verstärkt soziale Kompetenz gefordert. Zunehmend werden in den analysierten Stellenanzeigen berufsübergreifende Schlüsselqualifikationen wie: Kooperatives Teamverhalten, selbständiges Handeln und kommunikative Fähigkeiten gewünscht.

5. Ökonomische und sozialökonomische Zwänge fordern einen effizienten und verantwortungsvollen Umgang mit der Ressource Information, eine neue Kultur der Informationssystemgestaltung und Softwareentwicklung, die sich auf die bewußte Gestaltung kooperativer Arbeit, als Leitlinie orientieren sollte. Das bedeutet auch Unterstützung des Aufbrechens hierarchischer Strukturen und der Bildung dezentraler Einheiten und die Berücksichtigung damit verbundener Faktoren der Persönlichkeitsentwicklung. W. und U. Brauer machen deutlich, daß dies nicht weniger verlangt, als in der Tat die Forschungsziele und Denkgewohnheiten, wie sie sich in der bisherigen Entwicklung der Informatik herausgebildet haben, zu revolutionieren. Sie leiten diese These insbesondere aus den Veränderungen in der Arbeitswelt ab. Die mit dieser neuen Leitlinie (Paradigma) auftretenden Schwierigkeiten liegen nicht nur in der Komplexität der zu konstruierenden Systeme, sondern auch in der zugrundeliegenden Vorstellung bzw. Leitlinie „über die Nutzung solcher Systeme und Arbeitsorganisation bei ihrer Entwicklung". Für die sich gegenwärtig herausbildende Leitlinie ist der entscheidende Ausgangspunkt die Begrenztheit des Computer und damit die Gestaltung einer Mensch-Maschine-Kombination. Wichtig ist das Verständnis der Eingebundenheit des Systemgestalters in die von ihm gestalteten Strukturen und Prozesse, der daher auch die späteren Nutzer und Betroffenen rechtzeitig in den Gestaltungsprozeß als soziale Aktion einbezieht. Mit der Leitlinie der Kooperation rücken, wie A. Rolf gefordert hat, der Gestaltungsbegriff, Gestaltungsprozeß, Gestaltungszwang und die Gestaltungsnormen ins Zentrum der Informatik. Es wird damit möglich, „den klassischen technisch-mathematischen Kern der Informatik mit ihren Anwendungen und Wirkungen zu verbinden, ohne daß letztere lediglich als Appendix erscheinen".

Ist zuverlässige Software eine Utopie ?

Martin Wirsing
Institut für Informatik
Leopoldstr. 11 b
80802 München

Die Entwicklung komplexer Softwaresysteme ist eine Aufgabe, die, wie man leider bei vielen sich im täglichen Gebrauch befindlichen Anwendungssystemen feststellen kann, bis heute noch nicht zufriedenstellend beherrscht wird. Bei den meisten Ingenieursdisziplinen ist nach Fertigstellung, Test und Verkauf der Produkte der Entwurf korrekt; die Produkte funktionieren zuverlässig, wofür der Hersteller mit einer Garantie einsteht. Dagegen wird bei Software oft explizit darauf hingewiesen, daß keine Gewähr für die fehlerfreie Funktionsweise übernommen werden kann.

In diesem Vortrag sollen Ansätze zur Verbesserung von Sicherheit und Qualität von Software-Systemen vorgestellt werden. Diese Methoden zielen ab auf

- Verbesserung der Implementierungsarbeit durch neue Programmiersprachen,

- Verbesserung von Anforderungsanalyse und Entwurf durch formale Methoden,

- Verifikation von Software.

Schlüssel zur Korrektheit von Software ist der Einsatz formaler Methoden basierend auf mathematisch präzisen Notationen, sogenannten formale Spezifikationen. Diese bilden auch die Grundlage für jede Verifikation, d.h. für den mathematischen Nachweis der Korrektheit von Programmen. Leider ist Verifikation schwierig und kostspielig: Experimentelle Ergebnisse zeigen, daß ein einzelner Entwickler 5 – 10 Programmzeilen pro Tag verifizieren kann. Das würde zu einer Verdopplung der Kosten für Software-Entwicklung führen. Sinnvoll zur Kostensenkung ist daher die Einrichtung von sogenannten „Software-Komponentenbibliotheken", die bereits verifizierte Moduln anbieten. Gegenstand der Forschung ist auch die Wiederverwendung von Beweisen bei der Anpassung von Software an neue Anforderungen bzw. bei der Fehlerkorrektur.

Zwar wird es das 100%ig zuverlässige, große Software-System auch in Zukunft nicht geben. Neue Programmierparadigmen und formale Methoden helfen aber die Zuverlässigkeit und damit die Qualität von Software zu verbessern und - wenn die Kosten nicht gescheut werden - Software-Systeme zu konstruieren, die ihre Anforderungsdefinitionen oder zumindest die kritischen Teile davon beweisbar korrekt erfüllen.

Informatik in der Praxis - eine andere Welt ?

Brigitte Bartsch-Spörl
BSR Consulting GmbH
Wirtstraße 38
D-81539 München

1. Zur Zielsetzung

Dieser Beitrag versucht, das (Selbst-)Verständnis der Informatik aus der Sicht ihrer Anwender kritisch zu beleuchten und auf bei der Initialisierung und Realisierung von Informatik-Projekten typischerweise auftretende Konfliktsituationen einzugehen.

2. Zu den Erwartungen der Informatik-Anwender

Ein Informatik-Anwender erwartet zu Recht, daß ihm eine neue Technologie hilft, seine Aufgaben besser und schneller erledigen zu können. Außerdem möchte er mit seinen Erfahrungen und Problemen ernst genommen, verständlich beraten und gut bedient werden.

3. Zu den Erfahrungen der Informatik-Anwender

In deutlichem Kontrast zu den zuvor aufgeführten Erwartungen hat sich die Datenverarbeitung mittlerweile auf breiter Front den Ruf erworben, daß es ihr an Service-Qualität in jeder Beziehung mangelt, d.h. daß ihre Vertreter überheblich sind, unverständliches Fachchinesisch reden und meistens nicht das liefern, was sie versprochen haben - weder funktional noch im Hinblick auf die geschätzten Kosten und Termine. In einem Satz: Die Informatik-Anwender fühlen sich nicht selten getäuscht und betrogen.

4. Zu den Ursachen dieser Diskrepanzen

Der schlechte Ruf der Datenverarbeitung hat nur zum Teil damit zu tun, daß die Produkte der Informatik nicht gut bzw. nicht gut genug benutzbar sind. Der größere Teil des Rufschadens geht m.E. auf das Konto von mangelnder Ehrlichkeit im Umgang mit Anwendern und des versuchten und häufig auch geglückten Mißbrauchs der Informatik als Instrument zur Durchsetzung von Interessen, die primär mit Macht, Geld, Unternehmenspolitik und Konkurrenzverhalten und allenfalls sekundär mit Informatik zu tun haben.

5. Welche Chancen haben Ethik, Wissenschaft und fachlich gute Lösungen in einem solchen Umfeld ?

Kurz gesagt: eher schlechte - zumindest so lange, wie sie sich argumentativ allein auf ihre ethische, wissenschaftliche und fachliche Qualität abstützen.
Dies hat u.a. auch damit zu tun, daß jeder, der in Interessenkonflikte und damit einhergehende Machtspiele involviert ist, nicht mehr als neutral und seine Argumente als Argumente zur Stärkung seiner Position angesehen werden. Dies gilt z.B. auch für den Betriebsrat und nach einiger Zeit häufig auch für externe Berater.

Meine Erfahrung mit solchen Situationen ist, daß sich die richtigen Argumente im allgemeinen nur bzw. erst dann durchsetzen, wenn sie von einer Partei kommen, die auch über entsprechende Macht und soziale Akzeptanz im Unternehmen verfügt.

6. Wie kann man als Informatiker in so einem Umfeld zurechtkommen ?

Zunächst einmal tut man gut daran, sich anzuschauen, nach welchen Spielregeln das Spiel gespielt wird und für sich selbst zu entscheiden, ob man sich involviert oder raushält. Wer sich für das Raushalten entscheidet, zieht damit einen ziemlich engen Kreis um seine Möglichkeiten, etwas bewirken zu können.
Wer sich für das zumindest partielle Involviertsein entscheidet, muß lernen, Allianzen zu bilden und sog. Win-Win-Situationen herbeizuführen. Dies sind Situationen, in denen jede Partei für sich Vorteile darin sieht, ein neues Informatik-Projekt zu fördern oder zumindest nicht zu behindern.
Erfahrene Change-Agents reden dann z.B. mit dem Management über die Verbesserung der Qualitäts- und Kostensituation durch Gruppenarbeit, mit dem Betriebsrat über Job Enrichment und Enlargement und mit dem Anwender über Weiterqualifikation und damit einhergehende Verbesserung seiner Chancen im Beruf.
Solche für alle Beteiligten interessante Vorteile bringende Projekte haben eine gute Chance auf Erfolg. Im Gegensatz dazu fahren sich lediglich einer Seite nützende Ansätze häufig fest, weil sie von denjenigen, die dadurch verlieren würden, je nach Machtposition mehr oder weniger offen bzw. verdeckt torpediert werden.

7. Fazit

Dies bedeutet, daß jeder Ansatz zur Veränderung - Ethik und Wissenschaft eingeschlossen - gut daran tut, sich mächtige Verbündete zu suchen, wenn er bei der praktischen Umsetzung nicht auf der Strecke bleiben will.

Springer-Verlag und Umwelt